Olaf L. Müller

Zu schön, um falsch zu sein

Über die Ästhetik
in der Naturwissenschaft

S. FISCHER

Erschienen bei S. FISCHER

Satz: Dörlemann Satz, Lemförde
Druck und Bindung: CPI books GmbH, Leck

© S. Fischer Verlag GmbH, Frankfurt am Main 2019
ISBN 978-3-10-050709-9

*für Wanda & Kalina,
die neuen Kundschafterinnen
der Schönheiten dieser Welt*

Gefördert aus Mitteln der Exzellenzinitiative
(Förderlinie *Freiräume* an der Humboldt-Universität zu Berlin)

Inhaltsverzeichnis

Vorwort 11
Hinweise zum Gebrauch 18

Einleitung
1. Schwierigkeiten mit der Schönheit 21

Teil I. Streifzug durch die Wissenschaftsgeschichte
2. Einstein und die Bewunderer der Schönheit seiner Relativitätstheorie 43
3. Die Sonne als wunderschönes Heiligtum bei Kopernikus .. 68
4. Kepler im Rausch der Schönheit 76

Teil II. Ästhetische Fallstudie in Newtons Dunkelkammer
5. Newton als Ästhet 119
6. Schönheit, Schock und Schmutz im Spektrum 139
7. Synthese, Sauberkeit und Symmetrie 196

Teil III. Mit Newton vom schönen Experiment zur schönen Theorie
8. Symmetrien beim Experimentieren, Argumentieren und Theoretisieren 227
9. Symmetrie in den Künsten 261
10. Idealisierung als Beschönigung mit theoretischer Absicht .. 303

Teil IV. Fortsetzung der Fallstudie in Nussbaumers Atelier
11. Farben mischen auf der spektralen Palette 327
12. Goethes Coup mit kunterbunten Kontrapunkten 347
13. Cage, die Stille und das Dunkle 373

Teil V. Philosophische Verknüpfungen
14. Vergleiche gehen kreuz und quer über alle Grenzen 397
15. Schönheit und Glaubwürdigkeit 416
16. Ästhetischer Subjektivismus ist absurd 438

Ausblick
17. Eine humanistische Sicht der Naturwissenschaft 448

Anhang
Mathematischer Anhang – Messpunkte und Kurven 453
Der Gang der Argumentation im Überblick 457
Anmerkungen 469
Literaturverzeichnis 519
Werkverzeichnisse (chronologisch) 559
  A) Schöne Literatur: Gedichte, Theaterstücke, Novellen, Romane, Kurzgeschichten 559
  B) Filme 560
  C) Musikstücke 560
  D) Bildbeispiele aus der Kunst 563
  E) Nachweise für die Farbtafeln 565
Personenregister 568

*warhafftig steckt die kunst inn der natur,
wer sie herauß kann reyssenn, der hat sie*

Albrecht Dürer[1]

*und die Schönheit der Natur spiegelt
sich auch in der Schönheit der
Naturwissenschaft*

Werner Heisenberg[2]

Vorwort

In diesem Buch möchte ich Sie mit einem Erlebnis beglücken und mit einem Rätsel konfrontieren. Für das Erlebnis lade ich Sie ein, einige naturwissenschaftliche Errungenschaften zu betrachten – aber nicht in erster Linie mit dem Realitätssinn, sondern mit dem Schönheitssinn. Ich verspreche, dass Sie dabei etwas erleben werden, was Ihnen aus dem Umgang mit Kunst wohlvertraut ist: Einige großartige Experimente aus der Geschichte der Physik erfreuen unseren Sinn für Ästhetik nicht anders als einige großartige Kunstwerke aus Musik-, Film-, Literatur- und Kunstgeschichte.

Selbstverständlich behaupte ich nicht, dass die Schönheit eines Experiments und beispielsweise eines Musikstücks exakt demselben Muster folgt. Auch in den verschiedenen Kunstgattungen und -epochen verläuft Schönheit nicht auf exakt denselben Bahnen; selbst innerhalb des Œuvres eines Künstlers tut sie es nicht. Und doch arbeitet unser Schönheitssinn in allen diesen Bereichen nach vergleichbaren Richtlinien, auch in der Naturwissenschaft. Das Wort »Schönheit« ist überall gut am Platze; man kann es sogar mit Fug und Recht auf naturwissenschaftliche *Theorien* anwenden.

Damit komme ich zu dem Rätsel, das ich versprochen habe. Wie ein Blick in die Geschichte der Physik ohne jeden Zweifel zeigt, *spielt der Sinn für Ästhetik eine herausragende Rolle für den wissenschaftlichen Fortschritt*. Gerade die Genies der neuzeitlichen und modernen Physik setzen ihre Karten immer wieder auf das Schöne. Ästhetischen Experimenten schenken sie größere Aufmerksamkeit als deren hässlichen Gebrüdern, darum feilen sie jahrelang an der Schönheit ihrer Versuchsaufbauten – und verschönern ihre Versuchsergebnisse. Beispielsweise Newton, der wohl wichtigste Physiker der Neuzeit: Mit einem herrlichen Experiment war es ihm gelungen, aus dem weißen Sonnenlicht die regenbogenbunten Bestandteile herauszuholen, die laut seiner Theorie darin enthalten sind; wenn die Theorie stimmt (so Newton), dann muss sich das regenbogenbunte Licht des Sonnenspektrums wieder in weißes Licht zurückverwandeln lassen. Was vorwärts funktioniert, muss auch rückwärts gehen.

Schöne Idee! Doch die Sache wollte ihm zunächst nicht recht gelingen; Newtons allererstes Experiment zur Weißherstellung ließ zu wünschen übrig, und nur mit gutem Willen konnte man die Schmutzeffekte übersehen, die das gewonnene »Weiß« störten. Statt sich damit abzufinden und die Sache kurzerhand verbal zu beschönigen (wie es nur zu oft geschieht), spuckte er in die Hände und versuchte es immer wieder. Innerhalb von über dreißig Jahren hat er ein halbes Dutzend Weißsynthesen veröffentlicht, eine schöner als die andere – aber keine perfekt. Wer sich in diese alten Experimente vertieft, wird schnell vom ruhelosen Perfektionismus dieses großen Experimentierkünstlers gefesselt. Wie Sie sehen werden, geht die Geschichte gut aus; noch zu Newtons Lebzeiten sollte sein Schüler Desauliers das perfekte Experiment zur Weißsynthese veröffentlichen, und man hört förmlich Newtons Jubel über diesen Triumph.

Wie bei der experimentellen Arbeit, so auch bei der theoretischen: Die Physiker investieren ungeheure Mühen in die Formulierung schöner Theorien und geben sich nicht mit ihren hässlichen Schwestern zufrieden. Ja, manch eine Theorie (an die wir bis heute glauben) hat sich anfangs überhaupt nur aufgrund ihrer Schönheit durchgesetzt – und zwar selbst dann, wenn die von ihr verdrängte Theorie seinerzeit besser zu den Daten passte.

Offenbar halten Physiker schöne Errungenschaften ihrer wissenschaftlichen Arbeit für glaubwürdiger als unschöne. Sie verfahren nach dem Motto: *Zu schön, um falsch zu sein.* Und sie sind damit verblüffend erfolgreich, nicht anders als ihre Kolleginnen und Kollegen aus Chemie oder Biologie.

Wieso zum Teufel gilt das Motto in der Naturwissenschaft, insbesondere in der Physik? So lautet das Rätsel, das ich aufwerfen möchte. Weshalb können wir mit einer schönheitsbeflissenen Methode so viele wissenschaftliche Erfolge feiern? Warum dürfen wir unseren, menschlichen, Sinn für Ästhetik ins Spiel bringen, wenn wir herausfinden wollen, was die Welt im Innersten zusammenhält?

Als einst unser Universum mit einem großen Knall entstanden ist und sich seine Strukturen herausbildeten – warum entstanden dabei ausgerechnet diejenigen Strukturen, die Milliarden Jahre später von unbedeutenden Wesen in einer winzigen Ecke des Universums als hochästhetisch empfunden werden sollten? Wie man es auch dreht und wendet: Es grenzt an ein Wunder, dass Physiker ihren Schönheitssinn erfolgreich einsetzen können, wenn sie auf Wahrheitssuche sind.

Dass ich die richtige Antwort auf das Wunder wüsste, kann ich nicht behaupten; keiner weiß sie, soweit ich sehe. Es ist sogar umstritten, ob hier ein Wunder vorliegt. Selbstverständlich werde ich Ihnen die besten Antworten vorstellen, die mir begegnet oder eingefallen sind. Aber ich werde den Streit darüber nicht bis an den Punkt führen, wo sich das Gewicht der Argumente zwingend in eine Richtung neigt. Ist das schlimm? Ich meine nicht. Zuweilen tun wir gut daran, ein Rätsel in seiner ganzen Tiefe auszumessen – statt übereilt danach zu trachten, es zum Verschwinden zu bringen.

Kein Zweifel, es handelt sich um ein tiefes Rätsel. Die Naturwissenschaft ist eines der wichtigsten und mächtigsten Unterfangen, das uns Menschen offensteht, unser gesamtes Leben durchformt und hoffentlich verbessert. Und unser Schönheitssinn ist eine der wichtigsten und mächtigsten Quellen der Freude, ja des guten, gelingenden Lebens. Wenn nun Naturwissenschaft und Schönheitssinn auf innigere Weise zusammenhängen, als man kühlerweise denken könnte, so ist diese Tatsache von eminenter Bedeutung. Und das gilt auch dann, wenn wir uns noch keinen Reim darauf machen können. Um es zu wiederholen, ich kann das Rätsel nur aufwerfen, nicht lösen.

Da ich ohnehin gerade dabei bin, Schwächen einzugestehen, kann ich auf diesem Weg getrost noch ein Stückchen weitergehen. Und zwar habe ich das vorliegende Buch aus Versehen geschrieben. Eigentlich war ich mit einem anderen Buchprojekt zur Geschichte und Wissenschaftstheorie der Optik unterwegs, da fiel mir auf, wie ästhetisch es in dieser physikalischen Disziplin zugeht – und wieviel Freude mir das bereitet. Also wollte ich ein kurzes Kapitel zu diesem Thema einschieben. Ich besorgte mir einen ständig wachsenden Berg an Literatur, war von vielem fasziniert, von allem verwirrt und mit nichts zufrieden; so ist mir das Thema explodiert, sieben fette Jahre lang.

Es mag viele verschiedene Zugänge zur Schönheit in der Physik geben; man könnte z. B. systematisch argumentierend vorgehen oder historisch sortierend. Weder das eine noch das andere finden Sie im Herzstück dieses Buchs, denn ich gehe in erster Linie vor wie ein Kundschafter in unvertrautem Gelände – explorativ, verbindend und sammelnd.

Mein Hauptziel besteht darin, anhand konkreter Fälle aus der Physikgeschichte einige derjenigen vielfältigen Gesichtspunkte aufzuspüren und vorzuführen, die für die ästhetische Beurteilung physikalischer Experimente, Argumente oder Theorien einschlägig sind, z. B. Symmetrie oder Überraschungskraft. Diese Gesichtspunkte lassen sich in ihrer ästhetischen Wirkung nur dann nachvollziehen, wenn man ihre Gegenstände (die fraglichen physikalischen Errungenschaften) klar vor Augen hat; daher lege ich großes Gewicht auf die Erklärung der betrachteten Experimente und Theorien.

Aber das alleine genügt nicht, wie ich meine. Bevor wir in der Physik von *ästhetischen* Errungenschaften sprechen können, müssen wir uns vergewissern, dass sie sich an Errungenschaften in den Künsten anschließen lassen; die einschlägigen Gesichtspunkte müssen in beiden Bereichen zueinander passen, müssen irgendwie miteinander verwandt sein.

Systematisch argumentierend lässt sich diese Verbindung nicht erzwingen. Warum nicht? Unter anderem deshalb nicht, weil keine allgemeine Definition des Schönen oder des Ästhetischen in Sicht ist, die für alle Bereiche gut funktioniert und sich zum Subsumieren eignet. Das Feld der Phänomene ist bei weitem zu vielfältig für so eine Herangehensweise.

Stattdessen könnte man versuchen, eine historische Ordnung in die Phänomene zu bringen, also transdisziplinär der Entwicklung des Schönheitssinns durch den Lauf der Jahrhunderte nachzuspüren. Ich habe mich gegen diese Herangehensweise entschieden, weil sie dem Gedankengang ein zu starres zeitliches Korsett aufgezwungen hätte. In der Tat: Wenn wir schon Grenzen sprengen und munter von einer (z. B. naturwissenschaftlichen) Disziplin in die andere

(z. B. künstlerische) Disziplin springen – warum sollen wir nicht auch mutig von einer Epoche in die andere springen, etwa von der frühen Neuzeit in die Moderne – und von dort zurück ins Barock? Warum nicht Transdisziplinarität mit Transtemporalität verbinden? Oder wäre das etwa zu undiszipliniert? Wieso denn! Es ist ein verbreitetes Vorurteil, dass man nur dann über einen kulturellen Gegenstand sprechen darf, wenn man seine Vorgeschichte einbezieht. Meiner Ansicht nach bietet der historische Denkstil lediglich einen der vielen zulässigen Zugänge zu einem Gegenstand; je nach Lage der Dinge kann er die Betrachtung fördern oder hemmen – bei meinem Thema wäre er hemmend, weil er bestimmte erhellende Vergleiche von vornherein ausschließt. Demgegenüber werde ich ohne historische Skrupel bei einem newtonischen Experiment u. a. auf Charakteristika aufmerksam machen, die sich in einem bestimmten Gemälde Mondrians wiederfinden; bei einem anderen newtonischen Experiment sind es Charakteristika eines Bach-Kanons, die sich wiederum in der modernen Teilchenphysik ausmachen lassen und zusätzlich bestimmten cineastischen Errungenschaften der letzten Jahrzehnte ähneln; und so weiter.

Wohlgemerkt, ich behaupte nicht, dass sich das zuerst erwähnte Experiment Newtons ästhetisch auf das fragliche Gemälde Mondrians ausgewirkt hätte oder dass Bach beim Komponieren seines Kanons von dem anderen Experiment beeinflusst worden wäre. Gerade weil ich mein Material nicht historisch sortiere, komme ich um leidige, aber beliebte Fragen wie die nach Einfluss, Vorreiterei oder Epigonentum herum; sie sind für meine Zwecke uninteressant.

Es gibt eine verwandte Frage, die bei Theoretikern der Ästhetik ebenfalls beliebt ist und zu der ich in diesem Buch genauso wenig sagen werde: Natur oder Kultur? Es mag sein, dass Einsatz und Wertschätzung einiger ästhetischer Charakteristika, die ich behandeln werde, kulturell gewachsen sind; und es mag sein, dass dies bei einigen anderen Charakteristika nicht gilt, dass deren Wirksamkeit also eher zu unserer biologischen oder anthropologischen Grundausstattung gehört; und es mag eine Grauzone zwischen den beiden Polen geben. Angesichts dieser Skala könnte man in uferlose Grübeleien versinken. Ich werde dem aus einem einfachen Grunde widerstehen: Was aus meinen zeit- und fächerübergreifenden Vergleichen für die Frage nach Natur oder Kultur der Ästhetik gelernt werden könnte, weiß ich noch nicht – vielleicht wäre dies ein ergiebiges Thema für weitere Forschungen. Wie auch immer; dass die Vergleiche kreuz und quer durch Disziplinen wie Epochen erlaubt sind, weil sie für sich allein funktionieren, ist die Pointe des vorliegenden Buchs. Sie ergibt sich weder aus systematischer Argumentation noch aus historischer Narration. Wenn sie Hand und Fuß hat, so tritt sie aus meinen Vergleichen allmählich hervor – vor Augen und Ohren derjenigen Leserinnen und Leser, die den Beispielen nicht ohne kritische Sympathie zu folgen geneigt sind.

Selbstverständlich rechne ich nicht damit, dass Sie all meinen ästhetischen Betrachtungen beipflichten; auf hundertprozentige Übereinstimmung kommt es zum Glück nicht an. Nein, mir ist es darum zu tun, Ihnen Betrachtungsweisen und Gesichtspunkte anzubieten, in deren Lichte ich selber und einige meiner Gesprächspartner begeistert auf dies Kunstwerk oder das Experiment oder jene Theorie zu reagieren pflegen. Mit dem Angebot lade ich Sie ein zu prüfen, ob es Ihnen ähnlich geht. Dass diese Einladung ein gewisses subjektives Element mit sich bringt, lässt sich nicht vermeiden; so wie jeder andere folge auch ich einem persönlich geprägten Weg durch die Schönheiten dieser Welt.

Mir ist beispielsweise die ästhetische Kategorie des Erhabenen weitgehend fremd, daher kommt sie in meinem Buch kaum vor. Aber nicht deshalb, weil ich diese Kategorie verdächtig fände oder mich über deren Freunde erheben wollte – im Gegenteil, ich wäre froh, wenn ich mehr mit ihr anzufangen wüsste. Zu fremdeln ist ja kein Zeichen von Stärke.

Nach allen diesen Eingeständnissen lässt sich jetzt vielleicht nachvollziehen, warum ich dieses Buch in der Ich-Form schreibe: Es geht mir nicht darum, mich egozentrisch in den Vordergrund zu spielen, sondern um ein deutliches grammatisches Signal der Bescheidenheit. Ich beanspruche mit meinen Wertungen keine Allgemeingültigkeit; es handelt sich nur um Einladungen an Sie, das Vorgeschlagene auszuprobieren; dies Buch ist also eine Art offener Brief.

Noch einmal: Man kann darüber streiten, welche Beispiele sich für die Zwecke des angestrebten Vergleichs zwischen Kunst und

Naturwissenschaft am besten eignen, und ich wäre nicht gut beraten, wenn ich meine Beispiele mit Klauen und Zähnen verteidigen wollte. Zweierlei ist wichtiger: Einerseits tun Beispiele not; rein abstrakt lässt sich das ganze Unterfangen nicht durchführen, ja nicht einmal beginnen. Andererseits gibt es Beispiele in Hülle und Fülle. Ich lade Sie ein, aus Ihrer eigenen Kunsterfahrung nach neuen Beispielen für das zu suchen, was ich mit den meinigen zu illustrieren versuche. Wie Sie sehen werden, lohnt sich die Übung. Unter anderem schärft und erfrischt sie die Aufmerksamkeit für Kunstwerke; und sie steigert das Verständnis dessen, was Naturwissenschaftler antreibt.

Spitzen Sie die Ohren, sperren Sie Ihre Augen auf – und machen Sie mit!

Olaf L. Müller, Łagów, im August 2018

Hinweise zum Gebrauch

Viele der Hauptgedanken dieses Buchs lassen sich gut durch gründlichen Blick auf die Bilder nachvollziehen; daher habe ich die **Schwarz/Weiß-Abbildungen** im Text und die **wissenschaftlichen Farbtafeln** zwischen **Seite 224 und Seite 225** mit ausführlichen Beschreibungen versehen; diese **Abbildungsbeschreibungen** geben knapp das wieder, was ich auch im Haupttext zu den Bildern sage, müssen also bei fortlaufender Lektüre nicht eigens konsultiert werden. Wie ich hoffe, werden Sie von der Betrachtung der Bilder in den Text selbst gelockt. Die farbigen **Kunsttafeln** finden Sie zwischen **Seite 352 und Seite 353**; die dort versammelten Werke können für sich selber stehen, daher habe ich sie ohne eigene Beschreibung abgebildet und nur im Haupttext kommentiert.

Die Passagen meines Textes (wie z. B. der nächste Absatz), die den Hauptgedankengang vertiefen, ohne für sein Verständnis nötig zu sein, sind kleingedruckt. So finden sich **im Kleingedruckten** unter der Überschrift »**Vertiefungsmöglichkeit**« weiterführende Überlegungen, offene Probleme, Anregungen zum Weiterdenken und Richtigstellungen von Details, die im Haupttext um der Kürze willen vereinfacht dargestellt werden mussten.

Hinweis. Längere kleingedruckte Passagen (wie z. B. die physikalische Beispielsammlung zur Symmetrie im 8. Kapitel, ab § 8.16) stehen immer am Ende eines Kapitels; ich setze sie vom großgedruckten Haupttext ab, indem ich ihnen folgendes Signal vorausschicke:

* * *

Dieses Signal soll andeuten, dass der Hauptgedanke im nächsten Kapitel weitergeht, dass also ungeduldige Leserinnen und Leser ihre Lektüre gleich beim folgenden Kapitel fortsetzen können, ohne etwas wesentliches zu verpassen. (Dasselbe Signal zwischen zwei kleingedruckten Passagen weist darauf hin, dass es sich um getrennte Detailüberlegungen handelt, die nichts miteinander zu tun haben).

Am Ende des Buchs habe ich meinen Gedankengang in einer Übersicht zusammengefasst, siehe *Der Gang der Argumentation im Überblick*. Dies analytische Inhaltsverzeichnis soll in erster Linie dabei helfen, sich nach der Lektüre zu orientieren. Auch die **Querverweise** im Text (insbesondere die nach vorne) dienen der Orientierung beim zweiten Lesen. Alle Verweise mit Paragraphen-Nummern wie z. B. »**siehe** § 2.3« beziehen sich auf dieses Buch; ein Verweis wie »**siehe** § 2.3k« bezieht sich auf die kleingedruckte Vertiefungsmöglichkeit in § 2.3; einer wie »**siehe** § 2.3n« auf eine Anmerkung zu § 2.3.

Die **Anmerkungen**, die am Ende des Buchs versammelt sind, muss man nicht lesen, um meinem Gedankengang zu folgen; sie enthalten mit Ausnahme der jetzigen[3] nichts anderes als langweilige Literaturverweise, fremdsprachige Originalzitate sowie manchmal eine knappe Erörterung zu deren Übersetzung und Interpretation.

Zu den Zitaten und ihrer Übersetzung ins Deutsche: Eckig eingeklammerte Passagen in den Zitaten stammen allesamt von mir. Fremdsprachige Zitate haben wir zunächst wörtlich ins Deutsche übertragen (und dabei eventuell existierende Übersetzungen konsultiert). Ausgerechnet bei den wunderschönen Originalen aus Keplers Werken und Newtons Schriften sah die wörtliche Übersetzung grauenhaft aus; frühneuzeitliches Latein und alte britische Eleganz überträgt sich schon beim Satzbau nicht von allein ins Deutsche. Daher habe ich für die Endfassung aller übersetzten Zitate ausgiebig von der Binsenweisheit Gebrauch gemacht, dass jede Übersetzung Interpretation ist; der Verständlichkeit zuliebe sowie aus stilistischen Gründen habe ich den ursprünglichen Wortlaut z. T. erheblich verändert, und zwar auch bei bereits anderswo veröffentlichten Übersetzungen. Um das kenntlich zu machen, gebe ich in der Anmerkung nach jedem schon anderswo übersetzten Zitat zwar die Fundstelle der Übersetzung an, die ich herangezogen habe – aber immer dann mit dem Vorspann »vergl.«, wenn meine Fassung vom Wortlaut dieser Fundstelle abweicht. (Dieser Vorspann fehlt also nur in den wenigen Fällen, in denen ich kein Iota verändert habe.)

Meine übersetzerische Freiheit hat einen angenehmen Nebeneffekt: Nicht immer ist es nötig, weggelassene Wörter durch »[...]« zu kennzeichnen. – Zur Beruhigung: Sämtliche übersetzten Zitate finden sich originalsprachlich in den Anmerkungen. In Sachen Typographie haben wir nicht alle Feinheiten aus den Originalen kopiert. So haben wir Anführungszeichen innerhalb von Zitaten stets durch Gänsefüßchen wiedergegeben. Einige veraltete Sonderzeichen haben wir modernisiert: Gleichheitszeichen im Innern zusammengesetzter Substantive geben wir (wie heute üblich) in Form einfacher Bindestriche wieder; querliegende »E«s über Vokalen (wie z. B. »ü«) schreiben wir als Umlaute (»ü«). Hingegen haben wir das (vor allem in Fraktur auftauchende) scharfe »s« genauso wiedergegeben wie alle anderen »s«; diese Regel führte oft dort zu einem Doppel-S, wo man vielleicht ebensogut ein Esszett hätte schreiben können. Den im Newton-Englisch und Kepler-Latein manchmal zusammengezogenen Laut »æ« haben wir auseinandergeschrieben, wie in »phaenomena«, genauso für einen Laut wie »œ«. Zudem haben wir aus heutiger Sicht befremdende Leerzeichen (z. B. vor einem Komma) weggelassen. Wo wir Hervorhebungen aus dem Original übernommen haben, sind sie einheitlich *kursiv* gesetzt – einerlei, ob sie im Original durch kursiv, fett oder gesperrt geschriebene Wörter oder Unterstreichungen angezeigt wurden. Wir geben stets an, ob die Hervorhebungen aus dem Original stammen oder von mir.

1. Kapitel.
Schwierigkeiten mit der Schönheit
(Einleitung)

§ 1.1. Wer sich anheischig macht, einen universellen Kriterienkatalog für Schönheit aufzustellen, ist ein Narr. Oder ein Scharlatan. Trotzdem ist Schönheit mehr als Wischiwaschi: Hinter dem Ausruf *Das ist schön!* steckt mehr als die Zufälligkeit der augenblicklichen Stimmung und des individuellen Geschmacks; zumindest kann mehr dahinterstecken. Es gibt immerhin so etwas wie geschulten Geschmack. Und Schulung beruht nie nur auf Wischiwaschi.

Eine sonderbare Tatsache

Dass ich mit den allgemeinen Bemerkungen aus dem vorigen Absatz nicht ganz falsch liegen kann, zeigt ein extremer Fall: die Rolle formaler Schönheit in den exakten Naturwissenschaften. Diese Schönheit dient nicht einfach nur der guten Laune des Physikers oder dem Entzücken der Chemikerin.[4] Vielmehr ist es in der Wissenschaftsgeschichte immer wieder vorgekommen, dass sich eine naturwissenschaftliche Theorie durchgesetzt hat, weil sie so schön war. Führende Physiker des 20. Jahrhunderts haben sich dazu bekannt, ohne rot zu werden: Wenn einem wissenschaftlichen Gedanken Schönheit zukommt, steigt seine Glaubwürdigkeit. Umgekehrt ist manch ein wissenschaftlicher Gedanke zu hässlich, um wahr zu sein, und muss sterben.

Zum Auftakt liefere ich nur ein einziges Zitat eines Naturwissenschaftlers, der dem Schönheitssinn allen Ernstes physikalische Erkenntniskräfte zuschreibt. Und zwar staunt der Physik-Nobelpreisträger Steven Weinberg über

>»die ziemlich sonderbare Tatsache, dass etwas so Persönliches und Subjektives wie unser Schönheitssinn uns nicht nur dabei hilft, physikalische Theorien zu erfinden, *sondern auch deren Gültigkeit zu beurteilen*«.[5]

Weinbergs Votum gibt wieder, was viele Naturwissenschaftler, insbesondere viele Physiker in dieser Angelegenheit denken; mehr Belege aus der Physik liefere ich im wissenschaftsgeschichtlichen Teil I. Biologinnen und Chemiker orientieren sich bei ihrer Arbeit ebenfalls am Schönheitssinn.[6] Während ich meinen Schwerpunkt auf den physikalischen Schönheitssinn legen möchte, werde ich ab und zu auch auf schöne Errungenschaften aus Chemie und Biologie eingehen – die freilich mehr Aufmerksamkeit verdienen, als ich ihnen hier schenken kann.[7]

Verwandt-schaftsthese
§ 1.2. Wenn es auf Schönheit sogar in den mathematischen Naturwissenschaften ankommt, in den diszipliniertesten Disziplinen also, die wir ausüben, dann kann unsere ästhetische Urteilskraft nicht vollständig dem Belieben anheimgestellt sein.[8] Und diese erfreuliche Botschaft dürfte sich zugunsten unserer ästhetischen Beurteilung von Kunstwerken auswirken, zugunsten der Respektabilität solcher Urteile – jedenfalls in dem Maße, in dem folgende These plausibel ist:

(V) Der Schönheitssinn, den Naturwissenschaftler zur Beurteilung ihrer Arbeitsergebnisse einsetzen, ist eng verwandt (wenn auch nicht identisch) mit dem Schönheitssinn, mit dessen Hilfe wir Kunstwerke beurteilen.

Zugunsten dieser Verwandtschaftsthese werde ich im Herzstück meiner Untersuchung eine detaillierte Fallstudie zur newtonischen Optik durchführen (Teile II bis IV). Beweisen werde ich die Verwandtschaftsthese nicht. Solche Thesen lassen sich allenfalls in günstiges Licht tauchen, exemplarisch. So werde ich Sie an vielen Stellen meiner Untersuchung auf Parallelen zwischen naturwissenschaftlicher und künstlerischer Schönheit aufmerksam machen, genauer gesagt: auf Parallelen zwischen Schönheit in physikalischen Errungenschaften (Experimenten, Theorien) und Schönheit in einigen Kunstwerken: hauptsächlich in Musikstücken, aber auch in Romanen, Gedichten, Filmen, Gemälden.

Z. B. Symmetrie
§ 1.3. Als Ergebnis meiner Fallstudie wird nicht herauskommen, dass ästhetische Wertschätzung in Physik und Kunst ein und das-

selbe wäre; es gibt Unterschiede, und manche davon sind wichtig (mehr dazu im Rest dieser Einleitung). Aber je mehr aufschlussreiche Parallelen sich zwischen beiden Arten der ästhetischen Wertschätzung ziehen lassen, desto plausibler wird die Verwandtschaftsthese. Das Wort »Schönheit« bedeutet hier wie da ungefähr dasselbe, und der Schönheitssinn orientiert sich in beiden Bereichen an vergleichbaren Gesichtspunkten.

Dass ich meine Betrachtungen zur Naturwissenschaft auf die Physik konzentriere, hat eine Konsequenz, die ich besser gleich von Anbeginn herausstreichen sollte. Es geht mir in diesem Buch zuallererst um das, was man *formale* Schönheit in der Physik nennen könnte. Sie offenbart sich z. B. in symmetrischen Strukturen – etwa in der geometrischen Symmetrie von Versuchsanordnungen oder in der Symmetrie der mathematischen Gleichungen und Lehrsätze, mit deren Hilfe eine physikalische Theorie formuliert ist. Oft wird in diesem Zusammenhang von mathematischer Schönheit gesprochen, doch davon sollte man sich nicht einschüchtern lassen. Was es damit auf sich hat, lässt sich Schritt für Schritt erklären, ohne dass dies in Mathematik-Lektionen ausarten müsste.

In der Tat ist die formale Schönheit ein wichtiger Aspekt unseres Themas; und Symmetrien in physikalischen Experimenten oder Theorien bieten einen besonders aufschlussreichen Blickfang für die Würdigung formaler Schönheiten.[9] Dass Symmetrien auch bei der ästhetischen Beurteilung von Kunstwerken von Interesse sind (wenn auch weniger wichtig als in der Physik), verbindet die Schönheiten beider Bereiche miteinander. Daher findet sich genau in der Mitte meiner Untersuchung ein eigenes Kapitel mit zahlreichen Beispielen zu Symmetrien in Musik, Erzählkunst und Film (9. Kapitel). Obgleich Symmetrien in Naturwissenschaften und Künsten für unser Thema von besonderer Bedeutung sind, werde ich im Verlauf der Untersuchung viele andere Parallelen zwischen künstlerischer und naturwissenschaftlicher Schönheit ziehen.

Vertiefungsmöglichkeit. Um das Feld abzustecken, möchte ich mich zum Auftakt von zwei Autoren und deren Gegenpositionen abgrenzen. *Erstens:* Indem er die Naturwissenschaft nur mit bildender Kunst vergleicht (statt, wie ich es vorhabe, auch mit Musik, Filmkunst, Erzählkunst usw.), kommt der Chemiker und Philosoph Joachim Schummer zu einem Ergebnis, mit dem ich nicht einverstanden bin; seiner Ansicht nach bedeutet der Ausdruck »Schönheit« bei Naturwissenschaftlern etwas anderes als bei Künstlern, schon weil Naturwissenschaftler im Gegensatz zu Künstlern großen Wert auf Symmetrien legen. Schummer beruft sich u. a. auf den großen Königsberger, auf Immanuel Kant.[10] Ich werde Schummers Position später kurz streifen, will aber nicht ausschließlich über Symmetrien in Bildern und Skulpturen diskutieren. Für die Zwecke meiner Untersuchung ist es instruktiver, den Blick zu weiten und z. B. auch Symmetrien in Physik und *Musik* miteinander zu vergleichen.

Zweitens: Der Philosoph James McAllister, der eine ganze Monographie über Schönheit in der Naturwissenschaft geschrieben hat, geht in seiner Diskussion zu weit über den Aspekt mathematischer Schönheit hinaus. Zum Beispiel rechnet er die metaphysischen Annahmen einer Theorie zu dem hinzu, worauf unser Schönheitssinn bei der Theoriewahl achtet.[11] Meiner Ansicht nach bringt es wenig Vorteile, den Schönheitssinn zu überdehnen. Mehr dazu in § 15.11 und im Kleingedruckten in § 2.16k, § 3.5k, § 4.1k.

Unterschiede:
Erstens
Redeweisen

§ 1.4. Im weiteren Verlauf dieser Einleitung möchte ich auf Unterschiede zwischen der ästhetischen Wertschätzung in der Physik und ihrem Gegenstück in den Künsten zu sprechen kommen – nicht zuletzt deshalb, weil ich dem Verdacht undifferenzierter Gleichmacherei von vornherein den Wind aus den Segeln nehmen will.

Einige dieser Unterschiede liegen an der sprachlichen Oberfläche und haben ausschließlich mit dem *Wort* »schön« zu tun, nicht so sehr mit dem zugehörigen *Begriff* – es geht zunächst nur um Stilfragen und Benimmregeln beim kultivierten Sprechen. Wer nicht als Banause gelten will, muss ihnen Rechnung tragen; ich werde mich vor ihnen verbeugen, um ihnen Tribut zu zollen. Im Rest dieses Buchs werde ich sie nicht weiter beachten, denn ich möchte den Blick auf wichtigere Fragen freibekommen.

Im ästhetischen Austausch über physikalische Theorien und Experimente taucht oft der Ausdruck »schön« auf, und das nicht nur mit schwärmerischer Absicht. Hingegen schrecken seit ungefähr hundert Jahren bildende Künstler und abgeklärte Kommentatoren der Kunst ebenso wie Musiker und Musiktheoretiker davor zurück, das Wort »schön« einzusetzen, um den ästhetischen Wert eines Bildes oder Musikstücks herauszustreichen.[12]

Das Wort hat sich in ihren Augen gründlich diskreditiert – oder jedenfalls abgenutzt. Es erinnert sie zu sehr an entzückte Geschmacksempfindungen oder an verfehlte philosophische Theorien vom Schönen. Wie ich im kommenden Paragraphen entfalten werde, gilt die Rede vom Geschmack in der Kunstwelt als Geschmacksverirrung.

§ 1.5. Zunächst also zum Thema Geschmack. In der Kunstwelt ist es verpönt, sich auf den Geschmack zu berufen. So sagt der Wiener Künstler Ingo Nussbaumer voller Sarkasmus: »Geschmack! Da kann ich ja gleich sagen, mir schmeckt die Wurst«.[13] Im Gegensatz dazu geben sich Naturwissenschaftler (wie z. B. der britische Physiker und Mathematiker Roger Penrose) angesichts ihrer Arbeitsergebnisse weit unbefangener und verknüpfen Wörter wie »Schönheit« sogar mit der Rede vom Geschmack.[14] Im selben Stil brechen sie gleich noch ein anderes Tabu aus der Kunstwelt und loben die *hübsche* Mathematik ihrer Theorien – ohne sich davon beeindrucken zu lassen, dass der Ausdruck »hübsch« in der Kunst einem Todesurteil gleichkommt. (Ich belege das im Kleingedruckten am Ende dieses Paragraphen.)

Geschmack?

Vielleicht lässt sich die Unbefangenheit, mit der die Naturwissenschaftler reden, folgendermaßen erklären. Wer im Bereich der Kunst vom Schönen oder gar Hübschen zu reden wagt, macht sich verdächtig, nur auf die sinnlich zugänglichen Aspekte der gelobten Kunstwerke zu achten; ein *fauxpas* bei den Neureichen. Denen entgeht, dass man eine Menge wissen muss, um Kunst würdigen zu können. Hinsehen oder Hinhören alleine reicht selten; ich werde darauf zurückkommen.[15]

Des Fehlers der Neureichen können sich die Naturwissenschaftler (angesichts ihrer theoretischen Arbeitsergebnisse) kaum schuldig machen. In ihre ästhetische Wertschätzung fließt ganz sicher mehr ein als bloß sinnliche Wahrnehmung. Aus dieser Überlegung ergibt sich, dass die abgeklärtere Redeweise aus der Kunstwelt inhaltlich am Ende doch nicht schlecht zu meiner Verwandtschaftsthese passt.[16]

26 Einleitung

Vertiefungsmöglichkeit. Die auf Künstler anstößig wirkende Rede von *Geschmack* hat Kant in die philosophische Ästhetik eingeführt, indem er anstelle des heute naheliegenden Ausdrucks »ästhetisches Urteil« vom »Geschmacksurteil« redet.[17] In der Philosophie werden bis heute unbekümmert beide Ausdrücke nebeneinander gebraucht.[18] Auch außerhalb der Philosophie ist eine derartige Redeweise weit verbreitet. Ausdrücke wie »hübsch« stehen dagegen bei philosophischen Ästhetikern nicht hoch im Kurs, anders als bei den Physikern. Ein Aufsatz des Physik-Nobelpreisträgers Paul Dirac heißt z. B. »Pretty mathematics«, wie der britische Publizist Arthur Piper pikiert kritisiert.[19]

Nicht ganz so allergisch, aber immer noch mit Befremden dürften Vertreter aus der Kunstwelt und aus der Ästhetik darauf reagieren, wenn Physiker und Mathematiker die *Eleganz* einer Theorie, eines Beweises, eines Experiments oder einer Präsentation loben. Denn die Rede von der Eleganz eines Kunstwerks gilt nicht als hohes Lob. Oft ist sie abwertend gemeint und streicht die Belanglosigkeit des Kunstwerks heraus oder seine mangelnde Originalität. In meinen Betrachtungen möchte ich keinen terminologischen Grenzpfahl zwischen Eleganz und Schönheit festklopfen. Wie man das im Fall der Physik mit Gewinn tun kann und warum dann Schönheit erkenntnistheoretisch wichtiger ist als Eleganz, führt Weinberg vor.[20]

Ästhetisch § 1.6. Die misslichen Assoziationen mit dem Hübschen, Niedlichen, Geschmäcklerischen oder Belanglosen, die ich im vorigen Paragraphen aufgerufen habe, bringen Ausdrücke wie »ästhetisch gelungen«, »ästhetisch wertvoll« oder einfach nur »ästhetisch« nicht mit sich. Daher kommt das Ästhetische im Gespräch über Kunst öfter vor. Sollte ich mir die Rede vom Schönen daher besser verkneifen und stattdessen immer auf das abgeklärtere Wort griechischen Ursprungs zurückgreifen?

Ich habe mich dagegen entschieden: Erstens will ich mich um bloße Divergenzen im Sprachgebrauch nicht scheren. Physiker des 20. Jahrhunderts haben sich nun einmal eine schwärmerische Ausdrucksweise angewöhnt, und das just in dem Augenblick, in dem Musiker, Künstler, Kunstkritiker der Schwärmerei aus früheren Tagen überdrüssig wurden und sich abgeklärter zu geben begannen. Das macht nichts; Moden des Wortgebrauchs haben mit der Sache nicht viel zu tun, und wir können sie links liegen lassen.

Noch eine zweite Überlegung spricht dagegen, immer nur auf

Griechisch weiterzureden: Sogar der offene und vielschichtige Ausdruck »ästhetisch« eignet sich in den Augen der Künstler nur bedingt fürs Gespräch über Kunst. Auch dieser Ausdruck kann abfällig gebraucht werden – eine Frage des Tonfalls.

§ 1.7. Wo bleibt das Positive? Darf man denn als Mitglied oder Gast der Kunstwelt kein Kunstwerk loben? Doch, man darf. Man kann sich konkreterer Redewendungen bedienen, z. B.: Spezielles Lob
»Unglaublich, wie er diese Linie zieht«,
oder:
»Das Bild ist eine beeindruckende Lösung zur Figuration der abstrakten Form«,
oder auch einfach nur:
»Tolles Bild«.[21]
Schon der Sprachphilosoph Ludwig Wittgenstein hat uns daran erinnert, dass das Wort »schön« im ästhetischen Austausch über Kunstwerke keine große Rolle spielt. Er sagt nicht ohne Überspitzung: »Es ist merkwürdig, über das Wort ›schön‹ zu sprechen; denn es wird kaum je gebraucht.«[22]
»In unseren tatsächlichen ästhetischen Urteilen kommen erstaunlicherweise ästhetische Adjektive wie ›schön‹, ›herrlich‹ usw. kaum vor. Werden ästhetische Adjektive in der Musikkritik benutzt? Man sagt: ›Betrachte diesen Übergang‹, oder […] ›Die Passage ist inkohärent‹. Oder in der Besprechung eines Gedichtes sagt man […]: ›Er gebraucht präzise Bilder‹.«[23]
Das ist fein beobachtet. Trotzdem glaube ich, dass wir auch allgemeine Ausdrücke für ästhetisches Lob brauchen.[24] Ich werde daher oft genug vom Schönen reden, dann wieder vom ästhetisch Gelungenen – und je nach Lage der Dinge benutze ich auch Ausdrücke wie »gut« im Sinne ästhetischer Wertschätzung, etwa in der Rede von einem guten Film. Es ist verblüffend, wie sich manche Redeweisen mit Blick auf die eine Kunstgattung aufdrängen und mit Blick auf die andere verbieten. Und so kann es nicht schaden, viele verschiedene Ausdrücke mit unterschiedlichen Nuancen im Gepäck zu haben – nur über die verniedlichende Rede vom Hübschen werde ich kommentarlos hinwegsehen.

Vertiefungsmöglichkeit. Der Zweifel an der Rede vom Schönen, den ich behandelt habe, stellt nur die Spitze eines Eisbergs dar. So ist der Amerikaner Barnett Newman ein Beispiel für einen Künstler, der sich vollständig vom Streben nach Schönheit in der Kunst abgewendet hat, und zwar nach einem Rundumschlag durch die gesamte europäische Geistesgeschichte:
»Die Erfindung der Schönheit durch die Griechen, das heißt das Postulat des Schönen als Ideal, war schon immer das Schreckgespenst der europäischen Kunst und ihrer ästhetischen Philosophien. Die natürliche Sehnsucht des Menschen, in den Künsten sein Verhältnis zum Absoluten auszudrücken, wurde mit dem Absolutismus vollkommener Schöpfungen identifiziert und verwechselt – mit dem Fetisch namens Qualität. Infolgedessen rackert sich der europäische Künstler fortwährend im moralischen Widerstreit zwischen der Idee der Schönheit und der Sehnsucht nach dem Erhabenen ab [...] Ich glaube, dass einige von uns hier in Amerika, befreit vom Ballast der europäischen Kultur, die Antwort finden, *indem unsere Kunst die vertrackte Suche nach dem Schönen konsequent ausklammert*«.[25]

Es würde unseren Rahmen sprengen, wenn ich mich mit solchen Haltungen auseinandersetzen müsste. Wer sich auf sie einlässt und ihre künstlerischen Konsequenzen auslotet, mag daraus vielleicht viel Gutes ziehen, aber meine Untersuchung ist nicht der rechte Ort dafür.

define your terms!

§ 1.8. Ich ahne es, jetzt wird sicher jemand wissen wollen, warum ich nicht einfach klipp und klar definiere, wie ich die Wörter »schön«, »ästhetisch« usw. verstanden wissen möchte. Um das zu beantworten, muss ich ein weitverbreitetes Vorurteil zum korrekten Vorgehen in der Philosophie entkräften: Wer erwartet, dass man nur anfangen kann zu philosophieren, nachdem man seine Begriffe erklärt oder gar strikt definiert hat, täuscht sich.[26] Fast immer ist das Gegenteil der Fall. Viele spannende philosophische Debatten werden im Keim erstickt, wenn man vorab den Boden bereiten soll, auf dem debattiert wird. Und wer sauber definieren will, kommt leicht vom Hundertsten ins Tausendste.[27]

Oft genügt für den Start ein intuitives Vorverständnis der Begriffe. Sie schärfen sich fast immer wie von allein während der eigentlichen Arbeit, in ihrem Gebrauch. Und das intuitive Vorverständnis lässt sich am besten anhand von Beispielen wecken. So auch hier: Für meine Zwecke genügt es, wenn ich Ihnen im Lauf der Untersuchung

1. Kapitel: Schwierigkeiten mit der Schönheit 29

plausible Beispiele für naturwissenschaftliche und künstlerische Errungenschaften zeige, die man gern schön nennen möchte – und wenn ich in jedem einzelnen Fall kurz erläutere, welche Gesichtspunkte dabei relevant sind. Wem das Schönheitserlebnis fremd ist, der wird daraus nichts lernen; ihm würde aber auch eine Definition nichts bringen.

Ähnlich bei der Rede vom ästhetisch Gelungenen. Wie vor kurzem dargetan brauchen wir Ausdrücke, um ästhetisches Lob auszudrücken, um also eine positive Reaktion unseres Schönheitssinns zu Protokoll zu geben. Oft, aber sicher nicht immer drängt sich uns in solchen Fällen dann das Wort »schön« auf, wenn wir zu unserer positiven Reaktion ohne erhebliche Vermittlung des Intellekts gelangen; und wo mehr Vernunft im Spiel ist, drängt sich uns vielleicht eher der Ausdruck »ästhetisch gelungen« auf. Aber diese Faustregel gilt nicht immer. Die Physiker sprechen mit Blick auf ihre Theorien ganz ungeniert von Schönheit – und das können sie nur tun, nachdem sie sich intellektuelle Anstrengungen abverlangt haben.

Insgesamt vertraue ich darauf, dass wir uns angesichts konkreter Fälle hinreichend oft einig darüber sind, was wir ästhetisch gelungen nennen wollen und was schön – und was weder das eine Lob noch das andere verdient.

Ja, vielleicht wird die Sache einfacher, wenn wir uns immer wieder auch auf diejenigen Charakteristika konzentrieren, in deren Lichte wir ein Kunstwerk, ein Experiment oder eine Theorie nicht schön finden, sondern ästhetisch misslungen. In hochgestochener Redeweise liefe das auf eine *Ästhetik des Hässlichen* hinaus – die selbstverständlich schon seit langem betrieben wird.[28]

Ich finde den Namen dieses Projekts schön, wenn auch etwas übertrieben. Es geht ja nicht um Schwarz oder Weiß, Gut oder Böse, Schön oder Hässlich – sondern um die grauen und hochinteressanten Zwischentöne. Und so werde ich etwa bei der Diskussion der Optik Isaac Newtons einige Experimente bringen, die zwar insgesamt ästhetisch gelungen sind, gleichwohl hie und da zu wunschen übrig lassen; sie sind etwas hässlich, und man kann sehr genau sagen, woran das liegt. Als unverbesserlicher Optimist werde ich nicht beim Lamento stehenbleiben, sondern zeigen, wie Newton oder seine Nachfolger die fraglichen Experimente zu verschönern wussten.[29]

Schön und hässlich zugleich

§ 1.9. Ich würde es mir zu leicht machen, wenn ich mich lediglich darauf zurückzöge, dass in der Kunstwelt zurückhaltender mit gewissen Wörtern umgegangen wird als unter Normalsterblichen. Die Schwierigkeit liegt nicht nur im Sprachgebrauch. Das zeigt folgende Betrachtung, die sich zunächst bei der bildenden Kunst aufdrängt und offenbar kein naturwissenschaftliches Gegenstück hat.

Es ist nicht die Aufgabe der bildenden Kunst, immer nur das Schöne abzubilden. Erstens deshalb nicht, weil sie nicht immer etwas abbilden muss. Und zweitens gibt es Bilder, die auf gelungene Weise etwas abbilden, was wir nie und nimmer »schön« nennen würden.[30] Das lässt sich anhand des Portraits aus dem Jahr 1514 illustrieren, das der Maler und Mathematiker Albrecht Dürer von seiner alten Mutter gezeichnet hat (Abb. 1.9).[31] Ihr faltiges und knochiges Gesicht ist im Halbprofil dargestellt, ihre Wangen sind eingefallen, die Lippen schmal, die Nase scharf, der magere Hals sehnig. Ihr rechtes Auge scheint in eine andere Richtung zu starren als das linke, so als ob sie schielt. Ein Kopftuch deckt ihre Haare nachlässig ab, die Schultern sind nur angedeutet. Insgesamt sieht die Dargestellte so aus, wie sich Kinder eine böse Hexe vorstellen.

Es wäre seltsam, in solchen Fällen den Ausdruck »schön« zum Lob des Bildes heranzuziehen; soll man das Bild »schön und hässlich« zugleich nennen? Nein, diese paradox anmutende Redeweise lässt sich vermeiden, wenn man sagt:

Dies ist ein ästhetisch gelungenes Bild *von* einem hässlichen Gesicht.

Ja, im strengen Sinne wäre es vielleicht nicht einmal paradox zu sagen:

Dies ist ein *schönes* Bild von einem *hässlichen* Gesicht.

Dennoch sträubt sich in mir der Sinn fürs Verständliche gegen eine solche Formulierung – vor allem deshalb, weil sich beide hervorgehobenen Ausdrücke auf visuelle Tatbestände beziehen. Und wir reden hier nicht über beschönigende Bilder von etwas Hässlichem. Ich muss gestehen: Je länger ich Dürers Bild betrachte, desto we-

1. Kapitel: Schwierigkeiten mit der Schönheit   31

Abb. 1.9: Albrecht Dürer, *Bildnis seiner Mutter*.

niger vermag ich die dargestellte Mutter *hässlich* zu nennen. Sie ist alt – aber hässlich? Ihre Nase mag etwas zu groß für ihr mageres Gesicht sein, hat aber eine edle Form, und den Blick der Mutter kann man durchgeistigt nennen (vor allem wenn man ihr rechtes Auge abdeckt).

Um hier klarer zu sehen, müssten wir vielleicht mehr Beispiele durchdenken. Ich bin davon überzeugt, dass es bei unserem Thema ganz allgemein instruktiv ist, immer wieder von einer Kunstgattung in eine andere überzuwechseln; ich werde das jedenfalls regelmäßig tun. Und so möchte ich im kommenden Paragraphen nach möglichen *musikalischen* Parallelen suchen.

Doch zuvor muss ich einen Schritt zurücktreten und fragen: Habe ich es mir vielleicht zu schwer gemacht? Können wir die Parallele zwischen Kunst und Wissenschaft nicht doch so weit ziehen, dass sich ihr auch die zuletzt behandelten Redeweisen fügen müssen? Gibt es denn keine schönen Theorien von hässlichen Phänomenen? Ja doch, es mag so etwas geben – etwa eine evolutionsbiologische Theorie von den Leibspeisen der Lämmergeier. Aber geben wir es zu: Hier läuft die ästhetische Wertschätzung auf ganz anderen Bahnen als im Fall schöner Kunstwerke, die etwas Hässliches darstellen; dass beide Redeweisen ähnlich klingen, bietet nur eine oberflächliche Parallele.

Dasselbe in der Musik?

§ 1.10. Kann es in der Musik das geben, worauf ich Sie anhand von Dürers Bild aufmerksam gemacht habe? Wenn überhaupt, dann dort in der Musik, wo auch etwas dargestellt wird – also etwa in Sakralwerken, Opern oder in der Programm-Musik.

Beispielsweise finden sich in den Passionsmusiken des fünften Evangelisten hochästhetische Vertonungen von hässlichem Geschrei:

»Sein Blut komme über uns und unsere Kinder« –

mit diesen Worten lässt Johann Sebastian Bach den Chor in seiner *Matthäuspassion* eine vierstimmige Kurzfuge singen, deren Disharmonien grell sind.[32] Wem diese Musik zum ersten Male entgegentritt, dem gefriert das Blut in den Adern.

Vielleicht steht das Beispiel windschief zum angeblichen Analogon aus der Malerei; denn die musikalisch dargestellte Hässlichkeit ist eher *moralisch hässlich* als ästhetisch hässlich. Um treffendere Analogien zu finden, müsste man nach musikalischen Darstellungen *sinnlich hässlicher* Sachverhalte fahnden.

Es gibt so etwas: Die Komponisten Georg Philipp Telemann und

1. Kapitel: Schwierigkeiten mit der Schönheit

Wolfgang Amadeus Mozart haben sich lustigerweise schlechte Sänger bzw. miese Musikanten ausgedacht, etwa in der Kantate *Der Schulmeister* bzw. im *Dorfmusikantensextett*. Beiden Stücken haftet freilich ein Ruch von Banalität an (und so ist umstritten, ob *Der Schulmeister* wirklich von Telemann stammt).

§ 1.11. Kunst und Musik zielen nicht unbedingt auf das Schöne; wohl aber zielen sie auf ästhetischen Erfolg im weitesten Sinne. Dass sogar im Fall von Dürers Bild kein Paradox vorlag, hängt mit dem Unterschied zwischen Repräsentiertem und Repräsentierendem zusammen. Diese Beschwichtigungsstrategie aus den vorigen Paragraphen funktioniert weder bei abstrakter Malerei noch im analogen Fall der absoluten Musik. Das lässt sich in der Musik leicht illustrieren, anhand der westlichen Kunstmusik des 20. Jahrhunderts mit ihrem bewussten Einsatz unaufgelöster Dissonanzen.[33] Hier wie da fehlt es an einem repräsentierten Gegenstand, auf den wir beschwichtigend das Prädikat des Unschönen oder Hässlichen loslassen könnten, ohne unser ästhetisches Lob des Kunstwerks zu torpedieren.

Zurück zum Thema

Vielleicht lohnt es sich, solchen Phänomenen quer durch die Kunstgattungen nachzuspüren und dabei auszuprobieren, welche Redeweisen sich uns aufdrängen und welche nicht. Doch diese Arbeit muss ich hier nicht leisten. Denn es dürfte keine analogen Phänomene im Bereich naturwissenschaftlicher Schönheit geben – was meinen Zwecken nicht schadet. Die Verwandtschaftsthese verlangt keine Identität zwischen künstlerischer und naturwissenschaftlicher Schönheit; ich kann an der These festhalten, ohne zu bestreiten, dass sich im Bereich der Kunstschönheit stellenweise viel feiner verästelte Redeweisen herausgebildet haben als beim naturwissenschaftlichen Gegenstück.

§ 1.12. In den letzten Paragraphen habe ich darauf aufmerksam gemacht, wie stark sich die ästhetischen Redeweisen in Kunst und Naturwissenschaft an einigen Stellen voneinander unterscheiden. Unterschiedliche verbale Gepflogenheiten mögen von Interesse sein; für meine Diskussion sind sie letztlich zweitrangig. Denn wie

Zweiter Unterschied: Glaubwürdigkeit

gesagt behaupte ich keine Identität meiner beiden Vergleichsgegenstände, sondern nur ihre Verwandtschaft.

Ich möchte dieses Kapitel mit einem anderen Unterschied zwischen ästhetischer Wertschätzung in Kunst und Physik abschließen. Er ist wichtiger als der Streit um Worte, den ich in den vorigen Paragraphen Revue passieren ließ. Weil er ins Herz der Debatte führt, werde ich auch später immer wieder auf ihn zurückkommen. Er hat mit dem Verhältnis zwischen Schönheit und Glaubwürdigkeit zu tun und besagt: Naturwissenschaftliche Schönheit trägt zur Glaubwürdigkeit oder Wahrscheinlichkeit gewisser Gedanken bei – aber es wäre seltsam, dasselbe z. B. von musikalischer Schönheit anzunehmen.[34]

Klarerweise könnte ästhetische Urteilskraft auf einem Gebiet selbst dann mit ihrem Gegenstück auf einem anderen Gebiet verwandt sein, wenn sie hie nicht denselben Zielen dient wie da. Insofern kann dieser Unterschied meine Verwandtschaftsthese (V) kaum bedrohen, die ich zur Erinnerung noch einmal einrücke:

(V) Der Schönheitssinn, den Naturwissenschaftler zur Beurteilung ihrer Arbeitsergebnisse einsetzen, ist eng verwandt (wenn auch nicht identisch) mit dem Schönheitssinn, mit dessen Hilfe wir Kunstwerke beurteilen.

Gleichwohl kann ich mich nicht damit begnügen, mich darauf zurückzuziehen, dass ich nicht mehr behaupten möchte als eine bloße Verwandtschaft zwischen den Schönheiten in Naturwissenschaften und Künsten. Warum das nicht genügt, möchte ich nun zum Abschluss des Kapitels skizzieren.

Das Rätsel § 1.13. Wer das unterschiedliche Verhältnis beider Schönheitsbegriffe zu Fragen der Glaubwürdigkeit ausblendet, wird die Rolle von Schönheit in der Physik kaum erhellen können. Über Glaubwürdigkeit und Wahrscheinlichkeit oder gar Wahrheit und Wissen in der Kunst möchte ich mich nicht groß auslassen. Falls die vier Begriffe dort überhaupt funktionieren, bringen sie andere Assoziationen mit sich als in der Wissenschaft und verdienen eine eigene Untersuchung – dazu also in aller gebotenen Kürze zunächst nur eine Andeutung.[35]

1. Kapitel: Schwierigkeiten mit der Schönheit 35

In der Tat spricht einiges dafür, dass meine Verwandtschaftsthese (V) ein plausibles Gegenstück hat, der zufolge nicht etwa bloß der bekannteste Schlüssel für die Künste (Schönheit) auch in den Naturwissenschaften passt, sondern darüber hinaus umgekehrt der bekannteste Schlüssel für die Naturwissenschaften (Wissen) auch in den Künsten:

(V′) Das Wissen, nach dem Naturwissenschaftler in ihrer Arbeit streben, ist eng verwandt (wenn auch nicht identisch) mit denjenigen Wissensformen, die sich Künstler in ihren jeweiligen Disziplinen erarbeiten.

Demzufolge bieten uns die Künste nicht viel anders als Physik, Chemie usw. eine erkenntnissteigernde Auseinandersetzung mit der Wirklichkeit; auch die Künste zielen nicht allein auf die Verschönerung der Welt. Diese These ist nicht das Thema meines Buchs; mir geht es in erster Linie um Naturwissenschaft, und nur um den dortigen Schönheitssinn zu beleuchten, werde ich Seitenblicke auf die Künste werfen. Wer dagegen die These (V′) behandeln möchte, muss sich viel intensiver mit den Künsten auseinandersetzen, als ich hier leisten kann.

Daher will ich die Begriffe des Wissens, der Glaubwürdigkeit, der Wahrscheinlichkeit und der Wahrheit nur auf dem vertrauteren Terrain der Naturwissenschaft ins Blickfeld rücken und folgendes Problem aufwerfen: Warum trägt die naturwissenschaftliche Schönheit (oder spezieller die Schönheit in der Physik) zur Glaubwürdigkeit oder Wahrscheinlichkeit gewisser Gedanken bei? Was haben naturwissenschaftliche Schönheit und Wahrheit miteinander zu tun? Wie kann uns physikalische Schönheit zur physikalischen Wahrheit verhelfen?

Vertiefungsmöglichkeit. These (V′) handelt ausdrücklich von *Wissens*formen und umgreift damit einen wesentlich breiteren Kreis von Problemen als die enge Frage nach *Wahrheit* oder *Glaubwürdigkeit* von Photographien, Schlachtengemälden oder gemalten Portraits. Das sind besondere Fälle, aus denen sich nicht viel über bildende Kunst insgesamt lernen lässt. (Abgesehen davon steigert die Schönheit solcher Werke ihre Glaubwürdigkeit kaum.) Im Normalfall hat Glaubwürdigkeit in der Kunst u. a. mit Authentizität zu tun – mit einem Begriff, der in der Naturwissenschaft keine große Rolle spielen sollte; und wer in der Kunst von Wahrheit spricht, hat oft etwas dezidiert anderes vor Augen als der Physiker. Beim Thema des Wissens drängen sich demgegenüber viel eher Verwandtschaftsthesen wie (V´) auf als bei Wahrheit, Wahrscheinlichkeit oder Glaubwürdigkeit. Das hat auch damit zu tun, dass Wissen eine besonders dehnbare Kategorie ist – so wie Schönheit.

Vorschau § 1.14. Ich werde das zuletzt aufgeworfene Problem nicht lösen; doch werde ich im letzten Teil V meiner Untersuchung überlegen, in welcher groben Richtung eine Lösung des Problems zu vermuten ist; die Resultate aus dem Herzstück meiner Untersuchung (aus der optischen Fallstudie in Teilen II bis IV) werden mir dabei zugute kommen. Mehr noch, ohne eine Fallstudie dieser Detailtreue dürfte man an dem Problem scheitern. Denn bevor wir die erkenntnistheoretische Rolle diskutieren, die dem Schönheitssinn bei der naturwissenschaftlichen Arbeit zukommt, sollten wir uns ein halbwegs konkretes Bild davon verschaffen, wie der naturwissenschaftliche Schönheitssinn funktioniert, worauf er anspringt und was er ablehnt.

Das ist die Hauptaufgabe der versprochenen Fallstudie. Bevor ich Sie jedoch in deren Details verwickle, will ich die *Crème de la Crème* der Physik zu Wort kommen lassen und ausführlich belegen, wie wichtig die berühmtesten Physiker aus Moderne und Neuzeit den Schönheitssinn bei ihrer Arbeit gefunden haben (Teil I). Ich werde mit Voten der Prominenz aus dem frühen 20. Jahrhundert anfangen (2. Kapitel), dann zu dem polnischen Arzt und Astronomen Nikolaus Kopernikus zurückgehen (3. Kapitel), um schließlich länger bei dem deutschen Mathematiker, Astrologen, Astronomen und Theologen Johannes Kepler zu verweilen, in dessen Forschung der Schönheitssinn eine besonders starke Rolle gespielt hat (4. Kapitel).

Wie Sie sehen werden, haben sich die Berühmtheiten zum Teil erstaunlich extrem geäußert. Dieser Streifzug durch die Wissenschaftsgeschichte dient aber nicht nur dazu, mich der Zustimmung berühmter Gewährsleute zu versichern; ich will Ihnen zusätzlich ein erstes Gespür dafür vermitteln, an welchen Stellen der physikalischen Arbeit es auf Schönheit ankommt. Zudem möchte ich herausarbeiten, was mich dazu bewogen hat, dann ausgerechnet mit einer

1. Kapitel: Schwierigkeiten mit der Schönheit

Fallstudie zur Optik weiterzumachen: Meiner Ansicht nach haben wir auf diesem speziellen Terrain deshalb gute Chancen auf schnelle Erfolge, die repräsentativ fürs große Ganze sind, weil man in der Optik das Wechselspiel aus schönen Experimenten und schöner Theorie besonders erhellend durchdenken kann. In der Tat finden sich gerade am Anfang der Geschichte der Optik einige der sichtlich schönsten Experimente aller Zeiten.

* * *

§ 1.15. Dass musikalische Schönheit nichts zur Glaubwürdigkeit irgendwelcher Gedanken beiträgt, liegt auf der Hand – es sei denn, man rechnet z. B. Bachs *Matthäuspassion* zu den Gottesbeweisen hinzu.[36] So weit möchte ich hier nicht gehen.[37]

<small>Parallele zwischen Musik und Mathematik</small>

Wer in dieser Sache bodenständig bleibt, kann eine interessante Parallele zwischen Schönheit in Musik und Mathematik ziehen (die sich nicht analog auf das Verhältnis von Musik und *Physik* übertragen lässt): So wie in der Musik trägt auch in der Mathematik die Schönheit (etwa eines Beweises oder Theorems) keinen Deut zur *Glaubwürdigkeit* bei.

Denn worin soll die Glaubwürdigkeit eines mathematischen Beweises oder Theorems liegen? In der Wahrscheinlichkeit seiner Korrektheit? Nein; wer systematisch und anhaltend von der *Wahrscheinlichkeit* für die Korrektheit eines mathematischen Beweises bzw. für die Wahrheit eines mathematischen Theorems redet, macht sich unter Mathematikern verdächtig. Nur in heuristischen Zusammenhängen (d. h. nur während der Suche nach mathematischen Wahrheiten) gilt das nicht; nur hier dürfen mathematische Beweise unter Gesichtspunkten der Wahrscheinlichkeit bewertet werden – provisorisch. Wer also z. B. einen Beweis noch nicht gründlich geprüft hat, darf sehr wohl die Vermutung äußern, dass wahrscheinlich kein Fehler im Beweis stecke.

In solchen Fällen gilt die Schönheit eines Beweises oder Theorems jedoch oft als Makel, weil sie die Irrtumsgefahr steigert; im Überschwang der ästhetischen Begeisterung drohen sich Flüchtigkeitsfehler einzuschleichen. Das liegt auch daran, dass es sehr schwer ist, in der Mathematik zur Schönheit vorzustoßen; wer allzu schnell ästhetische Fortschritte erzielt, muss befürchten, etwas erreicht zu haben, was zu schön ist, um wahr zu sein. Andererseits können z. B. bestimmte Symmetrien die Übersicht beim Rechnen und Beweisen erhöhen, wodurch Fehler weniger wahrscheinlich werden.[38]

Wie dem auch sei: Sobald man einen Beweis gründlich geprüft und keine Fehler gefunden hat, spielt seine Schönheit oder Hässlichkeit keine Rolle fürs Urteil über seine Korrektheit. Das hält die Mathematiker freilich nicht vom Bestreben danach ab, einen hässlichen Beweis durch einen schöneren zu ersetzen.[39] Sie tun das im allgemeinen nicht, um die Glaubwürdigkeit des Beweises zu erhöhen (derer sie sich trotz seiner Hässlichkeit gewiss sein werden). Vielmehr tun sie es deshalb, weil Schönheit ein eigenständiges Ziel der mathematischen Arbeit darstellt. (Einen Beleg dafür biete ich am Ende des kommenden Paragraphen.)

Anders aber Axiome

§ 1.16. Anders als bei Beweisen steht es bei der Wahl der Axiome. Sollen wir z. B. das Auswahlaxiom für wahr halten? Für sich genommen ist das Axiom unglaubwürdig, vor allem als Axiom. Bereits kurz nach seiner Formulierung war es unter Mathematikern hochumstritten.[40] Insbesondere Intuitionisten und Konstruktivisten misstrauten dem Axiom.[41] Ließe es sich aus anderen, weniger zweifelhaften Axiomen herleiten, so wäre es ein glaubwürdiges Theorem; doch es ist logisch unabhängig von ihnen. Soweit ich sehe, halten die meisten Mathematiker nur deshalb am Auswahlaxiom fest, weil sonst viele Beweise in weiten Teilen der Mathematik hässlich, lästig, nervenraubend würden. Wer ohne das Axiom (und ohne äquivalente Axiome) einen vergleichbar schönen Weg zu den bislang per Auswahlaxiom bewiesenen Sätzen aufzeigte, der hätte einen ästhetischen Grund gegen das Axiom entdeckt! – Die Angelegenheit ist komplizierter, als ich es hier dartun kann; vor allem deshalb, weil sich verschiedene Fassungen und zugehörige Einsatzgebiete des Axioms unterscheiden lassen, u. a. extensionale und intensionale. Im Lichte dieser Unterschiede schreibt der schwedische Logiker Per Martin-Löf:

»In einem extensionalen Grundlegungsrahmen wie [...] der konstruktiven Mengenlehre ist es *nicht vollkommen unmöglich*, ein Gegenstück zum konstruktiven Auswahlaxiom zu formulieren [...], *aber es wird kompliziert* [...] Die technischen *Komplikationen* [...] sprechen aus meiner Sicht für einen intensionalen Grundlegungsrahmen.«[42]

Das ist ein ästhetisches Argument. Ist es frivol zuzugeben, dass die Glaubwürdigkeit der Fassung eines Axioms auch von der Schönheit seiner mathematischen Konsequenzen abhängt – bzw. von der Schönheit des Weges, auf dem diese Konsequenzen gewonnen werden? Keineswegs. Jedenfalls nicht in den Augen vieler Mathematiker. So schreibt der Mathematiker Godfrey Harold Hardy in seiner Autobiographie:

»Die Strukturen des Mathematikers müssen *schön* sein, genauso wie diejenigen der Maler und Dichter; seine Ideen müssen so wie deren Farben oder Wörter miteinander harmonieren. Schönheit dient als wichtigster Test: Für hässliche Mathematik ist auf Dauer kein Platz auf Erden.«[43]

1. Kapitel: Schwierigkeiten mit der Schönheit

Dieser radikale Ausspruch mag manchen überraschen, der die Mathematik nicht von innen kennt. Sie verfolgt offenbar – neben der Korrektheit – ein weiteres eigenständiges Ziel: Schönheit. Hierin unterscheidet sie sich von der Physik (in der die Schönheit oft als probates *Mittel* der Wahrheitsfindung angesehen wird, seltener als eigenes Ziel). Und so spricht einiges dafür, die Mathematik in dieser Hinsicht zwischen Physik und Musik einzuordnen; demzufolge wäre das einzige eigenständige Ziel der Musik die Schönheit und das einzige Ziel der Physik die Wahrheit – in der Mathematik käme es hingegen auf beide Ziele an. Ich muss es bei diesen vagen und gewagten Andeutungen belassen; mein Hauptthema ist die Rolle der Schönheit in der Physik.[44] Und wie gesagt: Ob eine Kunstgattung wie die Musik nicht doch *im weitesten Sinne* kognitive Ziele verfolgt (wie mittels (V′) in § 1.13 angedeutet), ist kein Thema dieses Buchs.

Teil I

Streifzug durch die Wissenschaftsgeschichte

2. Kapitel.
Einstein und die Bewunderer der Schönheit seiner Relativitätstheorie

§ 2.1. Vielleicht werden Sie fragen, ob ich mir so sicher sein darf, dass naturwissenschaftliche Schönheit die Glaubwürdigkeit oder Wahrscheinlichkeit gewisser Gedanken steigert, z. B. in der Physik. Statt diese Frage vorschnell auf eigene Faust zu beantworten, werde ich als erstes prominente Physiker zu Wort kommen lassen, die das behaupten. Dabei soll herauskommen, wie ernst die großen Genies und Heroen der Physikgeschichte den Schönheitssinn bei ihrer Arbeit genommen haben.

Marschroute

Könnten sich die Genies und Heroen nicht täuschen? Vielleicht; doch solange keine Indizien für eine Selbsttäuschung vorliegen, tun wir gut daran, den Physikern zu vertrauen.[45] Die Physik kann für sich selber sorgen und für sich selber sprechen. Nur wo sich Exzentriker zu weit aus dem Fenster lehnen und von ihren Kollegen zurückgepfiffen werden, ist Skepsis angebracht. (Mehr dazu gleich.)

Zugegeben, selbst wenn berühmte Physiker herausstreichen, welch wichtige Rolle der Schönheitssinn *de facto* bei der Erkenntnis der Wahrheit spielt, so beantwortet dies noch lange nicht philosophische Fragen wie die: Wieso dürfen sich die Physiker an ihrem Schönheitssinn orientieren? Wie und warum trägt Schönheit zur naturwissenschaftlichen Glaubwürdigkeit bei? Auf diese knifflicen Fragen werde ich im Teil V der Untersuchung zurückkommen.

Im Pulverdampf der bevorstehenden Zitateschlacht soll sich bereits eine grobe Marschroute für den weiteren Gedankengang abzeichnen. Wie sich zeigen wird, können wir Nichtphysiker besser überblicken, was es in der Physik mit der Schönheit auf sich hat, wenn wir zwei Empfehlungen beherzigen:
(i) Man betrachte *frühe, neuzeitliche* physikalische Errungenschaften anstelle ihrer abstrakteren Nachfolger aus der modernen Physik.

(ii) Man betrachte auch physikalische *Experimente* in ihrem Zusammenhang mit physikalischen Theorien.

Um die Vorzüge dieser Empfehlungen herauszustreichen, werde ich vorführen, wie schwierig die Sache wird, wenn man stattdessen die vergleichsweise *junge* Relativitätstheorie betrachtet (2. Kapitel) bzw. astronomische *Theorien* der frühen Neuzeit (3. Kapitel, 4. Kapitel). Hier werden wir zwar ein erstes Gespür für das gewinnen, was Physiker sich unter Schönheit vorstellen, doch erst bei der Betrachtung ihrer konkreten Arbeit wird die Sache wirklich klar – und spannend. Dafür eignet sich besonders gut die Optik Newtons, dem wir eine der frühesten wohlkomponierten Serien von Experimenten verdanken. Sie ist hochraffiniert und trotzdem gut zu überschauen. Und so werde ich mich im Teil II der Untersuchung gemeinsam mit Ihnen in die schönen experimentellen Details seiner Arbeit vertiefen, um im Teil III genauer auf die Schönheit seiner Theorie einzugehen und im Teil IV zu überlegen, wie sich beides noch verschönern lassen könnte.

Doch nehmen wir zunächst zur Kenntnis, was die großen Physiker des vergangenen Jahrhunderts zum Thema Schönheit in der Naturwissenschaft zu sagen wussten.

Dirac § 2.2. Der Mitbegründer der Quantenphysik Paul Dirac ist unter den Berühmtheiten des vergangenen Jahrhunderts am weitesten gegangen. Bei zahllosen Gelegenheiten hat er Schönheit als *einzig* wichtiges Kriterium zur Beurteilung physikalischer Theorien ausgerufen. Ich werde ihn mit einer repräsentativen Passage länger zu Wort kommen lassen, um Ihnen die Radikalität seiner Ansichten mit voller Wucht vorzuführen. In einem Text zum hundertsten Geburtstag des Jahrhundertgenies Albert Einstein zählt er zunächst die seinerzeit vorliegenden, unstrittigen Beobachtungsdaten zugunsten dessen Relativitätstheorie auf; dann beantwortet Dirac die Frage, ob wir die Relativitätstheorie preiszugeben hätten, falls sie *nicht* zu den Beobachtungen gepasst hätte:

»Die soeben aufgezählten Erfolge der Theorie Einsteins sind beeindruckend; sie alle sprechen für die Theorie, und zwar mit mehr oder minder großer Genauigkeit – je nachdem, wie präzise beobachtet werden kann und welche Messunsicherheiten dabei entstehen.

Doch nehmen wir einmal an, dass *zwischen der Theorie und den Beobachtungen ein vielfach bestätigter Widerspruch auftritt*. Wie sollte man darauf reagieren? Wie hätte Einstein selber darauf reagiert? Müsste man die Theorie in diesem Fall für grundlegend falsch halten?

Meiner Ansicht nach sollten wir die letzte Frage klar mit Nein beantworten. Wer die fundamentale *Harmonie* zu würdigen weiß, die den Lauf der Natur mit allgemeinen mathematischen Grundsätzen verbindet, wird spüren, dass *eine Theorie im wesentlichen wahr sein muss, die so schön und elegant ist wie diejenige Einsteins*. Sollte bei irgendeiner Anwendung der Theorie ein Widerspruch zur Empirie auftauchen, dann kann dies nicht an ihren allgemeinen Grundsätzen liegen; der empirische Widerspruch muss von irgendeiner zweitrangigen Annahme herrühren, der man keine hinreichende Aufmerksamkeit geschenkt hat.

Beim Aufbau seiner Theorie der Gravitation ging es Einstein nicht darum, diesen oder jenen Beobachtungsergebnissen gerecht zu werden – weit gefehlt. Sein ganzes Vorgehen bestand in der *Suche nach einer schönen Theorie*, nach einer Theorie, wie sie die Natur selber wählen würde.

Und so ließ er sich nur von einer einzigen Forderung leiten: Seine Theorie musste so *schön und elegant sein, wie man es von jeder fundamentalen Beschreibung der Natur erwarten würde*. Er stützte sich in seiner Arbeit ausschließlich auf Vorstellungen darüber, wie die Natur sein muss, und verlangte gar nicht erst, bestimmten experimentellen Ergebnissen gerecht zu werden.

Selbstverständlich braucht man echtes Genie, um sich bloß durch abstrakte Gedankenarbeit vorstellen zu können, wie die Natur funktionieren muss. Einstein hatte dies Genie.

Irgendwie kam er auf den Gedanken, die Gravitation mit der Krümmung des Raumes zu verbinden. Es gelang ihm, ein mathematisches System zu entwickeln, dem dieser Gedanke zugrundelag. Und dabei ließ er sich allein von der Schönheit seiner Gleichungen leiten.

Mit dieser Methode gelangte er zu einer Theorie, deren grund-

legende Ideen von *großartiger Einfachheit und Eleganz* sind. So kommt man zu der überwältigenden Überzeugung, dass ihre Grundlagen *wahr* sein müssen, *unabhängig davon, ob die Theorie mit den Beobachtungen übereinstimmt oder nicht*«.[46]
Das ist starker Tobak. Wenn man nicht wüsste, dass diese Sätze von einem der bedeutendsten Physiker des letzten Jahrhunderts stammen, könnte man die Sache als Spinnerei abtun. So einfach können wir es uns jedoch nicht machen.

Überbordend optimistisch

§ 2.3. Wenige Physiker und Philosophen sind Dirac so weit gefolgt wie im vorigen Paragraphen zitiert. Ich möchte seine Haltung als überbordenden Optimismus bezeichnen und fasse sie so zusammen:

(Ü) *Überbordender Optimismus mit Blick auf den Schönheitssinn der Physiker:*

(+) Wann immer ein genialer Physiker eine hochästhetische Theorie formuliert, die nicht zu den bekannten empirischen Daten passt, wiegt die Schönheit dieser Theorie schwerer als ihre momentane Schwäche, mit den Daten zurechtzukommen. In diesem Fall soll sich der Physiker für die schönere Theorie entscheiden.

(–) Und wann immer der Schönheitssinn eines genialen Physikers gegen die Hässlichkeit einer Theorie rebelliert, die gut zu den empirischen Daten passt, muss er die Theorie verwerfen.

Um den überbordenden Optimismus zu charakterisieren, habe ich genau wie Dirac auf den Schönheitssinn *genialer* Physiker zurückgegriffen – warum? Es war mir darum zu tun, dem allzu beliebigen Schönheitssinn von Hinz & Kunz zu entrinnen. Die Position (Ü) wäre sonst allzu unplausibel. Dirac hatte den Schönheitssinn von Physikern vor Augen, die in der gleichen Liga spielen wie er selbst; potentielle oder tatsächliche Nobelpreisträger.

Nun verkäme (Ü) zur Tautologie, wenn als »genial« *per definitionem* diejenigen Physiker bezeichnet würden, deren Urteile glaubwürdig sind. Denn dann liefe (Ü+) auf den banalen Ratschlag hinaus, diejenigen Theorien für wahr zu halten, die von glaubwürdigen Physikern für wahr und schön gehalten werden. Aber so ist die

Sache nicht gemeint. Welcher Physiker genial ist, hängt von vielen Faktoren ab, die nicht allesamt mit Glaubwürdigkeit zu tun haben. Und selbstverständlich lässt sich keine scharfe Grenze zwischen genialen und normalsterblichen Physikern ziehen. Nichtsdestoweniger gibt es klare Fälle. Einstein war ganz sicher genial, mein erster Physiklehrer namens Wolfgang Morgeneyer war es nicht – und das, obwohl seine Urteile höchst glaubwürdig gewesen sind und er ein begnadeter Didaktiker war.

Vertiefungsmöglichkeit. Die zitierte Aussage Diracs entspringt nicht dem Überschwang spontaner Begeisterung; Dirac hat sich immer wieder so geäußert.[47] Doch sogar Dirac gibt zu, dass mathematische Schönheit nicht immer das letzte Wort in der Physik haben kann; trotz des ästhetischen Werts einer Theorie über magnetische *Mono*pole sei die empirische Suche nach einzelnen Magnetpolen erfolglos ausgegangen.[48] Selbst im Lichte dieses Eingeständnisses finden Außenstehende, dass Dirac insgesamt über die Stränge geschlagen hat. Sein Biograph z. B. schätzt Diracs wissenschaftsphilosophisches Vertrauen auf die Schönheit äußerst skeptisch ein.[49]
Hermann Weyl ist einer der wenigen Mathematiker und Physiker des 20. Jahrhunderts, die Diracs Position nahekommen. Sein Kollege Freeman Dyson berichtet, Weyl habe zu ihm halb im Scherz gesagt:
»In meiner Arbeit habe ich stets versucht, das Wahre mit dem Schönen zu vereinigen. Doch sobald ich zwischen beidem wählen musste, entschied ich mich fast immer für das Schöne«.[50]
Es liegt auf der Hand, dass derartige Zuspitzungen nicht wörtlich zu nehmen sind und dass sie gleichwohl tiefe Überzeugungen ausdrücken können. In der Tat glaubte Weyl felsenfest an Harmonie in den Grundzügen der Natur.[51] Dass er für Schönheit in Kunst und Natur gleichermaßen empfänglich gewesen ist, zeigt sich eindringlich in seinem Buch über Symmetrie.[52] Und weniger als Einstein störte sich Weyl daran, dass seine eigene relativistische Theorie zur Vereinheitlichung von Gravitation und Elektromagnetismus trotz aller Schönheit empirisch zweifelhaft war.[53] Nachdem der überbordende Optimismus in der Nachkriegszeit etwas aus der Mode kam, scheint er in allerletzter Zeit unter Grundlagenforschern wieder an Boden zu gewinnen.[54] Doch da noch längst nicht das letzte Wort über die Ergebnisse ihrer teilweise hochspekulativen Forschungen gesprochen ist, möchte ich sicherheitshalber darauf verzichten, dem im einzelnen nachzugehen.

§ 2.4. Obwohl Dirac mit seinem überbordenden Optimismus recht allein dasteht, ist er nicht der einzige Physiker, den die Schön-

Vorsichtiger

heit der Relativitätstheorie geradezu umgehauen hat.[55] Viele seiner Zeitgenossen haben die Sache ähnlich empfunden, auch wenn sie – anders als Dirac – der Empirie durchaus ein Mitspracherecht über die Theorie eingeräumt hätten. Die meisten Physiker und Philosophen sind der Ansicht, dass wir bei der Theorienwahl sowohl empirische als auch ästhetische Kriterien im Blick behalten müssen und dass die ästhetischen Kriterien die empirischen zuweilen (aber nicht immer) ausstechen dürfen. Sie vertreten eine vorsichtigere, aber immer noch überraschende Haltung, die ich im Rest dieses Kapitels mittels einiger Varianten entfalten werde. Ich finde sie plausibel und möchte sie mit meinen Überlegungen verteidigen. Sie besagt folgendes:

(Z) *Zurückhaltender Optimismus mit Blick auf den Schönheitssinn der Physiker.*

(+) Wenn ein genialer Physiker eine hochästhetische Theorie formuliert, die nicht zu den bekannten empirischen Daten passt, dann kann *in begründeten Einzelfällen* die Schönheit dieser Theorie schwerer wiegen als ihre momentane Schwäche, mit den Daten zurechtzukommen. In diesem Fall darf sich der Physiker für die schönere Theorie entscheiden.

(–) Und wenn der Schönheitssinn eines genialen Physikers gegen die Hässlichkeit einer Theorie rebelliert, die gut zu den empirischen Daten passt, dann kann er die Theorie *in begründeten Einzelfällen* verwerfen.

Dass Physiker beide Möglichkeiten wieder und wieder bei ihrer Arbeit ausnutzen, und zwar auch in den Sternstunden der Physikgeschichte, ist unter Wissenschaftshistorikern und -philosophinnen nahezu unstrittig.[56]

Hier sind wir an einen Punkt gelangt, an dem ich vielleicht eine weitere Einsicht aussprechen sollte, der heutzutage sogar noch mehr Autorinnen und Autoren beipflichten: Ob wir eine Theorie akzeptieren oder nicht, hängt nicht allein davon ab, wie exakt sie zur Empirie passt (also zu den Beobachtungen und Versuchsergebnissen), sondern auch von weiteren – außerempirischen – Kriterien. Schönheit ist vielleicht eines dieser Kriterien, aber sicher nicht das einzige; es kommt uns nämlich z. B. auch darauf an, dass unsere neuen Theorien möglichst einfach sind, dass sie möglichst

2. Kapitel: Einstein und die Bewunderer seiner Relativitätstheorie 49

gut zu unseren weltanschaulichen Schlüsselüberzeugungen passen und dass sie möglichst wenig von dem abweichen, was wir bislang für wahr gehalten haben.[57] Das Thema meiner Untersuchung ist nur eines dieser außerempirischen Kriterien: die Schönheit.

Vertiefungsmöglichkeit. Dass viele Physiker den Schönheitssinn zurückhaltend optimistisch beurteilen, führe ich ab § 2.7 vor. Eine Reihe von Wissenschaftsphilosophen sehen die Sache ähnlich. So besteht laut Pierre Duhem eine der Aufgaben unserer Theorien darin, Ordnung zu schaffen; diese Ordnung komme in ihrer Schönheit einem Kunstwerk nahe.[58] Im selben Geiste schreibt der Logiker und Philosoph Willard Van Orman Quine: »Meiner Ansicht nach bringt es nichts, sich über die absolute Wahrheit von Theorien oder sprachlichen Begriffsschemata den Kopf zu zerbrechen und zu fragen, ob sie der Wirklichkeit korrespondieren. Grundstürzende Änderungen der Theorie und ihrer Begriffe können wir nur pragmatisch beurteilen [...] Entscheidend ist, wie gut sich Begriffe und Sprache dazu eignen, unsere Kommunikation zu erleichtern und unsere Voraussagen zu verbessern [...] *Dabei kommt es uns auch auf Eleganz und begriffliche Sparsamkeit an. Diese Vorzüge haben eine starke Anziehungskraft, sind aber immer irgendwie zweitrangig. Es kann von der Eleganz einer Theorie abhängen, ob wir mit ihr zurechtkommen oder ob ihre Anwendung für unseren armseligen Geist zu umständlich wäre. Soweit ist Eleganz nur ein Mittel zum Zweck, indem sie uns zu pragmatisch akzeptablen Theorien führt. Doch Eleganz kann auch zum Selbstzweck aufsteigen. Dagegen ist solange nichts einzuwenden, wie sie in anderer Hinsicht zweitrangig bleibt; wir sollten uns nämlich nur dann auf sie berufen, wenn uns der pragmatische Standard nichts anderes vorschreibt. Wo Eleganz keinen Schaden anrichtet, dürfen und sollen wir in die Rolle des Dichters schlüpfen und sie um ihrer selbst willen anstreben«.*[59]
Auch der Wissenschaftshistoriker Thomas Kuhn, der sich bei vielen Themen weiter aus dem Fenster gelehnt hat, nimmt eine vorsichtige Haltung zum Wert ästhetischer Kriterien für den Gang der Wissenschaft ein. Dass sie ihn *de facto* erheblich beeinflussen, hat er wieder und wieder herausgestrichen.[60] Doch warnt Kuhn davor, diese deskriptive These zu stark zu übertreiben und die Ästhetik als *einzigen* Faktor für die Durchsetzung einer neuen Theorie anzusehen.[61] Er hat seine Haltung später noch weiter abgeschwächt; laut spätem Kuhn sind ästhetische Vorzüge selten das wichtigste Ziel der Wissenschaftsentwicklung.[62] Abgesehen davon behauptet Kuhn nicht ohne Berechtigung, dass sich deskriptive und normative Fragen der Wissenschaftsphilosophie kaum auseinanderdividieren lassen.[63] Daher setzt sich die zuletzt erwähnte vorsichtige Beschreibung durch Kuhn auto-

matisch in normative Gefilde fort; er meint also, dass Physiker die Ästhetik ihrer Errungenschaften besser nicht zum Hauptziel der Forschung machen sollten.

Pessimismus § 2.5. Was die Physiker bei ihrer Arbeit *de facto* tun, ist eine Sache. Eine andere Sache ist, ob sie das tun dürfen. Also fragt sich: Sind die Physiker berechtigt, so vorzugehen, wie der Optimismus empfiehlt? Auf diese philosophische Frage gibt es abgesehen von den optimistischen Positionen (Ü) und (Z) noch zwei weitere Antworten. Die eine dieser Antworten ist pessimistisch, die andere agnostisch. Die pessimistische Antwort besagt:
(P) *Pessimismus mit Blick auf den Schönheitssinn der Physiker.*
Ästhetische Eigenschaften physikalischer Theorien dürfen keine Rolle bei der rationalen Theoriewahl spielen. Sie haben allenfalls heuristischen oder psychologischen Wert, insofern sie manchmal bei der *Entdeckung* neuer Theorien mithelfen – bei deren *Rechtfertigung* haben sie dagegen kein Wörtchen mitzureden.

Wenn unser Schönheitssinn nur bei der *Suche* nach der Wahrheit gute Dienste leisten könnte (also nur heuristisch), dann hätte er keinen erkenntnistheoretischen, rationalen Wert; auch Geld und Macht, Träume und Wagemut, Ehrgeiz und Neid können bei der Wahrheitssuche gute Dienste leisten. Gehört das Streben nach Schönheit in diese Reihe? Pessimisten sehen es so, und ihre Haltung dürfte unter kühlen Köpfen verbreitet sein, etwa unter Ingenieuren, Juristinnen oder Volkswirten. Sollte es uns nicht zu denken geben, dass dieser Pessimismus ausgerechnet bei Physikern seltener vorkommt – und besonders selten bei Spitzenphysikern?

Vertiefungsmöglichkeit. Manche Physiker und Philosophen schreiben der ästhetischen Urteilskraft überhaupt keine eigenen Erkenntnisfähigkeiten zu. So erörtert der Physiker Subrahmanyan Chandrasekhar ausgerechnet das (aus seiner Sicht abschreckende) Beispiel so großer Physiker wie Einstein, Heisenberg und Dirac, die sich erst *nach* ihren großen Leistungen bewusst auf die – dann erfolglose – Suche nach mathematischer Schönheit in der Physik begeben hätten.[64]

Auch eine Reihe illustrer Philosophen hat gegen ästhetische Kriterien bei der naturwissenschaftlichen Wahrheitssuche protestiert. So wirft Aristoteles den anscheinend schönheitsbeflissenen Pythagoräern vor, sie hätten ihre Behauptungen zur nichtzentralen Stellung sowie zur Bewegung der Erde nicht eng an den Phänomenen ausgerichtet, sondern am Wunsch, schöne Ordnungen aufzuweisen.[65]

Protest mit ähnlicher Stoßrichtung findet sich beim altehrwürdigen Wegbereiter des Empirismus Francis Bacon und beim modernen Erfinder des Falsifikationismus Karl Popper.[66]

Der Kunstkritiker Roger Fry (der die Bloomsbury-Gruppe um die Schriftstellerin Virginia Woolf maßgeblich beeinflusst hat) stößt ins selbe Horn wie die zitierten pessimistischen Philosophen und Physiker, versteigt sich dabei aber (trotz seiner Einsicht in allerlei Parallelen zwischen Kunst und Naturwissenschaft) zu der Behauptung, Naturwissenschaftler könnten ihre Arbeit rein mechanisch vorantreiben.[67] Aus heutiger Sicht wirkt das abstrus.[68] Pessimisten können (wie z. B. Fry) dem Schönheitssinn der Naturwissenschaftler eine wichtige psychologische Funktion zubilligen und zugleich seinen erkenntnistheoretischen, rationalen Wert leugnen. Dabei stützen sie sich gern auf den Unterschied zwischen Entdeckungs- und Rechtfertigungsfragen, der insbesondere vom Philosophen Hans Reichenbach in den Vordergrund gerückt worden ist, aber auf eine lange Vorgeschichte zurückblicken kann.[69] Trotz seiner Sympathie für diese pessimistische Haltung gibt McAllister zu: Wer mit der Schönheit in der Physik zurandekommen will, muss mehr tun, als sich auf den plausiblen Unterschied zwischen Entdeckung (einer Sache der Psychologie) und Rechtfertigung (einer Sache der Normen) zurückzuziehen.[70]

§ 2.6. Die Pessimisten, von denen im vorigen Paragraphen die Rede war, schreiben unserem Schönheitssinn keinen erkenntnistheoretischen Wert zu. Doch wer sich dem Optimismus entziehen will, braucht nicht so weit zu gehen; stattdessen kann er sich vornehm zurückhalten:

(A) *Agnostizismus mit Blick auf den Schönheitssinn der Physiker.*
Ästhetische Eigenschaften physikalischer Theorien könnten vielleicht eine hilfreiche Rolle bei der rationalen Theorienwahl spielen. Ob sie es tun, wissen wir bis auf weiteres nicht.
Für Urteilsenthaltung plädiert z. B. der Wissenschaftstheoretiker James McAllister; nachdem er die wissenschaftsgeschichtlichen Fakten dargetan hat und auf den weitverbreiteten Optimismus der Naturwissenschaftler zu sprechen gekommen ist, ringt er sich nicht zu einer Entscheidung darüber durch, ob die Naturwissenschaftler mit

Agnostizismus

ihren schönheitsbeflissenen Gewohnheiten alles in allem gut fahren – seiner Ansicht nach liefern die wissenschaftsgeschichtlichen Daten noch nicht genug Material für ein endgültiges Votum, das auf Induktion beruhen müsste, also auf einem Schluss aus vielen Einzelfällen auf eine allgemeine Gesetzmäßigkeit.[71]

Ob man sich angesichts der Zeugnisse aus der Wissenschaftsgeschichte so stark zurückhalten möchte oder nicht, ist eher eine Frage des intellektuellen Temperaments als des durchschlagenden Arguments. Meiner Ansicht nach entgeht der nicht-optimistischen Haltung (A) ebenso wie ihrem pessimistischen Gegenstück (P) ein wichtiger Zug dessen, was unsere Naturwissenschaft ausmacht, stark macht und ihr ein menschliches Antlitz verleiht. Doch werde ich jene beiden Positionen nicht direkt angreifen. Erst recht nicht werde ich sie widerlegen. Vielmehr möchte ich sie – insbesondere durch meine ausführliche Fallstudie – in ein ungünstiges Licht rücken. Ich habe vor, ein attraktives Bild von Naturwissenschaft und insbesondere Physik zu zeichnen, in dem unserem Schönheitssinn ein prominenter Platz zukommt: ein prominenter Platz; nicht der Thron.

Wie ich im verbleibenden Teil dieses Kapitels vorführen möchte, herrschte diese zurückhaltend optimistische Haltung auf dem Olymp der modernen Physik.

Albert Einstein, verzaubert

§ 2.7. Unter den Schlüsselfiguren der Physik des 20. Jahrhunderts haben sich viele Genies in ihrer theoretischen Arbeit vom Schönheitssinn leiten lassen, auf zurückhaltend optimistische Weise. Einstein ist das berühmteste Beispiel dafür. In der Tat wirkte Einstein auf seine Zeitgenossen wie jemand, dem die Schönheit seiner Theorien stärker am Herzen lag als alle Empirie.[72] Der Physik-Nobelpreisträger Eugene Paul Wigner zitiert Einstein sogar entsprechend:
»Nur wenn eine Theorie schön ist, sind wir laut Einstein bereit, sie zu akzeptieren«.[73]
Bedauerlicherweise bringt Wigner für diesen Satz keine Fundstelle; er zitiert vermutlich aus der Erinnerung an ein Gespräch, das er mit Einstein in Princeton (ihrem gemeinsamen Wirkungsort) geführt hat. Es kann also sehr wohl sein, dass Einstein mündlich so weit

gegangen ist. Trotzdem fällt auf, dass er das Schönheitskriterium in seinen Schriften verblüffend selten ausdrücklich in den Vordergrund rückt. Fast will es so scheinen, als hätte er das Wort »Schönheit« in offiziellen Verlautbarungen absichtlich vermieden. Halboffizielle Ausnahmen bestätigen die Regel, wie z. B. im Brief an den Gerichtsmediziner Heinrich Zangger vom 26. 11. 1915:
»Die Theorie ist von unvergleichlicher Schönheit«.[74]
Doch auch wenn Einstein mit dem *Wort* anderswo sparsam umgeht, gibt es eine Reihe von Belegen, aus denen ästhetische Motive klar hervortreten. So beendet Einstein die Einleitung zu seiner frühesten Präsentation der Allgemeinen Relativitätstheorie mit den Worten:
»Dem Zauber dieser Theorie wird sich kaum jemand entziehen können, der sie wirklich erfaßt hat«.[75]
Obwohl Zauber nicht dasselbe wie Schönheit ist, dürfte Einstein diese Bemerkung ästhetisch gemeint haben. Ihm ging es ja nicht um Hokuspokus im Zirkus oder um echte Zauberei.

§ 2.8. Der spätere Nobelpreisträger für Physik Werner Heisenberg hat versucht, aus Einstein ein deutlicheres Bekenntnis zur Schönheit hervorzulocken. Während eines Gespräch aus dem Jahr 1926 spricht Heisenberg in einem Atemzug von Schönheit, Einfachheit und Wahrheit:

Heisenberg fragt

»Sie können mir vorwerfen, daß ich hier ein *ästhetisches* Wahrheitskriterium verwende, indem ich von *Einfachheit und Schönheit* spreche. Aber ich muß zugeben, daß für mich von der *Einfachheit und Schönheit* des mathematischen Schemas, das uns hier von der Natur suggeriert worden ist, eine ganz große Überzeugungskraft ausgeht. Sie müssen das doch auch *erlebt* haben, daß man fast *erschrickt* vor der *Einfachheit und Geschlossenheit* der Zusammenhänge, die die Natur auf einmal vor einem ausbreitet und auf die man so gar nicht vorbereitet war«.[76]
Heisenberg verwendet hier zunächst den Ausdruck »ästhetisch«, dessen Gehalt er dann gleich zweimal mit dem Zwillingspaar aus »Einfachheit und Schönheit« konkretisiert. Weiter unten im Zitat setzt er zwar keine ausdrücklich ästhetischen Ausdrücke mehr ein – stattdessen benennt er das Zwillingspaar so um: »Einfachheit und

Geschlossenheit«. Gleichwohl meine ich nicht, dass Heisenberg hier das Thema gewechselt hat. Einerseits gilt die formale Geschlossenheit eines Kunstwerks oder einer Theorie sehr wohl als Merkmal hoher ästhetischer Qualität.[77] Andererseits redet Heisenberg unmittelbar vorher von Erleben und Erschrecken – und das klingt nicht wie die kühle Ankündigung irgendeines wertneutralen Gesichtspunkts, sondern so, als hätte er sich geradezu ästhetisch überwältigen lassen. (Im weitesten Sinne könnte man den fraglichen Teil des Zitats auch spirituell deuten, aber da es dort nicht ausdrücklich um Religion oder Gott geht, läge in dieser Deutung das Spirituelle nahe beim Ästhetischen.) Bei genauem Blick auf das Zitat ergeben sich also eine Reihe von Indizien dafür, dass Schönheit für Heisenberg nahezu dasselbe ist wie Einfachheit und Geschlossenheit; beidem räumt er größte Bedeutung für die wissenschaftliche Arbeit ein.

Im Anschluss an die zitierte Stelle rudert Heisenberg ein Stück zurück:

»Die Einfachheit des mathematischen Schemas hat außerdem hier zur Folge, daß es möglich sein muß, sich viele Experimente auszudenken, bei denen man das Ergebnis mit großer Genauigkeit nach der Theorie vorausberechnen kann. Wenn die Experimente dann durchgeführt werden und das vorausgesagte Ergebnis liefern, so kann man doch kaum mehr daran zweifeln, daß die Theorie in diesem Gebiet die Natur richtig darstellt«.[78]

Wie zur Beruhigung seines Gesprächspartners versichert er hier, dass alles in allem doch immer die Empirie das letzte Wort hat. Schönheit (realisiert etwa durch Einfachheit) wäre demzufolge ein bloß heuristisch wertvolles Mittel, dessen erkenntnistheoretischer Wert sich zuguterletzt in der Empirie erweist – oder eben nicht erweist. Trotzdem kann man aus beiden Zitaten im Zusammenhang die große Macht herauslesen, mit der die wissenschaftliche Schönheitserfahrung auf Heisenberg gewirkt hat. Insgesamt verficht Heisenberg also eine moderate Form des zurückhaltenden Optimismus (Z), den ich oben eingerückt habe (§ 2.4).

Ein weiterer Zug aus dem Zitat ist von Bedeutung. Heisenberg stellt uns nicht vor die Alternative, dass der Schönheitssinn entweder bloß *heuristisch* wertvoll ist oder auch zur *Beurteilung* der Theorie taugt. Er beschränkt sich nicht darauf, dass der Schönheitssinn bei der Entdeckung der wahren Theorie mithelfen kann. Nein, laut Heisenberg hilft uns der Schönheitssinn dabei, eine entdeckte Theorie zu beurteilen: Ist die Theorie einfach und daher schön, so erleichtert sie uns dadurch eine Vielzahl von Vorhersagen für experimentelle Tests; und wenn die Tests positiv ausgehen, *so ist kein Zweifel mehr an der Theorie möglich*. Damit scheint Heisenberg nahezulegen, dass weniger schöne, aber gut bestätigte Theorien eher noch Anlass zu Zweifel bieten. Schönheit plus Beobachtungstreue wäre demzufolge mehr wert als Beobachtungstreue allein. Anders gesagt: Schönheit ist nicht nichts. Und schon das ist eine Provokation für kühle Rationalisten.

§ 2.9. Einstein hält sich in seiner Antwort auf Heisenberg stärker zurück als sein jüngerer Kollege und geht zunächst auf die Aussagen ein, die ich im letzten der beiden Zitate angeführt habe. Er sagt: »Die Kontrolle durch das Experiment [...] ist natürlich die triviale Voraussetzung für die Richtigkeit einer Theorie. Aber man kann ja nie alles nachprüfen. Daher interessiert mich das, was Sie über die Einfachheit gesagt haben, noch mehr. Aber ich würde nie behaupten wollen, daß ich wirklich verstanden hätte, was es mit der Einfachheit der Naturgesetze auf sich hat«.[79]

Einstein antwortet

Sogar dort, wo er nicht ohne Sympathie auf Heisenbergs Rede vom Schönen reagiert, nimmt Einstein Wörter wie »Schönheit« nicht in den Mund, wie man sieht. Stattdessen redet er von Einfachheit. Zwar mag man vermuten, dass er sich auf Heisenbergs Gleichsetzung von Schönheit und Einfachheit eingelassen hat, aber er sagt es nicht. Und selbst mit Blick auf Einfachheit gibt sich Einstein weit weniger selbstsicher als Heisenberg mit Blick auf Schönheit.[80]

Dass das Zitat nur aus Heisenbergs Erinnerung stammt, schränkt dessen Beweiskraft nicht ein; Heisenberg dürfte die zurückhaltende Reaktion des großen Einstein ganz bewusst mit seiner eigenen schönheitsbeflissenen, ja überschwenglichen Haltung kontrastiert haben. Die Stelle klingt fast so, als habe Einstein ihn ein kleines Stück zurückgepfiffen – und als habe Heisenberg genau das protokollieren wollen.

Das zurückhaltende Einstein-Zitat aus dem Gespräch mit Heisenberg passt gut zu anderen Äußerungen Einsteins. So beendet er eine Postkarte an seinen Freund und Kollegen Paul Ehrenfest (nach ästhetischem Lob für den Physiker Pascual Jordan) nicht ohne Selbstironie so:

> »Jordan bei Born hat eine sehr *huebsche* Ergaenzung zur Theorie der Gasentartung gefunden (Statistik der Zusammenstoss-Wahrscheinlichkeit). Ich habe wieder einmal eine Theorie von Gravitation-Elektrizitaet; *sehr schoen aber zweifelhaft*«.[81]

Wie hieraus hervorgeht, lässt sich Einstein nicht so ohne weiteres von seinem Sinn für Schönheit mitreißen; er ist gerade sich selbst gegenüber skeptisch.

Stets zeigt sich in Einsteins offizieller Haltung großer Respekt vor der Empirie.[82] Man könnte das überraschend finden, weil Einstein nach übereinstimmendem Urteil von Zeitgenossen und späteren Kommentatoren ausgerechnet zu seinen größten Leistungen nicht mit Blick auf empirische Probleme der überkommenen Theorien vorgestoßen ist, sondern mithilfe ästhetischer Ressourcen.[83] Im kommenden Paragraphen möchte ich skizzieren, wie sich Einsteins Vorgehen aus wissenschaftstheoretischer Sicht rekonstruieren lässt.

Einstein ohne Empirie?

§ 2.10. Einsteins Spezielle Relativitätstheorie mit dem Postulat von der Konstanz der Lichtgeschwindigkeit (in allen Inertialsystemen) geht beispielsweise nicht auf die seinerzeit verblüffenden empirischen Ergebnisse der Experimentalphysiker Albert Michelson und Edward Morley zurück.[84] In der Tat berichtet Einstein, dass er auf die Bedeutung der fraglichen Versuchsergebnisse erst aufmerksam wurde, *nachdem* er im Jahr 1905 die Spezielle Relativitätstheorie formuliert hatte.[85]

Gemäß der detaillierten Analyse des Wissenschaftstheoretikers Elie Zahar stützt sich Einstein in seiner Forschung nicht auf empirische Gesichtspunkte, sondern auf solche der Vereinheitlichung, der Harmonie, der Einfachheit, der organischen Einheitlichkeit – und darauf, dass empirische Symmetrien nicht auf Zufällen beruhen können, sondern dass sie Symmetrien in den tiefen Gesetzmäßigkeiten der Physik widerspiegeln müssen.[86] Alle diese Gesichtspunkte haben einen Zug ins Ästhetische.[87] Laut Zahar folgt Einstein derselben Methode bei der Arbeit an der Allgemeinen Relativitätstheorie.[88] Allerdings gelingt ihm hier im Jahr 1915 endlich auch ein empirischer Erfolg von entscheidender Bedeutung: Er kann die Bahnabweichungen des Merkur korrekt berechnen, was mit klassischer Mechanik nicht genau genug funktioniert.[89]

In den Grundzügen schließe ich mich dieser Einstein-Rekonstruktion von Zahar an, ohne sie hier ausführlich erörtern zu können. Wie auch immer man Einsteins Forschungsmethode genau rekonstruiert, stets gilt es, Rückschlüsse aus dessen tatsächlichem Vorgehen zu ziehen. Denn er macht seine Methode nicht immer mit der wünschenswerten Detailtreue explizit. Einsteins offizielle Äußerungen in dieser Angelegenheit drehen sich zuallererst um Einfachheit. Das werde ich im kommenden Paragraphen genauer beleuchten.

§ 2.11. Laut Einstein soll der Physiker nach der mathematisch einfachsten Theorie suchen. Ohne diese Richtschnur wären wir (so die Idee) nicht imstande, *die* eine, richtige Theorie zu finden; denn von den empirischen Daten allein führt kein zwingender Schluss zu den Axiomen der Physik:

»Wenn es nun wahr ist, daß die axiomatische Grundlage der theoretischen Physik nicht aus der Erfahrung erschlossen, sondern frei erfunden werden muß, dürfen wir dann überhaupt hoffen, *den* richtigen Weg zu finden? Noch mehr: Existiert dieser richtige Weg nicht nur in unserer Illusion? [...] Hierauf antworte ich mit aller Zuversicht, daß es den richtigen Weg nach meiner Meinung gibt und daß wir ihn auch zu finden vermögen. Nach unserer bisherigen Erfahrung sind wir nämlich zum Vertrauen berechtigt, *daß die Natur die Realisierung des mathematisch denkbar Einfachsten ist*. Durch rein mathematische Konstruktion vermögen wir nach meiner Überzeugung diejenigen Begriffe und diejenige gesetzliche Verknüpfung zwischen ihnen zu finden, die den Schlüssel für das Verstehen der Naturerscheinungen liefern. Die brauchbaren mathematischen Begriffe können durch Erfahrung wohl nahegelegt, aber keinesfalls aus ihr abgeleitet werden. Erfahrung bleibt natürlich das einzige Kriterium der Brauch-

Einsteins Einfachheit

barkeit einer mathematischen Konstruktion für die Physik. Das eigentlich *schöpferische* Prinzip liegt aber in der Mathematik«.[90] Zwar deutet das Wort »schöpferisch« darauf hin, dass Einstein eine Form von auswählender Kreativität im Sinn hatte; wer sie ausübt, könnte sehr wohl auf ästhetische Momente achten. Aber genau das sagt Einstein nicht.

Vertiefungsmöglichkeit. War Einsteins Verweis auf den Vorrang der Empirie mehr als ein Lippenbekenntnis? Das könnte man meinen, angesichts einer historischen Episode, auf die der Physiker und Wissenschaftshistoriker Klaus Hentschel aufmerksam macht.[91] Wenige Jahre vor dem zitierten Gespräch zwischen Einstein und Heisenberg gab es empirischen Gegenwind gegen Einsteins Spezielle Relativitätstheorie. Und zwar hatte der Physiker Dayton Miller die Versuche von Michelson und Morley (gegen den Ätherwind) nicht replizieren können. Hätte sich das bestätigt, so wäre der von Einstein abgeschaffte Äther nachgewiesen, und Einsteins Theorie wäre bedroht gewesen. Anders als der ihm nahestehende Philosoph Reichenbach sah Einstein die neuen Versuchsergebnisse als Angriff auf die *gesamte* Theorie (war also nicht bereit, irgendwelche ihrer Details so zu ändern, dass die neuen Ergebnisse dem Kern der Theorie nichts anhaben könnten); die Theorie müsse aufgegeben werden, falls sich Millers Ergebnisse bewahrheiten sollten. Einstein war sich allerdings sicher, dass sich Millers Ergebnisse nicht bewahrheiten würden. – Ich frage: Woher nahm Einstein diese Sicherheit? Wie ich vermute, machte ihn unter anderem der feste Zusammenhalt der eigenen Theorie (aus der sich kein Teil herausbrechen lässt, ohne den Bau zu zertrümmern) ästhetisch siegessicher.[92] Seine Siegesgewissheit beruhte selbstverständlich auch darauf, dass sich die Theorie inzwischen vielfach bewährt hatte; meiner Interpretation zufolge beruhte ihre Glaubwürdigkeit in Einsteins Augen darauf, dass ihre Ästhetik mit erstaunlichem empirischen Erfolg Hand in Hand ging. Es wäre interessant gewesen zu sehen, was Einstein getan hätte, wenn sich Millers Ergebnisse stabilisiert hätten.

Einsteins Scheu

§ 2.12. Fast will es scheinen, als scheue Einstein davor zurück, in aller Öffentlichkeit auszusprechen, für wie wichtig er die Schönheit bei der Entscheidung über Theorien hält. Diesen Eindruck bestätigt ein genauer Blick auf Einsteins ausführlichste methodologische Stellungnahme – auf seine intellektuelle Autobiographie aus dem Jahr 1949. Von Schönheit ist dort nur an einer Stelle ausdrücklich die Rede:

2. Kapitel: Einstein und die Bewunderer seiner Relativitätstheorie 59

»Unsere Aufgabe ist es, die Feldgleichungen für das totale Feld zu finden [...] *Deshalb wäre es am schönsten, wenn es gelänge,* die Gruppe [der Koordinatentransformationen] abermals zu erweitern in Analogie zu dem Schritte, der von der speziellen Relativität zur allgemeinen Relativität geführt hat«.[93]
Dass die hervorgehobene Formulierung nicht ästhetisch gemeint ist, liegt auf der Hand. Es mag zwar sein, dass Einsteins Suche nach einer vereinheitlichten Feldtheorie ästhetisch motiviert war.[94] Aber in der Formulierung steckt nicht mehr Ästhetik als in folgendem Ausruf eines Kunstsammlers: »Am schönsten wäre es, wenn ich rechtzeitig vor Auktionsbeginn sechs Richtige im Lotto hätte«.

Obwohl Einstein nirgends sonst in dem Text *lobende* Wörter wie »schön«, »elegant« usw. verwendet, tauchen darin ästhetische Erwägungen an vielen Stellen auf. Der Text strotzt von ästhetischer *Kritik,* etwa an Newtons Begriff vom absoluten Raum:

»Was den Tatbestand besonders *hässlich* erscheinen lässt, ist die Tatsache, dass es unendlich viele, gegen einander gleichförmig und rotationsfrei bewegte Inertialsysteme geben soll, die gegenüber allen andern starren Systemen ausgezeichnet sein sollen«.[95]
Diese Kritik hat nichts mit empirischer Bewährung der Theorie zu tun, also nichts mit dem Gesichtspunkt, unter dem Theorien laut Einstein zuallererst kritisiert werden können und sollen.[96] Vielmehr geht es Einstein in der zitierten Kritik an Newton um etwas anderes – um die fehlende *innere Vollkommenheit* der Theorie.[97]

Wann kommt einer Theorie innere Vollkommenheit zu? Da wir noch keine Vollkommenheit erreicht haben, lässt sich diese Frage schwerer beantworten als ihr negatives Gegenstück: Wann *fehlt* es einer Theorie an innerer Vollkommenheit? Etwa dann, sagt Einstein, wenn sie willkürliche Elemente enthält; und genau diese Willkürlichkeit scheint ihn besonders stark an den Theorien gestört zu haben, die er zu überwinden trachtet.[98] Ein Beispiel dafür wären Theorien mit vielen unerklärten Naturkonstanten, deren Werte wir einfach nur hinzunehmen haben.[99] Ein anderes Beispiel zeigt sich (laut dem letzten wörtlichen Zitat) in Newtons Theorie, der zufolge ausgerechnet unser Sonnensystem den Anker für diejenigen Koordinatensysteme liefern soll, mit deren Hilfe wir physikalische Gesetze formulieren, während alle anderen denkbaren Koordinatensysteme (die sich z. B. im Vergleich mit dem unseren drehen) willkürlicherweise auszuschließen wären. Einstein sah eine seiner großen Leistungen darin, die Physik von solchen willkürlichen Festlegungen befreien zu können.[100]

Warum liegt ihm dieses Ziel am Herzen? Folgende Antwort drängt sich auf: Die Naturgesetze sollten besser nicht von unserer zufälligen Position im Universum abhängen, weil es ihnen sonst an Objektivität mangeln würde; echt objektive Gesetze sind unabhängig vom Beobachterstandpunkt. Wie sich aus dieser Andeutung ergibt, lässt sich die ästhetisch getönte Abneigung Einsteins gegen Willkür gut mit dem verbinden, worauf Naturwissenschaft abzielt: mit Objektivität. Freilich ist dieser Begriff nicht ohne philosophische Untiefen.[101]

In unserem Zusammenhang ist es nicht allzu wichtig, diese Untiefen abstrakt auszuloten. Jedenfalls befreit Einstein die Physik dadurch von hässlicher Willkür, dass er sie in einer ganz bestimmten Hinsicht symmetrisiert; und weil Symmetrie unseren Schönheitssinn anspricht, kann man sagen: Indem Einstein für Objektivität und gegen Willkür kämpft, entsteht im selben Atemzug etwas Symmetrisches, ja etwas Schönes. – Um die Nichtphysiker unter meinen Leserinnen und Lesern zu beruhigen: Wenn Sie jetzt nicht durchschauen, worauf Objektivität, Symmetrie und Schönheit in dieser kleinen Überlegung hinauslaufen und wie sie bei Einsteins Errungenschaften ineinandergreifen, dann befinden Sie sich in guter Gesellschaft; Bedeutung und Zusammenhang der genannten Ideen sind in der Einstein-Literatur umstritten. Gerade weil sie nicht ohne weiteres einsichtig sind, werde ich in den späteren Teilen meiner Untersuchung zu besser verständlichen Gegenständen der Physik übergehen.

Vertiefungsmöglichkeit. In Einsteins Text kommt dem Vorwurf der Willkür eine größere Rolle zu als allen anderen Mängeln innerlich unvollkommener Theorien, die er auch noch aufzählt: innere Asymmetrien (Einstein [A]:28), Unnatürlichkeit der Annahmen (Einstein [A]:28), mangelnde Einfachheit (Einstein [A]:20). Das mag überraschen, denn dort, wo Einstein zum ersten Mal auf die außerempirischen Kriterien der Theorienwahl zu sprechen kommt, spielt Einfachheit die erste Geige.[102] – Dass all die genannten »inkommensurablen« Kriterien gegeneinander abgewogen werden müssen, ist Einstein klar.¹⁰³ Zum Beispiel kann eine weniger willkürliche Theorie umso komplizierter sein, und dann kann es besser sein, sich für die kompliziertere Theorie auszusprechen.¹⁰⁴ – Soweit ich weiß, sagt Einstein nirgends ausdrücklich, dass sein Kampf gegen willkürliche Theorien in erster Linie auf Objektivität abzielt; man kann ihn aber so deuten.¹⁰⁵ In der Tat stellt die Invarianz unter Koordinatentransformationen, zu der Einstein in seinem Kampf gegen die Willkür bei Newton gelangt, in Weyls Terminologie eine Symmetrie dar und generiert Objektivität.¹⁰⁶ Dass Weyl derartige Symmetrien schön gefunden hat, steht außer Frage. Und sogar der (in wissenschaftlichen Schönheitsfragen nüchterne) Wissenschaftsphilosoph Felix Mühlhölzer nennt die von Einstein erreichte Objektivität schön.¹⁰⁷ Offenbar gehen für Einstein das Streben nach willkürfreier, symmetrischer Schönheit und das nach Objektivität Hand in Hand; es ist nicht einfach zu entscheiden, welchem dieser Motive er das Erstgeburtsrecht verliehen hätte.¹⁰⁸

§ 2.13. Ich fasse die Ergebnisse der Einstein-Exegese zusammen: Wenn Einstein mit Blick auf den Schönheitssinn der Physiker optimistisch ist, dann – offiziell – auf höchst zurückhaltende Weise. Statt unbescheidenerweise den eigenen Theorien innere Vollkommenheit zuzuschreiben und diese Schönheit als Argument für seine Theorien zu nutzen, sieht er die ästhetischen Mängel konkurrierender Theorien als erkenntnistheoretisches Gegenargument. Vom zurückhaltenden Optimismus bleibt bei Einstein offenbar nur die negative Teilbehauptung (–) übrig:

Fazit zu Einstein

(Z) *Zurückhaltender Optimismus mit Blick auf den Schönheitssinn der Physiker.*

(+) [Wenn ein genialer Physiker eine hochästhetische Theorie formuliert, die nicht zu den bekannten empirischen Daten passt, dann kann in begründeten Einzelfällen die Schönheit dieser Theorie schwerer wiegen als ihre momentane Schwäche, mit den Daten zurechtzukommen. In diesem Fall darf sich der Physiker für die schönere Theorie entscheiden.]

(–) *Wenn der Schönheitssinn eines genialen Physikers gegen die Hässlichkeit einer Theorie rebelliert, die gut zu den empirischen Daten passt, dann kann er die Theorie in begründeten Einzelfällen verwerfen.*

Einen überbordenden Optimismus (Ü) à la Dirac hat er nicht vertreten, weder dessen positive Teilbehauptung (Ü+) noch dessen negative Teilbehauptung (Ü−). Das zeigt sich auch daran, dass er die Tiefe und Kühnheit einer hochästhetischen Theorie seines Kollegen Hermann Weyl bewundern und sie im selben Atemzug als empirisch unhaltbar ansehen konnte.[109]

Zurückhaltung der Daten? § 2.14. Wie wir in den vorigen Paragraphen gesehen haben, plädieren Einstein und Heisenberg übereinstimmend dafür, dass sich jede Theorie zuallererst empirisch bewähren müsse; Gesichtspunkte der Schönheit (bzw. beim offiziellen Einstein: der Hässlichkeit) dürfe der Physiker sehr wohl heranziehen, wenn er sich zwischen verschiedenen Theorien entscheidet – aber eben nicht immer mit oberster Priorität. Das ist eine Version dessen, was ich zurückhaltenden Optimismus nenne.

Vielleicht trauen Physiker wie Heisenberg und Einstein der Empirie zuviel zu, etwa bei der Relativitätstheorie? Auf diesen Gedanken könnte man kommen, sobald man sich die Qualität der empirischen Befunde genauer anschaut. Weinberg hat das getan und ist dabei zu einer faszinierenden Position zwischen Dirac einerseits und Heisenberg bzw. Einstein andererseits gelangt:

»Betrachten wir die ersten Überläufer, die sich auf Einsteins Allgemeine Relativitätstheorie einließen und von denen alles abhing. Das waren britische Astronomen, die nicht etwa zu der Überzeugung gelangt waren, dass die Allgemeine Relativitätstheorie wahr ist. Vielmehr war die Theorie ihrer Ansicht nach plausibel und schön genug, um einen erklecklichen Teil der eigenen Forschungstätigkeit für die Überprüfung der Theorie aufzuwenden; so reisten sie im Jahr 1919 tausende von Kilometern und beobachteten die Sonnenfinsternis [...] Die Anerkennung der Allgemeinen Relativitätstheorie hing weder allein von experimentellen Daten noch allein von den inneren Vorzügen der Theorie ab, sondern von einem unentwirrbaren Geflecht aus Theorie und Experiment«.[110]

Diese Aussage wirkt deshalb brisant, weil Weinberg darauf verweist, dass die Beobachtungen bei der Eddington-Expedition 1919 viel-

2. Kapitel: Einstein und die Bewunderer seiner Relativitätstheorie

leicht doch nicht so eindeutig gewesen sind, wie es oft hingestellt wird. Wir haben in der Schule gelernt, dass der Astrophysiker Arthur Stanley Eddington in unmittelbarer Umgebung der verfinsterten Sonne die scheinbare Position von Fixsternen beobachtete und feststellte, dass sie nicht dort zu sehen waren, wo sie ohne Einsteins Theorie hätten sein müssen. Fürs Abitur muss man sich merken: Das Licht dieser Fixsterne kann nur vom Gravitationsfeld der Sonne abgelenkt worden sein, Q. E. D.

Weinberg zeichnet demgegenüber mit groben Pinselstrichen nach, dass sich weder die Spezielle noch die Allgemeine Relativitätstheorie wegen neuer Beobachtungen und Experimente durchsetzten, sondern deshalb, weil sie die längst bekannten Himmelsbeobachtungen weit schöner zu fassen wussten als Newtons Theorie.[111] Dass diese Beobachtungen nicht in die Formulierung der Relativitätstheorie eingegangen, sondern aus ihrem hochästhetischen Formalismus fast wie durch ein Wunder korrekt herausgekommen sind, darauf beruht der schnelle Erfolg der Theorie.

Vertiefungsmöglichkeit. Weinberg verweist auf die technischen Schwierigkeiten, mit denen sich die Expeditionsteilnehmer abplagen mussten.[112] Wie vertrackt diese Angelegenheit im Detail gewesen ist, geht aus den Schriften vieler Autoren hevor.[113]

Was Weinberg beschreibt, ist kein Einzelfall. Ähnliche Beispiele lassen sich auch für den Beginn der neuzeitlichen Wissenschaft aufbieten, wie ich in den nächsten beiden Kapiteln dartun werde. Nicht viel anders steht es in der gegenwärtigen Physik: Beispielsweise hat die unter heutigen Grundlagenforschern beliebte Superstringtheorie in erster Linie ästhetische, keine empirischen Argumente auf ihrer Seite. Das geben jedenfalls ihre führenden Vertreter unverhohlen zu; so spricht der Physiker Brian Greene schon in seinem Buchtitel von einem »eleganten Universum«.[114] Und sein Fachkollege Edward Witten äußert sich in einem Interview mit dem Wissenschaftsjournalisten John Horgan nicht viel anders.[115] Horgan, der das Ende der grundlagenorientierten Physik ausrufen will, freut sich über Wittens Aussage und kommentiert:

»Die Superstring-Theorie steht wahrlich auf schwankendem Boden, wenn sie sich auf ästhetische Gründe stützen muss«.[116]

Horgan diagnostiziert einen scharfen Unterschied zwischen der erkenntnistheoretischen Situation bei Einsteins Relativitätstheorie und der Superstringtheorie.[117] Doch hier wäre größere Vorsicht am Platze; immerhin waren Einstein und viele seiner zeitgenössischen Kollegen zunächst ebenfalls noch ohne Empirie fest von der Wahrheit der Speziellen Relativitätstheorie überzeugt. Zugegeben, in der Zwischenzeit sind die empirischen Belege für die Spezielle Relativitätstheorie überwältigend – und die viel jüngere Superstring-Theorie kann in dieser Hinsicht kein Stück mithalten, ebenso wenig wie eine Reihe anderer Theorien aus der Grundlagenphysik der letzten Jahrzehnte, wie die Physikerin Sabine Hossenfelder kürzlich in einer schockierenden und pessimistischen Monographie herausgearbeitet hat.[118] Dieser Misere, über die Hossenfelder brillant lamentiert, liegt die Tatsache zugrunde, dass die relevanten Experimente (etwa mit Teilchenbeschleunigern) nur unter größtem finanziellen Aufwand realisiert werden können, wenn überhaupt. Teilweise bringen die Errungenschaften der allerneuesten Theoriebildung keinerlei tatsächlich überprüfbare Prognosen mit sich, und so tritt denn allzuoft der mathematische Schönheitssinn der Theoretiker als Wahrheitskriterium an die Stelle der empirischen Kontrolle; laut Hossenfelder sind Wissenschaftlichkeit und Objektivität der theoretischen Physik bedroht. Ob dieses Lamento berechtigt ist oder ob es eher der pessimistischen Grundstimmung Hossenfelders und ihren überzogenen Erwartungen an Objektivität oder gar ihrer mangelnden Geduld mit dem Fortschritt der Experimentaltechnik entspringt, lässt sich aus rein wissenschaftsphilosophischer Warte kaum ermessen. Immerhin hat es sowohl bei einem Kopernikus als auch bei einem Einstein Jahrzehnte gedauert, bis die Empirie den Bodenkontakt herstellte und der vorauseilenden Ästhetik recht gab.

Einsichten vom Hörensagen?

§ 2.15. Weinbergs Erzählung hat ebenso wie mein gesamtes Kapitel einen Makel, der vielen Auseinandersetzungen mit dem naturwissenschaftlichen Schönheitssinn zukommt. Sie klingen wie eine Erzählung für den Laien, können aber vom Laien nicht nachvollzogen werden. Weder kennt der Laie die Theorien, um die es in solchen Erzählungen geht. Noch hat der Laie jemals am eigenen Geiste erlebt, wie sich die Art von Schönheit anfühlt, von der die Physiker und ihre Claqueure da dauernd reden. Und erst recht nicht kann der Laie abschätzen, wie es um die Beweiskraft der empirischen Belege steht – oder gar um ihr Gewicht im Vergleich mit dem Votum des Schönheitssinns.

Aus allen diesen Gründen sollten wir neu ansetzen und die Physik des 20. Jahrhunderts auf sich beruhen lassen. Ich habe ihre berühmten Protagonisten deshalb so ausführlich zu Wort kommen lassen, weil ich sicherstellen wollte, dass die große Rolle der Schönheit in der Physik kein überholtes Phänomen ist; im Gegenteil, sie ist aktueller denn je. Doch um mit diesem Phänomen philosophisch weiterzukommen, müssen wir es besser verstehen. Daher werde ich Sie als nächstes in einer kleinen Zeitreise an den Beginn der neuzeitlichen Wissenschaft zurückführen. Dort werde ich die Voraussetzungen für meine ästhetische Fallstudie auspacken. Ich verspreche es: In der Fallstudie aus dem Herzstück meiner Untersuchung werde ich nichts voraussetzen, was ich nicht vorher erklärt habe. Ich möchte meinen Leserinnen und Lesern einen Gedankengang aus erster Hand bieten, keine Einsichten vom Hörensagen. Wer auf Verständnis aus ist, darf sich nicht mit zuwenig begnügen. Es gibt keine Einsichten vom Hörensagen.

Vertiefungsmöglichkeit. Schummer verweist in ähnlichem Zusammenhang mehrfach und indigniert darauf, dass die Physiker des 20. Jahrhunderts nur in ihren *populären* Texten von Schönheit, Symmetrien usw. sprechen.[119] Dabei stützt er sich auf Reden, die Nobelpreisträger wie Weinberg und Wigner bei der Preisverleihung gehalten haben. Es gibt schlimmere Beispiele als das; ich nenne nur die erschreckend unkonkreten Reden auf einer Nobel-Konferenz des Jahrs 1980.[120] In der Tat verführt das Thema Schönheit und Physik selbst die klügsten Köpfe zu schöngeistigen Ausschweifungen. Doch wer sich dem Thema widmen will, muss dieser Verführung nicht erliegen; das Thema hat eine solide Grundlage – in der physikalischen Forschung selbst. Dem schenkt Schummer zuwenig Beachtung; er scheint nicht hinreichend zu würdigen, wie wichtig die großen Physiker den Schönheitssinn *bei ihrer Arbeit* genommen haben.

* * *

§ 2.16. Das vorhin zitierte Gespräch zwischen Einstein und Heisenberg (§ 2.8 – § 2.9) passt nicht gut zu McAllisters Sicht der Dinge. Laut McAllister löste Einstein keine wissenschaftliche Revolution aus; denn erstens habe er sich für seine Relativitätstheorie auf ästhetische Kriterien berufen, und zweitens beriefen sich typischerweise die Konservativen und genau nicht die wissenschaftlichen Revolutionäre auf ästhetische Aspekte der Theorienwahl.[121] Demgegenüber seien Pioniere der Quantenphysik wie Heisenberg (laut McAllister) Revolutionäre gewesen, hätten sich also gerade nicht an ästhetischen Kriterien orientiert.[122]
Ich finde, der zitierte Austausch zwischen Einstein und Heisenberg

Kritik an McAllisters Sicht auf Einstein und Heisenberg

spricht für das Gegenteil: Heisenberg, nicht Einstein, ging von den beiden mit seinem ästhetischen Optimismus am weitesten.[123] Um dem zu begegnen, müsste McAllister behaupten, dass Leute vom Schlage Einsteins und Heisenbergs anders redeten, als sie handelten – oder dass sie nicht wussten, was sie taten. Beides wäre keine wohlwollende Interpretation.

Auch andere Äußerungen Heisenbergs sprechen gegen McAllisters These. Beispielsweise berichtet Heisenberg von der starken ästhetischen Wirkung, die mit seiner wichtigsten Entdeckung Hand in Hand ging:

»In Helgoland gab es außer den täglichen Spaziergängen auf dem Oberland und den Badeunternehmungen zur Düne keinen äußeren Anlaß, der mich von der Arbeit an meinem Problem abhalten konnte, und so kam ich schneller voran, als es mir in Göttingen möglich gewesen wäre. Einige Tage genügten, um den am Anfang in solchen Fällen immer auftretenden mathematischen Ballast abzuwerfen und eine *einfache* mathematische Formulierung meiner Frage zu finden. In einigen weiteren Tagen wurde mir klar, was in einer solchen Physik, in der nur die beobachtbaren Größen eine Rolle spielen sollten, an die Stelle der Bohr-Sommerfeldschen Quantenbedingungen zu treten hätte. Es war auch deutlich zu spüren, daß mit dieser Zusatzbedingung ein zentraler Punkt der Theorie formuliert war, daß von da ab keine weitere Freiheit mehr blieb. Dann aber bemerkte ich, daß es ja keine Gewähr dafür gäbe, daß das so entstehende mathematische Schema überhaupt widerspruchsfrei durchgeführt werden könnte. Insbesondere war es völlig ungewiß, ob in diesem Schema der Erhaltungssatz der Energie noch gelte, und ich durfte mir nicht verheimlichen, daß ohne den Energiesatz das ganze Schema wertlos wäre. Andererseits gab es in meinen Rechnungen inzwischen auch viele Hinweise darauf, daß die mir vorschwebende Mathematik wirklich widerspruchsfrei und konsistent entwickelt werden könnte, wenn man den Energiesatz in ihr nachweisen könnte. So konzentrierte sich meine Arbeit immer mehr auf die Frage nach der Gültigkeit des Energiesatzes, und eines Abends war ich soweit, daß ich daran gehen konnte, die einzelnen Terme in der Energietabelle, oder wie man es heute ausdrückt, in der Energiematrix, durch eine nach heutigen Maßstäben reichlich umständliche Rechnung zu bestimmen. Als sich bei den ersten Termen wirklich der Energiesatz bestätigte, geriet ich in eine gewisse Erregung, so daß ich bei den folgenden Rechnungen immer wieder Rechenfehler machte. Daher wurde es fast drei Uhr nachts, bis das endgültige Ergebnis der Rechnung vor mir lag. Der Energiesatz hatte sich in allen Gliedern als gültig erwiesen, und – da dies ja alles von selbst, sozusagen ohne jeden Zwang herausgekommen war – so konnte ich an der mathematischen Widerspruchsfreiheit und *Geschlossenheit* der damit angedeuteten Quantenmechanik nicht mehr zweifeln. *Im ers-*

ten Augenblick war ich zutiefst erschrocken. Ich hatte das Gefühl, durch die Oberfläche der atomaren Erscheinungen hindurch auf einen tief darunter liegenden Grund von merkwürdiger innerer Schönheit zu schauen, und es wurde mir fast schwindlig bei dem Gedanken, daß ich nun dieser Fülle von mathematischen Strukturen nachgehen sollte, die die Natur dort unten vor mir ausgebreitet hatte. Ich war so erregt, daß ich an Schlaf nicht denken konnte. So verließ ich in der schon beginnenden Morgendämmerung das Haus und ging an die Südspitze des Oberlandes, wo ein alleinstehender, ins Meer vorspringender Felsturm mir immer schon die Lust zu Kletterversuchen geweckt hatte. Es gelang mir ohne größere Schwierigkeit, den Turm zu besteigen, und ich erwartete auf seiner Spitze den Sonnenaufgang«.[124]

Angesichts dieser schwärmerischen Worte fällt es schwer, McAllister zu folgen und zu glauben, dass sich Heisenberg bei seiner revolutionären Arbeit weder von ästhetischen Gesichtspunkten habe beeindrucken noch leiten lassen.

§ 2.17. Vermutlich muss man in dieser Sache stärker differenzieren. Es ist eine Sache, ob sich ein Wissenschaftler aufgrund ästhetischer Werturteile dazu entscheidet, einem Einfall nachzugehen, ihn theoretisch auszuarbeiten und dann für korrekt zu halten – eine andere Sache ist es, ob ihm die Fachkollegen dahin zu folgen bereit sind. Dass radikal neue Theorien zunächst aufs Fachpublikum seltsam, ja abstoßend wirken und daher aus ästhetischen Gründen (ganz in Übereinstimmung mit McAllisters Sicht) konservativerweise zurückgewiesen werden, hat stärker mit der Durchsetzung der Theorie zu tun, weniger mit guten Gründen, die für die Theorie sprechen. Da es uns zuallererst um Gründe zu tun sein sollte, brauche ich McAllisters Gedankengang nicht ins Zentrum zu stellen. Nur im Kleingedruckten werde ich seine Überlegungen immer wieder zurechtrücken.

Vorschlag zur Güte

3. Kapitel.
Die Sonne als wunderschönes Heiligtum bei Kopernikus

Fazit § 3.1. Wie Sie im vorigen Kapitel gesehen haben, sind sich die zitierten Physiker des vergangenen Jahrhunderts bei allem Optimismus selber nicht ganz einig darüber, wie, wo und warum unser Schönheitssinn zur Beurteilung der Relativitätstheorie und anderer physikalischer Forschungsergebnisse taugt.

Wer in diesem Hin und Her ein begründetes Urteil präsentieren will, muss mehr leisten, als mir hier möglich ist. Unter anderem müsste er die Allgemeine Relativitätstheorie entfalten, um genauer dartun zu können, auf welche ihrer ästhetischen Merkmale genau sich die zitierten Physiker stützen; dann müsste er eine wissenschaftsgeschichtliche Fallstudie zu ihrer empirischen Überprüfung durchführen; und schließlich müsste er die Ergebnisse beider Untersuchungen zusammenbringen, um zu vergleichen, wieviel die Empirie und wieviel die Schönheit beim Streit um Einsteins Allgemeine Relativitätstheorie wog: ein gigantisches Arbeitspensum.

Ich werde Ihnen dies Pensum nicht zumuten, und zwar schon deshalb nicht, weil ich mich dafür nicht gut genug auskenne. Es wäre zu begrüßen, wenn ein anderer die Aufgaben mit der genannten Zielrichtung bearbeiten würde; die Sekundärliteratur, die hierbei zu berücksichtigen wäre, lässt sich kaum noch überschauen. Was bei ihrer Untersuchung sowie der Untersuchung der Originalquellen herauskommt, dürfte auch vom Weltbild und von der allgemeinen weltanschaulichen Ausrichtung dessen abhängen, der die Sache in Angriff nimmt. Wer humanistisch gesonnen ist, dürfte die Belege anders gewichten und zu anderen Ergebnissen gelangen als technokratisch versierte Rationalisten oder Logische Positivisten im Stil des alten Wien.[125] Daher werden sich aller Voraussicht nach selbst Kennerinnen und Kenner kaum einigen können, wie es in dieser Angelegenheit *wirklich* gewesen ist.[126] Und so werde ich auf anderen Wegen weiterzukommen versuchen.

3. Kapitel: Die Sonne als wunderschönes Heiligtum bei Kopernikus

Was macht die Schönheit der Theorien aus, von der die modernen Physiker im vorigen Kapitel geschwärmt haben? Woran lässt sie sich erkennen? Auf diese Fragen haben wir bislang keine Antwort bekommen. Es scheint klar, dass den Physikern angesichts gewisser Theorien eine intellektuelle Freude zuteil wird, die der Freude bei der Rezeption gelungener Kunstwerke ähnelt. Wer genauer fragt, worauf diese intellektuelle Freude beruht, dem regnen vage Antworten ins Haus, in denen von Einfachheit, Symmetrie, Geschlossenheit, Einheit in der Vielfalt usw. die Rede ist. Für die vagen Zwecke einer ersten Verständigung mag das reichen – für unsere philosophischen Zwecke ist es zu wenig. Meiner Meinung nach müssen wir konkreter werden, um weiterzukommen; Beispiele müssen her. Auch im Fall der Kunstschönheit kommt man nur angesichts von Beispielen weiter.[127] Trockenschwimmen bringt nichts, weder hier noch da.[128]

§ 3.2. Ich will jetzt erklären, welchen Weg ich einschlagen möchte, um ohne die kniffligen Details zu Einstein voranzukommen. Wir sind im letzten Kapitel u. a. darum steckengeblieben, weil die aufgebotenen Aussagen berühmter Physiker *für sich alleine* nicht konkret genug gewesen sind. Damit will ich den Urhebern dieser Aussagen keinen Vorwurf machen; sie hatten etwas klar Umrissenes vor Augen – Einsteins Errungenschaften. Jeder Physiker unserer Zeit weiß gut genug, wovon die Rede ist. Doch aus den zitierten Aussagen alleine treten diese Errungenschaften nur schemenhaft hervor; jedenfalls für die Nichtphysiker unter uns. Die Aussagen hängen von etwas ab, das man erst nach ausgiebigem Studium verstehen kann. Da ist es vielleicht einfacher, wenn wir zu den Anfängen der neuzeitlichen Physik zurückgehen, um dort die Frage nach naturwissenschaftlicher Schönheit neu aufzuwerfen – auf vertrauterem Terrain.

Die meisten von uns haben aus der Schulphysik eine recht konkrete Vorstellung von den Errungenschaften eines Kopernikus oder Kepler (und deren Verabschiedung des geozentrischen Weltbilds) oder eines Newton (und dessen Mechanik oder Optik). Und wer seine Physiklektionen vergessen oder geschwänzt hat, dem kann

Zeitreise in die Neuzeit

man ohne allzu großen Aufwand so viel Nachhilfe-Unterricht geben, wie die Sache erfordert.

Haben die Physiker der frühen Neuzeit bei ihrer Arbeit dieselbe Schönheit erreicht wie Einstein und seine Zeitgenossen? Nein; jeder Kenner, der z. B. Newtons und Einsteins Theorien *nur unter ästhetischen Gesichtspunkten* vergleicht, wird Einstein die Palme reichen.[129] Aber das muss uns nicht daran hindern, uns in Sachen Schönheit auch von Einsteins Vorgängern belehren und bereichern zu lassen. Auch für den Erfolg ihrer Arbeit haben ästhetische Gesichtspunkte den Ausschlag gegeben. Sie erreichten weniger Schönheit als Einstein – aber sie erreichten in Sachen Schönheit trotzdem mehr als nichts.

Vertiefungsmöglichkeit. Dirac behauptet, dass sich Newtons Theorie nur durch große Einfachheit ausgezeichnet hätte, während Einsteins Theorie voller mathematischer Schönheit sei.[130] Demgegenüber betont der Philosoph Dale Jacquette die ästhetischen Leistungen Newtons.[131]

* * *

Bevor ich in den bevorstehenden Kapiteln Kopernikus, Kepler und Newton mit deutlichen Sätzen über naturwissenschaftliche Schönheit zu Wort kommen lasse, möchte ich klarstellen, dass sie nicht die einzigen Genies der neuzeitlichen Physik und Mathematik sind, in deren Arbeit ästhetische Momente eine große Rolle spielen. Bei Genies wie z. B. Galileo Galilei, Blaise Pascal, Pierre Fermat, Gottfried Wilhelm Leibniz und Henri Poincaré stand es nicht viel anders; es wäre ein uferloses Unterfangen, der Originalliteratur nachzugehen und ihrem Echo in der Sekundärliteratur zu folgen.[132]

Vorschau § 3.3. Wie ich in diesem und im kommenden Kapitel skizzieren möchte, spielten ästhetische Gesichtspunkte eine wichtige Rolle, als das aus der Antike herkommende geozentrische Weltbild zu Beginn der Neuzeit verabschiedet wurde. Dass nicht die Erde, sondern die Sonne im Mittelpunkt unseres Planetensystems liegt, war aus heutiger Sicht die Schlüsselbotschaft einer wissenschaftlichen Revolution, in deren Verlauf Kopernikus und Kepler alte Gewissheiten zertrümmerten. Welche rationalen Ressourcen diesen Theorienwechsel angetrieben haben, ist aus heutiger Sicht verblüffend schwer mit wenigen Worten zu sagen.[133] Ich kann dieser Frage selbstverständlich nicht auf den Grund gehen, möchte sie aber mithilfe des Schönheitssinns meiner beiden Protagonisten zumindest grob in den Blick nehmen.

Man kann lange darüber streiten, ob eher Kopernikus oder eher Kepler den entscheidenden ersten Anstoß für die Bildung unseres modernen Weltbildes gegeben hat.[134] Für unser Thema brauche ich den Streit nicht zu entscheiden, denn beide haben sich an prominenten Stellen dezidiert als Verfechter ästhetischer Gesichtspunkte zu erkennen gegeben. Ich werde im kommenden Kapitel schon allein deshalb deutlich länger bei Kepler verweilen, weil er sich während der Arbeit großzügiger in die Karten schauen lässt als Kopernikus; man könnte auch sagen, dass er redseliger ist – zum Vorteil für unsere Zwecke.

§ 3.4. Machen wir uns zunächst klar, wie schwierig es ist, den Planetenbahnen auf die Schliche zu kommen. Im Vergleich zu den Fixsternen, die jahrein, jahraus in nahezu unveränderlichen Relativpositionen über den Nachthimmel ziehen, zeigen einige wenige Himmelskörper – nennen wir sie Wandelsterne – auf den ersten Blick ein launischeres Verhalten: Manchmal rücken sie schneller vor als die Fixsterne, dann wieder scheinen sie zurückzufallen, und so zeichnen sie kapriziöse Schleifenlinien vor dem Firmament (Abb. 3.4, S. 72).

Ptolemäus

Bei näherem Hinsehen ergeben sich in diesen Schleifenlinien der Wandelsterne große Regelmäßigkeiten; daher kann man versuchen, vorherzusagen, wann welcher Wandelstern wo zu sehen sein wird.

Das geozentrische System des antiken Astronomen Claudius Ptolemäus eignet sich dafür gar nicht so schlecht; es entstand im 2. Jahrhundert n. Chr. und wurde später unter dem arabisierten Namen *Almagest* berühmt.[135] Ihm zufolge steht die Erde im Mittelpunkt, und die Planeten kreisen kreiselnd um sie herum – so wie in einem raffinierten Karussell, dessen Gondeln beim Herumfahren noch einmal eigene kleinere Zusatzkreise beschreiben; diese Zusatzkreise heißen in der Astronomie *Epizykel*.

Ein derartiges Modell haben die vorneuzeitlichen Astronomen in jahrhundertelanger akribischer Arbeit perfektioniert, indem sie

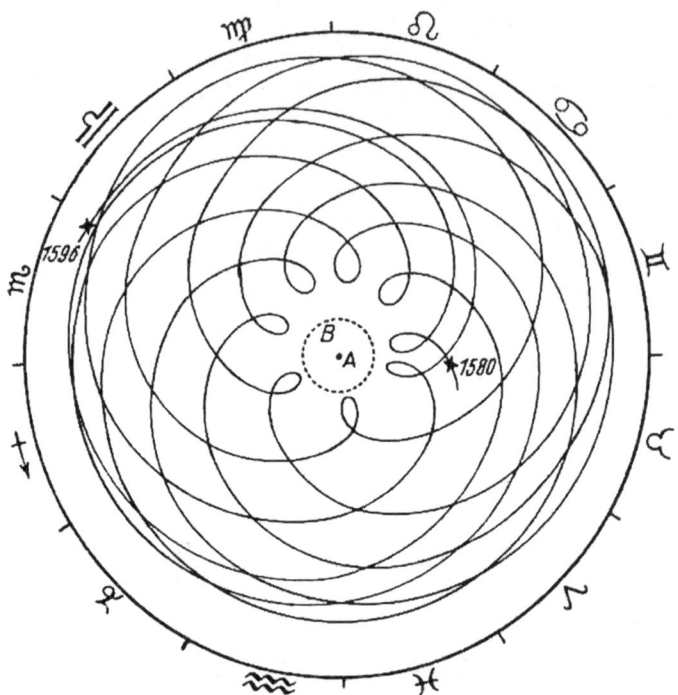

Abb. 3.4: Schleifenförmige Bahn des Mars. Wenn Ptolemäus recht hat, ruht die Erde im Mittelpunkt A des Universums. Ganz außen sind die Sternbilder der zwölf Tierkreiszeichen. Am Beginn der Betrachtung im Jahr 1580 erschien der Mars (von A aus gesehen) zunächst zwischen Stier ♉ und Zwillingen ♊ (also im Bild rechts von der Erde) und drehte sein erstes brezelartiges Schleifchen, um dann in weit ausgreifenden Kurven zu seinem nächsten kleinen Schleifchen zwischen Krebs ♋ und Löwe ♌ zu reisen (im Bild rechts oberhalb der Erde). Kepler hat sich über diese ptolemäische Sicht mit seinem Bild lustig gemacht, indem er den Mars auf seinen verschlungenen Pfaden hypothetisch bis ins Jahr 1596 verfolgte – links außen ist der einstweilige Endpunkt dieser in Wahrheit endlos verworrenen Reise mit einem Sternchen markiert. (Graphik aus Kepler [AN]:64).

3. Kapitel: Die Sonne als wunderschönes Heiligtum bei Kopernikus 73

einerseits immer wieder die Parameter des Modells neu mit der Empirie abglichen; ohne diese regelmäßige Anpassung würden Theorie und Beobachtung immer weiter auseinanderlaufen. Andererseits sind bereits im ptolemäischen Modell überall dort Anpassungen am Aufbau des Karussells vorgenommen worden, wo es die systematische Beobachtung der Wandelsterne nahelegte.[136] So erlaubte man für jeden Planeten eine eigene Rotationsgeschwindigkeit seines Epizykels, postulierte zusätzliche Epizykeln zweiter Stufe (Epizykel auf Epizykeln) und verschob den Mittelpunkt der Sonnenbewegung aus ihrem ursprünglichen Zentrum (dem Erdmittelpunkt), so dass die Erde nun doch exzentrisch lag, in einem sog. Exzenter.[137] Um es zuzuspitzen: Für jede neue Sorte von Beobachtungen musste man in das Modell auch neue Elemente einführen, die insofern willkürlich wirken, als sie mit den anderen Elementen des Modells nichts zu tun haben.[138]

§ 3.5. Das ptolemäische System war kompliziert, passte dafür aber recht genau zu den Himmelsbeobachtungen und hat sich darin (mit den von Zeit zu Zeit erforderlichen Reparametrisierungen) jahrhundertelang bewährt. Dann tritt Kopernikus auf den Plan und veröffentlicht im Jahr 1543 sein bahnbrechendes Werk *De revolutionibus orbium coelestium (Von den Umdrehungen der Himmelskugeln)*. Er setzt die Sonne in den Mittelpunkt anstelle der Erde und schlägt damit einen völlig andersartigen Aufbau des Planetensystems vor. Schwärmerisch vergleicht Kopernikus die Sonne mit einer Lampe, zentral aufgehängt in einem »wunderschönen Heiligtum«.[139]

Kopernikus

Selbst wer diesen poetischen Gefühlsausbruch für pure Rhetorik hält, wird kaum darüber hinweggehen können, wie wichtig ästhetische Gesichtspunkte für Kopernikus sind. Wenige Sätze nach der Lampenmetapher betont er die Symmetrie und Harmonie seines neuen heliozentrischen Weltbildes:

»Wir finden daher in dieser Anordnung die *wunderbare Symmetrie* der Welt und den *festen harmonischen Zusammenhang* zwischen planetarischer Umlaufdauer und Größe der Kreisbahn, wie sie auf keine andere Weise gefunden werden können«.[140]

Das schreibt Kopernikus nicht von ungefähr, denn er hat etwas ganz Bestimmtes im Sinn – das neue System ist wie aus einem Guss.[141] In der Tat sind wesentliche Parameter seines Systems wie Bahndurchmesser und Planetengeschwindigkeit nicht unabhängig voneinander; vielmehr nimmt die Geschwindigkeit eines Planeten mit dem Abstand seiner Bahn von der Sonne ab, kann also (als funktional abhängige Variable) nicht mehr frei gewählt werden.[142] Kopernikus charakterisiert diesen Vorzug seines Systems so:

»Sämtliche Geschehnisse am Himmel sind so innig miteinander verknüpft, dass man nirgends etwas umstellen kann, ohne bei den übrigen Elementen und überhaupt im ganzen All Verwirrung anzurichten«.[143]

Das erinnert an eine verbreitete ästhetische Formel, der zufolge gelungene Kunstwerke so stark durchgestaltet sein sollten, dass sich deren Elemente gegenseitig bedingen und dass keines dieser Elemente weggenommen werden kann, ohne die Schönheit des Ganzen zu zerstören.[144] Überaus folgerichtig gewinnt die kopernikanische Selbstcharakterisierung dadurch ästhetische Kontur, dass er das Stückwerk des ptolemäischen Systems seiner Gegner kritisiert:

»Sie konnten die Hauptsache – nämlich die Gestalt der Welt und die *feste Symmetrie [certam symmetriam]* ihrer Teile – weder finden noch aus ihren Voraussetzungen erschließen. Stattdessen gehen sie so vor wie derjenige, der Hände, Füße, Kopf und andere Körperteile jeweils für sich in *schönster* Ausführung zusammenstellt, sie aber nicht nach dem Vergleichsmaßstab eines einzigen Körpers malt, so dass sie nicht zusammenpassen und sich daraus eher ein *Ungeheuer* als ein Mensch ergibt«.[145]

Im Vorfeld dieser Textstelle verzichtet Kopernikus ausdrücklich darauf, seinen Gegnern empirische Fehler vorzuwerfen.[146] Warum er darauf verzichten muss, wird im kommenden Paragraphen zutagetreten: Sein System ist empirisch keineswegs besser als das ptolemäische. Einstweilen können wir festhalten, dass Kopernikus zuallererst ästhetische Gesichtspunkte zugunsten seines Systems ins Feld führen kann: Harmonie, Symmetrie, inniger Zusammenhang, Sparsamkeit, d. h. Verzicht auf überflüssige Bestimmungsgrößen.[147]

3. Kapitel: Die Sonne als wunderschönes Heiligtum bei Kopernikus

Vertiefungsmöglichkeit. Laut Kuhn helfen die ästhetischen Vorzüge neuer Paradigmen wie z. B. die der kopernikanischen Theorie beim *revolutionären* Umsturz alter Paradigmen.[148] McAllister widerspricht und behauptet, dass sich Kopernikus höchst *konservativ* gab, indem er die ästhetischen Kriterien der antiken Vorgänger von Ptolemäus hochhielt; in den Augen McAllisters arbeiten ästhetische Kriterien im allgemeinen nicht den revolutionären Neuerern in die Hände.[149] Dass diese allgemeine These nicht ausnahmslos richtig ist, habe ich bereits in § 2.16 am Beispiel Heisenbergs dargetan.

§ 3.6. Die Geschichte des Kopernikus geht nicht sonderlich schön aus. Es ist alles andere als klar, ob Kopernikus der Wahrheit oder jedenfalls den beobachtbaren Fakten auf ästhetische Weise näher kam als seine ptolemäischen Gegner. Nachdem sein System in den Grundzügen skizziert war (und in diesen Grundzügen ästhetisch aussah), wollte er mindestens an die Beobachtungstreue herankommen, die seine geozentrischen Vorgänger erreicht hatten.[150]

Hässlichkeit bei Kopernikus

Doch das war leichter gesagt als getan: Die kopernikanischen Rechnungen kamen hinten und vorne nicht hin, und es scheint, als sei es Kopernikus bis zu seinem Lebensende nicht gelungen, das Knäuel zu entwirren.[151]

Selbstverständlich lag das auch daran, dass die Daten, denen er gerecht werden wollte, teilweise alles andere als zuverlässig waren. Und es lag daran, dass die Planeten eben nicht auf Kreisen um die Sonne ziehen; um den daraus herrührenden Beobachtungen Rechnung zu tragen, muss Kopernikus postulieren, dass die Mittelpunkte der Planetenbahnen nicht zusammenfallen und keineswegs dort liegen, wo die unbewegliche Sonne ihren Platz hat.[152] Damit sind die ptolemäischen Exzenter wieder im Spiel, und schlimmer noch: Kopernikus muss zusätzliche Korrekturepizykel einführen, die zwar eine andere Rolle spielen als die Epizykel bei Ptolemäus.[153] Doch hier wie dort tragen sie nicht zur Schönheit des Gesamtbildes bei.

Weil sich Kopernikus genötigt sieht, den Daten zuliebe nicht anders als seine ptolemäischen Gegner eine Vielzahl von Verfeinerungen vorzunehmen, weil auch bei ihm Korrekturepizykel und Exzenter vorkommen, wird sein System in dem Augenblick nicht minder verworren als das seiner Vorgänger, in dem es für die präzise Beschreibung von Himmelsbeobachtungen eingesetzt werden soll.[154] Der Wittenberger Astronom Erasmus Reinhold hat sich dieser Aufgabe angenommen und sieben Jahre lang akribisch gerechnet: Systematisch ermittelt er aus Kopernikus' Werk für verschiedene Zeitpunkte die beobachtbare Position der Planeten relativ zu den Fixsternen.[155] Doch diese *Prutenischen Tafeln* aus dem Jahr 1551 sind kaum zuverlässiger als ihre Vorgänger, die aus der alten Astronomie stammen.[156]

Wie gewonnen, so zerronnen: Nach unserem kurzen Besuch bei Kopernikus können wir festhalten, dass sein System weder empirisch noch ästhetisch so viel für sich hatte, wie man hätte hoffen wollen.[157] Zudem verfehlte es die Wahrheit. Wie wir seit Kepler wissen, bewegen sich die Planeten auf Ellipsenbahnen um die Sonne, die in einem ihrer beiden Brennpunkte liegt. Dass Kepler sich bei seiner Erforschung des Aufbaus unseres Sonnensystems exzessiv am Schönheitssinn orientiert hat, werde ich im kommenden Kapitel vorführen.

4. Kapitel.
Kepler im Rausch der Schönheit

Kepler § 4.1. Kepler gilt als einer der wichtigsten frühen Wegbereiter unseres modernen Weltbildes. Doch wer sich angesichts dieser Bewertung in seine Schriften vertieft, wird schnell eine verstörende Erfahrung machen – Kepler lässt sich wie besessen von einer Idee antreiben, die keinen Platz in unserem Weltbild hat: Dem mathematisch geschulten Auge biete das Planetensystem eine Ordnung dar, deren Schönheit sich aus dem Willen eines göttlichen Baumeisters ableiten lasse; um herauszufinden, welcher Himmelskörper im Zentrum steht, wieviele Planeten es gibt und wie sie sich bewegen, brauche sich der Astronom demzufolge nur zu fragen, wie ein ästhetisch perfektes Arrangement von Sonne, Mond und Wandelsternen aussehen müsste.[158]

Das erscheint aus heutiger Sicht haarsträubend. Erstens meinen wir, dass wir Aufbau und Dynamik des Sonnensystems aus der Empirie herleiten müssen, nicht aus der Ästhetik. Zweitens gehört die genaue Form unseres Planetensystems nicht zu den wesentlichen Grundtatbeständen unseres Weltalls, deren Notwendigkeit es zu verstehen gilt – sondern zu dessen kontingenten Nebentatsachen, die sich kausal aus irgendwelchen zufälligen Anfangsbedingungen ableiten lassen dürften.[159] Drittens soll man bei derartigen Themen Gott aus dem Spiel lassen.

Doch selbst wer die Sache so abgeklärt sieht wie eben skizziert, ist gut beraten, sich das Selbstbild derjenigen Wissenschaftler vor Augen zu führen, denen wir unser modernes Weltbild verdanken. Noch deutlicher und hartnäckiger als Kopernikus sagt Kepler während des gesamten Laufs seiner Karriere immer wieder, dass er sich bei der Untersuchung der Planetenbewegungen von ästhetischen Gesichtspunkten leiten lässt. Die dahinterstehenden religiösen Gründe sind für die Zwecke meines Unterfangens weniger wichtig als folgende Fragen: Wo, inwieweit und auf genau welche Weise geht Keplers Schönheitssinn in seine astronomische Arbeit ein?

Eine detaillierte Antwort kann ich hier nicht geben; dafür müsste man Kepler schönheitsbeflissen bei seiner lebenslangen Forschung über die Schulter schauen und all seine Schriften zum Bau des Sonnensystems durchgehen – was ein schönes Thema für ein eigenes Buch wäre. Stattdessen möchte ich Kepler nur das erste Stück seines langen Weges begleiten und dabei untersuchen, inwieweit es sinnvoll gewesen sein mag, ästhetisch so *anzufangen* wie Kepler; ich werde also nur sein frühestes Werk betrachten: das *mysterium cosmographicum (Weltgeheimnis)* aus dem Jahr 1596.[160] Diese Schrift ist in gewisser Hinsicht ungeschliffen, und Kepler ist in späteren Werken weit darüber hinausgekommen. Doch hat er die Grundideen aus dem *mysterium cosmographicum* zeitlebens nicht zurückgezogen.[161] Noch neun Jahre vor seinem Tod bringt er im Jahr 1621 eine zweite Auflage heraus, in deren Anmerkungen er nachträglich manches Detail zurechtrückt, ohne an den Festen des Werks zu rütteln.[162]

Vertiefungsmöglichkeit. In McAllisters Sicht der Dinge lassen sich die religiösen Motive, auf die ich kurz angespielt und die ich dann ausdrücklich aus dem Spiel geworfen habe, nicht ohne weiteres vom Schönheitsmotiv abgrenzen. Er setzt einen extrem laxen Begriff ästhetischer Kriterien ein, unter den selbst metaphysische Grundannahmen fallen.[163] Als Beispiele für ästhetische Momente bietet er die drei aristotelischen Grundprinzipien der Astronomie, die sogar bei Kopernikus fortwirkten, und die mechanistische Metaphysik, die sich in der Nachfolge Newtons ausbreitete.[164] In McAllisters Begrifflichkeit könnten selbst religiöse Vorurteile zu den ästhetischen Kriterien der Theorienwahl zählen. Es ist sicher nicht attraktiv, den Begriff der Ästhetik so weit auszudehnen; meiner Ansicht nach tun wir gut daran, Metaphysik und Ästhetik auseinanderzuhalten. Wer hochabstrakte Sätze aus der Metaphysik betrachtet oder verficht, dem wird – wenn überhaupt – eine andere Form der Befriedigung zuteil als dem Betrachter ästhetischer Errungenschaften. Zwar gibt es Schönheit auch in der Metaphysik (ein Beispiel dafür wäre Platons Ideenlehre). Doch rührt unser ästhetisches Vergnügen daran nicht daher, dass wir hier ein Stück Metaphysik, sondern daher, dass wir hier etwas Schönes vor uns haben. Beides in einen Topf zu werfen, wird den Phänomenen nicht gerecht.

Maximal kreativ

§ 4.2. Für Kepler besteht das oberste Ziel im *mysterium cosmographicum* darin zu zeigen, dass das heliozentrische System von Kopernikus zutreffen muss, weil es ästhetisch perfekt ist. Genauer gesagt möchte Kepler einzig und allein mithilfe von Schönheitserwägungen ein Modell aufbauen, aus dem sich die kopernikanischen Planetenpositionen ableiten lassen.

Zunächst fragt er fast ohne Kontrolle der Daten, auf welche Weise man irgendwelches Baumaterial – zum Beispiel sechs Planeten – idealerweise im dreidimensionalen Raum anordnen müsste, damit die Notwendigkeit der Anordnung dem mathematischen Schönheitssinn einleuchte. Wie er in Anlehnung an die Tradition ausführt, bietet die Kugeloberfläche eine Form mathematischer Vollkommenheit, die göttlich ist und sich nicht übertrumpfen lässt.[165]

Doch allein mit den Mitteln der Kugel und ihrer Oberfläche (der sog. Sphäre) kommt man nicht weit; erst wenn man sie in ein Wechselspiel mit gerade begrenzten Körpern bringt, entstehen hinreichend reizvolle Gebilde.[166] Dass Sphären alleine für den Weltenbau nicht hinreichen, kann man sich mit Kepler so klarmachen: Es

4. Kapitel: Kepler im Rausch der Schönheit 79

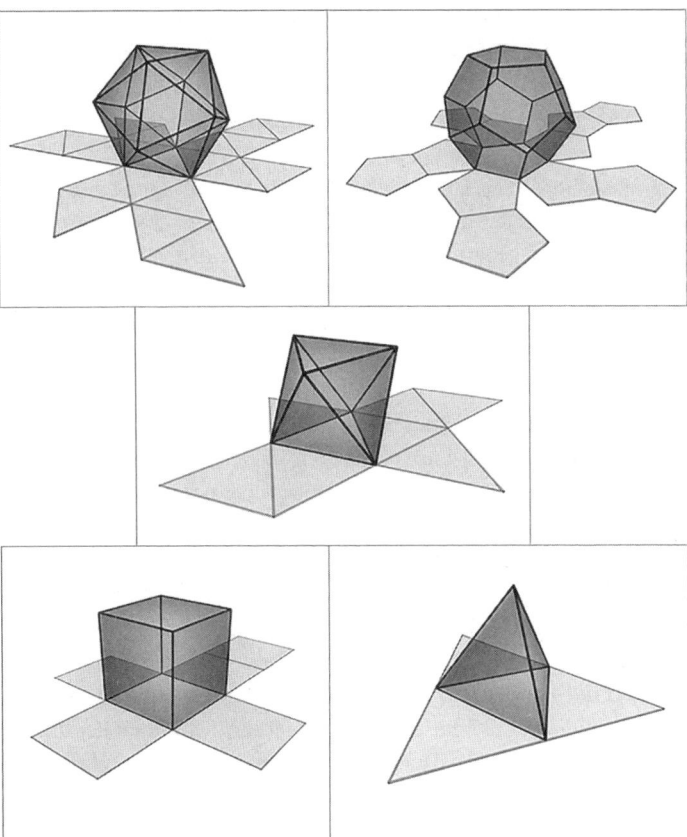

Abb. 4.2a: Die Platonischen Körper. Diese Platonischen Körper sind so aus deckungsgleichen Regulären Vielecken (mit gleichen Winkeln und gleichen Kanten) zusammengesetzt, dass in allen Ecken eines solchen Körpers die Kanten im selben Winkel aufeinandertreffen. Es gibt nur fünf Körper mit diesen beiden Eigenschaften, nämlich (von links oben nach rechts unten): Ikosaeder, Dodekaeder, Oktaeder, Würfel, Tetraeder. Frage an Ihren Sinn für Ästhetik: Welche dieser Körper sähen besser aus, wenn sie auf einer Ecke stünden, statt auf einer Fläche zu liegen? Keplers Antwort steht in § 4.2k; die Abbildungen auf der S. 83/4 dienen dem direkten Vergleich. (Graphik von Matthias Herder).

gibt im geometrischen Raum unendlich viele Sphären verschiedener Größe, die in irgendwelchen festen Proportionen zueinander stehen, und ohne Willkür – d.h. ohne Verletzung unseres Schönheitsempfindens – lässt sich keine endliche Auswahl aus dieser Vielfalt treffen.[167]

Angesichts dieser Schwierigkeit möchte Kepler aus räumlich-geometrischer Notwendigkeit verständlich machen, warum es exakt sechs Planeten geben muss, nicht etwa zwanzig oder hundert.[168] Genauer gefragt: Welche dreidimensionale Tatsache von hoher geometrischer Schönheit zeichnet eine *endliche* Anzahl von Plätzen aus, an denen die Planeten ihren Bewegungsgewohnheiten nachgehen können?

Nun war seit der Antike bekannt, dass es exakt *fünf* Platonische Körper gibt. Das sind diejenigen dreidimensionalen Körper, deren Flächen allesamt aus einer einzigen Sorte regulärer Vielecke aufgespannt werden und deren Ecken allesamt gleichartig sind, also Tetraeder, Würfel, Oktaeder, Dodekaeder, Ikosaeder (siehe Abb. 4.2a). Schon für sich alleine ist jeder dieser Körper von hoher Schönheit – und zwar wegen der ihm innewohnenden Symmetrien.

Doch hiermit hält sich Kepler nicht lange auf; stattdessen bringt er die fünf Platonischen Körper zusammen.[169] Er schafft aus ihnen eine hochkomplexe Einheit von strahlender Schönheit, und zwar so: Jeder der fünf Platonischen Körper umschreibt eine (größtmögliche) Innenkugel und wird von einer (kleinstmöglichen) Außenkugel umschrieben. Daher lassen sich die Platonischen Körper höchst ästhetisch ineinander verschachteln; die Innenkugel des größten ist die Außenkugel des zweitgrößten Körpers, dessen Innenkugel wiederum als Außenkugel des drittgrößten Körpers genommen wird und so weiter (Abb. 4.2b). Wieviele Sphären, das heißt wieviele Kugeloberflächen werden dabei insgesamt aufgespannt? Sechs: nämlich für jeden Platonischen Körper je eine Außenkugel, und dann noch die Innenkugel des innersten Körpers.

Damit erreicht Kepler sein erstes ästhetisches Resultat: Es gibt deshalb sechs Planeten, weil das mathematisch perfekte Mittel, um ohne Willkür eine endliche Anzahl von Kugeln auszuzeichnen, ausgerechnet zu sechs Kugeln führt. Die Oberflächen dieser sechs Kugeln (ihre sechs Sphären) bieten demzufolge genau den Raum, in

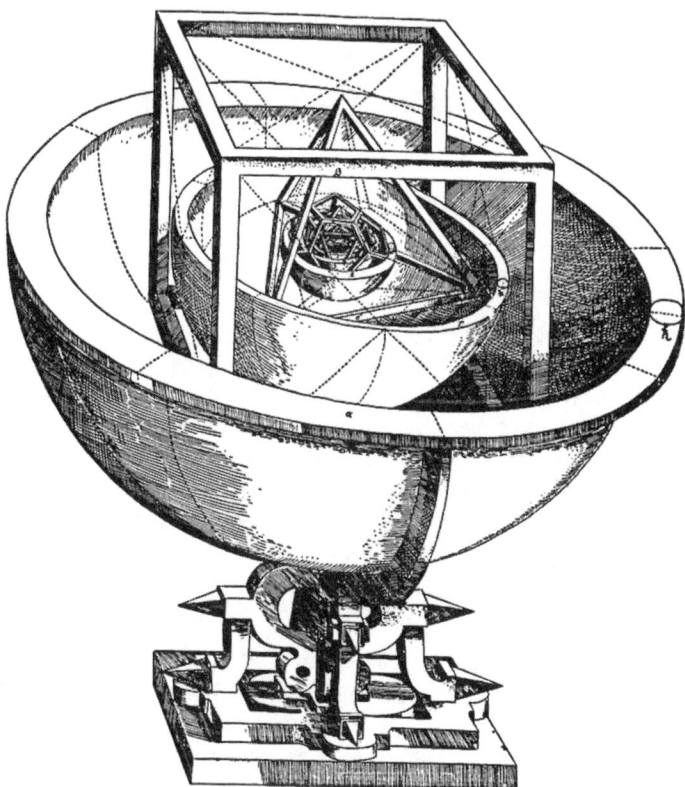

Abb. 4.2b: Keplers geometrisches Modell des Sonnensystems. In die äußere Kugelschale (die übrigens nicht unendlich dünn ist und in deren Rahmen der Saturn mit leicht variierenden Abständen um die Sonne kreist) hat Kepler den ersten Platonischen Körper – den Würfel – eingeschrieben. Die Schale seiner Innenkugel bietet dem Jupiter ausreichend Platz für seine Bewegungen, und diese Sphäre umschreibt den zweiten Platonischen Körper, den Tetraeder, dessen Innenkugel noch gut erkennbar den Dodekaeder einhüllt und die Marsbahn beherbergt. (Graphik aus Kepler [MC]/A, Tabella III).

dem sich die Planetenbewegungen abspielen – für jeden Planeten eine eigene Sphäre.

Vertiefungsmöglichkeit. Man kann die fünf Platonischen Körper auf viele verschiedene Weisen ineinanderschachteln. Bei der Wahl des äußersten Körpers gibt es fünf Möglichkeiten, bei der Wahl des nächsten Körpers noch vier, dann drei Möglichkeiten usw. Insgesamt gibt es also
$5 \times 4 \times 3 \times 2 \times 1 = 120$
Möglichkeiten. Kepler legt sich auf folgende Anordnung fest:
    Würfel (ganz außen), Tetraeder, Dodekaeder, Ikosaeder, Oktaeder (ganz innen).[170]
Genau diese eine Anordnung ist ihm (laut eigener Aussage) eines schönen Tages schlagartig in den Sinn gekommen; offenbar genügte dafür seine grobe Kenntnis der kopernikanischen Abstände zwischen den Planeten.[171] Die später für jene Reihenfolge nachgereichten Argumente sind zwar weniger stringent als sein Argument zugunsten der Platonischen Körper, aber sie beruhen ebenfalls auf Gesichtspunkten der Schönheit und sind nicht ohne Plausibilität.[172] Diese Argumente erstrecken sich über mehrere Kapitel, und ich werde lediglich ihren Anfang skizzieren. Und zwar teilt Kepler die Platonischen Körper zunächst in zwei Klassen ein:

1) Würfel, Tetraeder, Dodekaeder.
2) Ikosaeder, Oktaeder.[173]

Um wenigstens die Art der keplerschen Argumentation kurz aufscheinen zu lassen, führe ich einen seiner insgesamt sieben Gründe für diese Einteilung an:
»6. Den Körpern der ersten Klasse ist es eigen zu stehen, denen aus der zweiten Klasse zu schweben. Denn wenn man diese auf eine Grundfläche wälzt, jene dagegen auf eine Ecke stellt, wird in beiden Fällen das Auge von der *Hässlichkeit* des Anblicks abgestoßen«.[174]
Ob Sie dem zustimmen, können Sie anhand der Abb. 4.2c – Abb. 4.2g überprüfen, indem Sie sich fragen: Welche der dort abgebildeten Körper sollten ästhetischerweise besser auf der Spitze stehen (links) bzw. auf einer der Flächen liegen wie rechts gezeigt? (Die Kepler-Expertin Judith Field blendet in ihrer Interpretation der zitierten Textpassage diejenigen ästhetischen Gesichtspunkte aus, die wir heute anstößig finden könnten, und modernisiert Keplers Überlegung mithilfe von Rotationssymmetrien (Field [KGC]:55)). – Ich muss darauf verzichten, nachzuzeichnen, mithilfe welcher ästhetischer Überlegungen Kepler von der Einteilung in zwei Körperklassen zur von ihm bevorzugten Reihenfolge dieser Körper fortschreitet.

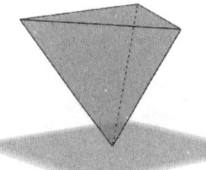 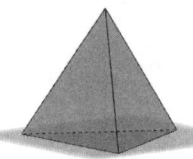

Abb. 4.2c: Tetraeder in zwei Positionen. Der linke Tetraeder steht auf einer seiner vier Ecken, der rechte ruht auf einer seiner vier Grundflächen. Prüfen Sie selbst: Finden Sie (so wie Kepler) eine der beiden Positionen ästhetisch abstoßend, die andere gelungen? Gibt Ihr Schönheitssinn eindeutige Antworten, und wenn ja: welche? Passen Ihre Antworten zu Keplers Einteilung aus dem Zitat? Wiederholen Sie diese Meditationsübung bei den folgenden vier Abbildungen. (Graphik von Sarah Schalk nach einer Idee von O. M.)

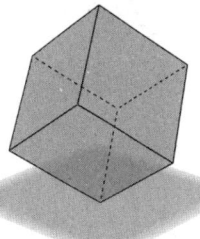 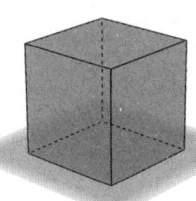

Abb. 4.2d: Würfel in zwei Positionen. Der linke Würfel steht auf einer seiner acht Ecken, der rechte ruht auf einer seiner sechs Grundflächen. (Graphik von Sarah Schalk nach einer Idee von O. M.)

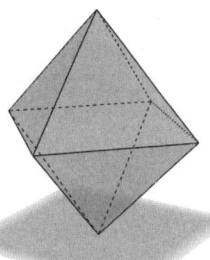 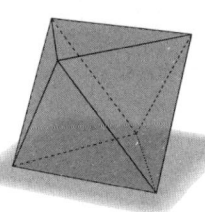

Abb. 4.2e: Oktaeder in zwei Positionen. Der linke Oktaeder steht auf einer seiner sechs Ecken, der rechte ruht auf einer seiner acht Grundflächen. (Graphik von Sarah Schalk nach einer Idee von O. M.)

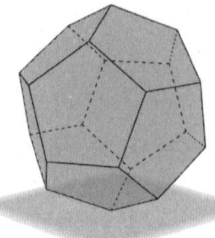 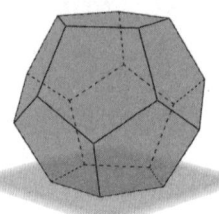

Abb. 4.2f: Dodekaeder in zwei Positionen. Der linke Dodekaeder steht auf einer seiner zwanzig Ecken, der rechte ruht auf einer seiner zwölf Grundflächen. (Graphik von Sarah Schalk nach einer Idee von O. M.)

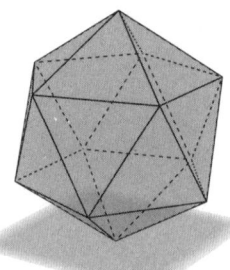 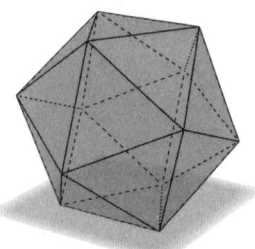

Abb. 4.2 g: Ikosaeder in zwei Positionen. Der linke Ikosaeder steht auf einer seiner zwölf Ecken, der rechte ruht auf einer seiner zwanzig Grundflächen. (Graphik von Sarah Schalk nach einer Idee von O. M.)

Zwischenbetrachtung für Ästheten

§ 4.3. Bevor ich weitergehe, möchte ich Sie einladen, einen Schritt zurückzutreten und Ihren Schönheitssinn spielen zu lassen: Betrachten Sie in aller Ruhe die Serie ineinandergeschachtelter Kugeln und Platonischer Körper aus Keplers Modell (Abb. 4.2b).

Wie ich finde, strahlt es eine faszinierende Schönheit aus, und man kann sich lange in die Betrachtung des Modells vertiefen, ohne dass die Freude daran nachlässt. Man bemerkt schon auf den ersten Blick von außen nach innen eine überbordende Vielfalt und einen schier unermesslichen Reichtum im Detail; gleichwohl lässt sich das Konstruktionsprinzip bei näherem Hinsehen gut überschauen: Sphären und hochsymmetrische eckige Körper wechseln sich im festen Rhythmus und mit atemberaubender Konsequenz ab, und wer mit mathematischen Kenntnissen ausgerüstet ist, wird sich zusätzlich daran erfreuen, dass *sämtliche* Platonischen Körper in dem Modell ihren Platz haben.

Alle aufgezählten Gesichtspunkte (und einige mehr) sind für die Schönheit *dieses* Modells wesentlich. Damit sage ich nicht, dass etwas nur dann schön sein kann, wenn es Keplers Modell in den aufgezählten Hinsichten ähnelt. Und ich sage auch nicht, dass Keplers Modell perfekt ist, dass es also ästhetisch nicht übertroffen werden kann – hier urteile ich etwas zurückhaltender als der junge Kepler; man könnte die Schönheit des Modells ein wenig zu kalt finden. Aber auch diese kleine Kritik ändert kaum etwas daran, dass das Modell nicht nur in Keplers Augen ein hohes Maß an Schönheit erreicht.

Kennen Sie Werke aus den schönen Künsten, deren ästhetischer Wert (zumindest zum Teil) mit den Gesichtspunkten zusammenhängt, die ich kurz durchgegangen bin? Ich denke zum Beispiel sofort an einen Roman von Jan Potocki, dem polnischen Diplomaten, Statistiker und Forschungsreisenden: In seiner *Handschrift von Saragossa* werden auf hochkomplexe Weise und mit verblüffender Konsequenz sechs Erzähl-Ebenen ineinandergeschachtelt – nicht anders als bei Kepler die Platonischen Körper.[175] An die mathematische Konsequenz des Modells von Kepler kommt die *Handschrift von Saragossa* selbstverständlich nicht heran – der Romancier kann und muss nicht genau denselben Regeln folgen wie der Astronom. Dennoch gibt es gewisse Ähnlichkeiten zwischen dem Roman und Keplers Modell, und zwar nicht nur ästhetisch positive; auch der Roman wirkt ein wenig kalt.

Statt nach weiteren ästhetischen Parallelen zwischen Keplers Modell und geeigneten Kunstwerken zu suchen, möchte ich festhalten: Wer in dem Modell Anhaltspunkte für ästhetische Begeisterung sieht, der erfährt dabei etwas Ähnliches wie bei der ästhetischen Wertschätzung einiger Kunstwerke – etwas Ähnliches, freilich nicht dasselbe.

Probe aufs
Exempel

§ 4.4. **Zurück in die Astronomie.** Bislang hat Kepler einfach nur die Zahl der damals bekannten Planeten zur Konstruktion bzw. Kontrolle seines ästhetischen Modells herangezogen.[176] Die Planetenzahl ist exakt identisch mit der präzise hergeleiteten Anzahl ideal angeordneter Sphären. Diese ideale Anordnung ist aber wesentlich reichhaltiger; sie enthält weit mehr Informationen als die Zahl Sechs.

Und so nimmt Kepler sein Modell (Abb. 4.2b) beim Wort und fängt an zu rechnen. Die ineinandergeschachtelten Platonischen Körper definieren präzise Größenverhältnisse der sechs Kugeloberflächen – man kann also aus dem Modell ablesen, welchen Durchmesser z. B. die Saturnbahn relativ zum Durchmesser der Bahn des Jupiters haben muss.[177] Genau diese Verhältnisse vergleicht Kepler mit den damals bekannten Daten.[178] Das Ergebnis seines Vergleichs gibt Tabelle 4.4 wieder.

Zwei dieser Verhältniszahlen (kursiv hervorgehoben) gleichen sich so stark, dass man Keplers Jubel beim Vergleich der Rechenergebnisse gut nachvollziehen kann:

»Siehe da, wie nahe beieinander hier jeweils zusammengehörende Zahlen liegen. Für [das Verhältnis der Bahndurchmesser der Planeten] Mars und Venus [gemessen am Bahndurchmesser des jeweils nächsthöheren Planeten] sind die Zahlen identisch. Für Erde und Merkur weichen sie nicht weit voneinander ab, nur für Jupiter gehen sie stark auseinander«.[179]

Insgesamt ist die Übereinstimmung mehr als erstaunlich. Dass Keplers Modell beim Durchmesser der Marsbahn (im Vergleich zur nächsthöheren Bahn) exakt die damals einschlägige Zahl 333 liefert, ist äußerst verblüffend. Nicht minder verblüffend ist die Abweichung bei der Venus um eine einzige Einheit (795 statt 794), also um einen Zehntel-Prozentpunkt – auch das kann man als Volltreffer werten, bzw. in Keplers Ausdrucksweise als identische Zahlen.

Was ist von der größten Diskrepanz zu halten, die sich in der ersten Zeile der Tabelle findet? Darauf werde ich im kommenden Paragraphen zu sprechen kommen.

Vertiefungsmöglichkeit. Um genauer zu erläutern, was Keplers Modell leistet und was nicht, muss ich auf eine Komplikation eingehen. Anders als es bislang den Anschein hatte, kann Kepler abstrakt aus Schönheitserwägungen kein *vollständiges* Zahlenwerk für die Planetenabstände ableiten. Nur

4. Kapitel: Kepler im Rausch der Schönheit 87

	Aus den Platonischen Körpern berechnetes Verhältnis der Bahndurchmesser	Daten von Kopernikus übernommen	Δ
Saturn			
:	1000:577	1000:635	58
Jupiter			
:	*1000:333*	*1000:333*	0
Mars			
:	1000:795	1000:757	38
Erde			
:	*1000:795*	*1000:794*	1
Venus			
:	1000:707	1000:723	16
Merkur			
			ΣΔ = 113

Tabelle 4.4: *Keplers quantitativer Vergleich zwischen dem Planetenmodell der Platonischen Körper und den empirischen Daten von Kopernikus.* Lesebeispiel zur ersten Zeile mit Zahlenwerten: Wenn die Saturnbahn einen Durchmesser von 1000 Einheiten hat, dann hat die Jupiterbahn in Keplers Modell der ineinandergeschachtelten Platonischen Körper einen Durchmesser von 577 Einheiten (2. Spalte); laut Kopernikus beträgt die Jupiterbahn aber 635 Tausendstel der Saturnbahn (3. Spalte) – die Abweichung Δ zwischen Modell und Empirie beläuft sich auf 58 Einheiten, also 58 Promille-Punkte (letzte Spalte, die in Keplers Originaltabelle nicht eigens aufgeführt ist). Dies ist die mit Abstand größte Abweichung zwischen Keplers Modell und der damaligen Empirie, wie ein Vergleich mit den anderen Zeilen zeigt.

wenn die Sphären seines Modells unendlich dünne Kugeloberflächen wären (und wenn auch die Platonischen Körper von unendlich dünnen Dreiecken, Quadraten, bzw. Fünfecken aufgespannt würden), könnte man aus der Verschachtelung der Platonischen Körper alle Planetenabstände relativ zueinander bestimmen. Astronomisch würde das bedeuten, dass alle Planeten auf exakten Kreisbahnen um den Weltmittelpunkt reisen. Doch wie dargetan (§ 3.6) legt schon Kopernikus die Mittelpunkte der Planetenbewegungen exzentrisch an und führt zusätzliche Epizykel ein.[180] Jeder Planet steigt demzufolge in seiner Sphäre mit regelmäßigem Rhythmus auf und ab, und im Ergebnis spezifiziert Kopernikus für jeden Planeten jeweils einen maximalen und einen minimalen Abstand vom Zentrum seiner Bewegung. Weil nun Kepler in seinem Modell die (zwischen den Platonischen Körpern eingebauten) Sphären physikalisch als Aufenthaltsorte der Planeten auffasst, lässt er realistischerweise jede dieser Sphären genau so dick sein, dass sie für den Auf- und Abstieg des fraglichen Planeten ausreichend Platz bietet.[181] Für ein vollständiges Zahlenwerk reichen demzufolge keine fünf Verhältniszahlen; wer die Dicke der sechs Planetensphären berücksichtigen und das Gesamtmodell stringent von außen nach innen durchrechnen wollte, müsste über insgesamt sechs zusätzliche Verhältniszahlen verfügen – und es versteht sich von selbst, dass die fünf Platonischen Körper hierfür keine Ressourcen liefern. Gleichwohl ist ihr Modell alles andere als wertlos. Es bietet grob die Hälfte der erforderlichen Daten. Ich finde es faszinierend, wie geschickt Kepler sein halbes Modell mit den kopernikanischen Daten zu vergleichen weiß. Für benachbarte Planetenpaare vergleicht er nicht etwa deren *durchschnittliche* Abstände vom Bewegungsmittelpunkt, sondern deren *kleinstmögliche* Abstände: In der Tabelle steht jeweils das Verhältnis aus geringstem Bahndurchmesser des oberen Planeten und größtem Bahndurchmesser des unteren. (Für diesen Vergleich spielt die Dicke der Kugelschalen keine Rolle, wohl aber die Dicke der Flächen, aus denen die Platonischen Körper bestehen; ohne jede Erläuterung nimmt Kepler an, dass diese Flächen unendlich dünn sind).

Entschuldigungen beim Jupiter

§ 4.5. Nicht alle Modellzahlen Keplers passen so gut zu den kopernikanischen Zahlen wie die zuletzt betrachteten. Doch selbst beim Jupiter – dem stärksten Ausreißer – liegt die Abweichung nur bei knapp sechs Prozentpunkten. Dass sich Kepler damit unzufrieden zeigt, spricht für seine Redlichkeit; er glaubt, die Abweichung wegerklären zu müssen, und kommentiert:

»Nur für Jupiter gehen sie [die Zahlen] stark auseinander, was aber bei der großen Entfernung niemanden verwundern sollte«.[182]

Diese Aussage lässt insofern zu wünschen übrig, als Kepler von einer großen Entfernung des Jupiters spricht, ohne den Bezugspunkt zu nennen. Auf den ersten Blick bieten sich dafür zwei Interpretationen an:

(i) Nur für Jupiter gehen die Zahlen stark auseinander, was aber bei der großen Entfernung des Jupiters *vom Saturn* niemanden verwundern sollte.

(ii) Nur für Jupiter gehen die Zahlen stark auseinander, was aber bei der großen Entfernung des Jupiters *von der Sonne* niemanden verwundern sollte.

Keine der beiden Interpretationen liefert ein überzeugendes Argument. Immerhin vergleichen wir hier *Verhältnis*zahlen, keine absoluten Zahlen. In absoluten Zahlen wäre beim Jupiter die Abweichung zwischen Keplers Modell und den Daten noch viel größer. (Genau genommen kann man mit Keplers Modell zwar nur relative Zahlen gewinnen; aber da das Modell in festen Proportionen von innen nach außen aufgebaut ist, kommt die äußerste Bahn um ein vielfaches größer heraus als die innerste).

Um jene riesige Diskrepanz zu neutralisieren, kann Keplers Argument einzig und allein unter einer dritten Interpretation überzeugen:

(iii) Nur für Jupiter gehen die Zahlen stark auseinander, was aber bei der großen Entfernung des Jupiters *von uns* niemanden verwundern sollte.

In der Tat – weil Jupiter und Saturn sehr weit von der Erde entfernt sind, brauchen wir uns nicht darüber zu wundern, dass die damals auf Erden verfügbaren Informationen über das Verhältnis dieser Bahnen besonders unzuverlässig sind. Erstaunlicherweise stellt sich heraus, dass Keplers Wert besser zu den heute bekannten Werten für Jupiter und Saturn passt – die fehlerhafte Abweichung des Modells halbiert sich im Lichte moderner Daten (§ 4.20). Die zitierte Überlegung wirkt also in der dritten Interpretation mehr als hellsichtig.

Hiermit liegt ein allgemeines Problem auf dem Tisch, das uns noch bis zum Ende dieses Kapitels beschäftigen wird: Wie zuverlässig sind astronomische Beobachtungsdaten der Neuzeit?

§ 4.6. Dass die Zahlen, die Kepler aus dem Modell ineinandergeschachtelter Platonischer Körper ermitteln kann, nicht ganz mit den Daten übereinstimmen, bildet eine seiner Hauptsorgen für die nächsten Kapitel des *mysterium cosmographicum*. Zur Beruhigung bringt er als nächstes ein wahrscheinlichkeitstheoretisches Argument:

Im Lottospiel gegen Kepler

»Gewiss kann es kein Zufall sein, dass die aus den Platonischen Körpern ermittelten Modellzahlen den Daten so genau entsprechen«.[183]

Das wirkt plausibel. Zu Keplers Zeit gab es noch keine ausgefeilte Wahrscheinlichkeitslehre, aber mit heutigen Begriffen lässt sich präzise dartun, wie groß die Wahrscheinlichkeit für einen Zufallstreffer wäre. Betrachten wir die Sache als Spiel: Nehmen wir an, Sie würden aus 1000 Lotterielosen fünfmal ein Los ziehen (mit Zurücklegen) und jedesmal den Abstand der Losnummer von der fraglichen Zahl aus der Datenspalte in Tabelle 4.4 ermitteln; nach fünf Spielen wird als Gesamtabweichung die Summe der fünf Abstände Δ berechnet: je geringer diese Gesamtabweichung, desto besser für Sie.

Keplers Ergebnis liegt bei $\Sigma\Delta = 113$ und ist sensationell niedrig (Tabelle 4.4 unten rechts). Da werden Sie recht lange spielen müssen, um irgendwann einmal zufällig mindestens so gut abzuschneiden wie er; nach meinen Berechnungen liegt die Wahrscheinlichkeit dafür unter Eins zu Zweihunderttausend.[184] Das entspricht der Wahrscheinlichkeit, beim Münzwurf siebzehn Mal hintereinander *Zahl* zu werfen, und liegt in der Größenordnung von fünf Richtigen im Lotto mit Superzahl (1 : 542 000).

Hat Kepler einfach nur ungeheures Glück gehabt, als er sein Modell aufbaute? Um Ihnen das Ausmaß seines Glücks vor Augen zu führen, möchte ich noch eine andere wahrscheinlichkeitstheoretische Kennziffer für Ihr Spiel gegen Kepler nennen: Ihr Erwartungswert für die Gesamtabweichung beträgt knapp 1500.[185] Das heißt, wenn Sie die fünf Spiele immer wieder durchspielen und dem (auf lange Sicht gleichmacherischen) Gesetz der großen Zahl vertrauen, dann ist Ihr Durchschnittsergebnis zehnmal schlechter als Keplers Ergebnis bei seinem allerersten Spiel. Bietet sein Erfolg ein bemerkenswertes Beispiel für das sprichwörtliche Anfängerglück?

Bedenken Sie, dass sein Modell wesentlich auf ästhetischen Überlegungen beruht; wenn unser Sinn für Schönheit auf nichts anderes hinausliefe als auf zufällige Eigenheiten des menschlichen Geschmacks, dann grenzte die damalige Akkuratesse der aus dem Modell herkommenden Zahlen an ein kleines Wunder. So musste es jedenfalls zu Keplers Zeit erscheinen. Und Kepler selbst fand den

Erfolg so verblüffend, dass er sich vermutlich deshalb mit voller Kraft in die weitere astronomische Arbeit gestürzt hat – mit weitreichenden Folgen für sein Leben und für unsere Naturwissenschaft. Er hatte Feuer gefangen.

Vertiefungsmöglichkeit. Keplers Beispiel ähnelt offenbar einem Trend der allerneuesten Grundlagenforschung der Physik, auf den Hossenfelder mit dem Stichwort der Natürlichkeit aufmerksam macht und auf den sie ihre vehemente Kritik am Schönheitssinn der Physiker besonders überzeugend zu stützen weiß.[186] Auch heute sind Physiker nicht bereit, irgendwelche aus Messungen herkommende Zahlen kommentarlos hinzunehmen, vor allem dann nicht, wenn die Zahlen grundlegende Verhaltnisse beschreiben sollen (etwa die Verhältnisse der Masse der verschiedenen fundamentalen Teilchenarten) und wenn sie besonders hergeholt wirken (indem sie etwa viel zu weit von der 1 entfernt sind). Und so wie einst Kepler scheinen seine schönheitsbeflissenen Nachfolger erst dann Ruhe zu geben, wenn sie ein mathematisches Modell vor Augen haben, das den inneren Zusammenhang der fraglichen Zahlenverhältnisse verständlich macht. Als eingefleischte Pessimistin rechnet Hossenfelder nicht damit, dass sich diese Methode erfolgreich anwenden lässt. Vielleicht deshalb nimmt sie (entgegen den historischen Tatsachen) an, dass Kepler sein Modell der Platonischen Körper angesichts genauerer Daten preisgegeben hätte.[187]

§ 4.7. Wie soeben dargelegt konnte man die empirische Treffgenauigkeit der Ergebnisse aus Keplers Modell nicht gut als Zufall abtun; Kepler erzielt zwar nur zwei Volltreffer, aber auch die anderen drei Schüsse weichen nicht weit vom Ziel ab. Trotzdem gibt sich Kepler nicht zufrieden und führt eine neue Überlegung durch (die ich im Detail nicht wiedergeben möchte). Sie beginnt mit folgenden charmanten Worten:

> »Um Dir, lieber Leser, keinen Anlass zu geben, das ganze Unternehmen *wegen einer ziemlich unbedeutenden Unstimmigkeit* zu verwerfen, musst Du daran erinnert werden – und das will ich in aller Form tun –, dass [...]«.[188]

Hier spielt er die Unstimmigkeit nicht ohne Schalk zunächst herunter. Im Anschluss daran nimmt er neuen Anlauf und steuert auf eine gleichzeitige Veränderung sowohl seines Modells als auch der Daten zu, die es in sich hat.

Wie ihm nämlich aufgefallen ist, kranken die kopernikanischen

Im Gleichgewicht

Angaben, auf denen sein bisheriges Vorgehen beruht, an einer systematischen Ungereimtheit: Kopernikus hatte den Heliozentrismus bei gewissen Berechnungen nicht konsequent genug durchgehalten. Kepler treibt erheblichen Aufwand, um diesen Fehler zu beheben, bleibt stecken und bittet schließlich seinen Lehrer (den Mathematiker Michael Maestlin), die kopernikanischen Angaben neu zu berechnen – nicht ohne Folgen: Am Ende der gemeinschaftlichen Anstrengung haben sich sowohl die Zahlen seines Platonischen Modells als auch die Daten für den Vergleich verändert.[189]

Und besser noch, Keplers feste Überzeugung von der Wahrheit seines Modells hat dazu geführt, dass dem neuen Weltbild der tatsächliche Ort der Sonne zugrundegelegt wird, ganz im Einklang mit dessen heliozentrischem Credo. Zudem war dies ein wichtiger Meilenstein zur späteren Aufdeckung der drei Keplerschen Planetengesetze.[190]

Lektion: Wenn ein schönes Modell nicht perfekt zu den Daten passt, dann liegt die Schuld mitunter bei *beidem*. Und dann ist es legitim, die Daten zu verbessern – und zugleich das Modell *ohne Preisgabe seiner Grundidee* zu überarbeiten. Kepler ist offensichtlich bestrebt, Modell und Daten in ein Gleichgewicht zu bringen; die Daten sind im Lichte des Modells zu kritisieren und das Modell im Lichte der Daten.

Mit einer gehörigen Portion Anachronismus könnte man sein Verfahren als Suche nach dem Überlegungsgleichgewicht im Sinne des Wissenschaftsphilosophen und Zeichentheoretikers Nelson Goodman beschreiben.[191] Man geht von einer starken (hier: ästhetischen) Grundidee aus, prüft ihre empirische Angemessenheit, findet einen Konflikt – dann modifiziert man die Grundidee anhand der Daten und ändert *zugleich* die Daten, die in Konflikt mit der Grundidee getreten waren. Erst wenn sich korrigierte Empirie und korrigierte Grundidee im Gleichgewicht einpendeln, gibt man sich zufrieden.

Vertiefungsmöglichkeit. Ein weiteres Beispiel für Keplers Methode bietet sein Umgang mit den Schwierigkeiten, die ihm bei der Mondsphäre begegnen.[192] Er sagt mit entwaffnender Offenheit:
»So klein die Mondsphäre auch ist, so bereitet sie doch keine kleine Schwierigkeit. Es ist daher an der Zeit, einiges über den Mond auszuführen. Ich beginne ohne Umschweife, Dir, lieber Leser, aufrichtig meine

Absicht mitzuteilen, dass ich denjenigen Zahlen zu folgen gesonnen bin, die am besten in meinen Plan passen. Wenn die Einschaltung des Mondes die Daten [...] besser wiedergibt, so werde ich sagen: Man muss das Mondsystem zur Dicke der Erdbahn hinzurechnen. Wenn aber die Vernachlässigung des Mondes eine bessere Übereinstimmung [mit den Daten] bewirkt, so werde ich hinwiederum sagen: Die Erdsphäre ist nicht ringsum so dick, dass sie den Mondhimmel überdeckt«.[193]
Hier stützt er sich darauf, dass es die Spielregeln seines Modells offenlassen, ob man dem Mond zuliebe die Sphäre der Erde im Platonischen Modell vergrößert oder nicht. Wie er im Anschluss ausführt, ist er wild entschlossen, den sich so eröffnenden Manövrierspielraum zu nutzen, um Modell und Empirie möglichst weit aneinander anzunähern. Man kann darüber diskutieren, ob Keplers Methode beim Thema Mond alles in allem gut dasteht; in diesem Streit sollten fairerweise auch die lunaren Erfolge seiner Herangehensweise gewürdigt werden.[194] Erstens ergibt sich aus den Platonischen Körpern, dass es nur sechs Planeten geben kann, dass also unser Mond etwas anderes ist als ein Planet. (Das war vor Kopernikus keine Selbstverständlichkeit). Eine zweite Schlussfolgerung geht noch weiter und ist wesentlich spannender: Sollten weitere Himmelskörper entdeckt werden (die nicht zu den Fixsternen zählen), dann können es ebenfalls keine Planeten sein. Diese Prognose ermöglichte es Kepler, die Nachricht von Galileis bahnbrechenden Entdeckungen (mit dem Teleskop) richtig einzuordnen, bevor die Details bekannt wurden: Demzufolge hatte Galilei keine neuen Planeten entdeckt, sondern Jupiter*monde*.

§ 4.8.   Es ist eine Crux, aber es war nicht anders zu erwarten: Auch nach den Änderungen, die Kepler an seinem Modell und an den Daten vornimmt (wie im vorigen Paragraphen angerissen), passt beides immer noch nicht perfekt zueinander. Kepler gibt das freimütig zu.[195] Was er an dieses Eingeständnis anschließt, könnte man auf den ersten Blick für das rhetorisch brillante Plädoyer eines Winkeladvokaten halten:

Winkeladvokat?

»Wenn auch in einzelnen Fällen die Differenz ein bisschen groß ist, so möge man sich doch daran erinnern, dass die Zahlen aus den markantesten Stellen der ganzen Bahn bestimmt worden sind, also dort, wo alle Ungleichheiten zusammenkommen. Nicht überall ist die Unstimmigkeit zwischen den aus den [Platonischen] Körpern und den nach Kopernikus bestimmten Planetenörtern so groß [...] Und ich meine: Selbst wenn die Prutenischen

Tafeln [aus denen Modell und Daten neu berechnet worden sind] völlig zuverlässig wären und wenn jene [abweichenden] Zahlen ganz sicher durch die Einschaltung der [Platonischen] Körper selbst verursacht würden, so hätte man doch kein Recht, einen so *kunstgerechten* Plan zu verwerfen; denn jener Fehler ist doch recht unbedeutend. Nun ist es aber nicht nur ungewiss, welche der beiden Seiten die Schuld an der Unstimmigkeit trägt, sondern im Gegenteil sprechen der Verdacht und viele Gründe dafür, dass die Schuld bei der Rechnung und bei den Prutenischen Tafeln liegt. Es spräche sogar stark gegen mich, wenn die Übereinstimmung zwischen meinen Ergebnissen und den kopernikanischen Daten vollkommen wäre«.[196]

Bei genauerem Hinsehen stellt sich heraus, dass Kepler viel Plausibilität auf seiner Seite hat. In überspitzter Kurzform behauptet er zwar: *Wenn mein kunstgerechtes Modell nicht zu den Daten passt, dann umso schlimmer für die Daten.* Aber er macht mit vollem Recht darauf aufmerksam, dass die Daten, von denen sein Modell ein Stückweit abweicht, nicht einfach fehlerfrei aus der empirischen Wirklichkeit abgelesen worden sind; vielmehr handelt es sich um *theoretisch zugerichtete* Daten, die einen langen Rechenweg hinter sich haben und deren Fehlerhaftigkeit sich bei jedem Schritt gesteigert haben kann.

Erstens werden sich schon bei den ursprünglichen antiken Himmelsbeobachtungen Fehler eingeschlichen haben, die jahrhundertelang unkorrigiert ihr Unwesen treiben konnten.[197] Zweitens bedrohen Beobachtungsfehler auch den Wert der Daten aus der frühen Neuzeit, etwa wegen der Verzerrungen infolge der Lichtbrechung unweit über dem Horizont.[198] Drittens hat Ptolemäus die fehlerhaften Daten zunächst für seine Zwecke zugerichtet, ausgesucht oder gar manipuliert.[199] Viertens können diese fehlerhaften Daten im Lauf der Jahrhunderte durch Schreibfehler in Mitleidenschaft gezogen worden sein. Fünftens hat Kopernikus derartige mehrfach fehlerhaften Daten mit in sein System eingebaut, wobei er sie (so wie weitere Daten, die ihm zu Gebote standen) ganz zum Schluss aufgrund wachsender Zweifel an ihrer Zuverlässigkeit wiederum zugerichtet, ausgesucht oder gar manipuliert haben könnte.[200] Sechstens hat Reinhold aus derartig fehlerhaften Daten seine *Pruteni-*

schen Tafeln berechnet und daraus wiederum Maestlin die Zahlen für Keplers Vergleich. Solche Rechnungen bestehen aus zahllosen Einzelschritten, die auf einer Reihe quantitativer Annahmen beruhen – und ohne Computer durchzuführen waren. Es liegt nahe zu vermuten, dass sich auch dadurch an vielen Stellen beim Rechnen Fehler eingeschlichen und im weiteren Verlauf verstärkt haben.[201] Kurz und gut: Kepler hat recht, wenn er wie zitiert betont, dass die Daten seines Vergleichs nicht sakrosankt sind.

In paradoxer Zuspitzung endet das Zitat mit der Behauptung, dass sein Modell starken Zweifeln ausgesetzt wäre, wenn es genau mit den Daten übereinstimmte. Und auch damit hat er nach allem Gesagten recht; die Daten sind nun einmal nicht zu hundert Prozent koscher, und diese Wertung überträgt sich automatisch auf jedes Modell, das exakt zu den Daten passt.

Vertiefungsmöglichkeit. Im Zitat geht Kepler einen Schritt weiter und nimmt rein hypothetisch an, dass die Daten und die zugrundeliegenden Rechnungen hundertprozentig stimmen, dass also die Diskrepanz auf das Modell der Platonischen Körper zurückzuführen ist; selbst unter dieser Annahme, so Kepler, sollte man das Modell nicht verwerfen. Warum nicht? Weil das Modell kunstgerecht ist und weil die Abweichung von den Daten unbedeutend erscheint. Hier gibt sich Kepler provokant als früher Anhänger des überbordenden Optimismus zur Rolle der Ästhetik in der Physik, wie ich ihn im vorletzten Kapitel an Diracs Beispiel festgemacht habe (§ 2.3). Ob es Kepler damit ernst meint, können wir für die Zeit seiner Arbeit am *mysterium cosmographicum* nicht entscheiden, weil es damals nicht zum Schwur gekommen ist. Wie gesagt gibt es gute Gründe für Kepler, an der Akkuratesse der Daten zu zweifeln. Spätere Äußerungen Keplers sprechen dafür, dass er seine empirisch abgestützten Arbeitsergebnisse zwar *im nachhinein* daraufhin untersuchte, ob ihnen eine schöne Ordnung innewohnt; aber wie er ausdrücklich hinzufügt, gibt er solange kein endgültiges Urteil ab, bis er damit Erfolg hat.[202] Das kann man so verstehen: Erst wenn Keplers Sinn für Schönheit (und seine Forderung nach empirischer Passgenauigkeit) befriedigt ist, sieht er seine Forschung am Ziel. Schönheit wäre demzufolge ein regulatives Ideal à la Kant. Das soll heißen: Dass sich die Gesetze des Kosmos auf schöne Weise darstellen lassen, wäre kein Ergebnis empirischer Forschung, sondern eine Forderung, die wir an unsere Forschungsergebnisse herantragen, um unserer Forschung allererst eine Richtung zu geben. Kant hat diese Denkfigur zwar nicht auf Schönheit angewandt, sondern z. B. auf das Homogenitätsprinzip (wonach wir die Vielfalt der Phänomene auf möglichst wenige Grundkategorien zurückführen sollen), aber er hat deutlich gesehen, dass es ohne derartige regulative Prinzipien nicht möglich wäre, empirische Wissenschaft zu betreiben.[203]

Zu Tycho Brahe

§ 4.9. Wie dargetan hegt Kepler grundsätzliche Zweifel daran, ob Astronomen überhaupt akkurate Daten haben können.[204] Man ist versucht zu sagen: Je unsicherer die Daten, desto größer die Berechtigung des Astronomen, auf den Schönheitssinn zu setzen.

Sehr befriedigend ist dieser Stand der Dinge freilich nicht. Sollten wir nicht versuchen, so mag man fragen, die Daten empirisch zu verbessern? Völlig richtig; das verlangt die gute alte Methode der *exakten* Naturwissenschaft (die in Keplers Zeiten zu entstehen beginnt). Gleichwohl bleibt hundertprozentige Akkuratesse der Daten ein Ideal, dem wir uns nur unvollkommen annähern können – zudem hängt es von unseren Theorien und Modellen ab, welche Daten als akkurat anzusehen sind.[205] Und insofern die Theorien oder Modelle auch vom Schönheitssinn mitgestaltet werden, haben wir keinen neutralen Grund, auf dem wir ohne Ästhetik starten können. Das ist kein Teufelskreis und bietet keinen Grund zum Verzweifeln; vielmehr ist es Wasser auf die Mühlen derer, die wie offenbar Kepler ein Überlegungsgleichgewicht anstreben (§ 4.7).

Wie dem auch sei, Daten können und müssen verbessert werden. Nach Fertigstellung des *mysterium cosmographicum* erfährt Kepler, dass der dänische Astronom und Konstrukteur hochpräziser Messinstrumente Tycho Brahe jahrelang Daten von nie dagewesener Akkuratesse erhoben hat und diesen Schatz eifersüchtig hütet.[206] Kepler ist sich des Wertes dieser Daten bewusst.[207] Er tut alles, um an sie heranzukommen. Und als er damit am Ziel ist, nimmt er den nächsten Anlauf, um die Planetenbahnen zu entschlüsseln. Abermals modifiziert er sein ästhetisches Modell anhand der Daten, und abermals geht er mit ungeheurem Gestaltungswillen vor. Es kommt nicht nur darauf an, massenhaft gute Daten zu haben – man muss auch mit ihnen arbeiten können: und zwar kreativ.

Wie Kepler klar sieht, besteht nämlich die Gefahr, im Chaos der Daten zu ertrinken; das war offenbar Brahes Schicksal, dem der kühne Gestaltungswille eines Kepler abging und der seinen eigenen

Daten daher keine überzeugende Ordnung abzuringen wusste. Kepler sagt dazu:

>»Tycho besitzt die besten Beobachtungen und damit sozusagen das Material zur Errichtung des Neubaus; er hat auch Mitarbeiter und was er nur wünschen kann. Bloß der *Baumeister* fehlt ihm, der alles nach einem eigenen *Plan* nutzen kann. Denn obgleich er eine glückliche Veranlagung und wirkliches baumeisterliches Geschick besitzt, wird er an der Weiterentwicklung *durch die ungeheure Vielzahl der Phänomene* und die Tatsache gehindert, daß die Wahrheit in diesen tief verborgen liegt«.[208]

Kepler vergleicht hier Naturwissenschaft mit Architektur, und in diesen Vergleich spielen ästhetische Gesichtspunkte mit hinein. Wenn einem guten Baumeister mehr als genug Baumaterial zur Verfügung steht, es ihm aber an einem eigenen Plan mangelt, dann wird – so könnte man den Vergleich fortsetzen – kein schönes Bauwerk entstehen. Ein gut planender Baumeister hingegen kann und wird aus dem Baumaterial das *aussuchen*, was seinem Plan nützt; er wird dem Baumaterial seine Formvorstellungen aufprägen.

Vertiefungsmöglichkeit. Man muss Keplers Vergleich nicht unbedingt ästhetisch fortsetzen. Man könnte sich auch damit begnügen zu sagen, dass der gut planende Baumeister dem Baumaterial seine *Funktions*vorstellungen aufprägen wird. (Selbst unter der funktionalistischen Interpretation des Vergleichs muss der Baumeister aus den übervielen Baumaterialien *auswählen*. Es sind nicht die Baumaterialien allein, die das Bauwerk bestimmen. Und er muss sie nicht alle einsetzen, sonst litte nicht nur die Form, sondern auch die Funktion des Bauwerks). Welche der beiden Interpretationen besser zu den architektonischen Gepflogenheiten der Keplerzeit passt, die funktionalistische oder die ästhetische, brauchen wir zum Glück nicht zu klären. Denn schon im *mysterium cosmographicum* verbindet Kepler die Metapher des Baumeisters mit ästhetischen Momenten. Dort sagt er, dass der vollkommenste Baumeister – Gott – notwendigerweise ein Werk von höchster Schönheit bilden musste.[209] Wenn sich Kepler im obigen Zitat selber als Baumeister stilisiert, spielt er darauf an, dass wir Menschen die Ebenbilder Gottes sind und dass uns Gott mit seinem eigenen Schönheitssinn ausgestattet hat – so, wie wir ihn brauchen, um die Welt zu erkennen.

Ovaler Flop

§ 4.10. Wie das Kepler-Zitat aus dem vorigen Paragraphen eindringlich vor Augen führt, genügt es nicht, wenn ein Astronom lediglich mehr und genauere Daten sammelt als die Konkurrenz. Ohne den Gestaltungswillen eines Baumeisters, ohne Kreativität beim Aussuchen, Weglassen und Berichtigen der Daten wird man nie zum Ziel kommen. Selbstverständlich darf man gute, aber widerspenstige Daten nicht einfach in den Wind schlagen; man muss bewusst, respektvoll und verantwortlich mit ihnen umgehen – aber zu ihrer Geisel darf man sich nicht machen lassen.

Mit dieser selbstbewussten, aber respektvollen Haltung tritt Kepler an die neuen Daten heran, um als erstes die Marsbahn zu untersuchen, die seinen Vorgängern besonders große Schwierigkeiten bereitet hatte. Durch die Verbesserung der Daten ist die Angelegenheit nicht einfacher geworden.

In der Tat lässt sich Kepler seine schönsten Konstruktionen zur Marsbahn immer wieder von den Daten aus der Hand schlagen.[210] Kepler muss beispielsweise die schöne Annahme aufgeben, dass der Weg des Mars einen Kreis beschreibt.[211] Er beruft sich dabei ausdrücklich auf die Akkuratesse der Beobachtungen Brahes.[212] Und nachdem er sich von der Idee der Kreisbahn verabschiedet hat, setzt er stattdessen auf eine ovale (aber nicht-elliptische) Bahn, deren Eigenschaften er aus eleganten physikalischen Ursachen hernehmen zu können glaubt.[213] Das war ein Flop:

»Wir waren zu voreilig und haben nicht die endgültige Entscheidung durch Beobachtungen abgewartet. Denn sobald wir sahen, dass die Planetenbahn oval ist, haben wir eine bestimmte Größe fürs Oval aufgriffen. (Und dabei haben wir uns fälschlicherweise allein auf die *Harmonie* der physikalischen Ursachen und die *gefällige Gleichförmigkeit* der epizyklischen Bewegung verlassen)«.[214]

Hier kritisiert Kepler sich selbst dafür, übereilt dem Schönheitssinn gefolgt zu sein.[215] Doch der Glaube an eine einfache, naturgesetzliche Repräsentation des beobachteten Durcheinanders wird ihn beflügelt haben; denn nur so kann er darauf hoffen, am Ende die ersehnte Schönheit im Aufbau des Sonnensystems und in den Planetenbewegungen aufweisen zu können. Ohne sein Harmoniebedürfnis hätte sich Kepler kaum jahrzehntelang mit Brahes Daten abgeplagt.

Keplers Krieg gegen den Mars geht aus heutiger Sicht gut aus: Nach fünf Jahren harter Arbeit findet Kepler heraus, dass der Mars auf einer Ellipsenbahn um die Sonne herumreist.[216] Zudem sind die Voraussagen der beobachtbaren Marsbewegungen, die auf Keplers Ergebnissen beruhen, um Größenordnungen treffsicherer als diejenigen, die sich im kopernikanischen oder ptolemäischen Rahmen ergeben.[217]

Unter mathematischen Vorzeichen (der Einfachheit) ist die Ellipse zwar weniger schön als der Kreis, aber schöner als das Oval. Nichtsdestoweniger hegt Kepler nicht viel anders als seine Zeitgenossen (z. B. der Entdecker der Jupitermonde, Galileo Galilei) einen Widerwillen gegen die Ellipse, der aus heutiger Sicht befremdlich anmutet.[218] Zwar schätzt er die Symmetrie der Ellipse, sieht also ihre ästhetischen Vorzüge.[219] Trotzdem ist er mit der Ellipse deshalb nicht zufrieden, weil er keinen Weg sieht, ihre Bahn aus physikalischen Naturgesetzen verständlich zu machen – deshalb offenbar hat er seine Arbeit an den Planetenbahnen zeitlebens nicht als Triumph empfunden; er hielt sich für gescheitert.[220]

Vertiefungsmöglichkeit. Seit Platons *Timaios* galten Kreisbahnen jahrhundertelang als ästhetisches Ideal in der Astronomie.[221] Sie avancierten im Gefolge des Aristoteles zu einem der Prüfsteine einer jeden Kosmologie.[222] Dies geschah allerdings eher aufgrund der aristotelischen Autorität und weniger wegen ihrer ästhetischen Anziehungskraft.[223] Kepler hingegen hielt laut dem Wissenschaftshistoriker Gerd Graßhoff aus physikalischen Gründen lange an den sich überlagernden Kreisen fest, weil er meinte, dass nur mit ihrer Hilfe kausale Erklärungen per Kraftgesetz gelingen könnten.[224] – Wie unterscheiden sich Ellipsen und Ovale? Ellipsen sind mathematisch eindeutig definiert (etwa als Kegelschnitt mit bestimmten Eigenschaften); was ein Oval sein soll, ist dagegen weniger eindeutig. Die Ovale, die Kepler im Auge hatte, sind offenbar Kreise, die an zwei gegenüberliegenden Seiten eingedrückt sind.[225] Insgesamt muss man eine terminologische Konfusion berücksichtigen, die Kepler in die Welt gesetzt hat: Zuweilen bezeichnet er auch die elliptische Bahn als Oval.[226]

§ 4.11. Wie wichtig war Keplers Schönheitssinn für die Entschlüsselung der Marsbahn? Er hatte die besten Daten seiner Zeit, aber es waren keine perfekten Daten. Um es zu wiederholen: Es gibt keine

Kreativer sein

perfekten Daten. Wer jemals eine ordentliche mathematische Beziehung zwischen echten Beobachtungsdaten aufzustellen versucht hat, wird wissen, wieviel man geradebiegen muss, bevor Formel und beobachtete Realität *halbwegs* zueinander passen. Im mathematischen Anhang am Ende dieses Buchs habe ich einige Beispiele dafür zusammengestellt; lassen Sie sich in aller Ruhe davon verblüffen, welch unterschiedliche Formeln man für fünf Messpunkte angeben kann und wie die Wahl dieser Formeln auch davon abhängt, was wir über die Messgenauigkeit jener fünf Beobachtungen wissen.

Kepler war vielleicht der erste, der sich derartigen Herausforderungen der Fehlerrechnung zu stellen versuchte.[227] Heute haben wir dafür Computerprogramme und statistische Methoden, doch in früheren Zeiten war man auf das Zusammenspiel von mathematischer Intuition und Präzision angewiesen. Ohne ein Gespür für mathematische Einfachheit, ja: Schönheit, und ohne den rabiaten Willen des Ästheten, unwesentliches wegzulassen, hätte Kepler vermutlich weder die ellipsenförmigen Bahnen der Planeten finden können, die sein erstes Planetengesetz ausmachen, noch die anderen beiden Planetengesetze. In der Tat: Ohne die Bereitschaft, Daten zu beschönigen, hätte sich die gesamte frühneuzeitliche Astronomie nicht herausbilden können.[228] Der Astronom und Wissenschaftshistoriker Owen Gingerich resümiert:

»Kepler hat Tycho Brahes Daten weit kreativer genutzt als jemand, der bloß eine Kurve an empirische Datenpunkte anpassen will«.[229]

Dem können wir uns fast ohne Einschränkung anschließen. In der Tat waren die Daten genau genug, um eine Kreisbahn auszuschließen, aber offenbar nicht genau genug, um die Ellipsenbahn vor anderen ovalen Kurven auszuzeichnen oder gar ihre Parameter zu bestimmen.[230]

Vertiefungsmöglichkeit. Nichtsdestoweniger gäbe es einen Weg, auf dem sich Gingerichs Resümee geradezu wertfrei überprüfen ließe: *Big Data*; d.h. wir füttern alle Rohdaten in ein – astronomisch völlig uninformiertes – Muster-Erkennungsprogramm und warten auf die Analyse. Wenn der Computer die Ellipse fände, wäre Gingerichs Resümee in seiner systematischen Relevanz erschüttert. Doch um Keplers ästhetische Erfolge aus erster Hand zu würdigen, statt algorithmisch oder vom Hörensagen, wäre mehr nötig, als bislang geleistet wurde. Einerseits müssten wir uns auf das Datenchaos, andererseits auf die rechnerischen Höhenflüge und Abstürze einlassen, die Kepler in endlosen Jahren durchmachte. Das wäre eine wissenschaftsgeschichtliche Herkulesaufgabe. Immerhin liegt mehr als genug Material für diese Aufgabe vor – anders als im Falle vieler Zeitgenossen und Nachfolger Keplers, die zu gerne die Spuren ihrer Erkenntnispfade verwischt haben.[231] In der *astronomia nova* zeichnet Kepler minutiös auch seine Abstürze nach. Zudem existieren hunderte von Manuskriptseiten voller Rechnungen – auch die, von denen sich Kepler in die Sackgasse hat treiben lassen, wie der Publizist und Romancier Arthur Koestler mit leichtem Schaudern anmerkt.[232] Der Herkulesaufgabe haben sich Graßhoff und seine Mitstreiter angenommen.[233] Mein (ästhetischer) Blickwinkel auf Keplers Arbeit unterscheidet sich von dem ihrigen insofern, als sie sich in erster Linie dafür interessieren, welche Konzeption kausaler Naturgesetze die Arbeit Keplers antreibt.[234] Dieser Ansatz berührt sich an einigen Stellen mit den Zielen, die ich hier verfolge. So weist Graßhoff nach, dass Kepler nicht nur auf ein Erklärungsmodell hinausmöchte (wie z. B. Brahe), sondern darüber hinaus auf *ursächliche* Erklärungen – die sich durch *Einfachheit* auszeichnen.[235] Und Einfachheit gehört in meine Liste ästhetischer Gesichtspunkte.[236] Vielleicht ist es gerade angesichts der Fülle des überlieferten Materials Auffassungssache, welche Motive Keplers ein Wissenschaftshistoriker ins Zentrum rückt. Hier hat man sich mit den in der Geschichtsschreibung notorischen Schwierigkeiten herumzuschlagen, derentwegen historische Objektivität kaum zu erreichen ist.[237] Graßhoff führt aus, wie schwierig es ist, in Keplers Textmassen die tatsächlich bei der Arbeit wirksamen Arbeitsprinzipien von denjenigen Motiven abzugrenzen, denen nur rhetorische Funktion zukommt; daher plädiert er mit vollem Recht dafür, den tatsächlichen Rechenweg Keplers nachzuvollziehen.[238] Die ausführliche Diskussion dieses wichtigen Unterfangens würde meinen Rahmen freilich sprengen.

§ 4.12. Für die drei Planetengesetze ist Kepler heute mit Recht berühmt. Nichtsdestoweniger kann man sein Gesamtprojekt keinen vollen Erfolg bescheinigen. Erstens sah er sich selber zeitlebens als gescheitert an; man kann das nicht oft genug betonen.[239] Und zweitens gelten die kühnen ästhetischen Spekulationen, die ihn antrieben, heute als obsolet.

Gescheitert

In der Tat ist mit den fünf Platonischen Körpern und ihren sechs Sphären schon allein deshalb in unserem Planetensystem kein Staat zu machen, weil wir mehr Planeten haben, als Kepler dachte. Zwar ist uns in letzter Zeit (aufgrund einer neuen Sprachregelung) der äußerste Planet Pluto wieder abhanden gekommen – aber es wäre weltfremd, darauf zu bauen, dass dessen Schicksal eines schönen Tages auch diejenigen Planeten ereilen wird, von denen Kepler ebenfalls nichts wissen konnte: Uranus und Neptun.

Nun hat Kepler selber in seinen späteren Werken davon Abstand genommen, in den ineinandergeschachtelten Platonischen Körpern die gesamte Ästhetik des Sonnensystems wiederfinden zu wollen. Zwar ließ er durch sie die Anzahl und die grobe Anordnung der Planeten bestimmen, doch brachte er zur Erklärung weiterer wichtiger Charakteristika unseres Sonnensystems (etwa der Umlaufgeschwindigkeiten der Planeten) eine neue ästhetische Ressource ins Spiel: musikalische Harmonien.[240]

Das muss aus heutiger Sicht nicht weniger haarsträubend erscheinen als seine Schlüsse aus der Konstruktion der ineinandergeschachtelten Platonischen Körper. Aber es ist nicht zu leugnen, dass es derartige Ideen waren, die Keplers Arbeit angetrieben haben. Ohne seinen ausgefeilten Sinn für Schönheit wäre der wissenschaftliche Weg zu unserem modernen Weltbild auf anderen Pfaden verlaufen – soviel steht fest. Ob der Weg sogar woanders hingeführt hätte, ist hingegen schwerer zu sagen; unser Realitätssinn sperrt sich gegen diese Möglichkeit, und vermutlich mit Recht.

Fazit & Ausblick

§ 4.13. Zum Abschluss dieses Teils I meiner Untersuchung will ich kurz festhalten, was der Besuch bei Kopernikus und Kepler gebracht hat.

Erstens sprachen am Anfang hauptsächlich ästhetische, nicht empirische Argumente gegen das geozentrische Weltbild; schon das ist überraschend. *Zweitens* wurde die frühe Arbeit am heliozentrischen Weltbild stark von ästhetischen Gesichtspunkten angetrieben, und seine Überzeugungskraft beruhte stärker darauf als auf Empirie.

Drittens verstieg sich Kepler ganz zu Beginn seiner Karriere dazu, ein geometrisch wunderschönes Modell für die Anordnung der Planeten vorzuschlagen, das aus heutiger Sicht völlig obsolet ist. *Vier-*

tens ändert dies nichts daran, dass sein Modell noch heute unseren Schönheitssinn anspricht (so dass Sie nun vielleicht etwas besser nachvollziehen können, was physikalisch-mathematische Schönheit ausmacht).

Fünftens ist und bleibt es überraschend, wie gut das Modell zu den groben Daten passte, die dem jungen Kepler zunächst zur Verfügung standen. Daher lässt es sich *sechstens* psychologisch gut nachvollziehen, warum Kepler sein Leben lang von ästhetischen Motiven angetrieben wurde; das Anfängerglück bot ihm ein lebenslang nachwirkendes Schlüsselerlebnis.

Dass er ausgerechnet damit (d. h. mit aus heutiger Sicht obsoleten ästhetischen Annahmen) die Grundlage unseres modernen Weltbildes wesentlich mitzugestalten wusste, ist *siebtens* wiederum überraschend.

Achtens hatte Kepler zwar hohen Respekt vor astronomischen Beobachtungsdaten, hielt sie aber nicht für sakrosankt und war wild entschlossen, mit ihnen kreativ umzugehen. Ich habe darauf verzichtet, zu untersuchen, wie er dabei genau vorgegangen ist, aber es liegt *neuntens* auf der Hand, dass er sich aus der Fülle der Daten gezielt bedienen musste und dass er hierin von seinen ästhetischen Zielen geleitet wurde.

Bei grober Betrachtung spielt der Schönheitssinn in der dargestellten Geschichte zwei Rollen: eine aus heutiger Sicht inakzeptable, aber großartige Rolle – und eine kleinteilige Rolle, die sich auch heute noch gut verteidigen lässt. Einerseits ließ sich Kepler dazu hinreißen, Modelle zu vertreten, deren betörende Schönheit geradezu davon ablenkte, wie gewagt und haltlos sie waren – großartig, aber gefährlich. Andererseits brauchte Kepler angesichts der Fülle und Unzuverlässigkeit der Beobachtungsdaten eine Form auswählender Kreativität im kleinen, für deren Erfolg seine mathematisch-physikalische Intuition Hand in Hand mit seinem Sinn für Einfachheit und Schönheit gehen musste.

Diese Art der Kreativität haben wir bislang nur schemenhaft vor Augen; meines Wissens ist sie in den meist kritischen Auseinandersetzungen mit Keplers Schönheitssinn immer übersehen worden.[241] Ich werde sie im kommenden Teil II genauer in den Blick nehmen, indem ich eines ihrer Elemente neu akzentuiere und dabei steigere: Besonders stark zeigt sich die Kreativität des Physikers im Umgang mit der Empirie dann, wenn er die empirisch zu beobachtenden Phänomene *allererst selber erzeugt*. Astronomen können den Himmel nur beobachten, ohne ins Geschehen einzugreifen, und eben deshalb werden sie zuweilen zum Spielball kapriziöser Beobachtungszufälligkeiten. Experimentatoren hingegen können mehr Macht über das Empirische ausüben, indem sie es mitgestalten. Wie und wo ihnen bei dieser Gestaltungsarbeit der Sinn für Schönheit zuhilfekommt, das ist meine Leitfrage für den bevorstehenden Teil II meiner Untersuchung, in dem ich die Fallstudie zu Newtons Arbeit beginnen werde.

* * *

Details zu Keplers erster Tabelle

§ 4.14. Werfen wir einen genaueren Blick auf Keplers Zahlen für seinen ersten Vergleich zwischen der Empirie und dem Platonischen Modell, den ich in der erweiterten Tabelle 4.14 noch einmal wiedergebe. Die exakten mathematischen Terme für die Verhältnisse der Radien aus Innen- und Umkugel sind diesmal mit aufgeführt.[242] Zudem gebe ich für das Verhältnis aus Venus- und Merkurbahn eine zweite Zahl wieder, die sich in Keplers ursprünglicher Tabelle findet und die ich der Einfachheit halber im Haupttext weggelassen habe: 577. Dieser Wert ergibt sich streng genommen aus Keplers mathematischer Konstruktion – nicht der Wert 707, den Kepler in seinen Vergleich einfließen lässt.

Dass Kepler mit dieser Abweichung vom Pfad mathematischer Stringenz die selbstgesetzten Spielregeln bricht, liegt auf der Hand. Er gibt es offen zu und widmet dem Thema ein eigenes Kapitel.[243] Seine Methode ähnelt dem, was ich (in § 4.7k) anhand der Mondsphäre skizziert habe: Um Modell und Daten zusammenzubringen, geht Kepler vergleichsweise skrupellos vor – abermals ändert er sein Modell, nicht völlig *ad hoc*, also nicht ganz ohne gute Gründe, aber doch ein Stückweit willkürlich. In beiden Fällen zielt er darauf ab, Modell und Daten ins Gleichgewicht zu bringen. Wie ich für die bevorstehenden Rechnungen vorschlagen möchte, können wir diese Manöver Keplers tentativ akzeptieren, um zu prüfen, wie gut sie unter wahrscheinlichkeitstheoretischer Analyse dastehen. Doch immer wo es passt, werde ich Keplers stringentere Alternativzahl für die Merkurbahn hinzuziehen.

4. Kapitel: Kepler im Rausch der Schönheit

Planet No i	Aus den Platonischen Körpern berechnetes Verhältnis der Bahndurchmesser $1000:a_i$	Daten von Kopernikus übernommen $1000:b_i$	Δ_i
0 Saturn			
:	$1000:577$ $[1/3 \sqrt{3} = 0{,}577]$	$1000:635$	58
1 Jupiter			
:	$1000:333$ $[1/3 = 0{,}333]$	$1000:333$	0
2 Mars			
:	$1000:795$ $[1/15 \sqrt{(15\,(5 + 2\sqrt{5}))} = 0{,}795]$	$1000:757$	38
3 Erde			
:	$1000:795$ [dito]	$1000:794$	1
4 Venus			
:	$1000:577$ $[1/3 \sqrt{3} = 0{,}577]$ oder $1000:707$	$1000:723$	146 oder 16
5 Merkur			
			$\Sigma\Delta_i = 243$ oder $\Sigma\Delta_i = 113$

Tabelle 4.14: *Ausführlichere Fassung der ursprünglichen Tabelle für Keplers Vergleich zwischen Verhältniszahlen der Bahndurchmesser, einerseits laut Modell, andererseits laut kopernikanischer Empirie.*

§ 4.15. In den folgenden Paragraphen möchte ich Keplers Zahlen im Vergleich zu den damals bekannten Zahlen wahrscheinlichkeitstheoretisch durchleuchten. Ich möchte so tun, als hätte ein Konkurrent Keplers einfach nur ausgelost, wie weit die Planeten voneinander entfernt sind. Mit welcher Wahrscheinlichkeit hätte dieser Konkurrent gegen Kepler gewonnen? Wie Sie sehen werden, kann man sich diesem Problem auf unterschiedlichen

Erwartungswert der Abweichung

Wegen annähern; ich beginne mit einer einfachen Vorüberlegung und lasse den Gedankengang schrittweise komplizierter werden.

Wenn Sie immer wieder den ersten Durchlauf Ihres zufälligen Spiels gegen Kepler wiederholen – welche Abweichung vom kopernikanischen Zielwert b_1 dürfen Sie auf lange Sicht erwarten? Um das herauszufinden, betrachten wir eine Urne mit 1000 Losen der Nummern
$$x = 1, 2, \ldots, 1000.$$
Da sämtliche Lose gleich wahrscheinlich sind, müssen wir für jedes x die Differenz zwischen x und b_1 bestimmen, alle diese Differenzen aufsummieren und durch tausend teilen. Wir müssen also zunächst die Summe $\Sigma_<$ aller Losnummern unter 635 = b_1 bilden (für den Fall $x \leq b_1$) und dann noch die Summe $\Sigma_>$ aller Zahlen bis 365 = (1000 − b_1) für die restlichen Lose. Es ergibt sich:

Daten, z. B. b_1	Summe $\Sigma_<$ der Abweichungen unter b_1	Summe $\Sigma_>$ der Abweichungen über b_1	Erwartungswert $E(\lvert x - b_1 \rvert) =$ $(\Sigma_< + \Sigma_>)/1000$
$b_1 = 635$	1 + … 634 = 201295	1 + … 365 = 66795	268,090

Tabelle 4.15: *Berechnung des Erwartungswerts für das erste Spiel gegen Kepler.*

Das bedeutet, dass wir bei sehr vielen Spielen darauf bauen können, mit unserer Losnummer x durchschnittlich 268 Einheiten vom kopernikanischen Wert b_1 entfernt zu sein. (Kepler war beim ersten Spiel nur 58 Einheiten vom Zielwert entfernt, und das war noch sein schlechtestes Spiel, vergl. Tabelle 4.14; d.h. selbst in seinem schlechtesten Spiel ist er ca. fünfmal besser als der Erwartungswert).

Bevor ich dies verallgemeinere und alle erforderlichen fünf Erwartungswerte berechne (§ 4.17), möchte ich einen kurzen Paragraphen zur eleganten Berechnung der langen Summen aus der Tabelle einschieben.

Gauß

§ 4.16. Es wäre mehr als lästig, die Summen langer Folgen einzeln durchzurechnen. Statt weit über 600 Additionen durchzuführen, um die Summe aus
$$1 + 2 + 3 + \ldots + 632 + 633 + 634,$$
in der gegebenen Reihenfolge zu ermitteln, trennen wir die Kette in der Mitte auf und schreiben ihre zweite Hälfte *rückwärts* hin, spiegeln sie also an einer gedachten Symmetrieachse in der Mitte der Folge:

1 + 2 + 3 + ... + 317 +
634 + 633 + 632 + ... + 318.

Wie man sieht, können wir die Gesamtsumme nun so darstellen:
(1 + 634) + (2 + 633) + (3 + 632) + ... + (317 + 318).

In jeder der Klammern steht derselbe Wert (635), und von diesen neuen Summanden haben wir insgesamt nur noch halb soviele, also 317 Stück. Damit hat sich die ursprüngliche lästige Additionsaufgabe in eine kurze Multiplikation verwandelt, und das Ergebnis lautet (mit $b_1 = 635$, also derjenigen Zahl, unterhalb derer wir alles aufsummieren):

$1 + 2 + 3 + ... + 634 = 635 \times 317 = 201\,295 = b_1(b_1 - 1)/2$.

Der Rechentrick funktioniert selbstverständlich für beliebig lange derartige Folgen. Carl Friedrich Gauß, einer der drei größten Mathematiker aller Zeiten, hat den Trick entdeckt; der Legende nach war er neun Jahre alt, als ihm die versteckte Symmetrie in der ursprünglichen lästigen Folge auffiel. Diesen kleinen Ausflug in die elementare Mathematik habe ich nicht ohne Hintergedanken unternommen; ich wollte exemplarisch vorführen, was Mathematiker als schön empfinden: Symmetrien und Spiegelungen. Derartige Motive werden uns noch oft begegnen.

§ 4.17. Wie groß ist der Erwartungswert für die Abweichung Δ_i in den fünf Spielen gegen Kepler? Nach dem Muster der Rechnung aus dem vorletzten Paragraphen ergibt sich diese Tabelle, deren erste Zahlenzeile wir bereits kennen:

Erwartungswert für die gesamte Abweichung bei fünf Spielen

Daten b_i	Summe $\Sigma_<$ der Abweichungen unter b_i	Summe $\Sigma_>$ der Abweichungen über b_i	Erwartungswert $E(|x - b_i|) = (\Sigma_< + \Sigma_>)/1000$
$b_1 = 635$	1 + ... 634 = 201295	1 + ... 365 = 66795	268,090
$b_2 = 333$	1 + ... 332 = 55278	1 + ... 667 = 222778	278,056
$b_3 = 757$	1 + ... 756 = 286146	1 + ... 243 = 29646	315,792
$b_4 = 794$	1 + ... 793 = 314821	1 + ... 206 = 21321	336,142
$b_5 = 723$	1 + ... 722 = 261003	1 + ... 277 = 38503	299,506
			1497,586

Tabelle 4.17: *Berechnung des Erwartungswerts aller fünf Spiele gegen Kepler.*

Teil I: Streifzug durch die Wissenschaftsgeschichte

In Formeln: Der Erwartungswert $E(|x - b_i|)$ für den Betrag der Differenz zwischen x und b_i ergibt sich aus

$$E(|x - b_i|) = \Sigma (|x - b_i|) p,$$

worin $p = 1/1000$ die Wahrscheinlichkeit für ein einzelnes Los x darstellt. Wir erhalten:

$$E(|x - b_i|)$$
$$= (\Sigma_< + \Sigma_>) p$$
$$= (1 + \ldots + (b_i - 1)) p + (1 + \ldots + (1000 - b_i)) p$$
$$= [\ 1/2\ (b_i)\ (b_i - 1) + 1/2\ (1001 - b_i)\ (1000 - b_i)]\ p$$
$$= [b_i^2 - 1001\ b_i + 500\,500]\ p.$$

Da die fünf Spiele unabhängig voneinander sind, errechnet sich der Erwartungswert für die Gesamtabweichung aus der Summe der fünf Erwartungswerte (unten rechts in der Tabelle). Wie gesagt werden Sie also auf lange Sicht mehr als zehnmal so schlecht abschneiden wie Kepler (mit seiner Gesamtabweichung von 113). Noch dramatischer erscheint sein Erfolg, wenn wir berechnen, wie wahrscheinlich es wäre, mindestens so gut zu spielen wie Kepler. Das geschieht im kommenden Paragraphen.

Wie wahrscheinlich war Keplers Glückstreffer?

§ 4.18. Berechnen wir als nächstes die Wahrscheinlichkeit dafür, dass Ihre Gesamtabweichung $\Sigma\Delta_i$ in fünf rein zufälligen Ziehungen mindestens so klein ausfällt wie Keplers ($\Sigma\Delta_i = 113$). Stellen wir uns der mathematischen Einfachheit halber vor, dass Sie Ihre fünf Lose diesmal nicht aus jeweils 1000 Losen ziehen (diskreter Fall), sondern aus einem kontinuierlichen abgeschlossenen Intervall reeller Zahlen zwischen Null und Tausend:

[0; 1000].

Diese kontinuierliche Fassung des Spiels gegen Kepler erleichtert die bevorstehende Rechnung. Zudem liegt sie deshalb nahe, weil die bisherige Beschränkung der Verhältniszahlen auf ganze Tausendstel (aus Keplers Tabelle 4.14) nur einen willkürlichen Zug seiner Darstellung widerspiegelt; die Dezimalbruch-Entwicklung eines Ausdrucks wie

$1/3 \sqrt{3} = 0{,}57735026918962576450914878050196\ldots$

(für das Verhältnis der Bahnen von Saturn und Jupiter),

hört ja nicht mit den drei Nachkommastellen »577« auf, mit denen Kepler es gut sein lässt. Die Gesamtzahl aller Lose ist dann diese Teilmenge des fünfdimensionalen Kontinuums (die eine mehrdimensionale Verallgemeinerung eines Würfels mit Kantenlänge 1000 darstellt):

$\Omega = [0;\ 1000] \times [0;\ 1000] \times [0;\ 1000] \times [0;\ 1000] \times [0;\ 1000]$.

Das uns interessierende siegreiche Zufallsereignis S – nämlich ($\Sigma\Delta \leq 113$) – liegt dann vor, wenn Ihre fünf Lose $(x_1, x_2, x_3, x_4, x_5)$ in der Summe nicht weiter vom Volltreffer-Fünferlos

$(b_1, b_2, b_3, b_4, b_5) = (635, 333, 757, 794, 723)$,
entfernt sind als Keplers Fünferlos
$(a_1, a_2, a_3, a_4, a_5) = (577, 333, 795, 795, 707)$.
Damit lässt sich Ihr Sieg S (einschließlich eines Unentschieden) gegen Kepler so charakterisieren:
$S = \{(x_1, x_2, x_3, x_4, x_5) \in \Omega: \Sigma\,(|\,x_i - b_i\,|) \leq \Sigma\,(|\,x_i - a_i\,|) = 113\}$.
Die Wahrscheinlichkeit für Ihren Sieg (genauer gesagt: dafür, dass Sie mindestens ein Unentschieden erzielen) ergibt sich aus den Volumina der fünfdimensionalen Körper S und Ω:
$p(S) = V(S)/V(\Omega)$.
Das Volumen des fünfdimensionalen Würfels Ω ist die fünfte Potenz seiner Kantenlänge. Der Körper S hat dasselbe Volumen wie sein in den Ursprung verschobenes Gegenstück:
$S^* = \{(x_1, x_2, x_3, x_4, x_5): \Sigma\,|x_i| \leq = 113\}$.
S^* wiederum besteht in jedem der 32 »Quadranten« des fünfdimensionalen Raumes aus einem fünfdimensionalen Tetraeder:
$S^{**} = \{(x_1, x_2, x_3, x_4, x_5): x_i \geq 0$ und $\Sigma\,x_i \leq = 113\}$.
Das Volumen eines solchen Tetraeders (mit rechtem Winkel im Ursprung und fünf Kantenlängen k von 113 Einheiten) berechnet sich nach dieser schönen Formel:
$V(S^{**}) = k^5/5! = 113^5/120$.
Somit ergibt sich für Ihre Wahrscheinlichkeit p(S), mindestens so gut zu spielen wie Kepler, diese Beziehung:
$p(S) = V(S)/V(\Omega) = 32\,V(S^{**})/V(\Omega) = (2k/1000)^5/5!$
$= 4{,}91 \times 10^{-6}$
$= 1:203\,535$
$\approx 1:200\,000$.

Das ist ein außergewöhnlich starkes Ergebnis. Daher ist es erstaunlich, dass der Kepler-Herausgeber Franz Hammer den Erfolg seines Gewährsmanns nicht nur herunterspielt, sondern geradezu ins Gegenteil verkehrt:
»Vollzieht man jedoch diese Vorschrift einmal geometrisch, sodann astronomisch nach den von Kopernikus überlieferten Zahlen für Perihel und Aphel, dann kann nur ein voreingenommenes Auge die Diskrepanz übersehen. Kepler meint dazu, daß die Unstimmigkeit noch größer sein müßte, wenn sein Theorem falsch wäre«.[244]
Um es zu wiederholen, die Diskrepanz ist so klein, dass es Kepler schwerfallen *musste*, die Nähe zwischen Modellzahlen und Daten für einen bloßen Zufall zu halten. Wie Field (im Jahr 1988) treffend bemerkt, kann es das keplerische Modell locker mit der empirischen Passgenauigkeit moderner kosmologischer Modelle aufnehmen.[245]

Wie dem auch sei: Dass sich Kepler mit diesen insgesamt winzigen Unterschieden zwischen seinem Modell und den kopernikanischen Daten trotzdem nicht zufriedengeben wollte, kann bei rationaler Betrachtung nichts damit zu tun haben, dass sein Modell zu weit von den Daten abweicht. Vielmehr gab sich Kepler deshalb nicht zufrieden, weil er wusste, dass die kopernikanischen Daten systematisch falsch waren (wie ich im kommenden Paragraphen erläutern möchte).

Keplers zweiter Anlauf

§ 4.19. Kepler war überzeugter Heliozentriker; ihm zufolge liegen die wahren Ursachen für die Planetenbewegungen bei der Sonne. So musste er sich daran stören, dass Kopernikus verwirrenderweise (und gegen den heliozentrischen Grundgedanken) die Maxima und Minima nicht relativ zur Sonne, sondern relativ zur Erde bestimmt hatte, nämlich relativ zu *ihrem* Bahnmittelpunkt.[246] Diese systematische Ungereimtheit behebt Kepler in seinem zweiten Anlauf mithilfe von Maestlin.[247] Zunächst wird der maximale bzw. minimale Radius neu berechnet, und zwar nun im Verhältnis zur Sonne.[248] Diese Rechnungen verlangen den beiden Partnern erhebliche Mühen ab, und schon daran sieht man, wie wichtig es ihnen gewesen ist, über theoretisch zuverlässige empirische Daten zu verfügen: Zwar mussten die Rohdaten theoretisch bearbeitet werden, doch das verwandelte Keplers und Maestlins Arbeit nicht in ein rein apriorisches Unterfangen – die Umrechnung war ja nicht völlig unabhängig von empirischer Erfahrung.[249]

Aus den mühevollen Rechnungen ergeben sich neue Zahlen für die Abstände der Planeten von der Sonne, und zwar für jeden Planeten *zwei* Zahlen: ein Minimum und ein Maximum; diese neuen Zahlen treten an die Stelle der ursprünglichen *Daten*spalte in Tabelle 4.4.[250] Die Differenz aus Maximum und Minimum liefert für jeden Planeten die Dicke derjenigen Sphäre, in der er sich bewegt. Ob diese neuberechneten Datenzahlen besser zu den Platonischen Modellzahlen passen als zuvor, steht nicht von vorneherein fest und müsste durch detaillierten Vergleich der Zahlenreihen ermittelt werden. Doch genau darauf verzichtet Kepler bei der Präsentation der neuen Tabelle. Und weil er die Zahlen der neuen Tabelle verwirrenderweise in einem anderen Format angibt als die der alten Tabelle, kann sich der Leser nur schwer ein Bild vom neu erreichten Stand der Dinge machen.[251] Graßhoff zufolge hängt einer der Gründe für derartige Brüche im Gedankengang mit der doppelten Autorschaft des Werks zusammen: Maestlin steuert nicht nur ein paar Rechnungen bei, sondern arbeitet sie selber in den Text ein, überwacht sogar den Druck, und zwar ohne den abwesenden Kepler konsultieren zu können.[252]

Die Sachlage wird durch einen weiteren Faktor erschwert: Die neue Tabelle beruht auf einer Reihe oberflächlicher Rechenfehler, die sich nur mühsam richtigstellen lassen. Der Kepler-Forscher Max Caspar hat sich dieser

Mühe unterzogen, verzichtet aber darauf, die Zahlen der korrigierten neuen Tabelle in das Format der alten zurückzubringen.[253] Stattdessen hat er eine dritte Vergleichstabelle Keplers auch noch korrigiert und dabei festgestellt, dass die Platonischen Modellzahlen weniger von den Datenzahlen abweichen, als Kepler aufgrund der selbstverschuldeten Rechenfehler gemeint hat.[254] Doch ob dies Ergebnis wahrscheinlichkeitstheoretisch besser ist als in Keplers allererstem Anlauf, darüber verliert Caspar kein Wort.

§ 4.20.   Es wäre ein reizvolles Projekt, auch für Keplers neue Zahlen und Daten einen Erwartungswert und eine Gewinnwahrscheinlichkeit zu berechnen; aber angesichts der im vorigen Paragraphen behandelten Schwierigkeiten und Unwägbarkeiten würde das unseren Rahmen sprengen. Stattdessen möchte ich fragen: Wie gut ist Keplers ursprüngliches Modell im Vergleich zu heutigen Daten? Wie in § 4.4k dargelegt berechnet Kepler in seinem Modell jeweils das Verhältnis zwischen minimalem »Perihel«-Abstand P_i des äußeren und maximalem »Aphel«-Abstand A_{i+1} des inneren Planeten. Dasselbe Verhältnis aus den Zahlen für Perihel und Aphel müssen wir nun mit modernen Zahlen berechnen, siehe Tabelle 4.20. Wenn wir Kepler zuliebe das wenig stringente Manöver beim Merkur (§ 4.14) rückgängig machen, so liegt Keplers Gesamtabweichung diesmal nur bei 200 Einheiten, also etwas, aber nicht um Dimensionen schlechter als mit damaligen Zahlen. Und mit den neuen Zahlen läge Ihr Erwartungswert für diese Gesamtabweichung bei 1425 Einheiten, wäre also immer noch siebenmal so schlecht wie Keplers neues Ergebnis.

Aphel und Perihel

Interessanter ist wieder folgende Frage: Wie wahrscheinlich wäre es, dass Sie *bei den heute bekannten Daten* mit fünf zufälligen Losnummern besser abschneiden als Kepler? Ihre ursprüngliche Gewinnwahrscheinlichkeit verbessert sich diesmal um die fünfte Potenz von 200/113. Sie erhöht sich also um den Faktor 17 von

1:200 000 (§ 4.18)

auf ca.

1:12 000.

Das entspricht der Größenordnung von vier Richtigen im Lotto mit Superzahl (1:10 324) oder einer Serie von Münzwürfen, in der Sie dreizehn Mal hintereinander immer *Kopf* werfen (1:8000). Meiner Ansicht nach ist das immer noch ein erstaunliches Ergebnis – Keplers Modell passt auch heute noch verblüffend gut zur Wirklichkeit. Dass er mit dem Modell nur sechs der heute anerkannten acht Planeten zu erfassen weiß (§ 4.12), steht freilich auf einem anderen Blatt.

	Aus den Platonischen Körpern berechnetes Verhältnis der Bahndurchmesser 1000:a_i	Neue Daten Aphel A_i & Perihel P_i (in AE)	Neue Bahn-Verhältnisse aus Perihel P_{i-1} des äußeren und Aphel A_i des inneren Planeten im Format à la Kepler[255]	Δ_i (alte Werte in Klammern)
0 Saturn		10,09 & 8,98		
:	1000:577		1000:607	30 (58)
1 Jupiter		5,45 & 4,95		
:	1000:333		1000:337	4 (0)
2 Mars		1,67 & 1,38		
:	1000:795		1000:737	58 (38)
3 Erde		1,016759 & 0,983221		
:	1000:795		1000:740	55 (1)
4 Venus		0,728 & 0,719		
:	1000:577 oder 1000:707		1000:654	77 (146) oder 53 (16)
5 Merkur		0,47 & 0,31		
				$\Sigma\Delta_i = 224$ (113) oder $\Sigma\Delta_i = 200$ (243)

* * *

§ 4.21. Laut McAllister hat sich Keplers Theorie der elliptischen Planetenbahnen zuallererst aufgrund ihrer empirischen Erfolge durchgesetzt, den Bedenken des Schönheitssinns zum Trotz.[256] Einige der in § 4.10 angeführten Äußerungen Keplers sprechen auf den ersten Blick für McAllisters Behauptung, dass sich Kepler *trotz* ästhetischer Widerstände für die Ellipsenbahn ausgesprochen hat. Dennoch ist das Bild schief, das McAllister von dieser Angelegenheit anbietet. Er berücksichtigt nicht, wie stark man laut Kepler die Daten beschönigen muss, um überhaupt zu brauchbaren mathematischen Beziehungen zu kommen. Am kopernikanischen Beispiel gelangt Kepler zu einer Bedingung der Möglichkeit neuzeitlicher Astronomie, ja von Astronomie überhaupt:

Kepler als Gegner der Schönheit?

»Mit welcher Gelassenheit Kopernikus aber selber irgendwelche Zahlen übernimmt, die [...] gut zu seinen Wünschen passen und seinem Vorhaben zugute kommen, das kann der fleißige Leser des Kopernikus leicht nachprüfen [...] Die Beobachtungsergebnisse bei Walter, Ptolemäus u. a. wählt er so aus, dass sich die Rechnung umso *bequemer* durchführen lässt, weswegen er keine Bedenken trägt, bisweilen bei der Zeit Stunden, bei den Winkeln Viertelgrade und mehr zu vernachlässigen oder zu ändern. Ein anderes Mal, etwa bei der Änderung der Exzentrizität des Mars und der Venus, übernimmt er auch Sinusse, die von den wahren Werten abweichen, just deshalb, weil sie gerade mit dem Finger auf die Werte hinweisen, die er sich wünscht. Vieles, was nach seinem eigenen Geständnis verbesserungsbedürftig gewesen wäre, entnimmt er völlig unkorrigiert von Ptolemäus, und bringt in anderen ähnlichen Fällen Änderungen an; und so hat er [...] die Grundlage zur neuen Astronomie gelegt [...] *Daher könnte es so wirken, als verdiene er dafür rechtmäßigen Tadel, wenn er es nicht absichtlich so gemacht hätte; nach seiner Ansicht ist es besser, eine in gewisser Hinsicht unvollkommene Astronomie zu besitzen, als überhaupt keine.* [...] das zeigt den starken Mann; die Art des Feiglings ist es, auszuweichen, die des Furchtsamen zu verzweifeln und die

◀ **Tabelle 4.20:** *Vergleich zwischen Keplers Modell und modernen Verhältniszahlen der Bahndurchmesser.* In der neuen dritten Spalte sind minimaler (P_i) und maximaler (A_i) Abstand des i-ten Planeten zur Sonne angegeben (und zwar in astronomischen Einheiten, also in Vielfachen des durchschnittlichen Abstandes zwischen Erde und Sonne). Rechts daneben die daraus berechneten modernen Verhältniszahlen der Bahnen benachbarter Planeten. Ganz rechts wieder die sich ergebenden Abweichungen zwischen Modell und Wirklichkeit in Promille-Punkten. (In Klammern dahinter schließlich die ursprünglichen Abweichungen zwischen Modell und damaliger Empirie.)

ganze Sache wegzuwerfen. Darum verheimlicht Kopernikus keineswegs die oben angeführten Fehler, die er begeht; auch schämt er sich nicht, sie einzugestehen. Er [...] geht anderen überall mit seinem Beispiel voran, indem er diese kleinlichen Mängel beim Beweis seiner *herrlichen Entdeckungen* verachtet. Wenn das nicht seit jeher so gemacht worden wäre, hätte Ptolemäus niemals seinen Almagest, Kopernikus niemals seine Bücher über die Umwälzungen und Reinhold niemals die Prutenischen Tafeln herausgegeben«.[257]

Zwar stammen diese Formulierungen aus dem *mysterium cosmographicum*, sie entstanden also vor Keplers erfolgreicher Entschlüsselung der Marsbahn. Aber erstens haben sie programmatischen Charakter. Und zweitens werden sie von Kepler in den ausführlichen Anmerkungen zur zweiten Auflage des *mysterium cosmographicum* nicht zurückgezogen, obwohl er dort sonst nicht zimperlich mit Irrtümern aus der ersten Auflage umspringt.[258] Wer sich wie McAllister nicht ins Kleingedruckte vertiefen will (McAllister [BRiS]:2), wer also weder Keplers Daten noch seine tatsächlichen Berechnungen im Detail studieren will, wird mit dermaßen sparsamen Mitteln weder die Beweiskraft der zitierten Passage entkräften können – noch seriös begründen können, dass Kepler seine wichtigsten Resultate ohne oder gar gegen den Schönheitssinn erzielt hätte.

* * *

harmonice mundi §4.22. Kepler nennt sein ambitioniertestes Werk *harmonice mundi*, Weltharmonik. Hier webt Kepler ein enges Gedankengeflecht. Er beginnt mit der Geometrie derjenigen regulären Vielecke, die sich mit Zirkel und Lineal konstruieren lassen.[259] Dann springt er von der Fläche in den Raum und behandelt einmal mehr die fünf Platonischen Körper.[260] Mithilfe der gewonnenen Einsichten expliziert er als nächstes die Proportionen, die den musikalischen Harmonien zugrundeliegen.[261] Er arbeitet eine weit ausgreifende Musikästhetik aus, worin u.a. die Affekte zur Sprache kommen, die von den verschiedenen Tongeschlechtern und Tonarten ausgedrückt werden.[262]

Alle diese Vorarbeiten dienen Kepler einem einzigen Ziel. Er will nachweisen, dass sich musik-analoge Harmonien in den Planetenbewegungen ausmachen lassen, allerdings nicht mit dem Ohr, sondern mit dem Intellekt.[263] Diese kühne Idee treibt Kepler sehr weit. So schreibt er jedem Planeten einzelne Tonintervalle zu – der Mars repräsentiert die Quinte, der Saturn die große Terz usw.[264] Mehr noch, laut Kepler spielen die Planeten ihre Musik in Dur und Moll, und jedem Planeten kommt eine eigene Ton-

4. Kapitel: Kepler im Rausch der Schönheit 115

art zu.[265] Ja, er macht einen vierfachen Kontrapunkt in den Sphärenklängen aus – und behauptet, dass Saturn und Jupiter im Bass singen, Erde und Venus im Alt, Mars im Tenor und Merkur im Diskant.[266] Das Werk berührt unter harmonischer Perspektive viele andere gewichtige Themen von Politik bis hin zur Astrologie.[267] Die Quelle aller dieser Harmonien sieht Kepler bei Gott.[268]

Wo arbeitet Kepler in der *harmonice mundi* als Naturwissenschaftler? Sie ist aus heutiger Sicht nicht wegen ihrer ästhetisch motivierten Spekulation, sondern wegen eines einzigen (im engeren Sinne) naturwissenschaftlichen Resultats wichtig: wegen des – heute so genannten – Dritten Keplerschen Planetengesetzes. Dies Gesetz fand Kepler nach langwierigen Vorarbeiten im Jahr 1618, neun Jahre nachdem er sein Erstes und Zweites Planetengesetz in der *astronomia nova* (1609) veröffentlicht hatte. Die drei Gesetze besagen in moderner Redeweise:

(1) Planeten beschreiben auf ihrem Weg um die Sonne eine Ellipse, deren einer Brennpunkt mit der Sonne zusammenfällt.

(2) Die Verbindungslinie zwischen Sonne und irgendeinem Planeten überstreicht pro Zeiteinheit stets dieselbe Fläche.

(3) Die Quadrate der Umlaufzeiten zweier Planeten verhalten sich zueinander so wie die Kuben ihrer mittleren Abstände von der Sonne.

Die Rede von den drei Planetengesetzen Keplers ist freilich ein Anachronismus.[269] Ob Kepler in ihnen seine wichtigsten Leistungen gesehen hätte, kann man bezweifeln. So macht er verblüffend wenig Aufhebens um das Dritte Gesetz.[270]

Teil II

Ästhetische Fallstudie in Newtons Dunkelkammer

5. Kapitel.
Newton als Ästhet

§ 5.1. Die Astronomie von Kopernikus und Kepler hat uns nur ein kleines Stück vorangebracht. Ihre großen ästhetischen Leitideen sind zwar nicht ohne Reiz: Sonne im Zentrum leicht exzentrischer Kreisbahnen (bei Kopernikus) bzw. ineinandergeschachtelte Platonische Körper (bei Kepler). Insbesondere anhand Keplers Modell ließ sich exemplarisch ein erster Eindruck dessen gewinnen, worauf mathematische Schönheit für einen Physiker hinauslaufen mag. Doch da das beobachtbare Himmelsgeschehen nicht gut genug zu beiden Modellen passen will, wird ihre Glaubwürdigkeit durch ihre Schönheit nicht unbedingt gesteigert.

Wider die Wehrlosigkeit im Datenchaos

Unabhängig vom wissenschaftlichen Wert solcher großartiger schöner Leitideen sind wir an einer anderen, weniger spektakulären Stelle auf einen möglichen Angriffspunkt für den Schönheitssinn des Physikers gestoßen: Wer wie Kopernikus und Kepler über viele unzusammenhängende Daten verfügt, deren Akkuratesse weder optimal noch völlig bekannt ist, und wer aus diesen Daten eine mathematisch sinnvolle Ordnung herauslesen möchte, der muss in einem gewissen Ausmaß *kreativ* vorgehen. Kepler war sich darüber im klaren, aber wie er diese Einsicht bei seiner jahrelangen Arbeit an der Marsbahn umgesetzt hat, musste ich ungeklärt lassen. Dies Thema war eine Nummer zu groß für meine Untersuchung.

Offenbar eignet sich die neuzeitliche Astronomie nicht am besten dazu, den Schönheitssinn der Physiker kennenzulernen. Daher werde ich als nächstes kein physikalisches Gebiet mit Datenmassen heranziehen, denen der Naturforscher wehrlos ausgesetzt ist. Es ist instruktiver, keinem passiven, sondern einem *aktiven* Beobachter über die Schulter zu schauen – einem Experimentator. Den Lauf der Planeten kann man nicht kontrollieren, nur registrieren; daher müssen viele unzusammenhängende Daten gesammelt werden, bevor jemand wie Kepler auf den Plan tritt und das Chaos beherrscht.

Doch sobald wir es auf die Erkenntnis kleinerer Tatbestände als Planetenbahnen abgesehen haben, kann experimentiert werden; dann lassen sich die Daten vielleicht besser überschauen. Und dann lässt sich vielleicht auch schneller sagen, wo, wie und mit welchem Recht die ästhetische Urteilskraft ins Spiel kommt. In der Tat: Planung und Aufbau eines Experiments sind bereits kreative Tätigkeiten, für deren Ausübung ästhetische Gesichtspunkte wichtig werden können. Hier gewinnt die Rede vom kreativen Umgang mit den Daten eine neue, handgreifliche Bedeutung. Beim Experimentieren werden beobachtbare Sachverhalte allererst *geschaffen* – ähnlich (wenn auch nicht genauso) wie bei der Schöpfung eines Kunstwerks.

Diese Sichtweise eröffnet eine Reihe aufschlussreicher Möglichkeiten. Zum Beispiel könnte es erstens sein, dass schönheitsbeflissene Experimentatoren unverbesserlich hässliche Experimente nicht weiterverfolgen (ähnlich wie im Fall der zahllosen Skizzen für ein Gemälde, das unverwirklicht bleibt). Zweitens könnte es sein, dass die Experimentatoren bei anderen unschönen Experimenten solange Hand anlegen, bis sie sich mit deren Schönheit doch noch zufriedengeben können (nicht anders als der Bildhauer, der monatelang an einer Skulptur feilt). Und drittens schließlich könnte es sein, dass die Experimentatoren sich bei ihrer weiteren Arbeit zuallererst auf die schönsten Experimente konzentrieren, die sie erarbeitet haben (so wie der Komponist nur seine besten Stücke zur Aufführung bringen wird).

Angesichts dieser drei denkbaren Formen auswählender Kreativität beim Experimentieren dürfen wir damit rechnen, dass die Versuchsergebnisse, die in die Forschung eingehen, besser vorsortiert und schöner sind als das Datenchaos, das aus bloß irgendwie angehäuften Einzelbeobachtungen stammt. Dieser Vermutung werde ich im weiteren Verlauf ausführlich nachgehen.

Kronzeuge Einstein

§ 5.2. Ich möchte Sie nun im Teil II meiner Untersuchung auf einen Besuch in Newtons optisches Labor einladen, um dort eines der frühesten Beispiele naturwissenschaftlicher Experimentierkunst vorzuführen und ästhetisch zu durchleuchten. Wie ich im Detail dartun werde, weisen Newtons optische Experimente eine Reihe hochästhetischer Charakteristika auf, die mit an Sicherheit grenzender Wahrscheinlichkeit auf bewusste Entscheidungen ihres Urhebers zurückgehen.

Anders als Kopernikus und vor allem Kepler setzt der offizielle Newton ausdrückliche ästhetische Werturteile zurückhaltend ein. Um ihn trotzdem als dezidierten Ästheten auszuweisen, werde ich im vorliegenden Kapitel zunächst Einstein zu Wort kommen lassen, der die newtonische Optik unter ästhetischen Gesichtspunkten bewertet hat, und zwar geradezu überschwenglich. Im verbleibenden Teil des Kapitels werde ich ästhetische Urteile aus Newtons Werk zusammentragen und kommentieren.

Wie Sie im 2. Kapitel gesehen haben, hält sich Einstein typischerweise mit positiven ästhetischen Urteilen in der Physik zurück – fast so, als scheue er sich, ein zu großes Wort in den Mund zu nehmen. Wenn er das doch einmal tut, so kommt dem beachtliches Gewicht zu, schon aufgrund des Seltenheitswerts. Daher taugt Einstein ausgezeichnet als Kronzeuge zur Beurteilung ästhetischer Errungenschaften bei Newton. Im Jahr 1931 veröffentlicht Einstein ein knappes Vorwort zu Newtons *Opticks*, die zum ersten Mal 1704 erschienen waren. In Einsteins Vorwort heißt es:

»Die Natur lag vor ihm wie ein offenes Buch, dessen Schrift er mühelos lesen konnte. Um das vielfältige Erfahrungsmaterial auf eine einfache Ordnung zurückzuführen, stützte er sich auf Begriffe, die ihm aus der Erfahrung wie von selbst zuflogen – aus den *schönen Experimenten*, die er wie Spielzeuge aufbaute und deren Reichtum er liebevoll im Detail beschrieb. In seiner Persönlichkeit vereinte er den Experimentator, den Theoretiker, den Handwerker und nicht zuletzt den *Darstellungskünstler*. Stark, sicher und alleine steht er vor uns: Seine *Schaffensfreude* und seine äußerste Genauigkeit treten uns aus all seinen Worten und all seinen Abbildungen entgegen«.[271]

Diese wunderbaren Sätze haben doppeltes Gewicht. Erstens weil Einsteins naturwissenschaftlicher Schönheitssinn berühmt ist für seine Treffsicherheit. Zweitens weil ausgerechnet dieser Schönheitssinn gegen Newton und dessen Mechanik aufbegehrt hatte, wodurch Einstein zu seinen großen Errungenschaften gebracht wurde. Wenn Einstein seinem wichtigsten Gegner aus der Vergangenheit also auf einem anderen Feld (der Optik) ausdrücklich ästhetischen Tribut zollt, dann tun wir gut daran, Einsteins Aussage ernstzunehmen.

Und da Einstein das für uns wichtigste Wort seiner Lobeshymne – schön (»beautiful«) – zielgenau auf Newtons optische Experimente anwendet, weist er uns den weiteren Weg. Anhand dieser optischen Experimente möchte ich detailliert zu erläutern versuchen, auf welche Gesichtspunkte es dem naturwissenschaftlichen Schönheitssinn ankommt.

Newton nach Feierabend

§ 5.3. Dass Newton für naturwissenschaftliche Schönheit empfänglich war und dies wusste, lässt sich belegen. So finden sich am Ende seiner *Opticks* (eines der beiden Hauptwerke Newtons) trotz dessen sprichwörtlicher Skepsis gegenüber Hypothesen erstaunlich weitreichende Aussagen:

»In der Naturphilosophie sollten wir zuallererst von den empirischen Erscheinungen aus argumentieren, und zwar ohne Hypothesen hinzuzufügen; hierbei müssen wir Ursachen aus ihren Wirkungen ableiten, und zwar solange, bis wir zur wahren ersten Ursache gelangen, die ganz sicher nicht mehr zu den mechanischen Ursachen gehört. Wir müssen also nicht allein den Mechanismus der Welt herausarbeiten, sondern hauptsächlich Probleme folgender Art lösen [...]: Wie kommt es, dass die Natur nichts Überflüssiges tut? *Und woher rührt all die Ordnung und Schönheit, die wir in der Welt vorfinden?* [...] Mit der geschilderten Methode bringt uns zwar nicht sofort jeder korrekte Schritt direkt zur Erkenntnis der Ersten Ursache, und doch ist jeder einzelne Schritt viel wert; immerhin bringt er uns dieser Erkenntnis näher«.[272]

Vorsichtshalber schreibt Newton diese Sätze unter der Überschrift *Queries* (Fragen, Erkundigungen); dort im letzten Buch seiner *Opticks* erlaubt er es sich, auch auf Themen einzugehen, über die er mit seiner empirischen Beweismethode noch nicht endgültig entscheiden kann.

In unserem Textausschnitt redet er über die erste Ursache (»First cause«), meint aber keinen Urknall, sondern Gott. Und in der Tat, später im Text wird Newton deutlicher und schließt aus ästhetischen Charakteristika des Sonnensystems und des Tierreichs auf den Willensakt eines intelligenten Schöpfers:

»Zu Beginn sind offenbar alle materiellen Gegenstände durch den Entschluss eines intelligenten Akteurs geschaffen und in eine *Ordnung* gebracht worden [...] Anzunehmen, dass sie angeblich allein aus dem Zusammenspiel von *Chaos* und Naturgesetzen hervorgeht, wäre unphilosophisch [...] Blinder Zufall hätte nie dafür sorgen können, dass sich alle Planeten völlig einheitlich auf konzentrischen Bahnen bewegen [...] Diese *wunderbare Einheitlichkeit* des Planetensystems kann man nur als Folge einer genuinen Entscheidung anerkennen. Dasselbe gilt für die *einheitliche Gestalt der Tiere*, deren rechte Hälfte normalerweise dieselbe Form hat wie die linke«.[273]

Am Ende dieses Zitats redet Newton von Symmetrien in der belebten Natur (ohne freilich dies Wort zu gebrauchen); sie haben für ihn offenbar eine ästhetische Dimension, denn er subsumiert sie unter die Überschrift der Einheitlichkeit, die er zuvor wunderbar (»wonderful«) genannt und mit dem positiv besetzten Begriff der Ordnung verknüpft hat: Ordnung und Schönheit gehen für ihn Hand in Hand (vergl. vorletztes Zitat).

Wie vielleicht jemand einwendet, muss man das letzte Zitat nicht zwangsläufig mit ästhetischen Begriffen deuten: Könnte es nicht sein, dass Newton ganz wertneutral über den Unterschied zwischen Ordnung und Chaos redet, um die unbestreitbare Ordnung der Welt auf Gott zurückzuführen?

Ich meine, das genügt nicht, um der Textstelle gerecht zu werden: Er spricht von der *wunderbaren* Einheitlichkeit, und das ist alles andere als wertneutral. Zudem hat er in seinem anderen Hauptwerk (am Ende der zweiten Ausgabe der *principia* aus dem Jahr 1713) ebenfalls die Ordnung des Planetensystems mit Gott in Verbindung gebracht, und zwar ausdrücklich unter ästhetischen Vorzeichen:

»Dieses *höchst elegante* Gerüst aus Sonne, Planeten und Kometen kann nur durch herrschaftlichen Beschluss eines intelligenten und mächtigen Wesens entstanden sein«.[274]

Kopernikus und Kepler waren also nicht die einzigen Wegbereiter der neuzeitlichen Wissenschaft, deren Sinn für Schönheit religiös getönt war.[275] Alle drei ähneln sich auch darin, dass sie Gott und das Schöne in einem Atemzug nennen, und zwar außerhalb der eigentlichen physikalischen Arbeit, nach Feierabend. Das hat mit unserem Thema zunächst nur entfernt zu tun.

Obwohl Newton in dem Zitat nicht bloß von der sichtbaren Ordnung und Schönheit der Natur redet (etwa im Tierreich), sondern auch von ihren eher theoretischen Schönheiten, habe ich nirgends eine explizite Aussage Newtons zu ästhetischen Vorzügen von *Theorien* oder *Behauptungssystemen* gefunden. (Daher werde ich später bei der ästhetischen Diskussion seiner optischen Theorie Schönheiten explizit zu machen versuchen, die er wohl unausgesprochen hineingelegt hat).

Muscheln & Steinchen

§ 5.4. Newton bringt nicht immer Gott ins Spiel, wenn er der Schönheit das Wort redet. In einer berühmten Äußerung beschreibt er seine wissenschaftlichen Errungenschaften voller Bescheidenheit, indem er sie als ästhetische Glückstreffer charakterisiert:

»Ich weiß nicht, welchen Eindruck ich auf die Welt mache, aber mir selbst kommt es so vor, als hätte ich nur wie ein kleiner Junge am Strand gespielt und mich damit vergnügt, ab und an einen besonders *glatten* Kieselstein oder eine besonders *hübsche* Muschel zu finden, während der große Ozean der *Wahrheit* völlig unentdeckt vor mir lag«.[276]

Wofür stehen die Muscheln und Steinchen, die er da gefunden hat? Redet Newton *ausschließlich* von seinen theoretischen Errungenschaften? Ich schlage vor, diese oft zitierte Aussage anders zu deuten und jedenfalls teilweise auf seine Experimente zu beziehen: auf einzelne Kleinigkeiten also, die auch unsere Sinne ansprechen. Dass dies gut zu Newtons eigenen Aussagen passt, werde ich in den nächsten Paragraphen belegen.

Zuvor möchte ich kurz darauf aufmerksam machen, wie eng Newton im Zitat die Begriffe des Schönen und Wahren zusammenbringt. Man kann das so verstehen: Der überwältigend schöne Ozean der Wahrheit – eine umfassende physikalische Theorie –

liegt unentdeckt vor uns, doch vor seiner Entdeckung sind kleinere und ebenfalls schöne Wahrheiten zu entdecken. In dieser fast schon demütigen Sichtweise scheint eine Scheu zu stecken, wie wir sie vorhin auch bei Einstein ausgemacht haben (§ 2.12). Das verträgt sich gut mit meiner bescheidenen Suche nach kleinen Schönheiten in der Physik und damit, dass ich das Erhabene ganz aus meiner ästhetischen Betrachtung herauslasse.

§ 5.5. Wo in Newtons Schriften von optischen Experimenten die Rede ist, verwendet er zuweilen ästhetisch wertende Ausdrücke wie z. B. »pleasant« oder »pleasing«, also auf Deutsch: angenehm, erfreulich, gefällig oder anziehend. Gehören diese Ausdrücke zum ästhetischen Vokabular? Viele Autoren behaupten das jedenfalls, und ich schließe mich ihnen an.[277] Nichtsdestoweniger sind mit den fraglichen Ausdrücken keine großartigen oder gar atemberaubenden Schönheitserlebnisse gemeint – im Gegenteil, diese Ausdrücke passen gut zur Freude über glatte Kieselsteine und hübsche Muscheln. Newton ist ästhetisch bescheiden und freut sich an Kleinigkeiten.

Sehr erfreut

Eine erste prominente Fundstelle ist allerdings ernüchternd. Sie findet sich gleich zu Beginn in Newtons ältester Veröffentlichung aus dem Jahr 1672, mit der er auf einen Schlag berühmt wurde.[278] Dieser Text wurde zunächst vor der Vereinigung britischer Naturforscher (der *Royal Society*) vorgelesen und schon wenige Tage später in deren *Philosophical Transactions* publiziert, die als eine der frühesten naturwissenschaftlichen Fachzeitschriften gelten. Hier setzt Newton Ausdrücke wie »pleasing« leicht abwertend ein, und zwar mit Blick auf seine Entdeckung der prismatischen Farben: »Zu Beginn war es eine *äußerst angenehme [very pleasing]* Ablenkung, die lebendigen und intensiven Farben zu betrachten, die ich mit dem Prisma erzeugt hatte; *aber* nach einiger Zeit bemühte ich mich, sie *gründlicher* zu betrachten. Und da hat es mich *überrascht*, dass sie ein langgezogenes Bild abgaben; laut Brechungsgesetz hätte ihr Bild kreisrund sein müssen«.[279] Die Schönheit dieses Experiments werde ich im kommenden Kapitel ausführlich untersuchen. (Ungeduldige können bereits jetzt einen Blick auf Farbtafel 1 werfen). Im zitierten Text steht der Ausdruck »pleasing« für bloß sinnliche Aspekte des Experiments, die den Wissenschaftler von der ernsthaften Arbeit abzulenken drohen, ihr jedenfalls vorausgehen. (Trotzdem findet sich auch in dieser Aussage ein Moment, dem ästhetischer und erkenntnistheoretischer Wert zukommt: das Moment der Überraschung. Ich komme darauf zurück).

Näher dran

§ 5.6. Das im vorigen Paragraphen kurz beleuchtete Experiment liefert Farben, die Newton erfreuen, bevor er die Freude verstummen lässt und sich auf die wissenschaftliche Arbeit konzentriert; so jedenfalls inszeniert sich der junge, ehrgeizige Newton in seiner ersten Veröffentlichung auf dem Forum der *Royal Society*: als kühlen Kopf, der sich nicht so leicht vom schönen Schein überwältigen lässt. Interessanterweise hat er sich beim selben Thema früher wesentlich weniger kühl gegeben – im halböffentlichen Raum, nämlich in seinen (schlecht besuchten) Vorlesungen über Optik, von denen zwei lateinische Manuskripte erhalten sind. Im älteren dieser beiden Manuskripte heißt es zum Auftakt einer ausführlichen theoretischen Diskussion des fraglichen Experiments:

»Dies Experiment werde ich nun wiederholen, um einige seiner Aspekte weiterzuverfolgen, die ebenso *erfreulich [jucundas]* für den Experimentator wie aufschlussreich für unsere Zwecke sind«.[280]

Fast dieselbe Formulierung (einschließlich des Ausdrucks »jucundas«) findet sich in den zweiten Fassung der Vorlesungen.[281] Beidemal gehen laut Newton ästhetischer Wert und Informationswert des Experiments Hand in Hand, statt gegeneinander ausgespielt zu werden. Und an einer anderen Stelle in den Vorlesungsmanuskripten verbindet er die Freude an einem weiteren Experiment direkt mit dessen Wissenschaftlichkeit, indem er einige experimentelle Beobachtungen »erfreulicher anzusehen und gleichermaßen wissenschaftlich« nennt.[282]

Warum ist Newton in seiner ersten Veröffentlichung von dieser friedlichen Koexistenz, ja Kooperation zwischen Ästhetik und Wissenschaft abgerückt? Darüber kann man nur spekulieren; ich vermute, dass er sich bei seinem offiziellen Debüt auf der Bühne der Physik keine Blöße geben wollte.

Wie dem auch sei, später zensiert er seine Begeisterung für die Schönheiten der Experimente auch offiziell nicht mehr, also weder vor der *Royal Society* noch in Veröffentlichungen. So schreibt er im Jahr 1675 über eine seiner Beobachtungen mit farbigen Kreisen, die wir heute als Newton-Ringe kennen und die er dreißig Jahre später in den *Opticks* veröffentlicht:

»13. Beobachtung. Bei Bewegung des Prismas um seine Achse [...] fand ich, dass die vom roten Licht erzeugten Kreise deutlich größer waren als die vom blauen und violetten Licht erzeugten; und es war sehr *erfreulich* zu sehen, wie sie sich je nach Änderung der Farbe des Lichts allmählich verbreiterten oder zusammenzogen«.[283]

Hier kommt Newtons Freude an geschickt, ja virtuos erzeugten Versuchsergebnissen voller visueller Schönheit gut zur Geltung, und anders als in seiner ersten Veröffentlichung hält er es nun nicht mehr für erforderlich, diese Freude aus der wissenschaftlichen Arbeit auszugrenzen. Und mit Recht; als Newton längst ein etablierter Wissenschaftler war, bekam er Lob für die Schönheit seiner Experimente. So schrieb ihm der französische Mathematiker und Physiker Pierre Varignon im Lichte seiner Lektüre der ersten lateinischen Ausgabe der *Opticks*:

»Sie haben Ihre neue Theorie der Farben durch die schönsten Experimente auf eine sichere Grundlage gestellt«.[284]

Einstein steht mit seiner eingangs zitierten Begeisterung keineswegs alleine da; seit Jahrhunderten reagiert der physikalische Schönheitssinn enthusiastisch auf Newtons Experimente.

§ 5.7. In den vorigen Paragraphen haben wir eine heiße Spur gefunden, die ich nun weiterverfolgen möchte. Newton war ein Meister der optischen Experimentierkunst, und das war ihm und seinen Zeitgenossen offenbar bewusst. Er beschreibt seine Experimente ohne jeden religiösen Unterton, verwendet aber ästhetisches Vokabular. Und diese Experimente liegen offen vor uns wie ein aufgeschlagenes Buch. Wer sie verstehen und ästhetisch auswerten will,

Überraschend und wunderbar

braucht weder moderne Physik zu studieren noch alte Folianten voller astronomischer Beobachtungsdaten.

Newton benutzt nicht nur Ausdrücke wie »pleasant«, um seine ästhetische Freude an bestimmten Experimenten herauszustreichen. Angesichts der Mischungen spektraler Lichter schreibt er schon in seiner ersten Veröffentlichung:

»Gelb und Blau ergibt Grün; Rot und Gelb ergibt Orange; Orange und gelbliches Grün ergibt Gelb [...] Doch keine dieser Mischungen war so *überraschend und wunderbar* wie die Erzeugung von Weiß [...] Wann immer ich alle Farben des Prismas an einer Stelle zusammengebracht und somit vermischt habe, konnte ich voller *Bewunderung* mitansehen, wie dadurch das ursprüngliche, vollkommen weiße Licht wiederhergestellt wurde«.[285]

Einerseits ist hier wieder von *überraschenden* Versuchsergebnissen die Rede, und es liegt auf der Hand, wie wichtig überraschende Beobachtungen für die naturwissenschaftliche Arbeit sein können; dass das Moment der Überraschung auch dezidiert ästhetische Qualitäten haben kann, insbesondere in den Künsten, werde ich später an einigen Beispielen vorführen.[286]

Noch deutlicher ästhetisch klingen andererseits die Ausdrücke »admiration« (Bewunderung) und »wonderful« (wunderbar). Newton drückt hier keine Bewunderung politischer, moralischer oder religiöser Faktoren aus, sondern er bewundert die Schönheit eines überraschenden Experiments und zeigt unverhohlen seine Freude darüber.[287] Ich werde auf das Experiment im 7. Kapitel ausführlich zurückkommen.

Vertiefungsmöglichkeit. Verblüffend ähnlich gemeinte Äußerungen zitiert der Wissenschaftshistoriker Frederic Holmes mit Blick auf das Meselson/Stahl-Experiment zur Replikation der DNA aus dem Jahr 1957, das als besonders schönes Experiment der Biologie gilt.[288]

Experimente

§ 5.8. Die Genies und Heroen des 20. Jahrhunderts, die ich im 2. Kapitel zitiert habe, redeten über die Schönheit physikalischer *Theorien*, und zwar außerhalb ihrer eigentlichen Arbeit. Hiervon hebt sich Newton wohltuend ab. Wie dargelegt kommt er stellenweise auf die Schönheit physikalischer *Experimente* zu sprechen, während der Arbeit. Auf welche Weise hängen diese beiden Anknüpfungspunkte für unseren naturwissenschaftlichen Schönheitssinn miteinander zusammen?

Naturwissenschaft entfaltet sich großteils im Wechselspiel von Experiment und Theoriebildung. Obwohl beiden Spielzügen Schönheit zukommen kann, werde ich mich zunächst exemplarisch an Newtons optische Versuche halten und unser Augenmerk auf experimentelle Schönheit konzentrieren. Mein Grund dafür: Experimente sind – im Gegensatz zu Theorien – erfreulich konkrete Produkte wissenschaftlicher Arbeit und lassen sich daher leichter vors Tribunal unseres Schönheitssinns bringen; man kann sie z. B. sehen.

Wie ich im nächsten Teil III zeigen will, übertragen sich die bei diesem Thema gewonnenen Einsichten auf die Schönheit von Theorien. Schöne Experimente bieten ein Einfallstor zur ästhetischen Bewertung von Theorien. Das liegt u. a. daran, dass sich bereits in unseren Beschreibungen von Experimenten theoretische Konzepte dingfest machen lassen; Experimente sind theoriegetränkt. Umso erstaunlicher finde ich es, dass in der Literatur weit häufiger von Theorienschönheit die Rede ist als von Schönheit des Experiments: eine Einseitigkeit, der ich mit meinem Gedankengang entgegentreten möchte.[289]

Damit schließe ich mich einer neueren Bewegung in der Wissenschaftsgeschichte an, die sich schon bei vielen anderen Themen erfolgreich vom einseitigen Blick auf Texte und Theorien befreit hat, um stattdessen auch echte Experimente, konkrete Apparaturen, handfeste Praktiken usw. ins Zentrum der Aufmerksamkeit zu rücken.

Vertiefungsmöglichkeit. Man könnte diese Bewegung unter der Überschrift *Neuer Experimentalismus* (»new experimentalism«) laufen lassen.[290] Die Bewegung ist alles andere als einheitlich; obwohl ihre Wortführer unterschiedlich starke erkenntnistheoretische und metaphysische Schlüsse aus ihren (teils sehr detaillierten, historischen) Untersuchungen zum Experiment ziehen, stimmen sie darin überein, dass es ein Fehler wäre, Experimente zum Sklaven der Theorienwahl verkommen zu lassen.[291] Selbstverständlich hat der neue Experimentalismus auch Kritik auf sich gezogen.[292] Statt mich in diese höchst intrikate Debatte zu vertiefen, werde ich für meine ästhetische Untersuchung einfach voraussetzen, dass uns der historische Blick auf Experimente weiterhilft und dass sich dies nicht *in abstracto* zeigen lässt, sondern nur anhand der aus diesem Blickwinkel gewonnenen Einsichten.

Blind fürs Experiment

§ 5.9. Dass die – auf Experimente ausgerichtete – neue Herangehensweise noch nicht bei vielen Autoren angekommen ist, die sich mit dem Schönheitssinn der Naturwissenschaftler herumschlagen, ist verwunderlich. Zwar gibt es Ausnahmen.[293] Doch solche Ausnahmen bestätigen die Regel; ich nenne stellvertretend für viele einen Physiker und einen Wissenschaftstheoretiker, die genau keine Ausnahme bilden.

Mein erstes Beispiel kommt aus der Physik: In seiner ausführlichen und sehr erhellenden Diskussion naturwissenschaftlicher Schönheit und Symmetrie kommt der Physiker Weinberg nirgends auf die Schönheit von Experimenten zu sprechen.[294] Warum sie in seiner Diskussion keinen Platz haben können, zeigt folgendes Verdikt:

»Von entscheidender Bedeutung in der Natur sind nicht die Symmetrien ihrer *Gegenstände [things]*, sondern die Symmetrien ihrer *Gesetze*«.[295]

Experimentelle Konstellationen sind Beispiele für die Gegenstände, um die sich Weinberg nicht weiter kümmert.

Damit komme ich zu meinem zweiten Beispiel – aus der Wissenschaftstheorie: McAllister, dem wir eine der wenigen philosophischen Monographien über Schönheit und Wissenschaft verdanken, erwähnt in diesem Werk die Schönheit von Experimenten ebenfalls mit keinem Wort.[296]

Selbst dort, wo McAllister von den Schönheiten der theorievermittelten Gegenstände etwa aus Biologie oder Geologie redet, fällt es ihm nicht auf, dass deren Analogon in der Physik die Experimente sind und dass sich hier am ehesten Konkreta finden, die theoriegetränkt sind und daher am theoretischen Schönheitssinn gemessen werden können.[297]

Es bringt viele Nachteile mit sich, Experimente aus der Betrachtung naturwissenschaftlicher Schönheit auszublenden. Einer dieser Nachteile hat damit zu tun, dass die entscheidenden Charakteristika eines ästhetischen Gegenstandes irgendwie festgestellt – etwa wahrgenommen – werden müssen; unser Schönheitssinn springt zuallererst auf schöne Wahrnehmungen an und ist in dieser Hinsicht zunächst eine sinnliche Sache.

Wer aber den naturwissenschaftlichen Schönheitssinn immer nur auf Theorien loslässt, also auf hochkomplexe Abstrakta, der landet schnell bei schiefen Redeweisen und muss z. B. davon reden, dass wir die Eigenschaften von Theorien wahrnähmen.[298] Das klingt tief und dunkel; was es heißen soll, ist alles andere als klar. Kann man Theorien sehen?

Demgegenüber hellt sich das Bild auf, wenn man die Schönheit von Theorien und Experimenten zusammen thematisiert. Experimente sind theoriebeladene Konkreta (und ähneln darin Kunstwerken) – Theorien sind experimentell informierte Abstrakta, deren Schönheit mit den konkreten Schönheiten der Experimente verwandt ist. Als Ausgangspunkt für unsere ästhetische Betrachtung der Naturwissenschaft eignen sich Experimente daher besonders gut.

§ 5.10. In den vorigen Paragraphen habe ich über den theoriefixierten Trend bei vielen Autoren geklagt, die über naturwissenschaftliche Schönheit schreiben. Dass wir gut beraten sind, uns dem theoriefixierten Trend zu entziehen, ergibt sich auch aus der folgenden Frage: Wie und wo erwirbt eine Physik-Studentin die ästhetische Urteilskraft, die in ihrem Fach so wichtig ist? Sicher nicht durch besondere Schönheitskurse; *expliziter* Unterricht dürfte der Sache sogar abträglich sein. Vielmehr bildet sich die ästhetische Urteilskraft der Physikerin im Laufe des herkömmlichen Physikstudiums *implizit* heraus.

Schönheitskurse?

Am Anfang eines solchen Studiums stehen u. a. die klassischen Beispiele vergangener Experimentierkunst, allerdings vereinfacht und mit moderner Ausrüstung. Einerseits werden sie im Praktikum nachvollzogen, in dessen Verlauf die Studentin grundlegende Techniken des sauberen Arbeitens erlernt; andererseits werden sie in Experimentalvorlesungen präsentiert, die für ein größeres Publikum konzipiert und optimiert sind, aber ohne jeden Anspruch auf historische Akkuratesse vorgehen.[299] An diesen sowohl ästhetisch als auch modern zugerichteten Experimenten formen sich die ersten Urteile des Neulings über naturwissenschaftliche Schönheit. Und da ihr Verständnis weniger Theorie voraussetzt als irgendein topaktuelles Experiment, eignen sie sich gut dazu, den Nachwuchs einer Naturwissenschaft auch in die Anfangsgründe jener ästhetischen Urteilskraft einzuweisen, die er für seine spätere Arbeit brauchen kann.

Den höherstufigen Sinn für die Schönheit naturwissenschaftlicher *Theorien* erlernt die Studentin später: Einerseits erweitert sie ihren Schönheitssinn schrittweise, indem sie ihn im Lauf ihres Studiums auf immer stärker theoriegetränkte Experimente anwendet, indem sie also das fortsetzt, was sie anfangs bei theoretisch einfachen, klassischen Experimenten hat schätzen lernen. Andererseits verheiratet sie diesen immer noch vergleichsweise konkreten Schönheitssinn mit dem abstrakteren Sinn für *mathematische* Schönheit. Immerhin muss jede Physik-Studentin eine Reihe mathematischer Vorlesungen und Übungen besuchen.

Schönheit im Mathestudium

§ 5.11. Wie schärfen Novizinnen und Novizen der Mathematik den Sinn für Schönheit in ihrem Fach? Ebenfalls schrittweise – und ebenfalls implizit, nicht explizit.[300] Den Sinn für *elegante Präsentationen* mathematischer Resultate lernen sie (nach meiner Erfahrung) durch den schmerzlichen, aber anspornenden Kontrast zwischen mathematischen Vorlesungen einerseits und den eigenen Lösungen der Übungsaufgaben andererseits.[301] Den Sinn für die Schönheit mathematischer *Beweise*, die weit über elegante Präsentationen hinausgeht, lernen die Neulinge später. Noch später kommt (wenn überhaupt) der Schönheitssinn für mathematische Theoreme und Theorien.

Alles in allem gibt es eine wiederkehrende ästhetische Erfahrung während des Mathematikstudiums, die wohl jeder bestätigen kann, der sich jemals mit der Lösung der Übungsaufgaben abgeplagt hat: Wer ein aufgegebenes Theorem zu beweisen versucht und einen der vielen denkbaren Ansätze verfolgt, der kann verblüffend früh herausfinden, dass der verfolgte Ansatz in einer Sackgasse enden wird – darauf kann man nämlich Gift nehmen, wenn die Formeln aus den Fugen geraten, wenn die Terme und Ausdrücke immer komplizierter werden (statt sich gegenseitig herauszuheben), wenn jede Übersicht verlorengeht, wenn immer mehr Fälle zu unterscheiden sind … – kurzum: wenn die Arbeit in einen schreibintensiven Schrecken ohne Ende ausartet.

Selbstverständlich ist *in der mathematischen Forschung* nicht garantiert, dass sich jedes gültige Theorem beweisen lässt, ohne dass derartige Hässlichkeiten auftreten; aber im mathematischen Unterricht kann man darauf bauen. Das liegt selbstverständlich auch daran, dass die Verfasserinnen der Übungsaufgaben keine Sadisten sind, sondern in erster Linie Aufgaben stellen, die sich ohne Krampf lösen lassen – schön eben. Und so kann man sagen, dass während der Übungen des Mathematikstudiums ein impliziter Schönheitsunterricht mitläuft, der diejenigen mit unnötiger Arbeit bestraft, die sich sogar durch überbordende Hässlichkeit nicht vom Weiterrechnen abschrecken lassen.

Erinnern wir uns nun daran, dass das eben beschriebene Phänomen auch in der *physikalischen* Forschung auftaucht; Physiker berichten davon, wie sich plötzlich das Dickicht der Formeln lichtet, wie sich Terme zwanglos gegenseitig herausheben usw.[302] Diese oft beschriebene Erfahrung ist im Lichte meiner kleinen Reminiszenz an das Mathematikstudium überraschend. Denn nach allem Gesagten wirkt es so, als ob die Natur den Physikern Rechnungen aufgibt mit eingebauten schönen Lösungswegen; ist die Natur etwa auch keine Sadistin?

Dass die Physiker in ihren theoretischen Ableitungen zuweilen störende Terme kurzerhand unter den Teppich kehren (wie es sich kein Forscher der Reinen Mathematik erlauben würde), steht auf einem anderen Blatt.[303] Hier besteht die Kunst des Rechnenden darin, geschickt abzuschätzen, welche Ausdrücke deshalb vernachlässigt werden dürfen, weil ihre Größenordnung im Vergleich zu den anderen Ausdrücken nicht weiter ins Gewicht fällt. Wenn nun bei diesem nicht ganz sauberen, aber nicht unzulässigen Verfahren eine schöne Formel herauskommt, heiligt der ästhetische Zweck die unästhetischen Mittel; das Ergebnis ist schön, obwohl der Rechenweg zu wünschen übrig lässt.

134 Teil II: Ästhetische Fallstudie in Newtons Dunkelkammer

Vertiefungsmöglichkeit. Der Mathematiker Gian-Carlo Rota differenziert sorgfältig zwischen allen im ersten Absatz aufgezählten Gegenständen ästhetischer Bewunderung in der Mathematik.[304] Rota behauptet, dass die positiv wertende Rede über mathematische Schönheit auf Missverständnissen beruht.[305] Unten werde ich einen Teil dieser Überlegungen entkräften, siehe § 7.17. Optimistischere Ansätze zur mathematischen Schönheit liefern die Physiker Chandrasekhar und Penrose.[306] Eine umfangreiche Sammlung besonders eleganter Beweise, die sich mit Kenntnissen aus einem mathematischen Grundstudium bewältigen lassen, bieten die Mathematiker Martin Aigner und Günter Ziegler.[307] Weil ihr begeistertes Augenmerk auf den Beweisen selbst liegt, erläutern sie die ästhetischen Kriterien ihrer Auswahl nur kursorisch. Leichter verständliche Beispiele für schöne Theoreme der Mathematik liefert der Sachbuchautor Pierre Basieux.[308] Er verzichtet ebenfalls darauf, genau zu erläutern, worin die Schönheit seiner Beispiele besteht. (Mehr zur mathematischen Schönheit in § 1.15 – § 1.16, § 4.16, § 7.17, § 8.21, § 15.4).

Vorschau § 5.12. Wenn die Betrachtungen aus den vorigen Paragraphen zutreffen, dann übt die angehende Physikerin den Schönheitssinn zuallererst bei klassischen Experimenten ein, später dann bei stärker theoriebeladenen Experimenten, noch später bei Theorien und zugleich in der Mathematik. (Das gilt idealtypisch, ist also keine Behauptung über jeden einzelnen Lernweg).

Was eine Physik-Studentin in Sachen Schönheit als erstes lernt, und zwar implizit, lässt sich doch wohl auch als erstes verstehen und explizieren. Das ist ein weiterer Grund dafür, warum ich mich entschlossen habe, den Beginn meiner Fallstudie im Teil II an der Schönheit klassischer Experimente auszurichten und erst im Teil III allmählich zur Theorienschönheit überzugehen.[309]

Ich werde mit vier klassischen Experimenten anfangen. Es handelt sich erstens um das berühmte Experiment zur Weißanalyse, das Newton ersonnen und der überraschten Öffentlichkeit im Jahre 1672 präsentiert hat (6. Kapitel). Das Experiment eignet sich für unsere Zwecke auch deshalb, weil es unter Physikern als eines der schönsten Experimente aller Zeiten gilt.[310] Zweitens werde ich Ihnen Newtons gleichzeitig veröffentlichtes Experiment zur Weißsynthese vorführen und drittens die weit schönere Weißsynthese seines Schülers und Verbündeten John Theophilus Desaguliers aus dem Jahr

1714 (7. Kapitel). Sie bietet einen Triumph der Symmetrie beim Experimentieren.

Erst im vierten Schritt werden wir den Gipfel newtonischer Experimentierkunst erklimmen und das Experiment durchdenken, das ihm am wichtigsten war: das *experimentum crucis* (8. Kapitel). Um das Experiment und seine Erträge zu verstehen, muss man sich bereits tief in die newtonische Theorie hineinbegeben, und so kommen wir mithilfe des Experiments bereits im 8. Kapitel an einen Punkt, wo wir endlich auch Theorienschönheit ins Auge fassen können. Insbesondere wird es mir dort abermals um schöne Symmetrien zu tun sein (die ich dann im 9. Kapitel anhand von Beispielen aus den Künsten ästhetisch preisen möchte). Und im 10. Kapitel werde ich auf theoretische Idealisierungen und Beschönigungen zu sprechen kommen, die man im Fall Newtons gut überblicken und verteidigen kann, ohne die aber auch unsere augenblickliche Physik nicht funktionieren würde. Das alles sind Themen für den Teil III, der dem Zusammenhang von schönen Experimenten und schöner Theorie gewidmet ist.

Später im Teil IV werden wir Experimente betrachten, die keine Vorläufer aus Newtons Tagen haben. Aber da diese neuen Experimente allesamt bei der newtonischen Optik ansetzen und da ihre Mittel ebenfalls nicht dem Reich der Hochtechnologie entspringen, eignen auch sie sich für die Zwecke meiner ästhetischen Fallstudie. Wie Sie insbesondere im 13. Kapitel sehen werden, kann man durch einige – vom Schönheitssinn angeregte – Variationen der Experimente Newtons ganz erstaunliche Ergebnisse erzielen. Der Schönheitssinn des Experimentators liefert also neue Phänomene, die von hohem Interesse sind.

Nach Abschluss der Fallstudie werde ich im Teil V (insbesondere im 15. Kapitel) die Gründe für die entdeckten Schönheiten der Experimente unter die Lupe legen und im Anschluss daran darüber spekulieren, warum man schönen Theorien Glauben schenken darf.

* * *

Spreu in Newtons Sprachgebrauch

§ 5.13. Es könnte sich lohnen, Newtons Schriften systematisch nach ästhetischen Ausdrücken zu durchforsten; hier ist nicht der Ort dafür. In jeder solchen Untersuchung müsste man die Spreu vom Weizen trennen, soll heißen: Man müsste auch diejenigen Stellen durchgehen, an denen der fragliche Ausdruck genau nicht mit ästhetischen Untertönen verwendet wird. Was dabei herauskommen kann, möchte ich kurz mit Blick auf die Wörter »pleasant« und »pleasing« vorführen.

Wie man vermuten mag, könnten sie einfach nur zur Beschreibung der Genüsse des Lebens gedient haben. Doch ob sich Newton als Hedonist offenbaren wollte, muss man bezweifeln. So heißt es in seinem ältesten erhaltenen Brief (an einen Freund, dessen Name nicht überliefert ist):

»Geliebter Freund,
man hört oft, dass Du krank bist. Das tut mir sehr leid. Doch tut es mir noch mehr leid, dass Du Dir die Krankheit deshalb zugezogen hast, weil Du zuviel trinkst. Ich wünsche mir aufrichtig, dass Du Deine Trinkexzesse erst einmal bereust und dann versuchst, Deine Gesundheit wiederherzustellen. Und falls es Gott gefällt, dass es Dir jemals wieder gut geht, musst Du gesund leben und für lange Zeit nüchtern bleiben. Das wird für all Deine Freunde *überaus erfreulich [very well pleasing]* sein, besonders für

Deinen liebevollen Freund
I. N.«[311]

Hier hat das Wort »pleasing« einen deutlich moralisierenden Unterton; weitere moralische Verwendungen des Worts gibt es bei Newton meines Wissens nicht.

In völlig anderem Sinne nutzt Newton das Wort »pleasant« dort, wo es um die Beschreibung von Farben geht; der Gegenbegriff ist »harsh« (was vieles heißen kann von »grell« über »rauh« bis hin zu »schreiend«). Er schreibt:

»Doch offenbar unterscheiden sich die Farben nicht nur darin, wie stark sie leuchten, sondern auch darin, dass sie entweder greller oder aber *angenehmer* sind [...] Wenn man unvollkommen gemischtes Licht durch eine zweite Reflexion mithilfe von Papier gleichmäßiger und einheitlicher vermischt, so wird es *angenehmer* und wirkt wie ein schwaches oder abgeschattetes Weiß«.[312]

Hier geht es Newton bei aller Begeisterung nicht so sehr im umfassenden Sinn um die ästhetische Wirkung der Farben, sondern eher darum, wie sie unmittelbar sinnlich wirken auf einer Skala von fast schon schmerzhaft bis hin zu angenehm. Sehr viel mehr außerästhetische Vorkommnisse der Wörter »pleasant« und »pleasing« scheint es in Newtons Schriften nicht zu geben.[313]

* * *

§ 5.14. Ich werde mich in den kommenden Kapiteln einzig und allein deshalb auf die Ästhetik der newtonischen Optik konzentrieren, weil sie sich schneller verstehen lässt als die andere große Errungenschaft Newtons: seine Mechanik. Dass auch diese Theorie unser ästhetisches Lob verdient und dass dies kein Zufall ist, liegt auf der Hand, kann hier von mir aber nicht ausgeführt werden. Laut Jacquette hat Newton bei der Formulierung seines Gravitationsgesetzes – jedenfalls implizit – ästhetische Maßstäbe angelegt.[314]

Newtons Schönheitssinn außerhalb der Optik

Im scharfen Kontrast dazu sagt Dyson mit Blick auf ein anderes Thema aus Newtons – seinerzeit unveröffentlichten – Schriften:

»Als sich Newton dazu entschlossen hat, seine jugendlichen Phantasien vom Kosmos zu unterdrücken, handelte er so, wie man es von jedem guten Wissenschaftler erwarten möchte: Gnadenlos verwarf er eine schöne Theorie, von der sich herausgestellt hatte, dass sie nicht von den experimentellen Daten gestützt wird«.[315]

Die letzte Aussage aus diesem Zitat ist verwunderlich. Sie widerspricht eklatant dem, was sich aus den Selbstzeugnissen vieler berühmter Physiker herauslesen lässt; selbst als noch keine belastbaren Daten z.B. zugunsten der Relativitätstheorie vorlagen, stieß sie schon auf begeisterte Zustimmung (wie im 2. Kapitel vorgeführt). Dyson verlangt vom guten Wissenschaftler ein Übermaß an Gnadenlosigkeit. Weniger überzogen wäre es zu fordern: Wenn eine schöne Theorie nachhaltig von wichtigen experimentellen Daten *erschüttert* wird, werden gute Physiker irgendwann an einen Punkt gelangen, an dem sie die Theorie *nolens volens* aufgeben müssen. (Geniale Physiker werden die Spannung länger aushalten und mit mehr Einfallsreichtum nach ästhetischen Auswegen aus der verfahrenen Situation suchen; vergl. § 2.3).

Hier gilt es, eine logische Feinheit im Auge zu behalten: Es ist *eine* Sache, ob die Theorie von den Daten nicht gestützt wird; in diesem Fall kann die Theorie immer noch mit den Daten kompatibel sein. Und es ist eine *andere* Sache, ob die Theorie von den Daten erschüttert oder gar widerlegt wird.

Und so zeigt sich bei näherem Hinsehen, dass Dysons Textbelege zugunsten der Newton-Auslegung aus dem Zitat schwächer sind, als sie klingen. Erstens geht es hier nur um eine Spekulation Newtons über Außerirdische; demzufolge gebe es außerhalb der Erde lebendige Wesen, deren Natur wir nicht verstünden.[316] Und Newton wird in seiner Arbeit ganz sicher keine experimentellen Daten oder Beobachtungen gefunden haben, die gegen die Existenz von Außerirdischen sprechen. (Bis heute haben wir keine solchen Daten oder Beobachtungen). Zweitens wertet *Dysons* Schönheitssinn (nicht: Newtons) diese Spekulation positiv, weil Dyson im Gegensatz zu Newton die Vielfalt schätzt, nicht die Vereinheitlichung.[317] Daher nennt er Newtons Spekulation romantisch und poetisch.[318] Soweit ich sehe, sind das zwei Wörter, die Newton in seinen Schriften vermeidet.[319] Mithin kann keine Rede davon sein, dass sich Newton gnadenlos gegen das entschieden hätte, was er selber schön fand. Die Schönheiten aus Newtons experimenteller Arbeit, auf die ich eingehen werde, beruhen jedenfalls auf ganz anderen Gesichtspunkten als irgendwelche Spekulationen über Außerirdische.

Wie dem auch sei, es wird vielleicht immer ein Geheimnis bleiben, nach welchen Kriterien Newton diejenigen seiner Schriften auswählte, die er zur Veröffentlichung brachte; er hat weitaus mehr geschrieben als veröffentlicht. In der Tat müssen wir Kommentatoren zustimmen, die wie Dyson der Meinung sind, dass am Ende das veröffentlichte Wort gilt. Jeder Wissenschaftler hat das gute Recht, selber darüber zu bestimmen, welche seiner Formulierungen sich für die wissenschaftliche Öffentlichkeit eignen. Daher stütze ich mich in diesem Buch fast ausschließlich auf damals öffentlich oder halböffentlich zugängliche Äußerungen Newtons, aus Journalen, Monographien, Briefen und Vorlesungen.

Nichtsdestoweniger können uns auch unveröffentlichte Texte wertvolle zusätzliche Indizien darüber liefern, wie Newton gedacht hat. Wer den Stellenwert ermessen möchte, den laut Newton gerade die Schönheit für die Physik haben kann, dürfte durch gezielte Suche in den überlieferten Manuskripten höchst aufschlussreiches Material finden: Überraschenderweise ging Newton unter Ausschluss der Öffentlichkeit in Sachen Ästhetik teilweise wesentlich weiter, als man meinen möchte. Zum Beispiel behauptete er in einem frühen Entwurf aus den 1690er Jahren für die zweite Auflage der *principia* allen Ernstes, dass schon die Antike das invers quadratische Anziehungsgesetz gekannt hätte – also dasjenige Gesetz, für dessen Urheberschaft Newton heute mit Recht gerühmt wird; zur Erläuterung dieser schon für sich allein haarsträubenden These entdeckte er in den pythagoräischen Überlegungen zu einerseits Sphärenharmonien der Planeten und andererseits Klangharmonien (bei mit variablen Gewichten gespannten Saiten) genau diejenigen mathematischen Relationen, die er selber in die Erklärung der Planetenbewegungen eingeführt hat.[320] Und er setzte in diesem Zusammenhang ausdrücklich voraus, dass die Alten mithilfe von Harmonien zum *Verständnis* der fraglichen Gesetzmäßigkeiten geleitet worden seien.[321] Kein Zweifel, aus Newtons unveröffentlichtem Nachlass ergibt sich noch deutlicher als aus seinen Veröffentlichungen: Er war ein naturwissenschaftlicher Ästhet.

6. Kapitel.
Schönheit, Schock und Schmutz im Spektrum

§ 6.1. In diesem und im kommenden Kapitel meiner Untersuchung finden Sie den experimentellen Auftakt der versprochenen Fallstudie zur Schönheit in Newtons Optik. Zunächst geht es um das optische Versuchsergebnis, mit dem Newton berühmt geworden ist und das man mit Fug und Recht als *die* Ikone neuzeitlicher Experimentierkunst bezeichnen kann: das newtonische Spektrum (Farbtafel 1). Selbst wer nichts von Physik versteht, kann sich der visuellen Schönheit dieses Spektrums nur schwer entziehen. Freilich bietet unser gedrucktes Bild nur einen müden Abklatsch dessen, was man im tatsächlichen Experiment zu sehen bekommt, und so kann ich Sie nur ermuntern, sich die Sache bei nächster Gelegenheit im Original anzusehen (so wie ich Sie auch ermuntern möchte, ins Museum zu gehen, weil meine Kunsttafeln nie und nimmer die Originale ersetzen können).

Eine Ikone

Die Farbtöne des Newtonspektrums ähneln denen des Regenbogens, sind aber satter, tiefer, lebendiger – wirken also auf Auge und Schönheitssinn eindringlicher:

Blau
Türkis
Grün
Gelb
Rot.

Wenn Sie den Regenbogen am Himmel sehen, werden Sie diesem Naturschauspiel unwillkürlich hinterherstaunen, und Sie werden von seinen Farben nie genug bekommen. Das Phänomen ist zart und flüchtig; man möchte mehr davon. Diese Sehnsucht stillt Newtons Spektrum, und zwar in einem ganz und gar erstaunlichen Ausmaß. Auf Photographien sieht das Spektrum schnell etwas kitschig aus – die experimentelle Wirklichkeit ist um ein vielfaches intensiver, und genau das spricht unseren Schönheitssinn unmittelbar an, direkt sinnlich, fast überwältigend, schockierend schön.[322]

Wieviel harte Schöpfungsarbeit hinter dieser Wirkung steckt und was dies für die informierte ästhetische Wertschätzung des Spektrums bedeutet, werde ich noch ausführen. Doch bevor ich das tue, möchte ich Sie fragen, ob Ihnen aus Ihrem Umgang mit Kunstwerken vergleichbare Schönheitserlebnisse in Erinnerung geblieben sind. Hier könnte man an die großen Werke der Lichtkunst denken, doch liegt dieser Vergleich vielleicht ein bisschen zu nahe, um interessant werden zu können. Daher werde ich im kommenden Paragraphen ein älteres Gemälde und im übernächsten Paragraphen einige Musikstücke zum Vergleich heranziehen.

Vertiefungsmöglichkeit. Selbstverständlich repräsentieren die fünf Farben aus meiner Aufstellung nur die auffälligsten Farben des Newtonspektrums; es zeigt eine Reihe farblicher Zwischentöne, die ich nicht alle benennen kann. Gleichwohl enthält das Spektrum weniger Nuancen, als man denken könnte. Die wichtigste Farbe, die in meiner Aufstellung fehlt, ist Violett. In der Tat sieht man ganz oben am Übergang zur schwarzen Umgebung des Spektrums einen violetten Schimmer, der weder deutlich zu erkennen noch sonderlich ausgedehnt ist (oben im Spektrum auf Farbtafel 1). Um der Einfachheit willen werde ich diesen Schimmer stets zum Blau direkt darunter hinzuzählen; entsprechend im Fall anderer, noch weniger deutlicher Einzelnuancen des Spektrums. Welche Farbtöne aufscheinen, hängt auch von einigen Parametern des Experiments ab, auf die ich zurückkommen werde (Details dazu in § 6.16 und § 11.13).

Blumenpracht im Dunklen

§ 6.2. Betrachten Sie zum Beispiel den Blumenstrauß, den Jan Brueghel der Ältere um 1620 gemalt hat (Kunsttafel 8).[323] Aus einer Tonvase mit allegorischen Darstellungen der vier Elemente explodiert eine farbenfrohe Überfülle knospender, blühender, erblühter und verblühter Blumen – von Vergissmeinnicht über Sumpfdotterblumen, Moosrosen bis zur Türkenbundlilie.

Die Blumen sind seitlich beleuchtet und zeigen ihre Farbenfülle vor dem Nachtschwarz eines finsteren Raumes, so dass sie sich mysteriös im Nichts verlieren, nicht viel anders als das Newtonspektrum. Man kann sich an dieser Fülle von Farben und Formen erfreuen, ohne die Geschichte der Malerei zu kennen oder zu wissen, wie die insgesamt 49 Blumenarten heißen, die Brueghel mit botanischer Präzision portraitiert hat. (Ganz ähnlich kann man sich an der newtonischen Farbenpracht erfreuen, ohne zu wissen, wie sie zustandekommt).

Gleichwohl fällt es uns gerade in unserer abgeklärten Zeit leichter, das Gemälde ästhetisch voll und ganz zu würdigen, wenn wir den Kontrast bedenken, der zwischen dem prallen Leben des Blumenstraußes und der Tatsache besteht, dass die Blumen abgeschnitten sind, also streng genommen schon gestorben. In der Tat dienten derartige Bilder dem religiös getönten Hinweis auf die irdische Vergänglichkeit, und wer das weiß, vermag vielleicht noch angemessener mit Details des Bildes umzugehen, die andernfalls störend wirken könnten – etwa die morbide Biene, die links vor der Vase erschöpft herumzukrabbeln scheint.

Brueghels Gemälde bietet eine Augenweide so wie Newtons Spektrum. Beide zeigen eine Farbenvielfalt, die besonders schön in ihrer schwarzen Umgebung zur Geltung kommt. In Newtons Spektrum erscheinen die Farben in einer wohlsortierten Ordnung, auf die ich zurückkommen werde. Wer sie versteht, der kann das Schönheitserlebnis noch etwas vertiefen, das ihm das Spektrum bietet – so wie uns die erwähnten Hintergrundinformationen über Brueghels Gemälde dabei helfen können, dem Bild noch etwas mehr abzugewinnen als die Freude am bloßen Augenschein. Kurzum, unsere ästhetische Wertschätzung des Spektrums und des Gemäldes entspringt zuallererst dem visuellen Eindruck, beruht aber nicht ausschließlich darauf.

Wie sich aus alledem ergibt, mischt sich idealerweise selbst in die Betrachtung des schönsten Blumen-Stillebens und des schönsten Versuchsergebnisses unser Verstand ein. Bei vielen anderen Kunstwerken und bei fast allen Versuchsergebnissen ist er stärker gefordert: Beispiele an diesem entgegengesetzten Pol der Skala bieten die Symmetrien in Bachs Fugen und in Newtons Folgeexperimenten, auf die ich in späteren Kapiteln ausführlich eingehen möchte.

Doch zuvor möchte ich nach weiteren Kunstwerken suchen, deren Schönheit wir fast ohne jede Hintergrundinformation aufnehmen können, also allein durch den sinnlichen Eindruck, den sie bieten – unmittelbar.

§ 6.3. Mir will es so scheinen, als ob am ehesten Musik mit ähnlicher Macht auf unseren Schönheitssinn wirkt wie das Newton-   Macht der Musik spektrum. Es gibt Musikstücke, deren klingende Schönheit uns unmittelbar zu überwältigen vermag – und zwar ohne dass wir dafür große theoretische Vorkenntnisse benötigen.

Welche Musik diese unmittelbare Wirkung ausübt, hängt selbstverständlich von jedem einzelnen ab (etwa von seinen Hörgewohnheiten und auch von seiner Offenheit). Dennoch sind manche Komponisten mit ihren Stücken in dieser Hinsicht sogar intersubjektiv stärker als andere. Mit Liedern wie »Yesterday« gehört der Beatle Paul McCartney in die Gruppe der Stärksten ebenso wie sein Kollege George Harrison mit »Here Comes the Sun«. Oder denken Sie an den Songwriter Leonard Cohen mit dem Evergreen »Hallelujah«. Oder an den Barockkomponisten Georg Friedrich Händel mit *seinem* Hallelujah.

Mir ist klar, dass manch einer diese Beispiele banal finden mag, vielleicht aus Distinktionsbedürfnis oder aus Angst vor Kitsch – oder weil sie allzu oft zu hören sind und sich daher abgenutzt haben. Doch bedenken Sie: Als Händels *Messiah* zum ersten Mal in London gespielt wurde, da soll König Georg II beim »Hallelujah« vor Ergriffenheit aufgestanden sein und den jubelnden Chorsatz zusammen mit seinen folgsamen Untertanen im Stehen zuendegehört haben; diese vermutlich erfundene Legende passt zur mitreißenden Kraft dieser Musik.[324] Wenn Sie dafür zu abgeklärt sind oder das Stück – *horribile dictu* – für bombastisch halten, versuchen Sie es mit dem weniger bekannten, stilleren, aber nicht minder schönen Andante aus Händels zweitem Oboenkonzert oder noch diesseits von Afrika mit dem Adagio aus Mozarts Klarinettenkonzert. Oder nehmen Sie Robert Schumanns »Träumerei« aus seinen *Kinderszenen für Klavier*.

Auf das einzelne Beispiel kommt es nicht an; ich will nur darauf hinaus, dass es für jeden von uns Musikstücke gibt, die beim Zuhören unmittelbar so stark wirken wie die genannten Stücke beim breiten Publikum – oder wie die Betrachtung des newtonischen Spektrums.

Indes scheinen die Verhältnisse in den beiden Bereichen nicht völlig gleich zu liegen. Ich habe die mächtige Wirkung des Spektrums auf *alle* Menschen damit verglichen, wie die genannten Musikstücke auf mich oder König Georg II wirken – und habe zugegeben, dass diese Macht bei anderen Menschen auch von anderen Musikstücken ausgeübt werden könnte; das heißt, ich habe der Macht eines einzigen Spektrums eine unbestimmte Zahl von Musikstücken gegenübergestellt. Den Zielen meiner Untersuchung tut diese Disanalogie keinen Abbruch, im Gegenteil. Ich habe es nur auf eine *Verwandtschaft* zwischen schöner Physik und schöner Musik abgesehen – und wenn das Newtonspektrum über einen größeren Personenkreis ästhetische Macht hat als jedes Musikstück, dann ist das Wasser auf meine Mühlen; ich plädiere für die Stärke des Schönheitssinns in der Physik.

Unabhängig davon gebe ich zu, dass verschiedene Menschen auf das Newtonspektrum ästhetisch unterschiedlich reagieren können. Der holländische Pionier der abstrakten Malerei, Piet Mondrian, hatte zum Beispiel eine Aversion gegen Grün; er dürfte dem Newtonspektrum genau wegen dessen grüner Mitte wenig abgewonnen haben.[325]

Zudem existieren viele verschiedene Spektren.[326] Da mag der eine dieses Spektrum bevorzugen, der andere jenes. Doch die wenigsten Betrachter können sich der Schönheit des Newtonspektrums entziehen; und fast so geht es uns mit gewissen Musikstücken – selbst wenn interessanterweise immer wieder jemand aus der Reihe tanzt.

Vertiefungsmöglichkeit. Ich gebe es zu, meine wenigen Musikbeispiele spannen keinen sonderlich weiten Horizont auf; auch deshalb dürfte der eine oder die andere von der Liste enttäuscht sein. Um dem abzuhelfen, lasse ich den Blick in weitere Ferne schweifen, sowohl historisch als auch geographisch. Zunächst nenne ich zwei ungeheuer starke Volkslieder: Das deutsche Marien- und Weihnachtslied »Es kommt ein Schiff, geladen«, dessen Wurzeln bis ins Mittelalter zurückreichen – und das irische Volkslied »Molly Malone« aus dem späten 19. Jahrhundert, etwa in der atemberaubenden Interpretation der Sängerin Sinéad O'Connor. Wie eindringlich diese Lieder wirken, hat selbstverständlich auch mit ihren Texten zu tun, also nicht allein mit Musik; wer die jeweilige Sprache nicht kennt, wird ihnen deshalb möglicherweise nicht genug abgewinnen können; und vielleicht sind diese Lieder zu volkstümlich, zu einfach?

Daher gehe ich nun zu dem sogartigen, ja trancehaften Echo über, das die Fidelei polnischer Bergbewohner in Wojciech Kilars Komposition »Orawa« für fünfzehn Streichinstrumente findet, einem minimalistischen

Werk von großer Klarheit und starkem Rhythmus aus dem Jahr 1988 (das nach einer Region in den Tatra-Bergen benannt ist). Offenbar eignen sich für die augenblicklichen Zwecke Werke, in denen die urwüchsige Kraft der Musik aus dem Volk zu einer höheren kompositorischen Einheit verarbeitet, gespiegelt, gebrochen wird. Das mag sich zu verschiedenen Musikepochen sehr unterschiedlich anhören, kann aber unabhängig davon erhebliche Wirkmacht entfalten.

Nehmen wir z. B. zwei der 555 kurzen Cembalosonaten des Barockkomponisten Domenico Scarlatti, in dessen Werk sich volkstümliche Elemente iberischer und sogar maurischer Musik aufs lebendigste mit den Gepflogenheiten barocker Hofmusik vermengen – und zwar reicht dieser Kosmos von glücklichen, lichten, wunderbar gesanglichen Stücken wie der Sonate K 208 in A-Dur (»Adagio e cantabile«) bis hin zu rhythmisch aggressiven, fordernden, rauschhaften Stücken voller krasser Dissonanzen und kühner Harmonien wie der Sonate K 264 in E-Dur (»Vivo«).[327] Der Daseinszweck dieser Sonaten ist und war keine Erbauung oder Belehrung, sondern das schiere musikalische Vergnügen; was in ihnen steckt, hängt übrigens nicht davon ab, ob sie auf Cembalo, Fortepiano, Orgel oder Gitarren gespielt werden.[328]

Wenn wir uns mit Scarlattis Musik bereits am Rande Europas befinden, so liegt es nahe, den Blick in die Nachbarkontinente schweifen zu lassen. In der Weltmusik Afrikas, etwa Malis, findet sich Musik von einer Überwältigungskraft, die ihresgleichen sucht; der Song »Ntanan« der malischen Wassoulou-Sängerin Sali Sidibé gibt ein, wie ich meine, unwiderstehliches Beispiel dafür, und das obgleich die grellen, machtvollen Metall- und Erdfarben ihrer Stimme weit entfernt sind von den bei uns üblichen Idealen – die ja auch schon auseinanderstreben.

Beim allerersten Hören für abendländische Ohren noch fremder, aber nach gebührender Aufmerksamkeit fast noch begeisternder ist der ekstatische Sufi-Gesang wie z. B. in der Heiligenpreisung »Ali Maula Ali Maula Ali Dam Dam« des Qawwal-Sängers Nusrat Fateh Ali Khan aus Pakistan. Dass es sich um geistliche oder spirituelle Musik handelt, ist ihrer Wirkung nicht abträglich – in unserer säkularen Zeit kann man den Text ignorieren, um sich ganz der Musik hinzugeben. Dasselbe funktioniert mit der schwindelerregenden frühen Polyphonie der Musik Pérotins, des Meisters an der Pariser Kathedrale Notre-Dame. Aus seinem vierstimmigen »Viderunt Omnes«, das vielleicht zum Weihnachtsfest um 1200 entstanden ist, kann man kaum die einzelnen Wörter des lateinischen Textes heraushören – stattdessen dominieren die Vokale der immer wiederholten Silben die Farben dieses dicht durchwirkten und ganz unerhörten Klanggewebes. Und damit schließt sich der Kreis; wir sind wieder bei europäischer Weihnachtsmusik aus dem Mittelalter angekommen, die nun nicht zeitlich oder geographisch, wohl aber musikalisch weit von meinem Ausgangspunkt (dem beladenen Schiff) entfernt ist und ihm doch in Sachen Überwältigungskraft gleicht. Ich könnte meine Liste über andere Regionen, in andere Epochen, auf andere Genres ausdehnen, aber wie sehr ich mich auch abstrampeln mag, es wird immer eine Liste bleiben, die meinen persönlichen Erfahrungen mit Musik entspringt. Es hat wenig Sinn, über die Liste zu streiten; wenn ich auf taube Ohren stoße, wenn Sie meine Einladung, sich von einigen dieser Beispiele überwältigen zu lassen, nicht annehmen können, ist es vielleicht instruktiver, die Rollen zu tauschen? Ich bin gespannt zu erfahren, welchen Musikstücken Sie die Kraft der sinnlichen Überwältigung zusprechen, um die es mir zu tun ist.[329]

§ 6.4. Um nicht missverstanden zu werden: Ästhetische Wertschätzung von Musik erschöpft sich nicht im unmittelbaren Erleben; manche Musikstücke muss man sich rational erarbeiten und vertraut machen, bevor man ihre Schönheit zu würdigen weiß. Vernunft, Emotion und unmittelbare akustische Wahrnehmung spielen in unserem musikalischen Schönheitssinn zusammen, und je nach Musikstück gebührt manchmal diesem Element, manchmal jenem die Vorherrschaft – manchmal sind alle drei gleichberechtigt. Die genannten Musikstücke nebst ihren Verwandten gleichen Newtons Spektrum zunächst einmal darin, dass sie sich auch ohne große Hintergrundkenntnisse, jawohl: sinnlich genießen lassen, mit Auge, Ohr und Herz.

Alles nur Erlebnis?

Gleichwohl kann man die ästhetische Wertschätzung dieser Errungenschaften noch vertiefen, wenn man sich ihre Struktur, ihre Entstehung und manch andere relevante Hintergrundinformation klarmacht.[330]

Dass es sich jedenfalls bei naturwissenschaftlichen Versuchsergebnissen so verhält, dürfte auf der Hand liegen; naturwissenschaftliche Schönheit paart sich fast immer mit rationalem Verständnis, etwa mit dem Verständnis des Versuchsplans, des Versuchsaufbaus und der zugrundeliegenden Theorie. Was das beim Newtonspektrum bedeutet, werde ich im Lauf dieses Kapitels noch genauer herausarbeiten. Später werden Experimente auf den Tisch kommen, bei denen sich dieser Trend zum intellektuellen Schönheitserlebnis immer weiter verstärkt; und meine Vergleichsstücke aus den Künsten werden demselben Trend folgen – ohne dass ich damit einem intellektualistischen Verständnis des Schönen insgesamt das Wort reden wollte. (Der fragliche Trend ergibt sich lediglich aus der Richtung meines physikzentrierten Gedankengangs).

Insofern Newtons Spektrum schon für sich allein (d. h. nur als Versuch*ergebnis*) überwältigend sein kann, stellt es in der Experimentierkunst einen extremen Ausnahmefall dar, auch und gerade unter historischer Perspektive. Aus heutiger Sicht fällt es schwer, die extreme Begeisterung zu ermessen, die Newton seinen Zeitgenossen verschafft hat, als er ihnen das Spektrum zeigte. Bedenken Sie: Seinerzeit gab es keine farblich schreiende Werbung, keine grell lackierten Autos, keine bunten Textilien im Überfluss, keine künstlichen Pigmente, kein Farbfernsehen, keine Leuchtdioden, keine großen Computer-Bildschirme und keine kleinen; die Welt zeigte weniger satte Farben, als man es sich heute vorstellen kann. (Eisvögel, Himmelsblau, Rosen- und Abendrot sind einige der Ausnahmen, an denen sich die Regel bestätigt).

Aus allen diesen Gründen ist es nicht verwunderlich, dass Newtons Weißanalyse wie ein Schock wirkte und blitzschnell berühmt wurde; sein Spektrum war zu schön, um ignoriert zu werden. Inwiefern Newton diese Schönheit mit voller Absicht verstärkt, ja auf die Spitze treibt, werde ich noch dartun.

Die Dunkelkammer als Ausgangspunkt der Weißanalyse

§ 6.5. Wie funktioniert das Experiment, mit dem Newton berühmt geworden ist und dessen wunderschönes Versuchsergebnis ich angepriesen habe? Welche ästhetischen Gesichtspunkte bestimmen Newtons Versuchsplan und seinen Aufbau? Man ahnt es: Für die Erzeugung des Spektrums sind erhebliche Vorarbeiten nötig. An einem wolkenlosen Tag bohrt Newton in den Fensterladen seiner Kammer ein kleines kreisrundes Loch, schließt den Fensterladen und löscht alle Lichter. Nun scheint die Sonne auf den weiß gestrichenen Fußboden der Kammer und zeichnet dort ein sehr helles rundes Bild in dunkler Umgebung – genau genommen eine Ellipse (Abb. 6.5a).

Newton ignoriert mit voller Absicht, dass nicht nur die Sonne ihre Spuren in der Dunkelkammer hinterlässt, sondern die ganze

6. Kapitel: Schönheit, Schock und Schmutz im Spektrum   147

Abb. 6.5a: Elliptisch verzerrtes Bild der Sonne auf dem Boden der Dunkelkammer. Der Kegel des Sonnenlichts trifft – ohne zwischengeschaltetes Prisma – schräg auf den Boden der Dunkelkammer (Farbtafel § 6.5) und wird als elliptischer Kegelschnitt abgebildet. Die unscharfen Ränder des Sonnenbildes entstehen deshalb, weil die Lochblende der Dunkelkammer nicht beliebig klein ausgeführt werden kann. (Computersimulation).

äußere Welt vor dem Fensterladenloch – also die Parkbäume, die Nachbarhäuser und sogar die Kutschen, die zufällig vorbeifahren. Alles das wirft seine Lichtstrahlen in die Kammer und wird dort auf dem Fußboden oder an den Wänden abgebildet: eine Vorform der Photographie, ja des Films.

In der Tat verfügt Newton nun über die einfachste Form der vielgerühmten *Camera Obscura* (Abb. 6.5b). Dieses Gerät faszinierte seinerzeit Naturwissenschaftler und Künstler so sehr, dass immer wieder der Verdacht aufkam, es werde heimlich von bekannten holländischen Malern eingesetzt, um perspektivisch korrekte Kunstwerke von verblüffender Detailtreue zu schaffen.[331]

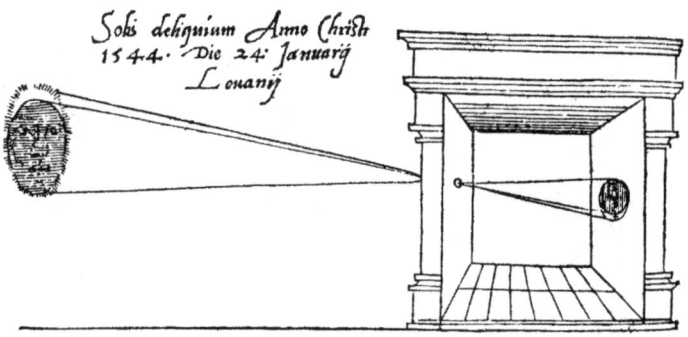

Abb. 6.5b: Dunkelkammer für Sonnenbeobachtungen. Links steht die Sonne knapp über dem Horizont und scheint nach rechts in die Dunkelkammer. Wir ignorieren, dass die Umgebung des Himmels blau ist, und vernachlässigen den gesamten Rest der äußeren Umgebung. Das Sonnenbild erscheint auf der Rückwand der Dunkelkammer deshalb nur leicht verzerrt, weil die Strahlen fast horizontal verlaufen und daher senkrecht auf der Rückwand eintreffen. Stünde die Sonne höher, so läge das Bild weiter unten auf der Rückwand und wäre elliptisch verzerrt wie in Abb. 6.5a; stünde die Sonne noch höher, so läge das Bild auf dem Boden der Dunkelkammer und erschiene ebenfalls in Form einer Ellipse. Unser Bild stammt aus dem Werk *De radio astronomico et geometrico liber* von Gemma Frisius (1545), ist dort aber mit entgegengesetzten Helligkeitswerten gedruckt. Bei genauer Betrachtung sieht man, dass Frisius eine Sonnenfinsternis zeigt. Der kleine sichelförmig *über*stehende Rand an der Sonne (links) wird in der Dunkelkammer als *unten*stehender Rand abgebildet. (Aus Frisius [dRAG]:32.)

Newton aber nutzt die *Camera Obscura* naturwissenschaftlich, nicht künstlerisch. Anders als die besagten holländischen Meister möchte sich Newton nicht mit den tausend Details der abzubildenden Wirklichkeit herumschlagen. Stattdessen reduziert er im Einklang mit physikalischen Gepflogenheiten die Szenerie so radikal, dass nichts anderes zurückbleibt als die weiße Sonne in ihrer schwarzen Umgebung (Abb. 6.5b).

Selbstverständlich ist die unmittelbare Umgebung der Sonnenscheibe weder am Himmel noch auf dem Fußboden der Dunkelkammer schwarz, sondern blau; das Experiment findet wie gesagt an einem Tag mit schönem Wetter statt. Doch weil die Sonne um ein vielfaches heller in die Dunkelkammer scheint als der ganze Rest, darf Newton diesen Rest ausblenden. Beinahe wie ein Künstler der frühen abstrakten Moderne konzentriert er sich aufs wesentliche, abstrahiert vom ablenkenden Durcheinander, lässt Unwichtiges kurzerhand weg.

Mehr als dreihundert Jahre später hat Mondrian diese Kunst des Weglassens in seinen Bildern perfektioniert. Für unsere Zwecke besonders aufschlussreich ist Mondrians Übergang vom Abbild zur Abstraktion, wie er ihn etwa in seiner *Komposition in Schwarz und Weiß* aus dem Jahr 1915 vollzieht (Abb. 6.5c).[332] Das Bild besteht aus zahllosen vertikalen und horizontalen dunkelgrauen Strichen vor weißem Hintergrund – alle anderen Richtungen und alle anderen Farben sind aus dem Bild verbannt. Die Striche werden nach oben hin allmählich kleiner, was eine perspektivische Interpretation nahelegt. Aus dem hochdynamischen, ja rhythmischen Gegensatz zwischen Quer und Hoch setzt sich eine große elliptische Form zusammen, die auf dem ruhigen, etwas dunkleren Hintergrund zu schwimmen scheint. Weil diese Ellipse derjenigen aus Newtons Dunkelkammer ähnelt, habe ich das Bild ausgesucht; man könnte darin eine Sonnenscheibe vermuten, die sich während ganz bestimmter schräger Sonnenstände bei ruhiger See in sanften Wellen spiegelt. Aber das ist nur eine der vielen denkbaren Interpretationen.[333]

Mir kommt es einzig und allein auf die fabelhafte Ästhetik dieser strikt reduzierten Bildsprache an, die dem entspricht, wie Newton in seinem Versuchsaufbau die abgebildete Gesamtwirklichkeit reduziert.

Abb. 6.5c: Piet Mondrian, *Composition No. 10 (Pier and Ocean)*.

Bei dieser ersten Reduktion aufs wesentliche muss Newton nicht stehenbleiben. So störend den Zeitgenossen Keplers die Ellipsenform der Marsbahn erschienen ist (§ 4.10k), so störend ist nun die Ellipsenform des Sonnenbildes auf dem Fußboden (Abb. 6.5a). Doch im Gegensatz zum Marsbeobachter Kepler kann der Experimentator Newton die Verhältnisse bereinigen und die Ellipse in einen Kreis verwandeln. Dazu braucht Newton nur einen weißen Schirm zu nehmen, den er *senkrecht* zum Strahlengang aufbaut. Dadurch verwandelt sich der schräge Kegelschnitt in einen geraden (Abb. 6.5d), und das Ergebnis ist noch reduzierter als zuvor.

Vertiefungsmöglichkeit. Ob Newton aus didaktischen Gründen (wie ich oben im Text) schon vor Einführung des Prismas wirklich mit Auffangschirm gearbeitet hat, ist meines Wissens nicht überliefert. Er erwähnt den Schirm zum ersten Mal in seinen Vorlesungen, und zwar im Zusammenhang von Experimenten mit Prisma.[334] In Abb. 6.5b kann man sehen, wie Newton ohne Schirm (und noch ohne Prisma) ein unverzerrtes rundes Bild der Sonne direkt auf die gegenüberliegende Wand der Kammer hätte werfen

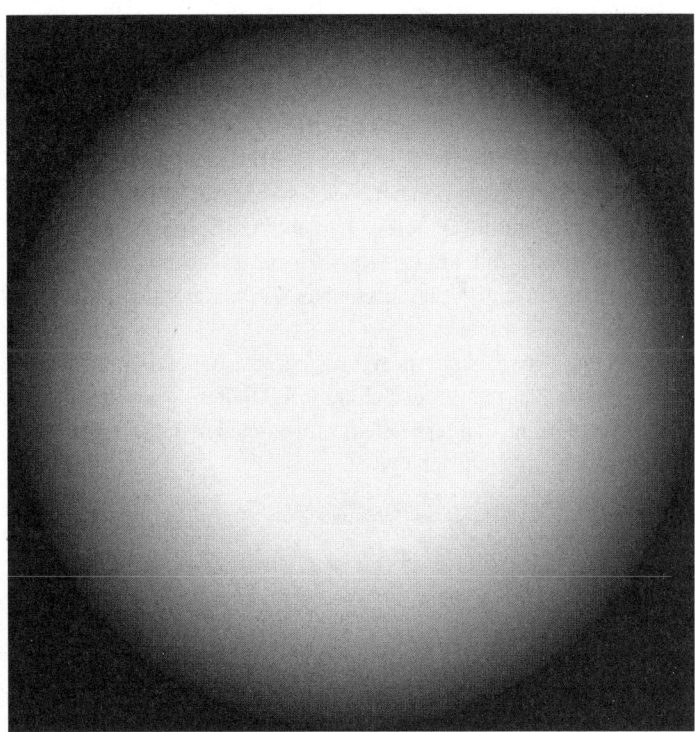

Abb. 6.5d: Unverzerrtes Bild der Sonne auf einem schräggestellten Schirm in der Dunkelkammer. Wer das verzerrte Bild der Sonne (Abb. 6.5a) begradigen möchte, muss entweder bei freier Sicht nach Ost oder West warten, bis die Sonne exakt horizontal in die Dunkelkammer scheint (also bei Sonnenauf- oder -untergang, Abb. 6.5b); oder er muss einen Auffangschirm senkrecht zum Strahlengang aufstellen. Die unscharfen Ränder des Sonnenbildes entstehen wieder deshalb, weil die Lochblende der Dunkelkammer nicht beliebig klein ausgeführt werden kann. (Computersimulation).

können: Wenn die Kammer einen freien Blick zum östlichen (bzw. westlichen) Horizont eröffnete, brauchte man nur Sonnenauf- bzw. -untergang abzuwarten.

Das Prisma § 6.6. Nachdem Newton die Dunkelkammer vorbereitet hat, holt er sein berühmtes Prisma hervor (Abb. 6.6a). Das ist schon auf den ersten Blick ein überaus schönes Spielzeug für jedermann, und vielleicht erklärt sich daraus, warum sich die Legende verbreiten konnte, dass Newton sein allererstes Prisma ausgerechnet auf einem Jahrmarkt erstanden hat.[335] Selbstverständlich experimentieren Physiker nicht mit irgendwo hergeholtem Spielzeug; sie treiben erheblichen Aufwand, um ihre Versuchsmittel für möglichst präzise Aufgaben einzurichten. So schreibt Newton später über die Prismen für seine Experimente:

»Und das Prisma sollte hervorragend gearbeitet sein: Sein Glas darf keine Bläschen oder Schlieren enthalten, und seine Oberflächen dürfen – anders als es immer wieder vorkommt – kein

Abb. 6.6a: Prismen. Hier zeigen wir zwei Prismen mit gleichseitiger Grundfläche. Dreht man eines der Prismen im Winkel von 180 Grad um seine Achse (im Mittelpunkt der Dreiecksfläche), so hat es dieselbe Ausrichtung wie das danebenliegende Prisma. Dreht man das Prisma nur um 120 Grad, dann hat es hingegen dieselbe Ausrichtung wie vor der Drehung, und zwar einerlei, ob man die Drehung im oder gegen den Uhrzeigersinn durchführt. (Photo von Sarah Schalk).

bisschen konvex oder konkav sein. Sie müssen völlig eben sein und aufwendig poliert werden wie bei optischen Gläsern. Anders als üblich dürfen die Prismenflächen auf keinen Fall mit Zinnasche geschliffen werden – sonst werden nur die Ränder der vom Schleifsand zurückbleibenden Löcher beseitigt, während auf der gesamten Glasoberfläche zahllose Erhebungen zurückbleiben, wie Wellen«.[336]

Hier zeigt sich der Perfektionist bei der Arbeit; seine Anweisungen hören sich beinahe an wie in der Alabaster-Werkstatt eines Bildhauermeisters. Auf Perfektion in der Sauberkeit fein polierter Oberflächen können Physiker und Künstler gemeinsam abzielen. Dass dies im Fall der Prismen kein Selbstzweck ist, sondern der Sauberkeit von Versuchsergebnissen dient (und damit mittelbar wiederum deren Ästhetik), werde ich noch ausführlich dartun. Einstweilen möchte ich nur auf die Schönheit des Prismas hinaus, die sicher auch in seiner Sauberkeit wurzelt.

In der Tat, fein geschliffene, saubere Glaskörper sind bereits für sich allein hochästhetische Gegenstände – vor allem dann, wenn sie in Dunkelheit vom Licht umspielt werden. Ihre Ästhetik ist zur Newtonzeit exzessiv gefeiert worden in den Stilleben holländischer Meister, auf denen Weinpokale aus Kristallglas in perfekter Beleuchtung zu sehen sind.

Doch die zu Beginn der Moderne im 20. Jahrhundert hergestellten Trinkgläser eines perfektionistischen Designers wie Adolf Loos kommen ästhetisch noch näher an die newtonische Idealvorstellung heran, da sie nicht nur völlig rein und vollkommen glattgeschliffen sind, sondern von klarer, radikal reduzierter Geometrie, wie das Prisma. Hier wie da haben wir erstklassiges Material in schlichtester Form. Der österreichische Künstler Mathias Poledna hat die Gläser des Barsets von Loos in seinem grandiosen Videokunstwerk *Double Old Fashioned* aus dem Jahr 2009 unübertroffen in Szene gesetzt, indem er sie nacheinander in dunkler Umgebung beleuchtet und mit einer langsam, langsam näherkommenden 16-mm-Kamera einzeln gefilmt hat, wobei sich die verschiedensten Lichtspiegelungen und -brechungen entfalteten (Kunsttafel 14).

Wie eng diese Kunst ästhetisch mit einem der berühmtesten Gegenstände der Wissenschaftsgeschichte verwandt ist, wird jeder gut nachempfinden können, der je ein optisch hochwertiges Prisma in der Hand gehalten und im Dunklen achtsam auf die optische Bank ins Licht gesetzt hat; noch auf meinen beiden Abbildungen kommt die Verwandtschaft gut zur Geltung. Es versteht sich, dass die lichtskulpturale Schönheit des newtonischen Prismas nur eine unwesentliche, aber nicht völlig unerhebliche Rolle spielt; im allgemeinen sind die Apparate eines physikalischen Versuchsaufbaus nicht unbedingt schön, was jedoch selbst den schönheitsbeflissensten Physiker kaum anficht. Das Prisma ist in dieser Hinsicht eine erfreuliche Ausnahme, die ich nicht unerwähnt lassen wollte. In der Regel geht es den Experimentalwissenschaftlern nur um die Sauberkeit ihrer Experimentiermittel, nicht zusätzlich um deren Schönheit.

Wie auch immer, Newton bringt sein Prisma direkt hinter dem Fensterladenloch an (und zwar gemäß Abb. 6.6b). Wie man damals bereits wusste, wird das Licht beim Weg durchs Prisma an beiden

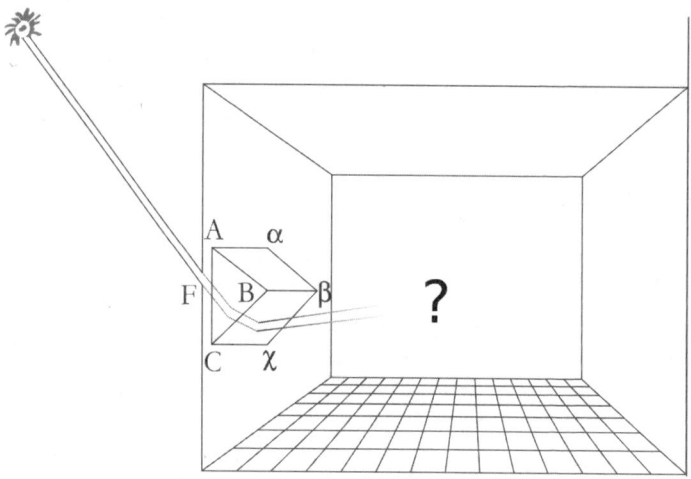

Abb. 6.6b: Newtons Versuchsaufbau. Hinter das Loch F im Fensterladen plaziert Newton sein Prisma, und zwar so, dass dessen brechender Winkel ∢ ACB (der für die Refraktion relevant ist) nach unten zeigt. Das Sonnenlicht kommt nicht quer von links oder rechts ins Zimmer, sondern scheint in rechtem Winkel auf die Fensterfront, etwa weil sie genau nach Süden ausgerichtet ist und weil es gerade Mittagszeit ist. (Graphik: Sarah Schalk nach einer Idee von O. M.)

6. Kapitel: Schönheit, Schock und Schmutz im Spektrum 155

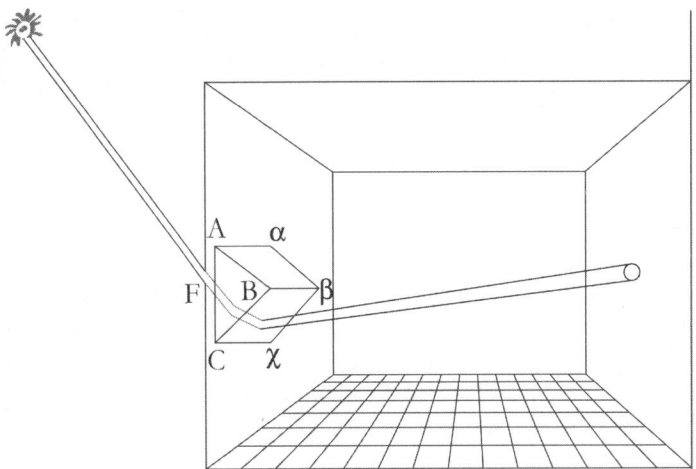

Abb. 6.6c: Newtons Erwartung. Das Licht der Sonne wird beim Eintritt ins Prisma und beim Austritt aus dem Prisma beide Male nach oben gebrochen, sollte also auf der gegenüberliegenden Wand auftreffen. Wie man denken könnte, kann das Prisma nur die Richtung der Lichtstrahlen ändern, sonst nichts. Newton erwartet also ein weißes rundes Sonnenbild auf der Wand. Je weiter die Wand vom Prisma entfernt ist, desto größer sollte das Sonnenbild sein – eine Verdoppelung des Abstands müsste auch den Radius der abgebildeten Sonnenscheibe verdoppeln. (Graphik: Sarah Schalk nach einer Idee von O. M.)

Grenzflächen gebrochen und dadurch beidemal nach oben abgelenkt. Diese beiden Brechungen addieren sich, und daher ist der Gesamteffekt so stark, dass Newton das Sonnenbild auf der Rückwand seiner Dunkelkammer erwartet (Abb. 6.6c).

Die Erwartung erfüllt sich; wie Newton ausdrücklich festhält, treffen die Sonnenstrahlen genau senkrecht auf der Rückwand ein, also weder schräg von oben oder unten, noch schräg von links oder rechts.[337] Durch diese Vereinfachung kann er den Auffangschirm wieder aus dem Spiel nehmen; statt den Winkel der auffangenden Fläche zu manipulieren, hat er nun – *via* Prisma – den Winkel des Strahlengangs manipuliert. Ihm braucht es nur auf das *Verhältnis* von beidem anzukommen; Strahlen und auffangende Fläche sollen senkrecht zueinander stehen.

Insgesamt hat Newton dafür gesorgt, dass sich genau dort in seiner Kammer ein Bild der Sonne zeigen müsste, wo man normalerweise Bilder aufhängt – in Augenhöhe. Es wäre ja auch lästig, sich bücken zu müssen, um das Sonnenbild auf dem Fußboden zu betrachten. Und obwohl es Newton nicht ausdrücklich sagt, kann man sein Arrangement so verstehen, als habe er das Ergebnis seines Experiments inszenieren wollen wie ein Gemälde im repräsentativen Salon.

In diesem Vergleich steckt mehr Wahrheit, als man auf den ersten Blick meinen möchte. Welch starker Gestaltungswille sich hinter dem experimentellen Aufbau verbirgt und wie sehr Newton hierin einem Maler ähnelt, werde ich im kommenden Paragraphen vorführen. Im übernächsten Paragraphen wird das Bild enthüllt werden und diejenige Überraschung offenbaren, die als wissenschaftliche Sensation in die Annalen eingegangen ist.

Vertiefungsmöglichkeit. Nach allem Gesagten hat der Newton-Kritiker Johann Wolfgang Goethe unrecht, wenn er folgende ästhetische Kritik an Newtons Versuchsaufbau in der Dunkelkammer reimt:
»Freunde, flieht die dunkle Kammer
Wo man euch das Licht verzwickt,
Und mit kümmerlichstem Jammer
Sich verschrobnen Bilden *bückt* […]«.[338]
Wie dargetan musste sich Newton in der offiziellen Fassung seines berühmtesten Experiments nicht bücken (vergl. aber § 6.7k). Das ändert nichts daran, dass Goethe im ersten Vers dieser *Zahmen Xenie* eine andere Kritik an Newtons Vorgehen ausspricht, die allzu berechtigt ist und den klugen Kern der Polemik Goethes gegen Newton ausmacht: Es ist einseitig, immer nur im Dunklen zu experimentieren. Mehr dazu unten im 12. und 13. Kapitel sowie in O. M. [ML], Teil II.

Newton fixiert das Prisma

§ 6.7. Hinter der offiziellen Fassade des experimentellen Aufbaus versteckt sich der starke Gestaltungswille Newtons. Bedenken Sie: Es gibt unzählige Möglichkeiten dafür, wie man ein Prisma hinter dem Fensterladenloch anbringen kann. Nicht anders als der bildende Künstler entscheidet sich Newton zielgerichtet für eine einzige der vielfachen Möglichkeiten.

Erstens nimmt er ein Prisma mit *gleichseitiger* Grundfläche, deren drei Winkel also 60 Grad betragen, mithin allesamt gleichwertig sind (Abb. 6.6a); dadurch verringert sich die Zahl der Möglichkeiten erheblich (da eine Dritteldrehung des Prismas keine neue Situation erzeugt, anders als im Fall von Prismen mit unterschiedlichen Winkeln). Mit dieser Entscheidung für einen brechenden Winkel von 60 Grad gelingen Newton besonders schöne Versuchsergebnisse.

Zweitens stellt Newton die brechende Kante $C\chi$ des Prismas (Abb. 6.6c) *horizontal*, nicht vertikal, weil sonst das Sonnenbild doch wieder auf den Fußboden geworfen würde (nur nach links oder rechts verschoben).

Drittens lässt er diese Kante *nach unten* zeigen statt nach oben, weil sonst die Lichtstrahlen zweimal nach unten gebrochen würden (so dass das Bild bereits in engerer Nähe zum Prisma auf dem Fußboden entstünde und wesentlich kleiner wäre).

Viertens wartet er, bis die Sonne aus der richtigen Himmelsrichtung kommt, damit sie *senkrecht auf Prisma und Fensterfront* scheint, statt schräg von weiter rechts oder links einzufallen, weil sonst das geometrische Chaos ausbräche und zwei Brechungsebenen relevant würden anstelle einer einzigen.[339]

Und fünftens dreht er das Prisma so um seine Achse, dass die Lichtstrahlen im selben Winkel auf das Prisma treffen, in dem sie es wieder verlassen, also *symmetrisch*, weil sonst einige seiner Berechnungen viel zu kompliziert würden.[340]

Alle diese Festlegungen haben ihren guten Sinn und dienen der geometrischen Vereinfachung des Geschehens. Newton verhält sich wie ein Maler, der einen abzubildenden Gegenstand während der Arbeit an einem Gemälde hochpräzise in einer einzigen der vielen möglichen Positionen des Bildraums plaziert und sich dabei keinerlei Freiheit herausnehmen kann, passend zum Aperçu: »Sobald ich die erste Linie auf der Leinwand gezogen habe, stehe ich vor einem nahezu unlösbaren Problem«.[341x]

Vertiefungsmöglichkeit. Newton treibt es mit seinen vielen Festlegungen insofern auf die Spitze, als ihm zuguterletzt keine Freiheitsgrade mehr offenstehen; er hat das geometrische Korsett fast zu fest geschnürt. Beinahe geht es ihm wie dem verzweifelten Dichter, in dessen Sonett das allerletzte Wort fehlt – es müsste einen ganz präzisen Rhythmus und (des Reims wegen) auch noch ganz bestimmte Schluss-Silben aufweisen; und es müsste semantisch halbwegs in den angestrebten Sinnzusammenhang passen. Was tun, wenn es ein solches Wort nicht gibt?

Ähnlich bei Newton: Es hängt empfindlich vom Sonnenstand ab, ob bei exakter Befolgung aller seiner fünf Bedingungen die Sonnenstrahlen (nach Brechung am Prisma und entlang der Mittelachse des Lichtkegels) ästhetischerweise überhaupt senkrecht auf der Rückwand genau desjenigen Zimmers eintreffen *können*, in dem Newton experimentiert. Bedenken Sie, dass das Licht dort weder schräg von links oder rechts noch schräg von oben oder unten ankommen soll. Aus *astronomischen* Gründen ergeben sich derartige Verhältnisse streng genommen nur zweimal pro Jahr; nur zweimal pro Jahr steht die Sonne so am Himmel, dass ihre Strahlen (a) exakt senkrecht ohne Abweichung nach links oder rechts auf die Fensterfront treffen und (b) nach Brechung am *symmetrisch* ausgerichteten Prisma exakt horizontal weiterreisen.[342] *Meteorologische* Gründe engen die möglichen Zeitpunkte für das Experiment weiter ein: Selbstverständlich funktioniert das Experiment nur, wenn zufällig die Sonne scheint – in England!

Daher spricht einiges dafür, dass Newton sein Experiment bloß in der Veröffentlichung so inszeniert hat wie beschrieben. Vermutlich erreichten die gebrochenen Lichtstrahlen die Rückwand seiner Kammer doch nicht senkrecht, so dass sein Bericht hierin von den wissenschaftsgeschichtlichen Tatsachen abweicht. Das wäre nicht unredlich; es diente der Eleganz seiner Präsentation. Urteilen Sie selbst: Sobald wir nicht mehr verlangen, dass die Sonnenstrahlen senkrecht auf die Rückwand der Kammer gelangen, kann Newton sein Experiment an jedem Sonnentag durchführen. Dann kann die Sonne (a) schräg von links oder rechts ins Zimmer fallen (statt exakt senkrecht zur Fensterfront); und (b) braucht sie dann nicht mehr in einem ganz bestimmten Winkel über dem Horizont zu stehen (um bei symmetrischer Ausrichtung des Prismas zugutaletzt horizontalen Lichtwegen zu folgen). Damit das erwartete Bild trotzdem die gewünschten geometrischen Eigenschaften aufweist, statt im schrägen Schnitt verzerrt zu werden, bringen wir doch wieder den weißen Auffangschirm ins Spiel und plazieren ihn abermals senkrecht zum Strahlengang. Mit einem beweglichen Auffangschirm anstelle der unbeweglichen Kammerwand können wir also die Himmelsbewegungen der Sonnenscheibe ausgleichen und uns vom Gang der Jahreszeiten befreien. Ich werde diese Komplikation und ihre Auflösung im Haupttext nicht weiter berücksichtigen.

Überraschung § 6.8. In den vorigen Paragraphen habe ich entfaltet, wieviel Aufwand Newton treiben muss, um sein berühmtestes Experiment optimal präsentieren zu können: Einerseits reduziert er die äußere Szenerie des optischen Geschehens radikal und blendet gedanklich alle Lichtstrahlen aus, die nicht von der Sonne herrühren; andererseits sorgt er für kreisförmige Bilder anstelle von Ellipsen; und schließlich wählt er ein ganz besonderes Prisma, das er in eine sehr spezielle Position relativ zum Sonnenstand bringt. Alle diese Entscheidungen dienen dazu, beim naturwissenschaftlich gebildeten Leser seiner Zeit die Erwartung zu wecken, dass der Versuch kein anderes Ergebnis liefern kann als ein hell leuchtendes, weißes, kreisrundes Sonnenbild auf der gegenüberliegenden Wand.[343]

Genau diese Erwartung wird dramatisch enttäuscht. Einerseits ist das aufgefangene Bild nicht kreisrund, sondern fünfmal so lang wie breit, andererseits ist es nicht weiß, sondern regenbogenbunt: oben blau, darunter türkis, in der Mitte grün, dann gelb und ganz unten rot (Farbtafel 1).

Woher rührt der doppelte Überraschungseffekt aus Newtons Versuchsergebnis? Warum ist das aufgefangene Bild in die Höhe gewachsen und bunt geworden? Darauf hat die orthodoxe Optik, die auf Newton zurückgeht, eine bestechende Antwort. Das ursprüngliche – weiße – Sonnenlicht (das sich ohne zwischengeschaltetes Prisma zeigt) besteht aus mehreren übereinandergeblendeten Lichtern verschiedener Farben: aus blauen, türkisen, grünen, gelben und roten Lichtstrahlen. Jedem Licht einer bestimmten Farbe kommt beim Weg durchs Prisma ein spezielles Brechungsverhalten zu. Blaues Licht ändert seine Richtung beim Weg durchs Prisma am stärksten, rotes Licht ändert seine Richtung am wenigsten, und grünes Licht wählt den goldenen Mittelweg.

Das Prisma zieht also die verschiedenfarbigen Strahlen, die von der weiß leuchtenden Sonnenscheibe ausgehen, deshalb auseinander, weil Refrangibilität (Stärke der prismatischen Wegablenkung) und Farbe letztlich ein und dasselbe sind – und weil sie sich, wie wir heute wissen, auf die jeweilige Wellenlänge des fraglichen Lichts zurückführen lassen.

Kurz und gut, weißes Sonnenlicht ist immer schon eine Mischung verschiedenfarbiger Lichtstrahlen diverser Refrangibilität, die von Newtons Prisma lediglich auseinanderdividiert werden. Diese Weißanalyse ist das berühmteste Resultat der newtonischen Forschungen zur Optik.[344]

§ 6.9. Das in den vorigen Paragraphen besprochene Experiment liefert ein Ergebnis, dessen farbliche Schönheit ins Auge springt, auch heute noch; darauf habe ich zu Beginn dieses Kapitels hingewiesen.

Doch der Wert des Experiments erschöpft sich nicht in seiner farblichen Schönheit. Wie zitiert (§ 5.5) lässt der offiziell kühle, junge Newton die Farbschönheit links liegen und zieht aus dem Experiment weitreichende Schlüsse (§ 6.8). Und ich behaupte, dass er sich dabei ebenfalls auf ästhetische Züge des Experiments stützt.

Hiergegen mag man einwenden: Was hat Newtons Schluss aus dem Experiment mit ästhetischer Urteilskraft zu tun, was mit Schönheit? Bei oberflächlicher Betrachtung folgert Newton ein theoretisches Resultat für die Optik mehr oder weniger direkt aus seinem Versuchsergebnis, und zwar ohne dabei auf Schönheit zu achten. Aber so einfach ist es nicht. Ich habe bereits dargelegt, wie sorgfältig Newton die Geometrie seines Versuchsaufbaus fixiert, um einen handfesten Überraschungseffekt präsentieren zu können. Fast wie ein Zauberkünstler weckt er bestimmte – geometrische – Erwartungen beim sachkundigen Publikum, und das gelingt ihm durch radikale Reduktion und präzise Adjustierung der vielen freien Parameter des Versuchsaufbaus. (Wozu braucht er diesen Überraschungseffekt? Zu rhetorischen Zwecken: Um sein Publikum auf das Experiment *aufmerksam* zu machen, bei dem er mit der Theoriebildung ansetzen will).

Newtons Experiment hat also, abgesehen von seiner Farbschönheit und abgesehen von seinem rationalen Wert für wissenschaftliche Folgerungen, eine weitere Qualität, auf die wir bei unseren ästhetischen Bewertungen achten, und zwar gleichgültig, ob wir Experimente bewerten oder Kunstwerke: das Moment der sorgfältig vorbereiteten Überraschung. Der Versuchsaufbau zum Beispiel weckt vor dem Hintergrund haarklein mitgeteilter theoretischer Erwägungen eine Erwartung, die das Versuchsergebnis überraschenderweise enttäuscht. Angesichts dieser Überraschung lässt sich Newton beinahe dazu hinreißen, der Länge des Spektrums aufreizende Extravaganz zuzusprechen.[345]

Wer hätte damit gerechnet, dass sich weißes Licht bei jeder Brechung auffächern muss! Wem waren Ausmaß und Bedeutung dieses

6. Kapitel: Schönheit, Schock und Schmutz im Spektrum 161

Effekts aufgefallen? Kaum einem. Newton war sich dieses Überraschungseffekts und seiner wissenschaftshistorischen Bedeutung bewusst. In einem Brief, in dem er sein Experiment ankündigt, schreibt er nicht ohne Selbstlob:

»Die Entdeckung, die ich der *Royal Society* zur Beurteilung und Untersuchung vorlegen möchte, hat mich zwar dazu gebracht, das besagte Spiegelteleskop [ohne chromatische Aberration] zu bauen. Doch verdient sie zweifelsohne erheblich mehr Aufmerksamkeit als dies Instrument. Meiner Ansicht nach ist sie die *merkwürdigste [oddest]*, vielleicht sogar bedeutendste Entdeckung in den Naturvorgängen, die bislang gemacht worden ist«.[346]

Auch in der kurz später eingereichten Veröffentlichung betont Newton den Überraschungseffekt seines Experiments (wie in § 5.5 zitiert). War das bloß ein geschickter Werbe-Coup oder hatte Newton der Sache nach recht? Wie neu waren seine Experimente? Zwar haben zuvor auch andere Experimentatoren prismatische *Farb*effekte gesehen, z. B. der britische Naturforscher Robert Hooke.[347] Aber Newton war der erste, der die damit zusammenhängenden *geometrischen* Verzerrungseffekte ins Extrem getrieben und systematisch untersucht hat.[348]

So sehr sich Newton geometrisch anstrengt, adjustiert, Winkel optimiert – die Natur bleibt widerspenstig, liefert also kein kreisrundes Sonnenbild hinter dem Prisma. Und das nicht deshalb, weil es in der Natur unordentlicher zugeht als in Geometrielektionen und weil die Natur sowieso nirgends exakte Kreise liefert. Nein, weit drastischer, hinter dem Prisma sehen wir nicht einmal ein *halbwegs* kreisrundes Bild der Sonne. Selbst wer ein Auge zudrückt, würde das aufgefangene Sonnenbild nicht kreisrund nennen. Dafür ist der Verzerrungseffekt zu stark; das Bild ist ganze fünf Mal so lang wie breit.

Hier liegt die *geometrische* Überraschung, die Newton voller Stolz zu Protokoll gibt. Bevor ich unseren Schönheitssinn auf die *farbliche* Überraschung des Versuchsergebnisses zurücklenke, möchte ich in den kommenden Paragraphen auf den ästhetischen Wert von Überraschungen in den Künsten eingehen.

Vertiefungsmöglichkeit. Die beschriebene Überraschung in Newtons Experiment stellt keinen Sonderfall ästhetischer Wertschätzung seitens der Physiker dar. Im Gegenteil, Physiker freuen sich immer wieder über Effekte, die den sorgfältig kalkulierten Erwartungen Hohn sprechen. Als beispielsweise eine besondere Art von Elementarteilchen – die Kaonen – ganz bestimmte Symmetrien verletzten, waren Freude und Überraschung groß. So beginnt das entsprechende Unterkapitel eines Lehrbuchs für subatomare Physik wie folgt: »Kaonen sind eine *wunderbare* Quelle für *Überraschungen*«.[349] Das ist sicher eine ästhetische Wertung (und klingt beinahe wie das Echo einer newtonischen Formulierung, die ich in § 5.7 zitiert habe).

Überraschungen in der Musik

§ 6.10. Dass sorgfältig vorbereitete Überraschungen zum ästhetischen Wert von Musikstücken beitragen können, bietet keine große Überraschung. Nichtsdestoweniger möchte ich kurz an zwei verwandte, aber sehr verschiedene Beispiele dafür erinnern.

Erstens überrascht uns Bach in seiner Sakralmusik immer wieder dadurch, dass er mitten ins musikalische Geschehen einer Arie oder eines Chorsatzes ein schlichtes Kirchenlied aus der Lutherzeit einbaut, das sich über der restlichen Musik und unabhängig von ihr auftürmt, langsam dahinfließend und mit zarter Macht. Das jeweilige Kirchenlied selbst geht direkt ins Herz, und die Gemeinde kann seine schlichte Melodie ohne weiteres mitsingen; selbst wer es noch nie gehört hat, meint das Lied zu kennen, fühlt sich damit zuhause. Dass ein so unüberraschendes Stück Musik uns schönstens überraschen kann, liegt an der dafür sorgfältig vorbereiteten musikalischen Umgebung.

Im hochkomplexen Eingangs-Chor der Matthäuspassion beispielsweise werden wir vom ersten Chor mehrmals aufgefordert, den Bräutigam (Gottes Sohn) zu sehen.[350] Und auf unsere zweifache Frage, wie wir das tun sollen und die der zweite Chor einwirft, antwortet der erste Chor zweimal (im finsteren e-moll):

»als wie ein Lamm«.[351]

Exakt nach der zweiten Wiederholung dieser Antwort erhebt sich über der weiterlaufenden Musik und unabhängig von ihr ein leuchtender Choral (G-Dur), der heutzutage immer von einem Knabenchor gesungen wird und so anfängt:

»O Lamm Gottes, unschuldig
Am Stamm des Kreuzes geschlachtet«.[352]

Unter rein ästhetischer Betrachtungsweise kann man nur den Hut

6. Kapitel: Schönheit, Schock und Schmutz im Spektrum

davor ziehen, wie kunstvoll Bach die Sache angelegt hat: Der uralte Choral tritt (jedenfalls für den Neuling) völlig überraschend ins musikalische Geschehen hinein, gegenläufig geradezu, und diese musikalische Gegenläufigkeit wird auf der textlichen Bedeutungsebene konterkariert, indem das knappe Stichwort »Lamm« aufgenommen, ausgeführt, expliziert wird. Durch diesen doppelten Coup (textlich und musikalisch) beeindruckt uns Bach damit, wie wunderbar der Lutherchoral an Ort und Stelle passt – so, als hätte es gar nicht anders komponiert werden können.

Meinen zweiten (vielleicht inzwischen etwas abgedroschenen) Fall bietet Joseph Haydns Sinfonie Nr. 94 in G-Dur. Das langsame und ruhige Andante dieser Sinfonie erfüllt zunächst alle Erwartungen des Publikums – bis das leise, liebliche Volksliedgeschehen ohne Vorwarnung von einem Fortissimoschlag unterbrochen wird, an dem sich besonders engagiert die Pauken beteiligen. Ob der Komponist damit die eingeschlafenen Zuhörer unsanft aufwecken wollte wie ein Moralist oder ob es ihm als Ästheten allein um den Überraschungseffekt zu tun war, lässt sich offenbar nicht mehr feststellen; schon seine damaligen Biographen berichten darüber Widersprüchliches.[353]

Selbst wenn es nicht immer so inszeniert wird, dass es noch der letzte bemerkt, ist die klassische Musik voll von Enttäuschungen zuvor geweckter Erwartungen, und zwar sowohl harmonisch (etwa durch Verzicht auf kunstgerechte Auflösung von Dissonanzen) als auch emotional (etwa durch drastische Stimmungsumschwünge) und nicht zuletzt formal (wenn etwa die klassischen Regeln der Sonatenhauptsatzform bewusst unterlaufen werden).

Selbstverständlich kann man einzelne Erwartungen mit Gewinn nur vor dem Hintergrund unzähliger *erfüllter* Erwartungen enttäuschen. Der Musikkritiker und wohl auch Begründer der Musikwissenschaft Eduard Hanslick bringt die Sache so auf den Punkt:

»Der wichtigste Faktor in dem Seelenvorgang, welcher das Auffassen eines Tonwerks begleitet und zum Genusse macht, wird am häufigsten übersehen. Es ist die geistige Befriedigung, die der Hörer darin findet, den Absichten des Komponisten fortwährend zu folgen und voranzueilen, sich in seinen Vermutungen hier bestätigt, dort angenehm getäuscht zu finden. Es versteht sich, daß dieses intellektuelle Hinüber- und Herüberströmen, dieses fortwährende Geben und Empfangen, unbewußt und blitzschnell vor sich geht. Nur solche Musik wird vollen künstlerischen Genuß bieten, welche dies geistige Nachfolgen, welches ganz eigentlich ein *Nachdenken der Phantasie* genannt werden könnte, hervorruft und lohnt. Ohne geistige Tätigkeit gibt es überhaupt keinen ästhetischen Genuß«.[354]

Man kann darüber streiten, ob man dieser Wertung für *sämtliche* Musik folgen muss. Gleichwohl gibt es gerade in der absoluten Musik aus der westlichen Tradition so viele Beispiele für Hanslicks Forderung, dass es vermessen wäre, mit ihrer Aufzählung auch nur anzufangen. Weiten wir stattdessen den Blick, indem wir uns der schönen Literatur zuwenden.

Erzählte Überraschungen

§ 6.11. Die narrativen Künste wären ohne das Moment der Überraschung kaum denkbar, einerlei, ob eine Detektiv- oder Gruselgeschichte verblüffend aufgelöst wird, ob eine Kurzgeschichte mit eiserner Konsequenz auf ihre überraschend lustige oder überraschend betrübliche Pointe zusteuert, ob ein Theaterstück ein überraschendes, doppelt tragisches Ende nimmt oder ob eine Tragödie noch überraschender (durch Ruf einer Stimme von oben) metaphysisch gut ausgeht, ob ganz am Ende einer ausgedehnten Roman-Tetralogie auf einen Schlag alles Vorausgehende annulliert wird – oder ob die Überraschungen feiner dosiert über das gesamte Geschehen eines Romans verteilt und dabei immer weiter beschleunigt werden.[355]

Nun könnte man mir entgegenhalten, dass etwa die Regeln der klassischen Tragödie einen ganz bestimmten Aufbau der erzählten Geschichte verlangen und dass gebildete Theaterbesucher genau wissen, wann die Sache auf ihren entsetzlichen Endpunkt zusteuern muss – sie wissen das sogar, falls sie das Stück und seinen Plot nicht kennen sollten. Das gebe ich zu; die Kunst der Überraschung besteht hier nicht darin, *dass* die Geschichte schlimm endet, sondern *wie* sie es tut. Fast wie Weihnachten, und doch entgegengesetzt: Das Kind weiß, dass es mit erfreulichen Geschenken überrascht werden wird, kennt aber die Geschenke nicht im voraus – hoffentlich.

§ 6.12. In der Lyrik kann man den unromantischen Ironiker Heinrich Heine als Meister überraschender Pointen feiern; ich greife aus seinen vielen wunderbaren Gedichten und Liedern nur eines heraus.

Pointen in der Lyrik

»Saphire sind die Augen dein,
Die lieblichen, die süßen.
Oh, dreimal glücklich ist der Mann,
Den sie mit Liebe grüßen.

Dein Herz, es ist ein Diamant,
Der edle Lichter sprühet.
Oh, dreimal glücklich ist der Mann,
Für den es liebend glühet.

Rubinen sind die Lippen dein,
Man kann nicht schönre sehen.
Oh, dreimal glücklich ist der Mann,
Dem sie die Liebe gestehen.

Oh, kennt ich nur den glücklichen Mann,
Oh, daß ich ihn nur fände,
So recht allein im grünen Wald,
Sein Glück hätt bald ein Ende«.[356]

Zu allen Zeiten und überall gibt es die Ästhetik des überraschenden Gedichtschlusses. Wie weit sie verbreitet ist, bezeugen beispielsweise die japanischen Haikus, die sonst mit der Poesie eines Heine wenig gemein haben. Hier ein Beispiel von Oshima Ryota, einem Haiku-Dichter aus dem 18. Jahrhundert:

»Sie sagten kein Wort:
der Scheidende, der Bleibende,
die weiße Chrysantheme«.[357]

Diese Art der Dichtung ist unter den Vorzeichen des Zenbuddhismus entstanden, der auf die plötzliche Erleuchtung namens *Satori* zielt – auf die Aufhebung aller Gegensätze einschließlich des Gegensatzes zwischen Subjekt und Objekt. Derartige Ziele sind dem Ironiker Heine genauso fremd wie dem Physiker Newton. Im kunstvollen Einsatz der sorgfältig vorbereiteten Überraschung treffen sie sich mit Ryota.

Überraschung in der bildenden Kunst

§ 6.13. In der bildenden Kunst (deren Werke sich typischerweise bei der Rezeption nicht ändern) hat das ästhetische Moment der sorgfältig vorbereiteten Überraschung naturgemäß einen schwereren Stand. Überraschungen spielen sich in der Zeit ab, und so muss die Überraschung aus dem Werk heraus ins Rezeptionsgeschehen verlegt werden, was nicht leicht zu planen ist.

Aber es lässt sich machen. Beispielsweise konnte man im Winter 2012/13 während der Berliner Ausstellung *One on One* einen großen Raum betreten, in dem der polnische Künstler Robert Kuśmirowski eine idyllische hügelige Lichtung aufgebaut hatte – lebensgroß und täuschend echt, mit Vogelgezwitscher und echten Birken (Kunsttafel 1). Wer den sanften Hügel inmitten der Installation halb umrundet hatte, den packte das Grauen: Leichen einer Familie im Gras. Die Überraschung wurde dadurch verstärkt, dass immer nur ein einzelner Ausstellungsbesucher in den Raum hineingelassen wurde.

Wie man an diesem Beispiel sieht, kann die Kunstbetrachterin überrascht werden, wenn sie sich im statischen Kunstwerk bewegt, und so hat es während der letzten Jahrzehnte viele Beispiele für großräumige Kunstinstallationen gegeben, durch die das Publikum geleitet wurde und in der es auf sorgfältig vorbereitete Überraschungen stieß.[358]

In der Gartenkunst gibt es das schon länger. Es ist immer wieder eine schöne Überraschung, wenn man etwa beim Gang durch einen barocken Irrgarten doch noch den Ausgang aus der gärtnerisch gestalteten Gefangenschaft findet.[359] Im Gegensatz dazu überwindet der englische Landschaftsgarten zwar die *aufgerichteten* Grenzen, die seine Vorläufer aus dem Barock abschließen, aber nur visuell.[360] Der Blick des Bewunderers soll frei in die Landschaft schweifen können und den angenehmen Eindruck erzeugen, dass die gesamte Umgebung zum Garten dazugehört – aber Grenzen gegen Eindringlinge müssen trotzdem sein, und sie werden durch unerwartete Höhenunterschiede nach unten gezogen, mit dem schönen Namen Aha oder Ha-Ha, worin sich die Überraschungskraft dieses Gestaltungsmittels schön spiegelt, vermutlich auf arglose Spaziergänger und Schafherden gemünzt, die nicht dazugehören. Oder auf herunterfallende Insider, die betrunken sind?

Auch ohne körperliche Bewegung der Rezipienten können zeitlich statische Kunstwerke für Überraschungen sorgen; dann findet die Bewegung im Geiste statt, bei der Wahrnehmung des Werks und der verzögerten Erkenntnis dessen, was es zeigt. Das war eines der Markenzeichen manieristischer Malerei; betrachten Sie zum Beispiel den *Bibliothekar* von Giuseppe Arcimboldo, ein Gemälde, das um 1565 entstanden ist (Kunsttafel 2).[361] Man sieht einen verschrobenen Gelehrten mit Brille und einem Stoß Büchern vor der Brust, der hinter einem Vorhang hervortritt. Erst bei näherer Betrachtung stellt sich heraus, dass sein Körper nur aus Büchern, Notizzetteln und Lesezeichen besteht. Besonders schockierend finde ich die zittrigen Papierfinger seiner rechten Hand, mit denen der Dargestellte nichts anderes anfangen kann, als sich zu verzetteln. Wenn man sich vor Augen führt, was das fürs Leben des Dargestellten bedeutet, stockt einem der Atem, und insofern geht diese Überraschung existenziell über das hinaus, was man von Arcimboldo sonst so gewohnt ist – Menschen, die aus Fischen oder aus jahreszeitlichem Gemüse zusammengesetzt sind.

Mitunter sollen Überraschungen das Kunstpublikum provozieren; besonders in der modernen Kunst ist das gang und gäbe. Doch möchte ich nicht alle Provokationen unter die Überschrift der *sorgfältig vorbereiteten* Überraschung subsumieren, um die es mir für den Vergleich mit Newtons Experiment zu tun ist. Es ist eine Sache, ob ein Künstler mit einem Werk einfach nur die *Vor*erwartungen des Publikums auf schockierende Weise enttäuscht, ohne im Kunstwerk selber liegende Vorbereitung; es ist eine andere Sache, ob der Künstler mit dem Kunstwerk selbst – so wie Kuśmirowski mit seiner *Lichtung* und Newton mit seinem Lichtexperiment – zuerst ganz bestimmte Erwartungen *schafft*, die er dann überraschenderweise enttäuscht. (Die Grenzen zwischen beidem dürften nicht völlig scharf sein).

Kanon *contra* Überraschung

§ 6.14. Warum schätzen wir Überraschungen in den Künsten? Darüber könnte man lange philosophieren. Die Antwort dürfte mit der Natur des Menschen zu tun haben. Wir gieren nach Neuem – und dann kanonisieren wir das Neue, konservieren es, wiederholen und entschärfen es. Denn wir haben auch Angst vor dem Neuen.

Nicht viel anders in der Naturwissenschaft: Ein besonders überraschendes Experiment spricht uns einerseits ästhetisch an und erfrischt uns; die Nachricht von seinem Versuchsausgang verbreitet sich wie ein Lauffeuer. Andererseits ist das Experiment deshalb überraschend, weil es zu unseren Theorien nicht passen will und weil wir es zunächst weder beherrschen noch verstehen; der Philosoph Willard Van Orman Quine redet in diesem Zusammenhang treffend von »wider*spenstigen* Erfahrungen«.[362] In der deutschen Übersetzung passt das nur zu gut zu Newtons Wortwahl; der von ihm geprägte optische Fachausdruck »spectrum« hängt etymologisch mit »spectre« zusammen – G*espenst*; doch das ist natürlich nur Zufall.[363]

Um nun die Angst zu bekämpfen, die das überraschende Experiment wegen seiner gespenstischen Widerspenstigkeit verbreiten könnte, suchen wir nach einer theoretischen Erklärung, mit deren Hilfe es entschärft wird.[364] Schließlich kanonisieren wir das Experiment. Spätestens wenn es im Schulunterricht vorkommt, fällt es nicht mehr leicht, den starken Reiz der Überraschung nachzuempfinden, den es auf seinen Entdecker und dessen Publikum ursprünglich ausgeübt hat. Ähnlich schwächt die Kanonisierung der klassischen Musik fast jede ursprünglich mit einem Stück verbundene Überraschung – wovon Papa Haydn ein Lied singen könnte, wenn er noch lebte.

Vertiefungsmöglichkeit. Wie stark Überraschungen in die ästhetische Bewertung wissenschaftlicher Arbeit eingehen und eingehen sollten, ist umstritten. Penrose rückt sie ins Zentrum des Interesses, indem er *überraschende Einfachheit* in der Mathematik elegant und schön nennt.[365] Er selbst bezeichnet diese Formel als zu einfach.[366] Aber es gibt weitergehenden Widerspruch gegen die Formel.[367] Und in manchen Ansätzen wird der ästhetische Wert naturwissenschaftlicher Überraschungen gar nicht erst thematisiert. So bleibt im kantischen Ansatz zur naturwissenschaftlichen Schönheit, den die Philosophin Angela Breitenbach ausgearbeitet hat, kein Platz für

6. Kapitel: Schönheit, Schock und Schmutz im Spektrum

experimentelle Überraschungen von wilder Schönheit; ihrer Ansicht nach empfinden wir naturwissenschaftliche Errungenschaften in dem Maße als schön, in dem wir bei ihrer Betrachtung (auf einer zweiten Stufe) der Harmonie zwischen unseren Geisteskräften und deren Fähigkeit gewahr werden, uns die Welt verständlich zu machen.[368] Sie führt diesen Gedanken nur für Theorien durch, sagt aber ausdrücklich, dass er sich auf sämtliche naturwissenschaftlichen Errungenschaften anwenden lässt, auch auf Experimente.[369] Doch in ihr Bild passen keine anhaltenden Überraschungen, die uns z.B. die Rätselhaftigkeit der Quantenphänomene schlagend vor Augen führen und die wir genau deshalb als besonders schön empfinden (wie im Doppelspalt-Experiment, Abb. 8.20c). – Auch McAllister redet in seiner Monographie nirgends ausdrücklich von ästhetisch wertvollen Überraschungen.[370] Das dürfte kein Zufall sein; für ihn haben ästhetische Momente der Wissenschaftsgeschichte stets einen konservativen Zug. Darum bietet seine Sicht der Dinge dem Schönheitssinn keine Gelegenheit dafür, auf Überraschungen positiv zu reagieren. Jedoch kommt so etwas immer wieder vor, und zwar auch in Schlüsselmomenten wissenschaftlicher Umstürze. Heisenbergs Helgoländer Geistesblitz aus dem Jahr 1925 bietet auch in dieser Hinsicht ein Indiz gegen McAllisters Position.[371]

§ 6.15. Wie dargetan liefert Newtons Experiment eine sorgfältig vorbereitete Überraschung und bringt dadurch den geometrisch informierten Betrachter zum Staunen. Doch selbst wer nicht genau verstanden hat, warum das Sonnenbild auf der Dunkelkammer-Rückwand ausgerechnet *kreisrund* sein sollte, kann sich dem ästhetischen Überwältigungseffekt des Experiments kaum entziehen, wegen der *Farben*: Weißes Licht hat sich überraschenderweise in ein Spektrum aus wunderschön leuchtenden Regenbogenfarben verwandelt.

Schmutz im Fernrohr

Auch hinter dieser Überraschung verbirgt sich der machtvolle Gestaltungswille Newtons. Und zwar tut Newton alles, um die farbige Wirkung zu steigern. Bevor er auf den Plan trat, wurden die farbigen Effekte bei der Lichtbrechung als Störung empfunden. Die prismatischen Farben tauchten fast unscheinbar an den *Rändern* optischer Bilder auf und wirkten wie kleinere *Verschmutzungen* der sonst klaren Ränder dieser Bilder. Sie störten – beispielsweise den Astronomen, der durchs Fernrohr blickte. Man kann auch sagen, dass sie hässlich waren (Farbtafel 2).

Vor Newton waren die Konstrukteure optischer Instrumente darauf aus, die eben beschriebenen hässlichen Befunde zu beseitigen; sie wollten Linsenfernrohre ohne Farbenschmutz bauen. Newton dreht den Spieß um. Er gibt den undurchführbaren Plan auf, die angeblich hässlichen, jedenfalls störenden Farbeffekte, die bei jeder Lichtbrechung im Fernrohr auftauchen, zum Verschwinden zu bringen.[372] Stattdessen befreit er sie vom Ruch des Schmutzigen. Wie das? Indem er sie extrem steigert und ins Zentrum der Betrachtung rückt.

Vertiefungsmöglichkeit. Auch wenn Newton die Farben bei Lichtbrechungen zur Hauptattraktion werden lässt, muss er deshalb nicht darauf verzichten, Teleskope zu perfektionieren. In der Tat entwirft er ein Spiegelteleskop, das ohne jede Lichtbrechung auskommt; während die misslichen Farben alle Licht*brechungen* stören und auch an Linsen auftreten, sind Licht*reflexionen* frei davon. Daher zeigen sich die Bilder im Spiegelteleskop ohne jeden störenden farbigen Rand.[373]

Aschenputtels Erlösung

§ 6.16. Newtons genialer Schachzug besteht darin, die Farbeffekte aus der Schmuddelecke zu erlösen, indem er sie vergrößert, bis ihre Schönheit von niemandem mehr übersehen werden konnte. Plötzlich fielen sie auf – und gefielen.

Dabei nutzt er einen Parameter der Brechungsexperimente aus, den ich bisher nicht erwähnt habe: den Abstand der Projektionsfläche vom Prisma. In der Tat, wer so wie Newtons Vorgänger die Projektionsfläche zu nah ans brechende Prisma heranrückt, dem

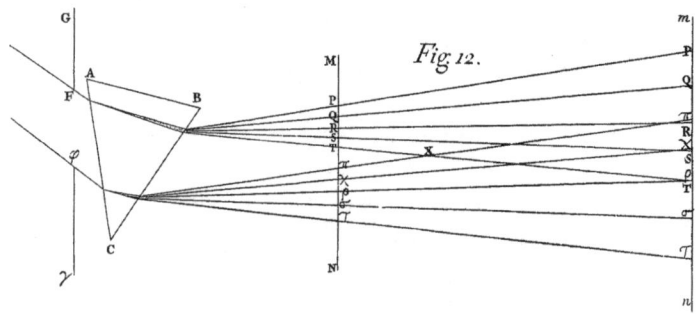

Fig. 12.

Abb. 6.16: Newtons schematische Erklärung der weißen Mitte. Ein breites weißes Lichtbündel tritt durchs Fensterladenloch Fφ und trifft aufs Prisma ABC. Beim Austritt aus ABC zeigen sich fünf breite, verschiedenfarbige Strahlen*bündel*, die in etwas unterschiedlichen Richtungen weiterreisen; am stärksten refrangibel ist das (blaue) Strahlenbündel PPππ, am schwächsten refrangibel das (rote) Strahlenbündel TTττ; entsprechend für drei weitere mittelrefrangible Strahlenbündel. In der Mitte auf dem nahen Schirm MN vermischen sich demzufolge zwischen T und π alle fünf Strahlenbündel; dort erscheint ein weißer Fleck (eingerahmt unten und oben von farbigen Säumen). Erst am weiter entfernten Punkt X ist es aus mit der weißen Mitte des aufgefangenen Spektrums. Doch selbst auf dem noch weiter entfernten Schirm mn kommen sich die Strahlenbündel nur außerhalb von Qσ nicht in die Quere. Wo sie sich mischen, entsteht zwar kein Weiß mehr, weil z. B. unterhalb von π das blaue Bündel fehlt; aber von Reinheit kann dort keine Rede sein. Unvermischt sind lediglich die Zonen PQ (blau) und στ (rot). – Wie ist die Abbildung unter ästhetischen Gesichtspunkten zu bewerten? Selbstverständlich bietet sie als Bild kein Musterbeispiel für Schönheit im Sinne der Kunst. Gleichwohl hat sie einige ästhetisch herausragende Charakteristika: Einerseits sieht es schön aus, wie dem Prisma zwei deckungsgleiche Strahlenbüschel entspringen, die sich nach einer Weile zu schneiden beginnen und dabei aus einfachen Grundwinkeln recht komplizierte geometrische Verhältnisse hervorbilden. Andererseits hat sich Newton erhebliche Mühe gegeben, die komplizierten Verhältnisse mithilfe lateinischer und griechischer Buchstaben transparent zu machen: Jedem lateinisch bezeichneten Element G, F, P usw. des *oberen* Geschehens in der Abbildung entspricht ein passend griechisch bezeichnetes Element γ, φ, π des *unteren* Geschehens – hier macht Newton von der Translations-Symmetrie Gebrauch, also einer parallelen Verschiebung nach unten. Von links bis zur Mitte der Abbildung sieht das vergleichsweise banal aus, aber wenn man im Lichte dieses Wechselspiels aus lateinischer und griechischer Entsprechung den rechten Teil der Abbildung in den Blick nimmt, so wird aus den Bezeichnungen manches klar – etwa dass PPππ *ein* homogenes Strahlenbündel bezeichnet und TTττ ein *anderes*. Die Abbildungsbezeichnungen denken sozusagen für uns mit, und wie sie das tun, hat Newton mit großem Sinn für Ästhetik organisiert. Beachten Sie auch den Wechsel von Groß- zu Kleinbuchstaben bei der Bezeichnung der beiden Schirme MN bzw. mn. Sollten Sie sich schon einmal selber damit abgeplagt haben, transparente Abbildungen zu schaffen, werden Sie es zu würdigen wissen, wieviel Gestaltungswille sich hinter der Abbildung verbirgt. (Diese Abbildung heißt bei Newton »Fig. 12« (Newton [O], Tafel »Lib. I Par. II Tab. III«). ◀ Seitenverkehrte Darstellung von Matthias Herder).

müssen die Farbeffekte der prismatischen Brechung wie eine Störung oder Verschmutzung vorkommen. Denn kurz hinter dem Prisma ist das aufgefangene Bild größtenteils weiß – also lange nicht so farbenstark wie das Bild, das Newton in seinem Experiment auffängt.

Warum nicht? Laut Newtons Theorie ist die Antwort einfach: Kurz hinter dem Prisma können sich die verschiedenfarbigen Lichtbündel nicht weit genug voneinander entfernt haben, um einzeln aufzuscheinen. Vielmehr überlagern sie sich dort noch fast vollständig, liefern also ein weißes Bild, als Mischung aller bunten Lichtsorten. Nur am Rand dieses weißen Bildes treten schmal die ersten Farbeffekte in Erscheinung: einerseits die am wenigsten refrangiblen Lichtsorten (rötlich), andererseits die am stärksten refrangiblen Lichtsorten (bläulich). Das weiße Bild verschwimmt an seinen Rändern, wirkt dort schmutzig und hässlich. (Siehe Abb. 6.16, Farbtafel 2 und Farbtafel 3, dort im Bild links unten).

Ganz anders in Newtons Experiment: Er richtet die Abmessungen so ein, dass der angebliche Schmutz in voller, bunter Schönheit erstrahlt. In den kommenden Paragraphen will ich auf verwandte Sachverhalte aus der Kunst eingehen – auf verwandte Sachverhalte, nicht auf identische.

Sauberkeit in der Kunst

§ 6.17. In unzähligen Werken aus der Kunstgeschichte erfreuen uns – unter anderem – malerische Sauberkeit und Akkuratesse. Das will ich als nächstes anhand ausgewählter Beispiele und Gegenbeispiele illustrieren.

Beginnen wir mit Antonio del Pollaiuolos *Bildnis einer jungen Frau im Profil,* das um 1465 entstanden ist (Kunsttafel 3).[374] Vor einem strahlend blauen Himmel mit zart hingehauchten Wölkchen, der fast den gesamten Bildhintergrund einnimmt, präsentiert sich die Portraitierte in einem reich verzierten und makellosen Gewand mit stilisierten Floralmustern. Wir sehen den oberen Teil ihres Oberkörpers von der Seite, fast unmerklich uns zugewandt, während das Gesicht exakt im Profil gezeigt ist. Die scharfgezogene Kontur dieses Profils hebt sich sauber vom blauen Hintergrund ab, während die kühlen Farben des Gesichts wunderbar mit dem Hin-

6. Kapitel: Schönheit, Schock und Schmutz im Spektrum

tergrund harmonieren. Ein Teil der Faszination dieses Bildes beruht auf der Klarheit der dargestellten Gesichtszüge, die Rückschlüsse auf die Reinheit der Seele der Portraitierten nahelegt. Doch auch unabhängig von einer solchen – möglicherweise fragwürdigen – Interpretation haben wir hier ein blitzblankes Antlitz vor Augen, das unseren Schönheitssinn recht unmittelbar anspricht und erfreut. Dieses Gesicht, an dem man sich kaum sattsehen kann, übertrumpft noch die Herrlichkeit des Gewandes; beides zusammen zieht vor dem wohltuend leeren Himmel alle Aufmerksamkeit auf sich, und so beruht ein Teil der Ästhetik des Bildes auch auf seiner großen Einfachheit.

Das Ideal der hochpräzisen und sauberen Malerei muss nicht notwendig mit Einfachheit einhergehen; Sauberkeit und Einfachheit sind zwei getrennte ästhetische Ideale. Das möchte ich anhand der *Kreuzabnahme* demonstrieren, die Rogier van der Weyden zwischen 1435 und 1440 gemalt haben dürfte (Kunsttafel 4).[375] Auf diesem hochkomplexen Gemälde, dessen vielfältigen Details ich hier selbstverständlich nicht mit der wünschenswerten Ausführlichkeit nachgehen kann, sehen wir den gestorbenen Jesus in dem Augenblick, da ihn seine Jünger (Joseph von Arimathia und Nikodemus) vom Kreuz heruntergeholt haben und noch in den Armen halten; sein Körper bildet eine Diagonale, die von Maria wie in einem leblosen Echo wiederholt wird. Ihr blaues Kleid ist so wie die prachtvollen Gewänder der anderen Trauernden bis in den kleinsten Faltenwurf ausgearbeitet; diese Präzision wird wieder von der hochpräzisen Reinheit der ausdrucksstarken Gesichter übertroffen. Auch das rote feine Rinnsal geronnenen Blutes auf der nackten Haut des toten Gottessohns ist von göttlicher Reinheit. Wir werden noch sehen, dass spätere Künstler ganz anders mit Blut umzugehen wissen.

Selbstverständlich wurde die Ästhetik schön sauberer und präziser Malerei nicht allein in der Renaissance kultiviert. Die britischen Präraffaeliten des 19. Jahrhunderts (deren offizielle Vorbilder genau *vor* der Hochrenaissance wirkten) lieferten Gemälde von einer zuvor selten erreichten Schärfe. Ein herausragendes Beispiel ist *Ophelia* von John Everett Millais aus den Jahren 1851/2 (Kunsttafel 5).[376] Dieses Bild zeigt eine bestimmte Szene aus dem vierten

Akt des *Hamlet*. Nachdem der dänische Prinz irrtümlich anstelle seines Onkels den Polonius erstochen hat, fiel dessen Tochter Ophelia dem Wahnsinn anheim und starb mitten in den Schönheiten der freien Natur einen Tod, dessen schauerliche Poesie in William Shakespeares präzisen Worten unvergessen ist – ich zitiere aus der ersten deutschen Übersetzung des Dichters Christoph Martin Wieland:

»Es ist eine gewisse Weide, am Abhang eines Wald-Stroms gewachsen, die ihr behaartes Laub in dem gläsernen Strom besieht. Hieher kam sie mit phantastischen Kränzen von Hahnen-Füssen, Nesseln, Gänse-Blümchen und diesen langen rothen Blumen, denen unsre ehrlichen Schäfer einen natürlichen Namen geben, unsre kalten Mädchens aber nennen sie Todten-Finger; wie sie nun an diesem Baum hinankletterte, um ihre Grasblumen-Kränze an die herabhangende Zweige zu hängen, glitschte der Boden mit ihr, und sie fiel mit ihren Kränzen in der Hand ins Wasser; ihre weitausgebreiteten Kleider hielten sie eine Zeit lang wie eine Wasser-Nymphe empor; und so lange das währte, sang sie abgebrochene Stüke aus alten Balladen, als eine die keine Empfindung ihres Unglüks hatte, oder als ob sie in diesem Element gebohren wäre, aber länger konnte es nicht seyn, als bis ihre Kleider so viel Wasser geschlukt hatten, daß sie durch ihre Schwere die arme Unglükliche von ihrem Schwanen-Gesang in einen nassen Tod hinabzogen«.[377]

Exakt diese Szene zeigt das Bild mit einer ins Unheimliche gesteigerten Detailschärfe, die einen Betrachter wie mich dazu verleiten kann, an der eigenen Wahrnehmung zu zweifeln. So überscharf sieht man die Welt selten – höchstens dann, wenn eine Katastrophe über einen hereingebrochen ist, wenn ein geliebter Mensch gestorben ist oder die Liebe eines Lebens zerbrochen.

Was haben meine drei Beispiele mit Experimentierkunst, was mit Newtons Spektrum zu tun? Mit Blick auf Experimente ist die Antwort einfach. Fast immer schätzen wir Experimente als ästhetisch gelungen ein, wenn ihr Versuchsergebnis sauber und präzise herauskommt. Beispiele dafür werde ich im nächsten Kapitel besprechen.

Newtons Experiment aber ist genau kein Beispiel für Schönheit durch Präzision und Sauberkeit, sondern eine extreme Ausnahme. In der Tat habe ich die ästhetische Wirkung äußerst sauber gemalter Bilder ausgelotet, um sie mit Newtons Spektrum zu *kontrastieren*. Das Spektrum ist verworren und amorph, hat keine präzisen Grenzen, weder am Rande noch im Innern zwischen den einzelnen Farben.

Dennoch steckt eine ganz bestimmte Ästhetik im aufgefangenen Spektrum. Bevor Newtons Optik entstanden ist, störten die spektralen Farben wie gesagt beim teleskopischen Blick ins Weltall; sie erzeugten das glatte Gegenteil der Präzision und Sauberkeit, deren künstlerische Wirkung für die Malerei ich verdeutlicht habe. Jetzt tritt Newton auf den Plan, adelt den spektralen Farbenschmutz und rückt ihn ins Zentrum der Aufmerksamkeit. Auf vergleichbare Weise hat man besonders in der Kunst des 20. Jahrhunderts den Schmutz und die Unsauberkeit neu bewertet; das ist mein Thema für den kommenden Paragraphen.

§ 6.18. Dass auch Schmutz und Unreinlichkeit in der bildenden Kunst ihren ästhetischen Reiz haben, ist offenbar ein vergleichsweise junges Phänomen. Maler wie Pablo Picasso, die Dadaisten und viele andere interessierten sich am Beginn des vorigen Jahrhunderts für das Grobe, Rohe, Primitive, Zufällige, Unfertige, Kaputte und Schmutzige. Wie ich nun anhand von vier Beispielen verdeutlichen möchte, beruht der ästhetische Wert von Schmutz im Kunstwerk unter anderem darauf, dass sich der Künstler auf provokante und überraschende Weise von den Normen der Sauberkeit abwendet. Diese Gegenbewegung kann nur als Überraschung funktionieren, weil die ästhetische Wertschätzung von Sauberkeit vorher da war. (Welcher ästhetische Wert wohlkalkulierten Überraschungen in Kunstwerken und Experimenten zukommen kann, habe ich in § 6.9 – § 6.14 illustriert).

Blut, Schweiß und Pisse

Es mag viele Gründe dafür geben, künstlerisches Kapital aus dem bewussten Einsatz von Schmutz zu ziehen. Schmutzige (z. B. verschimmelte) Materialien können dazu dienen, gegen etablierte Ordnungen, gegen Verfall und Tod zu protestieren; eine Art Befreiungsschlag mit anarchistischem Hintergrund. So schreibt der Maler,

Lyriker und Bildhauer Hans Arp über seine Bilder namens *papiers déchirés* (zerrissene Papiere) rückblickend im Jahr 1955:
»Um 1930 entstanden die mit der Hand aus Papier gerissenen Bilder. [...] bei genauerem, schärferem Betrachten ist das *vollkommenste* Bild ein *warziges, filziges Ungefähr*, ein getrockneter Brei, eine wüste Mondkraterlandschaft. Welche Anmaßung verbirgt sich in der Vollendung. *Wozu sich um Genauigkeit, Reinheit bemühen*, da sie doch nie erreicht werden kann? Der Zufall, der gleich nach der Beendigung einer Arbeit einsetzt, wurde nun von mir willkommen geheißen. Der *schmutzige Mensch* weist mit seinen *schmutzigen Fingern* auf eine *Feinheit* im Bilde tupfend hin. Diese Stelle ist fortan gekennzeichnet durch *Schweiß und Fett*. Erregt bricht er in Begeisterung vor einem Bilde aus und bespritzt es dabei mit *Speichel*. Ein zartes Papierbild oder eine Wasserfarbenmalerei ist verloren. Staub und Insekten sind ebenfalls eifrige Zerstörer. Das Licht bleicht die Farben. Die Sonne, die Wärme erzeugen Blasen, lösen das Papier, lassen die Farbe rissig werden, lösen die Farbe ab. Die Feuchtigkeit erzeugt *Schimmel*. Die Arbeit zerfällt, stirbt. Das Sterben des Bildes brachte mich nun nicht mehr zur Verzweiflung. Ich hatte mich mit seinem Vergehen, mit seinem Tode abgefunden und ihn in das Bild mit einbezogen«.[378]
Eines der so charakterisierten Bilder ist die Papiercollage *Ohne Titel* aus dem Jahr 1933 (Kunsttafel 6 oben). Dort kleben auf weißem Papierhintergrund neun amorphe schwarze Formen, die an Einzeller unter dem Mikroskop erinnern. Aber sehen sie schmutzig aus, schleimig, schimmelig, schweißig oder fettig? Zugegeben, der Zahn der Zeit hat an dem inzwischen vergilbten Kunstwerk genagt. Und es sind zufällige Gestalten, die Arp aus schwarzem Papier ausgerissen, dann aber in einer harmonisch austarierten Gesamtkomposition arrangiert hat. Die ungerade gerissenen Ränder der Figuren sind weder sauber noch planvoll ausgeschnitten, und das ist denn auch fast alles, was das Werk vom Ideal der Präzision entfernt.

Doch selbst wenn die zitierte Aussage nicht sonderlich punktgenau zu diesem und anderen Werken aus Arps Œuvre passt, beschreibt sie recht genau, was spätere Künstler mit derselben Zielsetzung geleistet haben. Beispielsweise zielt der Hauptvertreter des Wiener Aktionismus Hermann Nitsch darauf ab, orgiastische Mysterien in der ganzen Bandbreite ihrer Sinnlichkeit bis hin zum ekligen Geruch darzubieten, ohne Vorbehalte.[379]

In diesem Geiste integriert er schon als junger Mann (im Alter von 26 und zum Entsetzen seiner Mutter) benutzte Damenbinden in Collagen wie *Menstruationsbild* aus dem Jahr 1964.[380] Ich möchte Ihnen aber lieber ein früheres Bild aus dieser Phase zeigen, und zwar die *Blutorgel* von 1962 (Kunsttafel 6 unten).[381] Hier sieht man echtes Blut, das einem frisch geschlachteten Schaf entnommen, auf grundierte Jute gespritzt wurde, daran herunterlief und auf seinen vertikalen Bahnen in den schönsten Rot- oder Rosttönen geronnen ist. Das ist eine radikale Steigerung; in seinen ersten Schüttbildern hatte Nitsch noch rote Farbe über große Leinwände und Bett-Tücher ausgeschüttet, um den rein motorischen Umgang mit farbigen Substanzen als konkretes Geschehen auf der Leinwand sinnlich fassbar zu machen. Das sah auch schon nach Blut aus, ist aber keines gewesen.

Wie wir aus derartigen Aktionen insgesamt lernen können, mag es eine befreiende Wirkung haben, wenn wir entgegen einer verklemmten Erziehung dem Blut außerhalb lebendiger Körper nicht länger mit dem Impuls begegnen, saubermachen zu müssen; es ist immer noch unser Blut, das Blut des Lebens – es verdient Respekt und, ja, ästhetische Wertschätzung.

À propos Körperflüssigkeit: Der Papst der Popkunst, Andy Warhol, hat für seine Pinkelbilder auf Kupferplatten uriniert, um Oxidationsspuren zu erzeugen (Kunsttafel 7 unten); er selbst sprach etwas vornehmer von *Oxidation Paintings*, war aber weniger an chemischer Analyse interessiert als daran, wie in einem alchemischen Verwandlungsakt angeblich dreckige Körperausscheidungen zu etwas Ästhetischem und Wertvollem mutieren.[382] Gleichwohl kann man die Pinkelbilder auch als wissenschaftliches Versuchsergebnis auffassen; Warhol musste einiges über Chemie wissen und herausfinden, bevor er diese Bilder korrekt benennen konnte ...

Nachdem sich das Publikum an die Provokation immer mehr gewöhnt hatte, bekamen schmutzige Materialien einen eigenen ästhetischen Reiz, ohne provozieren zu müssen. Ein Beispiel dafür ist Anselm Kiefers Rauminstallation *Zwanzig Jahre Einsamkeit*, die erstmals im Jahr 1993 gezeigt wurde (Kunsttafel 7 oben).[383] Bevor ich diese Installation beschreiben kann, muss ich daran erinnern, dass Kiefer in früheren Jahrzehnten vornehmlich mit brutalen, lärmigen Gemälden zu Ruhm gelangt war, auf denen er (ohne wohlfeile Flucht ins Abstrakte) mit den brutalen braunen Jahren unserer monströsen deutschen Vergangenheit gehadert hatte. Innerhalb Deutschlands stieß er damit auf weniger Enthusiasmus als außerhalb, beispielsweise in Israel oder Amerika – und zur Verblüffung der deutschen Kritiker damals erzielten seine Bilder Spitzenpreise auf dem Kunstmarkt.

Kiefers Installation *Zwanzig Jahre Einsamkeit* hat mit jenen Themen seiner berühmtesten Bilder nicht nur wenig zu tun; vielmehr räumt sie mit ihnen auf, und zwar radikal: Die Installation *besteht* aus diesen Bildern. Kiefer hat hunderte seiner Gemälde, Zeichnungen, Drucke und Photographien zusammen mit Lehm zu einer wacklig wirkenden Pyramide aufgetürmt, mit Schmutz bestreut, mit ausgerissenen Blumen garniert. Und obwohl er die Bilder (anders als manche voraussahen) nicht auch noch in Flammen aufgehen ließ, dürfte er mit dieser Installation gigantische ökonomische Werte verbrannt haben. Die Installation war und ist weit weniger wert als die kostbaren Bilder, die in ihr stecken und die ihr selbstverständlich nicht entnommen werden dürfen. Auch daher wohl, nicht aber wegen ihres Schmutzes, galt sie bei ihrer ersten Ausstellung in New York als krasseste Provokation seit langem, und die Kunstkritiker schüttelten ratlos die Köpfe.

Man kann die Aktion als Bruch mit der eigenen künstlerischen Vergangenheit deuten – aber auch als kritische Reflexion über den Kunstmarkt oder als paradoxe Intervention zur Natur des Kunstwerks überhaupt: Das Kunstwerk wird oft als organische Ganzheit angesehen, die insgesamt mehr wert ist als die Summe ihrer Teile.[384] Diese beliebte Formel ist selbstverständlich nicht betriebswirtschaftlich gemeint, wird aber durch Kiefers Installation gerade mit ihrer betriebswirtschaftlichen Fehlinterpretation in den Schmutz gezogen.

Wie gesagt, die Provokation von *Zwanzig Jahren Einsamkeit* beruht nicht auf dem echten Schmutz, den die Installation unseren Sinnen darbietet. Der ist nicht mehr und nicht weniger als eines der vielen Gestaltungsmittel, die Kiefer einsetzt, und zwar mit großer Könnerschaft. Das Werk zeigt sich in den wahren Farben des Schmutzes, in Brauntönen, in Ocker und Beige. Hier haben wir farblich das stärkste Gegenteil zum Newtonspektrum; die Farbigkeit ist weit stärker heruntergedimmt als bei Warhols Kupfergrün oder dem Blutrot von Nitsch. Jetzt sind wir wirklich beim erdigen und organischen Schmutz angekommen, und siehe da, seine feinen Nuancen zeigen eine feine Harmonie; auch die Textur dieses Schmutzes ist nicht ohne Schönheit. Unseren Sinnen erscheint die Installation beruhigend, ja ansprechend.

Wo stehen wir? Ich habe in der bildenden Kunst nach Parallelen zu Newtons Ausdehnung, Umdeutung und Aufwertung des Farbenschmutzes gesucht, der uns beim Einsatz von Teleskopen, Mikroskopen usw. stört. Meine schmutzigen Beispiele aus der Kunst stammten allesamt aus dem vorigen Jahrhundert, sind also weit von der Newtonzeit entfernt; aber das ändert nichts daran, dass Künstler den Schmutz durchaus so ausdehnen und umwerten können, wie es Newton mit seinem Experiment vorgemacht hat. Dieses ästhetische Manöver funktioniert also in verschiedenen Zeiten und auf unterschiedlichsten Feldern: Neuzeit *versus* Moderne; Physik *versus* Bildkunst. Dass ich in beiden Fällen auf sichtbaren Schmutz, also auf visuell zugängliche Tatbestände zugegriffen habe, liegt nicht in der Natur der Sache. Wie ich in den kommenden Paragraphen zeigen möchte, gibt es dasselbe Manöver auch akustisch.

§ 6.19. Vergleichen wir die geschilderten Sachlagen aus der bildenden Kunst mit ihren Gegenstücken aus der Musik. Hier wird klangliche Sauberkeit oft als Voraussetzung für positive ästhetische Werturteile angesehen. So müssen vor Aufführungen klassischer Musik die Instrumente sauber gestimmt werden (und etwa bei Originalinstrumenten sogar mehrmals während des Konzerts). Was genau saubere Stimmung bedeutet, ist schwerer zu sagen, als man denken könnte. Um das Jahr 1700 ist man von den sogenannten reinen Intervallen der Naturtöne abgerückt, weil sich auf ihrer Grundlage kein umfassendes System aller Tonarten realisieren ließ – und so nahm man in der sog. temperierten Stimmung zwischen je zwei benachbarten Tönen eine kleine, gleichmäßige Abweichung vom

Die Vielfalt der Geräusche eines Cellos

Reinheitsideal hin, um über Tonleitern mit beliebigen Grundtönen zu verfügen; das war ein Kompromiss mit kleinen Abstrichen am Ideal der Reinheit.[385]

Doch nach dem Zweiten Weltkrieg experimentierte man zunehmend mit der gezielten und radikaleren Abwendung vom Ideal klanglicher Sauberkeit. Besonders weit ist der Komponist Helmut Lachenmann in diese Richtung gegangen und hat damit eine Generation junger Komponisten geprägt. Er begann sich für die kratzigen und fiependen Klänge zu interessieren, die sich bei zu starkem oder zu schwachem Druck des Bogens auf die Cellosaiten hören lassen und die der Musiker bei traditioneller, ordentlicher Spieltechnik genau vermeiden soll. Im Stück *Pression* für Violoncello solo (1969/70) kommen fast überhaupt keine altgewohnten Cellotöne vor, stattdessen wird das Instrument auf vielfältige Weise und höchst raffiniert für die Klangerzeugung genutzt: In einer spannungsgeladenen Dramaturgie hören wir nacheinander Auszüge aus einem schier unerschöpflichen Reich neuer Klänge, die vom zart schwebenden Geräusch bis zum ultratiefen Gedröhne reichen, wie man es von den tibetanischen Mönchen kennt.

Was wir in einer Aufführung etwa der Cellosuiten Bachs als technisch misslichen Ausrutscher des Interpreten gewertet hätten, bekommt nun die ganze Aufmerksamkeit, rückt ins Zentrum und erweitert unsere Hörgewohnheiten: Unreine, zunächst schmutzig erscheinende Klänge werden inszeniert, komponiert und so als Musik umdefiniert – nicht viel anders als im Fall der unreinen Bilder des Teleskops, deren aberratischer Farbenschmutz plötzlich von Newton zum grundlegenden Naturphänomen erhoben, ja geadelt worden ist.

Vielleicht möchten Sie gegen meinen Vergleich einen Unterschied zwischen den beiden Fällen ins Feld führen: Newton rannte mit seiner Umdeutung und Ausweitung des vermeintlichen Farbenschmutzes beim Publikum offene Türen ein, während sich Lachenmanns Umdeutung und Ausweitung des vermeintlichen Klangschmutzes größere Widerstände entgegenstellten. In der Tat hat es Jahrzehnte gedauert, bis Lachenmanns Stück einen angestammten Ort im Kanon der Gegenwartsmusik gefunden hat. Das war aber mit dem newtonischen Spektrum nicht viel anders: Auch Newtons Publikum musste sich daran gewöhnen, das Spektrum auf eine bestimmte Weise zu sehen; auch das dauerte ein paar Jahrzehnte.[386]

Auf einem anderen Blatt steht freilich, dass Newtons Spektrum unseren Schönheitssinn unmittelbar anspricht, während Lachenmanns *Pression* nicht in die Reihe der Musikstücke gehört, die ich in dieser Hinsicht mit dem Spektrum verglichen habe (§ 6.3 – § 6.4). Lachenmanns Stück setzt einen gebildeten Musikhörer voraus; man kann diese Musik z. B. nicht mitsummen, man muss sie mitwissen. Um sie zu würdigen, muss der Zuhörer wissen, wie man normalerweise mit einem Violoncello umgeht. Bei der Rezeption des Stücks paart sich die Überraschung des Cellokenners mit Neugier auf die Vielfalt möglicher Cellogeräusche. Das Violoncello selbst (als Gegenstand) bildet eine Art Ruhepol, eine Einheit in der Vielfalt der Töne, die aus ihm hervorgehen; fast hat man den Eindruck, dass man seine Körperlichkeit hören kann, einen anwesenden Klangkörper im wahrsten Sinne des Wortes. In diesem Zusammenhang muss ich gestehen, dass mir das Stück mehr sagt und mich stärker fasziniert, wenn ich dem Musiker bei der Aufführung *zusehen* kann, als dann, wenn ich ihm lediglich zuhöre; vor allem beim Zusehen zieht mich das Stück in einen akustischen Lernprozess mit ästhetischer Dimension.

Es liegt auf der Hand, dass Lachenmann das Cello einer intensiven empirisch-musikalischen Untersuchung unterziehen musste, bevor er das Stück komponieren konnte; er führt uns die Ergebnisse seiner Klangforschung vor – als Musik, nicht als Dokumentation. Und so kann er seine Arbeit ohne übertriebenes Selbstlob folgendermaßen resümieren:

»In der Welt der Kratz- und Fauchgeräusche kannte ich mich besser aus als andere«.[387]

Ich muss offenlassen, ob es Lachenmann gelungen ist, unsere Hörgewohnheiten und Hörbereitschaften so stark auszuweiten, wie er wohl wollte. Immerhin: Vielleicht hat seine Intervention mit dazu geführt, dass wir uns bei der Aufführung älterer Kompositionen für Cello oder Violine mit kratzigeren Tönen anfreunden können als noch zu Zeiten der Cellistin Jacqueline du Pré oder des Geigers Yehudi Menuhin. Selbst wenn dem so wäre, hätten wir noch einen weiten Weg vor uns, bis wir den ganzen Kosmos ausgemessen hätten, den Lachenmann aufgetan hat.

Im kommenden Paragraphen möchte ich nach ähnlichen Tendenzen außerhalb der sog. klassischen Musik Ausschau halten.

Deutsches Lied, Weird Folk, E-Gitarre

§ 6.20. Man kann darüber streiten, ob die Einteilung in E- *versus* U-Musik, Klassik *versus* Rock, Pop usw. zeitgemäß ist; ich benutze einen Ausdruck wie »klassische Musik« nur als grobes Etikett, um ohne Werturteil akustische Kunstmusik zu bezeichnen, die der westlichen Tradition entspringt. Selbstverständlich gibt es an den Grenzen dieser Arbeitsdefinition viele unklare Fälle.

Alle derartigen Grenzen sprengt mein nächstes Beispiel: Und zwar hat die Sängerin Josephine Foster (die dem *Weird Folk* zugerechnet wird) eine schockierend schräge und irritierend schöne Interpretation einiger deutscher Kunstlieder aus der Romantik vorgelegt. So singt sie das berühmte Lied »An die Musik« des Österreichers Franz Schubert auf eine Art und Weise, die beim ersten Hören schwer einzuordnen ist und in ihrer fragilen, widerspenstigen Ästhetik einen einzigartigen Platz unter den Schubert-Interpretationen einnimmt. Fosters Musik findet fast unter Ausschluss der Öffentlichkeit statt, und auch ihr großartigstes eigenes Lied (»I'm a Dreamer«) ist nahezu unbekannt. Man mag es kaum glauben, dass sie ursprünglich Opernsängerin werden wollte: Besonders im Live-Konzert kultiviert sie eine leise, gebrochene, schräge Stimme, fast als wäre sie im Stimmbruch und als traute sie sich nicht, lauter und klarer zu singen; und das passt perfekt zum Text ihres Dreamer-Songs, in dem ... – nein, mehr will ich nicht verraten, hören Sie es sich lieber selbst an.

Auch und gerade außerhalb der zeitgenössischen Kunstmusik gab es immer wieder Gegenbewegungen zur klanglichen Sauberkeit. Beispielsweise wurde die E-Gitarre im ersten Drittel des vergangenen Jahrhunderts zunächst erfunden, um die eher leisen Töne der akustischen Gitarre so zu verstärken, dass der Gitarrist sogar gegen lautstarke Bläser und Schlagzeuger ankommen kann; es dauerte nicht lange, bis die Möglichkeiten der neuen Technik durch gezielte Verzerrungen und Übersteuerungen zweckentfremdet wurden –

wodurch eine eigene, rauhe Schönheit entstanden ist, etwa in Chuck Berrys »Roll over Beethoven«: Der geniale Wegbereiter aller späteren Triumphe der E-Gitarre in der Rockmusik singt und spielt hier eine aggressiv gemeinte Absage an Ludwig van Beethoven, über dessen veraltete Musik der Rock'n'Roll wohl hinwegrollen soll. Nicht viel anders als bei Arps Papiercollagen hat sich die Überraschungskraft dieser Musik im Laufe der Jahre abgenutzt – und das, obwohl sie immer noch frisch und schwungvoll klingt, nur eben nicht mehr so provokativ wie ehedem.

In der Tat öffnete der damals neue Gitarrenklang den Weg zu einer immer ausgefeilteren Ästhetik – deren Klangverzerrungen beispielsweise in Neil Youngs kongenial improvisierter Musik zu dem großen Filmkunstwerk *Dead Man* von Jim Jarmusch immer weiter gesteigert sind, und zwar parallel zur Auflösung der Wahrnehmungsschärfe des angeschossenen und blutenden Titelhelden William Blake *alias* Johnny Depp, der als steckbrieflich gesuchter Mörder durch den Wilden Westen irrt, und zwar ziemlich tot schon. Im letzten Musikstück des Films, das den Weg des Sterbenden in den endgültigen Tod beleuchtet, verfinstert, untermalt, da verschmelzen musikalische Form und narrativer Gehalt zu einer schwindelerregenden Einheit: ein Höhepunkt der Filmkunst.[388]

§ 6.21. Meine Beispiele legen es nahe zu vermuten: Sauberkeit und Präzision bringen in *vielen* Bereichen der Kunst und Musik einen ästhetischen Mehrwert mit sich; und wo bewusst gegen diesen Wert verstoßen wird, kann (nur vor dessen Hintergrund) ein überraschender Gegenwert geschaffen werden. Wie sich besonders deutlich aus dem Arp-Zitat herauslesen lässt (§ 6.18), konnte der Schmutz in der Kunst des 20. Jahrhunderts in dem Augenblick als Gewinn an Schönheit wahrgenommen werden, wo er nicht länger als Störung empfunden, sondern ins Zentrum der künstlerischen Aufmerksamkeit gerückt wurde; ähnlich in der Musik.

Gestaltwechsel

Demselben Muster folgt Newton bei den Farben, die vor seiner Intervention als Quelle der Unsauberkeit bei optisch erzeugten Bildern gewertet worden sind und die er ins Zentrum der Aufmerksamkeit rückt. Das ist eine Art Gestaltwechsel: Was zuvor als

Schmutz wahrgenommen wurde und idealerweise zu beseitigen war, gilt nun als Hauptsache. Ein Ziel der modernen Kunst und Musik besteht darin, unsere Wahrnehmungsgewohnheiten zu ändern; eine Methode der modernen Naturwissenschaft besteht ebenfalls darin, unsere Wahrnehmungsgewohnheiten zu ändern.[389] In beiden Fällen muss das Publikum mitspielen und sich auf eine Änderung der Gestaltwahrnehmung einlassen.[390]

Schauet nicht auf die Hässlichkeit

§ 6.22. Die Hässlichkeit farblich verschmutzter Ränder an prismatischen Bildern, Fernrohrbildern usw., von der die Rede war, lässt sich nicht aus der Welt schaffen; bei ungünstigen Abmessungen geht das Experiment so aus, Punktum. Sehr wohl aber kann man diese Hässlichkeit ignorieren, neu bewerten und sogar als Schönheit uminterpretieren. Wie gelingt Newton dieses Kunststück? Durch ästhetisch motivierte Arbeit an den Parametern der Lichtbrechung – er variiert das Experiment mit dem Prisma.

Wie dargetan erhöht er den Abstand zwischen Prisma und Projektionsfläche, bis die (angeblich angeschmutzte) weiße Mitte des Bildes ganz verschwindet und die (angeblich verunreinigenden) Farbränder das gesamte Bild ausfüllen: plötzlich ein hochästhetischer Effekt. Mit diesem Effekt fängt Newtons Darstellung an; dessen schmutzige Vorläufer lässt er außen vor und erwähnt sie allenfalls im Kleingedruckten.[391]

Kurzum: Bevor Newton Schlüsse aus der Empirie zieht, überlegt er sich, welche Experimente er in den Blickpunkt seiner Überlegungen stellen will; er trifft eine Auswahl. Und bei dieser Auswahl dürfen auch ästhetische Momente ein Wörtchen mitreden. Experimente, die verschmutzt und hässlich wirken, werden solange variiert, bis sich *unter neuer Betrachtungsweise* unverschmutzte Effekte blicken lassen. Dann erst beginnt Newton mit der Theoriebildung – und mit der Argumentation für die Theorie.

Vertiefungsmöglichkeit. Angesichts von Newtons Umgang mit Störungs- und Verschmutzungseffekten könnte man der newtonischen Entscheidung darüber, welches Experiment er zur Grundlage oder doch zum Ausgangspunkt seiner Theorie macht, eine gewisse Willkür vorwerfen; das wäre eine ästhetische Kritik, denn Willkür verletzt unseren Sinn für Schönheit (vergl.

§ 2.12, § 11.6). Um der Kritik zu entrinnen, muss Newton die Wahl seiner Parameter begründen (was er bedauerlicherweise vermeidet). Hierfür könnte er sich auf die Schönheit des Spektrums stützen, das er im Rahmen der gewählten Parameter (und nur in ihrem Rahmen) zu erzeugen weiß. Nichtsdestoweniger kann man ihm vorwerfen, dass er seine Entscheidung nirgends als Entscheidung ausweist.[392]

§ 6.23. Wie ich zu zeigen versucht habe, ist Newtons Weißanalyse von hohem ästhetischen Wert: Sie folgt im Versuchsaufbau konsequent einer radikal vereinfachten Geometrie, abstrahiert also systematisch von allem Unwesentlichen, insbesondere von allen erdenklichen Verzerrungen; gerade dadurch bietet sie eine sorgfältig vorbereitete Bühne für die langgezogene geometrische Überraschung, die von der Natur anstelle eines Kreises als Versuchsergebnis geliefert wird; zudem zeigt sie auf überraschende Weise die schönsten Farben, indem sie deren ehedem als Störung, ja Schmutz empfundene Randexistenz aus der Schmuddelecke erlöst, drastisch verstärkt und ins Zentrum rückt.

Schönheitsfehler in Newtons Experiment

Nichts ist perfekt. Ich möchte jetzt auf einen ästhetischen Makel in Newtons Weißanalyse zu sprechen kommen, den meines Wissens zuerst der Dichter, Geheimrat und Physiker Johann Wolfgang Goethe beklagt hat. Wie ich zeigen werde, lässt sich der Makel heute mit einfachsten Mitteln beheben.

Newtons Versuchsergebnis der Weißanalyse ist farblich zu verworren. Das liegt daran, dass er mit dem Licht der Sonnenscheibe experimentiert. Solche runden Ausgangsbilder führen (nach Brechung am Prisma) zu unnötig diffusen Farbbildern, die sich schwer durchschauen lassen: An den schmalen Enden könnte man sie als Halbkreise auffassen, deren Ränder aber unmerklich im Finsteren zu verschwimmen scheinen; nicht minder diffus erscheinen die gebogenen Grenzen zwischen den einzelnen Farbfeldern des Spektrums (Farbtafel 1 rechts).

Wie stark und wo diese Grenzen ineinander verschwimmen, lässt sich schwer ausmachen. Viel besser stünde es damit, wenn etwaige Grenzen schnurgerade wären wie im Fall *eckiger* anstelle runder Ausgangsbilder. Den Grund dafür kann man sich am besten durch

186 Teil II: Ästhetische Fallstudie in Newtons Dunkelkammer

Vergleich der beiden Bilder auf Farbtafel 4 klarmachen (vielleicht hilft auch ein schneller Blick auf die Schwarz/Weiß-Versionen in Abb. 6.23a, Abb. 6.23b).

Im Unterschied zu Newton stellt Goethe die Spektren in den Tafeln seiner *Farbenlehre* systematisch so dar, als resultierten sie aus eckigen Ausgangsbildern (Farbtafel 3 unten). Er kommentiert: »Es ist angenommen, daß ein viereckiges leuchtendes Bild verrückt werde, welches die Sache viel *deutlicher* macht, weil die vertikalen Grenzen *rein* bleiben und die horizontalen Unterschiede der Farben *deutlicher* werden«.[393]

Laut Zitat idealisiert, säubert und verschönert Goethe die Phänomene, bleibt also (anders als es oft hingestellt wird) genau nicht an der Oberfläche der Farberscheinungen hängen.[394] Wenn ein Freund der Künste wie Goethe seinem ästhetischen Gestaltungswillen bei der geometrischen Darstellung von Versuchsergebnissen freien Lauf

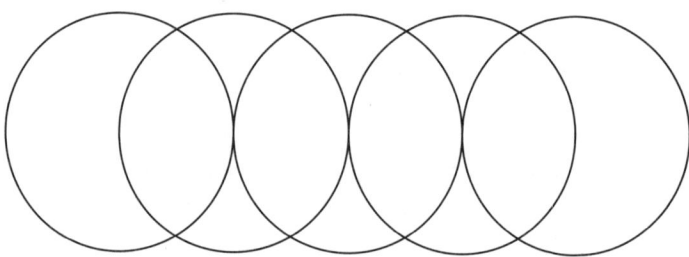

Abb. 6.23a: Sequenz sich überschneidender Kreise. Wer als Vorbild für prismatische Versuche eine kreisförmige Figur wählt (wie z. B. die Sonnenscheibe bei Newton), bekommt verwirrende Refraktionsergebnisse – selbst dann, wenn im gebrochenen Licht nur fünf verschiedene Lichtsorten enthalten sein sollten (wie hier im Bild). Verwirrend werden die Versuchsergebnisse deshalb, weil die Zonen gegenseitiger Durchmischung ungewohnt krumme geometrische Figuren bilden (hier: linsenförmige Zweiecke, mit gebogenen Kanten); nicht besser steht es mit den unvermischten Zonen (hier: einerseits mondförmige Figuren außen links bzw. rechts; andererseits Dreiecke mit gebogenen Kanten oben bzw. unten, die aussehen wie Ginkgoblätter). Bei größerer Anzahl der beteiligten Lichtsorten verwirren sich die geometrischen Verhältnisse immer chaotischer (hier nicht dargestellt). Farbtafel 4 oben zeigt eine farbige Ausführung der Graphik. (Graphik von Matthias Herder).

6. Kapitel: Schönheit, Schock und Schmutz im Spektrum 187

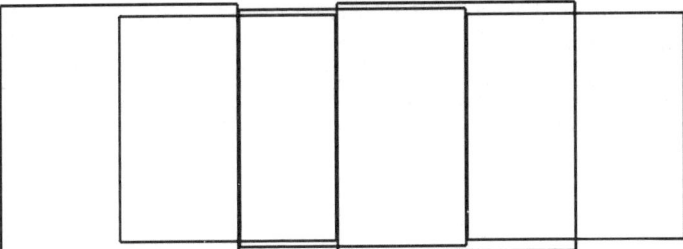

Abb. 6.23b: Sequenz sich überschneidender Rechtecke. Wer als Vorbild für prismatische Versuche eine rechteckige (oder speziell wie im Bild: eine quadratische) Figur wählt, bekommt besser überschaubare Refraktionsergebnisse – etwa dann, wenn im gebrochenen Licht fünf verschiedene Lichtsorten enthalten sein sollten (wie hier im Bild). Jede vermischte und jede unvermischte Zone hat ein und dieselbe Gestalt – allesamt Rechtecke. (Um die Verhältnisse deutlich zu machen, haben wir die Größe der fünf Quadrate leicht variieren lassen; durch ihre Überschneidung entstehen sechs Rechtecke). Eine Konsequenz dieser Anordnung: Jeder horizontale Ausschnitt aus dem Bild sieht farblich genauso aus wie irgendein anderer horizontaler Bildausschnitt, also unabhängig von der Höhe des Ausschnitts. D.h. wenn wir unseren Blick an einer Stelle im Bild auf- und abwandern lassen, sehen wir ein und dieselbe Farbe; das Bild ist sozusagen gut aufgeräumt. Ganz anders in Farbtafel 4 oben: Ein horizontaler Ausschnitt vom oberen bzw. unteren Rand zeigt dort wesentlich weniger Vermischungen als ein horizontaler Ausschnitt aus der Mitte; darum erscheinen dort die Gesamtbilder so verwirrend (weil in jeder Bildhöhe anders). Der Unterschied an Klarheit zwischen Refraktionsergebnissen rechteckiger bzw. runder Ausgangsbilder fällt umso stärker ins Gewicht, je mehr Lichtsorten im Spiel sind. Farbtafel 4 unten zeigt eine farbige Ausführung der hier angedeuteten Mischungsverhältnisse. (Graphik von Matthias Herder).

lässt, so muss uns das nicht wundern. Erstaunlich ist aber, dass er hierbei keinen anderen Spielregeln folgt als der mathematisch gebildete Physiker – und wie weit Goethe damit geht. Bedenken Sie: Er zeigt Versuchsergebnisse, die sich ergäben, wenn die Sonnenscheibe eckig wäre.[395]

Doch noch immer ist die Sonne rund, nicht eckig. Wie wir Goethes Vorstellungen heute umsetzen (und weiterführen) können, hat Nussbaumer in seinen Farbexperimenten systematisch erkundet.

188　*Teil II: Ästhetische Fallstudie in Newtons Dunkelkammer*

Seine hochästhetische Verbesserung der newtonischen Weißanalyse ist das Thema des kommenden Paragraphen.

Vertiefungsmöglichkeit. Da Newton keine andere starke Lichtquelle einsetzen konnte als die Sonne und da er deren Gestalt nicht ohne weiteres manipulieren konnte, darf man ihm die Undurchschaubarkeit seiner Spektren nicht zum Vorwurf machen. Er dürfte sich ihrer Nachteile bewusst gewesen sein, denn zu bestimmten Zwecken ändert er die Gestalt der optisch wirksamen Lichtquelle, indem er unrunde Blenden vorschaltet.[396]

Weißanalyse à la Viennese

§ 6.24.　Nussbaumer führt seine optischen Experimente mit Hilfsmitteln durch, die in früheren Zeiten fehlten; so benutzt er anstelle der Sonne aus den Experimenten der Newtonzeit eine künstliche Lichtquelle: einen Diaprojektor. Die anderen Elemente der Experimente könnten dagegen *fast* der Newtonzeit entspringen; fast – denn dass sich Materialqualitäten (wie z. B. die Reinheit von Glas) seit Newtons Tagen drastisch verbessert haben, ist eine Frucht des Fortschritts, die jedermann gerne ernten wird.[397]

Zunächst zur newtonischen Weißanalyse nach Wiener Art. Hierfür hat sich Nussbaumer vom Feinmechaniker ein sog. Spaltdia bauen lassen: Es wird von zwei undurchsichtigen Rechtecken aus feingeschliffenem Eisen gebildet, die einander im Diarahmen fast berühren – und zwar so, dass sie in dessen Mitte einen schmalen, scharfkantigen senkrechten Spalt von 0,21 mm Breite freilassen (Abb. 6.24a). Welche Schatten und Lichter dies Dia wirft, wenn es auf einem weißen Tisch steht und von zwei Seiten beleuchtet wird, zeigt Abb. 6.24b. Wird das Spaltdia im abgedunkelten Raum auf eine weit entfernte Fläche projiziert, so sieht man einen schmalen weißen Lichtbalken in pechschwarzer Umgebung (Abb. 6.24c). In dieser Ausgangssituation stellt Nussbaumer ein mit Wasser gefülltes Hohlprisma *hochkant* vors Objektiv des Projektors (siehe Farbtafel 5 oben).

Das weiße Licht des Diaprojektors muss nicht anders als das Sonnenlicht bei Newton (Farbtafel 1) durch zwei der Grenzflächen des Prismas hindurch, die aber diesmal vertikal stehen; bei beiden Grenzübertritten wird es vom geraden Weg nach rechts abgelenkt. Dass der Knick im Lichtpfad nun beidemal nach *rechts* zeigt (statt

6. Kapitel: Schönheit, Schock und Schmutz im Spektrum 189

Abb. 6.24a: Spaltdia. Zwei scharfgeschliffene Eisenplatten lassen in der Mitte des Dias einen vertikalen Spalt von 0,21 mm frei. Dies Spaltdia kann in seiner Materialität auch als kleines Kunstwerk aufgefasst werden, fast wie ein Relief – die rohe Eisenoberfläche, die jeden Augenblick zu rosten droht, kontrastiert herrlich mit dem extrem scharfen Schlitz zwischen den beiden Eisenplatten; sähe das Dia stattdessen so aus wie in der nächsten Abbildung, so hätte es keinerlei ästhetischen Reiz. (Ingo Nussbaumer, Moritz Foessl, Wolfgang Gratzl, 2010, Eisen 5 × 5 cm).

wie bei Newton nach oben), liegt an der neuen vertikalen Ausrichtung des Prismas bei Nussbaumer. Nichtsdestoweniger wird das spektrale Bild (genau wie bei Newton) in Augenhöhe aufgefangen; der Grund ist leicht zu verstehen: Der Diaprojektor wirft sein Licht horizontal in den Raum, nicht schräg nach unten wie die Sonne.

Kurzum, das projizierte Bild zeigt sich in Augenhöhe, aber viel weiter rechts auf der Projektionsfläche. Dramatischer als dieser

190 Teil II: Ästhetische Fallstudie in Newtons Dunkelkammer

Abb. 6.24b: Helle Lichtbalken in dunkler Umgebung. Hier steht das (computergraphisch stilisierte) Spaltdia auf einer weißen Oberfläche. Es wird von vorn und hinten beleuchtet, wirft also zwei Schatten; der Schlitz wird jeweils als schmale Lücke im Schatten sichtbar. Wer das Spaltdia mittels Diaprojektor auf einen Schirm wirft, erzeugt dadurch den Ausgangskontrast für prismatische Experimente à la Newton, siehe Abb. 6.24c. (Graphik von Matthias Herder, realistische Simulation mithilfe eines Programms für *raytracing*).

Ortswechsel sind wiederum zwei andere Effekte. Erstens ist aus dem ehemals schmalen Lichtbalken ein weitaus breiteres Rechteck geworden, und zweitens ist dieses Bild nicht mehr weiß, sondern kunterbunt – am linken Ende rot, in der Mitte grün, rechts blau, mit einigermaßen klaren Übergängen (Farbtafel 5 unten).

Insgesamt ist dieses Spektrum schöner als Newtons. Erstens ist seine Form geometrisch einfacher: Ein wohlvertrautes Rechteck mit fast geraden Grenzen tritt an die Stelle des amorphen Gebildes bei Newton, für dessen geometrische Zwittergestalt wir nicht einmal einen Namen haben und das sich an den beiden kurzen Enden in verschwimmenden Halbkreisen verliert, während es an den Längsseiten parallele Grenzen aufweist.[398] Zweitens sind seine Farben bes-

6. Kapitel: Schönheit, Schock und Schmutz im Spektrum 191

Abb. 6.24c: Projektion des Spaltdias. Vertikaler weißer Balken vor schwarzem Grund. (Graphik von Matthias Herder).

ser sortiert und weniger verwirrend als bei Newton: Die Farben ändern sich nur in der Längsrichtung des Spektrums, also nur entlang *einer* Dimension. Denn auf jeder geraden Querlinie, d. h. auf jeder kürzestmöglichen Verbindungslinie von der einen langen Grenze des Spektrums zur gegenüberliegenden Grenze, findet sich ein und derselbe Farbton (vergl. die beiden Bilder auf Farbtafel 4). Damit hat sich die verwirrende zweidimensionale Farbenvielfalt des Spektrums von Newton in eine einzige Dimension zurückgezogen. Dies neue Bild zeigt immer noch hinreißend viele Farbnuancen, kann aber besser überblickt werden.

Goethes Idealisierungen lassen sich realisieren. Was der Dichter vor zweihundert Jahren gerne getan hätte, um die Struktur von Newtons Spektrum transparenter zu machen, ist von einem Künstler der Gegenwart hochästhetisch umgesetzt worden. Newton und Goethe hätten sich sicher gemeinsam darüber gefreut.

Vertiefungsmöglichkeit. Um Missverständnissen vorzubeugen: Mit der Begradigung des Spektrums wird nicht etwa der Schmutzgehalt des aufgefangenen Bildes bereinigt; es bleibt also dabei, dass wir Farbenschmutz im Versuchsergebnis durch Änderung der Wahrnehmungsgewohnheiten zur Hauptsache umdeklarieren müssen, bevor wir das begradigte Spektrum ästhetisch und wissenschaftlich würdigen können, wie gehabt (§ 6.15 – § 6.16). Die gesteigerte Ästhetik der neuen Variante des Experiments beruht auf einem Gesichtspunkt, der mit Reinlichkeit, Präzision und Sauberkeit vielleicht entfernt verwandt, jedenfalls nicht identisch ist: auf Transparenz, Übersichtlichkeit und Klarheit. Beachten Sie: Schmutz kann sehr übersichtlich sein. Arps Papiercollage (Kunsttafel 6 oben) ist laut Erklärung seines Schöpfers schmutzig; aber sie zeigt ein hohes Maß an Klarheit. Ein umgekehrtes Beispiel für ein Gemälde, das keinerlei Schmutz zeigt, dem es aber an Transparenz, Übersichtlichkeit und Klarheit mangelt, bietet Kunsttafel 13. Schauen Sie sich dieses Bild in Ruhe an, bevor Sie meine Diskussion in § 9.20 lesen – was ist verwirrend an dem Bild, und warum stört sich daran unser Schönheitssinn?

Werk, Schöpfer und Rezipient

§ 6.25. Zum Abschluss dieses Kapitels möchte ich einen Schritt zurücktreten und fragen: Worauf genau läuft der Vergleich zwischen Kunstwerk und optischem Experiment hinaus? Was ist hier jeweils schön, und um wessen Schönheitssinn geht es in meinem Vergleich? Ich werde diese Fragen nur durch eine Skizze beantworten und dabei recht grob einige Gedanken zu tiefen Problemen des Verständnisses von Kunst umreißen, die ich nicht im Detail ausfüllen kann. Und daher werde ich nicht brav bei jeder These, die ich aufblitzen lasse, alle Ausnahmen benennen, an die man jedesmal auch denken könnte. Ich bitte Sie, sich die jeweils erforderlichen Qualifikationen, Einschränkungen und Relativierungen selber zurechtzulegen.

Zunächst einmal haben wir eine Person, die das fragliche Werk erarbeitet und sich dabei auch an ihrem Schönheitssinn orientiert: Das ist auf der einen Seite des Vergleichs der Künstler (Maler, Komponist usw.), auf der anderen Seite der Experimentator. Wie ich dargelegt habe, sorgt Newton ähnlich dem Maler für Überraschungen beim Publikum, indem er gewisse Erwartungen weckt und sie dann aufs angenehmste enttäuscht (Kunsttafel 2). Zudem ändert er die Wahrnehmungsgewohnheiten der Betrachter nicht viel anders als ein moderner Maler, indem er etwas ins Zentrum rückt und als ästhetisch stark erkennen lässt, was sie zunächst für eine hässliche Nebensache gehalten haben, für Schmutz etwa (Kunsttafel 6 unten). Und schließlich verwendet Newton größte Sorgfalt auf jedes Detail der Präsentation seines Experiments, so wie ein Renaissance-Maler den Faltenwurf eines Gewandes bis ins letzte Detail durchkomponiert (Kunsttafel 4).

Auf der anderen Seite des Grabens steht der Rezipient, dessen

6. Kapitel: Schönheit, Schock und Schmutz im Spektrum

Schönheitssinn auf das Kunstwerk oder das Experiment reagiert. Diesen Schönheitssinn wird weder der geniale Künstler noch der geniale Experimentator einfach so hinnehmen, wie er ist. Nein, er will ihn formen, verändern, prägen. Und das Kunstwerk oder Experiment ist in dem Maße ästhetisch erfolgreich, in dem es eine Saite im Rezipienten zum Schwingen bringt; er muss sich auf das fragliche Werk einlassen, aber das Werk muss ihm auch etwas bieten.

(Im augenblicklichen Kapitel habe ich zuweilen die Perspektive des Rezipienten eingenommen und die Sache so beschrieben, als stünden wir vor dem Kunstwerk bzw. Experiment und betrachteten es gemeinsam; dabei habe ich versucht, Sie auf Gesichtspunkte aufmerksam zu machen, die für die ästhetische *Beurteilung* des Experiments wichtig sind und die einigen Gesichtspunkten zur Beurteilung von Bildern, Musikstücken usw. ähneln. – Manchmal habe ich stattdessen die Perspektive Newtons bzw. des Künstlers eingenommen, um ihnen bei der kreativen *Arbeit* über die Schulter zu schauen. Beide Perspektiven sind für mein Thema gleichermaßen wichtig).

Zuletzt haben wir das Werk selbst, also das fragliche Bild, Musikstück – oder Experiment. Schon die Werke der verschiedenen Kunstgattungen haben völlig unterschiedliche Identitätsbedingungen. Ein Gemälde von Mondrian ist offenbar im großen und ganzen mit seiner materiellen Realisierung identisch (oder?), aber Händels und Cohens *Hallelujah* können selbst dann fortexistieren, wenn sie gerade nicht erklingen, ja sogar dann, wenn alle ihre Partituren und Aufnahmen verschwinden. Derartige Unterschiede im Existenzgrund der Werke verschiedener Kunstgattungen sind verwirrend und ein gefundenes Fressen für kluge Kunsttheoretiker – ein Thema, das ich lieber gar nicht erst anrühre.

Für meine Zwecke genügt es festzustellen: Wenn Experimente wiederum eigene Identitätsbedingungen haben und sich darin in einigen Hinsichten von Gemälden, in anderen Hinsichten von Musik unterscheiden, so passt das gut zur Grundausrichtung meiner Untersuchung. Schon von Kunstgattung zu Kunstgattung sind die Unterschiede gravierend. Auch darum ist es so gut wie unmöglich, in aller Allgemeinheit zu definieren, was ein Kunstwerk eigentlich ist. Wie es damit beim Experiment steht, will ich im kommenden Paragraphen antippen.

Experiment versus Musikstück

§ 6.26. Was ist überhaupt ein Experiment? Ohne damit eine Definition aussprechen zu wollen, kann man sagen: Zu einem Experiment gehören Versuchsplan, Versuchsaufbau, Versuchsdurchführung, Versuchsergebnis und Dokumentation; diese fünf Elemente folgen einander zeitlich. Das experimentelle Geschehen im engeren Sinne besteht nur aus Versuchsdurchführung und -ergebnis, und beide lassen sich im Idealfall immer wieder reproduzieren.[399] Darum haben sie innerhalb gewisser Grenzen Entsprechungen im Theater oder in der Musik.

Deklinieren wir das musikalisch durch: Dem Versuchsplan entspräche die Partitur; dem Versuchsaufbau im Labor entspräche die Anordnung der Instrumente im Konzertsaal; Versuchsdurchführung und -ergebnis wären zusammengenommen mit der Musikaufführung zu vergleichen; und die Dokumentation wäre der Mitschnitt.

Mit diesen fünf Elementen im Blick kann man beispielsweise genauer sagen, worauf sich die besprochenen Hintergrundkenntnisse beziehen, die für die ästhetische Würdigung von Musikstück bzw. Experiment einschlägig sind: Die Erwartungen, die Newton mit seinem präzisen Arrangement von Blendenöffnung, Prisma und Auffangschirm weckt (und dann enttäuscht), entspringen nicht einfach der Wahrnehmung; sie entstehen vielmehr aus dem Plan, den Newton diesem Aufbau zugrundelegt, und zwar aus dessen *theoretischer Beschreibung*. Im Fall des Experiments wird die Überraschung also mit theoretischen Mitteln vorbereitet, während sie in der Musik vor allem auditiv erzeugt wird (allerdings nur bei Hörern mit Kenntnissen der im fraglichen Genre üblichen Konventionen, also ebenfalls nicht völlig frei von theoretischem Wissen).

Wie man sieht, decken sich die fünf Elemente in den beiden Bereichen nicht vollständig. In der Tat bin ich in unvermeidliche Verlegenheit geraten, als ich *ein* experimentelles Gegenstück zur Musikaufführung gesucht habe, immerhin dem wichtigsten Element vieler Musik. Das wichtigste Element der Experimentierkunst ist sicher das Versuch*sergebnis*, das hierin ähnelt der Musik*aufführung* darin – aber in welche Schublade gehört dann die Versuchs*durchführung*, also die Summe der Geschehnisse, die letztlich zum Versuchsergebnis führen? Dem gravierenden Kontrast zwischen

6. Kapitel: Schönheit, Schock und Schmutz im Spektrum 195

Versuchsdurchlauf und -ergebnis scheint in der Musik nichts zu entsprechen. Abgesehen davon zeichnen sich Versuchsdurchlauf und -ergebnis dadurch aus, dass sie sich ohne menschliche Interaktion abspielen, gleichsam von alleine, als Naturereignis. Hingegen spielen Menschen in der Konzertaufführung üblicherweise eine entscheidende Rolle. (Und wenn die Komponistin das Orchester dirigiert, dann ist auch diejenige Person in das Geschehen verwickelt, die sich am ehesten mit dem Versuchsleiter vergleichen ließe; der lässt den Dingen seinen Lauf, sie lenkt ihn).

Zuguterletzt unterscheidet sich die Dokumentation eines Experiments erheblich vom Konzertmitschnitt; anders als dieser erscheint sie sprachlich, in Form von Aufsätzen für die Fachjournale, in denen üblicherweise auch die *theoretische* Interpretation mitgeliefert wird. (Man mag das Experiment sicherheitshalber filmen, aber das böte nur einen geringen Teil dessen, was eine anständige wissenschaftliche Dokumentation ausmacht). Hingegen eignen sich Worte kaum zur Dokumentation einer Musikaufführung; und ihre theoretische Repräsentation liegt eher in der Partitur (die ich mit dem Versuchsplan verglichen habe), also genau nicht in der Dokumentation.

Vertiefungsmöglichkeit. In einer wichtigen Hinsicht unterscheidet sich die ästhetische Wirkung optischer Experimente erheblich von derjenigen eines Musikstücks, nämlich mit Blick auf die Zeit. Während sich das Musikerlebnis notwendig im wahrnehmbaren Fluss der Zeit abspielt, ist jedes Experiment zwar ebenfalls ein zeitliches Geschehen – aber im optischen Experiment bewegen sich die Lichtstrahlen so schnell, dass wir ihren Zeitverlauf nicht bemerken. Daher erleben wir das optische Experiment statisch. Nichtsdestoweniger lässt sich sogar dort eine grobe Zeitstruktur dingfest machen: Versuchsaufbau vor Versuchsdurchlauf vor Versuchsergebnis. Musikalische Zeitverhältnisse sind demgegenüber viel feiner zeitlich strukturiert. Es würde mich zu weit abführen, diesen Unterschieden im Detail nachzugehen.

7. Kapitel.
Synthese, Sauberkeit und Symmetrie

Ästhetische Nachteile der newtonischen Weißsynthese

§ 7.1. Im vorigen Kapitel haben wir Newton dabei zugesehen, wie er weißes Sonnenlicht in seine Bestandteile zerlegt. Unser Thema fürs augenblickliche Kapitel betrifft die Gegenprobe. Wenn weißes Licht aus verschiedenfarbigen Lichtstrahlen besteht, dann sollte es sich aus ihnen auch wieder zurückgewinnen lassen; der newtonischen Weißanalyse sollte eine Weißsynthese entsprechen. Und in der Tat, schon in seiner ersten Veröffentlichung zieht Newton das aufgefächerte Farbspektrum mittels einer Sammellinse wieder zusammen, wobei die bunten Farben verschwinden und sich ein weißer Lichtfleck bildet, siehe Abb. 7.1.[400]

Das ist in der Tat ein nettes Experiment. Newtons überschwengliches Selbstlob angesichts dieses Experiments enthält ästhetisches Vokabular; ich habe ihn damit zitiert (§ 5.7). Aber ist das Experiment wirklich schön? Ist es ästhetisch perfekt? Darüber kann man streiten. Jedenfalls gibt es gute Gründe, sich nach einem schöneren Experiment umzusehen. Denn man muss in Newtons Weißsynthese lange herumprobieren, bis man die Linse so plaziert hat, dass sich der gewünschte weiße Lichtbalken ohne farbige Verschmutzungen blicken lässt – das Experiment funktioniert nur dann, wenn man die Abstände zwischen Prisma, Linse und Projektionsfläche überaus fein auf die Abmessungen und Materialeigenschaften der Linse abstimmt. Das ist eine lästige Fummelarbeit, also mühsam und irgendwie unschön. Wer dem Experimentator zuschaut, wird das Gefühl nicht los, einer unausgegorenen Generalprobe beizuwohnen, deretwegen man sich ernste Sorgen um die Theaterpremiere machen muss – zuviel Murks.

Zugegeben: Wenn Sie sich sklavisch an Newtons Größenangaben halten, funktioniert das Experiment.[401] Doch weder begründet Newton die gewählten Abmessungen noch kommentiert er die Störanfälligkeit des Experiments. Kurzum, sein Vorgehen wirkt willkürlich. Dieser ästhetische Makel liegt an der Oberfläche, hängt aber mit einem tieferliegenden ästhetischen Makel des Experiments zusammen: mit der Sammellinse. Welche technischen Nachteile sie

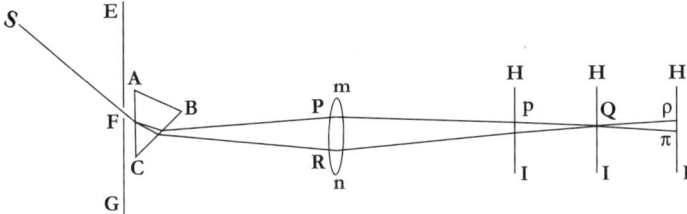

Abb. 7.1: Newtons Weißsynthese aus dem Jahr 1672. Das durchs Prisma ABC kunterbunt zerlegte Licht wird durch die Sammellinse mn wieder zusammengebündelt. Ob die Weißsynthese gelingt, hängt davon ab, wie weit man die Projektionsfläche HI von der Linse mn entfernt; eine Fummelarbeit. Die Abbildung zeigt rechts drei exemplarisch denkbare Positionen der Projektionsfläche, die der Experimentator durchprobieren musste. Einzig optimal ist die mittlere Position – nur hier findet die Weißsynthese statt. Man könnte sagen, dass die Suche nach diesem optimalen Punkt darauf hinausläuft, eine Symmetrieachse zu finden. (Quelle der Zeichnung: Newton [LoMI]:3086; nachgezeichnet von Ingo Nussbaumer).

mit sich bringt, werde ich gleich im Kleingedruckten dartun. Und welche intellektuellen Nachteile ihr zukommen, ist Gegenstand des nächsten Paragraphen.

Vertiefungsmöglichkeit. Unter der glatten Oberfläche der newtonischen Weißsynthese gärt es. Sie kann nicht exakt funktionieren, jedenfalls nicht unter den Voraussetzungen der newtonischen Theorie. Denn wenn verschiedenfarbige Lichtstrahlen divers refrangibel sind, dann ändert sich der Brennpunkt jeder Sammellinse – in Abhängigkeit von der Farbe des durchreisenden Lichts; der Brennpunkt des blauen Lichts liegt näher an der Linse als derjenige des roten Lichts. Und das bedeutet, dass die Linse blaue Strahlen achsenparallelen Lichts an einer anderen Stelle scharf zusammenbringen muss als rote Strahlen achsenparallelen Lichts. Wenn nun entweder das blaue oder das rote Sonnenbild unscharf ist, kann das Mischungsergebnis nirgends perfekt weiß sein – immer stehen rote oder blaue Unschärfezonen über. In beiden Fällen wird die erhoffte saubere Weißmischung verdorben.[402] Nichtsdestoweniger lässt eine zweite Komplikation die Sache für Newton wieder etwas besser aussehen: Die blauen Lichtstrahlen verlassen das Prisma in steilerem Winkel als die roten, treffen die Linse also in etwas ungünstigerem Winkel als die roten Strahlen und könnten sich deshalb doch in der Nähe des roten Brennpunkts vereinigen. Aber es ist nicht gesagt, dass sich die beiden gegenläufigen Effekte genau ausgleichen. Noch

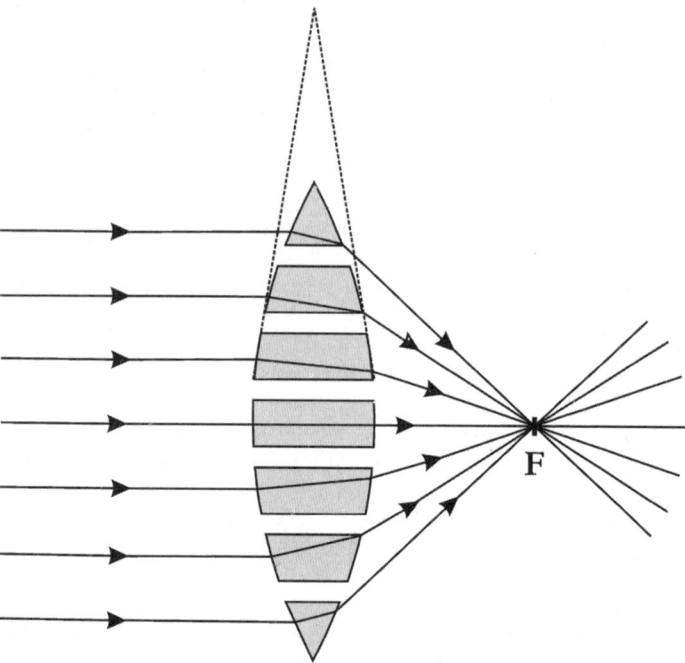

Abb. 7.2: Linse, theoretisch aus Prismen zusammengesetzt. Die Abbildung ist einer Schulbuch-Illustration nachempfunden (Dorn et al [PM]: 238/9, Abbildung 239.2). Sie trägt dort die frohgemute Bildunterschrift »Sammellinse aus Prismenstücken zusammengesetzt«, und das, obwohl sie wie ein Prismensuchspiel aussieht, nicht wie eine klare Darstellung einer Ansammlung von Prismen. Immerhin: Die gestrichelten Linien oben im Bild deuten die Umrisse eines gedachten Prismas an, an dem der (von oben) zweite Lichtstrahl zweimal gebrochen wird. Rätsel für Fortgeschrittene: Wieso treffen sich alle Lichtstrahlen im Punkte F? (Zeichnung von Ingo Nussbaumer).

komplizierter wird die Angelegenheit, weil in Wirklichkeit kein exakt paralleles Sonnenlicht auf das Prisma trifft.

Wenn die Sache in der Praxis gleichwohl halbwegs überzeugend funktioniert, so kann dies auch daran liegen, dass Newton Glück gehabt hat: Entweder gibt es einen Aufbau, in dem sich die verschiedenen Komplikationen zufälligerweise gegenseitig aufheben. Oder unsere Augen sehen die theoretisch vorliegenden Verschmutzungen nicht. Oder die optischen Bauteile vermengen (aufgrund suboptimaler Qualität) in der Praxis das, was theoretisch auseinandergehört.

§ 7.2. Mit der Sammellinse kommt ein neues, andersartiges Element ins Spiel, das die bestechende Einfachheit des ursprünglichen Versuchsaufbaus reduziert. Wie eine Sammellinse funktioniert, lässt sich weniger leicht durchschauen als die Funktionsweise eines Prismas. Erinnern Sie sich nur an die Schrecksekunde, die Sie am Gymnasium durchlitten haben, nachdem die Physiklehrerin *ex cathedra* verkündet hatte: Eine Sammellinse ist nichts anderes als eine Ansammlung unendlich vieler kleiner Prismenstücke (Abb. 7.2).

Flirt mit der Unendlichkeit

Ich gebe es zu: ein kühner Gedanke, dieser Flirt mit der Unendlichkeit, und sogar auf seine Weise schön – für sich genommen. Aber in unserem Zusammenhang befriedigt es nicht, wirkt es unästhetisch, stört es die Proportionen, wenn jemand unendlich viele Prismen ins Feld führen muss, um das rückgängig zu machen, was ein einziges Prisma bewirkt. Schöner wäre es, wenn die Weißsynthese keinen größeren apparativen und geistigen Aufwand erforderte als die Weißanalyse.

Nichts gegen geistige Anstrengungen. Nicht immer begleitet sie das Odium der Hässlichkeit – manchmal aber doch; zum Beispiel in unserem Fall. Probieren Sie es an Ihrem eigenen Geiste aus; Sie müssen sich anstrengen, um zu verstehen, warum Newton die auseinandergezogenen Lichtstrahlen des Spektrums nicht einfach mithilfe *eines* Prismas wieder zusammenbringen kann: Jeder einzelne Lichtstrahl lässt sich zwar auch mithilfe eines Prismas an den gewünschten Ort brechen, aber diese Aufgabe muss für alle Lichtstrahlen gleichzeitig gelöst werden, und dazu ist an jeder Stelle des Spektrums ein eigenes Prisma mit jeweils eigens angepasster Ausrichtung nötig. Im unendlich kleinen Grenzfall bilden diese vielen Prismen – zusammengenommen – eine Linse. Alles klar? Finden Sie diese Grenzbetrachtung schön? Mir ist sie zu verzwickt.

Vertiefungsmöglichkeit. Es stimmt nur auf den ersten Blick, dass man unendliche viele Prismen braucht, um die divers refrangiblen Strahlen wieder zusammenzubringen. Wie sich die Sache rein theoretisch mit vier Prismen bewerkstelligen lässt, die geschickt *hintereinander*zuschalten sind, führe ich am Ende dieses Kapitels im Kleingedruckten vor. Wer geometrische Tüfteleien liebt, sollte dort nicht gleich nachschauen, sondern besser vorher zu Bleistift, Geodreieck und Papier greifen, um es selber herauszufinden.

Beharrlich weitersuchen

§ 7.3. Um nicht missverstanden zu werden: Newtons Experiment funktioniert halbwegs und kann als gelungener Nachweis der Weißsynthese gelten, daran will ich nicht rütteln; es kommt immer wieder vor, dass ein wissenschaftlich wertvolles Experiment sein Ergebnis nicht ganz perfekt darstellt.

Der ästhetische Widerstand, den ich gegenüber Newtons ursprünglicher Weißsynthese habe wecken wollen, richtet sich nicht gegen ihren wissenschaftlichen Wert; sie ist eine Pioniertat. Vielmehr soll der Widerstand die Suche nach einfacheren und noch

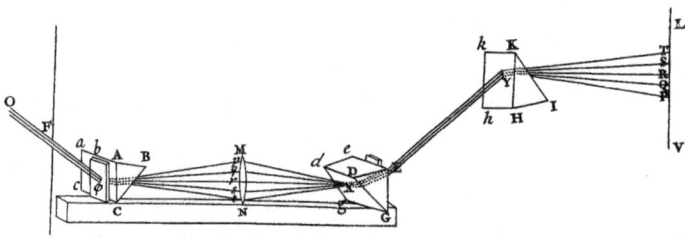

Abb. 7.3: **Newtons Weißsynthese (1704)**. Das Licht der Sonne O (ganz links) reist durchs Fensterladenloch F und wird vom Prisma ABCabc in seine diversen Bestandteile zerlegt. Eine Linse MN bündelt diese diversen Lichtstrahlen wieder zusammen, und ein zweites Prisma DEGdeg macht alle optischen Ereignisse des ersten Prismas rückgängig, so dass ein weißer Strahl von (annähernd) parallelem Licht rechts aus dem Prisma wieder austritt. Bis hierhin ist das Experiment perfekt symmetrisch; in der Linse MN steht die Symmetrieachse. Um zu beweisen, dass der neu entstandene Lichtstrahl dem ursprünglichen Sonnenlichtstrahl in nichts nachsteht, macht Newton die Probe aufs Exempel: Er schickt den wiederhergestellten Lichtstrahl durch ein drittes Prisma HIKhk und fängt auf dem Schirm LV ganz rechts im Bild das gewohnte newtonische Spektrum auf. Und dieses Spiel könnte beliebig oft fortgesetzt werden. (Die Abbildung heißt bei Newton »Fig. 16« (Newton [O], Tafel »Lib. I Par. II Tab. IV«) und bezieht sich auf Newton [O]:117–119 (= Book I, Part II, Proposition XI; Problem VI). Seitenvertauschte Darstellung von Matthias Herder.

schöneren Versionen der Weißsynthese beflügeln. Wenn diese Suche nicht zur ersehnten Perfektion führen sollte, müssen wir uns mit der suboptimalen Weißsynthese bescheiden.

Newton jedenfalls hat sich mit seiner ursprünglichen Weißsynthese nicht zufriedengegeben. Zwar sagt er nirgends, ob ihn ästhetische Gründe bewogen haben, andere Versionen der Weißsynthese zu suchen. Doch ist es nicht aus der Luft gegriffen, das zu vermuten. Denn die Weißsynthesen, die Newton zusätzlich in seine *Opticks* aufgenommen hat, sind schöner als die ursprüngliche. Ich möchte das anhand des allerschönsten Experiments demonstrieren, das Newton zur Weißsynthese gelungen ist (Abb. 7.3). Wie Sie gleich sehen werden, behebt Newton in dem Experiment nicht die ästhetischen Mängel der ursprünglichen Weißsynthese, die ich im vorigen Paragraphen moniert habe; die kritisierte Sammellinse taucht abermals auf, sogar mehrfach, zudem ist das Experiment komplizierter. Aber das neue Experiment ist symmetrischer und durchdringt die Phänomene dichter als sein Vorläufer. Genau darauf beruht seine gesteigerte Schönheit.

§ 7.4. Das ursprüngliche Experiment ist im neuen Experiment enthalten. Nur dort, wo im ursprünglichen Experiment (in optimaler Position) der Auffangschirm stand, steht jetzt ein zweites Prisma (DEGdeg). Newton plaziert es exakt spiegelsymmetrisch zum ersten Prisma (ABCabc), wobei die Symmetrieachse von der Linse MN gebildet wird.

Viel mehr Symmetrie

Der Clou: Das zweite Prisma macht alles rückgängig, was das erste Prisma bewirkte. Und so entsteht abermals ein Strahl aus parallelem weißen Licht (XY). Er befolgt eine strenge Spiegelsymmetrie zum durchs erste Prisma gesandten Lichtstrahl OFφ (wobei die Symmetrieachse weiterhin in der Linse MN liegt). Mehr noch, der Lichtstrahl XY hat exakt dieselben Eigenschaften wie sein spiegelsymmetrisches Gegenstück OFφ. Um das zu beweisen, verwickelt Newton den neuen Strahl in dasselbe optische Spiel, in das er den Sonnenlichtstrahl OFφ verwickelt hat: Weißanalyse im dritten Prisma HIKhik. Und so könnte Newton immer weitermachen, in-

dem er eine hochästhetische und an vielen Achsen spiegelsymmetrische Sequenz aufbaut:
   Weißanalyse – Weißsynthese – Weißanalyse – Weißsynthese – Weißanalyse – Weißsynthese – Weißanalyse ...
Die Schönheit dieses Experiments beruht erstens auf der Symmetrie des Versuchs*aufbaus*, dessen Achsen man im real existierenden Chaos des Labors (zumal im Dunkeln) weniger gut sehen kann als auf dem Versuchs*plan*; es handelt sich also um eine Symmetrie, die in erster Linie *theoretisch* vermittelt ist. (Ähnlich kann man einige der Symmetrien, die in Bachs polyphoner Musik stecken und auf die ich mehrmals zurückkommen werde, besser der Partitur entnehmen, hört sie also nicht ohne weiteres).

Doch ein zweiter Gesichtspunkt ist noch wichtiger für die Schönheit des Experiments: nämlich dass das Versuchs*ergebnis* den vom Versuchs*aufbau* suggerierten Spiegelsymmetrien folgt; unsere symmetrische Frage an die Natur wird herrlicherweise symmetrisch beantwortet. Auch diese Einsicht ist in erster Linie theoretisch vermittelt, zeigt sich also besonders deutlich in der Versuchsdokumentation; Newtons Versuchsskizze aus Abb. 7.3 vereinigt Versuchs*plan* und *-dokumentation*.

Vertiefungsmöglichkeit. In der Kette »Weißanalyse – Weißsynthese – Weißanalyse – Weißsynthese – Weißanalyse – Weißsynthese – Weißanalyse ...« zeigt sich noch eine andere Form der Symmetrie (die man Translations-Symmetrie nennen könnte); wer die Kette um zwei oder vier oder sechs usw. Elemente nach rechts oder links verschiebt, ändert an ihr nichts wesentliches; die Kette ist unter diesen Verschiebungen (Translationen) invariant. Spiegel- und Translations-Symmetrie sind spezielle Fälle des allgemeinen Symmetriebegriffs, den Weyl so fasst: Die Symmetrien einer räumlichen Konfiguration sind durch diejenige Gruppe der räumlichen Automorphismen gegeben, durch die sich die Konfiguration nicht ändert.[403] Man kann diesen Symmetriebegriff leicht auf zeitliche und raumzeitliche Konfigurationen übertragen; laut Weyl lässt sich der Rhythmus in der Musik als translationale Zeitsymmetrie verstehen.[404] Ähnliches gilt für Kanons. Wie wichtig Symmetrien in diesem Sinne für die Musik sind, werde ich noch nachweisen (§ 9.25). Um Missverständnissen vorzubeugen, werde ich im Falle translationaler Symmetrien das Adjektiv »translational« immer mitführen; Spiegelsymmetrien werde ich dagegen oft einfach nur als Symmetrien bezeichnen.

§ 7.5. Das neue newtonische Experiment aus dem vorigen Paragraphen ist zwar komplizierter als Newtons ursprüngliche Weißsynthese, zudem enthält es lauter Linsen, also zusätzliche Instrumente auf Kosten der Einfachheit. Aber anders als im ursprünglichen Experiment bringen weder die Linsen noch die gesteigerte Komplexität gravierende ästhetische Nachteile mit sich. Warum nicht? Erstens weil das neue Experiment unser Verständnis des alten vertieft, zweitens weil es die Natur sozusagen dichter durchdringt, drittens wegen seiner wunderschönen Symmetrien – insbesondere auf Symmetrien im Experiment habe ich es abgesehen; dies Thema wird uns anhand anderer Experimente noch lange beschäftigen.

Ideal verfehlt

Die drei genannten ästhetischen Vorzüge kommen der Schönheit des Experiments zugute, obwohl es weniger einfach ist als die ursprüngliche Weißsynthese. Wie sich daraus ergibt, sollten wir die Schönheit von Experimenten besser nicht an einem einzigen Kriterium (etwa nur an Einfachheit) festmachen. Im augenblicklichen Fall wurde ein – ästhetisch beklagenswerter – Mangel an Einfachheit mehr als wettgemacht durch ein dichtes Gewebe an Symmetrien. Das bedeutet aber auch, dass wir Symmetrien im Experiment nicht allein deshalb schätzen, weil sie der Einfachheit dienen. Wir schätzen sie auch um ihrer selbst willen, denn sie können – wie gesehen – fehlende Einfachheit übertrumpfen. Kurzum, die Schönheit von Experimenten beruht auf vielen verschiedenen Gesichtspunkten; nicht anders als bei Schönheit in den Künsten.

Halten wir fest: Newton hat seiner ursprünglichen Weißsynthese (aus dem Jahr 1672) später in den *Opticks* (1704) eine symmetrischere, also schönere Nachfolgerin hinterhergeschickt. Nun hat er in den *Opticks* noch mehr Weißsynthesen veröffentlicht, auf die ich hier nicht einzeln eingehen möchte.[405] Denn: Hätte Newton in den gut dreißig Jahren nach seiner zuerst veröffentlichten Weißsynthese das Optimum erreicht, so hätte er kaum mehrere Weißsynthesen in die *Opticks* aufgenommen; Perfektion kommt im Singular. Er war vermutlich selber nicht ganz zufrieden mit dem Erreichten; vielleicht zwickte ihn eine ästhetische Unzufriedenheit. Und in der Tat, meiner Ansicht nach ist Newton in dieser Sache nicht bis zur ästhetischen Perfektion vorgedrungen. Dies blieb Desauliers vorbehalten, dessen wunderschönem Experiment zur Weißsynthese ich mich bald zuwenden werde.

Regulatives Ideal

§ 7.6. Jetzt schon möchte ich eine allgemeine Lehre aus Newtons Suche nach schöneren (oder doch besseren) Versionen der Weißsynthese ziehen, auf die ich im Schlussteil meiner Untersuchung ausführlich zurückkommen werde: Viel spricht dafür, dass Naturwissenschaftler auch bei anderen Themen bereit sind, lange herumzuprobieren, bis ihnen (mit Blick auf ein bestimmtes Ziel in ihrem Arbeitsgebiet) ein besonders schönes Experiment gelingt; Schönheit wäre dann so etwas wie ein regulatives Ideal der experimentellen Forschung und insofern apriori. Das soll heißen, dass Experimentatoren nicht bloß *aus Erfahrung* (empirisch) lernen, wie schön ihre Versuche mitunter ausfallen, sondern dass sie ihre experimentelle Arbeit aktiv am Ziel der Schönheit ausrichten, dass sie also bereits *vor* aller Erfahrung (apriori) auf diese Schönheit bauen. Und vielleicht könnte man diesen von Immanuel Kant inspirierten Gedanken bis hin zur Theoriebildung weiterverfolgen.[406]

Dass mangelnde ästhetische Perfektion im Beweis bereits gesicherter Ergebnisse die Wissenschaftler zu weiterer Arbeit anfeuert, ist ein verbreitetes Phänomen; es zeigt sich besonders deutlich in der Mathematik.[407] Es gibt beispielsweise einen mathematischen Lehrsatz, für den im Lauf der Jahre knapp zweihundert verschiedene Beweise aufgestellt worden sind.[408] Und mathematische Fachzeitschriften enthalten immer wieder Beweise von Theoremen, die längst bewiesen worden waren. Warum? Weil die neuen Beweise schöner sein sollen als die alten.

Doch auch was sich weiter Verbreitung erfreut, mag überraschte Nachfragen auslösen. In der Tat fragt sich: Wenn der Wissenschaftler nur nach Wahrheiten sucht, warum gibt er sich dann nicht mit ihrem Nachweis zufrieden, einerlei wie schön oder hässlich? Die Antwort darauf scheint zu lauten: Wissenschaftler suchen nicht nur nach Wahrheiten – sie suchen nach schönen Wahrheiten. Warum das so ist und was es genau heißt, das ist eines der Rätsel, die ich mit meiner Untersuchung aufwerfen möchte.

Lassen wir das Rätsel einstweilen auf sich beruhen. Als nächstes möchte ich auf das optimale Experiment zur Weißsynthese zusteuern. Desaguliers' Experiment ist denkbar einfach, kommt ohne jede Sammellinse aus und produziert einen wunderschönen, glasklaren Effekt: klar fürs Auge und klar für unseren Geist. In den nächsten Paragraphen werde ich erst die Grundideen erklären, die hinter dem Experiment stecken, dann das Experiment selbst. Doch zuallererst möchte ich betonen, dass Newton das Experiment willkommen geheißen hätte. Es passt gut zu Newtons eigener Arbeit in der Optik und zu den Idealen, die er dort anstrebte.

§ 7.7. In einem ersten Schritt auf dem Weg zur perfekten Weißsynthese möchte ich Sie in eine intellektuelle Spielerei verwickeln.[409] Gehen wir zum kunterbunten Spektrum der Weißanalyse zurück, das aus dem Wasserprisma vor dem Diaprojektor herkam und dann auf der Projektionsfläche gegenüber aufgefangen wurde (Farbtafel 5 oben). Jetzt ändern wir in Gedanken die zeitliche Richtung des gesamten Experiments, legen gleichsam den Rückwärtsgang ein. Dann reisen die roten, grünen und blauen Lichtbündel von der Projektionsfläche zurück zum Prisma, werden bei beiden Grenzübertritten (ins Prisma hinein und aus ihm heraus) genau auf den Pfad ihrer Hinreise gebrochen, und zwar wieder verschieden stark, je nach Refrangibilität der fraglichen Lichtbündel. (Die roten Lichtbündel werden beidemal am wenigsten weit vom Weg abgelenkt, die blauen beidemal am weitesten).

Was geschieht mit diesen Lichtbündeln nach ihrem Austritt aus dem Prisma? Sie vereinigen sich unmittelbar nach ihrer Rückreise durchs Prisma und reisen gemeinsam zurück zum Diaprojektor. Und da sich die Lichtbündel aller Lichtsorten hinter dem Prisma perfekt überlagern, büßen sie ihre Farbe ein und ergeben genau die optische Figur, mit der die Sache im ursprünglichen Experiment angefangen hat: einen weißen Lichtbalken vor schwarzem Hintergrund (Abb. 6.24c).

§ 7.8. Dem Gedankenspiel aus dem vorigen Paragraphen liegt ein Motiv zugrunde, das Mathematiker und Physiker als schön empfin-

Umgedrehte Zeitrichtung

Zeitsymmetrie

den: das Motiv der zeitlichen Spiegelsymmetrie. Es ist schön, wenn ein Vorgang vorwärts genauso funktioniert wie rückwärts, wenn also die den Vorgang regierenden Gesetze unabhängig von der Zeitrichtung sind; wenn sie keine Zeitrichtung auszeichnen. Auf Außenstehende mag das wie eine beiläufige Spielerei der Physiker wirken. Aber das wäre eine Fehleinschätzung. Man muss wissen, dass die Zeitumkehr grundlegender Vorgänge (laut dem schweizerischen Physiker Hans Frauenfelder) als eine »geheiligte Symmetrie« der Physik gilt.[410] Damit ist keine religiöse Schwärmerei gemeint, sondern der feste Glaube an eine tiefe, strukturelle Schönheit unserer Welt.

Der Schönheitssinn der Physiker reagiert positiv auch auf andere Arten von Symmetrien, die nichts mit Zeitrichtung zu tun haben. Ein erstes Beispiel ist uns vorhin begegnet; im § 7.4 haben wir uns bei einer der newtonischen Weißsynthesen über eine Sequenz räumlicher Symmetrien gefreut. Weitere Beispiele aus der Physikgeschichte werde ich im Kleingedruckten am Ende des kommenden Kapitels zusammentragen. Und im Schlussteil meiner Fallstudie werde ich Sie mit einer überbordenden Gruppe von Symmetrien überraschen, die das gesamte Reich der Farben durchzieht und in wunderschönen Experimenten aufscheint (§ 13.11 – § 13.14).

Tod und Kaffee

§ 7.9. Nicht alle Vorgänge der Natur zeigen die zeitliche Spiegelsymmetrie, mit der ich im vorigen Paragraphen gearbeitet habe. Sonst könnte man die Toten aufwecken oder aus einer lauwarmen Tasse *café au lait* flugs eine halbe Tasse heißen schwarzen Kaffees und eine halbe Tasse kühler Milch zurückgewinnen. Solche schönen Wunder verhindern die zeitlichen Asymmetrien der Wärmelehre (Thermodynamik), insbesondere ihr gnadenloser zweiter Hauptsatz. (»Je später, desto mehr Unordnung«).

Um nicht missverstanden zu werden: *In Gedanken* können wir auch den Milchkaffee entmischen oder die Toten aufwecken, und beides ließe sich im Kino zeigen (durch umgekehrte Abspielrichtung der Filmrolle, worauf ich noch eingehen werde). Aber diese gedanklich oder cineastisch umgedrehten Ereignisketten kommen in unserer Welt nicht vor; es sind eben *nur* Gedankenspiele oder

Bildersequenzen im Lichtspielhaus. Für Möglichkeits- und Schönheitssinn mag das wunderbar sein; der Wirklichkeitssinn verlangt mehr und wird bei der Weißanalyse nicht enttäuscht: Wie Sie gleich sehen werden, lässt sie sich nicht nur gedanklich oder cineastisch umdrehen, sondern sogar im wirklichen Experiment. Warum? Weil die optischen Gesetze (im Gegensatz zu den thermodynamischen) zeitlich spiegelsymmetrisch sind.[411]

Bevor ich den experimentellen Beleg vorführe, will ich kurz innehalten und schon einmal den ästhetischen Hauptgewinn nennen, aus dem ich später Kapital schlagen werde: Während das ästhetische Motiv der zeitlichen Symmetrie nicht die gesamte Naturwissenschaft durchzieht, wohl aber weite Bereiche der Physik, kennen und schätzen wir zeitliche Symmetrien auch außerhalb der Naturwissenschaft, in Musik und Filmkunst zum Beispiel; das werde ich im übernächsten Kapitel illustrieren. Wenn das plausibel ist, spricht es für meine Verwandtschaftsthese, auf die ich zusteuere (§ 1.2): Trotz aller Unterschiede richten wir unsere ästhetischen Urteile in Naturwissenschaft und Kunst an verwandten Gesichtspunkten aus.

§ 7.10. Dass sich optische Geschehnisse zeitlich umdrehen lassen, habe ich in meinem Gedankenspiel vorausgesetzt. Kann man das nachweisen? Schön wäre ein Experiment, in dem die zeitliche Symmetrie der Optik augenfällig wird, etwa in Form einer Symmetrie zwischen Weißanalyse und Weißsynthese. Wie es gehen könnte, möchte ich mithilfe einer unschuldigen Frage aufklären. Sie lautet: Wieso sehen wir eigentlich in Newtons Grundexperiment und seinem modernen Nachfolger (Farbtafel 1, Farbtafel 5) ein kunterbuntes Bild auf der Projektionsfläche? Wie kommt dies Bild in unser Auge? Folgende Antwort, die sich zunächst aufdrängt, ist ein wenig zu einfach: All die bunten Lichtstrahlen, die auf der Projektionsfläche anlangen, werden von dieser Fläche zurückgeworfen und geraten so geradewegs zu unserer Pupille. – Zu *unserer* Pupille? Bedenken Sie, dass jeder von uns das kunterbunte Lichtspektrum sehen kann, dass die fraglichen Lichtstrahlen in alle Pupillen reisen müssen; sie müssen überall hinkommen. Das bedeutet: Die Lichtstrahlen werden von der Projektionsfläche in *alle* Richtungen zu-

Das Hin und Her der Lichtstrahlen

rückgeworfen, also (im Jargon der Physiker) diffus reflektiert. Soll heißen, sie spritzen überallhin.

So weit, so banal. Weniger banal als diese allgemeine Feststellung ist folgender Spezialfall. Wenn die bunten Lichtstrahlen von der Projektionsfläche *überallhin* zurückgeworfen werden, so müssen einige dieser Strahlen exakt auf denjenigen Bahnen von der Projektionsfläche zum Prisma zurückkreisen, auf denen sie zuvor vom Prisma zur Projektionsfläche hingereist sind.

Auf diesem Spezialfall beruht die neue Version der Weißsynthese, die von Desaguliers stammt und die Nussbaumer in schönster Perfektion nachvollzogen hat: Die rückwärtsreisenden farbigen Lichtstrahlen, auf die ich mich vorhin in meinem rein theoretischen Gedankenspiel von der umgedrehten Zeitrichtung gestützt habe (§ 7.7), kommen bereits im ursprünglichen Experiment vor.

Zwar treten längst nicht alle Lichtstrahlen ihre exakte Rückreise an; die meisten hinreisenden Strahlen werden irgendwo anders hingelenkt als geradewegs zurück. Doch immerhin: Ein gewisser – wenn auch insgesamt blasser – Teil des diffus reflektierten Lichts fliegt im Rückwärtsgang dahin zurück, woher er kam. Das ist uns nur nicht aufgefallen, wir haben es nicht gesehen.

Synthese im analysierenden Prisma

§ 7.11.   Jetzt aufgepasst: *Wenn* (wie eben dargetan) schon im ursprünglichen Experiment zwischen Projektionsfläche und Prisma die fraglichen bunten Lichtstrahlen doppelt vorkommen, nämlich erstens vorwärts und zweitens genauso (wenn auch blasser) rückwärts, dann kann man das ursprünglich *analysierende* Prisma gleichzeitig zum Zweck der *Synthese* einsetzen. Man lässt es einfach da stehen, wo es steht. Sollten die Gesetze der Optik (also in unserem Fall die prismatischen Brechungsgesetze) wirklich schön sein, also symmetrisch mit Bezug auf die Zeitrichtung, dann muss schon im ursprünglichen Experiment am Ort des Diaprojektors genau das Bild zurückkommen, mit dem die ganze Sache angefangen hat. (*Genau* das Bild? Nein, ein blasseres Abbild dieses Bildes, denn wie gesagt geht durch die Zerstreuung an der Projektionsfläche viel Licht in andere Richtungen verloren, das jetzt an Ort und Stelle fehlt).

Das bedeutet: Wäre die Lichtgeschwindigkeit kleiner, als sie ist, so brauchten wir den Diaprojektor nur flugs fortzunehmen und durch unser Auge zu ersetzen; dann müsste sich der gewünschte Effekt der Weißsynthese beim Blick durchs Prisma (in Projektionsrichtung des soeben entfernten Projektors) ausmachen lassen. Aber Licht ist blitzschnell, daher geht es so nicht, und wir müssen den Diaprojektor an seinem angestammten Platz stehen lassen, um den gewünschten Effekt auffangen zu können; zugleich dürfen wir dem Licht des Projektors nicht in die Quere kommen. Wie soll das funktionieren?

§ 7.12. Desaguliers und Nussbaumer machen uns vor, was zu tun ist. Abb. 7.12a und Farbtafel 6 illustrieren die Weißsynthese von Desaguliers. Obwohl das aus den Abbildungen nicht deutlich hervorgeht, nimmt Desaguliers ein *langes* Prisma in die Hand, das ihm genug Platz bietet, um *neben* dem durchscheinenden Sonnenlichtstrahl hindurchzuschauen.[412] Selbst wenn seine Hand zittert, schadet das nicht; zwar zittert dann das Bild des bunten Spektrums auf der Projektionsfläche, aber da die Hand viel langsamer zittert als mit

Die Weißsynthese des Desaguliers

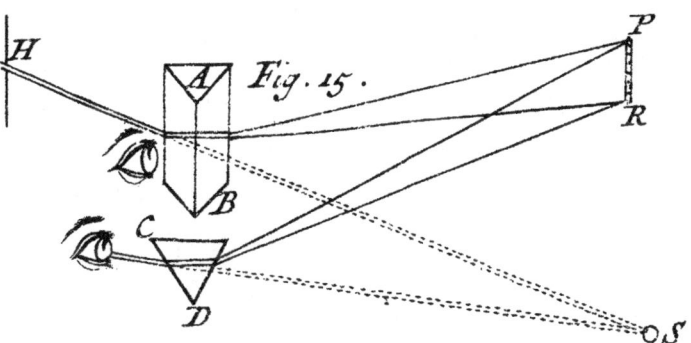

Abb. 7.12a: **Die Weißsynthese von Desaguliers (1716).** In Desaguliers' Originalzeichnung sind zwei Experimente auf einmal dargestellt: eines, in dem der Experimentator durchs analysierende Prisma AB hindurchschaut (oben); und eines, in dem er durch ein anderes Prisma CD hindurchschaut (unten). Wie Sie in Abb. 7.12b sehen können, hat Newton das untere Experiment bereits gekannt. (Die Abbildung heißt bei Desaguliers »Fig. 15«; sie findet sich auf der unpaginierten Tafel am Ende seines Aufsatzes und bezieht sich auf Desaguliers' fünftes Experiment (Desaguliers [AoSE]:442)).

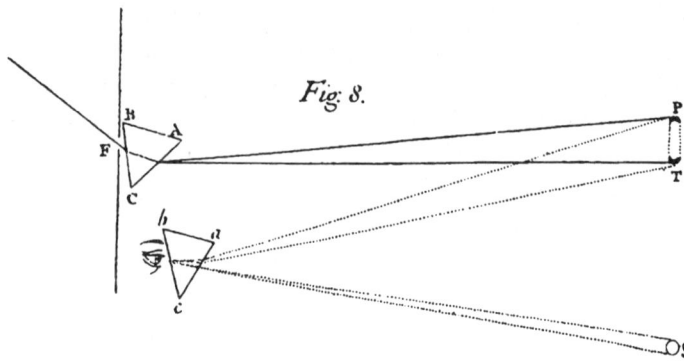

Abb. 7.12b: Die newtonische Vorläuferin der Weißsynthese des Desaguliers (1704). Diese Abbildung belegt, wie nahe sich schon Newton an die Weißsynthese des Desaguliers (Abb. 7.12a) herangetastet hatte. Der Betrachter blickt durchs Prisma abc auf das Spektrum PT (das vom Prisma ABC wie gehabt auf einen Schirm geworfen wurde). Die von PT ausgehenden Strahlen werden im Prisma abc auf dieselbe Weise gebrochen wie in ABC, nur rückwärts. Sie vereinigen sich also im Auge des Betrachters, und so entsteht für ihn ein virtuelles Bild der Sonne in S – es scheint dort zu liegen, wo der gerade Blick des Betrachters hinführen würde. Newtons Experiment ist störanfällig, denn Abmessungen, Winkel, Position und Ausrichtung des zweiten Prismas entscheiden über Erfolg oder Misserfolg der newtonischen Synthese. Wie Sie Abb. 7.12a (oben) entnehmen können, verschwinden diese Probleme bei Desaguliers, da dort das zweite Prisma wegfallen kann. (Die Abbildung heißt bei Newton »Fig. 8« (Newton [O], Lib. I Par. II Tab. II) und bezieht sich auf Newton [O]:91 (= Book I, Part II, Proposition V, Theorem IV, Experiment 11). Seitenvertauschte Darstellung von Matthias Herder).

Lichtgeschwindigkeit, wird sich die zitternde Störung beim Hinweg des Lichts exakt durch die zitternde Störung beim Rückweg ausgleichen. Das Experiment ist also äußerst robust gegen Störungen und in dieser Hinsicht allen newtonischen Weißsynthesen überlegen.

Bei Nussbaumer funktioniert dieselbe Sache noch bequemer, denn er verfügt über großzügige, hohe Wasserprismen, die er auf den Tisch des Projektors stellt. Wir blicken in dieselbe Richtung durch das Prisma, in die der Projektor sein Licht hineinwirft, und zwar indem wir unsere Augen *direkt über* dem Objektiv des Projektors plazieren. Damit fangen wir zwar nicht *exakt* das Bild auf, auf das wir es in unserem theoretischen Gedankengang abgesehen hatten und das wir wegen der hohen Lichtgeschwindigkeit verpassen mussten; aber wir fangen immer noch ein Bild auf, das dem gewünschten Bild stark genug ähnelt, und zwar verblüffend stark.

Voilà, die Weißsynthese: Man blickt durchs Wasserprisma auf eine Projektionsfläche, auf der sich aus anderen Blickwinkeln (ohne Prisma) ein breites, kunterbuntes Spektrum zeigt; und man sieht (durchs Prisma blickend) kein breites, kunterbuntes Spektrum, sondern einen schmalen weißen Lichtbalken – offenbar die Überlagerung der verschiedenen Zonen des kunterbunten Spektrums. Farbtafel 6 zeigt unten Ausgangsbild und darunter dessen Synthese.

Vertiefungsmöglichkeit. Die Originalgraphik zum Thema *Weißsynthese* aus dem Aufsatz von Desaguliers (Abb. 7.12a) zeigt zwei Experimente – eines mit einem einzigen Prisma (wodurch das obere Auge blickt), eines mit einem zusätzlichen Prisma (unteres Auge). Das Experiment mit insgesamt zwei Prismen ist hässlicher als sein einfacheres, sparsameres Gegenstück. Nur dies hässlichere Experiment findet sich schon bei Newton, siehe Abb. 7.12b. Wieviel Einfluss Newton auf Desauliers' Aufsatz gehabt hat, ist schwer einzuschätzen. Einerseits kommt das uns interessierende Experiment (bei dem der Experimentator durchs analysierende Prisma hindurchschaut) in Newtons *Opticks* nicht vor. Andererseits lautet die Überschrift des Aufsatzes von Desaguliers:

»Bericht über einige Experimente mit Licht und Farben, vor einiger Zeit *von Isaac Newton durchgeführt und in seinen Opticks beschrieben*, kürzlich von J. T. Desaguliers vor der *Royal Society* wiederholt«.[413]

Die Überschrift ist etwas irreführend. Doch obgleich die schönere der Weißsynthesen in den *Opticks* genau nicht auftaucht, finden sich dort alle Ressourcen für ein solches Experiment.[414]

§ 7.13. Den Effekt, den ich im vorigen Paragraphen beschrieben habe, muss man selber gesehen haben, um seine Schönheit voll und ganz würdigen zu können. Aus eigener Anschauung kann ich berichten, welche Freude mich jedesmal durchflutet, wenn ich den aus Buntem synthetisierten weißen Lichtbalken erblicke, und wie stark mich jedesmal wieder die Schärfe und Sauberkeit des weißen Balkens überrascht und anspricht.[415]

Reaktion des Schönheitssinns

Mit Blick auf ein anderes Experiment (in dem es um Spektrallinien geht) kommt der schottische Astronom Charles Piazzi Smyth zu verblüffend ähnlichen ästhetischen Urteilen:

> »Jede Linie war beinahe unendlich dünn, dabei aber gleichzeitig unendlich *scharf, klar* und auf beiden Seiten *wohldefiniert*, und der gesamte Versuchsaufbau war von einer so *perfekten Ordnung und Symmetrie* durchdrungen, dass es sich um ein *Musterbeispiel* der Vereinigung aus Wissenschaft und Kunst handelte«.[416]

Im Zitat geht es zwar wieder um ein Experiment mit Spektren, doch gelten die dort hervorgehobenen ästhetischen Merkmale allgemein. Saubere und symmetrische Versuchsergebnisse werden nicht nur bei spektralen Experimenten ästhetisch gelobt; sie kommen in nahezu allen Bereichen experimenteller Forschung vor, bis hin zur Biologie.[417]

Es gibt noch einen weiteren Grund dafür, dass die besprochene Weißsynthese den Schönheitssinn anspricht: die Freude daran, dass die Sache aufgeht, genau hinkommt, sozusagen exakt zuschnappt. Über so etwas freuen sich der Dichter und dessen Leser, wenn das letzte Wort seines Sonetts die Forderungen von Rhythmus und Reim treffsicher erfüllt und obendrein die inhaltliche Pointe des Gedichts treffend zum Abschluss bringt. Es ist dieselbe Freude, die dem Musikfreund zuteil wird, wenn vor seinen Ohren eine gewagte Quadrupelfuge aufgeht. Und es ist eben diese Freude, die uns vorenthalten wird, weil die letzten Takte des *Contrapunctus 14* aus Bachs *Kunst der Fuge* verlorengegangen sind.

Vertiefungsmöglichkeit. Wieviele Takte fehlen und ob zu den drei Themen dieses *Contrapunctus 14* noch das Grundthema des Gesamtwerks dazukam (ob das Stück also als Quadrupelfuge angelegt war), ist in der Literatur umstritten.[418] Manche Autoren versuchen, das mithilfe von Analysen herauszufinden, die sich auf die Symmetrie der Gesamtarchitektur der *Kunst der Fuge* stützen.[419]

Schönheit & Verständnis

§ 7.14. Selbstverständlich ist der bloße Anblick eines scharf umgrenzten, schneeweißen Lichtbalkens vor pechschwarzem Hintergrund alleine kein Erlebnis von ästhetisch hohem Rang. Nur im Lichte der zugehörigen Hintergrundkenntnisse gewinnt der Anblick des schmalen Balkens seinen ästhetischen Reiz: Um ästhetisch angesprochen zu werden, muss man verstehen, woher der weiße Lichtbalken kommt. Man muss wissen, dass ein kunterbuntes Spektrum mit vielen feinen farbigen Abstufungen den Ausgangspunkt der Synthese bildet – einen Ausgangspunkt, der seinerseits aus einem schmalen weißen Lichtbalken hervorgelockt wurde. Kurzum, hier hat das Versuchsergebnis alleine keinen besonderen ästhetischen Wert; seine Wertschätzung beruht auf der verständnisvollen Würdigung von Versuchsplan und theoretischer Dokumentation.

Wie eng ganz allgemein das intellektuelle Verständnis mit dem naturwissenschaftlichen Schönheitserlebnis zusammenhängt, hat Heisenberg betont:

»[...] so wird das Erlebnis des Schönen fast identisch mit dem Erlebnis des verstandenen oder wenigstens geahnten Zusammenhangs«.[420]

Nicht viel anders steht es in den Künsten; auch den vollen ästhetischen Wert eines Kunstwerks dürften jene Rezipienten verfehlen, die sich ohne Hintergrundkenntnisse nur auf Sinneswahrnehmung stützen. Gegenbeispiele wie wunderschöne Blumen-Stilleben oder überwältigende Musikstücke (§ 6.2, § 6.3) sind Ausnahmen und bestätigen die Regel, die der Dichter, Philosoph und Arzt Friedrich Schiller so auf den Punkt gebracht hat:

»Durch die Schönheit wird der sinnliche Mensch zur Form und zum Denken geleitet; durch die Schönheit wird der geistige Mensch zur Materie zurückgeführt, und der Sinnenwelt wiedergegeben.«[421]

Nicht alle Autoren halten diese These für korrekt. So sollen wir laut Clive Bell, einem Kunstkritiker aus der Bloomsbury-Gruppe, unsere ästhetischen Urteile nur auf sinnlich zugängliche Gesichtspunkte stützen; das ist sicher überzogen.[422] Auch die konträre Gegenposition hat versprengte Anhänger; ihnen zufolge brauchen wir uns für unsere ästhetischen Urteile überhaupt nicht auf Sinneswahrnehmungen zu berufen.[423] Die Wahrheit dürfte – genau wie von Schiller dargelegt – in der Mitte zwischen den beiden Extrempositionen liegen. Dass neben Wahrnehmung und Intellekt auch die Emotionalität (als Dritte im Bunde) ein Wörtchen mitzureden hat, versteht sich von selbst.

Doch zurück zur Optik. Wer die Weißsynthese anschaut und versteht, wird es übrigens auch faszinierend und schön finden, dass sich die zeitliche Symmetrie der optischen Gesetze räumlich im Experiment dingfest machen lässt; die Weißanalyse spielt sich – fast – genau auf denselben Bahnen ab wie die Weißsynthese. Können Sie sich der Schönheit dieser Tatsache entziehen?

Vertiefungsmöglichkeit. Ich musste soeben das Wort »fast« hineinbringen, weil wir das Experiment (wie in § 7.11 dargetan) unweigerlich stören würden, wenn wir die exakt zurückkreisenden Lichtstrahlen auffangen wollten. Bringt diese Einschränkung einen Verlust an Schönheit mit sich? Gefährdet sie meine Parallele zwischen Naturwissenschaften und Kunst? Keineswegs. Wie ich im übernächsten Kapitel zeigen will, sieht man *perfekte* Symmetrie in den Künsten kaum als Ideal an – aber auch von dieser Regel gibt es Ausnahmen.

Einheit in der Vielfalt

§ 7.15. Viele verschiedene farbige Abstufungen (aus dem gesamten Newtonspektrum) werden in Desauliers' Experiment zu einer Einheit zusammengeführt, zum reinen Weiß. Faszinierend ist hier unter anderem das Wechselspiel, ja die Gleichwertigkeit von fast schon unendlicher Farbenvielfalt auf der Projektionsfläche einerseits und der allergrößten farblichen Einheitlichkeit – des Weißen – im gesehenen Bild andererseits.

Und so haben wir einen weiteren Gesichtspunkt aufgetan, der die ästhetische Qualität des Experiments mit ausmacht. Viele Theoretiker des Schönen stützen sich auf die Formel von der *Einheit in der Vielfalt*, um ästhetische Werturteile verständlich zu machen. Der irische Aufklärungsphilosoph Francis Hutcheson hat diese Formel offenbar als einer der ersten in den Vordergrund gerückt und sie fast im selben Atemzug mit der Schönheit wissenschaftlicher Lehrsätze verknüpft.[424] Weil sich die Formel für die ästhetische Beurteilung sowohl theoretischer als auch experimenteller Errungenschaften der Wissenschaften eignet, passt sie gut in meinen Gedankengang; ich möchte den Schönheitssinn in beiden Bereichen so weit wie möglich parallelisieren.

Die theoretische Anwendung der Formel werde ich im nächsten Kapitel genauer betrachten (§ 8.14). An der augenblicklichen Wendung des Gedankengangs möchte ich kurz in die entgegengesetzte Richtung blicken und noch näher an konkrete künstlerische Fälle herankommen, die der Formel rein visuell genügen.

Betrachten wir noch einmal Mondrians *Komposition in Schwarz und Weiß* (Abb. 6.5c). Wie gesagt besteht sie aus einer Vielzahl verschiedenster kleiner Striche, die entweder vertikal oder horizontal ausgerichtet sind. Ihre fast unermessliche, jedenfalls irreduzible Vielfalt wird durch die große elliptische Form zusammengehalten, die sich aus ihnen zusammensetzt und sie alle umschließt. Auf dieser Spannung zwischen dem Vielen und Einen beruht wesentlich die Ästhetik des Bildes.[425] Nicht viel anders bildet das Violoncello einer Aufführung von Lachenmanns Komposition *Pression* eine sichtbare und raumgreifende Einheit in der hörbaren Vielfalt der aufgereihten Celloklänge (§ 6.19).

Die Formel von der Schönheit des Wechselspiels aus Einheit und Vielfalt funktioniert in den verschiedensten Kulturen. Um das zu belegen und Ihnen die Formel spielerisch näherzubringen, lade ich Sie zu einem Ausflug in einige uralte Schönheiten der chinesischen Kultur ein (Abb. 7.15a – Abb. 7.15c).

Abb. 7.15a: Einheit in der biologischen Vielfalt. Wie unser Schönheitssinn auf die Einheit in der Vielfalt reagiert, lässt sich nicht nur künstlerisch und naturwissenschaftlich, sondern auch spielerisch illustrieren. Betrachten Sie den geometrischen Zoo, in dem eine kleine Auswahl der verschiedensten Tiere dargestellt ist. Welches einheitliche Band hält die ganze Vielfalt zusammen? (Graphik O. M.)

Abb. 7.15b: Einheit in der menschlichen Vielfalt. Die Frage zur Abb. 7.15a verschärft sich weiter, wenn wir zur Vielfalt der Fauna noch die menschliche Vielfalt hinzunehmen, von der hier wieder nur ein winziger Ausschnitt gezeigt wird. Die stilisiert dargestellten Bewegungsformen des Menschen sind derselben Regel unterworfen wie die Tiere, und ich könnte noch allerlei Schiffe, Häuser, Kerzen usw. einbeziehen, ohne den erfreulichen Eindruck der Einheitlichkeit zu stören. Worauf beruht er? (Graphik O. M.)

Wie man vermuten kann, beruht die Faszination, die das chinesische Spiel bis heute auf der ganzen Welt ausübt, auch auf einer Grundkonstante menschlicher Wahrnehmungsroutinen. In der Tat könnte es sein, dass die Freude an der visuellen Einheit in der Vielfalt fest verdrahtet ist und evolutionäre Wurzeln hat.[426] Selbst wenn es sich so verhält, bleibt rätselhaft, warum die Formel uns auch naturwissenschaftlich voranbringt. Unsere genetische Ausstattung war längst komplett, als wir anfingen zu untersuchen, was die Welt im Innersten zusammenhält. Ein weites Feld; statt darüber zu spekulieren, möchte ich im kommenden Paragraphen ein Fazit zur Ästhetik der besprochenen Weißsynthesen ziehen.

7. Kapitel: Synthese, Sauberkeit und Symmetrie 217

Abb. 7.15c: Zerlegtes Tangram-Quadrat. Alle Tiere und Menschen aus den vorigen beiden Abbildungen sind geometrische Variationen des Quadrats: Wenn man ein Quadrat in insgesamt fünf Dreiecke, ein Quadrat und ein Parallelogramm zerlegt, dann kann man aus diesen Bestandteilen alle zuvor gezeigten Figuren (und Tausende mehr) zusammensetzen. Daraus erklärt sich die ungeheure ästhetische Faszination, die das alte chinesische Spiel Tangram bis heute zu wecken vermag.[427] Übung für Leserinnen und Leser: Legen Sie jedes Lebewesen (aus den vorigen beiden Abbildungen) mithilfe der Tangram-Stücke, und zwar so, dass jedes oben gezeigte Stück benutzt wird. (Graphik O. M.)

§ 7.16. In den letzten Paragraphen habe ich einige Gründe dafür vorgebracht, dass die neue Weißsynthese ein schönes Experiment ist. Das möchte ich jetzt resümieren, indem ich einen ästhetischen Vergleich ziehe.

Ästhetischer Vergleich als Fazit

Warum bietet das Experiment (im Komparativ:) eine schönere Weißsynthese als Newtons ursprüngliches Experiment? Der zuletzt durchdachte Gesichtspunkt von der Einheit in der Vielfalt kann für diesen Vergleich nichts ausrichten, denn jede funktionierende Weißsynthese bringt die farbige Vielfalt des Spektrums einheitlich zusammen. Doch aus fünf anderen Gründen ist die Weißsynthese von Desauguliers ihrer frühesten Vorläuferin (Abb. 7.1) ästhetisch überlegen. Erstens weil sie weniger Apparate benötigt (insbesondere keine Sammellinse), zweitens weil ihr Versuchserfolg weniger Fummelarbeit voraussetzt, drittens weil ihr Effekt sauberer, ja schärfer aufscheint, viertens weil sie sich leichter überblicken lässt, fünftens weil sie eine intellektuell faszinierende Symmetrie (die Zeitsymmetrie) ausnutzt und augenfällig macht.

* * *

Graduelles und Komparatives

§ 7.17. Wenn ich soeben zwei Experimenten zwanglos unterschiedliche *Grade* von Schönheit zusprechen konnte, so spricht das *mutatis mutandis* gegen eine Behauptung Rotas, die besagt: Mathematiker hätten die nicht-graduelle Rede von Schönheit ausgerechnet deshalb in die Mathematik eingeführt, weil sie keine graduellen Kategorien mit verschwimmenden Grenzen ausstehen könnten; sie wollten daher übertünchen, dass sie – recht verstanden – z. B. ein Theorem deshalb loben müssten, weil es (graduellerweise) das Verständnis vertiefe, ja erleuchte.[428]

Warum das nicht stimmen kann, will ich in zwei Schritten zeigen. Erstens: Auch in der Mathematik sind ästhetische Vergleichsurteile gang und gäbe. Zwar wäre es ein bisschen seltsam, eine mathematische *Theorie* schöner zu nennen als eine andere – so seltsam, wie es wäre, eine bestimmte Symphonie der Romantik schöner zu nennen als ein bestimmtes Renaissance-Madrigal. Nichtsdestoweniger kann man den einen *Beweis* eines bestimmten mathematischen Theorems schöner nennen als den anderen – genauso, wie man diese Orgelfuge aus dem Hochbarock schöner nennen kann als jene. Und erst recht kann man diese *Präsentation* ein und desselben Beweises schöner (eleganter) nennen als jene – wie bei Interpretationen ein und desselben Musikstücks.

Ich komme nun zum zweiten Schritt, mit dem ich meine Antwort auf Rotas Überlegung vervollständige. Er hat damit zu tun, dass weder ein Begriff wie »tieferes Verständnis« noch einer wie »schöneres Experiment« schwammig gebraucht werden muss. Beides sind komparative Begriffe; und wie der Sprach- und Wissenschaftsphilosoph Rudolf Carnap entfaltet hat, kann man sich im Komparativ eines Adjektivs oft treffsicherer ausdrücken als mithilfe der qualitativen Grundform desselben Adjektivs: Über Urteile mit Ausdrücken wie »wärmer« und »länger« muss man weniger streiten als über Urteile mit Ausdrücken wie »warm« oder »lang«.[429] Diese Einsicht Carnaps überträgt sich auf unseren Fall. In der Tat ist oft herausgestellt worden, dass komparative Werturteile in der Ästhetik eine wichtige Rolle spielen müssen.[430] Hier eröffnet sich meiner Ansicht nach ein unaufgeregter Übergang zur Ästhetik des Hässlichen: Weil wir nie und nimmer zum Ideal perfekter Schönheit vordringen werden, müssen wir uns mit weniger Schönem zufriedengeben – also mit etwas, das hässlicher ist als das unerreichbare Ideal maximaler Schönheit. So verstanden würde sich eine Ästhetik des Hässlichen nicht auf maximale oder doch herausragende Hässlichkeit konzentrieren, sondern auf den überaus greifbaren graduellen Unterschied zwischen Hässlicherem und weniger Hässlichem.

* * *

§ 7.18. Zum Auftakt dieses Kapitels habe ich leichthin behauptet, dass die Weißsynthese nur mit unendlich vielen Prismen gelingen kann, mit je einem Prisma für jeden Lichtstrahl. Im Experiment von Desaguliers funktioniert dies zwar mit einem einzigen Prisma, doch konnte das Weiß nur (»subjektiv«) auf der Netzhaut des Auges sichtbar zusammengebracht werden, nicht etwa (»objektiv«) auf einem Schirm.[431] Nun ist es nicht auf Anhieb klar, ob wir nicht doch durch wenige weitere Prismen die diversen Lichtstrahlen auch objektiv wieder zusammenbringen können – wenn sie geschickt *hintereinander* geschaltet werden.

Weißsynthese mit Glasquadern

Newton behauptet, dass man mit *einem* zweiten Prisma die Effekte des ersten Prismas wieder rückgängig machen könne.[432] Das scheint nicht zu stimmen – jedenfalls dann nicht, wenn der ursprüngliche Lichtstrahl objektiv sichtbar wiederhergestellt werden soll, wenn also die Weißsynthese nicht bloß schwach in einem einzigen Konvergenzpunkt auf der Netzhaut stattfinden soll, sondern mit voller Kraft auf weiten Strecken im Raum des Labors.

Soweit ich sehe, kann ein zweites (kongruentes) *Prisma* immer nur für *eine* Lichtsorte die Effekte des ersten Prismas rückgängig machen; so lässt sich immer nur für eine Lichtsorte diejenige symmetrische Bedingung minimaler Refraktion herstellen, mit der Newton normalerweise experimentiert.[433]

Aber immerhin: Wenn wir ein weißes Lichtgemisch an einem großen *Quader* brechen, so verlässt zwar das Licht den Quader in derselben Richtung, in der es in ihn eintrat – aber parallel leicht versetzt; die stark refrangiblen blauen Lichtstrahlen werden etwas weiter versetzt als ihre schwach refrangiblen roten Gegenstücke.[434] Nach Refraktion an einem Quader laufen also die verschiedenfarbigen Strahlen parallel nebeneinander her. (Ihr Abstand ist umso größer, je dicker der fragliche Quader ist. Unsere Fensterscheiben sind sehr dünne Glasquader; daher springt uns der Effekt beim Blick nach draußen nicht ins Auge).

Das alles legt folgenden theoretischen Plan für eine Weißsynthese mit zwei Glasquadern nahe (Abb. 7.18): Wir schicken weiße Sonnenlichtstrahlen im Winkel von 45 Grad durch einen dicken Glasquader. Ihre Bestandteile verlassen ihn, farblich zerlegt, aber parallel im Winkel von 45 Grad.

Das ist eine neue Weißanalyse. Für die zugehörige Weißsynthese bauen wir *senkrecht* zum ersten Glasquader P_1P_2 einen zweiten, genau gleichartigen Glasquader P_3P_4 auf und schicken das farbige, parallele Licht hindurch. Es stößt abermals im Winkel von 45 Grad auf den Glasquader. Wegen der Achsensymmetrie des Gesamtaufbaus macht nun der zweite Quader die Effekte des ersten genau rückgängig, und der weiße Sonnenlichtstrahl ist wiederhergestellt, siehe rechts unten in Abb. 7.18. (Anstelle des zweiten Quaders hätten wir die Achsensymmetrie auch mithilfe eines Spiegels herstellen können; dann wäre der synthetisierte Lichtstrahl genau auf den analysierten Lichtstrahl zurückgeworfen worden – theoretisch erfreulich, aber kaum objektiv beobachtbar).

In der Praxis funktioniert das Experiment nicht gut, weil hinreichend dicke Glasquader von hinreichender Qualität schwer zu haben sind. (Mit Wasser anstelle von Glas müsste es dagegen funktionieren, etwa mittels zweier riesiger Aquarien).

Abb. 7.18: Weißsynthese mit zwei Quadern. Ein weißer Lichtstrahl trifft von links oben im Winkel von 45 Grad auf einen Glasquader P_1P_2. (Der Quader ist hier aus zwei rechtwinkligen Prismen zusammengesetzt, aber wir werden zunächst annehmen, dass ihre gemeinsame Grenzfläche – im Schnitt als Hypotenuse dargestellt – keine optischen Effekte nach sich zieht). Im Innern des Quaders reisen die blauen Lichtstrahlen (gepunktete Linie) steiler nach unten als die roten (gestrichelt); je dicker der Quader, desto breiter spreizen sich die verschiedenen Farben auf und desto stärker treten sämtliche Zwischenfarben des Spektrums hervor (hier nicht abgebildet). Die vorher unterschiedlichen Richtungsänderungen werden beim Austritt aus dem Quader (bei P_2) zwar wieder rückgängig gemacht, aber das bringt die getrennten Strahlen nicht wieder zusammen. Es führt nur dazu, dass die verschiedenfarbigen Strahlen nun parallel nebeneinander im Winkel von 45 Grad aus dem Quader herauskommen. So könnte man zwischen P_2 und P_3 ein schmales, buntes Spektrum auffangen, das nun für die Weißsynthese gemischt werden soll. Das geschieht mithilfe eines zweiten kongruenten Quaders P_3P_4, der exakt senkrecht auf dem ersten Quader steht. Die bunten Lichtstrahlen treten also wieder im Winkel von 45 Grad in den zweiten Quader hinein und werden aus Gründen der Symmetrie genau so zusammengebracht, wie sie zuvor auseinanderdividiert wurden. (Die Symmetrieachse ist schwach grau als Diagonale im Bild angedeutet). Ergebnis: Rechts unten im Bild ist der ursprüngliche Sonnenlichtstrahl wiederhergestellt; er verläuft exakt auf der Verlängerung des ursprünglichen Lichtstrahls. (Winkelgetreue Abbildung für Quader aus schwerem Flintglas von Matthias Herder).

§ 7.19. Es liegt auf der Hand, wie sich die Weißsynthese aus dem vorigen Paragraphen mithilfe von Prismen nachbauen ließe. Jeder Quader kann durch je zwei rechtwinklige, kongruente Prismen vertreten werden; wir brauchen also insgesamt *vier* Prismen P_1, P_2, P_3, P_4. Wenn wir sie weit genug auseinanderziehen (so dass zwischen je zwei Prismen planparallele Luftkörper treten), kann man sagen: Die letzten drei Prismen machen die Weißanalyse des ersten Prismas genau rückgängig. (Siehe Abb. 7.19; die Winkel der Abbildung wurden von Matthias Herder durchgerechnet – laut Theorie müsste es also funktionieren. Auch ohne Rechnung sieht man den Clou. Woran? An der Symmetrieachse. Hier haben wir ein Beispiel für die Ästhetik eines Versuchs*plans*).

Objektive Weißsynthese nur mit Prismen

Damit der experimentelle Aufbau das Gewünschte leistet, muss ich einerseits voraussetzen, dass der Abstand zwischen den ersten beiden Prismen groß genug ist, um auf dem zweiten Prisma ein vollentwickeltes Spektrum auftreffen zu lassen; andernfalls könnte keine Rede von der Synthese aller newtonischen Farben sein. (Diese Voraussetzung macht das Experi-

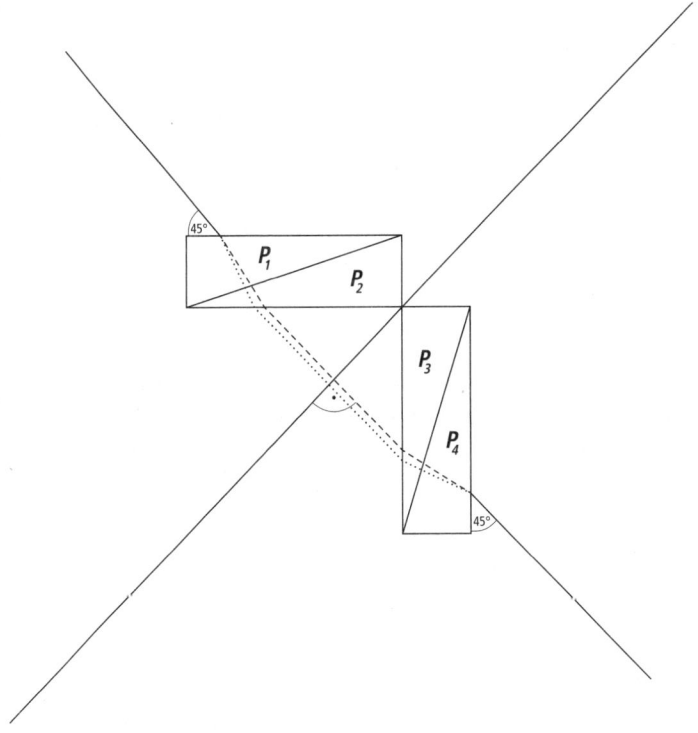

222 Teil II: Ästhetische Fallstudie in Newtons Dunkelkammer

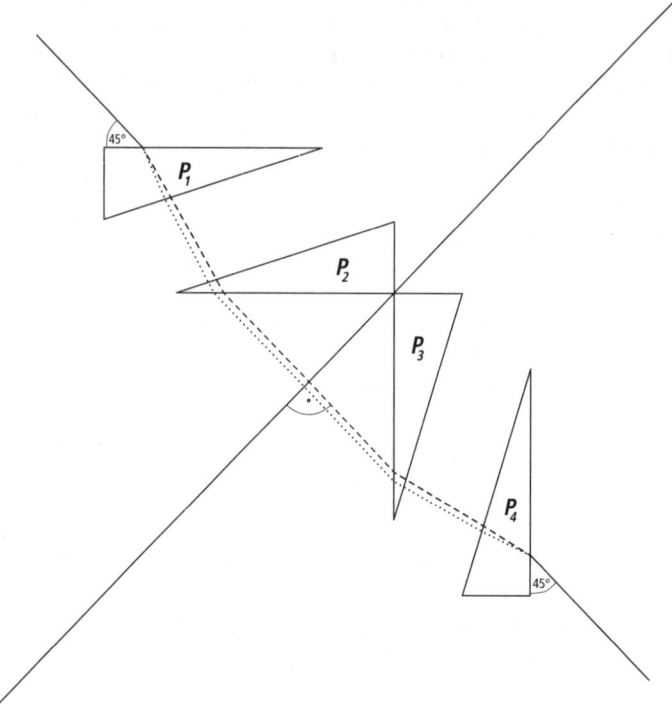

Abb. 7.19: Weißsynthese mit vier Prismen. Nun ziehen wir die Prismen aus Abb. 7.18 auseinander. Am Prinzip ändert sich dadurch nichts. Jetzt können wir sagen: Prisma P_1 analysiert den weißen Lichtstrahl, der von links oben hereinscheint, und wirft Newtons Spektrum aufs Prisma P_2. Dies Prisma schafft die Weißsynthese zwar nicht *allein* (sondern beendet nur das Auseinanderdriften der verschiedenen Farben). Doch es bewirkt *zusammen* mit den Prismen P_3 und P_4 die Wiederherstellung des ursprünglichen weißen Lichtstrahls. (Winkelgetreue Abbildung mit denselben Parametern wie in der vorigen Abbildung. Graphik: Matthias Herder).

ment unpraktikabel, weil sie ein sehr großes zweites Prisma verlangt, dessen Abmessungen sich dann auch auf die anderen Prismen auswirken).

Andererseits muss ich voraussetzen, dass die eingeschobenen planparallelen Luftkörper die optische Situation nicht verfälschen. Physiker pflegen planparallele optische Medien zu ignorieren, aber das jetzt anvisierte Experiment lebt davon, dass man das streng genommen nicht tun darf

(§ 7.18). Im augenblicklichen Fall ist es zulässig, wie ich meine. Denn die eingeschobenen planparallelen Luftkörper stehen senkrecht aufeinander, und so macht der zweite eingeschobene Luftkörper die Effekte des ersten wieder rückgängig.

Wie dem auch sei, mit insgesamt vier Prismen kann man Weißanalyse und Weißsynthese theoretisch einwandfrei darstellen.[435] Dass das Experiment praktikabel ist, habe ich nicht behauptet. Und es ist komplizierter, also weniger schön als die Weißsynthese des Desaguliers, die mit einem einzigen Prisma auskommt (§ 7.11 – § 7.12).

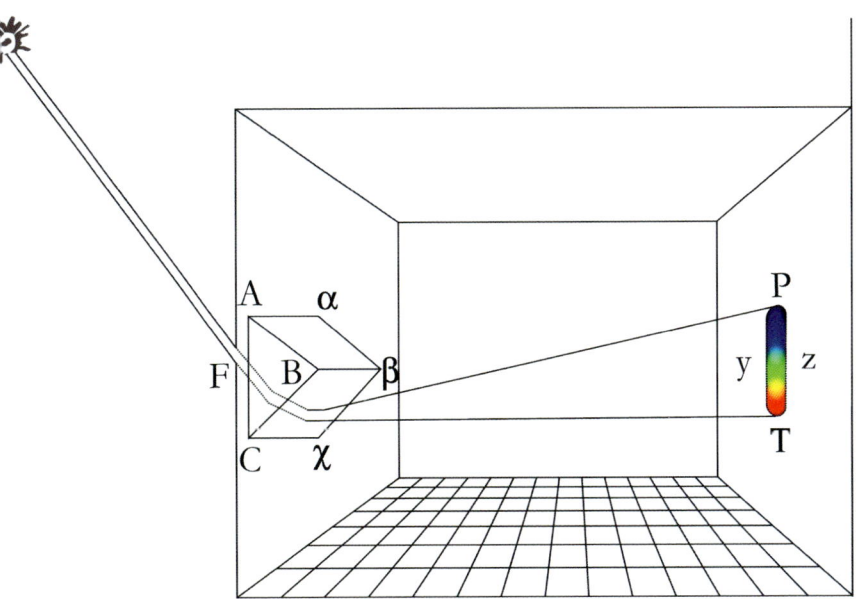

Farbtafel 1 oben: Newtons Versuchsergebnis – die Weißanalyse (1672). Ein Sonnenstrahl wird durchs Fensterladenloch F in ein Prisma geschickt, wobei er vom geraden Weg abgelenkt wird und sich in seine kunterbunten Bestandteile auffächert. *Siehe § 6.8.*

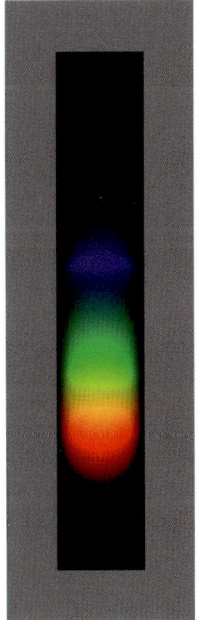

Farbtafel 1 unten: Newtonspektrum. Vor schwarzem Hintergund leuchtet in den sattesten Farben ein Bild auf, das von oben nach unten blaue, türkise, grüne, gelbe und rote Gebiete aufweist, mit verschwimmenden Grenzen. *Siehe § 6.1.*

Farbtafel 2 oben: Chromatische Aberration im Sonnenbild. Das gebrochene Dunkelkammerbild der Sonne wird oben und unten von Farbsäumen verschmutzt und verliert dadurch au einem neuen Grund an Schärfe; die Farben stören das Bild und sind eine Nebensache, könne also anders als in Farbtafel 1 rechts nicht zur Hauptsache erklärt werden. *Siehe § 6.15.*

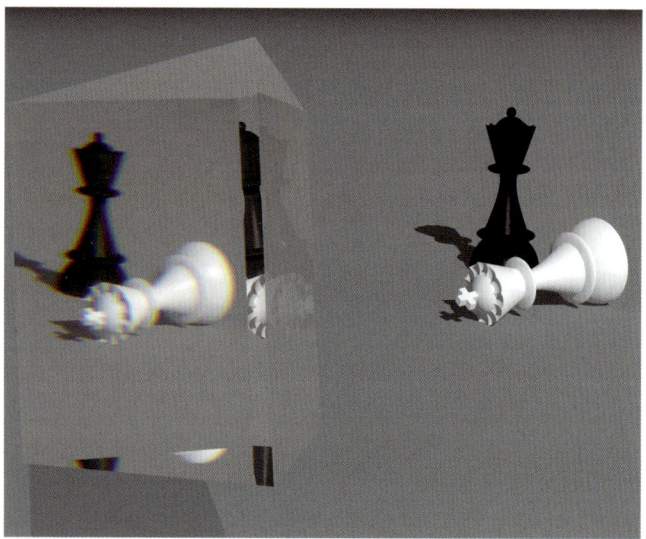

Farbtafel 2 unten: Schmutzige Ränder einer refrangierten Figur. Hier blicken Sie durch Prisma (links im Bild) auf die sauberen Schachfiguren (rechts). Wegen der Refraktion an Prisma können Sie sozusagen um die Ecke schauen. Denn abgesehen von fragmentierten Spie gelungen an einigen Grenzflächen des Prismas (die hier nur dem Realismus zuliebe mit ab gebildet sind) zeigen sich im Prisma beide Schachfiguren in voller Größe – aber leider mit un scharfen Rändern. So verschwimmt der linke Rand der schwarzen Königin ins Rötlich-Gelbe ihr rechter Rand ins Blaue. Auch bei jeder Linse (aus homogenem Material) zeigt sich dies chromatische Aberration. *Siehe § 6.15.*

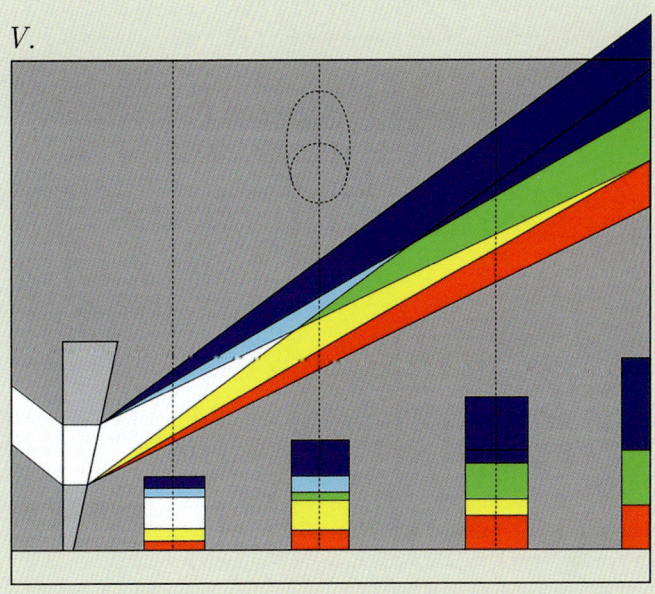

Farbtafel 3: Farbentwicklung bei prismatischer Brechung in Abhängigkeit vom Abstand. Die Tafel zeigt die Farbentwicklung nach prismatischer Brechung (in Abhängigkeit vom Abstand zwischen Prisma und Schirm). Betrachten Sie zunächst die Position des Auffangschirms in der Mitte der Tafel – dort, wo oben ein gestricheltes Oval angedeutet ist. Dort liegt die Stelle, an der Newton sein Vollspektrum aufgefangen hat, und dort zeigen sich besonders viele Farbnuancen (für ein Photo siehe Farbtafel 5, zweitletzte Bildzeile). – Jetzt schauen Sie weiter links auf die gestrichelte Linie näher am Prisma. Dort reißt eine weiße Lücke auf, die sich bei sinkendem Abstand immer stärker spreizt; die Lücke ist oben und unten von farbigen Rändern bzw. Säumen eingerahmt, von den beiden sog. Kantenspektren. Dort, wo diese unbunte Lücke weiter rechts verschwindet, zeigt sich die grüne Mitte des Newtonspektrums. – Wer den Abstand dagegen extrem vergrößert, etwa doppelt so weit wie beim Schirm mn aus Abb. 6.13, fängt das Endspektrum auf (ganz rechts im Bild; ein Photo bietet Farbtafel 5 ganz unten). Es besteht überraschenderweise nur aus drei Farben und ist aus heutiger farbwissenschaftlicher Sicht ein Rätsel. Siehe § 6.16, § 6.23, § 11.13.

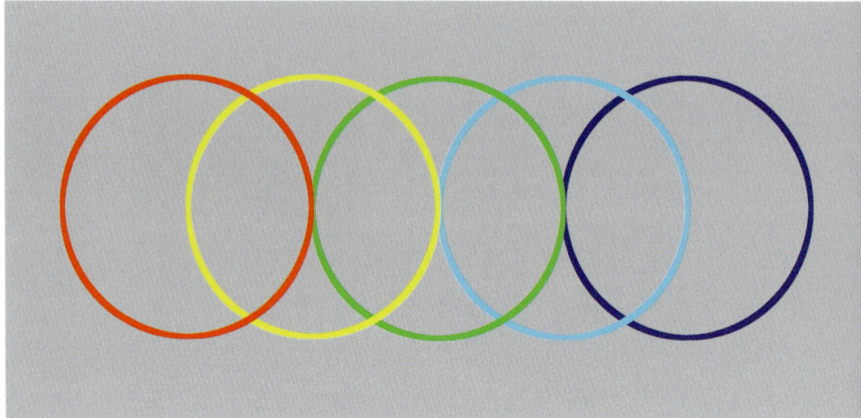

Farbtafel 4 oben: Sequenz sich überschneidender Kreise. Nehmen wir an, dass die Sonne genau fünf Lichtsorten entsendet, die bei ihrer Reise durchs Prisma jeweils unterschiedlich stark vom Weg abkommen. Dann überlagern sich auf der horizontalen Mittelachse des Bildes jeweils zwei Lichtsorten, etwa (einigermaßen weit links) rotes und gelbes Licht – nur ganz außen links kommt monochromatisches rotes Licht an (bzw. ganz außen rechts homogenes blaues Licht). In den sechs ginkgoförmigen Dreiecken gibt es ebenfalls monochromatisches Licht (gelb, grün, türkis). Die Durchmischung der Farbe hängt also von der Höhe im Bild ab. *Siehe § 6.23.*

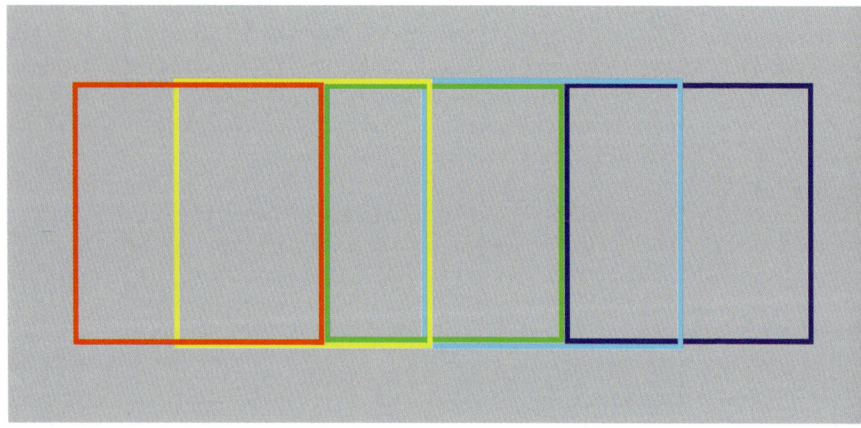

Farbtafel 4 unten: Sequenz sich überschneidender Quadrate. Anders als in Farbtafel 4 oben herrschen hier auf jeder Höhe im Bild dieselben Mischungsverhältnisse. *Siehe § 6.23.*

Farbtafel 5 oben: Projektor und Wasserprisma während des Experiments im Dunkeln. In Nussbaumers Variante des newtonischen Experiments (Farbtafel 1) wird das Prisma nicht vom Sonnenlicht beleuchtet, sondern vom Licht eines Diaprojektors (der das Bild des Spaltdias durchs Prisma projiziert, siehe Abb. 6.24a – Abb. 6.24c). Das Licht der Projektionslampe ist zwar schwächer als das der Sonne, unterscheidet sich aber in seiner Zusammensetzung kaum vom Sonnenlicht. Im Gegensatz zu Newton richtet Ingo Nussbaumer sein Prisma nicht mit horizontaler Achse aus, sondern vertikal, so dass das Licht nicht nach oben gebrochen wird, sondern nach rechts. *Siehe § 6.24.*

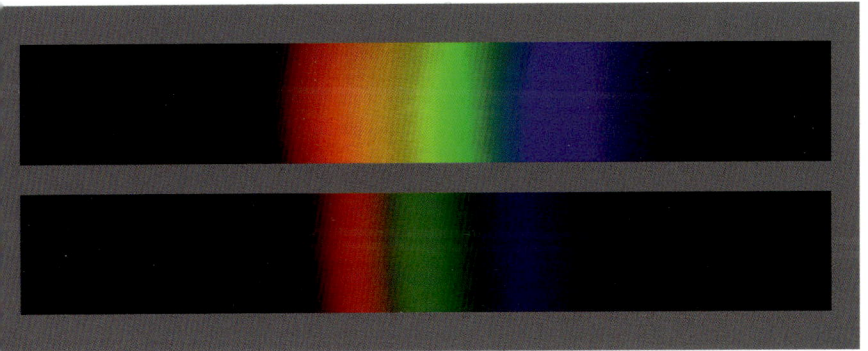

Farbtafel 5 unten: Spektren bei der Weißanalyse eines rechteckigen Ausgangsbildes. Newtonisches Vollspektrum (oben): Links Rot und Gelb, in der Mitte Grün, rechts Türkis und Blau – mit fließenden Übergängen. Weil das hier gezeigte Spektrum (anders als in Farbtafel 1 rechts) aus der Projektion eines Spaltdias durchs Wasserprisma entstand und der Spalt (im Gegensatz zur Sonne) ein gerades Ausgangsbild bietet, ist dieses Spektrum wissenschaftlich transparenter und daher schöner als Newtons ursprüngliches Spektrum. **Newtonisches Endspektrum (unten):** Bei weniger geschickt gewählten Abständen zeigt sich im newtonischen Spektrum eine geringere Farbenvielfalt: Gelb und Türkis sind darin fast nicht sichtbar; weil diese beiden Farben auch schon im Vollspektrum (oben) nicht gut zu erkennen sind, zähle ich sie nicht zu den Hauptfarben des Newtonspektrums. (Photos und Montage von Ingo Nussbaumer). *Siehe § 6.24.*

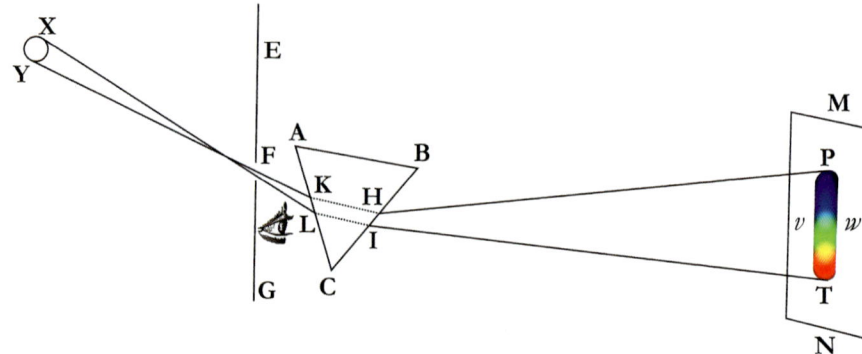

Farbtafel 6 oben: Die Weißsynthese des Desaguliers (1714). In Desauguliers' Experimen[t] schaut der Experimentator durchs brechende Prisma auf den bunten Schirm (rechts farbig dar[ge]stellt) und sieht (hier nicht dargestellt) das Syntheseresultat: einen weißen Fleck, das Sonnen[]bild. *Siehe § 7.12.*

Farbtafel 6 unten: Photodokumentation der Wiener Weißsynthese. Oben zeigt die Abbildun[g] ein Photo des Newtonspektrums. Unten zeigt sie das Bild, das die Kamera liefert, wenn ma[n] das Newtonspektrum *durchs analysierende Prisma hindurch* photographiert – alle Farben de[s] Newtonspektrums werden wieder zusammengezogen und mischen sich zu Weiß. *Siehe § 7.12.*

Farbtafel 7 oben: Drei bis fünf monochromatische Farben im Spektrum. Angenommen, es gäbe im Sonnenlicht nur minimal refrangibles Licht (Rot), exakt mittelrefrangibles Licht (Grün) und maximal refrangibles Licht (Blau). Dann sähe Newtons Spektrum aus wie hier gezeigt (ohne den gelben und den türkisen Kreis). An jeder Stelle käme monochromatisches Licht an, und das Spektrum wäre höchstens an den Berührungspunkten (Rot/Grün bzw. Grün/Blau) ein kleines bisschen unrein. Den Abstand zwischen Prisma und Schirm zu vergrößern, würde an diesen Verhältnissen nichts ändern, denn das gesamte Bild würde sich dann einfach nur in allen Richtungen vergrößern. Wenn nun die Sonne nicht drei, sondern fünf Sorten von Licht abstrahlte, dann kämen noch der gelbe und der türkise Kreis hinzu – und dort wo sich diese Kreise mit dem grünen und roten (bzw. blauen Kreis) überschnitten, wäre das Spektrum nicht mehr rein. Weil die Sonne aber unendlich viele verschiedene Lichtsorten entsendet, ist das Spektrum nirgends rein. Nur wenn man die Kreise (bei gleichem Abstand ihrer Mittelpunkte voneinander) *verkleinern* könnte, nur dann würde das Spektrum wieder reiner, denn ihre Kreisumfänge träten dadurch weiter auseinander. Wären die Kreise unendlich klein, also punktförmig, dann wäre das Spektrum perfekt rein – aber unsichtbar. In diesem Fall müsste die Sonnenscheibe eine infinitesimal punktförmige Lichtquelle sein. Siehe § 10.9.

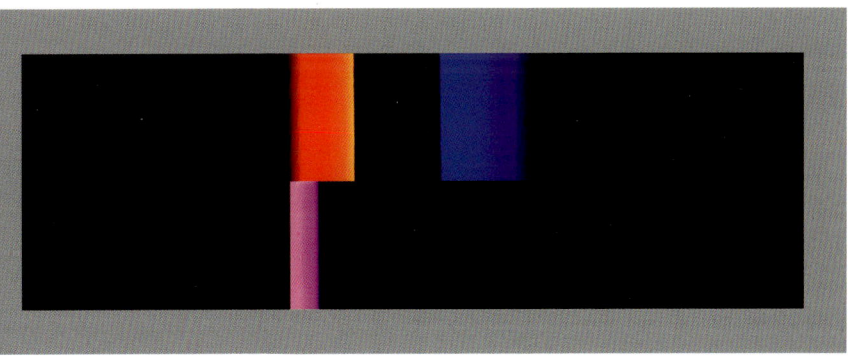

Farbtafel 7 unten: Photodokumentation der Wiener Purpursynthese. Oben zeigt die Abbildung ein Photo des Newtonspektrums, dessen grüne Mitte von Nussbaumer herausgeschnitten wurde. Unten zeigt sie das Bild, das die Kamera liefert, wenn man dies fragmentierte Newtonspektrum wieder durchs analysierende Prisma hindurch photographiert – alle Farben des Newtonspektrums (außer Grün) werden wieder zusammengezogen und mischen sich zu Purpur, der Komplementärfarbe von Grün. Siehe § 11.4.

Farbtafel 8 oben: Photodokumentation des Ausgangsbilds für die gleichzeitige Weiß- un Purpursynthese. Für die Abbildung wurde zunächst ein größeres (d. h. höheres) Newtonspek trum erzeugt (und dann in zwei schmalere Bänder zerlegt). Oben zeigt die Abbildung das New tonspektrum (wie z. B. in Farbtafel 5). Unten zeigt sie ein Newtonspektrum, dessen grüne Mit von Nussbaumer herausgeschnitten wurde (wie in Farbtafel 7 unten, obere Bildzeile). Dies zweizeilige Ausgangsbild ist durchs Prisma zu betrachten. Farbtafel 8 unten zeigt, was dab zum Vorschein kommt. *Siehe § 11.4.*

Farbtafel 8 unten: Photodokumentation des Resultats der gleichzeitigen Weiß- und Purpu synthese. Außen (d. h. oben und unten) sehen Sie die Ausgangsbilder der beiden Synthesen, i der Mitte ein Photo des Versuchsergebnisses. In der oberen Mitte zeigt die Abbildung also da Bild des durchs Prisma photographierten Newtonspektrums, das sich zu einem weißen Balke vereinigt (wie in Farbtafel 6 unten). In der unteren Mitte zeigt sie ein purpurnes Bild des prisma tisch photographierten Fragments eines Newtonspektrums (also ohne Grün). Die Gesamtscha dieser zwei Teilergebnisse in den beiden Mittelzeilen (die sich in *einem* Experiment beobachte lassen) belegt: Beide Synthesen liefern Bilder mit exakt identischen Abmessungen. *Siehe § 11.4*

Farbtafel 9: Nussbaumers siebenfache Farbsynthese. Die zerschnittene Projektionsfläche mit ihren Fenstern ins Finstere **(linkes Bild)** wird von einem großen Newtonspektrum (Farbtafel 5 unten) beleuchtet **(mittleres Bild)**. Da das Newtonspektrum an den beiden Längsseiten schwarz umgerahmt ist, sieht die Schablone nur in der Mitte bunt aus; hier zeigt sie in jeder Zeile diejenigen Teile des Newtonspektrums, die sich nicht im Zwielicht des dahinterliegenden Raumes verlieren. Was man also sieht, könnte als siebenfache Fragmentierung des Newtonspektrums bezeichnet werden. Wer auf diese zerschnittene sowie rot, grün und blau beleuchtete Projektionsfläche durchs Prisma schaut, sieht auf einen Blick alle sechs bunten Hauptfarben **(rechtes Bild)**. Oben: Rot, Gelb, Grün – unten: Türkis, Purpur, Blau. In der mittleren Zeile findet die Weißsynthese statt. Siehe § 11.8.

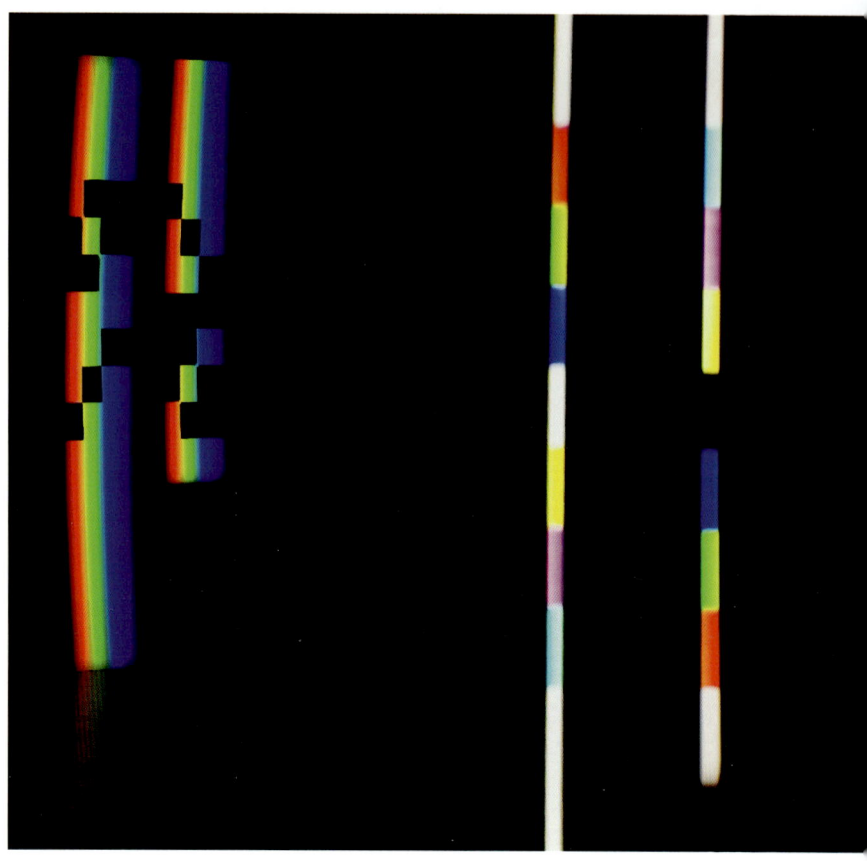

Farbtafel 10: See what happens by cutting out. In dieser Lichtinstallation hat Ingo Nussbaumer die siebenfache Farbsynthese (Farbtafel 9) zweimal nebeneinander aufgebaut, allerdings mit anderen Schnittmustern als bislang. **Linke Bildhälfte:** Die beiden spektral beleuchteten Schnittmuster sind komplementär zueinander; was im einen Schnittmuster weggeschnitten wurde, blieb im anderen Schnittmuster stehen, und umgekehrt. In jeder Zeile dieses Doppelexperiments stehen sich also auf der Projektionsfläche irgendeine Kombination der Grundfarben (z. B. Grün + Blau) und das Gegenteil dieser Kombination (z. B. Rot) gegenüber (linke Bildhälfte, untere Zeile). **Rechte Bildhälfte:** In der photographierten doppelten Synthese sieht man folgerichtig jeweils Paare von Komplementärfarben nebeneinander, z. B. wieder vorletzte Zeile von unten: Türkis *versus* Rot. *Siehe § 12.5.*

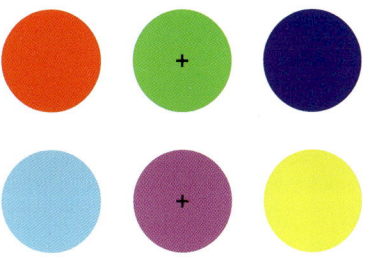

Farbtafel 11 oben: Komplementäre Grundfarben. Oben sehen Sie die drei Grundfarben aus newtonischen Experimenten mit Prisma (Rot, Grün, Blau), **darunter** jeweils deren Komplementärfarben, die sich aus prismatischen Experimenten à la Goethe ergeben (Türkis, Purpur, Gelb). **Um farbige Nachbilder zu erzeugen,** verdecken Sie eine der beiden Zeilen (und am besten den Rest des Buchs) mit einem schwarzen Karton; dann fixieren Sie das schwarze Kreuz in der Mitte des grünen bzw. purpurnen Kreises für ca. 10 Sekunden. Wenn Sie den Blick nun auf den Karton umlenken und danach ihr Auge abermals nicht bewegen, so bilden sich nach kurzer Wartezeit die komplementärfarbigen Nachbilder, und zwar in genau den Farben, die Sie abgedeckt haben. *Siehe § 12.4.*

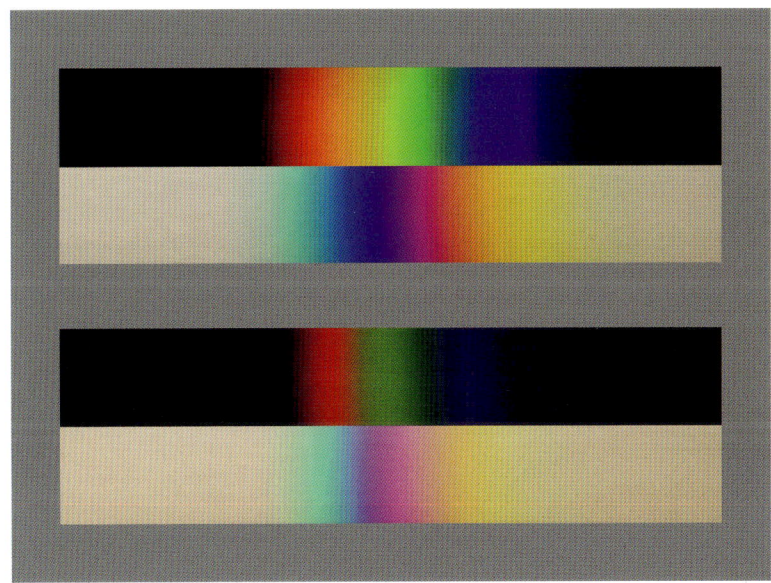

Farbtafel 11 unten: Zwei newtonische Spektren mit ihrem jeweiligen Kontrapunkt. Oben sieht man ein newtonisches Vollspektrum (Rot/Gelb/Grün/Türkis/Blau), das sich bei vergleichsweise weit geöffnetem Spalt zeigt, **direkt darunter** dessen komplementäres Gegenstück bei genau gleich breitem Steg: Dieses umgekehrte Spektrum besteht aus den Farben Türkis/Blau/Purpur/Rot/Gelb, also aus den Komplementärfarben des Spektrums darüber. Weil Goethe der erste war, dem die objektive Darstellung dieses Spektrums gelungen ist, wird es oft als Goethespektrum bezeichnet. Das Spektrenpaar darunter entsteht bei schmalerem Steg bzw. Spalt; dann verschwinden die Farben Blau und Rot aus dem Goethespektrum **(ganz unten)** bzw. Gelb und Türkis aus dem Newtonspektrum **(direkt darüber)**. Selbst in den schwimmenden Übergängen zeigt sich im einen Spektrum überall die exakte Komplementärfarbe des anderen Spektrums. *Siehe § 12.9.*

Farbtafel 12 oben: Nussbaumers Weiß- und Schwarzsynthese in der Zusammenschau. Unten zeigt die Abbildung ein Photo des Komplementärspektrums, **oben** ein Photo des Newtonspektrums. **In der Mitte** sehen Sie jeweils das Bild, das die Kamera liefert, wenn man das Spektrum *durchs analysierende Prisma hindurch* photographiert. **Untere Bildhälfte:** Alle Farben des Komplementärspektrums **(ganz unten)** werden wieder zusammengezogen und mischen sich zu Schwarz **(zweite Zeile von unten)**. **Obere Bildhälfte:** Alle Farben des Newtonspektrums **(ganz oben)** werden wieder zusammengezogen und mischen sich zu Weiß **(zweite Zeile von oben)**. Bei gleichen Abmessungen der Ausgangsbilder folgen die Synthesebilder exakt derselben Geometrie. *Siehe § 13.5.*

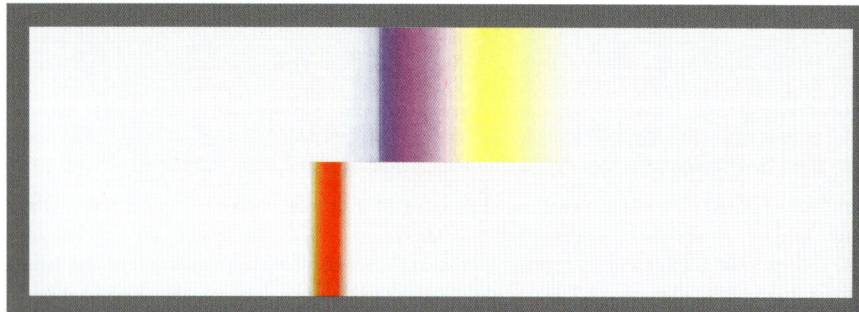

Farbtafel 12 unten: Nussbaumers Rotsynthese. Oben zeigt die Abbildung ein Photo des Komplementärspektrums, aus dem der linke türkisfarbene Teil (durch Überblendung) beseitigt wurde. Unten zeigt sie das Bild, das die Kamera liefert, wenn man dies fragmentierte Spektrum (ohne Türkis) *durchs analysierende Prisma hindurch* photographiert. Purpur und Gelb aus dem Komplementärspektrum (also all seine Farben außer Türkis) werden wieder zusammengezogen und mischen sich zu Rot. *Siehe § 13.7.*

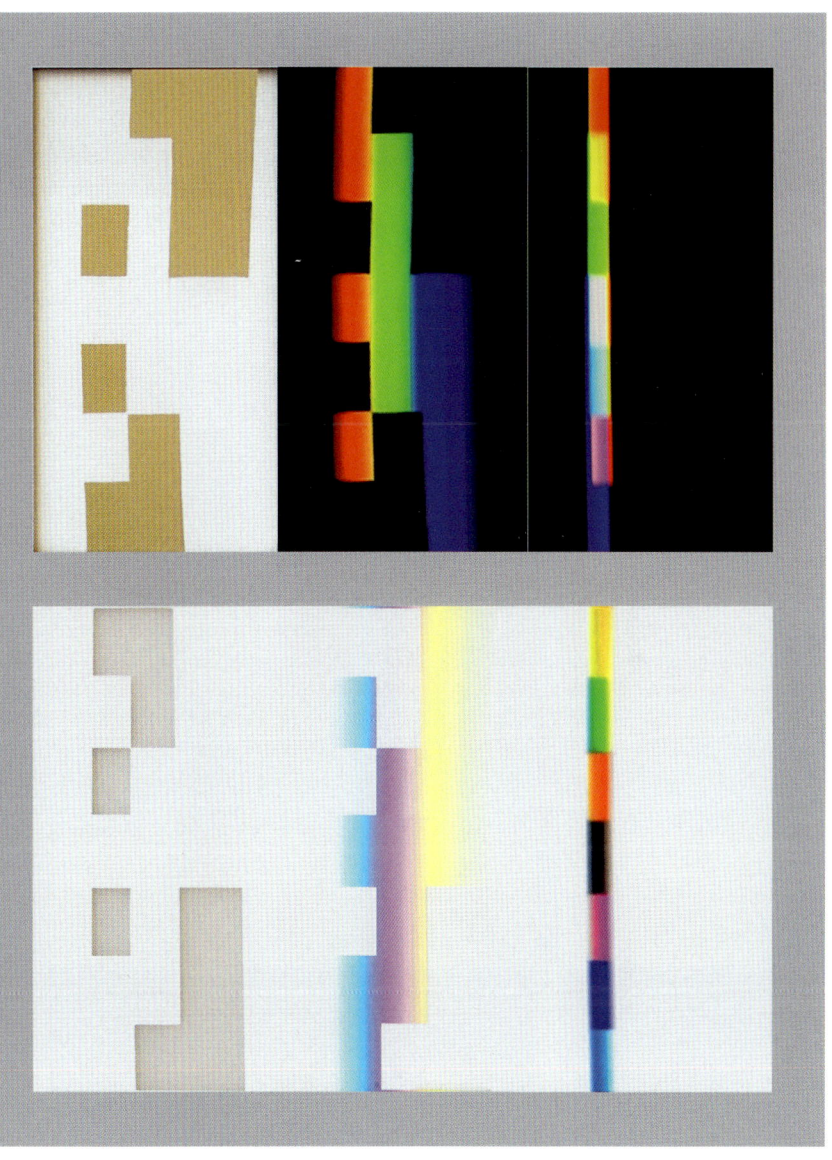

Farbtafel 13: Vergleich der beiden siebenfachen Farbsynthesen. In der unteren Bildhälfte sehen Sie den komplementären Kontrapunkt zur ursprünglichen siebenfachen Farbsynthese (§ 11.8). Das **ganz links** gezeigte neue Schnittmuster der Projektionsfläche (Abb. 13.8) wird komplementär beleuchtet **(Mitte)**, indem es mit einem großen Komplementärspektrum (Farbtafel 11 unten) von vorn gefärbt *und zugleich mit starkem weißen Licht von hinten beleuchtet wird*. Dadurch werden Teile des Spektrums überblendet, also invers ausgeschnitten. Dies ist das Ausgangsbild für die komplementäre siebenfache Farbsynthese, die Sie **ganz rechts** sehen: Wieder zeigen sich auf einen Blick alle sechs bunten Hauptfarben, nur in anderer Reihenfolge. **Von unten nach oben:** Türkis, Blau, Purpur, Schwarz, Rot, Grün, Gelb; in der mittleren Zeile findet also die Schwarzsynthese statt. **In der oberen Bildhälfte** jeweils kopfüber das Gegenstück aus der ursprünglichen Serie. *Siehe § 13.8.*

Farbtafel 14: Photodokumentation der acht Spektren. Links sehen Sie jeweils den Ausgangskontrast, der durchs Wasserprisma gesandt wird; rechts ein Photo des Spektrums vom Auffangschirm. Wie man den Photos gut entnehmen kann, sind die entstehenden Spektren allesamt gleich groß und gleichermaßen ausdifferenziert. Sind sie gleich schön? Diese Frage kann ich offenlassen, denn die Schönheit, um die es mir hier zu tun ist, beruht weniger auf der Schönheit der einzelnen Spektren als auf der Schönheit ihrer wohlgeordneten Gesamtheit. Selbstverständlich lassen die einzelnen Photos in Sachen Klarheit und Sauberkeit zu wünschen übrig, so scheint in Zeile No. 3 je eine Farbe zwischen Rot und Weiß bzw. Weiß und Blau zu fehlen, hier muss der Experimentator idealisieren und extrapolieren: Wer der inneren Ordnung dieser Spektren nachgeht und z. B. verfolgt, wie die einzelnen Farbfelder jeweils ihre Position wechseln, dem sagen Ordnungs- und Schönheitssinn, dass die Rohdaten bereinigt werden sollten, wie in den nächsten beiden Bildern vorgeführt. *Siehe § 13.11.*

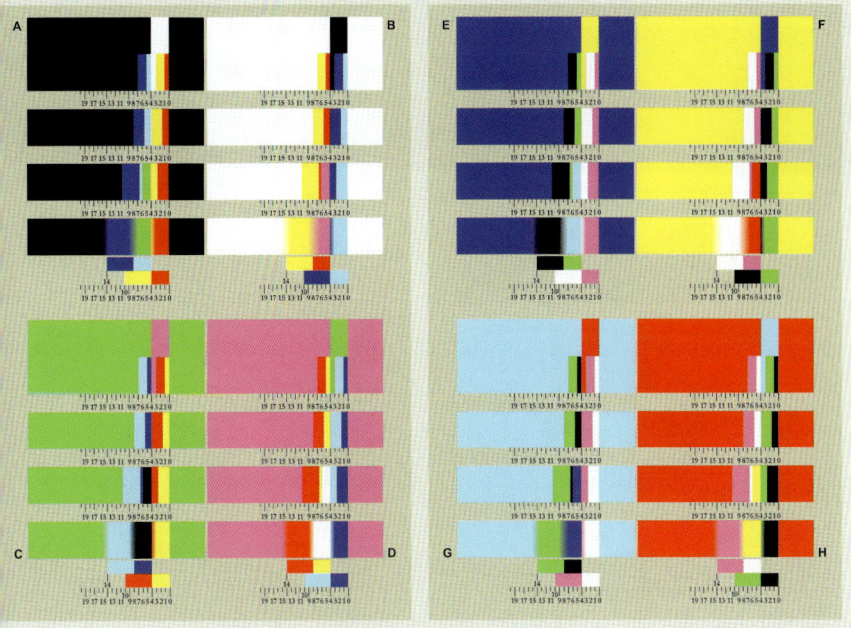

Farbtafel 15: Je vier Entwicklungsstufen aller acht Spektren. Im Unterschied zu den Rohdaten aus dem Realexperiment (Farbtafel 14) sind die Farbverhältnisse hier in idealisierter und beschönigender Form wiedergegeben, also mit scharfen Grenzen und mit präzisen Zahlenwerten. Farben, die man sehen sollte und im Photo nur ahnen kann, sind ergänzt. In A finden Sie untereinander die Entwicklungsstufen des Newtonspektrums (Farbtafel 5 unten), in B die Entwicklungsstufen des Goethespektrums (vergl. Farbtafel 11 unten, unteres und drittletztes Bild von oben), in C bis H die Entwicklungsstufen der sechs unordentlichen Spektren. Schematisch dargestellt sind jeweils von oben nach unten: Ausgangskontrast; zwei Kantenspektren getrennt durch die Mittelfarbe, die noch vom Ausgangskontrast herkommt); Kantendoppelspektrum (hier ist die Mittelfarbe just verschwunden); Vollspektrum; Endspektrum – nur beim Endspektrum (jeweils unten) sind die verschwimmenden Übergänge zwischen den einzelnen Farbfeldern angedeutet, die sich im tatsächlichen Versuchsergebnis auch bei den anderen spektralen Entwicklungsstufen zeigen. In der Zeile darüber werden die bereinigten Vollspektren dargestellt; in Tafel D sieht man jetzt z. B. zwischen dem roten und weißen einen schmalen gelben Streifen – und zwischen dem weißen und dem blauen Feld einen etwas breiteren türkisen Streifen. Im Photo des vorigen Bilds sind sie nicht zu sehen; dort ahnt man nur, dass etwas fehlt. Die nun vorweggenommene Ergänzung drängt sich auf; beide ergänzten Farben sind so hell, dass es visuell plausibel ist anzunehmen, dass sie von ihrem weißen Nachbarn verschlungen worden sind. Siehe § 13.11.

Farbtafel 16: Acht Mischungsregeln. Oben additive (links) bzw. sog. subtraktive Farbmischung (rechts). Je nach Farbe der Mischungsumgebung kommen noch sechs weitere Mischungsregeln hinzu. *Siehe § 13.13.*

Teil III

Mit Newton vom schönen Experiment zur schönen Theorie

8. Kapitel.
Symmetrien beim Experimentieren, Argumentieren und Theoretisieren

§ 8.1. Im vergangenen Teil II meiner Untersuchung habe ich anhand zweier Experimente aus Newtons Optik einige Charakteristika vorgeführt, an denen sich unser Schönheitssinn beim Experimentieren orientiert. Wie dargetan kommt uns *erstens* Newtons *Weißanalyse* u. a. deshalb schön vor, weil sie farblich schöne, ja überwältigende Versuchsergebnisse liefert (§ 6.1); weil sie einen akribisch vorbereiteten Überraschungseffekt mit sich bringt (§ 6.8); und weil sie insofern auf einer Änderung unserer Sichtweise beruht, als sie ehemals wie Schmutz wirkende Nebeneffekte so ins Zentrum der Aufmerksamkeit rückt, dass sie mit einem Mal die Hauptattraktion bilden, also nicht mehr an Schmutz erinnern, sondern als Haupteffekt wahrgenommen werden – ein Umschwung in der Gestaltwahrnehmung (§ 6.16).

Zweitens spricht die Weiß*synthese* unseren Schönheitssinn u. a. deshalb an, weil sie einen sowohl geometrisch als auch farblich sauberen Effekt von hohem Überraschungswert zeigt (§ 7.13); weil sie uns die farbliche Einheit in der spektralen Vielfalt vor Augen führt (§ 7.15); und weil sie auf faszinierende Weise hochsymmetrisch organisiert ist, indem sie insbesondere die Vorgänge aus der Weißanalyse zeitlich spiegelt, also rückgängig macht (§ 7.10 – § 7.12).

Wie ich anhand beider Experimente vorgeführt habe, ist ästhetische Perfektion beim Experimentieren kaum auf einen Schlag zu erreichen, sondern nur Schritt für Schritt: Newtons Weißanalyse lässt sich im Stil von Nussbaumer ästhetisch verbessern – und Newtons ursprüngliche Weißsynthese im Stil von Desaguliers. Die Lektion daraus lautete: Fragen der Schönheit sollten besser im Komparativ durchdacht werden, und man kann eine Menge über Schönheit lernen, wenn man sich den schmerzlichen Abstand zwischen einer hart erarbeiteten Errungenschaft und dem unerreichten Ideal klar-

Rückblick

macht. Diese Einsicht beflügelt die fortgesetzte Suche der Experimentalphysiker nach schöneren Experimenten.

Empirie und Theorie

§ 8.2. Die Symmetrie, die unseren Intellekt fasziniert und unseren Schönheitssinn anspricht, hat sich einerseits auf der konkreten experimentellen Ebene bemerkbar gemacht – etwa in einer Weißsynthese mit *räumlichen* Symmetrieachsen, auf die man im Experiment geradewegs zeigen kann (§ 7.4). Andererseits kam sie auf einer abstrakteren, theoretischen Ebene zum Tragen: Um den Gedanken der *zeitlichen* Spiegelsymmetrie ästhetisch würdigen zu können, müssen wir ihn verstehen. Wir müssen z. B. verstehen, inwiefern Newton mit seiner Weißsynthese alles rückgängig machen kann, was die Weißanalyse mit dem Licht angestellt hat. Hier liegt eine Symmetrie zwischen zwei Experimenten vor, deren Verhältnis wir theoretisch fassen können.

Spätestens an diesem Punkt musste ich die vermeintlich rein experimentelle Ausrichtung des vorigen Teils II meiner Untersuchung preisgeben (die sich ohnehin nie hundertprozentig aufrechterhalten lässt). Experimente sind konkrete Ereignisse *unter einer geeigneten theoretischen Beschreibung*; wer ein Experiment ohne jeden theoretischen Hintergrund betrachtet, hat fast nichts von dem gesehen, worauf es dem Experimentator ankommt. So auch in der Kunst: Wer ein Kunstwerk ohne jede Vorkenntnis aufnimmt, hat ebenfalls fast nichts von dem mitbekommen, was dem Künstler wichtig ist. (Ausnahmen bestätigen wie gesagt die Regel; siehe Kunsttafel 8).

Es liegt also nahe, die ästhetische Untersuchung stärker in theoretische Gefilde auszudehnen und nun ausdrücklich Newtons *Theorie* der optischen Phänomene zum Gegenstand der ästhetischen Betrachtung zu machen. Einerseits werde ich diese Theorie so weit entfalten, wie es nötig ist, um Ihnen deren ästhetische Vorzüge vor Augen zu führen. Andererseits werde ich die Ästhetik der Beweisführung Newtons beleuchten.

Obwohl physikalisches Beweisen, Begründen, Argumentieren usw. theoretische Aktivitäten sind, steckt in ihnen auch ein empirisches Moment. Zum Beispiel setzen die optischen Beweise, Begründungen und Argumente Newtons fast alle beim Experiment an. Aus diesem Grund beginne ich das Kapitel mit demjenigen Experiment, auf das Newton seine gesamte Lehre glaubt stützen zu können – mit dem *experimentum crucis*.[436] Es bietet gleichzeitig einen Meilenstein der Experimentier- wie der Argumentationskunst, kann also nur unter Berücksichtigung seiner theoretischen Leistungen angemessen ästhetisch gewürdigt werden; es eignet sich vorzüglich dazu, unseren Blickwinkel neu auszurichten und vom Experiment zur Theorie überzugehen.

§ 8.3. Soweit ich weiß, hat Newton keinem anderen seiner Experimente einen eigenen Namen verliehen; nur bei dem *experimentum crucis*, das jetzt zur Sprache kommen soll, macht er eine Ausnahme.[437] Ausdrücke wie Weißanalyse und Weißsynthese stammen aus späterer Zeit.

experimentum crucis

Der lateinische Ehrentitel bedeutet in wörtlicher Übersetzung: Experiment des Kreuzes. Hiermit werden einerseits religiöse Assoziationen geweckt, die Newton insofern nicht unwillkommen gewesen sein dürften, als Jesu Kreuzigung laut protestantischer Tradition das wichtigste weltliche Ereignis ist, von dem die Evangelien berichten. Und in der Tat ist für Newton kein Experiment wichtiger als das *experimentum crucis*.[438]

Andererseits enthält die Kreuzmetapher eine weitere Assoziation, die unmittelbar mit empirischer Wissenschaft zu tun hat. Das Kreuz steht für eine Kreuzung; hier verzweigt sich der Weg der Wissenschaft in verschiedene Richtungen, von denen nur eine zum Ziel führt: zur Wahrheit. Laut diesem Verständnis ist Newtons Experiment insofern entscheidend für die Optik, als es einen eindeutigen Hinweis zugunsten der newtonischen Theorie bietet (und zugleich auf einen Schlag alle Alternativen aus dem Spiel wirft). Das Experiment soll also wie ein Wegweiser funktionieren, der den weiteren Weg der Wissenschaft eindeutig anzeigt.[439]

§ 8.4. Wie man sieht, beansprucht der junge Newton mit dem Experiment eine ganze Menge, und es ist nicht verwunderlich, wenn

Provokation

er damit die alteingesessenen Physiker auf den Plan rief, die nicht daran glauben mochten, dass ein einziges Experiment so viel vermag; Newtons Vertrauen in experimentell beweisbare Lehrsätze und seine Skepsis gegenüber Hypothesen stieß bei seinen Zeitgenossen nicht auf Gegenliebe.[440] Obwohl der daraus resultierende Streit seinem Urheber alles andere als willkommen war, hat sich die Namensgebung zuguterletzt als genial herausgestellt: Wer eine Provokation mit einem guten Slogan überschreibt, wird schnell berühmt.

Das gilt auch in den Künsten; ein Beispiel aus der Malerei wären die Präraffaeliten.[441] Um 1850 begehrten diese sieben jungen Männer mit einer neuartigen und frischen Bildsprache gegen die akademische englische Kunst auf, die sie verkrustet fanden. Auf die ersten Gemälde, die sie im Jahr 1849 ausstellten, schrieben sie zunächst ohne Erklärung hinter ihre jeweilige Signatur das rätselhafte Kürzel »P. R. B.« (so wie Newtons Benennung des *experimentum crucis* zunächst fast allen seinen Lesern rätselhaft bleiben musste).

Schon die Verwendung einer solchen Abkürzung war insofern eine Provokation, als die arrivierten Kollegen ihren eigenen Status mit dem Zusatz »A. R. A« bzw. »R. A.« zur Schau zu stellen pflegten – »Associate of the Royal Academy« bzw. »Royal Academician«, also Anwärter bzw. Mitglied der königlichen Kunstakademie.[442] Ähnlich forderte Newton den arrivierten Physiker Hooke mit dem lateinischen Ausdruck heraus, den dieser für ein anderes (und banaleres) Experiment mit entgegengesetztem Beweisziel eingesetzt hatte; das war der Beginn einer lebenslangen Feindschaft.[443]

Das Kürzel »P. R. B.« steht für »Pre-Raphaelite Brotherhood« (Präraffaelitische Bruderschaft). Als das vor der nächsten Ausstellungssaison ruchbar wurde, war die Provokation perfekt. Der italienische Renaissance-Maler Raffael galt damals als unübertroffenes Ideal und wurde angehenden Malern zur Orientierung empfohlen; es kam einem Sakrileg gleich, vor Raffael zurückgehen zu wollen.[444] Und so ist es wenig verwunderlich, dass die nächsten ausgestellten Bilder der Gruppe einen Sturm der Entrüstung auslösten. Gerade weil sich die Präraffaeliten als Bewegung konstituiert und unter einem ebenso griffigen wie hochprovokanten Namen versammelt hatten, wurde ihr Angriff auf die herrschenden Konventionen mit

einem Kugelhagel beantwortet, an dem sich weite Teile des Establishments auch außerhalb der Kunstkritik beteiligten.[445] Der Romancier Charles Dickens verglich das Unterfangen der Präraffaeliten mit rückwärtsgewandter Physik und ätzte:
»Kürzlich hat ein junger Herr die Prä-Newtonianische Bruderschaft ins Leben gerufen, weil er sich in seiner Tätigkeit als werdender Bauingenieur nicht länger an das Gravitationsgesetz gebunden fühlte. Doch als der junge Herr von seinen ehrgeizigen Kameraden der Furchtsamkeit geziehen wurde, hat er die ursprüngliche Idee annulliert und stattdessen eine Prä-Galileische Bruderschaft gegründet, die jetzt in ihrer Blüte steht. Ihre Mitglieder weigern sich, einmal pro Jahr um die Sonne zu kreisen; sie haben abgemacht, dass es damit ein Ende hat«.[446]
Wer einen weltberühmten Romancier zu solchen Reaktionen zu provozieren weiß, braucht sich um Publicity nicht zu sorgen. Sogar die englische Königin Victoria wollte wissen, was es mit dem Krach auf sich hatte; sie hatte die Ausstellung verpasst und ließ sich eines der Bilder zur Ansicht in den Palast kommen.[447]

Es versteht sich, dass der künstlerische Erfolg der Präraffaeliten in erster Linie auf die Qualität ihrer Bilder zurückzuführen ist, nicht auf geschickt plazierte Provokationen (Kunsttafel 5). Doch ohne Aufmerksamkeit zu erregen, hat man wenig Chancen, ehrgeizige und neue ästhetische Ideale durchzusetzen. Genauso hängt Newtons naturwissenschaftlicher Erfolg nicht in erster Linie mit seinen Provokationen zusammen; doch auch seinen Zielen tat der Wirbel gut, den er mit dem Namen *experimentum crucis* ausgelöst hatte.

§ 8.5. Im vorigen Paragraphen habe ich provokante Namensgebungen betrachtet, wie sie von Wissenschaftlern nicht anders als von Künstlern genutzt werden, um Aufmerksamkeit für ihre Errungenschaften zu wecken. Provokation ist einfach nur ein Beispiel für rhetorische Kniffe, die für die Präsentation wissenschaftlicher Ergebnisse entscheidend sein können. Welche Besonderheiten zeichnen die naturwissenschaftliche Rhetorik aus? Und welche Gemeinsamkeiten verbindet sie mit der Rhetorik anderer Disziplinen? Es würde meinen Rahmen sprengen, diesen wichtigen Fragen in der

Alte Elemente des neuen Experiments

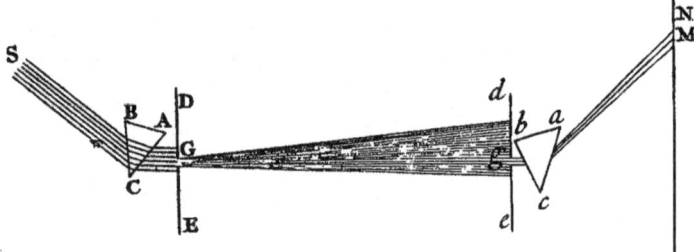

Abb. 8.5: Newtons *experimentum crucis* (1672). Das Licht der Sonne S fällt aufs Prisma ABC und wird dabei in verschiedene Richtungen gebrochen. (Newtons Abbildung ist an dieser Stelle etwas ungenau und zeigt der Einfachheit halber (also vermutlich aus ästhetischen Gründen) *parallele* Strahlen zwischen AC und DGE). Durchs kleine Loch G der Blende DGE können die Lichtstrahlen (je nach Farbe) jeweils nur in einer eigenen Richtung weiterreisen; blaue Strahlen reisen schräg nach oben weiter, rote schräg nach unten. Durch das Blendenloch g der Blende dge gelangen Lichtstrahlen nur noch in einer einzigen Richtung (die von den beiden winzigen Löchern G und g definiert wird). Das bedeutet: Deren Eintrittswinkel ins Prisma abc ist konstant. Durch Rotation des ersten Prismas ABC kann Newton verschiedene Teile des Spektrums durch g aufs zweite Prisma abc fallen lassen. Lässt er die refrangibelsten (blauen) Strahlen hindurchfallen, so treffen sie in N auf den Schirm; lässt er die am wenigsten refrangiblen (roten) Strahlen hindurchfallen, treffen sie weiter unten in M auf den Schirm. Das Ausmaß der zweiten Wegablenkung hängt also nicht vom Eintrittswinkel ins Prisma abc ab; es hängt nur ab vom Ausmaß der ersten Wegablenkung (an ABC). (Seitenvertauschte Darstellung von Matthias Herder und O.M. nach Newtons »Fig 18« aus Tafel »Lib. I Par. I Tab. IV«, die zu Newton [O]:31–33 (= Book I, Part I, Proposition II, Experiment 6) gehört).

Ausführlichkeit nachzugehen, die sie verdienen, auch und gerade unter ästhetischem Blickwinkel; ich werde sie immer nur dort streifen, wo sie sich aufdrängen.[448] Damit kehre ich zum *experimentum crucis* zurück. Das Experiment beginnt fast genauso wie die Weißanalyse (Farbtafel 1 links, s. o., Abb. 8.5). Newton lässt das Sonnenlicht wieder auf ein Prisma ABC fallen, doch in einer spielerischen Abwandlung des Gewohnten bringt er das kleine Loch G diesmal nicht *vor* dem Prisma an, sondern dahinter.[449]

8. Kapitel: Experimentieren, Argumentieren, Theoretisieren 233

Überraschenderweise ändert diese kleine Variation das weitere Geschehen zunächst kein Stück: Wieder zeigt sich auf einem entsprechend entfernten Schirm ed das newtonische Spektrum, das Sie bereits kennen (Farbtafel 5 unten). Newton verliert kein Wort darüber, warum das so ist. Möglicherweise wollte er seinen aufmerksamen und versierten Lesern ein kleines Rätsel aufgeben, ohne die unaufmerksamen Leser damit zu behelligen: eine versteckte Geste für Eingeweihte? In den Künsten ist so etwas gang und gäbe.[450]

Sei dem, wie ihm wolle, jetzt verdoppelt Newton die Anzahl der eingesetzten optischen Apparate: Einerseits bohrt er in den Schirm ed wieder eine Blendenöffnung g, deren Durchmesser genauso klein ist wie bei der ersten Blendenöffnung G (knapp 0,8 cm). Andererseits stellt er hinter diese Öffnung wiederum ein Prisma (abc), das dieselben Abmessungen hat wie das erste Prisma ABC. Und schließlich errichtet er hinter dem neuen Prisma abc in geeignetem Abstand (gut dreieinhalb Meter) wieder einen Auffangschirm (NM).

Insgesamt haben wir nun also Newtons allererstes (weißanalytisches) Experiment zweimal hintereinander, aber – wie gesagt – mit zunächst umgekehrter Reihenfolge der ersten beiden Elemente (Blendenöffnung und Prisma). Aus der alten Konfiguration:
Blendenöffnung – Prisma – Schirm
wurde diese neue Anordnung:
Prisma – Blendenöffnung – Schirm-mit-Blendenöffnung – Prisma – Schirm.
Auf den ersten Blick ist also nicht viel geschehen; fast wirkt es so, als habe Newton aus alten Elementen nichts Neues geschaffen. Dass dieser Eindruck trügt, werden Sie im kommenden Paragraphen sehen.

Vertiefungsmöglichkeit. Warum spielt es für die Erzeugung eines Newtonspektrums keine Rolle, ob man die Blendenöffnung vor oder hinter dem Prisma anbringt? Weil nach der newtonischen Theorie auch ein breit ausgeleuchtetes Prisma ABC die durchreisenden Strahlen in verschiedene Richtungen schickt. Daher versammeln sich am Blendenloch G im *experimentum crucis* diverse Strahlen unterschiedlicher Reiserichtung (Abb. 8.5):
(i) Lichtstrahlen, die eher vom oberen A-Ende des Prismas herkommen (schwach refrangible, rote Strahlen),
(ii) Lichtstrahlen, die eher aus der Mitte des Prismas herkommen (mittelmäßig refrangible, grüne Strahlen), und

234 Teil III: Mit Newton vom schönen Experiment zur schönen Theorie

(iii) Lichtstrahlen, die eher vom unteren C-Ende des Prismas herkommen (stark refrangible, blaue Strahlen).

Zudem versammeln sich dort in der Mitte des Schirms ED Lichtstrahlen aller erdenklichen Gradabstufungen (von den dazwischenliegenden Punkten auf dem Prisma). Obwohl diese Mischung so weiß aussieht wie jedes weiße Papier im Sonnenschein, waltet in ihr eine verborgene Ordnung. Man könnte die Mischung als vorsortiertes Weiß bezeichnen. Nur Strahlen aus diesem weißen Lichtgemisch können durch das Loch G hindurch, und zwar je nach Farbe in unterschiedlicher Richtung. Bei hinreichendem Abstand zum Loch G werden sich auf dem Schirm ed alle diese Lichtstrahlen weit genug voneinander entfernt haben, ohne sich in die Quere zu kommen; mithin muss dort die verborgene Ordnung des vorsortierten Weiß sichtbar werden und in Form eines Newtonspektrums aufscheinen.[451]

Einfarbig und rund

§ 8.6. Wer (wie Newton in seinem *experimentum crucis*) zweimal denselben Versuch hintereinanderschaltet, der wird doch wohl auch zweimal hintereinander dasselbe Versuchsergebnis beobachten – so könnte man denken. Man könnte also erwarten, dass sich hinter dem zweiten Prisma abc auf dem zweiten Schirm NM wieder ein volles Newtonspektrum zeigt, vielleicht noch breiter und noch farbiger als das Spektrum hinter dem ersten Prisma ABC auf dem Schirm ed.

Abb. 8.6: Strahlengang im *experimentum crucis* vor und nach der Drehung des Prismas. Newton dreht das Prisma ABC um seine Achse. **Obere Abbildung:** Das Prisma ABC ist so gedreht, dass genau die – bei erster Refraktion: am wenigsten weit gebrochenen – roten – Lichtstrahlen durchs Blendenloch g weiterreisen können; nach Refraktion am zweiten Prisma abc treffen sie im Punkt ρ auf den Schirm NM, d. h. besonders weit unten. Sie werden also auch bei dieser zweiten Refraktion am wenigsten weit gebrochen. Das zeigt der Vergleich mit der **mittleren Abbildung:** Hier ist das Prisma so gedreht, dass die an ABC mittelstark refrangiblen – grünen – Strahlen durchs Blendenloch g hindurchkommen; sie treffen im (mittleren) Punkt γ auf dem Schirm NM ein, sind also auch bei zweiter Refraktion refrangibler als die roten Strahlen. Dieser Trend setzt sich in der **unteren Abbildung** fort: Blaue Lichtstrahlen, die sich nach Refraktion an ABC besonders weit oben im Spektrum finden, reisen durch g zum Prisma abc und werden dort abermals besonders weit vom Weg abgelenkt, zum (obersten) Punkt β. (Graphik von Matthias Herder aus O. M. [ML]:98/9).

8. Kapitel: Experimentieren, Argumentieren, Theoretisieren   235

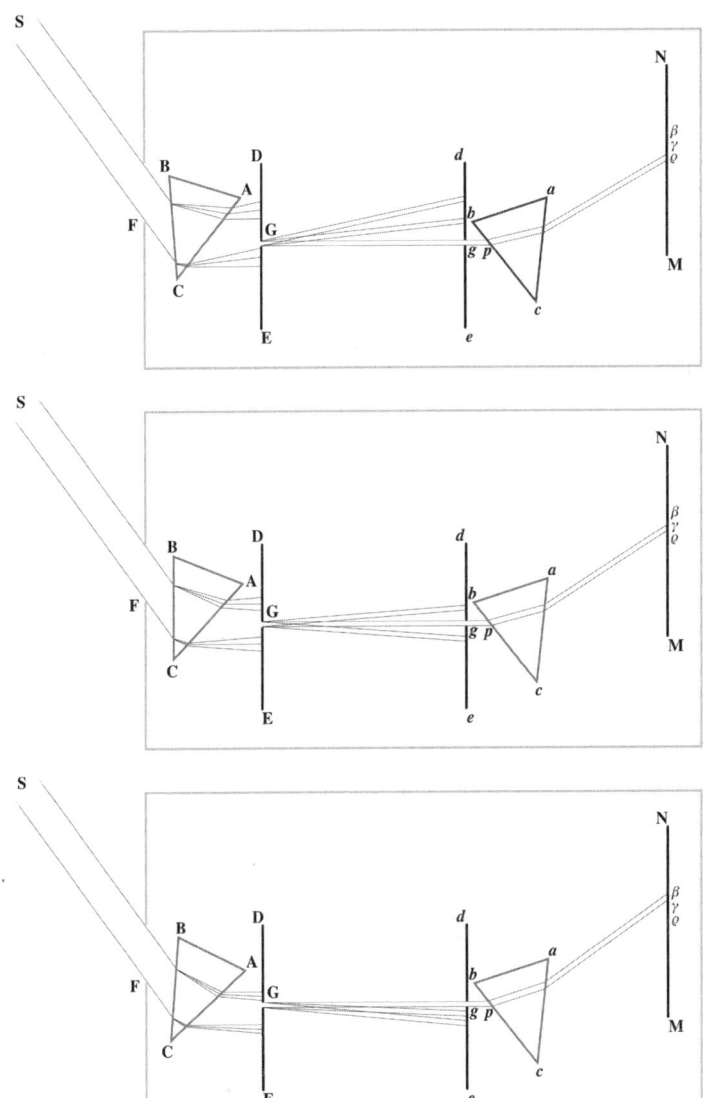

Die Überraschung (Sie werden es ahnen) besteht darin, dass auf dem zweiten Schirm *kein* zweites Newtonspektrum erscheint. Weder ist das Bild auf dem zweiten Schirm in die Länge gezogen – noch ist es mehrfarbig. Stattdessen zeigt sich dort nun ein kreisrundes einfarbiges Bild, z. B. ein grüner Kreis.

Dieser grüne Kreis zeigt sich dann, wenn die Blendenöffnung g genau dort ausgeschnitten ist, wo auf dem Schirm ed die grüne Mitte des Newtonspektrums liegt. Wie man sagen kann, ist die grüne Mitte dieses ersten Bildes durch das zweite Loch g gefallen und hat das zweite Prisma *sowohl farblich als auch geometrisch unverändert* durchlaufen. Wir haben die grüne Mitte also aus dem ersten Schirm ausgeschnitten und einfach nur woanders hingebracht: auf den zweiten Schirm (NM).

Mit den anderen Farben des Spektrums auf dem ersten Schirm ed verhält es sich genauso. Um das zu demonstrieren, setzt Newton einen eleganten Kniff ein und bringt Bewegung ins Spiel (Abb. 8.6). Und zwar dreht er das erste Prisma ABC so um seine Achse, dass das Newtonspektrum am Schirm ed auf- und abwandert. Damit kann er erreichen, dass jeweils verschiedene Teile des Newtonspektrums durch das Loch g im Schirm ed fallen und durchs zweite Prisma abc reisen. Und wie auch immer er sein erstes Prisma dreht und wendet, jedesmal erscheint auf dem Schirm NM genau derjenige Kreis, den das Loch g aus dem Spektrum auf dem Schirm ed weggeschnitten hat – fast wie in einer Art Form- und Farberhaltungssatz: Nichts geht verloren.

Da werden Sie (entgegen dem Auftakt dieses Paragraphen) fragen, warum der Versuchsausgang überraschend sein soll. In der Tat ändert das zweite Prisma abc nichts wesentliches an dem, was man durch dies Prisma hindurchschickt. Doch aufgepasst: Das Prisma verhält sich so, wie man es bei Newtons allererstem Experiment erwartet *hätte*; da haben wir zunächst ein kreisrundes weißes Sonnenbild erwartet (also das Bild dessen, was durchs Prisma gesandt wurde), und es war überraschend, dass sich stattdessen ein langgezogenes mehrfarbiges Bild zeigte (§ 6.8).

Nur wer diese allererste Überraschung stur verinnerlicht hat, den überrascht das neue Experiment; das *experimentum crucis* erzeugt bei ihm eine Überraschung zweiter Stufe. Es überrascht den Überraschten. Abermals haben wir es mit einer sorgfältig – doppelt und dreifach – vorbereiteten Überraschung zu tun. In der Erzählkunst gibt es schöne Beispiele für ähnliche Strategien, die ich im kommenden Paragraphen kurz beleuchten möchte, bevor ich (im weiteren Verlauf des Kapitels) auf weitere ästhetische Charakteristika des *experimentum crucis* eingehe.

§ 8.7. Wie im vorigen Paragraphen dargetan überrascht Newton mit dem *experimentum crucis* den Kenner seiner Experimentierkunst, indem er die in dieser Kunst sonst übliche Überraschung ausfallen lässt und somit ins Gegenteil umwendet – eine Überraschung zweiter Stufe. In der an Überraschungen reichen Erzählkunst gibt es verwandte Beispiele, etwa auf dem Theater: So schreibt der Erfinder des Epischen Theaters, Bertolt Brecht, in der letzten Szene seines *Guten Menschen von Sezuan* ein überraschend deprimierendes Ende, indem er seine drei Götter singend auf einer rosa Wolke entschwinden lässt, statt dass sie der einzigen guten Person aus ganz Sezuan beistehen und ihr aus ihren tragischen Verwicklungen heraushelfen.[452] Da mag sich der bildungsbürgerliche Zuschauer sagen, dass er im kulturell hochwertigen Theaterstück ohnehin kein *happy end* à la Hollywood hätte erwarten dürfen; er hat sich an überraschend tragische Theaterschlüsse gewöhnt. Umso überraschender endet das Stück im Epilog mit der frechen Aufforderung an das Publikum, sich selber ein *happy end* zusammenzureimen:

Den Überraschten überraschen

»*Vor den Vorhang tritt ein Spieler und wendet sich entschuldigend an das Publikum mit einem Epilog.*
Verehrtes Publikum, jetzt kein Verdruß:
Wir wissen wohl, das ist kein rechter Schluß.
[...]
Der einzige Ausweg wär aus diesem Ungemach:
Sie selber dächten auf der Stelle nach
Auf welche Weis dem guten Menschen man
Zu einem guten Ende helfen kann.
Verehrtes Publikum, los, such dir selbst den Schluß!
Es muß ein guter da sein, muß, muß, muß!«[453]

Bei aller Ironie kann man aus dieser Überraschung zweiter Stufe durchaus so etwas wie einen politisch-sozialen Optimismus herauslesen.

Ohne diesen Optimismus, aber strukturell auf vergleichbare Weise gestaltet einer der Wegbereiter des modernen Romans, André Gide, das Ende seiner *Les Faux-Monnayeurs (Die Falschmünzer)*. Und zwar schaut er mitten im Geschehen dieses Romans immer wieder einem Romanschriftsteller über die Schultern, der in seinem Arbeitsjournal über die angemessene Weise des Erzählens nachdenkt. Laut diesem Mann namens Édouard soll sich die Erzählung in dem geplanten Roman (namens *Les Faux-Monnayeurs*) unlinear verästeln, so wie das Leben, um dann unspektakulär einfach so aufzuhören:

»Könnte fortgesetzt werden ...«[454]

Nun muss dem damaligen Leser die unlineare, polyphone Erzählweise, deren sich Gide tatsächlich befleißigt, einigermaßen neu erschienen sein; überrascht nimmt er die Selbstbezüglichkeit zur Kenntnis, die darin besteht, dass der Romancier Gide einen Romancier Édouard erfindet und dessen Maximen befolgt; hier haben wir die Überraschung erster Stufe. Der insgesamt überraschte Leser erwartet, dass der Roman unspektakulär mit den Worten »könnte fortgesetzt werden ...« endet – oder doch so endet, dass diese Worte am Platze wären.

Beinahe das Gegenteil ist der Fall und hebt uns auf die zweite Stufe: Die letzten Seiten des Romans werden von der tragischen Geschichte eines Schülers beherrscht, der von seinen Kameraden in den Selbstmord getrieben wird.[455] Und weil das sichtlich nicht in die romantheoretischen Konzepte des Arbeitsjournals von Édouard hineinpasst, beschließt der kurzerhand, den Selbstmord besser nicht in den Roman aufzunehmen.[456] Es ist raffiniert, wie Gide hier die Ebenen seines eigenen Romans mit derjenigen seines Protagonisten verschränkt, konfrontiert und irritiert. Der Roman endet zwar nicht genau mit dem Tod des Schülers, sondern mit der verstörenden Verzweiflungslosigkeit seines greisen Großvaters, der ihn liebgehabt hat, nicht zusammenbricht – und auf einen Schlag einem psychischen Leiden entrinnt, das ihn geplagt hatte.[457] Auch das passt meiner Ansicht nach gut zu der These, dass Gide das Ende seines

Romans klassisch auf diesen Schlusspunkt hin zugespitzt hat – lediglich der allerletzte, kurze Absatz bringt eine gewisse nonchalante Beiläufigkeit ins Spiel, hat aber im Vergleich zum gravierenden Geschehen kurz vorher zuwenig Gewicht, um meiner These den Boden zu entziehen. Verbeugt sich Gide hiermit vielleicht ironisch vor seinem *alter ego*?

Vertiefungsmöglichkeit. Interessanterweise will Gides Protagonist Édouard seine Romanpläne ausdrücklich an Bachs *Kunst der Fuge* anlehnen.[458] In meinen Augen liegt es nahe, dies nicht allein auf die Polyphonie der *Falschmünzer* zu beziehen und auf die Wirkmacht theoretischer Ideen, sondern auch auf das doppelgesichtige Ende des Romans, dem das Ende der *Kunst der Fuge* entspricht. Dass der *Contrapunctus 14* unvermittelt abbricht (§ 7.13k), und zwar nicht lange nach Präsentation der musikalischen Unterschrift Bachs (in Form der Tonreihe b-a-c-h), bringt nämlich eine eigene ästhetische Faszination mit sich: Wer darüber informiert ist, dass Bach starb, bevor er das Werk vollenden konnte, der kann im jähen Abbruch der Musik ein existenziell schockierendes und tiefes Symbol für die Sterblichkeit des Menschen wahrnehmen.[459] Und wer den *Contrapunctus 14* oft genug anhört, dem mag dieses unvermittelte Ende künstlerisch notwendig erscheinen. Vielleicht mischt sich unter diese Gesichtspunkte auch noch die ästhetische Begeisterung fürs Fragmentarische (wie sie besonders in der Romantik kultiviert wurde, siehe § 14.14). Woran auch immer es liegen mag – wir können den unvollständigen *Contrapunctus 14* aus der *Kunst der Fuge* als Meisterwerk schätzen. Wenn nun ausgerechnet ein Musikstück aus dem strengstmöglichen musikalischen Stil fragmentarisch bleibt und sich doch als überaus gelungen anhören lässt, dann bieten sich zwei Reaktionen an. Die eine lautet: »Konnte abgebrochen werden«; die andere lautet: »Müsste fortgesetzt werden«. Dies wäre ein doppeltes Spiegelbild der romantheoretischen Reflexionen aus Gides *Falschmünzern*, in denen wie dargetan auf der einen Ebene gegen einen gestalteten Romanschluss plädiert wird (»Könnte fortgesetzt werden«), auf der anderen Ebene aber nahezu das Gegenteil stattfindet.

* * *

Künstlerisch wertvolle Narration fast ohne Überraschungen kommt kaum vor, doch auch das gibt es überraschenderweise und bietet eine andere Art Überraschung zweiter Stufe: Adalbert Stifters Roman *Der Nachsommer*, in dem auf hunderten von Seiten keinerlei herausragende Ereignisse beschrieben sind.[460]

Der Kern des newtonischen Beweises

§ 8.8. Zurück zu Newtons wichtigstem Experiment (Abb. 8.6). Wie im vorletzten Paragraphen dargetan ändert das zweite Prisma abc aus Newtons *experimentum crucis* nichts wesentliches an einem durchreisenden Bild aus spektralem Licht; es ändert weder dessen Farbe noch dessen Form. Selbstverständlich hat Newton ausprobiert, was geschieht, wenn man das Spiel wiederholt, also in den Schirm NM wieder ein Loch bohrt, dahinter ein drittes Prisma aufstellt, das durchreisende Licht auf einem weiteren Schirm auffängt und so weiter.[461] Das Ergebnis ist jedesmal dasselbe: Ein ursprünglich kreisrunder grüner Ausschnitt aus dem Spektrum bleibt bei beliebig vielen Reisen durchs Prisma grün und kreisrund. (Genauso mit einem ursprünglich kreisrunden roten oder blauen Ausschnitt aus dem Spektrum).

Hätten Sie etwas anderes erwartet? Und warum nicht? Die Antwort liegt nahe: In der Physik rechnen wir damit, dass unter gleichen Bedingungen immer dasselbe geschieht; philosophisch ausgedrückt glauben wir an *Naturkonstanz*.

Dieses Prinzip liegt aller empirischen Naturforschung zugrunde und ist insofern wenig überraschend. Schlimmer noch, es ist selber Ausdruck unseres naturwissenschaftlichen Vor-Urteils *gegen* Überraschungen. Doch in unserem Zusammenhang hat es eine überraschende Konsequenz: Wenn *keines* der Prismen die Geometrie oder die Farbe spektraler Lichter verändert, dann gilt diese Konstanz auch beim allerersten Prisma ABC. Und das bedeutet, dass z. B. der grüne Kreis, der nach seiner Reise durchs Prisma abc (und durch alle danach aufgebauten Prismen) unverändert erhalten bleibt, *auch vom ersten Prisma ABC nicht wirklich verändert wird*. Das Licht war also bereits grün, bevor es das erste Prisma durchlaufen hat; und genauso mit dem roten oder blauen Licht. Wer an Naturkonstanz in der Optik festhält, muss demzufolge zugeben:

(1) Im weiß *erscheinenden* Sonnenlicht stecken alle spektralen Farben; weißes Sonnenlicht ist nicht homogen, sondern besteht aus Licht sämtlicher Spektralfarben.[462]

Damit ist der Beweis des ersten Lehrsatzes der newtonischen Theorie aus dem *experimentum crucis* vollständig.

Vertiefungsmöglichkeit. Selbstverständlich ist der Beweis nicht ohne Voraussetzungen, über die man trefflich streiten kann – in der Philosophie.[463] Wir

Philosophen dürfen z.B. an den Grundfesten der naturwissenschaftlichen Methode rütteln, die Naturkonstanz bezweifeln und fragen: Woher wissen wir, ob morgen nicht etwas Unerhörtes, nie Dagewesenes geschieht?[464] Doch in der Physik ist diese Frage nicht zulässig. Physiker glauben, dass ihre Experimente morgen so ausgehen wie gestern, jedenfalls dann, wenn sie alle entscheidenden Parameter konstant halten. (Ohne diese Annahme wäre keine experimentelle Naturforschung möglich. Wer sie bestreitet, verlässt das Gebiet der Physik. Auch im Falle quantenphysikalischer Experimente können wir die Wiederholbarkeit mit gleichen Ergebnissen fordern, sobald wir hinreichend viele Durchläufe als *ein* Experiment auffassen; vergl. Abb. 8.20c). Für die Argumente aus dem *experimentum crucis* kommt es z.B. wesentlich auf eine Konstante an, die ich bislang nicht erwähnt habe: Die verschiedenen spektralen Lichtstrahlen treffen allesamt *mit konstantem Winkel* beim zweiten Prisma ein – dafür sorgen die beiden Blendenöffnungen G und g, die sehr klein sind und weit auseinanderliegen; dass sich auf dem Schirm NM manchmal diese, manchmal jene Farbe zeigt, kann also nicht von Änderungen des Einfallswinkels am zweiten Prisma verursacht sein.[465]

§ 8.9. Dem Beweis des ersten Satzes aus der newtonischen Theorie kann man eine gewisse Ästhetik nicht absprechen – die Ästhetik der paradoxen Überrumpelung. Nachdem sich Newton mithilfe von Beobachtung und Naturkonstanz davon überzeugt hat, dass keines der späteren Prismen irgend etwas an der grünen Farbe des durchs Prisma fallenden Lichts ändert, behauptet er kühn dasselbe fürs erste Prisma und kommt zu dem Ergebnis, dass das grüne Licht bereits *vor* seiner Reise durch dieses Prisma dagewesen sein muss. So plausibel die Logik dieses Schlusses klingt, so unglaublich ist sein Ergebnis; immerhin war das Sonnenlicht vor seiner ersten Brechung weiß, nicht grün.

Ist das Ergebnis nicht paradox? Allerdings; genau darauf beruht die kühne Ästhetik dieses Beweises. Kunst und Wissenschaft sind voll der unglaublichsten Paradoxien, von Einsteins Zwillingsparadox über Schrödingers Katze bis hin zur guten liebenden Mutter, die sich um ihre verlorene Tochter bzw. ihren Sohn sorgt – und plötzlich als urböse Königin der Nacht oder Kaninchenschlächterin ganz andere Töne anschlägt. Von solchen Umschwüngen wie in Mozarts *Zauberflöte* bzw. Jarmuschs Film *Down by Law* lebt insbesondere die Erzählkunst, einerlei, ob in der Oper, im Film, auf dem Theater oder

Paradoxe Überrumpelung

im Roman. Je nach Kunstwerk gewinnen solche Umschwünge einen ganz eigenen ästhetischen Charakter: Während uns in Jarmuschs Film das Lachen im Hals steckenbleibt, halten viele Opernfreunde die bekannte Arie der Königin der Nacht für exzeptionell schön.

Insbesondere in der Wissenschaft sind wir darauf gefasst, dass etwas in Wirklichkeit anders ist, als es aussieht. In Wirklichkeit, so erfahren wir von Newton, ist weißes Licht nicht weiß, sondern zusammengesetzt aus den buntesten Spektralfarben; Weiß existiert nur dem Anschein nach, nur für unsere Augen, nicht draußen in der Welt.

Dieses Paradox – Weiß ist in Wirklichkeit zugleich rot, blau und grün – wirft eine Reihe kniffliger Fragen auf. Worin besteht und woran erkennt man grünes Licht, dessen Farbe man nicht sehen kann? Dass Newtons Theorie solche Fragen überzeugend zu beantworten weiß, darin besteht ihre große Leistung. Wie ich als nächstes zeigen möchte, enthält das *experimentum crucis* alle Ressourcen, die Newton braucht, um das Paradox theoretisch aufzulösen.

(Anders als in der Kunst darf ein Wissenschaftler eine paradox wirkende Errungenschaft nicht kommentarlos in den Raum stellen; er muss das Publikum beruhigen, dass letzten Endes alles in Ordnung ist. In einigen Disziplinen wie z. B. der Optik ist das einfacher – in anderen wie z. B. der Quantenphysik ist es schwieriger, siehe Abb. 8.20c).

Farbe und Ankunftsort

§ 8.10. Bei der Betrachtung von Kunstwerken kommt es oft darauf an, die Aufmerksamkeit für die feinsten Details zu schärfen. Nicht anders bei schönen und detailreichen Experimenten: So steckt in Newtons *experimentum crucis* ein Detail, das ich bislang außer acht gelassen habe; die verschiedenfarbigen Kreise zeigen sich auf dem Schirm NM nicht an ein und derselben Stelle. Vielmehr erscheint der blaue Lichtkreis besonders weit oben auf dem Schirm, der grüne in der Mitte und der rote besonders weit unten. Das Ausmaß der Richtungsänderung beim Weg durchs Prisma ist also nicht konstant, sondern variabel; diese Größe (die Newton als Refrangibilität bezeichnet) hängt offenbar von der Farbe ab (Abb. 8.5).

Dass es sich so nicht nur am zweiten Prisma abc verhält, sondern

8. Kapitel: Experimentieren, Argumentieren, Theoretisieren 243

immer, ergibt sich wieder aus Experimenten mit weiteren Prismen – und aus dem Motiv der Naturkonstanz. Jedesmal gilt:

(B-o) Zeigt sich vor einem Prisma *blaues* spektrales Licht, so wird es von diesem Prisma besonders weit nach *oben* abgelenkt.

(G-m) Zeigt sich vor einem Prisma *grünes* spektrales Licht, so wird es vom Prisma *mittelstark* abgelenkt.

(R-u) Zeigt sich vor einem Prisma *rotes* spektrales Licht, so wird es vom Prisma am wenigsten abgelenkt und trifft den Schirm NM besonders weit *unten*.

Aus diesen Versuchsergebnissen des *experimentum crucis* kann Newton einen zweiten Lehrsatz seiner Theorie ableiten:

(2) Unterschiedliche Farben des Lichts haben unterschiedliche Brechungseigenschaften, d. h. unterschiedliche Refrangibilitäten.[466]

Es liegt auf der Hand, wie Newton seine Theorie weiterentwickeln muss und möchte, um das Paradox zu entschärfen, mit dem ich Sie im vorigen Paragraphen konfrontiert habe. Er muss sagen, dass Farbe und Refrangibilität in Wirklichkeit ein und dasselbe ist. Sobald er diese Behauptung erreicht hat, kann er die Verwirrung beseitigen, die seiner Rede vom im *Weißen* verborgenen *grünen* Licht innewohnt; dass dieses grüne Licht da ist, obwohl wir es nicht sehen, bedeutet demzufolge nur: Im weißen Sonnenlicht steckt Licht der und der Refrangibilität.

§ 8.11. Um die im vorigen Paragraphen anvisierte Identifikation von Farbe und Refrangibilität abzusichern, muss Newton dem *experimentum crucis* weitere Beobachtungen entnehmen. Bislang hat er mit seinem Lehrsatz (2) dargetan, dass Farbänderungen auch mit Änderungen der Refrangibilität einhergehen; jetzt muss er das Umgekehrte zeigen:

(3) Lichter unterschiedlicher Brechungseigenschaften haben auch unterschiedliche Farben.[467]

Auf theoretischer Ebene bietet dieser Lehrsatz das Spiegelbild seines Vorläufers (2); im Experiment ergibt er sich durch symmetrische Vertauschung der Beobachtungen. Bislang haben wir *vor* dem Prisma abc auf die Farbe des jeweiligen Lichts geachtet, *hinter* dem

Umkehrung

Prisma auf den Ankunftsort am Schirm NM. Jetzt vertauschen wir die Rollen von Farb- und Ortswahrnehmung:

(o-B) *Oben* aus dem Spektrum ausgeschnittenes Licht zeigt nach Brechung am Prisma abc eine *blaue Farbe*.

(m-G) In der *Mitte* aus dem Spektrum ausgeschnittenes Licht zeigt nach Brechung am Prisma abc eine *grüne Farbe*.

(u-R) *Unten* aus dem Spektrum ausgeschnittenes Licht zeigt nach Brechung am Prisma abc eine *rote Farbe*.

Weil diese drei Beobachtungen den drei Beobachtungen aus dem vorigen Paragraphen genau entsprechen, bis auf die Reihenfolge, ergibt sich aus ihnen auch derselbe Schluss wie dort, nur ebenfalls umgekehrt. Die Symmetrie der Beobachtungen überträgt sich also ohne weiteres in die Theorie.

Das ist nicht ohne ästhetischen Reiz: Wir sparen uns dadurch insofern viel Mühe, als wir aus ein und demselben Experiment einfach nur durch Umkehrung des Augenmerks auch symmetrisch umgekehrte Ergebnisse ableiten können. Die Triftigkeit logischer Schlüsse hängt immer nur von strukturellen Merkmalen ab, nie vom inhaltlichen Material, hier also nicht vom Wahrnehmungsmaterial (nicht davon, ob wir auf dem jeweiligen Schirm Farben oder Ankunftsorte registriert haben).

Vertiefungsmöglichkeit. Was ist damit gemeint, dass die Triftigkeit logischer Schlüsse nur von deren Struktur abhängt? Um das zu erläutern, zeige ich Ihnen ein Schulbeispiel für logische Triftigkeit:

(1) *Sokrates* ist ein *Mensch* (1. Prämisse).

(2) Alle *Menschen* sind *sterblich* (2. Prämisse).

(3) Also ist *Sokrates sterblich* (triftige Konklusion aus (1) und (2)).

Hierin habe ich alle inhaltlichen Ausdrücke hervorgehoben, die für die Triftigkeit des Beweises keine Rolle spielen. Wenn wir z. B. den Namen »Sokrates« durch »Xanthippe« ersetzen, die Artbezeichnung »Mensch« durch »Frau« und die Eigenschaft »sterblich« durch »geboren«, so bekommen wir wieder einen triftigen Schluss, also einen Schluss, dessen Konklusion der Form (3) dann wahr sein muss, wenn die beiden Prämissen der Form (1) bzw. (2) wahr sind.

8. Kapitel: Experimentieren, Argumentieren, Theoretisieren

§ 8.12. Treiben wir die Symmetrisierung der Beobachtungen auf die Spitze, die ich im vorigen Paragraphen begonnen habe. Zunächst haben wir vor dem zweiten Prisma und dahinter beidemal auf die Farbe geachtet; dann vor ihm auf die Farbe und hinter ihm auf den Ankunftsort; zuletzt vor dem Prisma auf den Ankunftsort und hinter ihm auf die Farbe. D. h. wir haben drei der vier möglichen Kombinationen ausgeschöpft:

Kombinatorik

Beobachtung vor Prisma abc	Beobachtung nach Prisma abc	Resultierender Lehrsatz
Farbe	Farbe	(1)
Farbe	Ankunftsort	(2)
Ankunftsort	Farbe	(3)
Ankunftsort	Ankunftsort	?

Es verletzt unseren Schönheitssinn, dieses Schema nicht zu vervollständigen. Die noch offene Kombinationsmöglichkeit kann und muss untersucht werden. Hier die Ergebnisse, die sich dann zeigen, wenn man die Farbwahrnehmung ganz ausschaltet und sich ausschließlich auf die Ankunftsorte des Lichts auf den Schirmen ed bzw. NM konzentriert:

(o-o) *Oben* aus dem Spektrum ausgeschnittenes Licht zeigt sich auch nach Brechung am Prisma abc wieder besonders weit *oben* auf dem Schirm NM.

(m-m) In der *Mitte* aus dem Spektrum ausgeschnittenes Licht zeigt sich auch nach Brechung am Prisma abc wieder in der *Mitte* auf dem Schirm NM.

(u-u) *Unten* aus dem Spektrum ausgeschnittenes Licht zeigt sich auch nach Brechung am Prisma abc wieder besonders weit *unten* auf dem Schirm NM.

Auch an diesen Verhältnissen ändert sich nichts, wenn weitere Prismen ins Spiel kommen. Bei *jeder* Brechung am Prisma bleibt die Refrangibilität spektralen Lichts erhalten. Das ergibt sich abermals aus Beobachtung und der Annahme der Naturkonstanz. Und so können wir schon wieder denselben Schluss ziehen, den wir in § 8.8 bereits mit Blick auf die Farben gezogen haben. Die unterschiedlich starke Refrangibilität kommt dem Licht bereits vor der Brechung am ersten Prisma zu:

(4) Im Sonnenlicht stecken Lichtstrahlen der unterschiedlichsten Refrangibilität; Sonnenlicht ist heterogen, nicht homogen.[468]

Es ist faszinierend und ästhetisch, dass sich die vier wichtigsten Lehrsätze der newtonischen Theorie aus einem einzigen Experiment ableiten lassen, und zwar jedesmal nach demselben Schema. Die gesamte Theorie spiegelt sich in einem einzigen Experiment. Zwar ist das *experimentum crucis* einigermaßen kompliziert. Trotzdem ist das Experiment wegen seiner theoretischen Reichweite schöner als die einfachere Weißanalyse, mit der Newton den Reigen seiner Experimente begonnen hatte (6. Kapitel).

Zugegeben, dort gab es halb soviele Prismen, halb soviele Blendenöffnungen und halb soviele Auffangschirme, die man in den Blick nehmen musste; zudem blieb bei diesem einfachen Experiment das Prisma ABC unverändert in einer einzigen Position, während es im *experimentum crucis* um seine Achse gedreht werden muss. Doch der erhöhte apparative, muskuläre und intellektuelle Aufwand des neuen Experiments zahlt sich aus: Das Experiment repräsentiert die Theorie Newtons umfassend; jeder denkbaren Beobachtungskombination entspricht einer seiner vier Lehrsätze. In der Tat hat Newton noch am Ende seines Lebens betont, dass das Experiment die gesamte Theorie beweist:

»Newton gründete *seine Theorie des Lichts und der Farben* auf das Experiment, das er wegen seiner Beweiskraft *experimentum crucis* nennt«.[469]

Kurzum, das *experimentum crucis* kann als Gipfel der newtonischen Experimentierkunst angesehen werden. Mit kleinstmöglichem Aufwand liefert es die weitestgehende theoretische Ausbeute; die eingesetzten Mittel sind so klug gewählt, dass die erzielten Einsichten alles übertreffen, womit man hätte rechnen können.[470] In dieser Hinsicht ähnelt das *experimentum crucis* stark der *Kunst der Fuge*, mit der Bach aus einem einzigen schlichten Fugenthema so gut wie alles herausholt, was in der Fugenkunst möglich scheint; ich komme darauf zurück.

Es ist kein Zufall, dass ich für die ästhetische Würdigung des Experiments vergleichend auf ein Kunstwerk zurückgreifen musste, das vielen Musikhörern zu abstrakt, ja unhörbar vorkommt.[471] Auch das *experimentum crucis* dürfte nicht jedermanns Sache sein. Beide Errungenschaften – diejenige der newtonischen Experimentierkunst und diejenige der bachschen Fugenkunst – verlangen uns größere geistige Anstrengungen ab als viele andere experimentelle oder musikalische Errungenschaften.

Worauf derartige Anstrengungen beim Musikhören genau hinauslaufen, kann ich einstweilen offenlassen; für meine augenblicklichen Zwecke genügt es festzustellen: Im Fall des *experimentum crucis* handelt es sich um *theoretische* Anstrengungen. Nur wer Newtons Theorie versteht, wird den ästhetischen Wert des Experiments zu würdigen wissen. Theoretisches Verständnis und ästhetische Wertschätzung gehen hier Hand in Hand.

Mit dieser Feststellung kann ich zuguterletzt auf das Ziel des vorliegenden Kapitels zusteuern. Ich habe das *experimentum crucis* deshalb behandelt, weil ich herausarbeiten wollte, auf welche ästhetischen Charakteristika es uns bei der Beurteilung von Theorien ankommt. Wenn uns das *experimentum crucis* bereits so weit in theoretische Gefilde bringt wie dargetan, dann haben wir (so die Idee) bereits viel von dem gewürdigt, womit die Schönheit von Theorien zusammenhängt. Das möchte ich im kommenden Paragraphen genauer herausarbeiten.

§ 8.13. Zunächst möchte ich daran erinnern, dass Newton die vier Lehrsätze seiner Theorie auf ästhetisch ansprechende Weise begründen kann. Jeder Lehrsatz lässt sich leitmotivisch mit derselben Methode erreichen: Jedesmal stabilisiert man eine bestimmte Beobachtungskombination (aus Farbe bzw. Ankunftsort) für beliebig viele Brechungen am Prisma und schließt daraus sozusagen rückwärts, dass die fragliche Kombination von Anfang an bestanden haben muss, vor der ersten Brechung.

Die Schönheit der Theorie Newtons

Dieser Schluss stützt sich auf das langweilige Prinzip von der Naturkonstanz – das in Newtons begnadeten Händen aber sofort überraschende Folgen zeitigt: Weißes Sonnenlicht ist in Wirklichkeit rot, grün und blau. Ich habe vorhin von paradoxer Überrumpelung geredet, und die ästhetische Wirkung dieses theoretischen Schachzugs zeigt den souveränen Meister der Argumentationskunst. Das passt nahezu nahtlos zur ästhetischen Wirkung sorgfältig vorbereiteter Überraschungen, die ich im 6. Kapitel anhand von Kunstwerken und Experimenten besprochen habe.

Nun wäre es in der Kunst zu schrill, wenn z. B. ein Musik- oder Theaterstück das Publikum in einem fort überrumpelte; die Momente der Überraschung sollten besser durch ruhigere Augenblicke austariert werden. So geht das Andante aus Haydns Sinfonie Nr. 94 nach dem Paukenschlag nicht mit überraschendem Krach weiter, sondern so ruhig, wie es angefangen hatte (§ 6.10). Nicht viel anders bei Newton: Den Schock des rot-blau-grünen Weiß mildert er dadurch ab, dass er Farbe und Refrangibilität eng miteinander verknüpft und die beruhigende Nachricht hinterherschickt: Im Sonnenlicht stecken einfach nur Strahlen verschiedener Refrangibilität, denn Farbe und Refrangibilität sind ein und dasselbe.

Gerade diese Identifikation von Farbe und Refrangibilität beruht auf symmetrischen Beobachtungen und symmetrischen Argumenten. Und die fraglichen Symmetrien setzen sich in der Theorie fort: Man kann die beiden Größen in jedem ihrer Lehrsätze miteinander vertauschen, ohne dass dadurch etwas Falsches herauskommt.

Eine andere Symmetrie, die tiefer liegt und noch stärker zur Schönheit der newtonischen Theorie beiträgt, habe ich bereits im 7. Kapitel behandelt: die Zeitsymmetrie aller optischen Vorgänge. Angesichts der vier herausgearbeiteten Lehrsätze lässt sich diese Zeitsymmetrie jetzt genauer fassen. Refrangibilität und Farbe eines spektralen Lichtstrahls bleiben bei allen Refraktionen erhalten, unabhängig von seiner Reiserichtung. Auch hierauf beruht die Ästhetik der newtonischen Theorie, die in dieser Hinsicht kein Einzelfall ist. Im Kleingedruckten am Ende des Kapitels werde ich an ausgesuchten Beispielen illustrieren, welche wichtige Rolle Symmetrien allgemein bei der physikalischen Theoriebildung spielen.

Einheit in der Vielfalt

§ 8.14. Ein weiterer ästhetischer Zug der Theorie Newtons ist bislang noch nicht ausdrücklich zur Sprache gekommen. Er lautet: Die vier Lehrsätze hängen so eng miteinander zusammen, dass man kei-

nen Lehrsatz herausnehmen kann, ohne die Theorie zu zerstören. Wenn Sie z. B. den Lehrsatz:
(1) Weißes Sonnenlicht ist nicht homogen, sondern besteht aus Licht sämtlicher Spektralfarben,

leugnen, dann können Sie nicht an den anderen drei Lehrsätzen festhalten:
(2) Unterschiedliche Farben des Lichts haben unterschiedliche Brechungseigenschaften, d. h. unterschiedliche Refrangibilitäten.
(3) Lichter unterschiedlicher Brechungseigenschaften haben auch unterschiedliche Farben.
(4) Im Sonnenlicht stecken Lichtstrahlen der unterschiedlichsten Refrangibilität; Sonnenlicht ist heterogen, nicht homogen.

Diese drei Sätze erzwingen den Satz (1). In der Tat ist das Gewebe der Lehrsätze aus Newtons Theorie so dicht gewebt, dass sich mit ihrer Hilfe eine schier unerschöpfliche Vielfalt von Experimenten verständlich machen lässt; das zeigt ein genauerer Blick in das erste Buch der *Opticks*, auf den ich hier um der Kürze willen verzichten muss und kann – auch die erkleckliche Zahl optischer Experimente, denen Sie in meinem Gedankengang begegnen, lässt sich mit Newtons Theorie erklären.[472]

Newtons Lehrsätze bringen Einheitlichkeit in diese optische Vielfalt und erfüllen so ein Kriterium, das oft beim Urteil über die Schönheit von Kunstwerken eingesetzt wird (§ 7.15). Es ist keine Frage, genau danach streben Naturwissenschaftler. So sagt der Physik-Nobelpreisträger Max Planck:

»Von jeher, solange es eine Naturbetrachtung gibt, hat ihr als letztes, höchstes Ziel die Zusammenfassung der bunten Mannigfaltigkeit der physikalischen Erscheinungen in ein einheitliches System, womöglich in eine einzige Formel, vorgeschwebt«.[473]

Das naturwissenschaftliche Ziel einer Weltformel, das sich hier Gehör verschafft, liegt angesichts der Stichworte »Zusammenfassung« und »Mannigfaltigkeit« nicht weit entfernt vom ästhetischen Ziel einer Einheit in der Vielfalt. Wie wichtig ist die *Anzahl* der Lehrsätze bzw. Formeln? Hier gilt: Je weniger, desto schöner. Es wäre ideal, so Planck, eine einzige Weltformel zu haben. Je nach Zählweise braucht Newton für die Optik eine Handvoll von Lehrsätzen –

für eine unermessliche Vielfalt einzelner Versuchsergebnisse. Damit hat er ästhetisch Großes geleistet, ist aber immer noch vom Ideal einer *einzigen* Formel entfernt.

Wie man sieht, harmonieren die Ziele der Theoretiker aus der Physik mit den Vorlieben unseres Schönheitssinns. Newtons Theorie ist schön, und zwar aus ähnlichen Gründen wie denen, die ich in früheren Kapiteln zugunsten der Schönheit von Experimenten und Kunstwerken angeführt habe. Die Schönheit von Theorien ist zwar nicht dasselbe wie die Schönheit von Experimenten oder Kunstwerken; aber verwandt miteinander sind diese drei Schönheiten allemal. Und so muss es uns nicht wundern, wenn sogar unter Newtons Feinden ein Loblied von der »höchst eleganten« newtonischen Theorie gesungen wurde.[474]

Wie wichtig diese ästhetische Wertschätzung der Theorie für ihre Durchsetzung gewesen sein muss, ergibt sich daraus, dass sie bei anderen außerempirischen Kriterien der Theorienwahl nicht sonderlich gut abschneidet, etwa mit Blick auf die Sparsamkeit der von ihr postulierten Gegenstände. Ihr zufolge gibt es *unendlich* viele Lichtstrahlen, also viel mehr Grundelemente als in den vorausgegangenen Theorien, die sich nur auf das Wechselspiel *zweier* Grundelemente stützten: Helligkeit und Dunkelheit. Einer ihrer Verfechter war Hooke, und der kritisierte prompt den unökonomischen Überfluss der newtonischen Theorie.[475]

Vertiefungsmöglichkeit. Planck redet in dem Zitat von einer einzigen *Formel*, also von etwas Theoretischem. Doch wie meine Diskussion der Weißsynthese zweifelsfrei zeigt, lässt sich seine Aussage zwanglos auf experimentelle Zusammenfassungen einer bunten Mannigfaltigkeit ausdehnen (§ 7.15). – Der Slogan von der Einheit in der Vielfalt hat eine lange Tradition.[476] Nicht lange nach Hutcheson (auf den ich bereits hingewiesen habe) preist der Ökonom Adam Smith die Schönheit, die darin liegt, viele Beobachtungen unter wenige allgemeine Prinzipien zu bringen; und er schlägt vor, dasselbe Ordnungsprinzip auf die Moral zu übertragen.[477] Offenbar hängt es vom ästhetischen Temperament ab, ob man in der Formel eher die Einheit oder eher die Vielfalt betont, gerade in der Naturwissenschaft.[478] Dyson betont z. B. eher die Vielfalt.[479]

* * *

8. Kapitel: Experimentieren, Argumentieren, Theoretisieren

§ 8.15. In meiner ästhetischen Betrachtung der Optik Newtons bin ich von experimentellen Symmetrien ausgegangen und kam erst danach auf theoretische Symmetrien zu sprechen. Wie ich nun zum Abschluss dieses Kapitels skizzieren möchte, sind beide Arten von Symmetrie in der gesamten Physik weit verbreitet; oft lassen sie sich schwer voneinander trennen. Die Symmetrie zwischen Weißanalyse und Weißsynthese, die ich in *zeitlichem* Vokabular charakterisiert habe, kann man z. B. auch als *kausale* Symmetrie auffassen, als Symmetrie zwischen Ursache und Wirkung. (Meiner Ansicht nach sind kausale Begriffe stärker theoretisch aufgeladen als die Begriffe von Raum und Zeit, doch würde es uns zu weit abführen, das zu vertiefen).

Symmetrien in Experiment und Theorie

Ein ähnliches Beispiel für kausale Symmetrien im Experiment verdanken wir einem der bedeutendsten britischen Experimentalphysiker: Michael Faraday. Nachdem sein dänischer Kollege Hans Christian Ørsted die magnetischen Wirkungen sich ändernder elektrischer Felder entdeckt hatte, lag die Frage in der Luft, ob sich dieser Effekt umdrehen ließe: Gibt es elektrische Auswirkungen sich ändernder magnetischer Felder? Seit 1821 haben die Physiker vergeblich nach dieser Umkehrung gesucht, bis Faraday auf den Plan trat und im Jahr 1831 fündig wurde; und der schottische Physiker James Clerk Maxwell war ein Meister der Symmetrien in der zugehörigen Theorie.[480]

Die Symmetrien zwischen elektrischem Plus- und Minuspol sowie magnetischem Nord- und Südpol kann man als Polaritäten bezeichnen. Der Polaritätsbegriff hat um 1800 eine starke Anziehungskraft auf Naturphilosophen, Künstler und Naturwissenschaftler ausgeübt und wurde mit mehr oder minder großem Erfolg in die verschiedensten Untersuchungsgebiete projiziert. Ich muss davon absehen, diese Forschungsmethode detailliert mit der Suche nach Symmetrien zu vergleichen, wie sie heute üblich ist.[481]

§ 8.16. Die von mir herausgearbeiteten theoretischen Symmetrien in den Lehrsätzen der newtonischen Optik sind nur ein unbeholfener Vorläufer der Symmetrien, von denen die Gesetze der modernen Physik beherrscht werden.[482] Überall in der Theoriebildung der modernen Physik finden sich Symmetrien, und so gibt es zur Symmetrie von Theorien massenhaft Belege.[483] Ich greife nur einige von ihnen heraus und beginne mit einer repräsentativen Aussage des Physikers Carl Friedrich von Weizsäcker:

Symmetrien als Desiderat der Theoriebildung

»Heisenberg bekennt sich ausdrücklich dazu, daß die Naturgesetze schön sind, und daß die Symmetrien eine Gestalt sind, in der sich die Schönheit der Gesetzmäßigkeiten der Natur begrifflich fassen läßt, begrifflich spiegelt«.[484]

Anders als Heisenberg und Weizsäcker hält Weinberg die Symmetrie nicht für einen eigenständigen ästhetischen Wert naturwissenschaftlicher Theorien; vielmehr beruhten, so Weinberg, auf deren Symmetrie zwei andere ästhetische Vorzüge von Theorien, nämlich einerseits ihre Einfachheit, andererseits ihr Eindruck der Zwangsläufigkeit, also der Eindruck, dass man kein Detail der fraglichen Theorie ändern könne, ohne die Theorie aus den Angeln zu heben.[485] Dies Motiv hatten wir bereits bei Kopernikus (§ 3.5), bei Newton (§ 8.14) – und bei Einstein (§ 2.11k), auf dessen Theorie Weinberg mit seiner Bemerkung ausdrücklich zielt.[486]

Eine der Passionen Einsteins lag in der Treibjagd auf unerwünschte Asymmetrien. Er beginnt seinen bahnbrechenden Aufsatz zur Speziellen Relativitätstheorie so:

»Daß die Elektrodynamik *Maxwells* [...] in ihrer Anwendung auf bewegte Körper zu Asymmetrien führt, welche den Phänomenen nicht anzuhaften scheinen, ist bekannt.«[487]

Auf der folgenden Seite verspricht Einstein, die Schwierigkeit mithilfe einer *einfachen* Theorie zu beheben; bei Einstein gilt Einfachheit als bescheideneres Pseudonym für Schönheit (§ 2.11). Ganz ähnlich beklagt sich Einstein (im Zuge seiner Einführung der Allgemeinen Relativitätstheorie) darüber, dass die zuvor erreichte Theorie immer noch einige gleichartige Phänomene theoretisch ganz verschieden beschreibe.[488] Hier redet er zwar nicht ausdrücklich von mangelnder Symmetrie, aber dies wird oft als impliziter Kern seiner Kritik verstanden.[489] In der Tat beschwört er (wie zitiert) den Zauber der neuen Theorie, die dem Mangel abhilft.[490]

Folgt Einstein auf seinem Weg dezidiert ästhetischen Zielen? Darüber lässt sich streiten. Wie oben angedeutet könnte man seine Aversion gegen Willkür als Streben nach Objektivität deuten (§ 2.12). Diese kühle Lesart beruht genauso auf Interpretation wie die ästhetische Lesart. Und auch sie kommt nicht ohne Ästhetik aus; ihr zufolge hätte Einsteins nüchterne, objektivistische Zielsetzung dazu geführt, dass seine Theorie hochsymmetrisch wird und dadurch ästhetisch bestechend. Möglicherweise hat Einstein erst im nachhinein über die Schönheit seiner Errungenschaften gestaunt; und als sie sich empirisch immer deutlicher bewährten, war wegen ihrer Schönheit fast kein Zweifel mehr an der Wahrheit ihrer Grundprinzipien denkbar. In diesem Fall hätte der Schönheitssinn weniger die *Arbeit* an der Speziellen und Allgemeinen Relativitätstheorie geleitet, sondern vielmehr ihre *Beurteilung*. Und so hätten wir ein schlagendes Beispiel dafür, worüber Weinberg gestaunt hat (§ 1.1), nämlich dass der Schönheitssinn beim Rechtfertigen von Theorien ein Wörtchen mitzureden hat. Selbstverständlich kann man die Angelegenheit noch nüchterner auffassen: Dann hätte sich Einstein am Ende seiner Arbeit lediglich über die Schönheit des Erreichten gefreut, ohne dass ihn dies in seinem Urteil über die Theorie sicherer gemacht hätte. Wie ich vermute und aus einer Reihe der zitierten Zeugnisse zu Einstein entnehme, war der historische Einstein weniger nüchtern; doch kann ich diese Frage hier nicht abschließend klären.

Selbst wenn die nüchterne Lesart im Fall Einsteins zutreffen sollte, selbst wenn also sein Streben nach Symmetrie in erster Linie unter objektivistische Vorzeichen zu bringen ist, nicht unter ästhetische, selbst dann erschöpft sich die Rolle der Symmetrie bei der physikalischen Arbeit insgesamt nicht im Streben nach Objektivität. Die Symmetrien, auf die es in der Elementarteilchen-Physik ankommt und die dort fraglos als schön gelten, sind zwar ebenfalls (wie bei Einstein) Invarianzen unter bestimmten Transformationen – aber mit dem Ziel der Objektivierung lassen sie sich kaum zusammenbringen; mehr zu diesen Symmetrien in § 8.19.

§ 8.17. Laut Weinberg haben die Naturwissenschaftler erst spät gelernt, Symmetrien und Invarianzen als legitimierendes Merkmal ihrer Theorien hochzuschätzen; in den dreißiger Jahren des 20. Jahrhunderts sei es so weit noch nicht gewesen.[491] In irritierender Spannung hierzu verlegt Weinberg den Beginn der modernen Einstellung zu Symmetrieprinzipien ins Jahr 1905, in dem Einstein die Spezielle Relativitätstheorie fand.[492] Noch weiter zurück in die Vergangenheit geht McAllister. Er behauptet überraschenderweise: Einstein habe sich konservativ verhalten, insofern er ästhetische Kriterien eingesetzt habe, die sich lange vor seiner Zeit etabliert hätten.[493] Dass die umfassende Verknüpfung von Ästhetik und Konservativität (in der Naturwissenschaft) unplausibel ist, habe ich schon begründet, siehe § 2.16.

Wie weit Symmetrien (verstanden als Invarianzen unter bestimmten Operationen) in die Tiefen der Ideengeschichte zurückreichen, demonstriert der Physiker und Philosoph Thomas Brückner; ihm zufolge lässt sich diese Denktradition über die Universalgenies Leibniz und Cusanus (*alias* Nikolaus von Kues) bis hin zu Platon verfolgen, insbesondere zu dessen *Timaios*.[494] Es liegt auf der Hand, dass man Keplers Rückgriff auf die Platonischen Körper ebenso in diese Tradition einordnen kann wie den Platonismus eines Heisenberg.[495]

Wann wurde Symmetrie wichtig?

§ 8.18. Wie zentral theoretische Symmetrien für die Physik sind, hat die Mathematikerin Emmy Noether im Jahr 1918 herausgearbeitet, indem sie Theoreme bewies, aus denen sich ergibt: Zu jeder kontinuierlichen Symmetrie eines physikalischen Systems gehört eine Erhaltungsgröße, und umgekehrt; beispielsweise können wir einen Prozess beliebig in der Zeit hin- und herschieben, ohne dass sich dadurch an seinem Ablauf irgendetwas wesent-

Erhaltungssätze und Symmetrie

liches ändert – diese translationale Zeitsymmetrie zieht den Energieerhaltungssatz nach sich.[496]

Das gibt uns einen Hinweis darauf, auf welche Weise zwei wichtige außerempirische Kriterien der Theoriewahl miteinander zusammenhängen – Immunität zentraler Überzeugungen und Schönheit. Denn Sätze wie der Energieerhaltungssatz gehören zum Kern unseres wissenschaftlichen Weltbildes und dürfen nur unter größtem Widerstand aufgegeben werden, wenn überhaupt.[497] Die Hartnäckigkeit, mit der die Physiker an dem Satz festhalten, bringt (*via* Emmy Noether) automatisch eine Symmetrie in unsere Theorien.

Symmetrien bei den kleinsten Teilchen

§ 8.19. Besonders faszinierende Beispiele für theoretische Symmetrien finden sich in der Arbeit der Elementarteilchen-Physiker.[498] Wie Weinberg ausführt, streben sie nach einer symmetrischen Ordnung im Teilchenzoo.[499] Zu Beginn dieser Entwicklung hat Dirac durch Interpretation seiner Dirac-Gleichung das Positron als Gegenstück zum Elektron gefordert – nicht lange bevor dieses Antiteilchen Anfang der 1930er Jahre entdeckt wurde; das Positron hat dieselbe Masse wie ein Elektron, ist aber positiv geladen, nicht negativ.[500] Weinberg beschreibt dies verblüffende Ereignis und weist auf die Fehler hin, in die sich Dirac hierbei aus heutiger Sicht verstrickte.[501]

Wie zurückhaltend und konservativ die Experimentalphysiker im Vorfeld der Entdeckung des Positrons vorgegangen sind, rekonstruiert die Philosophin und Physikerin Brigitte Falkenburg; sie zeigt, dass die Dirac-Gleichung als hochspekulativ galt und dass daher keine *gezielte* Suche nach dem von der Gleichung nahegelegten Positron gestartet wurde.[502] Erst als sich einige Beobachtungsfunde (die unabhängig von Diracs Theoriebildung erhoben wurden) nicht mehr anders interpretieren ließen, wurde die nachweisliche Existenz des Positrons ausgerufen. Dass Dirac nachträglich recht bekommen sollte, und zwar durch unabweisbare empirische Befunde, war überraschend.

Wohl auch angesichts dieses Erfolges hat man später gezielt nach weiteren aus Symmetriegründen geforderten, aber einstweilen fehlenden Teilchen gesucht. Der vielleicht erstaunlichste Triumph dieser Forschungsrichtung ist den Physikern gelungen, als sie (mithilfe des Baryon-Dekupletts, also einer Zusammenstellung aller zehn Kombinationen aus den drei Quarks u, d und s) das Ω^--Teilchen (sss) voraussagten, dem sie sogar eine ganz bestimmte Masse zuschreiben konnten. Das war der Startschuss für eine gezielte Suche in den großen Teilchenbeschleunigern; entdeckt wurde das Ω^--Teilchen 1964 im *Brookhaven National Laboratory* auf Long Island bei New York.[503]

In symmetrisch organisierten Zusammenstellungen von Elementarteilchen stehen sich Teilchen und ihre Antiteilchen (mit entgegengesetzten Quantenzahlen wie z. B. Ladung) gegenüber. Es liegt dann nahe zu fordern, dass sich durch die Vertauschung dieser Kennziffern nichts wesentliches am Verhalten der Teilchen ändern soll; es geht also um eine Invarianz bei umgekehrten Vorzeichen wie etwa der Ladung. Diese Forderung läuft darauf hinaus, dass die Gesetze zur Beschreibung eines Ensembles von Elementarteilchen gleich bleiben, wenn man an deren Stelle ein Ensemble ihrer Antiteilchen setzt, also z. B. ein Ensemble von Teilchen mit gleicher Masse und entgegengesetzter Ladung.[504] Eine ähnliche Forderung wie diese sog. C-Invarianz betrifft die sog. Parität P: Jeder Prozess soll sich demzufolge ohne weitere Änderungen räumlich spiegeln lassen.[505] Und schließlich gehört in diesen symmetrischen Forderungskatalog auch die Forderung der Zeitumkehr.[506]

Klarerweise herrschen die genannten Symmetrien nicht quer durch die Bank in unserer Alltagswelt.[507] Man nahm aber an, dass sie auf der Ebene grundlegender Prozesse gelten; das war eine Illusion.

Nachdem die Physiker über lange Zeiträume hin nahezu dogmatisch davon ausgegangen waren, dass sich jeder grundlegende Prozess allemal durch Raumspiegelung umkehren lassen müsse (»P-Invarianz«), fanden sie die im Jahr 1957 nachgewiesene Verletzung dieser Symmetrieforderung beim Beta-Zerfall höchst überraschend.[508] Daraufhin haben sie nicht die Konsequenz gezogen, den Symmetriegedanken preiszugeben. Denn ihnen fiel auf, dass der Beta-Zerfall ein raumgespiegeltes Gegenstück mit Antiteilchen hat; hier haben wir eine Invarianz unter *gleichzeitiger* Anwendung des C-Operators (Teilchen/Antiteilchen-Vertauschung) und des P-Operators (Links/Rechts-Spiegelung). Daher lag es nahe, eine übergreifende CP-Symmetrie zu fordern.[509] Zwar hat sich im Jahr 1964 herausgestellt, dass diese erhoffte Invarianz (unter der CP-Operation) bei der schwachen Wechselwirkung der Kaonen verletzt ist.[510] Aber noch allgemeiner – durch zusätzlichen Rückgriff auf die Zeitumkehr T – lässt sich ein noch abstrakterer Symmetriegedanke doch aufrechterhalten: Das (inzwischen hervorragend bestätigte) CPT-Theorem besagt, dass jeder beliebige Prozess unverändert abläuft, wenn man die daran beteiligten Teilchen durch ihre jeweiligen Antiteilchen ersetzt, eine zusätzliche Raumspiegelung vornimmt (wodurch sich eine rechte Hand in eine linke verwandeln würde) und auch noch die Zeitrichtung umkehrt.[511]

Ich deute die skizzierte historische Entwicklung so: Die Physiker haben hartnäckig daran festgehalten, dass es auf der grundlegenden Ebene der Wirklichkeit insgesamt symmetrisch zugeht, haben den ursprünglichen *Buchstaben* dieser Forderung angesichts widerspenstiger Experimente zwar preisgeben müssen, nicht aber deren *Geist*; sie haben solange gesucht, bis sie eine Vertauschungs-Operation nennen konnten, unter der alle grundlegenden Prozesse der Physik unverändert bleiben.⁵¹²

Nichtsdestoweniger hat der Symmetriegedanke im Verlauf dieser Entwicklung Federn lassen müssen. So ergibt sich aus der CPT-Invarianz und der CP-Verletzung, dass auch die Zeitumkehr T nicht für alle grundlegenden Prozesse gelten kann. Denn ließen sich alle Prozesse zeitlich umkehren, so könnten wir einen beliebigen Prozess zunächst unter der CPT-Operation umkehren und danach noch einmal zeitlich – da sich zwei zeitliche Umkehrungen aber gegenseitig aufheben, müsste der fragliche Prozess auch CP-invariant sein.⁵¹³

Wie Frauenfelder darlegt, ist es für viele Physiker eine bittere Pille gewesen, auf die Zeitumkehr verzichten zu müssen.⁵¹⁴ Nichtsdestoweniger gibt es Physiker wie z. B. Dyson, deren ästhetisches Temperament sich genau an Symmetriebrüchen erfreut.⁵¹⁵ Diese Haltung hat jedenfalls mit Blick auf Werke der bildenden Kunst einiges für sich; hier schrecken wir offenbar fast immer vor übertrieben streng durchgeführten Symmetrien zurück – dazu später mehr (Kunsttafel 12 und Kunsttafel 13; aber es gibt Ausnahmen, siehe Kunsttafel 11 und Kunsttafel 9). Angesichts der von mir betonten ästhetischen Entsprechungen zwischen Physik und Kunst kann man daher fragen: Wäre die Physik vielleicht langweilig oder öde, wenn all ihre Gesetze in allen Hinsichten symmetrisch wären? Könnte dann überhaupt irgendetwas Interessantes geschehen?

Angesichts derartiger Fragen bringt Brückner den modernen Umgang mit Symmetriebrüchen in der Physik anhand erhellender Beispiele unter die Überschrift der »Identität in der Verschiedenheit« – und verbindet diese Formel mit der platonischen Philosophie.⁵¹⁶ Es liegt auf der Hand, dass die Formel mit dem zusammenhängt, was ich als ästhetischen Gesichtspunkt der Einheit in der Vielfalt bezeichnet und anhand von Beispielen aus der Experimentierkunst illustriert habe (§ 7.15).

Symmetrie zwischen Licht und Materie?

§ 8.20. Wie im vorigen Paragraphen angedeutet orientieren Physiker ihre Forschung auf bestimmten Gebieten an Forderungen der Symmetrie und schneiden fast schon opportunistisch die Anwendungsregeln solcher Forderungen solange zurecht, bis die Empirie ihnen recht gibt; wer suchet, der findet. Aber nicht jede ästhetisch motivierte Suchstrategie hat mit Symmetrien zu tun, wie ich nun durch ein Gegenbeispiel illustrieren will.

Und zwar gelang es dem Physiker Louis de Broglie Anfang der Zwanziger Jahre des letzten Jahrhunderts in seiner Dissertation, eine ästhetisch störende Disanalogie zwischen Licht und Materie theoretisch zu beseitigen. Nachdem sich der Welle/Teilchen-Dualismus des *Lichts* durchgesetzt hatte, forderte er für *Materie* denselben Dualismus und postulierte die Existenz

8. Kapitel: Experimentieren, Argumentieren, Theoretisieren   257

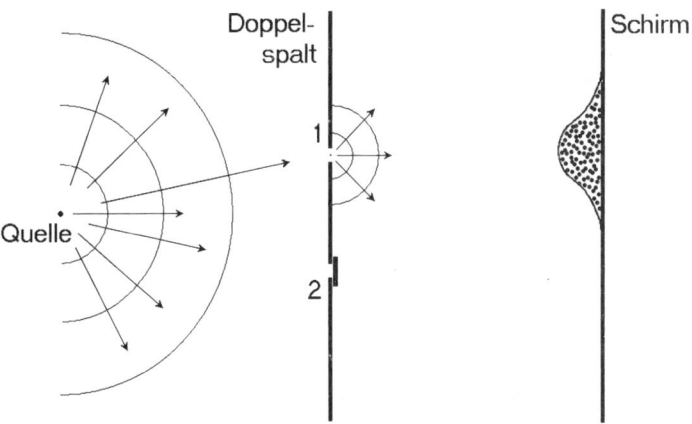

Abb. 8.20a: Vorbereitung des Doppelspalt-Experiments. Eine punktförmige Quelle sendet in alle Richtungen Elektronen aus (links). Weiter rechts sind zwei spaltförmige Blendenöffnungen angebracht; zunächst wird die untere der beiden Spaltöffnungen verschlossen. In diesem Fall zeigt sich auf dem Auffangschirm ganz rechts eine Normalverteilung ankommender Elektronen, die sich gut verstehen lässt, wenn man Elektronen als kleine Kügelchen auffasst: Die meisten Elektronen reisen geradewegs durch die Öffnung, mit zufälligen – symmetrischen – Abweichungen nach oben und unten. (Abbildung mit freundlicher Genehmigung des Urhebers aus Eidemüller [QEG]).

von Materiewellen – sie wurden im berühmten Doppelspalt-Experiment für Elektronen gefunden (Abb. 8.20a – Abb. 8.20c). Das ist ein wunderschönes Experiment; bei einer Meinungsumfrage, die der Wissenschaftsjounalist Robert Crease unter Leserinnen und Leser der Zeitschrift *Physics World* durchführte, kam das Experiment (in einer modernisierten Fassung) auf den ersten Platz als schönstes Experiment aller Zeiten, mit deutlichem Abstand vor der Konkurrenz.[517] Dieser Triumph hat sicher auch damit zu tun, dass sich in dem Experiment die mysteriösen Züge der Quantenwelt besonders schlagend bemerkbar machen.[518]

Newtons Weißanalyse musste sich übrigens den zweiten Platz mit insgesamt acht anderen herrlichen Experimenten teilen.[519] Aber zurück zum Sieger des Schönheitswettbewerbs: Zuweilen liest man, dass mithilfe des Doppelspalt-Experiments und der zugehörigen Theorie eine schöne *Symmetrie* zwischen Licht und Materie in die Physik eingeführt worden sei.[520] Ich finde es übertrieben, für de Broglies Errungenschaften den Symmetrie-

258   Teil III: Mit Newton vom schönen Experiment zur schönen Theorie

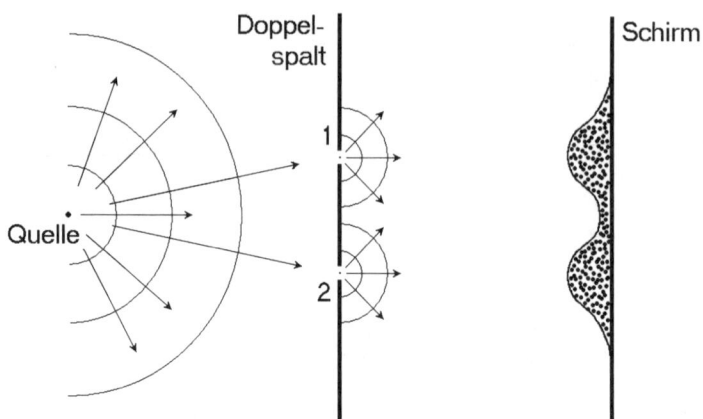

Abb. 8.20b: Erwartetes Versuchsergebnis im Doppelspalt-Experiment.
Nun führen wir das Experiment abermals durch, öffnen allerdings für den zweiten Durchlauf auch die zweite Spaltöffnung. Wären Elektronen kleine Kügelchen, so würde man auf dem Schirm *zwei* Muster aus dem vorigen Versuchsdurchlauf erwarten, wie in einer Überlagerung des ersten Bildes mit seinem an der Längsachse gespiegelten Gegenstück. Dass diese Erwartung dramatisch enttäuscht wird, geht aus Abb. 8.20c hervor. (Abbildung mit freundlicher Genehmigung des Urhebers aus Eidemüller [QEG]).

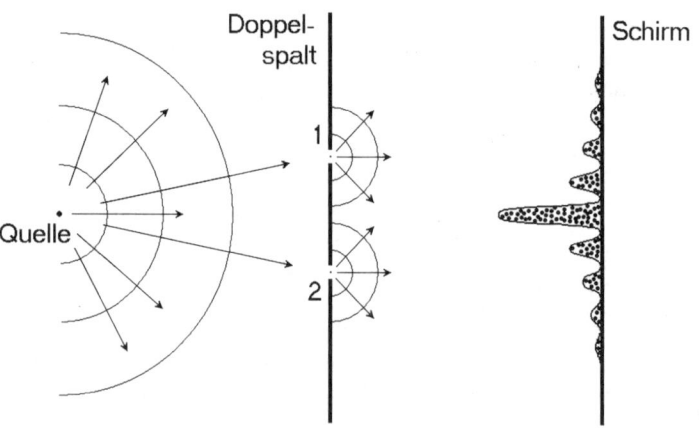

Abb. 8.20c: Überraschung im Doppelspalt-Experiment. Tatsächliches Versuchsergebnis des bei Abb. 8.20b beschriebenen Experiments: Im Falle *zweier* Spaltöffnungen verhalten sich Elektronen plötzlich nicht mehr wie kleine Kügelchen, sondern wie Wellen. Dieses Doppelspalt-Experiment hat einerseits wegen seines starken Überraschungseffekts hohen ästhetischen Wert; deshalb wohl konnte es den von Crease organisierten Schönheitswettbewerb der physikalischen Experimente eindeutig gewinnen: Es zeigt auf besonders einfache Weise, wie verrückt, ja mysteriös es in der Quantenphysik zugeht. Aber auch seine horizontale Symmetrieachse trägt zu seiner Schönheit bei; ebenso wie der äußerst übersichtliche Aufbau. Auf einem anderen Blatt steht freilich, dass es einen hohen technischen Aufwand verlangt, eine Elektronenquelle zu bauen, die nacheinander immer nur ein einzelnes Elektron abschickt.[521] Und genau mit einer solchen Elektronenquelle entfaltet das Experiment seine größte Überraschungskraft und Faszination – der immense technische Aufwand zahlt sich also ästhetisch aus. Bei genauer Betrachtung ist das Versuchsergebnis nicht deshalb verwirrend, weil es sich nicht als Überlagerung zweier Versuchsergebnisse mit einzeln geöffneten Spaltöffnungen deuten ließe. Vielmehr ergibt sich aus dem Wellencharakter der Elektronen (der mit zwei geöffneten Spalten eindeutig aus dem Experiment abzulesen ist), dass sich auch bei *einem* offenen Spalt ein Interferenzmuster zeigen sollte, allerdings eines mit einem extrem deutlichen Hauptmaximum und fast kaum erkennbaren Nebenmaxima; was ich bei Abb. 8.20a naiverweise als Normalverteilung von Kügelchen bezeichnet habe, lässt sich also (übrigens auch quantitativ) bestens mit dem Wellencharakter der Elektronen vereinbaren, und dadurch verschwindet zunächst der Anschein der Rätselhaftigkeit der beiden Experimente: Wellen, die durch *ein* Loch gesendet werden, bilden nun einmal andersartige Interferenzmuster als dieselben Wellen nach ihrer Reise durch *zwei* Löcher; Überlagerungen von Wellen sind eine Wissenschaft für sich, aber schon lange gut verstanden. Und dennoch ist das Experiment extrem rätselhaft. Wenn wir nämlich eine Elektronenquelle einsetzen, die wirklich immer nur ein einzelnes Elektron pro Zeiteinheit entsendet, dann kann man den Aufbau des Interferenzmusters Punkt für Punkt verfolgen; bei jedem einzelnen Auftreffen auf dem Schirm verhält sich das Elektron wie ein klar umrissenes Teilchen – und trotzdem zeigen seine Ankunftsorte insgesamt das Muster einer Welle! (Abbildung mit freundlicher Genehmigung des Urhebers aus Eidemüller [QEG]).

begriff zu bemühen. Wenn irgendwelche Gegenstände eine rätselhafte Doppelnatur hätten (z. B. dem Welle/Teilchen-Dualismus unterworfen wären), andere Gegenstände aber nicht, so hätte das nichts mit fehlender Symmetrie zu tun; vielmehr wäre es ein Fall von willkürlich wirkenden Unterschieden (oder Disanalogien) zwischen diesen und jenen Gegenständen. Sofern es sich um grundlegende Arten von Gegenständen handelt, wäre durch die fragliche Sachlage nicht unser Symmetriebedürfnis verletzt, sondern unser Wunsch nach Einheit in der Vielfalt. Auch dies ist ein ästhetisches Desiderat, nur eben keines, das ausschließlich mit Symmetrie zu tun hat. In seinem Rückblick auf die Entdeckung der Wellennatur von Elektronen sagt de Broglie jedenfalls nichts über Symmetrie zwischen Licht und Materie, sondern spricht von der Notwendigkeit einer *einheitlichen* Lehre und von *Analogien* bzw. *Parallelismen* zwischen Elektronenbündeln und Lichtstrahlen.[522] Wie er weiter ausführt, hat sich daraus in »den *schönen* Arbeiten von Schrödinger« eine neue Mechanik entwickelt, die überraschenderweise mathematisch gleichwertig mit Heisenbergs Quantenmechanik ist.[523]

* * *

Vergleich zur Mathematik

§ 8.21. Mathematiker machen Symmetrie nicht nur zum *Thema* ihrer Arbeit (wie etwa in der Gruppentheorie) – sie pflegen sie auch als *Methode* beim Beweisen einzusetzen. In der Tat sind einige der hier aufgezählten Symmetrien mit einem ähnlichen Phänomen beim mathematischen Beweisen verwandt: Wenn im Lauf eines Beweises zwei Fälle unterschieden werden müssen (etwa: a $\geq$ b und b $\geq$ a), so kann es vorkommen, dass die beiden Beweisstränge völlig parallel verlaufen und durch Vertauschung der Rollen von »a« und »b« ineinander überführt werden können. In diesem Fall notieren Mathematiker nur einen der beiden Stränge, freuen sich über die eingesparte Arbeit und schreiben:

oBdA a $\geq$ b (d. h. ohne Beschränkung der Allgemeinheit dürfen wir a $\leq$ b annehmen).

Dies ist eines der Beispiele, deren Schönheit auch Anfänger im Mathematikstudium beeindruckt, etwa beim Lösen der Übungsaufgaben. – Ganz im Geiste dieser Beweistechnik hätte ich in § 8.11 sagen können: »Ohne Beschränkung der Allgemeinheit konzentrieren wir uns beim ersten Schirm ed auf Farben und beim zweiten Schirm auf Ankunftsorte«.

9. Kapitel.
Symmetrie in den Künsten

§ 9.1. Im vorletzten Kapitel hat sich die Zeitsymmetrie als hochästhetischer Gesichtspunkt herausgestellt, der sich in den newtonischen Experimenten dingfest machen lässt. Im vorigen Kapitel habe ich einerseits diese ästhetische Faszination, die Newton und Desaguliers für die Weißsynthese ausnutzen, in theoretische Gebiete verlängert, andererseits weitere theoretische Symmetrien mit argumentativen und experimentellen Symmetrien zusammengeführt, und zwar wieder unter schönheitsbeflissenen Vorzeichen.   *Übergang in die Musik*

Mit alledem wollte ich aufzeigen, dass Physiker z. B. in ihrer optischen Forschung deshalb auf symmetrische Arbeitsergebnisse abzielen, weil diese Symmetrien den Schönheitssinn ansprechen. Das werden Sie nur überzeugend finden, wenn Sie die fraglichen Experimente, Argumente und Lehrsätze tatsächlich wegen ihrer Symmetrien als schön empfinden. Hat Ihnen z. B. die Vertauschung der Rollen von Farbe und Ankunftsort im *experimentum crucis* gefallen? Und wie haben Sie auf die Weißsynthese reagiert, in der experimentelle und theoretische Symmetrien zusammenspielen? Hat die Zeitsymmetrie Ihren Schönheitssinn angesprochen? Wie ich hoffe, haben Sie sich beispielsweise über die zeitliche Symmetrie in der Weißsynthese gefreut, als sie Ihnen klar wurde – und als Ihnen klar wurde, wie einfach man mit ihrer Hilfe Newtons Weißanalyse umdrehen kann.

Vielleicht aber zweifeln Sie nach alledem immer noch daran, dass Ihre Freude an dem umgedrehten Experiment mit Recht als *ästhetisches* Vergnügen bezeichnet werden darf. Vielleicht fragen Sie: Was hat jene geistige Freude mit dem zu tun, worauf es uns ankommt, wenn wir uns in ein Kunstwerk vertiefen? Um diesen Zweifel auszuräumen oder doch einzudämmen, möchte ich Ihnen als nächstes vorführen, welche Rolle zeitliche Symmetrien in manchen Kunstwerken spielen.

Klarerweise eignen sich für diese Zwecke nur Kunstwerke, die sich in der Zeit entfalten – also insbesondere Musikstücke, Erzählungen, Gedichte und Filme. Ich möchte Ihnen mithilfe meiner Beispiele ein Analogie-Erlebnis verschaffen. Erzwingen kann ich das nicht; doch wenn ich Glück habe und bei Ihnen auf ein offenes Ohr stoße, werden Sie im Laufe dieses Kapitels erleben, wie ähnlich Sie auf Zeitsymmetrien in physikalischen und künstlerischen Errungenschaften reagieren.

Den ersten Schwerpunkt meiner Beispiele werde ich auf Musik legen, und zwar hauptsächlich auf Bachfugen sowie einige andere Stücke aus der klassischen Musik – und aus der Rockmusik. Dann werde ich auf Erzählungen und Filme eingehen, kurz die Dichtkunst streifen, um schließlich zur bildenden Kunst zu gelangen. Dort kann ich selbstverständlich keine *zeit*symmetrischen Beispiele aufbieten, wohl aber schöne Beispiele voller räumlicher Symmetrie – und räumliche Symmetrie hat vorhin im optischen Experiment ebenfalls eine ästhetische Rolle gespielt.[524]

Um einen Einwand abzufangen, der sich schnell aufdrängen mag, will ich gleich zu Beginn vor einem Missverständnis warnen: Ich werde nicht behaupten, dass wir in den genannten Kunstgattungen jede Zeitsymmetrie oder überhaupt jedwede Symmetrie ästhetisch loben müssten. Nichts liegt mir ferner als so ein Reduktionismus.[525]

Meiner Ansicht nach gibt es Kunstwerke, deren übertriebene Symmetrien uns ästhetisch zurückschrecken lassen (Kunsttafel 12); und es gibt gelungene Kunstwerke, die völlig frei von Symmetrie sind (Kunsttafel 6 oben). Doch auch wenn ich all das zugebe, kann ich immer noch auf meiner These beharren, die nur besagt: Es gibt gelungene Kunstwerke, deren Schönheit – auch – auf ihrer Symmetrie beruht.

Krebskanon

§ 9.2. Bachs Krebskanon aus dem *Musicalischen Opfer* ist für seine zeitliche Symmetrie berühmt. Der Kanon hat zwei Stimmen. Doch nur eine Stimme ist im Notensystem notiert; die zweite Stimme entsteht aus der ersten durch zeitliche Umkehrung. Dass die Sache so gemeint ist, zeigt dem Kenner das Ende der notierten Stimme: Dort laden die *gespiegelten* Symbole für den Takt (ein spiegelverkehrtes, durchgestrichenes C), für Vorzeichen (drei spiegelverkehrte b's), und für den Sopranschlüssel (ganz am Ende des Notensystems) dazu ein, die offiziell notierte Stimme rückwärts

9. Kapitel: Symmetrie in den Künsten   263

Canon 1. a 2 *cancrizans*

Abb. 9.2: Bachs *Krebskanon*.[526]

zu spielen; man müsste den Notentext also durch einen Spiegel betrachten, der am rechten Ende des Notensystems senkrecht auf dem Rand des Papiers aufgebaut wäre – dann sähe man eine neue Kanonstimme, die in den Spiegel hineinführt.

Und da der Kanon ausdrücklich als »Canon [...] a 2« überschrieben ist, sind beide Stimmen gleichzeitig zu spielen: vorwärts und rückwärts, d. h. ungespiegelt und gespiegelt. Sie treffen sich in der exakten Mitte des Kanons, am Ende des neunten von insgesamt achtzehn Takten. Hätte Bach beide Stimmen aufgeschrieben, so ließe sich im Notenbild am Ende dieses neunten Taktes eine senkrechte Symmetrieachse ziehen. Der gesamte zweistimmige Kanon klingt demzufolge vorwärts genauso wie rückwärts. Wer aus der Partitur um die zeitliche Symmetrie des Kanons weiß, hört sie vielleicht auch und freut sich über sie.

Verweilen wir kurz bei dieser Freude, die ein intellektuelles Vergnügen in das Tonerlebnis hineinträgt. Wenn Sie die beiden Stimmen des Krebskanons getrennt hören, einmal vorwärts und einmal rückwärts, dann haben Sie zunächst zwei recht seltsame Stimmen vor Ohren, die unvollständig klingen. In der Vorwärtsstimme klaffen vor allem zu Beginn Lücken, die der langsame, erst zähe, dann exzentrische Rhythmus aufreißt und die nach mehr Musik heischen. Die Rückwärtsstimme beginnt zwar mit doppelt so schnellen Notenwerten – mit Vierteln, die sich im nächsten Takt schon zu Achteln beschleunigen, aber ebenfalls unfertig oder unerfüllt wirken. Werden beide Stimmen gleichzeitig gespielt, entsteht ein reizvoll verwirrender Zusammenklang, eine Ganzheit. Wer sich nun anhand der Partitur rational klarmacht, dass hier zweimal dasselbe Notenmaterial erklingt, nur in entgegengesetzter Richtung, wer also das Bauprinzip des Krebskanons erfasst, sieht sich einer Herausforderung gegenüber: Kann man diese rational erfasste Umkehrung hören? Folgt das Gehör hierin dem Geist?

Der Geist ist willig, aber das Ohr ist schwach. Schon wenn die Stimmen nacheinander gespielt werden, ist es enorm schwierig, ihre wechselseitige Spiegelsymmetrie wahrzunehmen. Ich muss immer in den Notentext schauen und mich anstrengen, um sicher zu sein, dass mir der Clou des Krebskanons nicht entgeht. Wenn ich die Herausforderung auch nur ein Stückweit gemeistert habe, wenn ich also glaube, die Symmetrie zu hören, und wenn ich dann zu hören meine, wie die beiden entgegengesetzten Stimmen einen sehr reichen, aber auch labyrinthischen Gesamteindruck erstehen lassen – dann begeistert mich dies innige Zusammenspiel aus Hörbarem und Intelligiblem, aus Verwirrung und Entwirrbarkeit. Und ich fühle mich belohnt für die Anstrengung, die ich beim Zuhören und Mitlesen auf mich nehmen musste.

Dieser Krebskanon ist ein seltsames, verwirrendes, anstrengendes Stück. Er klingt wie aus einer anderen Welt, ist ein klingendes Rätsel, ein ästhetisches Faszinosum. Ist er im engeren Sinne schön? Darüber kann man streiten; berühmt ist er wegen seiner Symmetrie. Unabhängig davon gewinnt der Krebskanon seinen Wert auch durch seine bestimmte Stellung im Gesamtgefüge des *Musicalischen Opfers*, das nicht ausschließlich aus dermaßen verkopfter Musik besteht, sondern weitgehend ohne Konsultation der Partitur gehört und gewürdigt werden kann. So steht der Krebskanon im Kontrast zu den anderen Sätzen, soll also vielleicht ein Extrem verdeutlichen.

Zur Methode § 9.3. Für meine Vergleiche stütze ich mich um der Klarheit willen zuweilen auf Extrembeispiele; diese Methode sollte ich vielleicht kurz erklären. Obwohl ich lange beim musikalisch extremen Krebskanon verweilt habe, möchte ich damit wie gesagt nicht zu erkennen geben, dass Musik meiner Ansicht nach in erster Linie so funktionieren oder so gehört werden muss wie der Krebskanon. Nein, mithilfe dieses Stücks wollte ich nur illustrieren, dass uns mit den zeitlichen Spiegelsymmetrien in der Weißsynthese (und in *vielen* anderen physikalischen Errungenschaften) ein bestimmtes, hochabstraktes ästhetisches Charakteristikum begegnet, das wir auch in der Musik wiederfinden können – in einigen *wenigen*, extremen Musikstücken wie dem Krebskanon. Was in der Physik ein zentrales Merkmal für ästhetische Wertschätzung darstellt, ist in der Musik ein seltenes, exzentrisches Merkmal; aber eben ein Merkmal, für das es Beispiele gibt, und zwar bei einem der größten Komponisten aller Zeiten: Bach hätte sich nie mit musikalischen Halbheiten zufriedengegeben; er wollte offenbar alles ausloten, was musikalisch möglich erschien.

Um meine Methode des Extremvergleichs noch klarer zu konturieren, möchte ich noch einmal an das Newtonspektrum erinnern, das am entgegengesetzten Ende der Extreme liegt, weil man es ohne jederlei Verkopfung schön finden kann (§ 6.1). In den Künsten mag es eine ganze Reihe von Werken geben, auf die das zutrifft (§ 6.2, § 6.3), aber in der Physik ist es äußerst selten. Soll heißen: Was in der Musik, der bildenden Kunst usw. ein wichtiges Merkmal für ästhetische Wertschätzung darstellt, ist in der Physik ein seltenes, exzentrisches Merkmal; aber eben ein Merkmal, für das es Beispiele gibt, und zwar bei einem der größten Physiker aller Zeiten. Aus diesem Grunde eignet sich das Newtonspektrum meiner Ansicht nach gut dazu, um ein erstes Verständnis von Schönheit im physikalischen Experiment zu wecken.

Alles in allem finden meine Vergleiche also an zwei Extremen einer Skala statt. Sie reicht von unmittelbar wahrnehmbaren Schönheiten (womit ich meine Fallstudie angefangen habe) bis hin zu denjenigen Schönheiten, in deren Würdigung erhebliche geistige Arbeit eingeht und die ich in den vorigen Paragraphen besprochen habe – an diesem Extrempol haben wir einen Gesichtspunkt, der zwar bei der ästhetischen Wertschätzung von Kunstwerken selten so stark wirkt wie im Ausnahmefall des Krebskanons, dafür aber im Fall physikalischer Experimente einigermaßen häufig eine Rolle spielt.

Die Pointe dieser beiden so unterschiedlich anmutenden Arten von Beispielen liegt auf der Hand: Wenn mein ästhetischer Vergleich zwischen Naturwissenschaften und Künsten selbst an den beiden entgegengesetzten Extremen funktioniert, dann erst recht zwischen den Extremen – also insgesamt überall.

Kein Reduktionismus

§ 9.4. Man kann Bachs Krebskanon unabhängig von seiner zeitlichen Symmetrie musikalisch schätzen; er ist nicht bloß aufgrund seiner Symmetrie ein Meisterwerk. Trotzdem ist diese Symmetrie nicht ästhetisch neutral. Zugegeben, wenn jemand einen zweistimmigen Kontrapunkt zu komponieren weiß, der melodisch, harmonisch und rhythmisch so gelungen und auffällig ist wie Bachs Krebskanon, dann hat er die kompositorische Hauptarbeit bereits geleistet. Nur: Wer das schafft *und dabei auch noch zeitliche Spiegelsymmetrien zu beachten weiß*, zeigt noch viel größere Souveränität beim Komponieren. Er zeigt, dass er sein Handwerk mit spielerischer Leichtigkeit beherrscht. Und davon lassen sich die wissenden Zuhörer beeindrucken, ja faszinieren – was auch als ästhetische Reaktion gedeutet werden kann.

Komponisten haben viele andere Möglichkeiten, ihre Beherrschung der Formen zu demonstrieren. Einerseits kommen in der Musik zahlreiche andere Arten von Symmetrie zum Tragen (auf die ich im Kleingedruckten ganz am Ende dieses Kapitels eingehen werde, siehe § 9.25). Andererseits ist jedwede Form von Symmetrie nur eines unter vielen strukturellen Merkmalen, auf denen musikalische Schönheit beruht. Insgesamt ist es also kein Wunder, dass zeitliche Spiegelsymmetrien in der Musik seltener vorkommen und weniger wichtig sind als in der Physik. Und auch in der Physik herrschen sie, wie gesagt, nicht uneingeschränkt. Gleichwohl ähneln die Gesetze der Optik in dieser Hinsicht eher Bachs faszinierendem Krebskanon als dem gnadenlosen zweiten Hauptsatz der Wärmelehre, der uns davon abhält, die Toten aufzuwecken (§ 7.9).

Um es zu wiederholen: Mir kommt es nur darauf an, Querverbindungen zwischen *einigen* Bereichen der Physik und *einigen* Bereichen der Musik aufscheinen lassen. Wenn ich die zeitliche Spiegelsymmetrie nur in einem einzigen Musikstück dingfest machen könnte, so wäre diese Querverbindung zwischen Physik und Musik freilich zu dünn. Doch gibt es in dieser Angelegenheit mehr Querverbindungen zur Musik, als ich bislang erwähnt habe. Weitere Beispiele bringe ich in den kommenen Paragraphen.

§ 9.5. Die zeitliche Umkehrung einer Tonreihe wurde in der europäischen Kunstmusik immer wieder eingesetzt; einerlei ob sie vom Durchschnittshörer bemerkt wurde oder nicht. Ein frühes Beispiel bietet das *Rondeau Nr. 14* von Guillaume de Machaut. Ein mittleres Beispiel liefert Joseph Haydn in seiner Klaviersonate in A-Dur (*Menuetto al Rovescio* und *Trio al Rovescio*; Hob. XVI:26). Und im 20. Jahrhundert hat es die Zeitumkehr in der von Arnold Schönberg ersonnenen Zwölftonmusik zu neuer Berühmtheit gebracht.[527] Auch in der Rockmusik führen zeitliche Umkehrungen ein kleines, aber feines ästhetisches Eigenleben. So verwendete John Lennon im Lied »Because« eine zeitlich umgedrehte Akkordfolge aus Beethovens Mondscheinsonate.[528] Kurz und gut, es gibt Zeitsymmetrien in der Musik, und sie werden dort mit ästhetischem Bedacht eingesetzt.

Mehr Beispiele, gute und schlechte

Die bislang von mir aufgebotenen Fälle von Zeitsymmetrie in der Musik haben eine Gemeinsamkeit. Sie werden nur vom Eingeweihten bemerkt; man entdeckt sie eher in der Partitur als im Konzert. Selbstverständlich gibt es andere Formen zeitlicher Spiegelsymmetrie in der Musik, die auch Uneingeweihten auffallen und daher unmittelbarer auf den Schönheitssinn wirken können. Die Da-Capo-Arien aus der Barockmusik bieten ein Beispiel dafür; *da capo* bedeutet »von vorne [noch einmal]«, und so wird in diesen Arien zweimal dasselbe gesungen (A), getrennt durch ein kontrastierendes Mittelstück (B), also: A-B-A. Der venetianische Komponist Claudio Monteverdi scheint diese Form erfunden zu haben; in Bachs Kantaten und in Händels Opern kommt sie besonders prominent zur Geltung – und besonders schön.[529]

Ich habe solche Beispiele aus drei Gründen nicht ins Zentrum gerückt. Einerseits war es z. B. in der Barockoper üblich, dass sich die Sänger beim *da capo* durch improvisierte Verzierungen als Virtuosen zu erkennen geben sollten (wodurch allerlei ästhetische Effekte zu erhaschen waren, allerdings auf Kosten der Symmetrie). Andererseits sind Symmetrien der Form A-B-A weit gröber als im Fall etwa des Krebskanons; sie werden nur bei der groben A-B-A-Notation als zeitliche Spiegelsymmetrie sichtbar, nicht aber im feineren Notationssystem der Partitur.[530]

Und schließlich wird die Parallele zur Naturwissenschaft stärker, wenn wir uns auf Symmetrien konzentrieren, die zuallererst dem Informierten auffallen. Dennoch sind mir die schlichteren Zeitsymmetrien aus der Musik willkommen; sie sind mit ihren schwerer bemerkbaren Cousins verwandt und verstärken so die ästhetischen Querverbindungen zwischen Musik und Physik.

Schluckauf beim Umkehren

§ 9.6. In allen Fällen, die ich bisher genannt habe, wird die zeitliche Umkehr *abstrakt* durchgeführt. Sie kommt nur durch Vermittlung der Notenschrift zustande (bzw. durch eine noch abstraktere Notation wie A-B-A).

Wer die fragliche Musik de Machauts, Bachs, Haydns, Schönbergs oder Lennons aufnimmt und das Band rückwärts abspielt, die Stücke also *konkret* umdreht statt abstrakt, wird sich über das Resultat voller Schluckauf nicht freuen. Genauso unschön und unverständlich klingt eine rückwärts gespielte Aufnahme des Palindroms
Ein Schwarzer mit Gazelle zagt im Regen nie,
und zwar selbst im politisch unkorrekten Fall. Nur *in abstracto* bietet das heutzutage strengstens verbotene Palindrom ein Beispiel für Zeitumkehr; darüber staunen die ABC-Schützen.

Wer dagegen nicht buchstabieren kann, wer also den ungeheuren Abstraktionsschritt vom akustischen Sprachgeschehen zu seiner schriftlichen Repräsentation nicht gemeistert hat, der wird dem Palindrom nichts abgewinnen. Genauso beim Zuhörer des Krebskanons, dem die gesamte Notennotation ein Buch mit Sieben Siegeln ist und der daher nicht weiß, wie sich der musikalische Geräuschstrom in abgegrenzte Einzeltöne zerlegen lässt – ihm entgehen die Früchte einer beachtlichen Abstraktionsleistung.

Vertiefungsmöglichkeit. Nachdem im Mittelalter musikalische Notationen erfunden wurden, hat sich die europäische Kunstmusik mit ihrer Hilfe zu einer Komplexität aufgeschwungen, die vorher undenkbar war, etwa im Bereich der Polyphonie.[531] Nichtsdestoweniger schränkt jede solche Notation die kompositorischen Möglichkeiten ein, indem sie aus dem rhythmisch und klanglich realisierbaren Kontinuum nur eine beschränkte Anzahl diskreter Elemente zulässt.

Wer in einer Welt aufwächst, in der die Musik so reglementiert ist, dem mag der Abstraktionsschritt, von dem ich im Haupttext rede, kleiner erscheinen, als er ist. Um diesen verzerrten Eindruck geradezurücken, braucht man sich nur klarzumachen, wie schwer es ist, etwa den Gesang der Vögel mithilfe unserer Notenschrift zu repräsentieren. Der Komponist Olivier Messiaen hat das versucht; er musste sich dafür stark anstrengen (*Catalogue d'oiseaux* für Klavier). Einerlei ob Sie meinen, dass Messiaen sein selbstgestecktes Ziel erreicht hat oder nicht – eines werden Sie zugeben müssen: Es ist alles andere als trivial, den Gesang der Vögel in Noten zu fassen. Dem Philosophen Albrecht Wellmer zufolge entsteht ein ähnliches Problem bei der Transkription außereuropäischer Musik.[532] Kurzum, wer abstrahieren will, muss hart arbeiten; eigene Abstraktionsarbeit können sich nur diejenigen ersparen, die etwa beim Musikhören in eine abstrahierende Kultur hineinwachsen und nicht bemerken, auf wessen Schultern sie musikalische Strukturen wahrnehmen.[533]

§ 9.7. Ich habe im vorigen Paragraphen von einem Kontrast zwischen abstrakten und konkreten Symmetrien geredet. Warum stattdessen nicht von einem Kontrast zwischen diskreten und kontinuierlichen Symmetrien? Weil ich mich auf keine Behauptungen darüber festlegen will, ob Natur und Kunst am Ende Sprünge machen oder nicht.

Abstrakt *versus* konkret

Abstrakt zeitsymmetrisch nenne ich diejenigen Prozesse, deren – abstrakte – Repräsentationen (etwa in Notenschrift oder im Alphabet) vorwärts und rückwärts gleichlauten. Dieser Begriff ist relativ; nur wer das fragliche Repräsentationssystem benennt oder zumindest implizit fixiert, kann von abstrakter Zeitsymmetrie sprechen. Je grobkörniger das Repräsentationssystem, desto höher der Abstraktionsgrad der zugehörigen Zeitsymmetrie – desto mehr Chancen hat irgendein Prozess, die fragliche Zeitsymmetrie zu zeigen. Das belegen die Da-Capo-Arien, die nur in der grobkörnigen Notation A-B-A zeitsymmetrisch sind (§ 9.5).

Anders bei der konkreten Zeitsymmetrie; hier geht es stets um ein und dieselbe Art von Symmetrie. *Konkret zeitsymmetrisch* nenne ich die Prozesse, deren Symmetrie auch ohne abstrakte Repräsentation besteht. Ein Prozess zeigt diese extreme Form der Zeitsymmetrie, wenn man ihn bis ins allerletzte Detail umdrehen kann, ohne ihn dadurch zu verändern.

Vertiefungsmöglichkeit. Die beiden Arten der Symmetrie werden oft auf intuitive Weise miteinander kontrastiert.[534] Dass sich dem Gedankenspiel von der konkreten Umkehrung eines physikalischen Prozesses erhebliche theoretische Schwierigkeiten in den Weg stellen, zeigt der Philosoph Paul Horwich.[535] Er beruft sich auf ein kniffliges Beispiel, das der Wissenschaftstheoretiker Lawrence Sklar in die Diskussion gebracht hat.[536] Laut Horwich lässt sich zeitliche Symmetrie nur auf der Ebene der Bewegungen grundlegender Elementarteilchen dingfest machen.[537] Wer dem folgen will, muss allerdings stark in einen wissenschaftlichen Realismus investieren. Es würde mich zu weit vom Weg abführen, auf diese spannenden Themen genauer einzugehen.

Ein Einwand

§ 9.8. Bleiben meine bisherigen Musikbeispiele hinter dem zurück, was sie leisten sollen? Das könnte man denken. Ich habe sie ins Spiel gebracht, weil ich die Zeitsymmetrien im optischen Experiment denen in der Musik ästhetisch angleichen wollte. Im Lichte der Betrachtung aus den vorigen Paragraphen könnte man denken, dass ich das Ziel verfehlt habe. Denn das optische Experiment ist konkret zeitsymmetrisch, während die aufgebotenen Musikstücke abstrakt zeitsymmetrisch sind. Wie gravierend ist dieser Unterschied?

Ich finde ihn nicht gravierend. Einerseits habe ich nirgends behauptet, dass unser Schönheitssinn in der Optik exakt so funktioniert wie sein Gegenstück in der Musik. Ich habe von Anfang an nur einer *Verwandtschaft* das Wort geredet.

Andererseits kommt in der Musik auch die *konkrete* Umkehrung vor, als ein ästhetisches Versteckspiel für Eingeweihte – jedenfalls in der Rockmusik. So hat der Beatles-Produzent George Martin den Eröffnungsgesang des Lieds »Rain« rückwärtslaufend in den Schluss des Liedes eingebaut, durch Umkehr des Tonbandes.[538] Lennon fand schnell Geschmack an der Sache, und so wurde derselbe Trick in »I'm only sleeping« und in »Revolution No. 9« wieder eingesetzt.[539]

Eine ähnliche Ästhetik hat das sog. *Scratching*, das der New Yorker Discjockey Grand Wizard Theodore in der Mitte der 1970er Jahre erfunden haben will, indem er eine Schallplatte beim Abspielen abwechselnd vorwärts und rückwärts drehte; das wurde stilbildend für den HipHop.[540] Es gibt mehr Beispiele dieser Art. Sie hören sich fremd an und freuen den Kenner.

Ich habe noch einen weiteren Grund dagegen, dass der Unterschied zwischen konkreter und abstrakter Symmetrie meinem Ziel schadet, Optik und Musik ästhetisch anzunähern. Wie ich in den nächsten Paragraphen demonstrieren will, hängen in Optik und Musik die konkreten Zeitsymmetrien inniger mit ihren abstrakten Gegenstücken zusammen, als bislang herausgekommen ist.

§ 9.9. Treiben wir die konkrete Zeitumkehr eines Musikstücks auf die Spitze. Was wäre, wenn man die erste Stimme aus Bachs Krebskanon ohne Schluckauf konkret umdrehen könnte? Dazu wäre ein besonderes Musikinstrument nötig: Es müsste Töne produzieren, deren Ansatz das exakte zeitliche Spiegelbild ihres Ausklangs bildet. Dafür sehe ich zwei entgegengesetzte Möglichkeiten.

<small>Unorthodox instrumentiert</small>

Entweder gehen die gesuchten Töne möglichst gleitend ineinander über – *glissando*: In diesem Fall klingen die Töne wie gewohnt noch eine Weile nach, und der Tonansatz muss gleichermaßen weich oder verwaschen gestaltet werden. Man könnte es z. B. mit einer singenden Säge ausprobieren, einem Musikinstrument, das vor neunzig Jahren von der Filmdiva und Antifaschistin Marlene Dietrich populär gemacht wurde. Es handelt sich um einen Fuchsschwanz ohne Sägezähne, auf dessen Kante die Musikerin mit dem Geigenbogen streicht, wobei sie die Tonhöhe durch Biegung des Fuchsschwanzes variiert (Abb. 9.9). Da der Fuchsschwanz nur kontinuierlich umgebogen werden kann, also ohne abrupte Sprünge, fließen die Töne dieses Instruments weich ineinander.

Oder man versucht, im Gegenteil, den normalerweise gewohnten harten und abrupten Tonansatz auch im Ausklang des Tons zu realisieren – *staccato*. Mit akustischen Musikinstrumenten wird sich dies Ziel nicht erreichen lassen; noch nach dem schärfsten *Staccato* erklingt ein Nachhall. Doch die geforderten Klänge lassen sich mühelos am Rechner erzeugen. Je reduzierter der Klang, desto einfacher wird die Umsetzung der Idee. Und so nimmt es nicht wunder, dass es auf Youtube umgekehrte Eröffnungssequenzen früher Computerspiele gibt (wie *Super Mario* von Nintendo), die musikalisch fast schon reizvoller sind als das Original.

Doch zurück zu Bach. Mit einem geeigneten Instrument brauchte

Abb. 9.9: Der Geiger (die singende Säge). Die Schauspielerin Marlene Dietrich hatte ihre singende Säge immer dabei, wenn sie vor amerikanischen Truppen spielte, die gegen Nazi-Deutschland kämpften. Der Photograph Hermann Claasen dokumentierte nach dem Krieg die Trümmer des zerschossenen Rheinlandes und zeigt hier einen Violinspieler, dem nur der Geigenbogen geblieben war – und ein biegsames langes Metallband. Der Geigenbogen bringt das Metall zwischen den beiden Biegungen zum Schwingen; je stärker das Metall zusammengebogen wird, desto kürzer wird dieser Bereich, und umso höher wird der Ton. (Photo von Hermann Claasen, 1945–1948, Rheinisches Landesmuseum, Bonn).

man nur *eine* Stimme des Krebskanons aufzunehmen, um sie dann gleichzeitig vorwärts und rückwärts abzuspielen. Wer wiederum diesen zweistimmigen Kanon auf Band aufzeichnete, müsste dadurch eine Aufnahme bekommen, die sich bei normaler Abspielrichtung *exakt* so anhört wie bei umgedrehter Abspielrichtung.

Damit hätte man das erste Beispiel der Welt für die Interpretation eines bedeutenden Musikstücks, die zugleich konkret und abstrakt zeitsymmetisch wäre (relativ zu unserem Notationssystem). Das wäre sicher intellektuell faszinierend – aber wäre es musikalisch wertvoll? Wohl kaum; die Sache wäre zu perfekt. Das kann man sich klarmachen, ohne über spezielle Musikinstrumente zu spekulieren (deren einzelne Töne sich bei Zeitumkehr nicht ändern). Schon die perfekte Umsetzung einer abstrakten Musik-Umkehrung müsste unseren Schönheitssinn irritieren. In der Tat, um ästhetisch zu überzeugen, darf symmetrische Ordnung in einer Musikaufführung nicht so exakt herauskommen, wie sie z. B. von klavierspielenden Maschinen erreicht werden würde.

Wir hören lieber fast perfekten Menschen als perfekten Maschinen beim Klavierspielen zu. Warum? Weil menschliche Virtuosen wie in einem atemberaubenden Drahtseilakt die flirrende Spannung zwischen Wirklichkeit und dem verfehlten Ideal kalter Perfektion demonstrieren.

§ 9.10. Nachdem ich dargetan habe, dass *perfekte* Zeitsymmetrien in der Musik kein ästhetisches Ideal darstellen, könnte man versucht sein, dasselbe für die Optik zu behaupten. Immerhin hat sich z. B. in der Weißsynthese ebenfalls keine hundertprozentige Zeitsymmetrie erreichen lassen (§ 7.11).

Notentext und Theorie

Doch sollte man *diese* Parallele zwischen mangelnder Perfektion bei experimenteller und künstlerischer Symmetrie noch nicht überbewerten. Im künstlerischen Fall empfinden wir perfekte Symmetrie fast immer als ästhetischen Makel; im naturwissenschaftlichen Fall wären wir hingegen froh, wenn wir perfekte Symmetrie erreichen könnten. Fürs *Experiment* wird das selbstverständlich nie gelingen; umso mehr erstreben wir perfekte Symmetrie für unseren *Theorien* (§ 8.15 – § 8.19).

Wenn man nun bedenkt, dass sich ein Experiment zu seiner theoretischen Beschreibung so verhält wie eine Musikaufführung zur Partitur, dann wird verständlich, warum uns die perfekte Symmetrie der *Noten* des Krebskanons durchaus nicht ästhetisch abstößt.

Mithilfe dieser letzten Bemerkung werde ich nun den Einwand aus § 9.8 entkräften. Der Einwand beruhte darauf, dass uns im optischen Experiment konkrete Zeitsymmetrien erfreuen, in der Musik hingegen abstrakte. Mithin (so der Einwand) könne keine Rede davon sein, dass unser Schönheitssinn in beiden Bereichen auf dasselbe reagiert.

Die Parallele zwischen Musik und Optik reicht aber weiter als gedacht. Denn aus der Analogie zwischen theoretischer Repräsentation eines Experiments und Notentext einer Musikaufführung ergibt sich: Weder Experiment noch Musikaufführung werden *in concreto* jemals perfekte Zeitsymmetrie aufweisen; so ordentlich geht es in der konkreten Welt nicht zu. Es hat noch nicht einmal Sinn, hier nach absoluter Perfektion zu streben; und erst recht ist dies kein ästhetisches Ideal.

Doch auf der abstrakten Ebene ändert sich die Lage schlagartig. Die theoretische Repräsentation des Experiments soll *in abstracto* perfekt zeitsymmetrisch sein – das verlangt unser naturwissenschaftlicher Schönheitssinn.[541] Und genauso bei Bachs Krebskanon: Seine Repräsentation in Notenschrift zeigt *in abstracto* perfekte Zeitsymmetrie, und das soll sie auch. Eine verwandte Überlegung lässt sich für abstrakte Symmetrien in der bildenden Kunst durchführen (§ 9.19).

Vertiefungsmöglichkeit. Der Pianist Glenn Gould hat ohne jede Hemmung auf die moderne Technik des Schneidens zurückgegriffen, um zu wiederholende Passagen aus einigen Bachsätzen nicht zweimal spielen zu müssen; wenn er eine bestimmte Einspielung einer solchen Passage gelungen fand, ließ er sie einfach am zweiten Ort abermals einmontieren.[542] Auffälligerweise hat er diesen Trick bei keiner seiner Einspielungen der *Goldberg-Variationen* eingesetzt.[543] Dieser Zyklus, der laut Legende zur Bekämpfung von Schlaflosigkeit komponiert worden ist, beginnt mit derselben *aria*, mit der er endet; zwischen diesen identischen Ecksätzen entfaltet Bach in insgesamt dreißig Variationen sein ganzes Können.[544] Auf besonders hoher Abstraktionsebene zeigt das Werk also eine zeitliche Spiegelsymmetrie, nämlich dann, wenn man die Variationen zusammennimmt:

Aria – 30 Variationen – Aria. Selbst wenn diese Symmetrie in einer Aufnahme perfekt realisiert würde, dürfte sich im schlaflosen Zuhörer eine Asymmetrie abspielen; im Lauf der dazwischengeschalteten Variationen wird er sich verändern, er wird die schlafraubenden Sorgen immer mehr vergessen – so sehr, dass er die *aria* nun mit andern Ohren hören und dann endlich einschlafen kann. Ähnliche Fälle (wenn auch ohne Anwendung auf Schlafprobleme) kommen in der Lyrik vor, siehe § 9.12.

§ 9.11. Nachdem ich versucht habe, den ästhetischen Mehrwert zeitlicher Symmetrien in einigen Musikstücken hervorzuheben, möchte ich als nächstes auf Beispiele aus anderen Kunstgattungen eingehen. Ich beginne mit der Erzählkunst.   *Erzählungen*

Ein faszinierendes Beispiel zeitlicher Symmetrien im Roman bietet Andrew Greers Geschichte von Max Tivoli, der als Greis geboren wird und als Baby stirbt.[545] Ähnlich ergeht es Benjamin Button in einer Erzählung von Scott Fitzgerald.[546] Beide Geschichten sind selbstverständlich nur im abstrakten Sinne zeitsymmetrisch. Und die Repräsentationssysteme, in denen diese Symmetrien sichtbar werden, sind wesentlich grobkörniger als im Falle notensymmetrischer Partituren oder buchstabensymmetrischer Palindrome. Die Symmetrien werden nicht unter syntaktischen Repräsentationen sichtbar, sondern unter semantischen oder gar narrativen.

Im Lichte der vorigen Überlegungen (§ 9.7) könnte man sagen: Wer in solchen Erzählungen den ästhetischen Mehrwert der Zeitsymmetrien würdigen möchte, muss die Abstraktionsebene suchen, auf der sie möglichst deutlich zum Vorschein kommen. Zum Beispiel braucht man ganz bestimmte narrative Raster, um die Symmetrie zwischen Geburt und Tod zu sehen. Im Konkreten haben die beiden Vorgänge nicht viel gemein; trotzdem leuchtet uns ihre Symmetrie ein – und zwar auf einer geeigneten Abstraktionsebene, etwa auf der religiösen. So heißt es bei Hiob, in einer oft gesungenen Übersetzung aus dem Jahr 1635:

»Nacket bin ich vom Mutterleibe kommen,
nacket werde ich wiederum dahinfahren.
Der Herr hat's gegeben,
der Herr hat's genommen«.[547]

Damit sind wir ins Reich der Verse gelangt, wo ich im kommenden Paragraphen kurz verweilen will.

Lyrisch symmetrisch

§ 9.12. In der Lyrik kommen Symmetrien auf narrativer Abstraktionsebene wieder und wieder vor. Lennon dichtete und sang:
»I once had a girl,
or should I say
she once had me«.[548]
Diese brillante britische Lakonie lässt sich kaum ohne Verluste ins Deutsche übertragen; daher habe ich es gar nicht erst versucht – die Symmetrie sticht auch ohne Übersetzung deutlich genug ins Auge. Bei aller Zweideutigkeit des gesamten Liedtextes drückt der erste Vers voller Stolz, politisch nicht ganz korrekt und mit sexuellen Untertönen die Besitzverhältnisse in einer kurzen Liebesbeziehung aus; der mittlere Vers bildet die horizontale Symmetrieachse – und so drehen sich im dritten Vers die Besitzverhältnisse oder auch die Stellungen im Liebesspiel um, der singende Mann wirkt nun demütiger (was angesichts des Fortgangs der besungenen Episode nicht unangebracht ist). Insgesamt bieten die Symmetrien zwischen Stolz und Demut, Oben und Unten, Haben und Gehabt-Werden unübertrefflich eines der Ideale dar, denen sich Lennon seinerzeit im Krieg der Geschlechter zu verschreiben begann: der Gleichberechtigung zwischen Frauen und Männern.[549] Wie ein noch genauerer Blick zeigt, korrespondiert die narrative Symmetrie in Lennons Versen mit einer grammatischen Symmetrie, woraus ein herrlicher Gleichklang von Inhalt und Form erwächst: Im ersten Vers steht das singende Ich vorn und sein weiblicher Widerpart am Satzende, im letzten Vers ist es umgekehrt.

So eine kreuzweise Vertauschung von Satzgliedern ist in der Lyrik ein verbreitetes Stilmittel (namens Chiasmus) und hat genau wegen der auffälligen Spiegelsymmetrie hohen ästhetischen Reiz, gerade beim Thema der Liebe. Bei Goethe klingt es weniger lakonisch und weniger handfest als bei Lennon, aber der Gedanke und sein Ausdruck laufen auf dasselbe hinaus:
»Und doch, welch Glück geliebt zu werden!
Und lieben, Götter, welch ein Glück!«[550]

Ob der deutsche oder der britische Verseschmied den ausgedrückten Symmetrien im Leben gefolgt sind, steht freilich auf einem anderen Blatt und hier nicht zur Debatte.

Selbstverständlich wimmelt es in der Lyrik von weiteren symmetrischen Stilmitteln, angefangen beim Metrum über das Reimschema bis hin zu übergreifenden Symmetrien. Oft, aber nicht immer gilt es als attraktiv, wenn die Symmetrien solcher Stilmittel zart durchbrochen werden. Das kann auf einer anderen Ebene als der des Textes selbst geschehen. Wenn etwa ein dreistrophiges Gedicht mit exakt derselben Strophe anfängt, mit der es endet, dann herrscht hier zwar eine strenge Spiegelsymmetrie der Form A-B-A wie vorhin bei den Da-Capo-Arien (§ 9.5). Nichtsdestoweniger mag die Pointe dieser Anordnung darin liegen, dass die Lektüre der letzten Strophe mit völlig anderen Assoziationen einhergeht als die Lektüre der ersten Strophe; der Symmetriebruch findet also im Leser statt, etwa angesichts dieses Gedichts von Theodor Storm:

»DIE NACHTIGALL

Das macht, es hat die Nachtigall
Die ganze Nacht gesungen;
Da sind von ihrem süßen Schall,
Da sind in Hall und Widerhall
Die Rosen aufgesprungen.

Sie war doch sonst ein wildes Kind;
Nun geht sie tief in Sinnen,
Trägt in der Hand den Sommerhut
Und duldet still der Sonne Glut,
Und weiß nicht, was beginnen.

Das macht, es hat die Nachtigall
Die ganze Nacht gesungen;
Da sind von ihrem süßen Schall,
Da sind in Hall und Widerhall
Die Rosen aufgesprungen.«[551]

Im Erstdruck des Märchens *Hinzelmeier* (1855) hatte Storm zunächst nur die ersten beiden Strophen veröffentlicht; für eine Sammlung seiner Gedichte fügte er neun Jahre später die letzte Strophe hinzu, und erst dadurch hat sich das Stück in ein Meisterwerk verwandelt: Ich finde es fast ausgeschlossen, mich bei Lektüre der dritten Strophe in dieselbe Stimmung zu versetzen oder dieselben Gedanken zu denken, die mich prägen, wenn ich die erste Strophe dieses herrlichen, schlichten und perfekt symmetrischen Gedichts lese.

Vertiefungsmöglichkeit. Wie fein Storm die Symmetrien dieses Gedichts auszutarieren weiß, zeigt ein kleines Detail, das mich lange am Wortlaut zweifeln ließ – bis ich eine kritische Ausgabe konsultierte. Und zwar folgen die Reime der Strophen (translational symmetrisch) dem Schema cdccd; daher würde man im ersten Vers der zweiten Strophe das Wort »Blut« erwarten. Interessanterweise stand dort in der Erstveröffentlichung dieses Wort, und erst als Storm die dritte Strophe hinzugefügt, die Gesamtsymmetrie also erheblich verstärkt hatte, setzte er »Kind« an die Stelle von »Blut«, verringerte somit die Symmetrie bei den Reimen. Warum? Vermutlich deshalb, weil es sonst zuviel des Guten gewesen wäre. – Man kann die übergreifende Symmetrie in dem Gedicht (ebenso wie in Musikstücken der Form A-B-A) auf zweierlei Weise beschreiben. Laut erster Sichtweise ist das Gedicht spiegelsymmetrisch: Die mittlere Strophe (B) bildet die Spiegelachse, an der sich die erste Strophe (A) spiegelt, und zwar *als nicht weiter unterteilte Einheit* aufgefasst. Dieser Sichtweise bin ich gefolgt, weil für mein Thema Spiegelsymmetrien besonders aufschlussreich sind; sie funktioniert nur auf einer abstrakten Ebene, auf der das Gedicht lediglich aus drei Einheiten besteht. Für die zweite Sichtweise repräsentieren wir das Gedicht weniger abstrakt, indem wir es Buchstabe für Buchstabe auffassen. Dann liegt keine Spiegelsymmetrie vor; das Gedicht ist kein Palindrom. Gleichwohl zeigt es eine exakte Translations-Symmetrie: Buchstabe für Buchstabe hat Storm die erste Strophe nach der zweiten Strophe abermals eingebaut, also einfach nur nach hinten verschoben. Beide Sichtweisen haben ihre Berechtigung; meinen Zwecken ist die erste zuträglicher.

Ebenen der Abstraktion

§ 9.13. Können literarische Texte auch auf anderen Abstraktionsebenen zeitsymmetrisch sein? Kann man sich z. B. buchstabensymmetrische Romane vorstellen, also Romane, bei denen es gleichgültig ist, ob man sie vorwärts oder rückwärts liest? Auf der Grundlage unseres Alphabets und unserer Sprache sicher nicht. Denn um Romanformat zu erreichen, müsste man recht lange Palindrome schaffen; und damit kommt man bei unserem asymmetrischen Wortschatz nicht weit. Es wären aber eine Sprache und ein Alphabet denkbar, in der sich das Gewünschte erreichen lässt. Das Alphabet müsste die gesprochene Sprache weniger feinkörnig repräsentieren, als wir es gewohnt sind; und die fragliche Sprache müsste weniger asymmetrische Wörter und Wortformen haben; zudem müsste die Wortstellung im Satz flexibler sein als z. B. im Englischen oder sogar im Deutschen. Undenkbar ist alles das nicht. Welche überraschenden Formen der Symmetrie einzig und allein aufgrund von Schreibkonventionen möglich werden, zeigen die Kanjis aus meinem zenbuddhistischen Beispiel in Kunsttafel 10 und Abb. 9.13a – Abb. 9.13b.

Man könnte aber auch weniger kleinteilig ansetzen: Statt den Roman Buchstaben für Buchstaben umzudrehen, könnte man ihn Wort für Wort, Satz für Satz oder Episode für Episode umdrehen. Jeder dieser Vorschläge führt zu einem anderen Abstraktionsniveau, auf dem die fragliche Symmetrie zum Vorschein kommt. Die Umkehrung der Episoden wäre keine syntaktische, sondern eine narrative Umkehrung – das ist wieder eine Umkehrung von hoher Abstraktion. Beispiele dafür gibt es in der Filmkunst, wie ich im nächsten Paragraphen zeigen möchte.

Auf einer mittleren Abstraktionsebene liegt der krebskanonische Dialog zwischen Achilles und der Schildkröte, den der Tausendsassa und Kognitionswissenschaftler Douglas Hofstadter in ein endlos geflochtenes Band namens *Gödel, Escher, Bach* eingewebt hat. Welche Zeitsymmetrie diesen Dialog beherrscht, sieht man am deutlichsten durch Lektüre seines Endes und Anfangs:

»*Achilles:* Guten Tag, Theo.
Schildkröte: Gleichfalls, gleichfalls.
Achilles: So nett, Sie wiederzusehen!
Schildkröte: Ebenfalls.
Achilles: Ein wunderschöner Tag für einen Spaziergang. Ich werde mich bald auf den Heimweg machen.
Schildkröte: Tatsächlich? Es gibt wohl nichts besseres, als zu Fuß zu gehen.

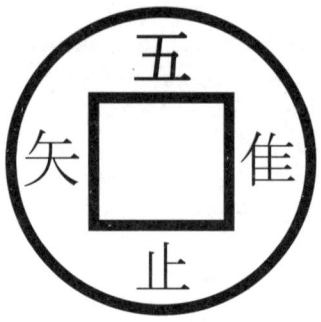

Abb. 9.13a: Inschrift am Brunnen im Garten des Ryoanji-Tempels in Kyoto. Hier sind vier japanisch-chinesische Schriftzeichen symmetrisch um die quadratische, flache Vertiefung eines Brunnens angeordnet, in der sich das Wasser sammelt. Die vier Zeichen sind (von oben, im Uhrzeigersinn): 五 (fünf), 隹 (Zeichen, das für sich allein keinen Sinn ergibt), 止 (aufhören), 矢 (Pfeil). Die vier Zeichen bilden keinen sinnvollen Satz. Doch sehen wir genauer hin. Die quadratische Vertiefung in der Mitte hat die Form eines weiteren Schriftzeichens (口 = Mund). Dieser eckige Mittelpunkt hat es in sich: Einerseits ist er voller Wasser wie der Mund eines Menschen, der all seine Dürste gestillt hat. Andererseits bildet er den Symmetriepunkt eines geometrischen Spiels mit der japanischen Schrift, wie in der nächsten Abbildung erklärt. (Graphik: Sarah Schalk nach einer Idee von O. M.)

Achilles: Übrigens befinden Sie sich in blendender Verfassung, das muß ich sagen.
Schildkröte: Vielen Dank.
Achilles: Bitte ... Hier – mögen Sie eine Zigarre?
Schildkröte: Ach, Sie Banause! Auf diesem Gebiet sind die holländischen Beiträge doch von spürbar schlechtem Geschmack, finden Sie nicht auch?
Achilles: In diesem Fall bin ich nicht einverstanden. Was aber den Geschmack angeht, so habe ich vor einiger Zeit endlich den *Krebskanon* Ihres Lieblingskomponisten J. S. Bach in einem Konzert gehört, und ich weiß die Schönheit und den Einfallsreichtum sehr wohl zu schätzen, mit dem er ein einziges Thema mit sich selbst verzahnt, und zwar vorwärts wie rückwärts. Aber ich werde wohl immer Escher über Bach stellen.

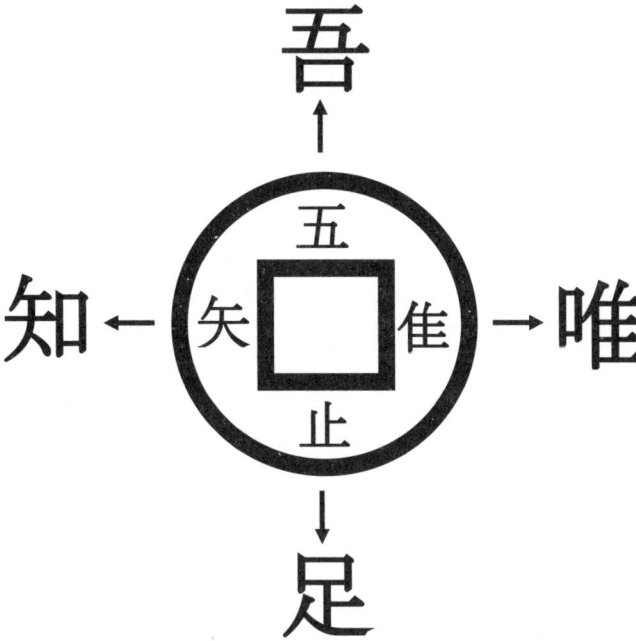

Abb. 9.13b: Verwandlung der Inschrift in eine zenbuddhistische Weisheit. Wenn man die quadratische Vertiefung in der Brunnenmitte nicht als eigenständiges Schriftzeichen 口 deutet, sondern in die vier anderen Schriftzeichen integriert, und zwar (wieder von oben, im Uhrzeigersinn) einmal unter dem fraglichen Zeichen, dann links davon, dann darüber und schließlich rechts davon, so entstehen vier neue Zeichen (die ganz außen in der Graphik gezeigt sind): 吾 唯 足 知. Dieser Satz besagt ungefähr: *Einfach nur Zufriedensein kenne ich*, oder: *Ich weiß, meine Bedürfnisse sind einfach nur gestillt*. Rein sprachlich lässt es der Satz offen, ob der beschriebene Zustand dadurch erreicht wäre, dass alle Bedürfnisse der Reihe nach befriedigt worden und keine neuen aufgekommen wären (also im Gegensatz zu *I can't get no satisfaction* der Rolling Stones) – oder ob er durch Meditation erreicht wäre, gleichsam durch die friedvolle Einschläferung der Bedürfnisse und Begierden; damit wären wir in der Nähe der Bachkantate *Ich habe genung* (BWV 82). Wie dem auch sei, das geometrische Spiel mit den japanischen Schriftzeichen bezieht seinen ästhetischen Reiz aus der vierfachen Verwendung des Symmetriemittelpunkts in Form des Zeichens für Mund (口), dessen Füllung im Brunnen mit reinem Wasser ein wunderschönes Symbol für das Ende des Geschreis der Bedürfnisse darstellt. (Graphik: Sarah Schalk nach einer Idee von O. M.)

[…]

Schildkröte: In diesem Fall bin ich nicht einverstanden. Was aber den Geschmack angeht, so habe ich vor einiger Zeit endlich den *Krebskanon* Ihres Lieblingskünstlers M. C. Escher in einer Galerie gesehen, und ich weiß die Schönheit und den Einfallsreichtum sehr wohl zu schätzen, mit dem er ein einziges Thema mit sich selbst verzahnt, und zwar vorwärts wie rückwärts. Aber ich werde wohl immer Bach über Escher stellen.
Achilles: Ach, Sie Banause! Auf diesem Gebiet sind die holländischen Beiträge doch von spürbar schlechtem Geschmack, finden Sie nicht auch?
Schildkröte: Bitte … Hier – mögen Sie eine Zigarre?
Achilles: Vielen Dank.
Schildkröte: Übrigens befinden Sie sich in blendender Verfassung, das muß ich sagen.
Achilles: Tatsächlich? Es gibt wohl nichts besseres, als zu Fuß zu gehen.
Schildkröte: Ein wunderschöner Tag für einen Spaziergang. Ich werde mich bald auf den Heimweg machen.
Achilles: Ebenfalls.
Schildkröte: So nett, Sie wiederzusehen!
Achilles: Gleichfalls, gleichfalls.
Schildkröte: Guten Tag, Achilles«.[552]

Oh, da ist uns beim Abschreiben ein minimaler Fehler unterlaufen; im Original stehen die Dialogbeiträge in entgegengesetzter Reihenfolge.[553] Doch das macht nichts, wie man sieht: Der in Wahrheit erste Dialogzug der Schildkröte ist (mit minimalen Änderungen) wortgleich zu Achills letztem Dialogzug, und diese Spiegelung setzt sich durch den gesamten Dialog fort bis zu seiner Mitte, wo ein Krebs namens Carl zu Wort kommt – als Ersatz für die Spiegelachse. Dieser Dialog ist fraglos von hohem intellektuellem Reiz, vor allem wenn man bedenkt, wie schwierig es gewesen sein muss, jedes Paar von Dialogzügen in beiden Richtungen (vorwärts wie rückwärts) mit gutem Sinn auszustaffieren. Gleichwohl wirkt der gesamte Dialog unter ästhetischem Blickwinkel ein wenig zu gewollt, zu virtuos, zu blendend.

Vertiefungsmöglichkeit. Im Roman können nicht nur zeitliche, sondern auch räumliche Symmetrien ästhetisch von Bedeutung sein – nämlich dort, wo sich das erzählte Geschehen in einem spiegelsymmetrisch organisierten Raum spiegelsymmetrisch abspielt, wie in einem Tanz. Beispielsweise ziehen im großartigen Finale des Märchens *Die zwei Brüder* der Brüder Grimm zeitgleich durch gegenüberliegende Stadttore zwei Zwillingszüge ein: jeweils ein Hase hinter einem Fuchs, hinter einem Wolf, einem Bären, einem Löwen, und zwar jeweils angeführt von einem der beiden eineiigen Zwillingsbrüder; das Geschehen läuft in der Stadtmitte (im Königspalast) auf seinen letzten dramatischen Höhepunkt zu, in dem die Prinzessin ihren Gatten an einem unmerklichen Symmetriebruch erkennt und dadurch eine Situation rettet, die peinlich zu werden droht.[554] Noch deutlicher und gleichwohl eleganter zeigt sich in Hans Falladas Roman *Kleiner Mann – was nun?* die Sympathie und sexuelle Symmetrie zwischen Mann und Frau, deren Liebe auf den ersten Blick genau im Kreuzungspunkt ihrer gegenläufigen Strandspaziergänge entflammt, in der Mitte auf der Flucht vor zwei gleichermaßen überfüllten Badeorten:

»Guten Abend«, sagte Pinneberg und blieb stehen und sah sie an.
»Guten Abend«, sagte Emma Mörschel, blieb stehen und sah ihn auch an.
»Gehen Sie doch nicht dahin«, sagte er und zeigte, woher er gekommen war. »Da ist lauter Jazz, Fräulein, und die Hälfte ist betrunken.«
»Ja?« sagte sie. »Aber gehen Sie auch nicht dahin«, und sie zeigte in die Richtung, aus der sie kam. »In Wiek ist es nicht anders.«
»Was machen wir da?« fragte er und lachte.
»Ja, was ist zu machen?« fragte auch sie […]
»Gehen wir nun nach Wiek oder nach Lensahn?« fragte sie nach einer langen Weile.
»Mir ist es gleich«, sagte er.
»Mir auch«, sagte sie.[555]

Derartige räumliche Symmetrien kommen in Romanen nicht häufig vor, daher springen sie mitsamt ihrer ästhetischen Wirkung umso stärker ins Auge.[556]

§ 9.14. Die meisten Filme, in denen die Zeit umgedreht wird, spielen mit der narrativen Zeitumkehr, also im Abstrakten: Einzelne Episoden des Films werden jeweils *für sich* in der gewohnten Zeitrichtung gefilmt und abgespielt, doch erscheinen diese Episoden nicht in der gewohnten zeitlichen Reihenfolge nacheinander, sondern voreinander. Zum Beispiel zeigt der Film *Irréversible* von Gas-

Filmepisoden umsortieren

par Noé erst eine mörderische Rache, dann deren unmittelbare Vorgeschichte, dann die Vergewaltigung, die gerächt wird, usw. Ohne diese ungewöhnliche Zeitstruktur wäre die gezeigte – und wegen ihrer Brutalität hochumstrittene – Geschichte kaum raffiniert genug, um ästhetisch zu überzeugen. In der Tat könnte man der Vergewaltigungsszene vorwerfen, niedrige Instinkte und voyeuristische Bedürfnisse zu bedienen, und es fällt schwer zu entscheiden, ob das berechtigte Ziel des Regisseurs (uns mit einer widerlichen Realität zu konfrontieren) die filmischen Mittel rechtfertigt, an denen sich manche männlichen Kinozuschauer zielwidrig und widerwärtigerweise erfreuen könnten. Die raffinierte Zeitstruktur der Erzählung läuft dem primitiven Voyeurismus jedenfalls entgegen, und so vermag sie den Schock abzumildern, den die gezeigte Gewalt andernfalls bei Nicht-Chauvis auslösen müsste.

Abgesehen davon wirft der Film die Frage auf, ob die Zukunft offen und unsere Entscheidungen frei sind; dass der Zuschauer zuerst mit einer Handlung konfrontiert wird und danach mit ihrer Vorgeschichte, legt einen gewissen Fatalismus nahe – Form und philosophisches Thema des Films hängen also recht eng miteinander zusammen, und das bringt ästhetische Pluspunkte mit sich.

Einen ähnlichen Zusammenhang zwischen Form und Fatalismus (diesmal in Sachen Liebe, nicht in Sachen Rache) bringt François Ozon in seinem Film *5x2*; auch hier werden alle Handlungsepisoden vom Ende her aufgereiht. Im Unterschied zum Ballspiel »Verliebt, verlobt, verheiratet« zeigt dieser Film erst die Scheidung, dann die Geburt des gemeinsamen Kindes, dann Hochzeit, dann Verliebtheit, dann die erste Begegnung im Urlaub.

Weit raffinierter organisiert Christopher Nolan die Zeitstruktur seines Films *Memento*, worin zwei Handlungsstränge abwechselnd in gegenläufiger Zeitrichtung erzählt werden. Insbesondere der farbig gedrehte, rückwärts laufende Erzählstrang demonstriert die geniale Kunstfertigkeit des Regisseurs. Denn dass die Zuschauer Handlungsfragmente miterleben, deren Vorgeschichte sie nicht kennen, spiegelt exakt die erkenntnistheoretische Lage des Protagonisten wider; der hat das Kurzzeitgedächtnis verloren und kennt ebenfalls nicht die Ursachen seines fragmentarischen Tuns. Dieser Film übertrifft (in Sachen ästhetischer Mehrwert der Zeitumkehr) die anderen beiden erwähnten Filme bei weitem, denn hier sind Form und Inhalt am innigsten ineinander verwoben.

Vertiefungsmöglichkeit. Wo steckt die zeitliche Symmetrie, wenn ein Film bloß eine ungewöhnliche Erzählstruktur aufweist? Für den Film *Memento* kann man diese Frage leicht beantworten, dort kommt die Hälfte der Episoden in der gewohnten Reihenfolge vor, die andere Hälfte in der umgekehrten Reihenfolge. Es ist faszinierend, wie sich beide Ketten am Ende des Films treffen: am Symmetriepunkt nicht etwa der Erzählzeit, sondern der erzählten Zeit.

Anders bei den Filmen *5x2* und *Irréversible*: Hier liegt der Symmetriepunkt nicht im Film. Er muss vom Betrachter geschaffen werden, indem er die vorgeführte, ungewöhnliche Reihenfolge der Episoden gedanklich mit derjenigen vergleicht, die in der üblichen Reihenfolge abläuft. Man könnte von einer *impliziten* Zeitsymmetrie sprechen. Die Symmetrie besteht hier zwischen dem tatsächlichen Film und dem gedachten Film, der sich aus dem tatsächlichen Film rekonstruieren lässt. (Es ist kaum zu glauben, aber der Film *5x2* existiert auch in einer Version namens *2x5*, in der alle Episoden in der üblichen Reihenfolge montiert sind und die im Doppelpack mit *5x2* vertrieben wird. Hier wird uns jede Arbeit abgenommen. Die implizite Symmetrie *eines* immer noch recht gelungenen Films wird trivialisiert und in eine explizite Symmetrie zwischen *zwei* Filmen verwandelt – zwischen jenem recht gelungenen Film und seinem misslichen Gegenstück).

§ 9.15. Am Ende des vorigen Paragraphen ist im Haupttext ein Stichwort gefallen, das im Gespräch über Schönheit in der Kunst oft als Lob zu hören ist: der innige Zusammenhang von Form und Inhalt. Ohne darauf im Detail einzugehen, will ich wenigstens kurz auf eine Parallele in der Naturwissenschaft aufmerksam machen: Ein naturwissenschaftliches Experiment gilt dann als besonders gelungen, ja schön, wenn sein Aufbau und Ergebnis die Theorie transparent machen, in deren Rahmen sie beschrieben werden; das *experimentum crucis* ist in dieser Hinsicht ein Meisterwerk.[557]

Form, Inhalt und Otto Spalt

Wie das Beispiel zeigt, hat der Zusammenhang zwischen Form und Inhalt beim Experimentieren damit zu tun, dass in unser Verständnis eines Experiments immer auch theoretische Konzepte eingehen. Es würde meinen Rahmen sprengen, diese ästhetische Errungenschaft des innigen Zusammenhangs zwischen theoretischer Form und experimentellem Inhalt großflächig mit ihren künstlerischen Gegenstücken zu vergleichen; ich werde darauf nur noch einmal kurz zurückkommen (§ 15.13).

Stattdessen will ich die Konkretion durch ein weiteres cineastisches Beispiel steigern. In den Filmen aus dem vorigen Paragraphen arbeiteten die Regisseure im Abstrakten mit Zeitumkehr. Aber in der Filmkunst gibt es auch Beispiele für weniger abstrakte Umkehrungen, sogar für das, was ich konkrete Zeitumkehr nenne (§ 9.7). So spielt Otto Sander die Körperbewegungen seiner Rolle im zweiten Kurzfilm »Rückwärts« aus René Perraudins großartigem Werk z. B. *Otto Spalt* rückwärts, während alle Ereignisse um ihn herum in der gewohnten Zeitrichtung laufen; zudem lief die Filmkamera beim Drehen rückwärts.

Da ein zweimaliges Umschalten der Zeitrichtung den Anschein von Normalität erweckt, entsteht das paradoxe Resultat, dass Otto Trebert, der Protagonist des Films, als einziger ganz normal vorwärts lebt, während alle Prozesse um ihn herum rückwärts verlaufen, und zwar im *konkreten* Sinne. Solange sich Trebert zu Beginn des Kurzfilms noch im geschützten Rückzugsraum seiner Wohnung aufhält, fällt diese plötzliche Umschaltung der persönlichen Zeitrichtung kaum auf; sie wird nur dadurch angedeutet, dass die Modelleisenbahn plötzlich rückwärts fährt – was ja noch nichts heißen muss.

Erst als Trebert auf die Straße tritt, wird's verrückt. Straßenpassanten bewegen sich (aus Treberts Sicht) falsch herum, es kommt zu unvermeidlichen Zusammenstößen, und weil sich auch verbale Äußerungen zeitlich umkehren, weil Trebert also aus Sicht der Mehrheit nichts Verständliches zu sagen weiß, entsteht schnell ein wütender Konflikt, in den die Polizei eingreifen muss: Bei der erkennungsdienstlichen Behandlung kommt dem Protagonisten zwar zugute, dass sein Name »Otto Trebert« spiegelsymmetrisch ist, doch dieser hilfreiche Zufall kann weder etwas gegen die polizeiliche Verwechslung von Vor- und Nachnamen ausrichten noch gegen die falsche Groß/Kleinschreibung beider Namen: »treberT ottO«. Treberts Proteste gegen diese typographische Verunstaltung verhallen unverstanden.

Es liegt auf der Hand, wie schwierig es ist, unter diesen verkehrten Bedingungen ein normales soziales Leben zu führen, doch feinerweise deutet der Regisseur nur an, welche erotischen Verwicklungen sich daraus ergeben: Am Morgen danach sieht Trebert einigermaßen derangiert aus ... Und so beginnt er *nolens volens*, aus seiner Sicht rückwärts sprechen, laufen und springen zu üben – nur um nicht mehr negativ aufzufallen.

Faszinierenderweise musste der Schauspieler Otto Sander (rednaS ottO?) dieselben Übungen absolvieren, um sich auf seine Rolle vorzubereiten. Nur die Tonspur hat der große Mime vorwärts eingesprochen; sie wurde mit der rückwärts aufgezeichneten Bildspur vorwärts synchronisiert. Man kann zwar lernen, *halbwegs* verständlich rückwärts zu sprechen – aber das hört sich alles andere als wohlvertraut an und hätte den ästhetischen Zielen des Regisseurs nicht gedient.

Dieser tolle Kurzfilm ist von hohem intellektuellen Reiz und zeigt einmal mehr eine Parallele zwischen ästhetischer Wertschätzung konkreter Zeitumkehr in Kunst und Physik.

§ 9.16. Wie hängt die Symmetrie, von der Physiker sprechen und die ich zuallererst mithilfe des Spezialfalls *zeitlicher* Spiegelsymmetrien illustriert habe, mit dem Symmetriebegriff der bildenden Künstler und ihrer Kommentatoren zusammen? Laut dem Philosophen und Chemiker Joachim Schummer, der die Rolle der Schönheit für die Wissenschaft tendenziell skeptisch sieht, hat beides nichts miteinander zu tun: In der bildenden Kunst bezeichne der Begriff von altersher harmonische Proportionen, die aus einem Gleichgewicht der Gegensätze erwüchsen.[558] Physiker hätten dagegen Invarianzen unter gewissen Transformationen im Auge, etwa unter einer Rechts/Links-Spiegelung des gesamten Weltalls; harmonische Proportionen spielten hierbei keine Rolle.[559] Dieser mathematische Symmetriebegriff der Physiker sei im späten 18. Jahrhundert von der Kristallographie angeregt und im folgenden Jahrhundert durch die Gruppentheorie mathematisch geklärt worden.[560] Dass es ein Fehler wäre, physikalisch-mathematischen Symmetrien ästhetischen Wert zuzubilligen, ist eine Schlüsselthese der Überlegungen Schummers.[561]

Doch bei Lichte besehen zeigt Schummer weniger. Er zeigt, dass

Ein Zweifel

wir Werke der bildenden Kunst *nicht ausschließlich oder nicht in erster Linie* mithilfe dieser Art der Symmetrie bewerten sollten. Das verträgt sich mit meiner Behauptung, die ohne jeden Reduktionismus auskommt und besagt: Die fraglichen Symmetrien können auch bei der Kunstbeurteilung einen ästhetischen Mehrwert mit sich bringen, etwa als *zeitliche* Symmetrien in Musik, Film, Literatur; Beispiele liefern die vorigen Paragraphen.

Um Schummer aber sogar auf seinem eigenen Feld entgegenzutreten, werde ich zum Abschluss auf Symmetrien in der bildenden Kunst eingehen. Selbstverständlich kann ich dort keine zeitlichen, sondern nur räumliche Symmetrien aufzeigen. Damit entferne ich mich zwar etwas von meinem bislang wichtigsten Gegenstück aus der Naturwissenschaft (der zeitsymmetrischen Weißsynthese nach Desaguliers). Doch das lässt sich verschmerzen. Ich habe vorhin in Newtons Experimenten nicht nur zeitliche, sondern auch räumliche Symmetrien angepriesen. Sogar in der Weißsynthese des Desaguliers wurde die Zeitsymmetrie des Brechungsgesetzes räumlich sichtbar (§ 7.14).

Symmetrie in der modernen abstrakten Kunst

§ 9.17. *Geometrische* Symmetrien etwa in der Bildkomposition können sehr wohl den ästhetischen Wert eines Bildes steigern – und zwar auch dann, wenn sie vollkommen dastehen, ohne jeden Bruch. Betrachten wir als Beispiel dafür Ellsworth Kellys Gemälde *Blue Green Red* aus dem Jahr 1964 (Kunsttafel 11).[562] Vor einem leuchtend roten Hintergrund finden sich sich zwei längliche schmale Figuren identischer Form, die vom oberen zum unteren Bildrand reichen und perfekt achsensymmetrisch sind. Da sie exakt gleich weit von der vertikalen Mittelachse entfernt sind, wird das Bild von einer dort verlaufenden Symmetrieachse beherrscht. Abgesehen davon ist das Bild auch zur horizontalen Mittelachse spiegelsymmetrisch.

Die beiden Figuren sind für sich allein langweilig: Sie ähneln schmalen Rechtecken, deren Enden rund auslaufen, also keinerlei Ecken und Kanten zeigen; ihre langweilige Form erinnert übrigens an das Newtonspektrum (Farbtafel 1 unten), doch da sie im Unterschied zum Spektrum völlig einheitlich gefärbt sind, entbehren sie jeder Faszination. Interessant wird das Bild wegen des farbigen

Wechselspiels der beiden Figuren – die linke ist sattblau, die rechte sattgrün. Nur wegen der beiden Farben zeigt das Bild keine vollkommene Spiegelsymmetrie zwischen der linken und der rechten Bildhälfte, und dieser Symmetriebruch in Sachen Farbe springt uns genau deshalb mit aller Macht ins Auge, weil er sich im Rahmen perfekter geometrischer Symmetrie abspielt. Damit will ich sagen, dass das Bild an ästhetischer Schlagkraft verlöre, wenn seine Geometrie nicht ganz und gar symmetrisch wäre. Wir würden dadurch vom Wechselspiel der Farben abgelenkt, auf die uns der Künstler nachdrücklich hinweisen möchte: Diese drei Farben des Bildes sind alles andere als zufällig; wie Sie sich erinnern werden, bilden sie die Hauptfarben des Newtonspektrums aus Farbtafel 5 (ganz unten).

Insgesamt ist das Bild mehr als deutlich, indem es knallige Farben mit unübersehbarer Spiegelsymmetrie kombiniert; man mag das übertrieben finden: Vielleicht ist das Bild in all seinen Elementen etwas zu aufdringlich? Aber daran trägt die Farbgebung größere Schuld als die Symmetrie. Wie auch immer, perfekte Symmetrie in der Geometrie eines Bildes kann unsere ästhetische Wertschätzung sehr wohl positiv mitbestimmen; die geometrische Symmetrie ist ein entscheidendes Gestaltungsmerkmal des besprochenen Bildes.

Selbst ohne farbige Symmetriebrüche können allerstrengste geometrische Symmetrien ein entscheidendes gestalterisches Merkmal eines Bildes ausmachen. Ein ungleich zarteres Beispiel dafür bietet *Abstract Painting* des amerikanischen Minimalisten Ad Reinhardt aus dem Jahr 1961 (Kunsttafel 9). Dieses Gemälde zeigt eine quadratische Matrix aus neun geometrisch identischen Feldern; die vier Eckfelder sind in tieferem Schwarz ausgemalt als die anderen fünf Felder, die ein sechsfach achsensymmetrisches Kreuz bilden. Dieses Werk gehört zur Serie der *Schwarzen Bilder*, mit denen Reinhardt nach einer neutralen Grundform gesucht hat, um an den Punkt zu gelangen, wo er »die Farbe und die Form in ihrer Augenfälligkeit tilgen« kann.[563] In der Tat ist es der fast unauffällige Unterschied zwischen dem Tiefschwarz der Eckfelder und dem Mattschwarz der anderen Felder, aus dem die makellose Kreuzsymmetrie des Bildes mit allergrößter Zurückhaltung herausschimmert.

Das ist selbstverständlich ein extremes Beispiel für jeden Verzicht auf Symmetriebruch in der bildenden Kunst; doch dass die Symmetrie des Bildes maßgeblich zu seinem ästhetischen Wert beiträgt, wird kein Sachkundiger bestreiten.

Symmetrien in der Lichtkunst

§ 9.18. In der bildenden Kunst unserer Zeit kommen Symmetrien nicht nur mithilfe geometrischer Spiegelachsen zum Einsatz; vielmehr orientieren sich Künstler zuweilen ausdrücklich an theoretischen Symmetrien der Physik – allerdings eher mit dem verspielten Möglichkeitssinn als mit dem trockeneren Wirklichkeitssinn. Um das zu illustrieren, greife ich das lichtkünstlerische Werk *the weight of light* heraus, das die Künstler Martin Hesselmeier und Andreas Muxel im Jahr 2015 realisiert haben (Abb. 9.18).[564] Sie gingen der Frage nach, was das Licht wiegt. Die Wissenschaft antwortet darauf, dass Photonen eine Ruhemasse von exakt 0 Kilogramm haben, dass ihnen aber laut relativistischer Physik bei Lichtgeschwindigkeit eine höhere Masse zukommt (so dass sie unter dem Einfluss gigantischer Gravitationsfelder vom geraden Weg abgelenkt werden (§ 2.14)).

Doch wie kann man das Gewicht des Lichts künstlerisch zeigen? Hesselmeier und Muxel installieren längs in einer Halle von ca. 4 × 16 Metern zwei raumgreifende, parallele, senkrecht stehende Sinuskurven, deren Wellentäler knapp über dem Boden zu schweben scheinen und deren Wellenberge fast bis unter die Hallendecke reichen. Jede dieser Sinuskurven besteht aus 2880 hintereinandergeschalteten Leuchtelektrodendioden (LEDs), die sich über einen zentralen Computer allesamt einzeln ansteuern lassen.

Mit diesem technisch raffinierten Versuchsaufbau kann man eine ungeheure Vielfalt verschiedener Muster aus Lichtpunkten erzeugen und zeitlich variieren – in einer Art Lichtmusik. Die Künstler interessieren sich für Lichtpunkte, die auf den Sinuskurven entlangzureisen scheinen, in Wirklichkeit aber durch benachbarte, kurz hintereinander aufblitzende LEDs realisiert sind; man kennt das Prinzip solcher Lichterketten von Spurwechseln auf Baustellen im nächtlichen Straßenverkehr.

Um nun das *Gewicht* eines sich scheinbar auf der ersten Sinuskurve bewegenden Lichtpunkts darzustellen, haben Hesselmeier und Muxel die LEDs so programmiert, dass sich dessen Bewegung dann verlangsamt, wenn der Lichtpunkt einen Wellenberg hinauf-

Abb. 9.18: Martin Hesselmeier und Andreas Muxel, *the weight of light*.

steigt, und dass sie sich dann beschleunigt, wenn er sich in ein Wellental herabbewegt – so als rollte die Lichtkugel über eine Berg- und Talbahn (im stets symmetrischen Austausch von kinetischer und potentieller Energie). Nach einer halben Minute kommt die Lichtkugel zur Ruhe, und das Spiel beginnt mit der nächsten aufs neue, wobei zufällig veränderte Anfangsbedingungen für kleine Variationen sorgen.

Das mitanzusehen, ist schon deshalb eine Augenweide, weil sich hier eine leichte, lichte, ätherische, im Alltagsverständnis körperlose Substanz – Licht – mit einem Male so verhält, als wäre sie schwer und würde vom Gravitationsfeld der Erde angezogen. Die Sinuskurve, auf der sich diese Bewegung abspielt, bietet selbstverständlich keine realistische Flugbahn echter Lichtstrahlen; man kann sie als ironisch-ästhetische Anspielung auf den Wellencharakter des Lichts deuten – ästhetisch deshalb, weil Sinuskurven schon für sich allein nicht ohne Schönheit sind (Abb. 9.18).

Kurz und gut, gemäß meiner bisherigen Beschreibung zeigt sich auf der ersten Sinuskurve des Kunstwerks, wie ein massereiches Lichtteilchen sich im tatsächlichen Gravitationsfeld der Erde beschleunigen und verlangsamen würde, wenn es nur den Gravitationskräften unterworfen und gezwungen wäre, sich auf der Sinuskurve zu bewegen. (Echte Photonen bewegen sich dagegen so schnell, dass wir ihre Bewegung nicht verfolgen können; zudem würde ihre tatsächlich fast gerade Flugbahn nur unmerklich vom schwachen Gravitationsfeld der Erde gekrümmt werden).

Die zweite Sinuskurve aus LEDs bespielen die Künstler noch freier. Wie sie berichten, erlaubte ihnen die aufgebaute Anordnung beliebige Variationen der zunächst dargestellten Dynamik, und nur langsam kristallisierte sich heraus, welche der überbordend vielfältigen Möglichkeiten sie zur Darstellung bringen wollten.[565] Am Ende ließen sie alles wie gehabt und drehten lediglich einen einzigen Parameter um: Sie änderten nur die *Richtung* des irdischen Gravitationsfelds, spiegelten dieses Feld also gleichsam an der Erdoberfläche. Das heißt, sie taten so, als ob bei uns die Gegenstände nicht nach unten fielen, sondern nach oben entschwebten, und zwar mit der altgewohnten Beschleunigung von 9,81 m/s^2. Es ist äußerst verblüffend zu sehen, wie sich nun die wohlvertrauten Lichtpunktbewegungen (von der ersten Sinuskurve) in etwas Fremdes, Wunderschönes umkehren – unsere Erfahrungswelt steht kopf.

Das bewegte Lichtgeschehen auf den beiden Sinuskurven zeigt eine tiefe Symmetrie, die uns ästhetisch anspricht und sich gut mit den schönen Symmetrien aus physikalischen *Theorien* vergleichen lässt, etwa mit der Zeitsymmetrie, der Rechts/Links-Symmetrie oder der Symmetrie zwischen Materie und Antimaterie (§ 8.19). Interessant finde ich, dass die beiden Künstler es nicht von Anfang an auf Symmetrie abgesehen hatten, sondern dass sich erst im Lauf ihrer Arbeit herausgestellt hat, wie gut sie ihren ästhetischen Zielen nutzbar gemacht werden kann. Dieser Gesichtspunkt passt gut zu meiner früheren Diagnose zur Schönheit von *Experimenten*, wonach Experimentatoren wie Newton und Desaguliers (etwa im Fall der Weißsynthese) aus einer Vielzahl möglicher Versuchsaufbauten auswählen und sich dabei auch an ästhetischen Gesichtspunkten wie Klarheit, Einfachheit und Symmetrie orientieren. Einerlei also, ob es um Kunstwerke, Experimente oder Theorien geht: Wer die Wahl hat, kann Schönheit in die Welt bringen, indem er sich für Symmetrie entscheidet.

§ 9.19. Zwar konnte ich in den vorigen Paragraphen großartige Kunstwerke von perfekter Symmetrie aufbieten; aber ich muss zugeben, dass so etwas in der Kunstgeschichte nicht oft vorkommt. Vielleicht stimmt es verdächtig, dass meine Beispiele ausgerechnet aus der gegenstandslosen Kunst des 20. und 21. Jahrhunderts stammen. Gibt es ältere Gemälde, die wir wegen ihrer perfekten Symmetrie schätzen?

Zuviel Symmetrie im Bild

Solange mit einem Gemälde etwas Gegenständliches abgebildet werden soll, kann das Gemälde innerhalb gewisser Grenzen nur so symmetrisch sein wie das Abgebildete; je reicher die abzubildenden Details sind, desto unwahrscheinlicher wird es sein, dass sie einer strengen Spiegelsymmetrie folgen (es sei denn, dass die Bildachse von einem dargestellten Spiegel beherrscht wird). Aus diesem Grund könnten gegenständliche Gemälde von makelloser Symmetrie unseren Realitätssinn stören, etwa im Fall von Portraits: Wir wissen, dass kein einziges Gesicht ganz und gar symmetrisch ist. Zudem finden wir künstlich erzeugte Bilder mit hundertprozentig symmetrischen Gesichtern fade und eintönig; ihnen fehlt das gewisse Etwas.

Dennoch hat es guten Sinn, menschliche Gesichter symmetrisch zu nennen; dem linken Auge entspricht das rechte, dem linken Nasenflügel der rechte usw. Auf einer bestimmten Abstraktionsebene (wo von *exakt* geometrischer Spiegelung abgesehen wird) sind fast alle menschlichen Gesichter symmetrisch; Ausnahmen wie Piraten mit Augenklappen bestätigen die Regel. Und so liegt es nahe, auch bei Gemälden zwischen konkreter und abstrakter Symmetrie zu unterscheiden. Die konkrete Spiegelsymmetrie läge demzufolge dann vor, wenn die eine Bildhälfte ein exaktes Spiegelbild der anderen Bildhälfte böte. Sie brächte in der gegenständlichen Kunst selten oder nie ästhetische Mehrwerte mit sich, denn wo ein Gemälde zu stark an die exakte Spiegelsymmetrie herankommt, protestiert so gut wie immer unser Schönheitssinn.

Ein etwas missliches Beispiel dafür ist Antonio Vivarinis Gemälde *Heilige Maria Magdalena, von den Engeln empor getragen* aus dem Jahr 1476 (Kunsttafel 12). Der aufrechte Körper der heiligen Hauptperson wird frontal und entlang der senkrechten Mittelachse des Bildes so gezeigt, dass ihre betenden Hände und ihre langgestreckten Füße sich an dieser Achse exakt spiegeln. Ihre langen rotgoldenen Haare umhüllen den unbekleideten Körper bis knapp über die Fesseln und sind zwar nicht haarklein an der Bildachse gespiegelt, wohl aber im gröberen Umriss. Eine kleine Asymmetrie bieten ihre Augen, die über den Betrachter nach rechts hinwegblicken, statt symmetrisch geradeaus; ihr rechtes Auge nimmt eine etwas höhere Position ein als das linke, und doch kann man kaum sagen, ob ihr rundes Gesicht leicht geneigt ist.

Da Menschen (auf einer geeigneten Abstraktionsebene) symmetrische Wesen sind, böte die bislang besprochene weitreichende Symmetrie für sich allein noch keine durchschlagenden Gesichtspunkte, die gegen das Bild sprächen. Aber die Symmetrie reicht noch weiter, und diese Übertreibung kann man als störend empfinden: Insgesamt sechs kleine Engel tragen Maria Magdalena himmelwärts, und für jeden Engel links von Maria Magdalena gibt es zu ihrer Rechten ein geometrisch exaktes Spiegelbild. Ja, selbst die winzig dargestellte irdische Felslandschaft am Fuße des Bildes folgt einer allzu strengen Spiegelsymmetrie. Selbstverständlich finden sich in dem Bild einige kleinere Symmetriebrüche, aber nach meinem Urteil hat ihnen der Maler nicht genug Gewicht verliehen.

Engelhafte Symmetrien

§ 9.20. Sollen wir aus den Überlegungen des vorigen Paragraphen schließen, dass der Spiegelsymmetrie in der gegenständlichen Malerei jede schönheitssteigernde Kraft abgeht? Keineswegs; wie in der Musik können wir Symmetrien auf einer abstrakteren Ebene in den Blick nehmen. Laut dieser Sichtweise mag ein feinerer – abstrakterer – Einsatz von Spiegelsymmetrien sehr wohl den ästhetischen Wert eines Gemäldes mitbestimmen und steigern, nämlich dann, wenn sich die wesentlichen Bildelemente beispielsweise links und rechts seiner senkrechten Mittelachse nicht konkret geometrisch, sondern *der Sache nach* genau die Waage halten. Betrachten wir dazu die *Himmelfahrt Mariae* von Andrea del Castagno aus den Jahren 1449/50 (Kunsttafel 13).[566]

In der Mitte dieses Gemäldes sieht man die betende und im Sitzen schwebende Maria, deren Haare verhüllt sind; sie trägt ein reiches rotes Kleid und einen oben offenen schweren Mantel von blaugrünlichem Samt. Umrahmt ist sie von einer ovalen Gloriole aus feurigen Wolken, die von vier Engeln mühelos hinangezogen wird und unten im Bild dem offenen Steinsarg zu entspringen scheint. Der Sarg zeigt eine strenge zentralperspektivische Symmetrie, ist aber unsymmetrisch mit Rosen und Lilien gefüllt.

Den rechten und linken Bildrand umschließen zwei Heilige mit goldenen Locken und roten Heiligenscheinen – links St. Julian, rechts St. Minias. Weder gleichen sie einander spiegelbildlich wie eineiige Zwillinge noch nehmen sie exakt spiegelbildliche Posen ein, und doch halten sie sich genau die Waage. Zwar trägt nur St. Minias Krone und Zepter, aber zum Ausgleich beansprucht sein Heiligenschein in der perspektivischen Verzerrung weniger Bildfläche als derjenige von St. Julian, und dessen Schwert ist gewichtiger als das Zepter gegenüber.

Nicht viel anders werden weitere geringfügige Asymmetrien des Bildaufbaus immer sogleich austariert, wie ein zergliedernder Blick auf einzelne Bildelemente lehrt: Marias Gesicht beispielsweise befindet sich nicht exakt auf, sondern leicht rechts von der senkrechten Mittelachse des Bildes – dafür ruhen ihre gefalteten Hände sowie ihr roter Heiligenschein etwas links von der Mittelachse. Dieser feine Ausgleich kleinerer Symmetriebrüche wirkt nicht wie eine übertrieben gewollte Positionierung einzelner Körperteile, sondern zeigt sich als ausgewogene Komposition, die der Körperhaltung Marias organisch folgt: Maria blickt nach oben rechts (vom Betrachter) zum Himmel hinauf. Auch diese ungerade Blickrichtung hat der Künstler durch asymmetrische Blickrichtungen der beiden Heiligen ausbalanciert. Wer diese Blickrichtungen aufmerksam verfolgt, kann darin sehr wohl eine unaufdringliche Symmetrie ausmachen, in die er sich vielleicht sogar als Betrachter hineinziehen lässt: Wenn er links vom Bild steht, wird er von St. Julian angesehen, schaut vielleicht selber nach rechts auf St. Minias, der nach links zu Maria hinaufschaut, die ihrerseits noch höher nach rechts in den Himmel blickt.

Man mag an dem Bild einiges auszusetzen haben und z. B. darüber klagen, wie verwirrend sich zu Füßen Marias die irdische mit der himmlischen Sphäre vermengt: So lässt sich kaum entscheiden, ob sich der Engel rechts unten im Bild nun hinter oder vor Maria befindet, und dieselbe Verwirrung der Sphären entsteht links unten gegenüber. Es scheint sich kein konsistentes Verhältnis zwischen den beiden Sphären konstruieren zu lassen, und so wollen die einzeln wunderschön gemalten Personen des Bildes am Ende nicht recht zusammenzupassen – das Bild bietet ein unlösbares Rätsel, und zwar offenbar ungewollt, so als wäre der Maler außerstande gewesen, aus herrlichen Einzelbestandteilen eine kohärente Einheit zu schaffen; einen ähnlichen ästhetischen Fehler hatte Kopernikus in der Astronomie seiner Gegner kritisiert.[567] Nichtsdestoweniger ist es ein starkes Bild, und gerade seine Symmetrien stärken es, statt es zu schwächen.

Am strengsten wird das Engelpaar oben im Bild von der Spiegelsymmetrie beherrscht: Form, Farbe, und Stellung ihrer Flügel entsprechen sich nahezu vollkommen, ebenso ihre Armhaltungen und sogar der Faltenwurf ihrer Gewänder. Empfinden Sie diese gesteigerte (aber immer noch nicht ganz perfekte) Symmetrie vielleicht als störend? – Ich nicht; der Gleichklang im Tanz dieser beiden Engel himmelwärts ist doch wunderbar, und wenn die Symmetrie im Bild einer Himmelfahrt nach oben hin zunimmt, dann hat das guten theologischen Sinn: Ganz oben erst waltet Perfektion. Ja, vielleicht wirkt die weitestgehende Symmetrie oben im Bild gerade deshalb so stark, weil sie das Chaos der Sphären erträglich macht, das die unteren Bildpartien verwirrt.

Wie in der Musik, im Film, in der Dichtung gilt: Wer den ästhetischen Wert der besprochenen Symmetrien erkennen und schätzen will, muss als erstes die Abstraktionsebene suchen, auf der sie sich zeigen.[568] Mehr noch, wenn sie sich im Konkreten gerade nicht zeigen, ja wenn uns auf der konkreten Ebene ein Symmetrie*bruch* ästhetisch anspricht, etwa in Marias Körperhaltung, dann kann man diesen ästhetischen Reiz nur vor dem Hintergrund einer Symmetrie*norm* verständlich machen, die auf der abstrakten Ebene wirkt; den betenden Händen Marias (links von der Bildachse) kommt demzufolge dasselbe Gewicht zu wie ihrem Kopf (rechts von der Achse). Konkret unterschiedliche, aber abstrakt gleich wichtige Körperteile stehen einander also symmetrisch gegenüber.[569]

Damit kann ich auf den Symmetriebegriff zurückkommen, der in der Antike herrschte und vielleicht besser mit Ausgewogenheit oder Gleichgewicht der Gegensätze zu übersetzen wäre. Bei Lichte besehen ist das ein Spezialfall dessen, was ich abstrakte Symme-

Abb. 9.21: Bachs *Krebskanon*. Bach hat das Widmungsexemplar des *Musicalischen Opfers* für Friedrich den Großen sehr sorgfältig korrigiert. Was meinen Sie: Kann das durchgestrichene C (als Zeichen für *alla breve*) ganz am Ende der Noten des Krebskanons etwas anderes ausdrücken als Bachs volle Absicht eines fast unmerklichen Symmetriebruchs? (Graphik aus Bachs Widmungsexemplar für Friedrich den Großen).[570]

trie nenne – die *symmetria* der Alten ist Symmetrie im modernen Sinne auf einer geeigneten Abstraktionsebene. Nur weil Schummer diese Zusammenhänge nicht berücksichtigt hat, konnte er den alten Symmetriebegriff mitsamt seinem ästhetischen Wert für die Malerei scharf von der ästhetischen Rolle moderner Symmetrien in der Physik abgrenzen, um die Schönheiten in beiden Bereichen wie dargetan auseinanderzutreiben (§ 9.16). Doch wenn ich richtigliege, handelt es sich um zwei verwandte Spielarten derselben Idee.

* * *

Schreibfehler in Bachs Werkstatt?

§ 9.21. Die Notentexte zu Bachs Krebskanon werfen eine Reihe faszinierender Probleme auf, die meines Wissens in der Literatur nicht befriedigend geklärt sind. Ich werde mich zum Abschluss dieses Kapitels auf ein Problem konzentrieren, das mit Symmetrie und Symmetriebrüchen zu tun hat.

Im Widmungsexemplar des *Musicalischen Opfers* zeigt sich am Anfang und Ende des Krebskanons folgende Inkonsequenz: Der Kanon beginnt mit einem elegant geschwungenem »C«, dem Zeichen für Viervierteltakt, endet aber mit einem umgedrehten *durchgestrichenen* »C«, also mit dem Zeichen für *alla breve* (Abb. 9.21). Der offizielle Notentext der Neuen Bach-Ausgabe hat diese Inkonsequenz beseitigt – dort ist das »C« *beidemal* durchgestrichen.[571] Warum der Herausgeber Christoph Wolff das getan hat, begründet er nicht – obwohl er sich ansonsten strengster Originaltreue befleißigt. In

298   Teil III: Mit Newton vom schönen Experiment zur schönen Theorie

seinen Anmerkungen heißt es lakonisch ohne weitere Erläuterung: »Taktvorzeichnung: C«; dass er nur dieses C ändern musste, nicht etwa die Taktangabe für die Rückrichtung, erwähnt er nicht.[572]

Ich habe nicht überprüft, ob sich das durchgestrichene C in den anderen Exemplaren findet, auf die sich Wolff beruft.[573] Sie sind weniger einschlägig, denn nur das Widmungsexemplar ist höchstwahrscheinlich von Bach selber (mit dunkelbrauner Tinte) verbessert worden: Bach hat dort sogar Notenköpfe nachträglich schwarz ausgefüllt oder ausfüllen lassen, und er hat andere Fehler durch Rasur beseitigt oder beseitigen lassen; u. a. wurde dort größte Sorgfalt auf die Stimmigkeit etwaiger Spiegelungen gelegt und ein spiegelverkehrt gedrucktes »b« korrigiert.[574]

Asymmetrie aus Absicht?

§ 9.22.   Angesichts der Tatsachen, die ich im vorigen Paragraphen aufgeboten habe, kann ich mir kaum vorstellen, dass dem komponierenden Perfektionisten Bach der Kontrast zwischen den beiden Taktangaben aus Versehen unterlaufen sein und dass er ausgerechnet am Anfang des Notentextes vergessen haben soll, das C der Taktangabe durchzustreichen. Der Bach-Experte Raphael Alpermann hat dieser Einschätzung im Gespräch beigepflichtet (nicht ohne abwägend darauf hinzuweisen, dass für das *Weihnachtsoratorium* einige Einzelstimmen überliefert sind, deren Taktart von derjenigen der überlieferten Gesamtpartitur abweicht; die Einzelstimmen hat Bach nicht selber kopiert, aber er hat einige von ihnen nachträglich korrigiert – wenn auch sicher nicht mit der Sorgfalt, die er dem Widmungsexemplar des *Musicalischen Opfers* angedeihen ließ).

Es liegt nahe zu fragen: Warum hat Bach die kleine Asymmetrie im Takt des Krebskanons eingebaut? In der Literatur habe ich keine Angabe darüber gefunden, daher will ich die Implikationen dieser Vermutung kurz auf eigene Faust durchspielen. Anders als im Viervierteltakt werden im *alla-breve*-Takt nicht die Viertelnoten gezählt, sondern die halben Noten. Bei gleichem Zähltempo liefe das auf eine Verdoppelung der Spielgeschwindigkeit hinaus. Wer die Sache so interpretiert, müsste die Rückwärtsstimme zweimal hintereinander spielen, um während der gesamten Dauer des Kanons zwei Stimmen erklingen zu lassen (statt nur in der Hälfte des Kanons). Anderswo in der Musikgeschichte kommt diese Kombination von C-Takt und *alla-breve*-Takt sehr wohl vor, wie ich von dem Musikwissenschaftler Ullrich Scheideler gelernt habe: In dem vierstimmigen »Agnus II« aus der *Missa L'homme armé* hat Pierre de la Rue zwei Stimmen, die sich in ihrer Tonhöhe unterscheiden, nur einmal notiert, aber dafür einerseits den C-Takt verlangt, andererseits den *alla-breve*-Takt (wodurch die so markierte Stimme doppelt so schnell ablaufen muss wie die Stimme im C-Takt). Doch lohnt es sich kaum, diese Interpretation für Bachs Krebskanon auszuprobieren – die beiden Stimmen passen dann überhaupt nicht zusammen.

Das legt eine zweite Möglichkeit nahe, sich die Sache zurechtzulegen: Die halben Noten der Rückwärtsstimme werden halb so schnell gezählt wie die Viertelnoten der Vorwärtsstimme. Vielleicht fragen Sie: Was soll das bringen? Dauern dann nicht z. B. die Viertelnoten aus der Vorwärtsstimme genauso lange wie die aus der Rückwärtsstimme? Warum sollte Bach nicht einfach für beide Stimmen einen Vierviertaltakt fordern? Gemach; ob der Interpret die Viertelnoten oder die halben Noten zählt, zieht feine Unterschiede in der Phrasierung nach sich. Die Töne fließen gleichmäßiger, weniger abrupt, wenn sie nur mit zwei Taktschlägen statt mit vieren zu synchronisieren sind. Wer das bei einer Aufführung des Krebskanons berücksichtigen wollte, müsste sich geistig zerspalten. Er müsste bei gleichem Tempo mit der einen Hand *ein bisschen* anders im Zeitfluss schwimmen als mit der anderen. Das beim Hören zu entdecken, mag schwer sein; es pianistisch umzusetzen, noch schwerer. Zumindest die zweite Schwierigkeit lässt sich lösen; man könnte die beiden Stimmen des Krebskanons von zwei Pianisten spielen lassen.

§ 9.23. Ullrich Scheideler hat mir (im Gespräch) von der ganzen Idee abgeraten und erklärt, warum er dem Bach-Herausgeber Wolff beipflichtet, dass das Vierviertelzeichen aus Bachs Text durchgestrichen werden sollte:

    Das königliche Thema, das allen Stücken des *Musicalischen Opfers* zugrundeliegt, kommt mit zwei Arten von Kontrapunkten vor – mit einem Kontrapunkt, in dem die Achtelnoten die kürzesten Notenwerte sind (so in den Ricercari und den meisten anderen Stücken), und einem Kontrapunkt, in dem viele Sechzehntelnoten auftauchen. Bei den erstgenannten Stücken hat Bach sonst stets einen *alla-breve*-Takt vorgeschrieben, Schlageinheit ist also die halbe Note; nur bei den Stücken, in denen der Kontrapunkt Sechzehntelnoten enthält, wird zu einem Vierviertaltakt gewechselt.

    Diese Regelmäßigkeit dürfte mit aufführungspraktischen Gründen zu tun haben. Da man auf *einen* gezählten Schlag problemlos vier gleichlange Töne spielen kann, genügt dem Pianisten dort ein *alla-breve*-Takt, wo die kürzesten Noten Achtel sind. Da nun im gesamten Krebskanon keine kürzeren Noten als Achtel auftauchen, liegt es nahe, dass für beide seiner Stimmen der *alla-breve*-Takt gelten soll.

    Wie ich von Alpermann im Gespräch gelernt habe, gilt dieses Argument nicht für das Gesamtwerk Bachs. So fordert Bach im *5. Brandenburgischen Konzert* einen *alla-breve*-Takt, obwohl dort Zweiunddreißigstel-Noten und noch schnellere Triolen vorkommen.

Einwand eines Spezialisten

Zudem folgt aus der *Möglichkeit* des *alla-breve*-Takts kein zwangsläufiges Argument, in den von Bach sorgfältig überwachten Notentext einzugreifen. Immerhin hört sich die Vorwärtsstimme des Kanons etwas anders an, wenn pro Takt nur zwei Schläge gezählt werden anstelle von vier Schlägen (wie im Widmungsexemplar angegeben). Meiner Ansicht nach müsste man ästhetische Gründe aufbieten, um die Entscheidung für oder gegen Bachs Text zu begründen. Dass der Musiker laut meinem Vorschlag die sonst strenge Symmetrie des Krebskanons nahezu unmerklich unterlaufen müsste, spricht für den Vorschlag. Bach hätte uns einmal mehr in ein Versteckspiel verwickelt, indem er im Notentext an unauffälliger Stelle ein winziges Signal plaziert hätte; ich zumindest finde diese Vorstellung ästhetisch reizvoll.

Verwandte Beispiele

§ 9.24. Völlig neu wäre ein Kanon mit Stimmen haarscharf unterschiedlicher Taktierung nicht. So hat mich Scheideler auf vierstimmige Kanons des Frührenaissance-Komponisten Johannes Ockeghem hingewiesen, in denen *vier* verschiedene Mensuren gleichzeitig ablaufen (die unserem 6/8-Takt, 2/4-Takt, 9/8-Takt und 3/4-Takt entsprechen).

Ähnlich schreibt Telemann im Satz »Branle« seiner G-Dur-Suite *La Bizarre* gleichzeitig vier Taktarten vor, doch da alle vier Stimmen gleichzeitig enden müssen, sollten die vier Taktarten in diesem Reigen besser nicht als eine Art von Vorläufern der Metronom-Angaben verstanden werden.

Ein anderes Beispiel aus der Musikgeschichte, mit dem sich die von mir vorgeschlagene Spielweise des Krebskanons vergleichen ließe, ist das Konzert e-moll für Block- und Querflöte von Telemann. Hier treffen zwei gleichberechtigte Flötenstimmen aufeinander, deren *Klangfarben* haarscharf auseinanderliegen, ohne identisch zu sein – dort zwei gleichberechtigte Klavierstimmen, deren *rhythmische Phrasierungen* haarscharf auseinanderliegen, ohne identisch zu sein.

* * *

Mehr Symmetrie in der Musik

§ 9.25. In meinen musikalischen Beispielen habe ich mich auf exzentrische Fälle von Symmetrie gestützt, die selten vorkommen; strenge gespiegelte Zeitsymmetrien sind in der Musik etwas sehr Spezielles (schon allein deshalb, weil man sie kaum hörend feststellen kann, sondern nur beim Blick in die Partitur, also sehend). Doch nachdem ich den Symmetriebegriff zuletzt mit weniger strengen Beispielen aus den bildenden und erzählenden Künsten weiter gefasst habe, kann ich auch in der Musik nach weniger exzentrischen Symmetrien suchen. Sie ist voll davon, vor allem dann, wenn

Abb. 9.25: Beethovens *Geschöpfe des Prometheus*. Die Symmetrien, von denen Hanslick in seiner Analyse dieser ersten acht Takte spricht, sind allesamt Translationssymmetrien (i. S. von § 7.4); d. h. ein musikalisches Ereignis (etwa der Rhythmus der ersten vier Takte im unteren Notensystem) wiederholt sich später, taucht also im Notensystem weiter hinten wieder auf. (Graphik aus Hanslick [vMS]:31).

man mit Weyl auch noch Translationen zu den Symmetrien rechnet, also Verschiebungen des musikalischen Materials entweder in der Zeit – als Wiederholung – oder in Sachen Tonhöhe – als Transposition.[575]

Interessanterweise werden derartige Strukturmerkmale seit den Anfängen der akademischen Musikwissenschaft tatsächlich als Symmetrie bezeichnet, ganz im Sinne Weyls. So schreibt Hanslick in einer exemplarischen Analyse von acht Takten aus Beethovens Ouvertüre zu den *Geschöpfen des Prometheus*, die in Abb. 9.25 wiedergegeben sind:

»Was das aufmerksame Ohr des Kunstfreundes in stetiger Folge aus ihr vernimmt, ist ungefähr folgendes: Die Töne des ersten Taktes perlen nach einem Fall in die Unterquarte rasch und leise aufwärts, wiederholen sich genau im zweiten; der dritte und vierte Takt führen denselben Gang in größerem Umfange weiter, die Tropfen des in die Höhe getriebenen Springbrunnens perlen herab, um in den nächsten vier Takten dieselbe Figur und dasselbe Figurenbild auszuführen. Vor dem geistigen Sinn des Hörers erbaut sich also in der Melodie die *Symmetrie* zwischen dem ersten und dem zweiten Takte, dann dieser beiden Takte zu den zwei folgenden, endlich der vier ersten Takte als eines großen Bogens gegen den gleich großen korrespondierenden der folgenden vier Takte. Der den Rhythmus markierende Baß bezeichnet den Anfang der ersten drei Takte mit je einem Schlag, den vierten mit zwei Schlägen; in gleicher Weise bei den folgenden vier Takten. Hier ist also der vierte Takt gegen die drei ersten eine Verschiedenheit, welche durch die Wiederholung in den nächsten vier Takten *symmetrisch* wird und das Ohr als ein Zug der Neuheit im alten Gleichgewicht erfreut. Die Harmonie in dem Thema zeigt uns wieder das Korrespondieren eines großen und zweier kleinen Bogen: dem C-dur-Dreiklang in den vier ersten Takten entspricht der Sekundakkord im fünften und sechsten, dann der Quintsextakkord im siebenten und achten Takt. Dieses wechselseitige Korrespondieren zwischen Melodie, Rhythmus und Harmonie erzeugt ein *symmetrisches* und doch abwechslungsvolles Bild, welches durch die Klangfarben der verschiedenen Instrumente und den Wechsel der Tonstärke noch reichere Lichter und Schatten erhält [...] Solche Zergliederung macht freilich ein Gerippe aus blühendem Körper, geeignet, alle Schönheit, aber auch alle falsche Deutelei zu zerstören«.[576]

Diese glasklaren Sätze zeigen, wie Hanslick seine knappe Musikdefinition verstanden wissen will, die Epoche gemacht hat:

»Der Inhalt der Musik sind tönend bewegte Formen«.[577]

Gerade im Lichte einer solchen Definition kann man verstehen, warum sich in der Musik viele Arten von Symmetrien finden lassen. Denn das Material der bewegten Formen – die Töne – sind Entitäten, die in unserer Musik hochabstrakte Identitätskriterien haben (§ 9.6k); entsprechend hoch ist das Abstraktionsniveau, auf dem die fraglichen Symmetrien aufscheinen. Man muss lernen, sie bewusst wahrzunehmen. Selbstverständlich plädiert Hanslick nicht dafür, dass sich die Schönheit dieser bewegten Formen in Symmetrien erschöpft:

»Viele Ästhetiker halten den musikalischen Genuß durch das Wohlgefallen am *Regelmäßigen* und *Symmetrischen* für ausreichend erklärt, worin doch niemals ein Schönes, vollends ein Musikalisch-Schönes bestand. Das abgeschmackteste Thema kann vollkommen symmetrisch gebaut sein. ›Symmetrie‹ ist ja nur ein Verhältnisbegriff und läßt die Frage offen: *Was* ist es denn, das hier symmetrisch erscheint? – Die regelmäßige Anordnung geistloser, abgenützter Teilchen wird sich gerade in den allerschlechtesten Kompositionen nachweisen lassen. Der musikalische Sinn verlangt immer *neue* symmetrische Bildungen«.[578]

Wie man sieht, vertragen sich Hanslicks Thesen gut mit meiner Behauptung, wonach Symmetrien zum ästhetischen Wert eines Musikstücks *beitragen* können, aber keineswegs das wichtigste Merkmal schöner Musik darstellen. Nun spricht Hanslick im zuerst zitierten Textabschnitt schon allein deshalb nicht von zeitlicher Spiegelsymmetrie, weil sie im dort besprochenen Musikstück nicht vorkommt und weil sie auch sonst ohne große musikalische Bedeutung ist. Aber auch die von ihm erwähnten Symmetrien passen gut zu meiner Suche nach ästhetischen Parallelen zwischen Physik und Musik. Dass in der Experimentierkunst nicht nur zeitlich gespiegelte, sondern auch translationale Symmetrien zum Tragen kommen (also die visuellen Gegenstücke musikalischer Transpositionen), liegt auf der Hand, siehe § 7.4.

10. Kapitel.
Idealisierung als Beschönigung mit theoretischer Absicht

§ 10.1.   Im vorletzten Kapitel habe ich gelogen, dass sich die Balken bogen. Um aus dem *experimentum crucis* ein schönes, weil symmetrisches und stromlinienförmiges Argument zugunsten der gesamten newtonischen Theorie formen zu können, habe ich mich auf insgesamt vier Typen von Versuchsergebnissen berufen, die sich so im echten Experiment allesamt *nicht* zeigen. Ich habe sie beschönigt, oder weniger anstößig: idealisiert.

Gelogen?

Hier sind wir wieder an den Punkt gelangt, zu dem uns bereits die Astronomie Keplers geführt hatte (§ 4.11, § 4.13). So wie der Astronom kreativ mit seinen Beobachtungen umgehen muss, um im Kosmos anständige Planetenbahnen zu ermitteln, so muss auch der Theoretiker der Optik mit seinen Versuchsergebnissen kreativ umgehen, muss sie idealisieren, verschönern, beschönigen. Ist dabei alles erlaubt? Nein. Woran kann er sich hier also orientieren? Einerseits an seinen theoretischen Zielen, die er andererseits austarieren muss mit Gesichtspunkten der sparsamen und möglichst willkürfreien Abweichung vom Beobachteten. Das Gesamtgebäude sollte aus einem Guss sein und muss auf halbwegs festem Grund ruhen – eine Frage der Abwägung. Im Extremfall kann ein kühner Entwurf ungeahnte Kräfte freisetzen und dem werdenden Werk Flügel verleihen.

Newton hat beispielsweise immer wieder Experimente beschrieben, von denen es alles andere als klar ist, ob er sie überhaupt hätte durchführen können. Jedenfalls sind manche Newton-Kenner zu dem verblüffenden Ergebnis gelangt, dass einige seiner Versuchsergebnisse nicht der Beobachtung entspringen, sondern das wiedergeben, was Newton angesichts seiner Theorie zu sehen hoffte oder erwartete. So schreibt der Wissenschaftshistoriker und Newton-Herausgeber Derek Thomas Whiteside (mit Blick auf die Arbeit seines Kollegen Johannes Lohne):

»Lohne warnt uns mit Recht vor optimistisch gerundeten Zahlenergebnissen und vor interpolierten, angeblich ›beobachteten‹ Messungen, mit deren Hilfe sich Newton – bewusst oder unbewusst – die Arbeit beim Rechtfertigen seiner Erklärungsmodelle und Interpretationen erleichtern will. *Allzuoft stellt sich heraus, dass die [...] aufwendig beschriebenen oder knapp angedeuteten ›Experimente‹ niemals sorgfältig und kritisch durchgeführt worden sind; vielleicht waren einige von ihnen nichts als wohldurchdachte Versuchsmöglichkeiten [...] Das ›experimentum crucis‹ selbst bietet sicherlich ein weiteres Beispiel dafür«.*[579]

Das ist eine Provokation; bedenken Sie, dass hier nicht von irgendwem die Rede ist, sondern vom bedeutendsten Physiker der Neuzeit, dem Vater unserer modernen Physik; zudem handelt das Zitatende von demjenigen Experiment, das Newton am allerwichtigsten war. In der Tat kann man darüber streiten, wie weit Whiteside mit dieser Breitseite danebengeschossen hat. Nicht viele Wissenschaftshistoriker stimmen darin überein, dass sogar das *experimentum crucis* seinerzeit in Wirklichkeit nicht stattgefunden oder nicht zu den Ergebnissen geführt hätte, die Newton beschreibt; im Gegenteil, fast niemand, der das Experiment diskutiert, hält es für nötig zu klären, ob es funktioniert hat oder nicht.[580]

Es gibt offenbar gute Gründe, Newton zu glauben – schon allein deshalb, weil das Experiment mit modernen Mitteln längst hundertfach wiederholt worden ist, und zwar erfolgreich. Dass es sich in dieser Angelegenheit trotzdem nicht so einfach verhält, wie man

§ 10.2. Wann sind zwei Experimente identisch? Oder genauer: Wann ist ein (z. B. modernes) Experiment die erfolgreiche Replikation eines anderen (z. B. historischen) Experiments?

Original & Fälschung

meinen möchte, werde ich in den kommenden Paragraphen darlegen.

§ 10.2. Wann sind zwei Experimente identisch? Oder genauer: Wann ist ein (z. B. modernes) Experiment die erfolgreiche Replikation eines anderen (z. B. historischen) Experiments? Diese Fragen sind kniffliger als gedacht. Wie sie zu beantworten sind, hängt von der Blickrichtung ab, die man einnehmen möchte.

Wer das fragliche historische Experiment aus heutiger Sicht unter theoretischen Gesichtspunkten betrachten möchte, darf die eingesetzten Mittel so modernisieren, dass der seinerzeit vielleicht nicht ganz sauber darstellbare Effekt deutlicher, ja schöner zum Vorschein kommt. Und so wird man z. B. ohne Bedenken Prismen aus reinerem Glas einsetzen, als es damals gab (§ 6.24). Diese Modernisierung könnten wir als beschönigende oder verschönerte Replikation bezeichnen.[581]

Wenn es uns hingegen ernsthaft um historische Akkuratesse zu tun ist, wenn wir z. B. herausfinden wollen, welche Experimente Newton seinen Zeitgenossen wirklich vorführen konnte, dann müssen wir in den sauren Apfel beißen und uns auf die Mittel beschränken, die ihm damals zu Gebote standen. Eine Gruppe von Wissenschaftshistorikern hat aus diesem Purismus einen eigenen Forschungszweig entwickelt, der im Deutschen entweder als experimentelle Wissenschaftsgeschichte oder als Methode der (originalgetreuen) Replikation bezeichnet wird.[582] Forscher dieser Tradition würden nicht einfach zwei heutzutage handelsübliche Prismen in ihre Replikation von Newtons *experimentum crucis* einbauen, sondern idealerweise mit dessen Originalprismen experimentieren. Und weil der Museumsdirektor das nicht erlaubt, versuchen sie, Prismen herzustellen, die denjenigen Newtons möglichst weitgehend gleichen.

Zu diesem Zweck müssen sie die alten Techniken der Glasschmelze, des Glasgießens und des Polierens von Prismen wiederbeleben; ja sie müssen die damals verwendeten Rohstoffe aufspüren, also z. B. das Glas aus demjenigen Sand herstellen, der damals verwendet wurde. Und so fragt sich: Wo lagen die Sandgruben für die britische Glasproduktion um 1666? Und liegt dort immer noch Sand? Kann man ihn abbauen? – Derartige Probleme müssen diejenigen lösen, die klären möchten, was Newton *wirklich* sehen und seinem Publikum zeigen konnte.[583]

Tun oder Lesen?
§ 10.3. Was ich im vorigen Paragraphen zuletzt skizziert habe, stellt ein uferloses Projekt dar. Es ist kaum zu ermessen, wie schwierig es ist, das damalige Handlungswissen wiederzuerlangen – vor allem dann, wenn die Tradition abgerissen ist und wir uns nur noch auf alte Texte und lädierte Instrumente stützen können. Woher sollen wir z. B. wissen, wie früher eine Elektrisiermaschine funktioniert hat, von der wir nur noch eine Abbildung haben? Und woher sollen wir – ohne überlieferte Gebrauchsanweisung – wissen, ob diese oder jene Elektrisiermaschine im Museum noch funktionsfähig ist?[584]

Zur Rekonstruktion alter *Argumente* mögen sich die alten Texte mehr oder minder gut eignen, aber für die Wiederbelebung einer alten, längst versunkenen *Praxis* besagen alte Worte fast immer zu wenig. Gerade wegen dieser Schwierigkeiten ist das Projekt der experimentellen Wissenschaftsgeschichte instruktiv.[585] Wie ich aus eigener Erfahrung sagen kann, kommen viele historisch und systematisch wichtige Gesichtspunkte nur dann in den Blick, wenn man sich auf die Schwierigkeiten der originalgetreuen Replikation einlässt.

Diese Methode schärft also die Aufmerksamkeit, und nicht nur darin ähnelt sie auf verblüffende Weise einem ganz bestimmten Trend der Interpretation klassischer Musik: der historischen Aufführungspraxis. Hier wie dort werden alte Instrumente aus möglichst originalgetreuen Materialien nachgebaut, versunkene Handlungsweisen rekonstruiert, unterbrochene Traditionen wiederbelebt. Und: In beiden Bereichen wäre es eine Illusion zu glauben, dass sich objektiv herausfinden lässt, wie das Experiment *wirklich* ausgesehen, wie das Musikstück *wirklich* geklungen hat.

Musik
§ 10.4. Wie schnell ließen die ersten Polyphoniker ihre mittelalterlichen Chorstücke singen, und wo war der Rhythmus punktiert?

10. Kapitel: Idealisierung als Beschönigung mit theoretischer Absicht 307

Wie hat vor Jahrhunderten ein Kontratenor geklungen? Und wie ein Knabensopran? Wie spielte man auf Violinen mit historischen Darmsaiten anstelle der heute üblichen Stahlsaiten?[586] Verfügte Bach bei der Aufführung seiner Kantaten oder seiner *Hohen Messe in h-moll* über Chöre mit mehrfach besetzten Stimmen? Oder hat er auch die Chorsätze bloß einer Handvoll von Solisten anvertraut? Und wenn ihm nicht genug (gute) Chorsänger zur Verfügung gestanden haben sollten – hätte er sie sich gewünscht?[587]

Die Dokumente geben keine eindeutige Antwort auf solche Fragen, aber darauf kommt es vielleicht nicht an. Immerhin öffnet uns z. B. die drastische Reduktion der Sänger die Ohren für bestimmte Züge der h-moll-Messe, die uns sonst nicht aufgefallen wären; das Werk klingt dann intimer, wirkt sozusagen weniger katholisch oder monumental, die Instrumentalstimmen treten deutlicher hervor, und das Gewichtsverhältnis von Soloarien und Chorpartien verschiebt sich, weil sich der Kontrast zwischen beidem verringert.

Ähnlich beim (historisch weit besser belegten) Einsatz von Knaben- anstelle von Frauenstimmen in den Bachkantaten. Wenn eine Arie wie »Öffne dich, mein ganzes Herze« aus der Kantate *Nun komm, der Heiden Heiland* immer von einer voll ausgebildeten, weiblichen Sopranstimme gesungen wird, dann fällt uns vielleicht nicht deutlich genug auf, wieviel menschliche Fragilität musikalisch in der Arie steckt. Und wenn sie vom Knaben gesungen wird, entgeht uns vielleicht viel von der kunstvollen Virtuosität, die gleichfalls in der Arie angelegt ist.

Ich finde es beruhigend, dass wir uns nicht zwischen historischer Aufführungspraxis und etwa den Klangidealen eines Bach-Interpreten wie Karl Richter entscheiden müssen, die heute trotz ihrer vorzüglichen Umsetzung etwas aus der Mode gekommen sind.[588] Die historische Aufführungspraxis kann keine Alleinvertretung beanspruchen – schon allein deshalb nicht, weil es sie im Singular gar nicht gibt. Und da wir keine Zeitreisen ins bachische Leipzig unternehmen können, weil daher die historische Wirklichkeit keinen endgültigen Maßstab für unser Urteil über eine Aufführung mit angeblichen Originalinstrumenten und Originalbesetzungen liefert, muss sie sich in erster Linie ästhetisch messen lassen: Wie gut eignet sie sich, um bislang weniger deutlich bemerkte, aber wichtige Züge des aufgeführten Werks in den Vordergrund zu rücken? Und wie überzeugend hört sich das Werk nun insgesamt an?

Je nach Zweck   § 10.5. Wie im vorigen Paragraphen skizziert dient die historische Aufführungspraxis auch der Änderung und Auffrischung unserer Hörgewohnheiten, also einem eminent ästhetischen Zweck. Nicht viel anders steht es in der Wissenschaftsgeschichte mit der Methode der originalgetreuen Replikation. Ob jemand ein historisches Experiment wirklich getreu nachgestellt hat, wird sich kaum jemals objektiv feststellen lassen. Doch davon hängt der Wert dieser Übung nicht ab. Einerseits kommt es darauf an, wieviele frische Einsichten wir im Laufe der Übung gewinnen. Andererseits kommt es sicher auch auf den ästhetischen Wert des Wiederholungsversuchs an. Soweit ähneln sich die Maßstäbe, die wir zur Beurteilung von historisch informierten Musikaufführungen und Versuchsreplikationen einsetzen.

Ich möchte jetzt einen weiteren Maßstab der Beurteilung besprechen, der beim Experiment auf andere Weise relevant wird als beim Musikstück. Und zwar kommt es im experimentellen Fall auch darauf an, was der Wissenschaftshistoriker mit seiner Arbeit weltanschaulich bezweckt. Stellen wir uns vor, dass er sich alle Mühen der Welt gegeben hat, die sein ökonomisches und zeitliches Budget zuließ; und stellen wir uns vor, dass das fragliche Experiment (etwa das *experimentum crucis*) trotz größter Sorgfalt in der Replikation nicht so ausgegangen ist, wie es Newton beschreibt.[589] In dieser Situation stehen dem Wissenschaftshistoriker drei Reaktionen offen.

Entweder hält er an Newtons Glaubwürdigkeit fest und postuliert, dass es weiterer Forschung bedarf, bis das Experiment auch originalgetreu doch noch funktioniert; auf dies Postulat kann er sich im Prinzip beliebig lange berufen – vor allem dann, wenn das Experiment (wie in Newtons Fall) gut zur augenblicklich akzeptierten Theorie passt, ihr jedenfalls nicht eklatant widerspricht. So wird derjenige reagieren, dem daran liegt, Newton als Träger wissenschaftlicher Rationalität *par excellence* gut dastehen zu lassen.

10. Kapitel: Idealisierung als Beschönigung mit theoretischer Absicht

Oder der Wissenschaftshistoriker kommt zu dem Ergebnis, dass Newton sich geirrt oder gelogen hat. Ob der Historiker bei dieser Diagnose stehenbleibt, wird ebenfalls von seinen wissenschaftsphilosophischen Zielen abhängen. Wer die Rationalität der experimentellen Naturwissenschaft herunterspielen möchte, wird der Diagnose schneller beipflichten als der überzeugte Wissenschaftsfreund, der keinen Schatten des Zweifels auf die Physik und ihre berühmten Pioniere fallen lassen mag.

Es gibt aber noch eine dritte Reaktionsmöglichkeit auf den gescheiterten Replikationsversuch, die demjenigen Historiker naheliegend erscheinen wird, der die ästhetischen Ressourcen naturwissenschaftlicher Arbeit herausstreichen möchte: Er kann (wie in der zweiten Reaktion) zugeben, dass Newtons Experiment nicht so ausgegangen ist, wie Newton behauptet, kann aber hinzufügen: Gerade weil sich das Experiment im Lichte heutiger Theorien gut verstehen und weil es sich mit *modernen* Mitteln (d. h. historisch untreu) sehr wohl erfolgreich wiederholen lässt, zeigt die Affäre, *wie genial Newton aus misslichen realen Versuchsergebnissen zu extrapolieren und zu idealisieren weiß*. Demzufolge hätte Newton in seinem Bericht der Versuchsergebnisse nicht gelogen – vielmehr hätte er den empirischen Bericht beschönigt oder besser: verschönert, nämlich *zu recht*. (Ob Newton seinerzeit hätte rational wissen können, dass er damit recht behalten würde, steht auf einem anderen Blatt. Wohin sich die spätere Physik entwickeln würde, konnte er damals allenfalls ahnen).

§ 10.6. Alle drei Reaktionen auf den gescheiterten Replikationsversuch sind respektabel. Und so muss es uns nicht wundern, wenn sich die Wissenschaftshistoriker nicht einig sind, ob das *experimentum crucis* zur Newtonzeit funktioniert hat oder nicht.

So wie ich es im vorletzten Kapitel dargestellt habe, konnte das *experimentum crucis* seinerzeit ganz sicher nicht funktionieren; daher habe ich zum Auftakt des augenblicklichen Kapitels ausdrücklich gestanden, gelogen zu haben. In der Tat habe ich Newtons Versuchsergebnisse noch stärker beschönigt als er selbst, und zwar aus zwei Gründen.

Der verliebte Schwindler

Einerseits wollte ich Ihnen ein möglichst glattgebürstetes, einfaches und schönes Argument zugunsten der newtonischen Theorie präsentieren; und zu diesem Zweck ist es zulässig, Störeinflüsse auszublenden, unreine Beobachtungen zu bereinigen, sich verbesserte Apparate und also auch schönere Ergebnisse vorzustellen. Für die Zwecke der eleganten Präsentation ist es legitim, das schönere Gedankenexperiment an die Stelle des schmutzigeren Realexperiments zu setzen: Aus heutiger Sicht wird eine entsprechend modernisierte Version des Experiments so ausgehen, wie ich beschrieben habe, und damit ist es gut.

Andererseits habe ich das Experiment im selben Stil beschönigt, wie es Newton selber auch getan hat, nur noch stärker als er. Er verhält sich in dieser Angelegenheit wie ein ausgebuffter, verliebter Schwindler vor der Hochzeit. Und zwar setzt er (beim *experimentum crucis*) seine Worte mit äußerster Sorgfalt ein: Mit Bedacht sagt er kein einziges falsches Wort; offiziell ist seine Position im nachhinein kaum anzugreifen. Wenn die Familie der Braut aber seine Ersparnisse und beruflichen Leistungen angesichts seiner Aussagen überbewertet, so lässt er diesen Eindruck solange weiterbestehen, bis es nicht mehr anders geht. Und in dem Augenblick, in dem der Schwindel auffliegt, schüttelt der Glückspilz eine reiche Erbschaft aus dem Ärmel, *happy end*.

Soll heißen: Newton hat beispielsweise nichts dagegen, wenn seine Leser beim *experimentum crucis* zunächst glauben, dass sich die farbigen Lichter bei der Brechung am zweiten Prisma abc (Abb. 8.6) *farblich* nicht weiter verändern, dass dort also bereits farblich reines, homogenes Licht vorliegt. Er verschweigt, dass das Gegenteil der Fall ist, dass sich also die spektralen Lichter nach zweiter Brechung abermals farblich zerlegen. In seiner offiziellen Darstellung geht es ihm nur um Ankunftsorte der Lichtstrahlen auf dem zweiten Schirm, und weitergehende *empirische* Behauptungen hält er klug zurück.[590] Aber er sagt im *theoretischen* Teil seiner Ausführungen, dass im Leben eines Lichtstrahls immer Refrangibilität – Ausmaß der Wegablenkung – und Farbe Hand in Hand gehen, und zwar unveränderlich.[591]

Wie nicht weiter verwunderlich haben viele seiner Leser die offizielle empirische mit der offiziellen theoretischen Behauptung zusammengebracht und aus beidem geschlossen, dass das *experimentum crucis* laut Newton auch für Farbe funktioniert.[592] Newton dürfte dies Missverständnis billigend inkaufgenommen haben.[593] Aber um von vornherein dem Vorwurf das Wasser abzugraben, dass *er* das Missverständnis verschuldet hätte, fügt er kurz vor dem Ende seines Aufsatzes eine kryptische Bemerkung ein, die fast jeder überlesen haben dürfte und die ich deshalb kursiv hervorhebe:

»Wenn Sie die Unveränderlichkeit homogener Farben experimentell überprüfen wollen (die ich oben behauptet habe), müssen Sie den Raum stark abdunkeln, damit sich kein Streulicht unter die Farbe mischt, sie stört und sich mit ihr verbindet, wodurch das Ziel des Experiments konterkariert würde. Zudem müssen Sie die Farben *vollkommener [perfecter]* trennen, als ich es oben beschrieben habe. Denn dafür genügt die Brechung mit einem einzigen Prisma nicht. *Wie das zu bewerkstelligen ist, wird sich jeder leicht klarmachen können, der die entdeckten Brechungsgesetze berücksichtigt*«.[594]

Dass man sauber experimentieren muss, also im Dunklen ohne Störlicht, wird jeder Leser Newtons gewusst haben. Das ist eine hilfreiche, wenn auch banale Anweisung, die sich gut umsetzen lässt; jeder weiß, was zu tun ist. Doch wie trickreich man vorgehen muss, um die Farben vollkommener zu trennen, darüber verliert Newton kein Wort. Soweit wir wissen, hatte keiner seiner Zeitgenossen die leiseste Idee, welche Mittel dafür erforderlich waren.[595]

§ 10.7. Eine Reihe von Newton-Kritikern wie z. B. der französische Physiker Edme Mariotte und der Jesuitenpater Antonius Lucas sind in die Falle getappt, die ich im vorigen Paragraphen beschrieben habe; sie kaprizierten sich auf farbliche Implikationen des *experimentum crucis* und beobachteten nicht die unveränderten Farben, die sie erwarteten; stattdessen zeigten sich neben den erwarteten Farben unschöne, schmutzige Fehlfarben.[596]

Der Schmutz der Fehlfarben

Newton kann darauf gelassen reagieren. In seiner Antwort an Lucas stellt er ausdrücklich klar, dass er es bei der Beschreibung des Experiments genau nicht auf Farben abgesehen hatte:

»Wie Sie meiner ersten Schrift über das Licht (*Phil. Transact.* Num. 80) entnehmen können, *rede ich nicht von Farben*, wo ich mithilfe des *experimentum crucis* die unterschiedliche Refrangibilität beweise«.[597]

Damit kann Newton (nicht viel anders als der verliebte Schwindler) den Vorwurf abwehren, falsche Beobachtungen veröffentlicht zu haben; auf dem Papier behält er recht. Gleichwohl bleiben unangenehme Fragen zurück: Warum funktioniert das Experiment bei den Ankunftsorten, also geometrisch, nicht aber farblich? Wie kann Newton noch an der Identität von Farbe und Refrangibilität festhalten, die sich doch im *experimentum crucis* nicht gleichartig benehmen?

In meiner Antwort appelliere ich einmal mehr an den Schönheitssinn: Gerade weil Newton fest von der Richtigkeit seiner schönen Theorie überzeugt ist, darf er davon ausgehen, dass sich die hässlichen Fehlfarben im *experimentum crucis* mithilfe eines verbesserten Experiments beseitigen lassen.[598] Also setzt er in der weiteren Forschung hartnäckig auf die Verschönerung des Experiments und arbeitet weiter, bis er damit Erfolg hat. Als er seine erste Veröffentlichung herausbringt, ist ihm die Sache offenbar experimentell bereits gelungen.[599] Dafür spricht die kryptische Bemerkung aus diesem Text, die ich im vorigen Paragraphen zuletzt zitiert habe; doch zögert Newton über dreißig Jahre, bis er den Schleier lüftet.[600]

Warum wartet er solange? Warum publiziert er das fragliche Experiment nicht sofort? Es ist einigermaßen kompliziert und in dieser Hinsicht ästhetisch suboptimal. Ich vermute: Newton will sein Publikum zunächst an die grundlegenden experimentellen Techniken heranführen, auf denen seine Theorie fußt. Erst wer diese Techniken und die Theorie verstanden hat, ist darauf vorbereitet, das neue Experiment ästhetisch zu würdigen, sich auf seine kniffligen Details einzulassen und deren Beweiskraft nachzuvollziehen.[601] Eine verfrühte Veröffentlichung könnte die Leser verstören und den Wert des Experiments zunichtemachen.[602]

Man kennt das aus den Künsten. So beginnt Bach seine *Kunst der Fuge* mit drei vergleichsweise einfachen Kontrapunkten, steigert dann schrittweise die Schwierigkeit der Komposition, bis er die vierstimmige Tripelfuge des *Contrapunctus 11* erreicht, auf dessen kunstvolle Komplexität wir nach dem einfacheren Vorlauf umso besser eingestimmt sind.⁶⁰³

§ 10.8. Um zusammenzufassen: Newton publiziert zunächst das *experimentum crucis*, dessen offizieller Versuchsausgang den Tatsachen gut entspricht, das aber an Schönheit und Beweiskraft gewinnt, wenn einige seiner Ergebnisse beschönigt werden. Diese Beschönigung vermeidet Newton im offiziellen Text, doch er schreibt so, dass man leicht dem Gedanken verfallen kann, er hätte schon im publizierten Experiment schönere Ergebnisse erzielt. Damit bewegt er sich im Grenzbereich dessen, was wir Lüge nennen: Das buchstäblich Gesagte ist keine Lüge, anders als die transportierte Botschaft.⁶⁰⁴ Newton handelt nichtsdestoweniger alles andere als unredlich oder unverantwortlich. Denn er hat noch ein Experiment in der Hinterhand – die reiche Erbschaft des verliebten Schwindlers mit Heiratsambitionen.

Mehr Reinheit, weniger Einfachheit

Auf dieses Experiment möchte ich als nächstes zu sprechen kommen. Newton hätte es kaum erreicht, wenn ihn sein Schönheitssinn nicht dahin getrieben hätte. Wie seine Gegner stört er sich am Schmutz der Fehlfarben im *experimentum crucis*. Doch statt darüber zu lamentieren, spuckt er in die Hände und arbeitet solange weiter, bis er den Schmutz der Fehlfarben beseitigen kann. Damit haben wir ein neues Beispiel für das, was ich am Ende der Ausführungen zu Kepler einen kreativen Umgang mit den Daten genannt habe: Wir kehren unschöne Versuchsergebnisse unter den Teppich und *erzeugen* schönere.

Das neue Experiment ist sauberer, aber komplizierter als sein Vorgänger. Wie Sie sehen, spielen hier zwei ästhetische Gesichtspunkte aus meinen früheren Überlegungen gegeneinander: Um die *Reinheit* des Experiments zu erhöhen, muss man seine *Einfachheit* verringern. Und damit der Verlust an Einfachheit nicht über Gebühr zu Buche schlägt, müssen dem Publikum zunächst diejenigen theoretischen Einsichten nahegebracht werden, die es für die Würdigung des Experiments benötigt. Auf eine Formel gebracht: Schönheit *gleich* Reinheit *plus* Verständnis *minus* Komplexität. Selbstverständlich ist dies kein Kochrezept für Experimentatoren, denen es um Schönheit zu tun ist. Ich sage nur, dass die ästhetische Bilanz in diesem einen Fall ungefähr so zusammengefasst werden kann, wie die Formel sagt. Aber nur ungefähr – im kommenden Paragraphen werden Sie sehen, dass auch das neue Experiment keine hundertprozentig reinen Ergebnisse bringen kann. Eine genauere Formel lautet also folgendermaßen:

Mehr Schönheit *gleich* Mehr Reinheit *plus* Mehr Verständnis *minus* Mehr Komplexität.

Auch kein Kochrezept.

Unreines Licht

§ 10.9. Warum entstehen im *experimentum crucis* bei zweiter Brechung keine sauberen Farben auf dem Schirm? Wenn Newtons Theorie richtig ist, dann hat ein homogener Lichtstrahl genau eine Farbe und zugleich die zugehörige Refrangibilität. Grünes spektrales Licht *eines* ganz bestimmten Farbtons genau aus der Mitte des Spektrums hätte *exakt* mittlere Refrangibilität, der man z. B. den Wert *0,5 Isaac* zuweisen könnte. (Heute reden wir von Wellenlängen, aber die Werte und Einheiten der fraglichen Größe sind fürs weitere ohne Belang).

Laut Newtons Theorie darf dieser Lichtstrahl bei einer weiteren Brechung seine Farbe nicht ändern. Doch daran entzündet sich folgendes Problem: Einen solchen Lichtstrahl gibt es nicht. Er existiert jedenfalls nicht im Experiment, denn er ist ein theoretisches, idealisiertes Konstrukt.[605] Mit dieser Feststellung will ich nicht in erster Linie darauf hinaus, dass Licht*strahlen* in Analogie zum geometrischen Strahlenbegriff unendlich dünn sein müssten und dass dem die Gesetze der Physik entgegenstehen (Stichwort Beugung, Stichwort Wellencharakter des Lichts). Vielmehr möchte ich darauf hinaus, dass selbst ein Lichtkegel oder Lichtzylinder von endlichem Durchmesser nie und nimmer nur aus einer einzigen Sorte von Licht bestehen wird: Es gibt kein perfekt homogenes Licht, also in moderner Redeweise: kein Licht, das nur aus elektromagnetischer Strahlung einer einzigen Wellenlänge zusammengesetzt wäre. In der experimentellen Forschung begegnen uns immer nur Lichtgemische.

Warum das so ist, führt bereits Newton mit bewundernswer-

10. Kapitel: Idealisierung als Beschönigung mit theoretischer Absicht 315

ter Klarheit aus, allerdings nicht in seiner ersten Veröffentlichung (1672), sondern viel später in den *Opticks* (1704). Wie man auf den ersten Blick denken könnte, zeigt das Spektrum auf dem Schirm ed im *experimentum crucis* (Farbtafel 5 unten) einfach Millimeter für Millimeter bzw. Mikrometer für Mikrometer jeweils *einen* ankommenden Lichtstrahl neben dem anderen. Dem dahinterliegenden Gedanken zufolge repräsentiert jeder spektral beleuchtete Ankunftsort am Schirm genau *eine* ganz exakte Refrangibilität, und das hieße: Wenn wir den Ausschnitt g aus diesem Spektrum immer kleiner machten, müsste das durchtretende Licht immer reiner werden.

Dieser naheliegende Gedanke ist falsch. In ihm wird vernachlässigt, dass die Größe der Sonnenscheibe am Himmel (ebenso wie der Durchmesser der Blendenöffnung) die farbliche Reinheit des Spektrums beschränkt. Um das zu zeigen, möchte ich zunächst von einem Spektrum ausgehen, das nur dreimal so lang wie breit ist (wie bei Prismen aus Kronglas). Bestünde das Sonnenlicht nur aus den drei homogenen Lichtsorten Blau, Grün und Rot (mit jeweils einer Refrangibilität bzw. einem Farbton), dann hätten wir im Spektrum drei farbige Kreise, die sich genau berührten und einander nicht in die Quere kämen; in diesem Fall hätten wir überall im Spektrum homogenes Licht (Farbtafel 7 oben). Wenn wir nun die Zahl der Farben auf Fünf erhöhen, also noch Türkis und Gelb hinzunehmen, dann hätten wir auf der horizontalen Mittelachse des Spektrums überall *zwei* sich überlagernde Farben (nur an den Enden nicht); das Spektrum hätte seine Reinheit verloren.

Laut Newton besteht das Sonnenlicht nicht aus drei oder fünf, sondern aus *unendlich* vielen verschiedenen Lichtsorten.[606] Und das bedeutet: An jeder Stelle auf der Mittelachse des Spektrums kommen unendlich viele Lichtsorten an, und zwar ein Drittel aller Lichtsorten. Dieses Spektrum ist also sehr unrein.

Wenn wir nun ein besseres Prisma (aus Flintglas) nehmen, dann wird das Spektrum fünfmal so lang wie breit; zwar kommen nun an jeder Stelle auf der Mittelachse wieder unendlich viele Lichtsorten an, aber weniger, nämlich nur noch ein Fünftel aller Lichtsorten. Das neue Spektrum ist also fast doppelt so sauber wie sein Vorgänger.

Wohin die Reise führen soll, werden Sie ahnen: Um die Sauberkeit des Spektrums auf dem Schirm ed zu steigern, um also die schmutzigen Fehlfarben aus dem *experimentum crucis* zurückzudrängen, will sagen: um das Experiment zu verschönern, muss Newton in der eingeschlagenen Richtung weitergehen. Er muss das Spektrum immer weiter auseinanderziehen. Die eingesetzte Glassorte ist ein erster Faktor, der ihm in die Hände spielt, aber nicht stark genug; Flintglas ist zwar fast doppel so gut wie Kronglas, aber wesentlich bessere Gläser gibt es nicht. Selbst nachdem dieser Faktor ausgereizt ist, will der farbige Teil des *experimentum crucis* immer noch nicht gut genug gelingen. Was Newton als nächstes ausprobiert, ist Gegenstand des kommenden Paragraphen.

Venus, Linsen, Blenden, Sieg

§ 10.10. Wie gesagt muss Newton die Fehlfarben aus dem *experimentum crucis* beseitigen, indem er das Spektrum farblich säubert. In einem neuen Anlauf überlegt Newton, dass er nicht unbedingt nur die Länge des Spektrums erhöhen muss, sondern auch dessen Breite *verringern* könnte.[607] Wie er mit einer schönen Graphik verdeutlicht, werden dadurch die Kreise kleiner, aus deren Überlagerung sich das Spektrum ergibt, und so muss sich die spektrale Reinheit weiter verbessern (Abb. 10.10a). Die Reinheit hängt vom Verhältnis zwischen Länge und Breite ab.

Nun wird die Breite des Spektrums (bei gegebenem Abstand zwischen Schirm ed und Prisma ABC) im wesentlichen von der Größe der Lichtquelle bestimmt, also in unserem Fall von der Sonnenscheibe am Himmel. Wäre die Sonnenscheibe nur kleiner! Diesen Stoßseufzer dürfte Newton zum Himmel geschickt haben, nachdem sein nächster Versuch steckenblieb. Und zwar hat er es mit dem Licht der Venus versucht.[608] Es funktioniert nicht: Das Licht der Venus ist zu schwach, um nach dem Durchgang durchs Prisma überhaupt noch sichtbare Farben zu liefern.

Auch der nächste Versuch, den Newton unternimmt, führt nicht weiter; ich erspare Ihnen die Details.[609] Was ich herausarbeiten wollte, dürfte klar genug geworden sein: Wenn ein Experimentator aus theoretischen Gründen ein schönes (in unserem Fall: ein farblich sauberes) Experiment benötigt, das ihm bis auf weiteres nicht gelingt, dann muss er weiterarbeiten. Er muss solange weiterarbei-

10. Kapitel: Idealisierung als Beschönigung mit theoretischer Absicht   317

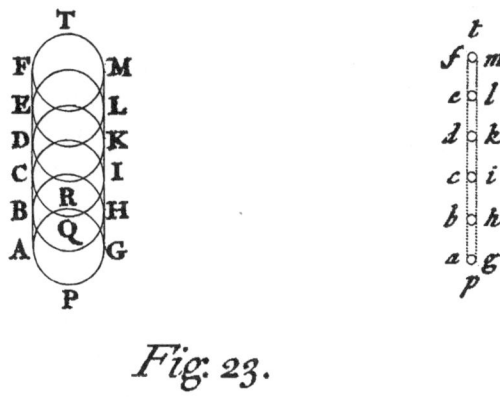

Abb. 10.10a: Newtons Überlegung zur Verbesserung unreiner Spektren.
Wer die Reinheit eines Spektrums (links) steigern möchte, kann den scheinbaren Umfang der Lichtquelle verkleinern (rechts); dadurch rücken die im spektralen Bild vorkommenden homogenen Kreisbildchen auseinander. (Graphik von Matthias Herder nach Newtons »Fig. 23« (gedreht) aus Tafel »Lib. I Par. I Tab. V«, siehe Newton [O]:42–45 (= Book I, Part I, Proposition IV, Problem I)).

ten, bis er eben doch Erfolg hat (oder bis es selbst ihm verrückt erscheint, weiter auf Erfolg zu setzen). Der kreative Umgang mit den Daten, von dem ich bereits mehrfach geredet habe, läuft auf zweierlei hinaus: Erstens werden die misslungenen, verschmutzten Versuchsergebnisse weggeworfen. Zweitens wird hart und kreativ an der Erzeugung der benötigten verschönerten Versuchsergebnisse gearbeitet.

Newton und seine Gefolgschaft müssen beispielsweise erheblich größeren apparativen Aufwand betreiben, um zum Ziel zu kommen. Zuguterletzt setzt er zusätzlich zwei Sammellinsen und zwei weitere äußerst enge Blenden ein (Abb. 10.10b). Es gelingt ihm, das Spektrum über siebzig Mal so lang wie breit darzustellen.[610] Wer einen kleinen Ausschnitt dieses Spektrums abermals durch ein Prisma fallen lässt, der wird keine Fehlfarben mehr erkennen.

Nun ist Newton experimentell am Ziel. Im Rückblick ist es der blanke Hohn, wenn er die Leser in seiner ersten Veröffentlichung über den langen Weg hinwegtäuscht, den man bis zur Beseitigung

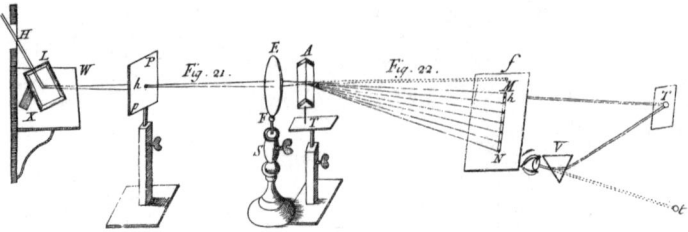

Abb. 10.10b: Das Experiment von Desaguliers (1716). Desaguliers erzeugt farblich unveränderbares Licht und geht dabei genau so vor, wie Newton empfiehlt. Das Sonnenlicht kommt durchs Fensterladenloch H in die Dunkelkammer, es wird am Spiegel L horizontal umgeleitet und durch ein kleines Blendenloch h gelenkt. Das hieraus entspringende Licht wird wie das Licht einer weit entfernten Sonne mit kleinem Durchmesser behandelt; dafür sorgt die Sammellinse EF. Wir bekommen im weiteren Verlauf des Experiments refrangierte Abbildungen dieses Blendenlochs (anstelle von Abbildungen der Sonnenscheibe, die einen größeren scheinbaren Winkel aufspannt). Das Prisma A zieht die verschiedenfarbigen Bilder des Blendenlochs auseinander und wirft sie auf den Schirm f. Dort fächert sich ein schmales Spektrum von M nach N der Länge nach auf; es ist ca. dreißig bis vierzig Mal so lang wie breit, also wesentlich reiner als das Sonnenspektrum. Oben bei M zeigt sich (unter idealisierender Betrachtungsweise) ein rotes Bildchen des Blendenlochs h, das Desaguliers abermals mit dem Buchstaben h bezeichnet.[611]

Daran grenzen natürlich sogleich Bildchen in anderen Farben, die sich dort wie gehabt vermengen; d.h. einen roten *Kreis* sieht man auf dem Schirm bei h nicht. Aber das schadet dem Experiment nicht, denn das rote Ende des Spektrums ist rein genug für die Zwecke von Desaguliers. Wird es mittels eines Lochs h aus dem Spektrum ausgesondert und auf den Schirm T geworfen, so zeigt sich dort ein roter Fleck. Diesen roten Fleck betrachtet Desaguliers durchs Prisma V. Erfreuliches Resultat: Auch beim Blick durchs Prisma zerlegt sich der rote Fleck nicht erneut – weder farblich noch geometrisch; Desaguliers sieht einen kreisrunden roten Fleck. (Von Matthias Herder zusammengesetzte Abbildung der unpaginierten *figure 21* und *figure 22* am Ende von Desaguliers [AoSE]; dort auf Extrablatt ohne Seitenzahl; diese Abbildungen beziehen sich auf Desaguliers [AoSE]:445/6.)

der schmutzigen Fehlfarben aus dem Spektrum durchlaufen muss.[612] Abgesehen davon hat Newton nur deshalb sein Ziel erreicht, weil uns die schmutzigen Fehlfarben in seinem Experiment nicht mehr auffallen. Laut Theorie sind sie immer noch da, wie ich im kommenden Paragraphen darlegen möchte.

§ 10.11. Ist das Spektrum, das Newton in seinem letzten Experiment erreicht hat, spektral rein? Kommt an jeder Stelle des Spektrums nur noch eine Sorte von Licht an? Keineswegs. Sein frühes (unreines) Spektrum war fünfmal so lang wie breit, war also an jeder Stelle aus einem Fünftel aller Lichtsorten zusammengesetzt. Jetzt hat er ein Spektrum, das siebzig Mal so lang wie breit ist; jetzt kommt also an jeder Stelle ein Siebzigstel aller Lichtsorten an. Das neue Spektrum ist gut zehnmal so sauber wie das alte. Aber ist es vollkommen sauber? Selbstverständlich nicht. Auch im neuen Spektrum kommen an jeder Stelle unendlich viele verschiedene Lichtsorten an. Doch weil sie farblich (und refraktiv) näher beieinander liegen als im alten Spektrum, fällt uns ihre farbliche Vielfalt bei erneuter Brechung nicht mehr auf; wir übersehen den Schmutz dieser Fehlfarben.

Ideal und Wirklichkeit

In gewisser Hinsicht ist das ein überraschendes Ergebnis. Die laut Theorie immer noch vorliegende Verschmutzung der Versuchsergebnisse wird unsichtbar, weil unsere Schmutzdetektoren – unsere Augen – nicht allzu gut funktionieren und die farblichen Unterschiede nicht sauber genug auseinanderdividieren. Überspitzt gesagt: Mit einer schmutzigen Brille kann man feinen Schmutz nicht sehen; je schmutziger die Brille, desto gröber der Schmutz, den man ihretwegen nicht mehr sieht.

Damit möchte ich sagen, dass Newton mit seinem neuen Experiment Glück gehabt hat. Das Experiment geht nur deshalb erfolgreich aus, weil unsere Augen so ungenau funktionieren, dass sie den seinerzeit erreichbaren Sauberkeitsgrad des Spektrums bereits als hundertprozentige Sauberkeit registrieren.

Wie ich meine, gewinnt das Experiment durch diese theoretische Betrachtung noch an Schönheit: Wir bewundern Newtons virtuose Leistung doppelt und dreifach, sobald wir verstehen, dass das Ideal hundertprozentiger farblicher Sauberkeit in unserer Wirklichkeit nie zu erreichen ist und dass wir trotzdem die Unsauberkeit im neuen Experiment nicht mehr wahrnehmen können. Ich jedenfalls bin ganz allgemein (in Kunst und Naturwissenschaft) von der Spannung zwischen Ideal und unseren irdischen Möglichkeiten fasziniert, und zwar auch ästhetisch – vor allem dann, wenn die Spannung mit scheinbar spielerischer Leichtigkeit überwunden wird. Dass ich damit nicht alleine stehe, möchte ich im kommenden Paragraphen anhand einer schönen Geschichte aus der Antike illustrieren.

Wettkampf der besten Maler

§ 10.12. Newtons ideale Lichtstrahlen wären farblich völlig rein; sie würden sich bei einer Brechung am Prisma nicht weiter zerlegen. Hätten wir eine Lichtquelle mit unendlich dünnem Durchmesser, so ließe sich die Sache realisieren, doch jede irdische Lichtquelle ist von diesem Ideal entfernt, und so ist es faszinierend mitzuverfolgen, wie nah ein Experimentator vom Schlage Newtons trotzdem an das Ideal herankommt.

Eine ähnliche Spannung zwischen Ideal und Wirklichkeit kennen wir aus der Geometrie, und sie macht einen Teil der ästhetischen Faszination dieser mathematischen Disziplin aus, den schon Kinder zu würdigen wissen: Wie groß ist der Bereich, in dem sich ein Kreis und seine Tangente berühren? Unendlich klein, null – und doch schwebt der Kreis nicht über der Tangente (Abb. 10.12a – Abb. 10.12d). Dass wir solche reinen Verhältnisse mit Kreidezeichnungen verdeutlichen und uns angesichts dieser groben Bilder trotzdem präzise über das Ideal verständigen können, ist eine besondere Kulturleistung des Menschen.

Aus der Geschichte der Malerei gibt es hierzu eine schöne Entsprechung. Und zwar erzählt der lateinische Gelehrte Plinius d. Ältere eine Anekdote über den Besuch des Malers Apelles im Atelier seines Kollegen Protogenes auf Rhodos, der gerade nicht zuhause war.[613] Anstelle einer Visitenkarte hinterließ der Besucher dort auf einer zum Malen vorbereiteten großen Tafel eine farbige Linie, die so fein gemalt war, dass der Hausherr nach seiner Rückkehr ahnte, wer bei ihm vorgesprochen hatte. Sofort griff der Hausherr seiner-

10. Kapitel: Idealisierung als Beschönigung mit theoretischer Absicht   321

Abb. 10.12a: Kreis auf einer Tangente. Der geometrisch ideale Kreis berührt die Tangente in einem einzigen Punkt, der selber keine Ausdehnung hat, also unendlich klein ist. (Graphik: Sarah Schalk nach einer Idee von O. M.)

Abb. 10.12b: Vergrößerter Ausschnitt aus der vorigen Abbildung. Berührt der Kreis die Tangente wirklich, oder schwebt er knapp über ihr? Auch die Vergrößerung der vorigen Abbildung kann nur als unvollkommene Illustration geometrisch idealer Verhältnisse dienen. (Graphik: Sarah Schalk nach einer Idee von O. M.)

Abb. 10.12c: Erhebliche Vergrößerung der vorigen Abbildung. Schauen wir noch genauer hin; immer noch kann man anhand der real existierenden Abbildung keine Entscheidung treffen, ob der Kreis die Tangente wirklich in nur einem Punkt berührt. (Graphik: Sarah Schalk nach einer Idee von O. M.)

Abb. 10.12d: Gigantische Vergrößerung der vorigen Abbildung. Es bleibt dabei: Der ideale geometrische Kreis (hier nur im Ausschnitt angedeutet) berührt seine Tangente in exakt einem Punkt. (Graphik: Sarah Schalk nach einer Idee von O. M.)

seits zum Pinsel und zeichnete ins Innere dieser Linie eine noch feinere andersfarbige Linie. Als der Besucher wiederkehrte, da erschrak er und hätte beinahe klein beigegeben. Dann fasste er Mut und plazierte in der inneren Linie mit einer dritten Farbe die allerfeinste Linie. In ihr war kein Raum mehr für eine noch feinere Linie, und so kapitulierte der Hausherr.

Diese große, fast leere Leinwand mit kaum sichtbaren Linien war seinerzeit laut Plinius berühmter als jedes andere Kunstwerk. Vielleicht ist es das erste abstrakte Kunstwerk aller Zeiten gewesen.[614] Trotzdem war die Linie des Siegers nicht unendlich fein. Ihre Feinheit ließ sich mit irdischen Mitteln nicht mehr überbieten, war also nur perfekt im Rahmen unserer menschlichen Möglichkeiten und Beschränkungen. Genauso ist Newtons neues Experiment (in Sachen Farbsauberkeit) nur perfekt im Rahmen unserer Wahrnehmungsmöglichkeiten und -beschränkungen.

Lügen auf dem Weg zum Ideal

§ 10.13. Um das Kapitel abzuschließen, möchte ich zu seinem Ausgangspunkt zurückkehren und abermals darauf eingehen, welchen Stellenwert beschönigte Experimente in der Geschichte der Physik haben.

10. Kapitel: Idealisierung als Beschönigung mit theoretischer Absicht 323

Nach allem Gesagten wäre Newton auch dann berechtigt gewesen, zu behaupten, dass sein *experimentum crucis* farblich rein ausgeht, wenn er diese farbliche Reinheit nicht bis an den Punkt hätte treiben können, wo sich unsere Augen mit dem Erreichten zufriedengeben. Selbst dann hätte er sagen können: Mithilfe der Theorie lässt sich verständlich machen, warum uns nirgends die idealen Lichtstrahlen begegnen, von der die Theorie handelt. Die Theorie kann also dabei mithelfen, zu verstehen, welche unschönen Beobachtungen man ruhigen Gewissens beschönigen darf: Daten sind manchmal theoriebeladene Schönheiten. Damit haben wir eine weitere Fassung dessen, was es heißt, mit den Daten kreativ umzugehen.[615]

Dieser kreative Umgang führt nur dann nicht auf Abwege, wenn die Extrapolation hin zum theoretischen Ideal zulässig ist. So eine Idealisierung lässt sich selbstverständlich niemals aus den Beobachtungen alleine herausholen; zuerst muss der Wille zur Idealisierung da sein. Der wiederum ist apriori, d. h. er kommt nicht aus Erfahrung, sondern von uns. Und eine der Thesen meiner Untersuchung lautet, dass dieser Wille zur Idealisierung wesentlich auf unsere ästhetischen Bedürfnisse zurückgeht und genau daraus seine Berechtigung zieht. Wir finden eine Theorie umso schöner, je zwangloser sie ihre Idealisierungen aus der unidealen Welt hervorzaubert. Wer seine Experimente auch nur *in die Nähe* des Ideals zu trimmen weiß, der hat es mit unserem Schönheitsideal leichter. Newtons Optik ist in dieser Hinsicht ein herrliches Vorbild – genau wie Einstein gesagt hat (§ 5.2).

Gleichwohl ist und bleibt es rätselhaft, warum wir überhaupt imstande sind, empirisch erfolgreiche Theorien zu ersinnen, die zugleich unsere ästhetischen Bedürfnisse stillen. Warum erlaubt die Welt eine idealisierte Darstellung ihrer Gesetzmäßigkeiten? Wieso eignen sich mathematische Mittel (wie z. B. die Geometrie) zur Darstellung unserer schmutzigen Welt?

Spitzen wir diese Frage auf die Geschichte zu, die ich in diesem Kapitel erzählt habe. Newton dürfte seine Theorie formuliert haben, bevor er wusste, ob und wie gut sich farblich reine Spektren darstellen lassen. In seinen ersten Experimenten dazu ist das reinste Chaos ausgebrochen. Er gibt nicht auf, sondern geht seinen Weg hartnäckig weiter, bis es funktioniert. Ohne seinen Gestaltungswillen wäre er nicht zu diesem Ziel gekommen, soviel steht fest. Aber der Erfolg hing nicht von ihm allein ab. Die Welt musste seinen Wünschen entgegenkommen. Warum tat sie das? Da stehen Sie einmal mehr vor dem Rätsel, mit dem wir uns herumzuschlagen haben.

Teil IV

**Fortsetzung der Fallstudie
in Nussbaumers Atelier**

11. Kapitel.
Farben mischen auf der spektralen Palette

§ 11.1. Im Teil IV meiner Untersuchung möchte ich auf heutige Erweiterungen der historischen Experimente zu sprechen kommen, die ich im Teil II dargestellt und ästhetisch angepriesen habe. Mithilfe dieser Erweiterungen weiß Nussbaumer mehr naturwissenschaftliche Schönheit zu entfalten, als in Newtons klassischen Experimenten zum Vorschein kommt. Jetzt sind wir also an dem Punkt, an dem wir Nussbaumer bei seiner eigenen Forschung über die Schulter schauen. Seine Ergebnisse sind spektakulär: höchst überraschend, voller Symmetrie und voll tiefer Ordnung.

Mehr Synthesen

Dass ich meine wissenschaftsphilosophische Fallstudie nun mit den Experimenten eines hauptberuflichen Künstlers fortsetze, verstärkt meine Verwandtschaftsthese. Wie Sie sehen werden, bringen die Experimente viele neue farbwissenschaftliche Einsichten mit sich, gehören also klar in den Herrschaftsbereich der Naturwissenschaft. Nichtsdestoweniger ist ihr ästhetischer Reiz so groß, dass sich die Experimente auch für künstlerische Rauminstallationen eignen, in Museen und Galerien.

§ 11.2. Nussbaumers Grundidee, die ich im vorliegenden Kapitel entfalten will, ist ebenso schlicht wie genial. Laut Newton müssen wir nicht nur Weiß, sondern eine ganze Reihe anderer Farben als Zusammensetzung verschiedener Spektralfarben auffassen; es müsste also nicht nur eine Weißsynthese, sondern z. B. auch eine Purpursynthese, eine Türkissynthese, eine Gelbsynthese geben.[616] Schön wäre es, wenn man solche Farben nach denselben Spielregeln synthetisieren könnte wie Weiß (Farbtafel 6); diese ästhetisch vorbildliche Weißsynthese müsste für andere Farben nachgebaut werden können.

Grundidee

Statt also das *gesamte* kunterbunte Farbspektrum (das sich auf der Projektionsfläche entfaltet hat) nach seinem Rückweg, durchs Prisma zusammengezogen, ins Auge zu fassen, betrachtet Nussbaumer jetzt nur *Teile* dieses Farbspektrums, wieder nach dem Rückweg und durchs Prisma zusammengezogen.

Wie das? Einfach: Nussbaumer schneidet aus dem aufgefächerten kunterbunten Farbspektrum die Teile heraus, die nichts zur fraglichen Synthese beitragen sollen. Genauer gesagt schneidet er diejenigen Stücke der *Projektionsfläche* fort, auf denen sich vorher die auszuschaltenden Bereiche des Farbspektrums abbildeten; dort klaffen jetzt Löcher. Und wenn der Raum hinter der Projektionsfläche (der uns bisher nicht interessieren musste) dunkel ist, dann verschwinden darin die unerwünschten Bereiche des zuvor kompletten Farbspektrums.

Die finstere Tiefe des unbeleuchteten Raums in diesem Versuchsaufbau ähnelt ästhetisch der tiefschwarz abgebildeten Raumfinsternis, die Brueghels *Blumenstrauß* umspielt und in deren Umgebung die Farben der gemalten Blüten nur umso herrlicher hervortreten (Kunsttafel 8). Im Experiment wie im Gemälde kostet es einen gewissen Aufwand, die uns interessierenden Farben so prächtig zu inszenieren, ähnlich wie bei angestrahlten Schauspielern in der Dunkelheit auf der Theaterbühne; bei allen diesen Fällen spielt die Finsternis im Hintergrund eine wichtige Rolle.

Vorbereitung der Purpursynthese

§ 11.3. Betrachten wir z. B. Nussbaumers Purpursynthese. In der Mitte des kunterbunten Farbspektrums (Farbtafel 5 unten) lässt sich eine deutliche grüne Zone ausmachen, die etwa ein Drittel des gesamten Farbspektrums füllt. Nussbaumer schneidet diese grüne Mitte aus dem Farbspektrum heraus (beziehungsweise den sie auffangenden Teil der Projektionsfläche), lässt aber dessen roten Bereich links und dessen blauen Bereich rechts unangetastet. Auf der Projektionsfläche zeigen sich nun noch gut zwei Drittel des kompletten Spektrums, und diesen gesamten Bereich betrachtet Nussbaumer aus demselben Blickwinkel durchs Prisma wie vorhin bei der Weißsynthese.

11. Kapitel: Farben mischen auf der spektralen Palette

Vertiefungsmöglichkeit. Nussbaumer hat die Anteile der verschiedenen Farbzonen des Spektrums genau vermessen (Farbtafel 15, Feld A, untere Zeile). Die exakten Zahlen hängen unter anderem ab von der Spaltbreite sowie vom Abstand zwischen Prisma und Projektionsfläche. Bei den hier zugrundegelegten Parametern nimmt die grüne Zone vier der insgesamt vierzehn Längeneinheiten des Spektrums ein, das wären 28,6 %. Die rote Zone ist genauso groß – die blaue Zone nimmt die restlichen 42,8 % ein.

§ 11.4. Beim prismatischen Blick aufs grünfreie Spektrum zeigt sich ein verblüffender Effekt. Das zerstückelte Spektrum vereinigt sich wiederum zu einem scharf umgrenzten schmalen Lichtbalken von völlig sauberer, einheitlicher Farbe – aber nicht strahlend weiß wie vorhin, sondern im schönsten Purpur (Farbtafel 7 unten). Und der purpurne Lichtbalken hat exakt dieselben Abmessungen wie dessen weißer Vorgänger.

Zwei Synthesen in einem

Exakt dieselben Abmessungen? Woher kann man das wissen? Vorhin sah man einen weißen Lichtbalken, jetzt sieht man einen purpurnen. Wer wagt es zu behaupten, er könne sich gut genug erinnern, um von exakter Gleichheit reden zu dürfen? Das sind berechtigte Fragen. Nussbaumer beantwortet sie, indem er die Weiß- und die Purpursynthese gleichzeitig durchführt, indem er sie also in einem einzigen Experiment zusammenbringt.

Hierzu teilt er das kunterbunte Farbspektrum auf der Projektionsfläche in zwei horizontal übereinanderliegende Hälften ein (Farbtafel 8, oberes Bild). Die obere Hälfte lässt er für die Weißsynthese intakt – aus der unteren Hälfte schneidet er für die Purpursynthese die grüne Mitte heraus, indem er sie wie gehabt von der Finsternis hinter der Projektionsfläche verschlingen lässt. Jetzt kann er seinen angestammten Beobachtungsposten einnehmen und in der gewohnten Richtung durchs Wasserprisma auf die teils durchlöcherte Projektionsfläche blicken. Dann sieht er einen schmalen Lichtbalken, dessen obere Hälfte weiß und dessen untere Hälfte purpurn leuchtet. Dass die beiden Balkenhälften exakt gleich breit sind, lässt sich diesmal leicht überprüfen, denn die vertikalen Grenzlinien der oberen, purpurnen Balkenhälfte bilden eine schnurgerade Verlängerung der vertikalen Grenzlinien der unteren, weißen Balkenhälfte (Farbtafel 8 unten).

Ach, wie schön

§ 11.5. Dass das Experiment aus dem vorigen Paragraphen glatt aufgeht, genau hinkommt, optisch flutscht: diese überraschende Präzision spricht unser Schönheitsempfinden an, und das stärker noch als im Fall der Weißsynthese allein. Denn diesmal haben wir zwei recht verschiedene Projektionsbilder nach ihrem Rückweg durchs Prisma zusammengezogen – ein komplettes und ein zerschnittenes. Dass sie beide im optischen Endergebnis geometrisch sauber aufeinander passen, ist ebenso erfreulich wie deren einheitlicher Farbeindruck von reinem Weiß und reinem Purpur; geometrische und farbliche Sauberkeit gehen Hand in Hand.

Das aufscheinende Purpur erfreut und überrascht übrigens nicht nur wegen seiner Schönheit, sondern auch deshalb, weil es aus einem zerschnittenen Projektionsbild hervorgelockt wird, in dem keinerlei Purpur vorkommt. Immerhin ist Newtons Spektrum dafür berühmt und oft dafür kritisiert worden, dass es *alle* reinen bunten Farben zeigt, außer dem Purpur.[617] Da ist es schön zu sehen, dass auch diese prächtige Farbe aus dem Newtonspektrum hervorgelockt werden kann, genauso wie das Weiß, das im Newtonspektrum gleichfalls nicht auftaucht.

Ob man die neu synthetisierte Farbe Purpur, Magenta, Pink oder Hellviolett nennt, ist eine Frage der Wortwahl. Keines dieser vier Wörter ist ideal. Für mein Sprachgefühl sieht die fragliche Farbe bläulicher aus als Pink oder Magenta; sie sieht rötlicher und heller aus als Purpur sowie weniger bläulich als Violett. Da die Wörter »Magenta« und »Pink« unschön klingen und da »Purpur« ein besonders herrliches Wort ist, werde ich konsequent bei diesem Wort bleiben.

Hässliche Willkür

§ 11.6. Die gleichzeitige Weiß- und Purpursynthese, die ich im vorigen Paragraphen beschrieben und gepriesen habe, hat einen hässlichen Zug. Es wirkt irgendwie beliebig, hergeholt oder willkürlich, dass darin einerseits das kunterbunte Farbspektrum als Ganzes zusammengezogen wird, andererseits *irgendwelche* seiner Teile, nämlich ausgerechnet sein roter und blauer Teil. Wieso zieht Nussbaumer gerade *diese* Teile des kunterbunten Farbspektrums zusammen und nicht irgendwelche anderen?

Die Frage entspringt unserem Sinn für Schönheit. Beliebigkeit verletzt fast immer unser Schönheitsempfinden, sowohl in der Naturwissenschaft als auch in der Kunst. So klagt Weinberg darüber, wie hässlich die bloße Aufzählung der Eigenschaften aller bekannten Elementarteilchen wirkt, die das *Lawrence Berkeley Laboratory* alle zwei Jahre veröffentlicht.[618] Und ganz ähnlich stört es uns, wenn ein Musiker völlig regellos irgendwelche Töne aneinanderreiht. (Eine Ausnahme wäre die aleatorische Musik eines John Cage, aber auch dort regiert der Zufall nur in präzise abgezirkelten Grenzen).

Kurz und gut, aus ästhetischen Gründen kann Nussbaumer beim Erreichen nicht stehenbleiben. Er setzt seinen Weg fort, indem er die Purpursynthese als speziellen Fall einer umfassenderen Ordnung ausweist – einer Ordnung von mathematischer Stringenz, die alles andere als beliebig ist. In der gleichzeitigen Purpur- und Weißsynthese wurden das eine Mal *zwei* der drei Bereiche des kunterbunten Spektrums zusammengezogen (Rot + Blau = Purpur), das andere Mal alle *drei* Bereiche (Rot + Grün + Blau = Weiß). Das sind einfach irgendwelche Spezialfälle *aller* denkbaren sieben Kombinationen:

a) Rot,
b) Grün,
c) Blau,
ab) Rot + Grün,
ac) Rot + Blau,
bc) Grün + Blau,
abc) Rot + Grün + Blau.

Es ist gleichgültig, in welcher Reihenfolge man diese Kombinationsmöglichkeiten aufzählt – betrachten wir also eine andere Reihenfolge:

1) Rot,
2) Rot + Grün,
3) Grün,
4) Rot + Grün + Blau,
5) Grün + Blau,
6) Rot + Blau,
7) Blau.

Das ist diejenige Reihenfolge, die Nussbaumer in seinen Experimenten gelegentlich benutzt; ich habe die Zeilen entsprechend durchnumeriert, um mich nachher einfacher auf sie beziehen zu können. Dass es genau sieben Kombinationsmöglichkeiten gibt, dass mithin beide Listen vollständig sind, ist kein Produkt der Willkür, sondern ein Produkt mathematischer Notwendigkeit. Und die mathematisch notwendige Vollständigkeit solcher Zusammenstellungen hat eine gewisse ästhetische Anziehungskraft, wie sie zuweilen auch in den Künsten zur Geltung kommt.

Um das zu demonstrieren, zeige ich Ihnen als nächstes ein Gedicht, dessen strenge Schönheit wesentlich auf der Kombinatorik dreier Wörter beruht.

avenidas § 11.7. Kurz nach dem Zweiten Weltkrieg prägte der Dichter Eugen Gomringer die Konkrete Poesie – eine Dichtung, in der man besonderes Augenmerk auf die wahrnehmbaren Erscheinungsformen und Anordungen der Wörter richtet. Ich möchte Ihnen ein Beispiel zeigen, dessen Ästhetik gut zu den zuletzt betrachteten Experimenten passt:

»avenidas
avenidas y flores

flores
flores y mujeres

avenidas
avenidas y mujeres

avenidas y flores y mujeres y
un admirador«.[619]

Wegen der herrlichen Vokalmalerei klingt dies Meisterwerk der Sparsamkeit und Formstrenge besser auf Spanisch als in der deutschen Übersetzung, deren letzte Zeile ich sicherheitshalber schwärze, so wie vorhin bei der Gazelle:

»Alleen
Alleen und Blumen

Blumen
Blumen und Frauen

Alleen
Alleen und Frauen
Alleen und Blumen und Frauen und
▬▬▬▬▬«.

Hier werden einzelne Wörter auf flirrend verwirrende Weise gepaart; Alleen lassen uns eher an Bäume denken als an ihre zarteren, bunteren Geschwister. Abgesehen davon wurzeln Alleen und Blumen auf unterschiedlichen Ebenen des Seins – im Vergleich zur Blume ist eine Allee riesig; und es wäre bizarr, wenn eine Flaneurin ihren Spazierbericht so begönne: »Ich habe eine Allee und eine Blume gesehen« oder noch näher am Wortlaut des Gedichts: »Ich habe Alleen und Blumen gesehen«.

Wenn ich nicht irre, überträgt sich die so geweckte Spannung auf das zweite Wortpaar, wodurch Gomringer dem Klischee einer Vergleichbarkeit von Frauen und Blumen jede Grundlage entzieht; soviel zur Beruhigung sensibler GemüterInnen. Jetzt kommt Kombinatorik ins Spiel; wenn Sie die ersten beiden Strophen durchlaufen haben, dann erwarten Sie fast schon diese kombinatorisch notwendige Fortsetzung:

mujeres
avenidas y mujeres.

Zwar enttäuscht Gomringer die Erwartung, baut also einen minimalen Bruch in die Kombinatorik ein, vielleicht mit einem Augenzwinkern?[620] Jedenfalls richtet er sich zu Beginn der letzten Strophe wieder streng nach den kombinatorischen Regeln, die nun eine inhaltlich besonders seltsame Wortreihung liefern:

avenidas y flores y mujeres y

Erfreut fragt man sich, ist die Vernunft des Sprechers in der Hitze Spaniens oder von der Kühle der Kombinatorik verwirrt worden? Wie dem auch sei, die Spannung ist jetzt weit stärker als zu Beginn, und genau in diesem Augenblick tritt auf einer anderen Ebene ein neues Element hinzu, um am Schluss des Gedichts die strenge kombinatorische Form zu sprengen. Aufgrund dieses Endes kann man in das Gedicht viel hineinlesen; darauf muss ich hier verzichten. Mir kam es nur darauf an zu zeigen, dass es große Kunstwerke gibt, deren ästhetische Wirkung ohne unseren ausgemachten Sinn für Kombinatorik null und nichtig wäre.

Vertiefungsmöglichkeit. In der Kombinatorik der Mathematiker gehört es zum guten Ton, eine weitere Kombination mitzuzählen – die Kombination aus überhaupt keinen Elementen, das nackte Nichts: Lag darin vielleicht Gomringers Pointe der allerletzten Verszeile, dass er jemanden mittels mathematischer Mittel als null und nichtig entlarven wollte? Lassen wir diese Frage auf sich beruhen, und betrachten wir stattdessen die Farbkombinationen, die ich im vorigen Paragraphen aufgeboten habe. Der leere Extremfall – eine Kombination aus keinen Farben – wäre in diesem Zusammenhang wie auch in allen anderen Anwendungsfällen ein bisschen künstlich, hat aber unter mathematischen Gesichtspunkten einige Vorzüge. So vereinfacht sich dann die Formel für die Anzahl n der möglichen Kombination von x Elementen und lautet:

$n(x) = 2^x$ (anstelle der weniger schönen Formel $n(x) = 2^x - 1$).

Zudem wird der Beweis der Formel eleganter und kürzer, wenn man den degenerierten Fall einer leeren Kombination mitrechnet. Ich werde auf diesen degenerierten Fall im nächsten Kapitel (§ 12.6 – § 12.7) zurückkommen. – Es wäre interessant zu sehen, wie die Experimente ausgehen, die ich als nächstes beschreiben werde, wenn man die Projektionsfläche nicht in x = 3 Zonen aufteilt, sondern in x = 4 oder sogar x = 5 Zonen. (Vgl. § 11.14).

Flucht aus der Willkür

§ 11.8. Eine vollständige Kombinatorik dreier Grundelemente befriedigt unseren Schönheitssinn: im Gedicht genauso wie im optischen Experiment. Man kann also der ästhetischen Beliebigkeit des Doppelexperiments (über die ich im vorletzten Paragraphen geklagt habe) entrinnen, indem man alle sieben Kombinationsmöglichkeiten parallel in *einem* Experiment unterbringt. Genau das hat Nussbaumer getan; er hat die Projektionsfläche des kunterbunten Spektrums in sieben horizontale Zeilen eingeteilt und in jeder der Zeilen jeweils eine der denkbaren Kombinationen stehenlassen (also den Rest weggeschnitten). Die Projektionsfläche sieht dann z. B. so aus wie in Abb. 11.8 dargestellt. Die (in der Schwarz/Weiß-Darstellung) dunkelgrauen Bereiche des Photos zeigen die weggeschnittenen Zonen der Projektionsfläche; sie sind Fenster zur Dunkelheit im dahinterliegenden Zimmer.

Die kombinatorischen Schablonen, die Nussbaumer nach dieser

11. Kapitel: Farben mischen auf der spektralen Palette 335

Abb. 11.8: Nussbaumers weiß beleuchtete Schablone (zerschnittene Projektionsfläche) als Fenster ins zwielichtig Dunkle. Die Projektionsfläche wird in sieben Zeilen und drei Spalten eingeteilt. In jeder Zeile werden verschiedene Spaltenkombinationen weggeschnitten. So sind in der dritten Zeile die linke und rechte Spalte weggeschnitten (hier dunkelgrau); nur die mittlere Spalte bleibt stehen (hier hellgrau). Das Weggeschnittene eröffnet uns Blicke in die Dunkelheit des dahinterliegenden Raums, genauer: auf dessen schwach beleuchtete Rückwand; die Fenster ins Dunkle erscheinen nicht schwarz, sondern ockerfarben, weil das Photo bei Tageslicht aufgenommen wurde (bzw. im Schwarz/Weiß-Photo: dunkelgrau). Das schadet nicht; Im Vergleich jedenfalls zur stark beleuchteten Projektionsfläche (die in der Schwarz/Weiß-Darstellung hellgrau und links auf dem Farbphoto in Farbtafel 9 hellbeige erscheint) sind die ockerfarbenen Löcher der Schablone dunkel genug, um das Experiment zum Erfolg zu führen. Wie die Schablone aussieht, wenn sie mit einem Newtonspektrum beleuchtet wird, zeigt Farbtafel 9 in der Mitte. (Photo von Ingo Nussbaumer).

Idee hergestellt hat, bieten eine Innovation der Farbwissenschaft. Sobald sie vom newtonischen Spektrum beleuchtet werden, zeigen sie alle denkbaren parallelen Kombinationen der drei Grundfarben Rot-Grün-Blau (Farbtafel 9, Mitte). Welche Mischungsergebnisse liefern solche Kombinationen per Farbensynthese? Im nächsten Paragraphen werden Sie erfahren, wie herrlich das Experiment diese Frage beantwortet.

Unabhängig vom Versuchsausgang erlangen Nussbaumers Schablonen dadurch einen ästhetisch-künstlerischen Eigenwert, dass sie von Hand gefertigte, reliefartige Gebilde sind, die wir als Rauminstallation in einer konkreten Beleuchtung betrachten können. Bei näherem Hinsehen zeigen sie sich als dreidimensionale Gebilde, deren geometrische Klarheit nicht bis zur äußersten Perfektion hin übertrieben wird.[621] Nussbaumer hat sich bewusst dafür entschieden, die Schablonen per Hand auszuführen, um ihren Bildcharakter herauszustreichen (Oberflächenbemalung mit Pinsel). Dafür, dass die Schablonen aus streng mathematischer Kombinatorik hervorgegangen sind, sieht ihre Geometrie verblüffend lax aus; die senkrechten Linien der Schablonen sind auf fast schon verstörende Weise gebogen. Auch das hat damit zu tun, dass sie der physischen Wirklichkeit stärker verpflichtet sind als dem abstrakten Ideal. Denn jene senkrechten Linien verlaufen parallel zu den Grenzen des Spektrums, und ein prismatisch erzeugtes Spektrum dieser Ausmaße bietet kein exaktes Rechteck, selbst wenn das Ausgangsbild des Spaltdias noch so streng rechteckig ist.

Vertiefungsmöglichkeit. Warum ist das Refraktionsergebnis des Spaltdias gebogen? Der Grund dafür hat mit dem vierten Punkt aus § 6.7 zu tun: Je ausgedehnter das Rechteck wird, desto weniger senkrecht treffen die Lichtstrahlen aufs Prisma – in der Folge wirkt beim Eintritt ins Prisma eine merklich andere Brechungsebene als beim Austritt. Streng genommen fallen die beiden Brechungsebenen immer auseinander, doch macht sich das bei schmaleren Rechtecken kaum bemerkbar und kann daher normalerweise vernachlässigt werden.

7 Synthesen

§ 11.9.   Wir sind gespannt zu sehen, wie die Natur auf die Kombinationsmöglichkeiten antwortet, die uns unser Sinn für mathematische Vollständigkeit aufgegeben hat, im Einklang mit unserem ästhetischen Protest gegen die Beliebigkeit.

Blicken wir also mit Nussbaumer durchs Wasserprisma auf die kombinatorisch raffiniert zerschnittene und kunterbunt beleuchtete Projektionsfläche. Das Ergebnis ist ein Fest für die Augen: Wie mit dem Lineal gezeichnet, liegen nun sieben Lichtbalken von identischer Geometrie feinsäuberlich übereinander, und jeder Lichtbalken bietet einen Farbeindruck schönster Reinheit. Purpur und Weiß sind wirklich nur zwei Spezialfälle einer ganzen Palette aufscheinender Buntheit; Türkis und Gelb finden sich darin ebenso rein wieder wie Rot, Grün und Blau.

Zeilennummer	Ausgangsbild (Ausschnitt aus dem Spektrum, siehe Farbtafel 9, Mitte)	Resultierendes Bild beim Blick durchs Prisma (siehe Farbtafel 9, rechts)
1)	Rot	Rot
2)	Rot + Grün	Gelb
3)	Grün	Grün
4)	Rot + Grün + Blau	Weiß
5)	Grün + Blau	Türkis
6)	Rot + Blau	Purpur
7)	Blau	Blau

Alle sechs bunten Syntheseprodukte (Rot, Gelb, Grün, Türkis, Purpur, Blau) erscheinen dem Auge übrigens farblich rein; es sind sozusagen reinrassige Repräsentanten der sonst oft buntscheckigen Farbenwelt. Man könnte sie als Hauptfarben bezeichnen.

Freilich ist es in der Farbforschung hochumstritten, wieviele Hauptfarben es gibt und welche es sind – abgesehen davon, was es überhaupt heißen soll, eine Farbe als Hauptfarbe zu bezeichnen.[622] Doch wie dem auch sei, die im augenblicklichen Experiment entstehenden Farben sind dem Augenschein nach plausible Kandidaten für einen Katalog der Hauptfarben, und das wiederum befriedigt unseren Sinn für Schönheit.

Vollständigkeit als Wert in den Künsten

§ 11.10. Dass die jetzt erreichten sieben Synthesen auch aufgrund ihrer Vollständigkeit ästhetischen Wert haben, liefert uns weiteres Material für Parallelen zwischen ästhetischer Wertschätzung in Kunst und Naturwissenschaft. In Gomringers Gedicht *avenidas* beruht die Ästhetik der Vollständigkeit auf strenger Kombinatorik, aber das ist nur eine der vielen Möglichkeiten. In der Tat lässt sich Vollständigkeit als ästhetischer Wert bis zur aristotelischen Poetik zurückverfolgen.[623] Dort beziehen sich Gesichtspunkte wie Vollständigkeit, Ganzheitlichkeit und Geschlossenheit zwar zuallererst auf Handlungen in den Werken der erzählenden Literatur, die laut Aristoteles einen Anfang, eine Mitte und ein Ende haben müssen und die er in ihrer Einheit und Ganzheit mit Lebewesen vergleicht.[624] Doch schon dieser kühne Vergleich zeigt, wie universell sich jene Charakteristika auf höchst verschiedene Gegenstände anwenden lassen, also weit über den Bereich der Poetik hinaus.

Das möchte ich zunächst für die Musik skizzieren: Wie immer wieder behauptet wird, hat Bach in seiner *Kunst der Fuge* den gesamten Kosmos der Kompositionstechniken ausgelotet, die sich kontrapunktisch aus einem unscheinbaren Fugenthema herausholen lassen.[625] Doch können wir diese Behauptung kaum prüfen; woran soll man sehen, dass wirklich der *ganze* Kosmos ausgelotet wurde? Das zu verifizieren, ist nicht nur deshalb ausgeschlossen, weil das Ende des *Contrapunctus 14* fehlt (§ 7.13k) – sondern auch deshalb, weil sich der Raum der möglichen Techniken einer bestimmten Kompositionsweise nicht vollständig überblicken lässt; er ist in alle Richtungen offen. (Gleichwohl ist man sich einig, dass niemand beim Fugenkomponieren über Bach hinausgekommen ist).

Ein demgegenüber eindeutiges Beispiel bietet Bachs *Wohltemperiertes Klavier*, dessen Praeludien und Fugen den gesamten Zirkel der Dur- und Moll-Tonarten durchlaufen; es gibt insgesamt genau 24 solcher Tonarten, und in jedem der beiden Teile des *Wohltemperierten Klaviers* kommt der Reihe nach jede der Tonarten einmal vor.[626]

Abstrakt gesehen erscheint das banaler und schulmeisterlicher, als es ist. Um das Besondere dieser versammelten Vollständigkeit würdigen zu können, muss man wissen, dass es erst in Bachs Tagen möglich geworden ist, auf einem Tasteninstrument in allen

11. Kapitel: Farben mischen auf der spektralen Palette

Tonarten zu spielen: Wenn die Töne in der reinen Stimmung (wie zuvor üblich) durch exakte Proportionen der Saitenlängen gebildet werden, passen die zur Verfügung stehenden Töne nur unter engen Bedingungen zueinander; als Gesamtsystem lässt sich dieser Ansatz nicht konsequent ausführen.[627] Das liegt daran, dass in der reinen Stimmung eine Oktave durch Halbierung der Saitenlänge erzeugt wird, eine Quinte durch eine Saitenteilung im Verhältnis von 2:3. Da man (laut Konstruktion unseres Notensystems aus zwölf Halbtonschritten) von einem beliebigen Ausgangston nach zwölf Quinten wieder zum selben Ton zurückkehren müsste, nur eben um sieben Oktaven höher, käme die Sache dann richtig heraus, wenn
$$(2:3)^{12} = (1:2)^7,$$
gelten würde. Diese Gleichung ist aber nur zu 99 Prozent richtig, denn
$$(2:3)^{12} = 0{,}007707346629258939374267322242 73\ldots$$
$$(1:2)^7 = 0{,}0078125.$$
Daher hat man sich entschlossen, die Abweichungen überall gleichmäßig herunterzudimmen, zu temperieren – bei jedem Halbtonschritt dieser neuen temperierten Stimmung wird ein bisschen geschummelt. Auf Kosten der Reinheit wird also die umfassende Kombinierbarkeit aller Töne aus allen Tonarten gesteigert, und bloß aufgrund dieses Kompromisses lassen sich auf dem Klavier sämtliche Tonarten darstellen.[628] Mit dem *Wohltemperierten Klavier* demonstriert Bach, dass die theoretisch gewonnene Vielfalt auch kompositorisch voll und ganz ausgeschöpft werden kann.

So eine überschaubare Form von Vollständigkeit taucht in den Künsten höchst selten auf und gilt (anders als in der Naturwissenschaft) nicht immer als ästhetische Perfektion. Beispielsweise wirkt der zweiteilige Film *Smoking/No Smoking* von Alain Resnais bei aller Virtuosität leicht gewollt: Eine Serie konsequenzenreicher Ja/Nein-Entscheidungen (wie die Entscheidung für oder gegen eine Zigarettenpause) wird in all ihren Verzweigungen vollständig durchgespielt, wodurch ein scheinbar umfassender Überblick über die Liebes- und Lebensmöglichkeiten der Protagonisten entsteht.

Weit tiefer (und genau deshalb wohlfeil zu haben) sind Vollständigkeitsdiagnosen bei weniger durchkonstruierten Werken der Erzählkunst – wenn etwa behauptet wird, dass Goethes *Faust* oder das *Decamerone* von Giovanni Boccaccio einen allumfassenden Kosmos menschlicher Möglichkeiten aufspannen.[629] Was auch immer solche Behauptungen genau besagen mögen: klar ist, dass sie ästhetisches Lob ausdrücken.

Das saubere Gelb

§ 11.11. Zurück zu dem Experiment, dessen Anmutung farblicher Vollständigkeit meinen kurzen Exkurs in die Künste ausgelöst hat. Ich möchte als nächstes auf einen kleinen Aspekt des Experiments hinweisen, der unsere ästhetische Aufmerksamkeit verdient. Ästhetische Errungenschaften beruhen oft darauf, dass sie unsere Wahrnehmungen überraschen, verändern, bereichern, hinterfragen und erweitern.

Bei Nussbaumers Experiment zur Farbwahrnehmung springt dieser Teilaspekt der Ästhetik besonders deutlich ins Auge. Und zwar finde ich das saubere Gelb in der zweiten Zeile des Experiments überraschend (Farbtafel 9, rechts). Dieses Gelb zeigt sich als Syntheseprodukt aus der roten und der grünen Zone des kunterbunten Lichtspektrums auf der Projektionsfläche. Alte Hasen der Computerei werden gelangweilt abwinken, doch das zählt nicht. Sie sind mit RGB-Bildschirmen großgeworden und haben sich an einen Mischungseffekt gewöhnt, der unbedarfte Augen so verblüffen muss wie der Effekt der Weißsynthese. Einerlei, ob wir durch das Experiment oder durch Bildschirmtechnik damit konfrontiert werden: Es ändert und erweitert unsere Wahrnehmungsgewohnheiten, wenn uns klar wird, dass sich rotes und grünes Licht zu einem gelben Eindruck mischen lassen, dass also diese beiden Farben im Gelb stecken. Weniger verblüffend als die Gleichung:

2) Gelb = Rot + Grün (Farbtafel 9, Zeile 2),

ist die Gleichung:

5) Türkis = Grün + Blau (Farbtafel 9, Zeile 5).

Man kann lange darüber philosophieren, ob die Überzeugungskraft dieser Gleichung daran liegt, dass Türkis schon dem Augenschein nach wie eine Nachbarfarbe von sowohl Grün wie Blau aussieht – oder daran, dass wir uns infolge frühkindlicher Erfahrungen mit Tuschkästen bloß an ein Mischungsergebnis gewöhnt haben, das dem unbedarften Auge verblüffend vorkommen müsste. Genauso bei der Gleichung:

6) Purpur = Rot + Blau (Farbtafel 9, Zeile 6).

Sehen Sie im Purpur dessen roten und dessen blauen Anteil? *Sehen* Sie im Türkis dessen grünen und dessen blauen Anteil? Oder *wissen* Sie nur, dass alle diese Anteile jeweils da sind? Wollte ich diese und ähnliche Fragen beantworten, so würde dies unseren Rahmen sprengen. Wie auch immer – im Fall von Purpur und Türkis stellt das Experiment unsere Sehgewohnheiten weniger stark infrage als im Fall von Gelb. Dass alle drei Farben experimentell im selben Boot sitzen, ist eine schöne Bescherung.

Vertiefungsmöglichkeit. Ähnliche Probleme wirft Wittgenstein in seinen *Bemerkungen über die Farben* auf, wenn er z. B. fragt, ob Grün eine primäre Farbe, keine Mischfarbe aus Blau und Gelb ist, und dann verwirrt überlegt, ob man diese Frage allein durch Betrachtung der Farben beantworten kann.[630]

§ 11.12. Auf den ersten Blick banal sind die drei Farbgleichungen, über die ich noch kein Wort verloren habe und die sich ebenfalls im Experiment zeigen:

1) Rot = Rot (Farbtafel 9, Zeile 1).
3) Grün = Grün (Farbtafel 9, Zeile 3).
7) Blau = Blau (Farbtafel 9, Zeile 7).

Hier lohnt sich ein genauerer Blick. Immerhin bieten die fraglichen Bereiche aus dem kunterbunten Spektrum auf der Projektionsfläche nicht ganz denselben Farbeindruck wie deren Gegenstücke im (durchs Prisma zusammengezogenen) Bild. Auf der Leinwand lassen sich ineinander verschwimmende Farbnuancen ausmachen, was besonders an den Grenzen der jeweiligen Farbzonen ins Auge springt, wie ein Blick auf die Mitte der Farbtafel 9 lehrt. Zum Beispiel tendiert der linke Rand des Grüns aus der dritten Zeile ins Gelbliche, sein rechter Rand ins Bläuliche. Dagegen sieht der jeweilige Farbeindruck im zusammengezogenen Bild völlig einheitlich aus und überall gleich sauber (Farbtafel 9, rechts). Die Photokamera gibt das zum Teil weniger deutlich wieder als das menschliche Auge – schauen Sie sich die Farben einmal im echten Experiment an!

Diskrete Reduktion des Kontinuums

Viele feine Grünnuancen werden also im Experiment zu einem einzigen Grünton verschmolzen; genauso bei den vielen feinen Rotnuancen und bei den vielen feinen Blaunuancen des kunterbunten Farbspektrums. Um diesen dreifachen Effekt auf den Punkt zu bringen, könnte man sagen, dass im Experiment die *kontinuierliche* Vielfalt der Natur (die traditionell keine Sprünge macht) *diskret* synthetisiert wird, also mit scharfen Grenzen herauskommt. Die verwirrende Unendlichkeit der Farbenwelt wird dadurch gebändigt – auch das ist ein ästhetischer Erfolg; man kann ihn unter die Formel von der Einheit in der Vielfalt bringen, deren Bedeutung für unseren Schönheitssinn ich bereits betont habe (Abb. 7.15a – Abb. 7.15c).

Gesteigerte Farbenvielfalt

§ 11.13. Bevor ich im kommenden Kapitel zum nächsten Experiment übergehe, möchte ich zeigen, wie wünschenswert es wäre, den eben besprochenen ästhetischen Erfolg noch zu steigern. Dazu muss ich kurz ausholen. Laut Newton setzt sich weißes Licht aus *unendlich* vielen Lichtern verschiedener Refrangibilität und Farbe zusammen. Diese unendliche Vielfalt spiegelt sich halbwegs im bekannten newtonischen Spektrum wider, in dem nicht nur die bislang immer besprochenen Farben Rot, Grün und Blau vorkommen, sondern weit mehr Zwischentöne, insbesondere aber Dunkelgelb (mit Stich ins Orange), Dunkeltürkis und Violett (Farbtafel 5, zweitletzte Bildzeile). Freilich bietet das newtonische Spektrum unserem Auge keine unendliche Vielfalt verschiedener Farbeindrücke; so fein differenziert unser Auge nicht. Aber das Newtonspektrum zeigt mehr Farbnuancen als das Spektrum, mit dem Nussbaumer arbeitet.

Wieviele Farbnuancen in einem Spektrum aufscheinen, hängt von einem Parameter ab, den ich im 6. Kapitel kurz erwähnt habe: vom Abstand zwischen Prisma und Projektionsfläche (Farbtafel 3). Je größer dieser Abstand, so möchte man meinen, desto mehr farbliche Nuancen im aufgefangenen Spektrum; denn mit wachsendem Abstand wächst die Breite des Spektrums, bietet also mehr Platz für die Entwirrung verschiedenfarbiger Lichtstrahlen, die einander bei Platzmangel (näher am Prisma) noch in die Quere kommen.

Wie überzeugend auch immer dieser Gedanke erscheinen mag – er ist falsch. Erstens ist er bereits aus theoretischen Gründen falsch

(Farbtafel 7 oben). Zweitens ist er auch experimentell falsch. Newton fängt sein vielfarbiges Spektrum bei *mittelgroßem* Abstand zwischen Prisma und Projektionsfläche auf; schon dort zeigt sich die größte Farbenvielfalt, in der auch Dunkelgelb, Dunkeltürkis und Violett aufscheinen. Wenn man die Projektionsfläche hingegen weiter vom Prisma entfernt als Newton, dann *verringert* sich die newtonische Farbenvielfalt, und die Farben Rot, Grün und Blau verschlingen nach und nach den ganzen Rest. Bei doppeltem Abstand findet sich keine Spur mehr von Gelb oder Türkis. Zum Vergleich sehen Sie unter dem newtonischen Vollspektrum in Farbtafel 5 ganz unten das farblich reduzierte Endspektrum.

Halten Sie sich fest – soweit ich weiß, gibt es bislang keine überzeugende Erklärung dafür, warum sich die newtonische Farbenvielfalt mit wachsendem Abstand verringert, statt gleichzubleiben. Im Vorübergehen verspreche ich demjenigen eine schöne Flasche Sekt, der das Rätsel als erster löst.

Vertiefungsmöglichkeit. Gemäß der theoretischen Überlegung bei Farbtafel 7 oben muss die Reinheit des Spektrums – also auch die Zahl der verschiedenen Farben – bei Verdopplung des Abstands *konstant* bleiben. Warum nimmt sie im Experiment ab? Unter experimenteller Mithilfe des Physikers Matthias Rang habe ich mich an der Lösung des Rätsels versucht, mit mäßigem Erfolg. Ein Ergebnis unserer Experimente steht fest: Dass die Farbenvielfalt bei erhöhten Abständen absinkt, muss mit dem menschlichen Wahrnehmungsvermögen zu tun haben. Rein physikalisch unterscheiden sich benachbarte Lichter bei hohem Abstand (zwischen Prisma und Schirm) etwas stärker als bei niedrigerem Abstand. Das Rätsel lautet also, warum wir diese feineren Differenzierungen nicht sehen können.[631]

§ 11.14.   Nach diesem Umweg über ein Rätsel, das die Farbwissenschaft meines Wissens bis heute nicht gelöst hat, kann ich erläutern, wo Nussbaumer die Schönheit seiner siebenfachen Farbensynthese vielleicht noch steigern könnte. Denn in seinem Experiment werden bislang nicht etwa verschiedene Bereiche des farblich reichhaltigeren Newtonspektrums zusammengezogen, sondern nur verschiedene Bereiche eines farblich ärmeren Spektrums (das sich, wie dargetan, bei gesteigertem Abstand zwischen Projektionsfläche und Prisma blicken lässt).

Hoffnung auf mehr

Das bringt in meinen Augen zwei ästhetische Nachteile mit sich. Einerseits operiert das Experiment mit einem Spektrum, das von der Farbwissenschaft noch nicht ganz durchschaut ist; in einem ästhetisch perfekten Experiment dürfen aber keine provisorischen Verständnislücken klaffen. Andererseits schmälert die Farbarmut des projizierten Spektrums ohne Not einen ästhetischen Clou des Experiments, den ich im vorletzten Paragraphen angesprochen habe. Dort war die Rede davon, dass bei Rot-, Grün- und Blausynthese die unendliche kontinuierliche Vielfalt dieser drei Bereiche (innerhalb des kunterbunten Farbspektrums auf der Projektionsfläche) in klar unterscheidbare Abschnitte zurückgeführt, also gleichsam gebändigt wird; vorhin habe ich in diesem Zusammenhang von diskreter Reduktion gesprochen. Dieser Effekt ist ästhetisch reizvoll, denn die Schärfung verwirrend verschwimmender Grenzen freut den menschlichen Ordnungssinn. Aber der Effekt träte noch deutlicher hervor, wenn Nussbaumer mit dem farbenreicheren – newtonischen – Spektrum operierte, statt mit dessen ärmerem Cousin.

Nichts ist perfekt; ob sich durch meinen Verbesserungsvorschlag andere ästhetische Vorzüge des siebenfachen Experiments verflüchtigen, weiß ich nicht. Es könnte sich lohnen, der Sache nachzugehen.

Vertiefungsmöglichkeit. Nussbaumer hat mich auf ein Problem hingewiesen, das meinem Vorschlag in die Quere kommen könnte. Wer aus dem newtonischen Vollspektrum den gelben Bereich aussondert (also den gesamten Rest des Spektrums im Finstern verschwinden lässt) und dann wie gehabt durchs analysierende Prisma betrachtet, wird keinen einheitlichen – gelben – Farbeindruck sehen; das Gelb spaltet sich in einen grünen und einen gelben Anteil auf. Warum das geschieht, ist nicht leicht zu sagen und erfordert genauere Untersuchungen. Vermutlich ist das Vollspektrum bei den gewählten Parametern im gelben Bereich noch nicht rein genug. Es wäre zu untersuchen, wie das Vollspektrum geändert werden muss, damit sich sein gelber Bereich durch abermalige Refraktion rückwärts in ein einheitliches Farbfeld zusammenmischen lässt (in Analogie zu § 11.12). – An diesem Beispiel lässt sich gut illustrieren, worauf ich schon im Anschluss an die Auseinandersetzung mit Kepler und Newton hinauswollte, als ich einem *kreativen* Umgang mit den Daten das Wort geredet habe: Nicht jedes Experiment geht so aus, wie es der Schönheitssinn gern hätte; hinter der glatten

Oberfläche eines perfektionierten Experiments stehen mitunter hunderte von weggeworfenen Experimenten, und diese Form auswählender Kreativität ist wesentlich für den Fortschritt der Wissenschaft.

§ 11.15. Bevor ich fortfahre, möchte ich ein ästhetisches Resümee für Nussbaumers siebenfache Farbensynthese ziehen. Erstens zeigt das Experiment exemplarisch und auf intellektuell faszinierende Weise abermals die zeitliche Symmetrie eines Bereichs der Optik. Dies Motiv habe ich vorhin bei der Weißsynthese ausführlich beleuchtet; dann bin ich ihm in den Künsten nachgegangen. Nun sind wir ihm in allen neuen Synthesen abermals begegnet.

Resümee

Zweitens holt das Experiment aus einem verschwimmenden Farbkontinuum sieben saubere, diskrete Farbsynthesen heraus, die allesamt farblich gleichberechtigt wirken; es freut unseren Schönheitssinn, wenn dem Chaos eine elegante, einfache Ordnung entspringt.

Dies geschieht drittens durch reine Kombinatorik, also ohne Willkür. Es ist viertens überraschend, dass jeder theoretisch möglichen Mischkombination empirisch ein deutlich herausgehobener Farbeindruck entspricht. Fünftens demonstriert das Experiment die Vollständigkeit der Synthesemöglichkeiten des Spektrums, und Vollständigkeit ist ein ästhetisches Plus.

Sechstens spricht die geometrische Präzision des erblickten Bildes unser Schönheitsempfinden an und bietet siebtens einen handfesten Überraschungseffekt. Achtens schließlich verschaffen uns die sieben synthetisierten Farben jeweils für sich ein schönes Farberlebnis.

Geht Ihnen mein Verweis auf die Schönheit der synthetisierten Farben einen Schritt zu weit? Halten Sie das für nichts anderes als für eine Geschmackssache? Auch beim Purpur? Wie ich finde, tun wir gut daran, die Farben im echten Experiment auf uns wirken zu lassen. Bislang habe ich niemanden kennengelernt, der nicht von ihrer Leuchtkraft und Farbe beeindruckt gewesen wäre. Und was ist denn so schlimm, wenn wir der sinnlichen Begeisterung auch einmal freien Lauf lassen? Zuweilen erlauben wir uns das doch sogar bei den Schönheiten aus bildender Kunst (§ 6.2) und Musik (§ 6.3). Warum nicht auch im Experiment? Naturwissenschaftler der verschiedensten Disziplinen und Zeiten halten sich in dieser Frage verblüffend wenig zurück. Das möchte ich im kommenden Paragraphen zum Abschluss dieses Kapitels illustrieren.

Farbenschwärmer

§ 11.16. Physiker und Chemiker zeigen zuweilen große Begeisterung für die Farben, die in ihren Versuchsergebnissen zu sehen sind. Newtons sinnenfrohe Begeisterung habe ich vorhin zitiert.[632] Dass er sich mit derartigen Bewertungen der Spektralfarben nicht als Außenseiter verstanden hat, ergibt sich aus dem Anfang seiner ersten Veröffentlichung, wo er die Farben beinahe wie gefeierte Schauspieler vermarktet:

»Ich verschaffte mir ein dreieckiges Glasprisma, um damit die *gefeierten* Farbphänomene auszuprobieren«.[633]

Auch Goethe schreibt mit Begeisterung von den ästhetischen Qualitäten einzelner Farben, etwa mit Blick aufs Purpur:

»Hier tritt denn endlich der Purpur hervor [...] Diese *vornehmste* Farbe [...] fehlt dem Newton, wie er selbst gesteht, in seinem Spektrum ganz«.[634]

Nicht alle Spektralfarben sind laut Goethe schön – er bringt auch die Ästhetik hässlicher Farben zur Sprache; kurz vor der zitierten Bemerkung bezeichnet Goethe einen Farbton aus der Nachbarschaft des Purpur (nämlich reines gesättigtes Blaurot) als unerträglich.[635]

Aber zurück zum Positiven: Der naturwissenschaftliche Schönheitssinn springt nicht nur auf isolierte Spektralfarben an. Die visuelle Schönheit ganzer Spektren geht für viele Betrachter weit über die Schönheit isolierter Farbeindrücke hinaus, und zwar selbst dann, wenn man alle strukturellen Aspekte abzieht, sich also nur auf die sinnliche Qualität eines Spektrums konzentriert (§ 6.1).

Ins Schwärmen gerät z. B. der britische Chemiker und Photograph William de Wiveslie Abney angesichts der Spektren, die er beobachtet:

»Überhaupt nichts – nicht einmal ein schönes Gesicht – ist so schön wie das Spektrum. Es hat zwar keine klar definierte Form und ist auch sonst in vielerlei Hinsicht frei von künstlerischen Merkmalen. Doch für mich ist seine Farbgestalt eine unausschöpfliche Quelle der Freude«.[636]

Auch heute können sich Chemiker leicht darüber einigen, dass die farbliche Schönheit gewisse chemikalische Experimente auszeichnet.[637]

12. Kapitel.
Goethes Coup mit kunterbunten Kontrapunkten

§ 12.1. Die nächsten Experimente, die ich ästhetisch kommentieren möchte, kehren die bislang betrachteten Experimente farblich um; hierbei kommt eine neue Form der Symmetrie ins Spiel – eine Symmetrie oder Polarität im visuellen Wahrnehmungsmaterial. Wie sich herausstellen wird, hat jede Beobachtung, die uns begegnet ist, ein symmetrisches Gegenteil – eine Art von Kontrapunkt.

Kontrapunkte

Ich habe das Spektrum auf der Projektionsfläche zuweilen kunterbunt genannt, weil es erstens sehr bunt und zweitens ein bisschen chaotisch aussieht (wegen der verschwimmenden Grenzen zwischen seinen Farbzonen). Kunterbunt ist ein schönes altes Wort, das die Leute zu hören meinten, wenn die kulturelle Elite von Kontrapunkt redete: *punctus contra punctum*, Note gegen Note. Wer einen Kontrapunkt zu einer musikalischen Stimme setzt, plaziert die Töne einer zweiten Stimme *gegen* den Verlauf der ersten. Oft werden dabei die rhythmischen Lücken der ersten Stimme durch Töne aus der zweiten Stimme gefüllt; in Bachs Krebskanon war das mit Händen zu greifen.[638] Fürs ungeschulte Ohr klingen übereinandergelagerte Kontrapunkte kunterbunt, ein bisschen durcheinander. Es kostet Übung herauszuhören, welche Töne hier zusammengehören und welche konträr marschieren. (Die Interpretin dieser Musik kann uns dabei mehr oder weniger stark unter die Arme greifen. Spielt sie z. B. ein modernes Klavier, so kann sie diejenigen musikalischen Abläufe durch gesteigerte Lautstärke hervorheben, die wir andernfalls Gefahr laufen zu überhören; der Cembalospielerin steht diese Möglichkeit nicht offen, und so muss ihr Zuhörer mitunter stärker mitarbeiten, um dem fraglichen Stück im kontrapunktischen Detail gut folgen zu können).

Es gibt eine weitere Möglichkeit, sich die skizzierten Verhältnisse der Fugenkomposition zurechtzulegen. Gehen wir z. B. von einem zweistimmigen Musikstück aus, das im Stil des Kontrapunkts komponiert ist. Sobald die zweite Stimme hinzugetreten ist, haben wir ein musikalisches Geschehen, das man einerseits als Gesamtheit hören kann. Andererseits aber kann man die Aufmerksamkeit vom Gesamteindruck fortlenken, um stattdessen eine der beiden Stimmen einzeln herauszuhören, indem man die andere vom Gesamtgeschehen abzieht, und diese Operation liefert gleichermaßen starke Resultate, ganz unabhängig davon, was abgezogen wird und was stehenbleibt:

Erste Stimme = Gesamtgeschehen minus zweite Stimme.

Zweite Stimme = Gesamtgeschehen minus erste Stimme.

Beide Stimmen sind gleichberechtigt, arbeiten polar gegenläufig und greifen doch ineinander – anders als etwa bei einem Schubert-Lied mit Klavierbegleitung, das seinen Charakter völlig verliert, wenn man die Liedstimme vom Gesamtgeschehen abzieht; dann bleiben nur belanglose Akkorde übrig. Für den Kontrapunkt kommt es demgegenüber darauf an, dass zwei (oder mehr) Stimmen gleichberechtigt gegeneinanderlaufen, so dass die oben eingerückten Subtraktionen gleichermaßen interessante Ergebnisse zeitigen.

Eine sehr ähnliche Idee liegt den farbigen Kontrapunkten zugrunde, auf die ich es zum Abschluss meiner Fallstudie abgesehen habe. Und zwar kann man die bislang betrachteten Experimente von einer optischen Gesamtheit so abziehen, dass völlig gleichwertige Experimente herauskommen, also neue Experimente, die genauso interessant sind wie die bislang betrachteten. Der wichtigste Kontrapunkt, der in diesem Kapitel farbig erklingen soll, geht auf Goethes Farbforschung zurück. Nussbaumer hat sie kongenial fortgeführt, wie Sie im nachfolgenden Kapitel sehen werden.

Malerei   § 12.2.   Gibt es Kontrapunkte außerhalb der Musik? Das kommt darauf an, wie weit man den Begriff zu strapazieren, also zu verwäs-

12. Kapitel: Goethes Coup mit kunterbunten Kontrapunkten   349

Abb. 12.2: **Klees Fuge in Rot.** Hier eine Schwarz/Weiß-Abbildung des Gemäldes vom Buchumschlag.

sern bereit ist. Die Suche nach solchen außermusikalischen Kontrapunkten ist eine heikle Sache. So haben Künstler der Moderne versucht, auf der *geometrisch* zweidimensionalen Leinwand die *zeitliche* Eigenart musikalischer Kontrapunkte umzusetzen. Einer der Wegbereiter der abstrakten Malerei, der Maler František Kupka sagt der *New York Times* im Jahr 1913:

>»Ich tappe noch im Dunkeln, aber ich glaube, dass ich ein Zwischenglied zwischen Sehen und Hören finde; ich kann mit Farben eine Fuge komponieren, so wie es Bach mit Tönen getan hat«.[639]

Unter diesen Wahlspruch lassen sich eine Reihe moderner Gemälde versammeln.[640] Besonders überzeugend finde ich die *Fuge in Rot* des Bauhaus-Lehrers Paul Klee (Abb. 12.2), die ich für den Buchumschlag ausgesucht habe.[641] Aus dem tiefdunklen Bildhintergrund tauchen fünf distinkte Figurentypen auf (Blatt, Kreis, Viereck, Dreieck, Vase), die jeweils links dunkel und blass erscheinen, nach rechts hin erst rötlich aufleuchten, dann über Orange ins gelbliche Weiß hinübergehen; die Figuren liegen immer leicht verschoben übereinander, so dass die hellste rechts als einzige vollständig zu sehen ist und die anderen gleichsam anführt.

Aus alledem entsteht der Eindruck einer Bewegung von links nach rechts; damit hätte Klee das zeitliche Lebenselement der Musik durch Farbmodulation in die Malerei hineingetragen, und man könnte sagen, dass die dunkleren Figuren unsere verblassende Erinnerung daran darstellen, wo die hellen Führungsfiguren zuvor gewesen sind – fast wie in einem Nachbild. Nicht viel anders ist uns eine musikalische Melodie gewärtig: Wir hören beispielsweise ihr Ende, erinnern uns aber noch daran, wie sie begann, und so ist sie als Ganzes in unserem Bewusstsein präsent, obgleich sie auf der Konzertbühne immerdar vom Strom der Zeit fortgerissen wird.

Angesichts dieser Interpretation müssten wir die fünf Figurentypen des Bildes als fünf musikalische Themen deuten, und das ist vielleicht ein bisschen zuviel Polyphonie für eine Fuge.[642] Wollte Klee ausgerechnet eine extreme Fuge mit exzeptionell vielen Stimmen malen?

Abgesehen davon scheinen laut augenblicklicher Bildinterpretation die versetzten Einsätze ein und desselben Fugenthemas allzu sparsam eingesetzt zu sein. Die Blättersequenz links oben stünde für ein einziges Thema in seiner zeitlichen Entwicklung und käme im weiteren Verlauf entgegen allen Fugengewohnheiten nicht wieder vor. Vielleicht muss man das Bild also etwas anders verstehen: Dann wäre jede Schattierung einer Figur bereits das gesamte Fugenthema, so dass beispielsweise die neunfach schattierte Vasenform rechts im Bild auf neun zeitlich versetzte Einsätze des Vasenthemas hindeuten würde. Auch in dieser Deutung fehlt jedoch der Gesichtspunkt, den ich bei Kontrapunkten besonders wichtig finde: Dass die Noten (»Punkte«) der einen Stimme *gegen* die Noten der anderen Stimme gesetzt werden, sich also polar zu ihnen verhalten.

Statt meiner Unzufriedenheit mit dem Fugencharakter des Bildes weiter nachzugehen, möchte ich noch einmal neu ansetzen und in optischen Versuchsergebnissen nach Kontrapunkten suchen.

§ 12.3. Meine Suche ähnelt dem, was Künstler wie Klee in ihrer Malerei anstrebten. Ich werde mich schrittweise an das Ziel herantasten, indem ich mit recht banalen Formen von Kontrapunkten beginne, die zunächst etwas gewollt erscheinen mögen, aber durch Vertiefung und Steigerung in größere Nähe zur Musik kommen werden.[643]

Ein karger Kontrapunkt im Versuchsaufbau

Einen besonders kargen Kontrapunkt könnte man auf der zerschnittenen Projektionsfläche dingfest machen, die ich im vorigen Kapitel beschrieben habe (Farbtafel 9):
1) Rot (Komplement zu Zeile 5),
2) Rot + Grün (Komplement zu Zeile 7),
3) *Grün (Komplement zu Zeile 6),*
4) Rot + Grün + Blau,
5) Grün + Blau (Komplement zu Zeile 1),
6) *Rot + Blau (Komplement zu Zeile 3),*
7) Blau (Komplement zu Zeile 2).

Diese Liste werden Sie leichter überschauen, sobald komplementäre Fälle einander gegenüberstehen, wie hier:

Zeilennummer	Schnittmuster aus dem Newtonspektrum	Komplement dieses Schnittmusters	Zeilennummer des Komplements
1)	Rot	Grün + Blau	5)
2)	Rot + Grün	Blau	7)
3)	*Grün*	*Rot + Blau*	6)

In diesem banalen Sinne bietet z. B. die dritte Zeile der Projektionsfläche den Kontrapunkt zur sechsten. Denn in der dritten Zeile klaffen genau dort Lücken, wo in der sechsten Zeile keine Lücken klaffen (und umgekehrt). Wir hätten also in dieser Zeile zwei Stimmen (einerseits Grün, andererseits Rot + Blau), die zusammen das gesamte Spektrum bilden. Das ist eine Art kombinatorischer oder geometrischer oder formaler Kontrapunkt im Gesamtspektrum. Insgesamt bietet die zerschnittene Projektionsfläche drei Paare solcher Kontrapunkte.

Farben und Töne fordern

§ 12.4. Bis hierher habe ich eine wenig überraschende Symmetrie oder Kontrapunktik im Versuchs*aufbau* beschrieben, den Sie aus dem vorigen Kapitel kennen. Weniger banal als diese formalen Kontrapunkte, die man in Nussbaumers Schablonen dingfest machen kann, ist das Versuchs*ergebnis* der Versuchsreihe. Was zeigt sich im Experiment, sobald man wieder (wie im vorigen Kapitel vorgeführt) ein Prisma ins Spiel bringt und vor die geschaffenen Kontrapunkte setzt? Dann ergeben sich wie gehabt die Syntheseresultate der paarweisen Kontrapunkte:

Zeilen-nummer	Ausgangsbild und dessen Synthese	komplementäres Ausgangsbild und dessen Synthese	Zeilen-nummer des Komplements
1)	Rot = Rot	Grün + Blau = Türkis	5)
2)	Rot + Grün = Gelb	Blau = Blau	7)
3)	Grün = Grün	Rot + Blau = Purpur	6)

Wer durchs Prisma erst auf irgendeine Zeile der zerschnittenen Projektionsfläche blickt, danach auf deren Kontrapunkt, der sieht erst irgendeine synthetisierte Farbe, danach deren Gegenteil: ihre Komplementärfarbe. Das synthetisierte Grün aus der dritten Zeile ist z. B. die Komplementärfarbe zum synthetisierten Purpur aus der sechsten Zeile.

Was bedeutet die Rede von gegenteiligen Farben, von Komplementärfarben? Wenn Sie eine Zeitlang starr auf eine der Farben wie z. B. Grün blicken und Ihren Blick dann auf eine schwarze Fläche wenden, so sehen Sie dort nach kurzer Zeit ein Nachbild, und dieses Nachbild hat die Komplementärfarbe der ursprünglichen Farbe – also im Beispiel: Purpur als Komplementärfarbe von Grün.

Man kann auch sagen, dass das Grün seine Komplementärfarbe Purpur *fordert*; unser Gesichtssinn arbeitet aktiv darauf hin, die Komplementärfarbe hervorzubringen:

Rot *fordert* Türkis;
Grün *fordert* Purpur;
Blau *fordert* Gelb (Farbtafel 11 oben).

Als einer der ersten hat Goethe diese Verhältnisse anhand farbiger Nachbilder und farbiger Schatten systematisch untersucht und

Kunsttafel 1: **Robert Kuśmirowski, Rauminstallation** *Lichtung.* *Siehe § 6.13.*

Kunsttafel 2: Giuseppe Arcimboldo, *Der Bibliothekar.* Siehe § 6.13.

Kunsttafel 3: Antonio del Pollaiuolo, *Bildnis einer jungen Frau im Profil*. Siehe § 6.17.

Kunsttafel 4: Rogier van der Weyden, *Kreuzabnahme.* Siehe § 6.17.

Kunsttafel 5: John Everett Millais, *Ophelia*. Siehe § 6.17.

Kunsttafel 6 oben: Hans Arp, *Ohne Titel, papier déchirés.* Siehe § 6.18.

Kunsttafel 6 unten: Hermann Nitsch, *Blutorgelbild.* Siehe § 6.18.

Kunsttafel 7 oben: Anselm Kiefer, *Zwanzig Jahre Einsamkeit.* *Siehe* § 6.18.

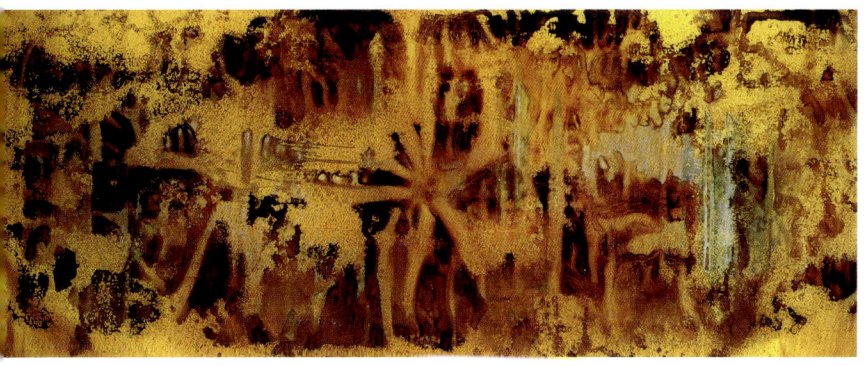

Kunsttafel 7 unten: Andy Warhol, ***Oxidation Painting.*** Privatbesitz. *Siehe* § 6.18.

Kunsttafel 8: Jan Brueghel der Ältere, *Blumenstrauß*. *Siehe § 6.2.*

Kunsttafel 9: **Ad Reinhardt,** *Abstract Painting.* Siehe § 9.17.

Kunsttafel 10: *Brunnen im Garten des Ryoanji-Tempels in Kyoto.* Siehe § 9.13.

Kunsttafel 11: Ellsworth Kelly, *Blue Green Red.* Siehe § 9.17.

Kunsttafel 12: Antonio Vivarini, *Heilige Maria Magdalena, von den Engeln empor getragen*. Siehe § 9.19.

Kunsttafel 13: Andrea di Bartolo di Simone, genannt Andrea del Castagno, *Die Himmelfahrt Mariae*. Siehe § 9.20.

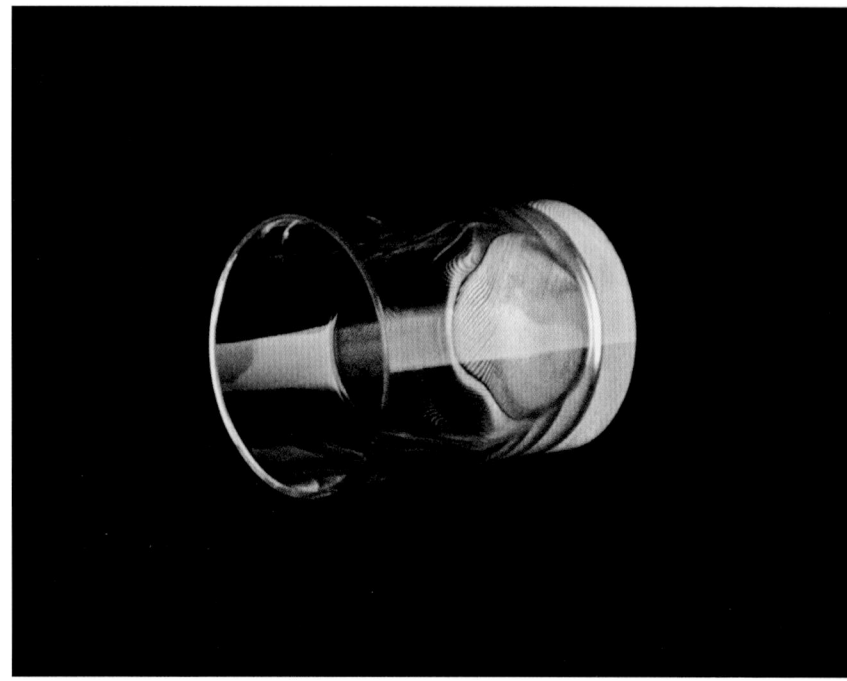

Kunsttafel 14: Mathias Poledna, Standbild aus *Double Old Fashioned*. *Siehe § 6.6.*

Kunsttafel 15: **Ingo Nussbaumer**, **Standbild** aus *Loops.* *Siehe § 13.12.*

Kunsttafel 16: Gustave Courbet, *Die Welle.* *Siehe § 14.6.*

zur Grundlage einer Farbästhetik für Gemälde gemacht.[644] Wie er darlegt, finden wir das Kolorit eines Bildes – seine Farbgestaltung – dann harmonisch, wenn seinen prominenten Farben mittels der geforderten Komplementärfarben begegnet wird.[645] Laut Goethe verlangt es uns also bei der Betrachtung von Gemälden nach einer Balance entgegengesetzter Farben; ihre Polarität soll austariert werden.

Meiner Ansicht nach passt das zur Ästhetik des Kontrapunkts. Eine Lücke in einem Fugenthema fordert zum Beispiel einen Ton aus ihrem Kontrapunkt, also einen Ton, der *gegen* das fragliche Fugenthema gesetzt ist und einer konkurrierenden musikalischen Bewegung angehört. Der Fugenliebhaber hört bereits beim allerersten Einsatz der ersten Stimme, dass deren Thema kontrapunktisch ergänzt werden muss. Wie er weiß, wird dieses Fugenthema (der sog. *dux*, als Anführer) binnen kurzem von der zweiten Stimme abermals markant zu Gehör gebracht, dieweil die erste Stimme (als sog. *comes*, Begleiter) gegenläufig fortschreitet, etwas stärker im Hintergrund zwar, und doch deutlich genug als eigenständige musikalische Bewegung zu erkennen.[646]

Obwohl sich beide Fugenstimmen nicht immer gleichermaßen stark im Vordergrund bemerkbar machen, bietet es sich an, die Forderungen des musikalischen Kontrapunkts mit den geforderten Farben à la Goethe zu vergleichen, so wie ich es vorschlage: Wenn sich der *comes* weniger markant als der *dux* aus dem Gesamtgeschehen heraushören lässt, dann entspricht dies der bisher nicht erwähnten Tatsache, dass die Komplementärfarbe in Nachbildern weniger markant zum Vorschein kommt als die ursprüngliche Farbe; das Nachbild ist zarter und etwas schwerer zu greifen. Und so wie es Experimente gibt, in denen die normalerweise zarte Komplementärfarbe stark verdeutlicht hervortritt, so gibt es Fugen-Interpretationen, in denen der Pianist den *comes* eigens hervorhebt.

Doch obschon sich der Vergleich in dieser Hinsicht überraschend weit fortsetzen lässt, hat er seine Grenzen. Die geforderte Komplementärfarbe ist eindeutig bestimmt, auch intersubjektiv; wie ein Komponist hingegen den Kontrapunkt zu einem vorgegebenen Fugenthema ausarbeitet, ist (im Rahmen gewisser Regeln) seiner künstlerischen Freiheit anheimgestellt; das Fugenthema fordert einen Kontrapunkt, sagt aber nicht, wie er genau aussehen soll.

Dies zeigt die Anekdote von Bachs Besuch beim ersten Diener des preußischen Staats im Mai 1747.[647] Friedrich der Große spielte Bach ein Thema vor und verlangte von seinem Besucher, eine Fuge über dieses Thema zu improvisieren.[648] Bach entsprach dem Befehl dreistimmig, war aber nach seiner Rückkehr nicht zufrieden mit dem Geleisteten. So komponierte er zusätzlich eine sechsstimmige Fuge über das königliche Thema, verarbeitete das Thema darüber hinaus in weiteren kontrapunktischen Stücken und widmete diesen Zyklus dem König unter dem Titel *Ein musicalisches Opfer*.[649] Er schrieb dem König:

»Ew. Majestät Befehl zu gehorsamen, war meine unterthänigste Schuldigkeit. Ich bemerkte aber gar bald, daß wegen Mangels nöthiger Vorbereitung, die Ausführung nicht also gerathen wollte, als es ein so treffliches Thema *erforderte*. Ich fassete demnach den Entschluß, und machte mich sogleich anheischig, dieses recht königliche Thema *vollkommener* auszuarbeiten«.[650]

Diese Zeilen spiegeln nicht einfach nur Bachs höfische Untertänigkeit wider – sie sind Ausdruck künstlerischer Freiheit. In der Tat, die Forderung des Königs hatte nur deshalb Sinn, weil die befohlenen Kontrapunkte nicht eindeutig sind.[651] Die Kunst des Fugen-Komponisten besteht auch darin, die Spuren seiner Freiheit zu verbergen; das Ergebnis soll sich anhören, als ob es so und nicht anders hat komponiert werden *müssen*. Und diese ästhetische Notwendigkeit ähnelt der naturwissenschaftlichen Notwendigkeit, mit der eine Farbe immer ihre ureigenste Komplementärfarbe fordert.

Vertiefungsmöglichkeit. Es mag andere Möglichkeiten geben, die komplementären Ordnungen aus dem Farbenkosmos auf Musik zu übertragen. Der Komponist Anton Webern, der Goethes *Farbenlehre* genau kannte, nimmt z. B. an, dass unser Gehörsinn zu irgendeinem Intervall – etwa einer Septime – immer das zur Oktave noch fehlende Intervall fordert – also z. B. eine Sekunde.[652] Dieser Vorschlag ähnelt dem meinigen, deckt sich mit ihm aber nicht vollständig.

§ 12.5. Wie zuletzt ausgeführt passen Paare komplementärer Farben ästhetisch nicht viel anders zueinander als Kontrapunkte. Die banalen – rein kombinatorischen – Kontrapunkte im Schnittmuster der Projektionsfläche verwandeln sich (mittels eines Prismas, das die Farbsynthesen à la Nussbaumer bewerkstelligt) in farbige Kontrapunkte. Und nur das geschulte Auge weiß festzustellen, welche Farbenpaare kontrapunktisch zusammengehören. Nussbaumers Experiment der siebenfachen Farbsynthesen kann zur Augenschulung herangezogen werden: Die Kontrapunkte im Schnittmuster der Projektionsfläche, die sich mit mathematischer Stringenz greifen lassen und leicht zu verstehen sind, weisen das Auge beim Blick durchs Prisma ein in einen farbigen Kosmos voller Kontrapunkte; dieser Kosmos ist zunächst verwirrend, wird aber mithilfe des banal kontrapunktierten Versuchsaufbaus verständlicher, transparenter, besser überschaubar. Auch darauf beruht der ästhetische Reiz des Experiments von Nussbaumer.

Eine farbige Melodie?

Vergleichen wir das so Erreichte mit der Musik. Erstens: Versuchsplan und -aufbau könnte man als Partitur deuten, deren visuelle Überschaubarkeit es uns im Fall der Musik ermöglicht, einen komplizierten, verwirrenden Kontrapunkt (etwa den des Krebskanons) mit mehr Verständnis hören zu lernen, so wie wir nun Nussbaumers Versuchsergebnis mit mehr Verständnis betrachten können. Zweitens: Erst wenn die Noten der Partitur gespielt werden, entsteht Musik; erst dann erfahren wir, wie die Töne zusammenklingen – erst bei der Durchführung des Versuchsplans, erst beim Blick durchs Prisma erfahren wir, wie die Farben des jeweiligen Ausschnitts aus dem Spektrum zusammengenommen aussehen. Drittens: Die Gesamtheit aller Teile des Spektrums ergibt als Gesamteindruck Weiß; ziehen wir an irgendeiner Stelle eine der Hauptfarben ab, so ergibt sich gleichberechtigt eine andere Hauptfarbe – so wie die Subtraktion einer Fugenstimme von einem kontrapunktischen Musikstück die andere Fugenstimme liefert.

Was in Nussbaumers Experiment untereinandersteht, könnte man also als eine farbmusikalische Stimme deuten, die vom Weiß abgezogen wurde, einen Kontrapunkt in einer zweiten Stimme fordert und sich zeitlich von oben nach unten entwickelt:

356 Teil IV: Fortsetzung der Fallstudie in Nussbaumers Atelier

1. Stimme	2. Stimme
Rot (ein Ton R)	Türkis (Zweiklang G + B)
Gelb (Zweiklang R + G)	Blau (ein Ton B)
Grün (ein Ton G)	Purpur (Zweiklang R + B)
Weiß (Dreiklang R + G + B)	Pause
Türkis (Zweiklang G + B)	Rot (ein Ton R)
Purpur (Zweiklang R + B)	Grün (ein Ton G)
Blau (ein Ton B)	Gelb (Zweiklang R + G)

Beide Stimmen bestehen aus sieben Farbklängen, die der Reihe nach von oben nach unten visuell gespielt werden. Vor der Klammer steht hier jeweils ein Farbname für den visuellen Gesamteindruck; in Klammern wie in einer Partitur die Felder im Spektrum, aus denen sich der Gesamteindruck zusammensetzt: R = linkes rotes Feld des Spektrums; G = grünes mittleres Feld; B = rechtes blaues Feld.

Vertiefungsmöglichkeit. Die hier beschriebenen Verhältnisse hat Nussbaumer in eigenen Lichtinstallationen künstlerisch zusammengestellt. Eine von ihnen hieß *See what happens by cutting out* (siehe Farbtafel 10). Eine ganze Serie solcher Installationen fand im Herbst 2010 zum zweihundertsten Jubiläum der Berliner Universität statt, und zwar im Rahmen der Ausstellung *Working Shade – Formed Light*.[653]

Kontrapunkt zur Weißsynthese?

§ 12.6.   Im vorigen Paragraphen sind uns Paare farbiger Kontrapunkte begegnet. Nicht nur deshalb habe ich dies Kapitel unter die Überschrift »Kunterbunte Kontrapunkte« gebracht. Vielmehr habe ich das in erster Linie deshalb getan, weil im Farbenkosmos noch umfassendere und weit faszinierendere Kontrapunkte auf uns warten. Sie haben ihren Auftritt in der nächsten experimentellen Serie Nussbaumers, die ich ästhetisch kommentieren möchte. Genauer gesagt bietet diese neue Serie einen exakten Kontrapunkt der folgenden Serie, die wir schon kennen:

Weißanalyse (6. Kapitel, Farbtafel 11, viertletzte Bildzeile),
Weißsynthese (7. Kapitel, Farbtafel 12, obere zwei Bildzeilen),
Siebenfache Farbsynthese (11. Kapitel, Farbtafel 9).

12. Kapitel: Goethes Coup mit kunterbunten Kontrapunkten 357

Die neue Serie wird diese Experimente farblich genau umdrehen; sie besteht aus folgenden komplementären Experimenten:
Schwarzanalyse (Farbtafel 11, drittletzte Bildzeile),
Schwarzsynthese (Farbtafel 12, dritte und vierte Bildzeile),
Komplementär siebenfache Farbsynthese (Farbtafel 13 unten).
Um Sie an die neuen Experimente heranzuführen, möchte ich Sie noch zu einem letzten Blick auf das siebenfache Experiment aus Farbtafel 9 verleiten. Ich habe darin drei Paare von Kontrapunkten dingfest gemacht:

1) Rot = Rot,
5) Türkis = Grün + Blau.

2) Gelb = Rot + Grün,
7) Blau = Blau.

3) Grün = Grün,
6) Purpur = Rot + Blau.

Das Experiment hat aber sieben Zeilen, genau eine Zeile musste also ohne Kontrapunkt auskommen, die vierte Zeile der Weißsynthese. Auf der Projektionsfläche ist das diejenige Zeile, in der überhaupt nichts weggeschnitten wurde. Was wäre ihr kombinatorischer Kontrapunkt? Einfach: eine Zeile, in der die *gesamte* Projektionsfläche fehlt – sozusagen ein restlos aufgesperrtes Fenster in die Finsternis. Warum wir diese degenerierte, triviale Form der Kontrapunktik besser nicht weiterverfolgen sollten, werde ich im kommenden Paragraphen dartun.

§ 12.7. Was wäre die prismatische Synthese des soeben aufgestoßenen Fensters in die Finsternis? Wieder ist die Antwort einfach: Von nichts kommt nichts; wer also durchs Prisma irgendwohin schaut, woher überhaupt kein Licht zurückkommt, der sieht Schwarz – einen Kontrapunkt dessen, was bei der Weißsynthese entsteht. Hatte Nussbaumer also in seinem Experiment, das ich im vorigen Kapitel besprochen und nun zuletzt kontrapunktisch analysiert habe, noch eine achte Zeile vorsehen sollen, für den Kontrapunkt zur Weißsynthese? Nein, und zwar aus zwei Gründen nicht.

Zu banal

Erstens wäre das zuviel des Guten, denn auch im siebenfachen Experiment herrschte mehr als genug Finsternis (die sich genauso synthetisiert wie in der anvisierten achten Zeile des Experiments). So zeigte sich das kunterbunte Spektrum auf der Projektionsfläche stets vor einem *schwarzen Hintergrund*, und auch die sieben Synthesebilder waren allesamt schwarz eingebettet, in das vermeintliche Syntheseresultat des schwarzen Hintergrunds auf der Projektionsfläche.

Der zweite Grund dagegen, eine komplett weggeschnittene Projektionsfläche als achte Zeile ins Experiment einzubauen, hat damit zu tun, dass diese achte Zeile nur zu einer trivialen »Synthese« der Schwärze führt; von nichts kommt nichts, wie gesagt. Es ist alles andere als erhellend, ein gar nicht stattfindendes optisches Ereignis hochtrabend als Synthese zu titulieren.

Doch damit ist diese Angelegenheit noch nicht ausgereizt. Überraschenderweise gibt es eine weitere, viel faszinierendere und alles andere als triviale Schwarzsynthese, und die kann mit vollem Recht den Titel *Kontrapunkt der Weißsynthese* für sich reklamieren – ein Meisterstück der Experimentierkunst, wie Sie sehen werden.

Bevor ich Ihnen diesen meisterhaften Kontrapunkt schmackhaft machen kann (13. Kapitel), erwartet Sie eine andere Überraschung: die Schwarz*analyse*. Sie wurde vom größten deutschen Dichter in die experimentelle Farbforschung des 19. Jahrhunderts eingebracht – und zwar seltsamerweise, ohne dass dies den Gang der Forschung nennenswert hätte beeinflussen können; Goethes kontrapunktische Intervention verhallte ohne Echo. Am mangelnden ästhetischen Reiz seiner Experimente kann es nicht gelegen haben.

Vertiefungsmöglichkeit. Mit Blick auf Goethes *Farbenlehre* bringt meines Wissens als erster (im Jahr 1811) der Mediziner und Gymnasialdirektor Christian Friedrich Schlosser den Begriff des Kontrapunkts ins Spiel.[654] Wie sehr Schlosser damit ins Schwarze trifft, wird sich im Laufe des augenblicklichen Kapitels herausstellen.

Vorbereitung der Schwarzanalyse

§ 12.8. Genau wie im Fall der newtonischen Weißanalyse, also des ersten Experiments aus der alten Serie (Farbtafel 1), bietet das erste Experiment aus der neuen Serie eine Analyse, keine Synthese. Es geht aus seinem Vorläufer durch eine einzige Änderung hervor,

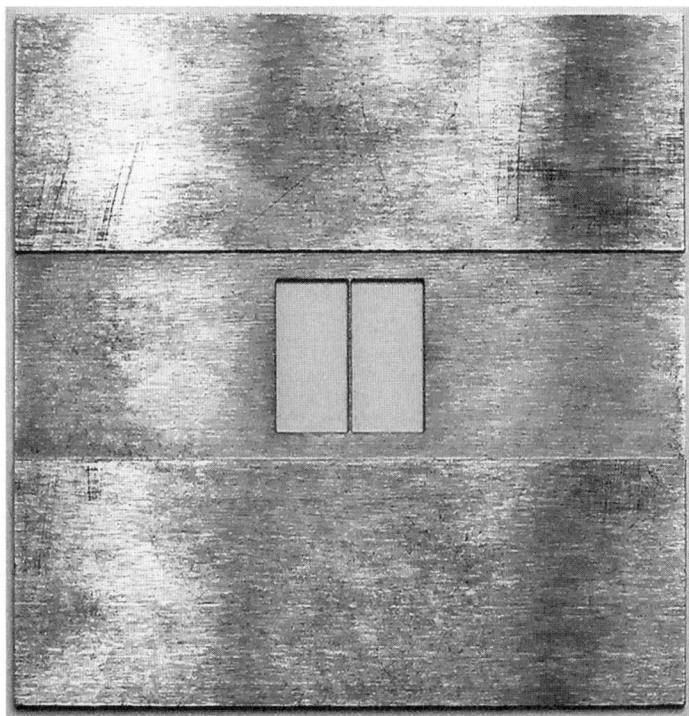

Abb. 12.8a: Stegdia. Ein scharfgeschliffener Eisensteg von 0,21 mm Breite ist vertikal in die Mitte des Diarahmens eingespannt. (Ingo Nussbaumer, Moritz Foessl, Wolfgang Gratzl, 2010, Eisen 5 × 5 cm, Stegbreite 0,21 mm).

die Goethe ersonnen und mit experimentellem Geschick in die Tat umgesetzt hat; er schlägt vor, am Prisma Newtons die Rollen von Licht und Dunkelheit genau zu vertauschen.[655]

Nussbaumer greift Goethes Anregung auf und verwirklicht sie in seinem Versuchsaufbau mit modernen Mitteln. Er nimmt also das bisherige Spaltdia aus dem Projektor heraus und ersetzt es durch dessen geometrischen Kontrapunkt. Bislang steckten im Diarahmen zwei undurchsichtige Rechtecke aus Eisen, die fast das ganze Diafeld ausfüllten und einander in der Mitte des Diarahmens beinahe berührten, also einen schmalen senkrechten Spalt freiließen (Abb. 6.24a).

Abb. 12.8b: Dunkle Finsternisbalken in heller Umgebung. Der Steg des (computergraphisch stilisierten) Stegdias wird jeweils als schmaler Strich in heller Umgebung sichtbar (bei Beleuchtung von zwei Seiten). Wer das Stegdia mittels Diaprojektor auf einen Schirm wirft, erzeugt dadurch den Ausgangskontrast für prismatische Experimente à la Goethe. (Graphik von Matthias Herder, realistische Simulation mithilfe eines Programms für *ray-tracing*).

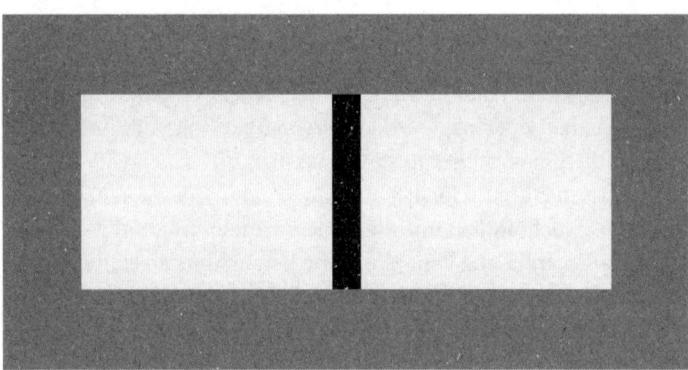

Abb. 12.8c: Projektion des Stegdias. Vertikaler schwarzer Balken vor weißem Grund. (Graphik von Matthias Herder).

12. Kapitel: Goethes Coup mit kunterbunten Kontrapunkten 361

Um den kombinatorischen Kontrapunkt dieser Konstellation zu bilden, nutzt Nussbaumer ein sog. Stegdia: einen leeren Diarahmen, in dessen Mitte ein senkrechter Eisensteg von 0,21 mm Breite eingespannt ist (Abb. 12.8a). Dies Stegdia bietet das genaue Gegenteil des Spaltdias – wo das eine Dia kein Licht hindurchlässt, lässt das andere Dia sehr wohl Licht hindurch, und umgekehrt (Abb. 12.8b). Wer das Stegdia projiziert, ohne das Projektionslicht durch irgendwelche Prismen abzulenken, sieht auf der Projektionsfläche einen schmalen schwarzen Balken vor weißem Hintergrund (Abb. 12.8c).

§ 12.9. Jetzt folgt Nussbaumer dem entscheidenden, genialen Wink Goethes und schiebt wieder das Wasserprisma in den Weg der Projektion.[656] Das zuvor schmale Bild springt dadurch abermals nach rechts und verbreitert sich erneut. Zudem färbt es sich wieder kunterbunt, doch in was für Farben! Links ist das entstehende Spektrum türkis, in der Mitte purpurn, rechts gelb – wie gehabt mit fließenden Übergängen (siehe Farbtafel 11 unten).

Ergebnis der Schwarzanalyse

Vergleichen wir die Farbenreihe aus dem ursprünglichen Experiment mit ihrem neuen Gegenstück. Damals ließen sich in der Weißanalyse diese Farben des Newtonspektrums blicken:

Rot, Grün, Blau – mit fließenden Übergängen, und zwar in schwarzer Umgebung (Farbtafel 11, vorletzte Bildzeile).

Nun zeigt sich in der Schwarzanalyse eine ganz andere Farbenreihe, die ich als Goethespektrum oder als umgekehrtes Spektrum bezeichne:

Türkis, Purpur, Gelb – mit fließenden Übergängen, und zwar in weißer Umgebung (Farbtafel 11, letzte Bildzeile).

Beide Spektren sind gleichermaßen schön; sie zeigen dieselbe Farbenvielfalt, dieselben verschwommenen Grenzen an den Farbübergängen und exakt dieselbe Geometrie – jedenfalls dann, wenn Diaprojektor, Wasserprisma und Projektionsfläche in beiden Experimenten genau gleich angeordnet sind und wenn das neue Stegdia den geometrisch exakten Kontrapunkt des alten Spaltdias bildet.

Der einzige Unterschied zwischen den beiden Farbenreihen liegt im Farbeindruck, den sie bieten: Die zweite Farbenreihe ist das exakte Komplement der ersten, einschließlich der verschwimmenden Grenzen und der jeweiligen Hintergrundfarben (siehe Farbtafel 11, unteres Bild).

Diese Effekte wirken schön, vor allem für einen Zuschauer mit den nötigen Hintergrundkenntnissen; er weiß den Zusammenhang mit dem ursprünglichen Experiment zu überblicken, das durchs neue Experiment kurzerhand umgedreht wird. Hier bietet sich dem überraschten geistigen Auge eine neue Form der Symmetrie.

Symmetrie im Wahrnehmungsmaterial

§ 12.10. In der Mehrzahl meiner früheren Beispiele hing die Ästhetik von optischem Experiment und kontrapunktischer Musik mit *zeitlichen* Spiegelsymmetrien zusammen. Sie zeigten sich beim Verhältnis zwischen Weißanalyse und Weißsynthese (§ 7.8 – § 7.12); ganz ähnliche Verhältnisse herrschten zwischen den beiden Stimmen aus Bachs Krebskanon (§ 9.2). Und nicht viel anders stand es mit den *räumlichen* Spiegelsymmetrien, die ich nur beiläufig aufgewiesen habe (§ 7.4, § 7.14). Alle diese Symmetrieverhältnisse könnte man als strukturelle oder formale Symmetrien bezeichnen.[657]

Mit dem letzten Experiment ist eine neue, sinnlichere Art der Spiegelsymmetrie hinzugekommen – eine Symmetrie des *Farbtons*, also im angeordneten Wahrnehmungsmaterial. Auch derartige Symmetrien kennen wir aus der Musik; Bach hat herrliche Zwillingspaare von Musikstücken komponiert, deren einer Zwilling durch Umkehrung der Tonhöhen aus dem anderen Zwilling hervorgeht. Zum Beispiel fängt die erste Spiegelfuge für zwei Klaviere aus Bachs *Kunst der Fuge* so an:

Abb. 12.10a: Bachs erste Spiegelfuge für zwei Klaviere (Auszug).[658]

Und der Anfang der zweiten Spiegelfuge bietet – in Sachen Tonhöhe – das exakte Spiegelbild des Anfangs der ersten Spiegelfuge. Ein Quartsprung nach oben (aus dem Anfang der ersten Spiegelfuge) verwandelt sich per Spiegelung an einer horizontalen Spiegelachse in einen Quartsprung *nach unten*:

12. Kapitel: Goethes Coup mit kunterbunten Kontrapunkten   363

Abb. 12.10b: Bachs zweite Spiegelfuge für zwei Klaviere (Auszug).[659]

Diese Symmetrie der Tonsprünge zwischen einer Bewegung nach oben und einer Gegenbewegung nach unten zeigt sich nicht allein in den abstrakten Konventionen unserer *visuellen* Notenschrift, in der die beiden Spiegelfugen notiert sind; sie entspricht einer *hörbaren* Symmetrie zwischen höheren und tieferen Tönen – die man freilich in den Spiegelfugen leicht überhören kann, wenn man nicht aufpasst. In diesem Fall könnte man die beiden Spiegelfugen glatt miteinander verwechseln; abgesehen von ihrer Symmetrie sind die Musikstücke identisch. Die Symmetrie beherrscht also nicht nur den Anfang der beiden Fugen – sie beherrscht das Verhältnis der beiden Fugen vom Anfang bis zum Ende.[660]

Mehr noch, auch innerhalb jeder einzelnen Spiegelfuge hat Bach solche Symmetrien eingebaut; so bietet jeweils der zweite Themeneinsatz in jeder dieser Fugen das Spiegelbild des ersten Themeneinsatzes, allerdings in einer anderen Tonhöhe; d. h. die Spiegelachse muss nicht immer auf derselben Höhe liegen.

Angesichts meiner Beschreibung könnte man fürchten, dass sich diese Spiegelfugen zu konstruiert anhören könnten. Aber das Gegenteil ist der Fall; sie sind quicklebendig, sprühen von Energie und Lebenslust – eine Seltenheit in Bachs Spätwerken.[661] Mich jedenfalls stimmen sie euphorisch, und dadurch sticht ihr Charakter deutlich aus den anderen Kontrapunkten der *Kunst der Fuge* heraus, die nachdenklicher klingen, hart auch, seufzend, fast ängstlich.[662] Wie man vermuten mag, will Bach mit den besprochenen Spiegelfugen auch demonstrieren, dass sich ein hochartifizielles, symmetrisches Bauprinzip kontrapunktischer Kompositionsweise vorzüglich mit Lebensfreude verträgt – buchstäblich alles ist möglich im Reich der Fugenkunst.

Vertiefungsmöglichkeit. Der Vergleich zwischen Optik und Musik liegt in den Augen vieler Wissenschaftsfreunde deshalb nahe, weil sich Töne und Farben wie Wellen ausbreiten und weil ihre Wahrnehmungsqualität in beiden Fällen mit Wellenlängen und Schwingungsamplituden zusammenhängt. Doch schon bevor alles das bekannt war, hat man Töne mit Farben verglichen, sogar mit ästhetischer (harmonischer) Absicht. Ein berühmtes Beispiel dafür ist Newtons siebenteiliger Farbenkreis und dessen Vergleich mit den sieben Tonschritten der Oktave.[663] Man kann freilich darüber streiten, wie gut dieser Vergleich funktioniert; die Einteilung des Spektrums in sieben Farben wirkt gewollt.[664] Wie dem auch sei, Newton ist nicht der einzige Physiker, dem bei Betrachtung der Spektren sogleich musikalische Analogien in den Sinn kommen. So sagt der Physiker Arnold Sommerfeld angesichts der Linien, die sich in den Spektren verschiedener Materialien finden:

»Das ungeheure Material, welches 50 Jahre spektroskopischer Praxis aufgehäuft haben, schien allerdings in seiner Mannigfaltigkeit zunächst unentwirrbar [...] Was wir heutzutage aus der Sprache der Spektren heraus hören, ist eine wirkliche Sphärenmusik des Atoms, ein Zusammenklingen ganzzahliger Verhältnisse, eine bei aller Mannigfaltigkeit zunehmende Ordnung und Harmonie. [...] Quantentheorie [...] ist das geheimnisvolle Organon, auf dem die Natur die Spektralmusik spielt und nach dessen Rhythmus sie den Bau der Atome und der Kerne regelt«.[665]

Hier spielt Sommerfeld auf Kepler an. Dessen Sphärenmusik erklingt am Planetenhimmel, also im Makrokosmos (§ 4.22) – Sommerfelds Sphärenmusik erklingt im Mikrokosmos. Es kommt offenbar weniger auf die Dimensionen an und mehr auf etwas anderes: Kosmos.

Vom diskreten zum kontinuierlichen Kontrapunkt

§ 12.11. Genau wie bei der Richtung der musikalischen Intervallsprünge in Bachs Spiegelfugen hat sich im neuen Experiment Goethes jeder Farbwert aus der ursprünglichen Farbenreihe Newtons in dessen komplementäres Gegenteil umgekehrt (Farbtafel 11 unten). Und da diese Umkehrung die *gesamte* Farbenreihe erfasst, also auch jeden verschwimmenden Übergang zwischen ihren Hauptfarben Rot-Grün-Blau, haben wir jetzt, mit dem neuen Experiment, eine weiter ausgreifende Kontrapunktik des Farbenkosmos vor uns als bislang. Denn die drei Paare farbiger Kontrapunkte von vorhin hatten nur mit den diskreten und synthetisierten Hauptfarben zu tun (Farbtafel 10):

Rot *versus* Türkis,
Grün *versus* Purpur,
Blau *versus* Gelb (Farbtafel 11, oben).

Jetzt dagegen gibt es beliebig viele solcher Paare, nämlich für jede Farbnuance ein eigenes Paar. Ich kann sie nicht alle aufzählen, nenne aber wenigstens einige aus ihrer kontinuierlichen Reihe:
Rot *versus* Türkis,
Dunkelgelb *versus* Hellblau,
Grün *versus* Purpur,
Dunkeltürkis *versus* Hellrot,
Blau *versus* Gelb.[666]
Viel mehr dieser Nuancen zeigen sich im echten Experiment; einen groben Eindruck davon bietet Farbtafel 11, unten. Das neue Experiment erweitert also das Motiv farbiger Kontrapunkte vom diskreten Reich hin zum kontinuierlichen Reich der Farben. Schon das ist überraschend genug und schön. Dass das neue Experiment in Sachen Farbwert den Kontrapunkt zum alten Experiment setzt, ist aber auch noch aus einem anderen Grund überraschend, der mit Wissenschaftsphilosophie zu tun hat. Er ist mein Thema für den restlichen Teil dieses Kapitels.

§ 12.12. Newton ist ein stolzer Mann. Er behauptet, die Heterogenität des weißen Lichts empirisch *beweisen* zu können. So sagt er gleich zu Beginn der *Opticks*:

»Ich verfolge mit diesem Buch nicht das Ziel, die Eigenschaften des Lichts durch Hypothesen zu erklären, sondern sie anzugeben sowie durch vernünftige Argumentation und Experimente zu *beweisen*«.[667]

Newtons Beweisstolz hat Goethe auf den Plan gerufen. Und der trifft ins Schwarze, indem er die Schwarzanalyse gegen dessen stolze Behauptung so ins Feld führt:

»Diese Phänomene [Weiß- und Schwarzanalyse] gingen mir also völlig parallel. Was bei Erklärung des einen recht war, schien bei dem andern billig; und ich machte daher die Folgerung, daß wenn die [newtonische] Schule behaupten könne, das weiße Bild auf schwarzem Grunde werde durch die Brechung in Farben aufgelöst, getrennt, zerstreut, sie eben so gut sagen könne und müsse, daß das schwarze Bild durch Brechung gleichfalls aufgelöst, gespalten, zerstreut werde«.[668]

Newtons Beweisstolz, Goethes Einspruch

Goethe attackiert an dieser Stelle nicht den Inhalt der newtonischen Theorie, und mit Recht nicht. Denn wer das neue Experiment newtonisch zu erklären wünscht, braucht nur zu behaupten, dass sich der neue Effekt durch diverse Refraktion erklären lasse, genauer gesagt: durch komplizierte Überlagerung derjenigen Lichtstrahlen, die am schmalen schwarzen Balken im Diarahmen vorbeiprojiziert und beim Weg durchs Prisma farblich auseinanderdividiert werden.[669]

Auf diese Debatte hat Goethe keine Lust.[670] Vielmehr will er Newtons erkenntnistheoretische Behauptung lächerlich machen, dass ausgerechnet seinem Experiment Priorität und Beweiskraft zukomme (und dass dessen umgedrehter Kontrapunkt zweitrangig sei fürs Verständnis der Farbphänomene). Und müsste Goethe die Lacher nicht hier zur Abwechslung einmal auf seiner Seite haben?

Bedenken Sie: Wenn die newtonische Erklärung des umgekehrten Spektrums mithilfe verschiedenfarbiger Lichtstrahlen logisch funktioniert (und das tut sie), dann kann man den Spieß ebensogut umdrehen und das Newtonspektrum mithilfe verschiedenfarbiger Schattenstrahlen erklären.[671] Die Logik beider Erklärungen ist identisch – sie unterscheiden sich nur im visuellen Material, dessen sie sich bedienen. Die newtonische Erklärung besagt, dass das weiße Licht aus unterschiedlichen Farben zusammengesetzt sei und dass Finsternis aus gar nichts bestehe; laut Gegenerklärung verhält es sich genau umgekehrt: Weißes Licht besteht aus nichts, und Dunkelheit ist aus unterschiedlichen Farben zusammengesetzt. Diese Gegenerklärung könnte man als Theorie von der Heterogenität der Finsternis bezeichnen.[672] Wer hat recht? Sollen wir etwa nur deshalb an die newtonische Erklärung glauben, weil sie zuerst da war und wir uns an sie gewöhnt haben? Das wäre lächerlich.

Vertiefungsmöglichkeit. Bereits Newton hat das umgekehrte Spektrum gekannt, aber zunächst unter den Teppich gekehrt.[673] Das Experiment wurde ihm von Pater Lucas mitgeteilt.[674] Obwohl Newton den Widersacher Lucas in seiner eigenen Erklärung des umgekehrten Spektrums nicht erwähnt, tut er die Sache ab, indem er sich auf Lichtstrahlen stützt, die am Schattenwerfer vorbei durchs Prisma eintreten.[675] Daran ist physikalisch nichts auszusetzen, doch scheint ihm die Symmetrie der Angelegenheit entgangen zu sein; und so ist ihm auch entgangen, wie gefährlich diese Symmetrie für seine Beweisambitionen ist.[676]

12. Kapitel: Goethes Coup mit kunterbunten Kontrapunkten 367

§ 12.13. Vergleichen Sie, wie lachhaft wir den Musikfreund fänden, der Newtons Manöver schnurstracks bei irgendeinem Paar von Bachs Spiegelfugen aus der *Kunst der Fuge* nachahmte. Gemeinsam mit ihm achten wir auf die Anfänge der beiden Spiegelfugen, die ich bereits einmal zur Illustration herangezogen habe (Abb. 12. 10a, Abb. 12. 10b).
Die beiden Anfänge hören sich verblüffend ähnlich an. Jetzt sagt der Musikfreund, die erste Spiegelfuge habe deshalb musikalische Priorität vor ihrem Gegenstück aus der zweiten, weil der Anfang der zweiten Fuge als *Spiegelbild* des Anfangs der ersten abgeleitet werden könne und also sekundär sei. Wir lachen und weisen darauf hin, dass sich der Anfang der ersten Spiegelfuge ebensogut als Spiegelbild des Anfangs der zweiten ableiten lässt und dass beide Spiegelfugen ihre ästhetischen Reize haben. (Einige Komplikationen, die dies Beispiel mit sich bringt, erörtere ich im Kleingedruckten am Ende dieses Kapitels, siehe § 12.17).

Was ist Spiegelbild wovon?

§ 12.14. Selbstverständlich würde kein Musikfreund den Unfug behaupten, den ich im vorigen Paragraphen spielerisch zurückgewiesen habe. Aber dieselbe Art von Unfug ist (beim Streit um die Farben) von den Newtonianern sehr wohl behauptet worden; ich habe das Goethe zuliebe anderswo Zug um Zug zurückgewiesen.[677]
Goethes Anhänger gewinnen *diese* Auseinandersetzung (die Auseinandersetzung gegen Newtons Beweisambition, nicht etwa die Auseinandersetzung in der farbtheoretischen Sache selbst). Das hat mit einer Tatsache zu tun, die Nussbaumers Experimente auf betörend schöne Weise vorführen: Die farblichen Symmetrien, die bislang nur durch komplementäre Umkehrung der Weißanalyse zutagegetreten sind, *lassen sich bei allen newtonischen Experimenten dingfest machen.*
Ich hatte mir diese waghalsige Behauptung in diversen Vorträgen auf die Fahnen geschrieben, bevor ich Nussbaumers Arbeiten kennenlernte.[678] Insbesondere hatte ich prognostiziert, dass sich zur Weißsynthese – aus den Farben Rot, Grün und Blau mit Zwischentönen – ein exakt komplementäres Gegenstück finden lassen müsse,

Eine Prognose

eine *Schwarz*synthese aus den Farben Türkis, Purpur und Gelb mit Zwischentönen.

Unterbestimmtheit

§ 12.15. Bevor ich Ihnen im nächsten Kapitel die prognostizierte Schwarzsynthese vorführe, möchte ich eine wissenschaftsphilosophische These auf den Tisch legen. Diese These stammt von Quine, ist als These von der Unterbestimmtheit der Theorie durch ihre Daten berühmt geworden und lautet sinngemäß so:

> Angesichts der Gesamtheit der Daten, die für eine Theorie T sprechen, kann man stets eine widersprechende Alternativtheorie T* finden, die ebenso gut zu den Daten passt wie T.

Quines theoretische Begründung der These hat viele Wissenschaftsphilosophen überzeugt – doch bislang mangelt es an Beispielen aus der Wissenschaftsgeschichte, durch die sich die These gut illustrieren lässt. Wann hat es denn jemals angesichts einer großen Menge an Daten zwei empirisch gleich gut bestätigte Theorien T und T* gegeben, die einander widersprechen? Solange wir diese Frage nicht zu beantworten wissen, steht Quines These schlecht da. Das könnte sich jetzt ändern, denn die newtonische Optik O (von der Heterogenität des weißen Lichts) hat eine Alternative O*, die besagt: Nicht weißes Licht, sondern Dunkelheit setzt sich aus Strahlen unterschiedlicher Farbe und unterschiedlicher Refrangibilität zusammen.[679]

Diese neue Theorie erscheint verrückt. Aber wenn es stimmt, dass es zu jedem newtonischen Experiment einen Kontrapunkt gibt, also ein komplementäres Gegenexperiment, dann sprechen diese Gegenexperimente genauso stark für O*, wie die newtonischen Experimente für O sprechen. Und insofern die Newtonianer die Gegenexperimente orthodox mithilfe von O zu erklären wissen, gibt es auch eine unorthodoxe Erklärung der newtonischen Experimente mithilfe von O*. Kurzum, mit Blick auf prismatische Experimente steht es Unentschieden zwischen den beiden Theorien. Die perfekte – und schöne – Symmetrie der beiden Theorien und der beiden Datenmengen liefert ein Beispiel *par excellence* für Quines Unterbestimmtheitsthese.

Dass Quine etwas Ähnliches im Sinn gehabt haben könnte, als er seine Unterbestimmtheitsthese auf die Reise schickte, zeigt folgendes Zitat:

»Nichts spricht für die Annahme, dass die Sinneserfahrungen des Menschen (von heute bis in alle Ewigkeit) nur *eine* bestimmte Systematisierung zulassen, die wissenschaftlich gesehen besser oder einfacher ist als alle denkbaren Alternativen. Eher dürften – *wenn auch nur aufgrund von Symmetrien und Dualitäten* – zahllose Alternativ-Theorien mit gleich gutem Recht den ersten Platz für sich beanspruchen«.[680]

Quines These hat viele Facetten, die ich hier nicht durcharbeiten kann und die in erster Linie für die Wissenschaftsphilosophie von Interesse sind.[681] In meiner Untersuchung werde ich auf die These noch einmal zurückkommen. Wie Sie sehen werden, könnte sie dabei mithelfen, die Rolle der Schönheit bei der naturwissenschaftlichen Theorienwahl besser verständlich zu machen (§ 15.6); vor allem deshalb habe ich die Gelegenheit beim Schopf gepackt, sie jetzt schon zu formulieren – an einer Stelle des Gedankengangs, wo eine aussagekräftige Illustration zur Hand war. Bevor ich die These wieder aufgreife, möchte ich im nächsten Kapitel die optische Fallstudie beenden. Hierbei werde ich die Symmetrie weiterverfolgen, die Quines These zugute kommt; ich werde sie sogar noch erheblich steigern.

* * *

§ 12.16. Der Ausdruck »under-determine« erscheint meines Wissens zum ersten Mal in Quines großem Werk *Word and object* aus dem Jahr 1960.[682] Obwohl die These eng mit dem Quine/Duhem-Holismus verwandt ist, geht sie über den Holismus hinaus; der Holismus verleiht ihr allenfalls eine gewisse Plausibilität.[683] Dieser Holismus besagt, dass naturwissenschaftliche Theorien nicht einfach als Summe ihrer isolierten Teilsätze betrachtet werden können, sondern eine Gesamtheit bilden, deren empirischer Aussagewert sich aus dem strukturierten Zusammenspiel dieser Sätze ergibt.

Zunächst zum negativen Teil dieser holistischen Sicht: Ein einzelner Satz der Theorie kann nicht isoliert vors Tribunal der Erfahrung gestellt werden, lässt sich also durch Empirie weder beweisen noch widerlegen.[684] Warum nicht? Weil ein einzelner Satz wie Einsteins »$E = mc^2$« für sich allein nicht viel besagt; seine theoretischen Ausdrücke E (Energie), m (Masse) und c (Lichtgeschwindigkeit) bekommen ihren Gehalt nur vor dem Hintergrund der Theorie, zu der dieser Satz gehört; man muss eine ganze Menge über

Holismus und Unterbestimmtheit

jene Theorie wissen, um den Satz zu verstehen und einsetzen zu können. Der empirische Wert des *einzelnen* theoretischen Satzes beträgt also Null.[685]

Im Unterschied hierzu besagt der positive Teil der holistischen Sicht: Der empirische Wert der Gesamtheit aller Sätze einer Theorie ist nicht Null; im ganzen kann die Theorie sehr wohl vors Tribunal der Erfahrung gestellt werden.[686] In der Tat, nur im Zusammenhang mit vielen weiteren Sätzen liefert Einsteins Satz handfeste Prognosen, die sich als wahr oder falsch herausstellen können, etwa zur Explosion einer Atombombe. Falls das Prognostizierte nicht eintritt, die Bombe also nicht explodiert, wäre damit nicht etwa »$E = m\ c^2$« widerlegt, sondern nur die Gesamtheit *aller* Sätze, die zur Beschreibung des Verhaltens der Atombombe erforderlich sind; man wüsste dann, dass irgendwo im Gesamtsystem ein Fehler stecken muss, wüsste aber nicht, welcher falsche Satz die Fehlprognose verschuldet hat. – Die soeben skizzierten Verhältnissen nutzt Dirac, um die Immunität der Relativitätstheorie gegenüber widerspenstigen Erfahrungen zu plausibilisieren: Einsteins Theorie kann nur im Verein mit weiteren Sätzen getestet werden, und wenn dabei eine scheiternde Prognose herauskäme, kann man die Schuld daran immer bei diesen zusätzlichen Sätzen sehen (§ 2.2).

Wenn nun also das Ganze (einer Theorie) empirisch mehr Wert hat als die Summe seiner Teile (seiner einzelnen Sätze), dann gleichen sich in dieser Hinsicht Theorien und Kunstwerke. Theorien, deren Teilsätze auf besonders enge Weise miteinander verwoben sind, gelten als hochästhetisch, weil man aus ihnen kein Element herausnehmen kann, ohne das Ganze zu zerstören; ähnlich steht es in der Kunst (§ 3.5, § 8.16).

* * *

Details zu den Spiegelfugen

§ 12.17. Vorhin habe ich erklärt, wie lachhaft es wäre, der ersten Spiegelfuge deshalb den Vorrang einzuräumen, weil sich aus ihrem Thema per Spiegelung das Thema der zweiten Spiegelfuge ableiten lässt; mein Gegenargument lautete, dass die Ableitung ebensogut umgedreht werden kann.

Das ist richtig, solange wir die beiden Spiegelfugen betrachten, ohne zu berücksichtigen, wie sie sich zur Gesamtanlage der *Kunst der Fuge* verhalten. Analog in der Naturwissenschaft; ob die Heterogenität der Finsternis jemals im Rahmen einer dazu passenden umgreifenden Physik so gut dastehen wird wie ihr orthodoxes Gegenstück in der gegenwärtigen Physik, muss man bezweifeln.[687]

In der Tat, ein Blick auf den vollständigen Fugenzyklus bei Bach zeigt, dass das Thema der ersten Spiegelfuge nur durch Verzierungen aus dem Grundthema der *Kunst der Fuge* hervorgegangen ist, also aus dem Thema, mit dem sie im *Contrapunctus 1* anfängt. Das Thema der zweiten Spiegelfuge ist demgegenüber weiter vom Grundthema entfernt, nämlich erstens durch Verzierungen (genau wie das Thema der ersten Spiegelfuge), zweitens durch Spiegelung.

Aber selbst daraus lässt sich kein ästhetischer Vorzug des Themas der ersten Spiegelfuge begründen. Denn auch die Umkehrung des Grundthemas spielt in der *Kunst der Fuge* eine gewichtige Rolle; sie taucht schon in *Contrapunctus 3* und *4* auf und danach immer wieder. Zudem streiten sich Musiker und Musikwissenschaftler darüber, in welcher Reihenfolge Bach die Spiegelfugen in der *Kunst der Fuge* hat anordnen wollen.[688] In diesem Streit stützt sich der Cembalist Gustav Leonhardt darauf, welche der beiden Fugen auf überzeugendere Weise *endet*.[689] Hätte Leonhardt recht, so wäre die strikte ästhetische Symmetrie zwischen den beiden Fugen durchbrochen. Das hat u. a. damit zu tun, dass Bach die Fugen chromatisch nicht exakt spiegelt, aus Gründen der Harmonie.

Dies ist übrigens ein Hinweis darauf, dass wir hier vor einer hochabstrakten Symmetrie stehen. In dem zugehörigen Repräsentationssystem werden einige chromatisch benachbarte Töne als identisch aufgefasst. Warum? Weil man nur durch Verschiebungen um halbe Tonhöhen dafür sorgen kann, dass die gespiegelten Töne nicht aus der Tonart herausführen, in der sich das Stück abspielt. (Wer eine d-moll-Tonleiter chromatisch exakt nach unten spiegelt, bewegt sich nicht mehr innerhalb von d-moll; er bewegt sich überhaupt nicht mehr in Dur oder Moll).

Es würde meinen Rahmen sprengen, das zu erörtern. Doch möchte ich einen Gesichtspunkt erwähnen, der auch unabhängig von diffizilen Harmoniefragen unsere Aufmerksamkeit verdient: Selbst wenn Bach jene zu seiner Zeit harmonisch erforderlichen Anpassungen nicht vorgenommen hätte, also z. B. einen *kleinen* Terzsprung nach unten strikt in einen kleinen Terzsprung nach oben verwandelt hätte, selbst dann böte diese Umkehrung nur eine Symmetrie im abstrakten, nicht im konkreten Sinne (vergl. § 9.7). Denn sie würde wieder nur unter Vermittlung der Notenschrift sichtbar. Wer stattdessen die akustischen Schwingungsmuster der ersten Spiegelfuge niederschriebe, dem stünde unter dieser (sozusagen akustischen) Repräsentation kein eindeutiger Weg vor Augen, auf dem sich daraus die zweite Spiegelfuge gewinnen ließe – selbst nicht bei zeitlich spiegelsymmetrisch klingenden Musikinstrumenten, die Bach spielen (§ 9.9).

* * *

§ 12.18. Wer eine Farbterminologie etablieren will, muss willkürliche Festsetzungen treffen und allerlei Abstriche am Gesehenen hinnehmen. Dies ist bereits bei meiner Wahl der Wörter »Blau« und »Purpur« zutage-

Zur Farbterminologie

getreten (§ 6.1k, § 11.5). Nichtsdestoweniger erhellen manche Terminologien die Verhältnisse im Farbenkosmos besser als andere. Daher möchte ich auf einige Vorteile der Terminologie hinweisen, die ich einsetze und zusammen mit Matthias Rang entwickelt habe: Newtons Spektrum besteht fraglos aus dunklen Farben. Seinen drei Hauptfarben Rot, Grün und Blau steht die Dunkelheit förmlich auf die Stirn geschrieben. Diese drei Hauptfarben kommen besonders deutlich bei großem Abstand zwischen Prisma und Schirm bzw. bei kleiner Spaltbreite zum Vorschein; das so entstehende Spektrum ist das Endspektrum (Farbtafel 11, vorletzte Bildzeile).[690]

Bei Verringerung des Abstands bzw. Vergrößerung des Spalts entsteht ein farbenreicheres Vollspektrum (Farbtafel 11, viertletzte Bildzeile). Hier treten zwischen die drei Hauptfarben zwei weniger wichtige Nebenfarben, die ähnlich anmuten wie Gelb bzw. Türkis, aber dunkler wirken; daher reden wir von Dunkelgelb bzw. Dunkeltürkis. (Wir hätten weitere Farben des Spektrums wie z. B. Orange oder Violett einbeziehen können, aber wir finden es instruktiver, die Namen für Nebenfarben auf einheitliche Weise zu bilden, statt zuviele Farbwörter ins Spiel zu bringen).

Diese dunklen Nebenfarben aus Newtons Spektrum haben hellere Gegenstücke im komplementären Spektrum; dort sind sie zwei der drei Hauptfarben. Die dritte dort vorkommende Hauptfarbe (Purpur) hat kein helles Gegenstück im Newtonspektrum. Daher liegt es nahe, das komplementäre Endspektrum terminologisch aus Türkis, Purpur und Gelb bestehen zu lassen (Farbtafel 11, letzte Bildzeile). Diesen drei Farben steht die Helligkeit förmlich auf die Stirn geschrieben. Und da auch das komplementäre Vollspektrum (drittletzte Bildzeile) hell aussieht und zwei weitere Farben umfasst, die ähnlich anmuten wie Blau bzw. Rot aus Newtons Endspektrum, aber heller wirken, nennen wir diese Nebenfarben Hellblau bzw. Hellrot. Hier ist eine Übersicht der Hauptfarben (jeweils kursiv hervorgehoben) und ihrer dunklen bzw. hellen Zwischen- oder Nebenfarben:

Newtons Vollspektrum	Goethes Vollspektrum
*Blau*Gelb	
Dunkeltürkis	Hellrot
*Grün*Purpur	
Dunkelgelb	Hellblau
*Rot*Türkis	

Insgesamt trägt diese Terminologie den strukturellen Eigenschaften der Spektren, die hier zu Debatte stehen, schon in der Wortwahl Rechnung. Ob sich andere Terminologien vielleicht für andere Zwecke besser eignen könnten, brauche ich nicht zu untersuchen.

13. Kapitel.
Cage, die Stille und das Dunkle

§ 13.1. Im vorigen Kapitel habe ich Sie mit einem verblüffenden Experiment Goethes konfrontiert, in dem ein Schatten durchs Prisma fiel und kein geringeres Spektrum auf den Schirm warf als das aus einem Lichtstrahl herkommende Newtonspektrum. Die Gleichwertigkeit der beiden Spektren sprach schockierenderweise dafür, der newtonischen Theorie des Lichts eine gleichberechtigte und gleichgebaute Theorie der Dunkelheit entgegenzusetzen. Laut dieser unorthodoxen Theorie wäre nicht weißes Licht aus verschiedenen Farben zusammengesetzt, sondern Dunkelheit.

Lieblingshypothesen einstampfen

Goethe lehnt beide Theorien ab: Newtons Theorie wirft er vor, die Rolle der Dunkelheit bei der spektralen Farbentstehung zu vernachlässigen; der Gegentheorie kann er vorwerfen, die Rolle des Lichts bei der spektralen Farbentstehung zu vernachlässigen. In der Tat ist laut Newtons Theorie die Finsternis nichts anderes als Abwesenheit von Licht – also gar nichts; und laut der Gegentheorie ist weißes Licht gar nichts, nämlich Abwesenheit von Finsternis. Angesichts der Symmetrie dieser beiderseits unbefriedigenden Situation schlägt Goethe vor, Licht und Finsternis gleichberechtigt zu behandeln, ebenso wie die beiden Spektren. Das ist ein schöner Gedanke, den er aber nicht erfolgreich zuendezubringen weiß. Bislang hat es noch keiner seiner Interpreten vermocht, Goethes Ansatz so klar zu rekonstruieren, dass dabei eine respektable naturwissenschaftliche Theorie zutagetritt.[691]

Nichtsdestoweniger bleibt Goethes *Forderung* einer Gleichberechtigung zwischen Hell und Dunkel plausibel; selbst wenn er nicht sagen kann, wie sie einzulösen ist, beruht die Forderung auf ganz normalen naturwissenschaftlichen Kriterien: Zwei Phänomene, die im Experiment gleichberechtigt erscheinen, sollten ästhetischerweise auch theoretisch einheitlich behandelt werden; eine Symmetrie in den Phänomenen spricht stark für die Suche nach einer entsprechend symmetrischen Theorie. Wie dargetan ist beispielsweise Einstein nicht anders vorgegangen (§ 8.16).

Nun ist es aus heutiger Zeit schwer, sich mit dem ungewohnten

Gedanken anzufreunden, dass Finsternis einen eigenen Wirkfaktor darstellt, dass sie also mehr sein soll als nichts. Hierin dürfte einer der Gründe dafür liegen, dass bis heute so gut wie niemand versucht hat, Goethes ästhetisch wohlmotivierte Forderung umzusetzen und die Dunkelheit wissenschaftlich aufzuwerten.[692]

Doch sind ungewohnte Gedanken und Sichtweisen ein Treibstoff des wissenschaftlichen Fortschritts. Der Verhaltensbiologe und Nobelpreisträger Konrad Lorenz empfiehlt uns, jeden Tag vorm Frühstück mindestens eine Lieblingshypothese einzustampfen.[693] Nicht viel anders wollen uns Künstler dazu bewegen, eingefahrene Geleise der Wahrnehmung und des Denkens zu verlassen. Im kommenden Paragraphen bringe ich ein Beispiel dafür, das im augenblicklichen Zusammenhang gut passt. Und zwar lenkt Cage in seiner *Lecture on Nothing* aus dem Jahr 1949 unsere Aufmerksamkeit auf die Stille, die es zu bemerken, frisch wahrzunehmen und neu zu bewerten gilt. Es lohnt sich, diesen Schachzug genauer zu untersuchen, weil man Stille als akustisches Analogon zur Finsternis auffassen kann.

Stille, Finsternis und leere Leinwand

§ 13.2. Der Anfang der *Lecture on Nothing* ist in Abb. 13.2 wiedergegeben; die Wörter sind wie üblich von links nach rechts zu lesen, nur dass der Vortragende auch die längeren Freiräume zwischen den Wortgruppen mitlesen soll, indem er entsprechend viel Zeit still verstreichen lässt. Mein Ausschnitt endet mit dem Satz:

»We need not fear these silences« [Wir brauchen vor diesen Momenten des Schweigens keine Angst zu haben].

Die nächste Einheit des Stücks greift den Gedanken auf und wendet ihn ins Positive:

»we may love them« [wir können ihnen Liebe entgegenbringen].

Es ist grandios, wie Cage hier die Polarität von Angst und Liebe aufruft, nachdem er zuvor der Polarität von Reden und Schweigen Ausdruck verliehen hatte, und zwar nicht nur redend, mithilfe von Wörtern, sondern auch schweigend, vermittels der Pausen zwischen den Wörtern. Ist das Musik? Ist es Philosophie oder ein Gedicht oder eine zenbuddhistische Meditation?

Wie auch immer – wenn Cage hier einer Gleichberechtigung von Stille und Klang das Wort redet, so plädiert er im hörbaren Reich

```
LECTURE ON NOTHING
I am here          ,       and there is nothing to say      .
                                                  If among you are
those who wish to get    somewhere        ,       let them leave at
any moment       .                     What we re-quire                is
silence          ;       but what silence requires
         is              that I go on talking     .
                                                  Give any one thought
                 a push         :        it falls down easily
;        but the pusher    and the pushed     pro-duce        that enter-
tainment         called        a dis-cussion       .
                         Shall we have one later ?
                                    ⅏
Or               ,   we could simply de-cide                not to have a dis-
cussion          .                       What ever you like .       But
now                                there are silences              and the
words            make          help make                              the
silences         .
                                         I have nothing to say
         and I am saying it                                and that is
poetry                             as I need it       .
                 This space of time                  is organized
    .            We need not fear these    silences, —
                                    ⅏
```

Abb. 13.2: John Cage, Lecture on Nothing (1961). Der Beginn der »Vorlesung über nichts« von John Cage. Diese Sprechmusik ist Zeile für Zeile so von links nach rechts zu lesen, dass den leeren, nicht bedruckten Textpassagen entsprechend lange Lesepausen korrespondieren. Viel spricht dafür, dass Cage sich für diese *Lecture on Nothing* vom Zenbuddhismus inspirieren ließ; er verbrachte später viel Zeit im Kyotoer Ryoanji-Tempel, dessen Brunnen wir in Kunsttafel 10 abgebildet haben. (Aus Cage [LoN]:109).

für denselben Schachzug, den Goethe im Sichtbaren vorgeschlagen hat; laut Goethe sollten wir Helligkeit und Dunkelheit gleichberechtigt behandeln. Ihm zufolge macht Newtons Theorie den Fehler, das Dunkle zu annullieren, und die von Goethe spielerisch auf den Tisch gelegte Theorie von der Heterogenität der Finsternis macht denselben Fehler mit der Helligkeit.

Um den akustischen mit dem visuellen Fall noch etwas genauer zu vergleichen, möchte ich fragen: Was wäre die visuelle Analogic zu Cages Pausen zwischen den Wörtern, also für die Stille? Da das Stück als »Vorlesung über nichts« betitelt ist, liegt es nahe, die Finsternis mit der Stille gleichzusetzen. Jeder Physiker würde so vorgehen, und ich muss gestehen, dass mir diese Gleichsetzung bei meiner ersten Begegnung mit der *Lecture on Nothing* als erstes eingefallen ist.

Doch man kann die Angelegenheit auch andersherum auffassen: Was müsste ein Maler tun, der so wie Cage einen Freiraum für nichts schafft? Er könnte die Leinwand weiß lassen. Das bringt uns zu den *White Paintings* des amerikanischen Künstlers Robert Rauschenberg aus dem Jahr 1951. Die ganze Leinwand ist einfach nur mit weißer Wandmalfarbe überstrichen – so, als ob damit jedwede Malerei ausgelöscht würde. Bei näherem Hinsehen zeigt sich, wieviel auf diesen Bildern geschieht; sie registrieren und reflektieren, was in ihrer Umgebung vor sich geht.[694]

Es ist diese Malerei gewesen, die Cage zu seiner wohl berühmtesten Komposition angeregt hat: *Silence. 4'33"* aus dem Jahr 1952.[695] In den drei Sätzen dieses Stücks sind laut Partitur keine Töne zu spielen. Weder ist die Dauer der drei Sätze vorgegeben noch sind die Musikinstrumente spezifiziert, die das Stück dadurch zur Aufführung bringen, dass sie *nicht* gespielt werden. Man kann sich leicht vorstellen, wie stark die Nerven des Publikums durch diese Musik strapaziert werden und wieviele Geräusche daraus hervorgehen.

Aus alledem ergibt sich, wie heikel es wäre, einem Nichts das Wort zu reden. Im musikalischen oder gemalten Kunstwerk wie im wissenschaftlichen Denken müssen stets gewisse Dinge in den Hintergrund treten; aber damit verschwinden sie nicht. Was wäre eine Situation ganz ohne optische oder akustische Wirkfaktoren? Moderne Malerei und Musik eignen sich mindestens so gut wie unorthodoxe Physik, in dieser Angelegenheit von eingefahrenen Gewohnheiten loszukommen. Und wenn Vertreter aller drei Disziplinen hierin an einem Strang ziehen, haben wir die schönsten Chancen, uns intellektuell, empirisch, theoretisch, ästhetisch und sogar spirituell bereichern zu lassen. Diesen vielschichtigen Gedanken möchte ich im vorliegenden Kapitel mithilfe unkonventioneller Ideen zur Optik der Finsternis lediglich wissenschaftlich weiterverfolgen.

Schöne Prognose § 13.3. In den letzten zweihundert Jahren ist es weder Goethe noch seinen Anhängern gelungen, die von ihm entdeckten Symmetrien zwischen Helligkeit und Dunkelheit theoretisch auszuarbeiten.

Ob die Suche nach so einer symmetrischen Theorie – abgesehen von ihrem ästhetischen Charme – vielversprechend erscheint, hängt von einer empirischen Frage ab: Wie weit gehen die Symmetrien, auf die es Goethe ankommt? Er hat geahnt, dass sie das gesamte Reich der optischen Experimente Newtons beherrschen, dass also jedes dieser Experimente einen Kontrapunkt hat.[696]

Bislang haben Sie nur für Newtons Weißanalyse einen Kontrapunkt kennengelernt: Goethes Schwarzanalyse, bei der ein Schatten durchs Prisma fällt und auf den Schirm das farbliche Gegenteil des Newtonspektrums malt. Mehr als diese Symmetrie zwischen den zwei Experimenten zur Erzeugung von Spektren wäre nötig. Zum Beispiel müsste man umgekehrt der Weißsynthese eine Schwarzsynthese gegenüberstellen können. So jedenfalls lautet meine Prognose, von der ich zum Abschluss des vorigen Kapitels berichtet habe.

Empirische Prognosen sind riskant, besonders dann, wenn sie nur aus der Denkwerkstatt des Naturphilosophen herkommen. Ich bin damals das Risiko eingegangen, weil ich mir dachte: Die *farbliche* Symmetrie zwischen Weißanalyse und Schwarzanalyse (die seit Goethe bekannt ist, siehe Farbtafel 11 unten) schreit geradezu nach einer Verknüpfung mit der *zeitlichen* Symmetrie zwischen Weißanalyse und Weißsynthese (die seit Newtons Tagen bekannt ist, siehe Farbtafel 6). Tragen wir beide Symmetrien senkrecht zueinander in folgendes Schema ein:

	Achse zeitlicher Symmetrie ↓	
	Weißanalyse	Weißsynthese
Achse der Farbsymmetrie →	Schwarzanalyse	?

Angesichts dieses Schemas verlangt unser Sinn für symmetrische Schönheit, dass das offene Feld gefüllt wird. Wodurch? Durch eine Schwarzsynthese. Und diese Schwarzsynthese müsste sich zur Schwarzanalyse genauso verhalten wie Weißsynthese zur Weißanalyse – genau das war meine damalige Prognose.

§ 13.4.   Wer darauf baut, dass die Schönheit eines naturwissenschaftlichen Gedankens für seine Glaubwürdigkeit spricht, der wird   Gewagt?

meine Prognose weniger gewagt finden als der, den die Ästhetik naturwissenschaftlicher Symmetrien erkenntnistheoretisch kaltlässt. Selbstverständlich beweist die bloße Schönheit einer Prognose noch lange nicht deren Wahrheit; den Nachweis muss das Experiment bringen. Aber deswegen wird die Schönheit der Prognose nicht wertlos. Im Gegenteil, sie macht es z. B. rational, Arbeitszeit und wissenschaftliche Ressourcen auf die Wahrheit der Prognose zu setzen; hier liegt der heuristische Wert unseres Schönheitssinns für die empirische Arbeit.[697]

Im Falle meiner Prognose musste ich keine Ressourcen investieren, denn Nussbaumer hatte die Arbeit längst erledigt und die prognostizierte Schwarzsynthese in die Tat umgesetzt. Als ich davon erfuhr, atmete ich auf. Ich war der Gefahr entronnen, mich und meine Arbeit durch Fehlprognosen zu blamieren.

Vertiefungsmöglichkeit. Nachdem ich die Prognose vom Jahr 2001 an immer wieder in Vorträgen präsentiert hatte, veröffentlichte ich sie schließlich im Jahr 2007.[698] Um die Prognose nicht völlig in der Luft schweben und nicht ausschließlich vom Schönheitssinn abhängen zu lassen, habe ich dort dargelegt, dass sie sich aus Newtons Theorie ableiten lässt. Ich hätte diese Ableitung weder ausarbeiten können noch wollen, wenn mich dabei nicht der Sinn für Symmetrie geleitet hätte. Hierin zeigt sich der heuristische Wert des Schönheitssinns für die theoretische Arbeit. Mehr hierzu im Kleingedruckten am Ende dieses Kapitels, siehe § 13.14 – § 13.15.

Meisterstück Schwarzsynthese

§ 13.5. Ahnen Sie, wie die prognostizierte Schwarzsynthese funktioniert? Sie ist genauso einfach wie die Weißsynthese. Nussbaumer blickt durchs Prisma auf das projizierte Komplementärspektrum und sieht dessen Synthese (Farbtafel 12, dritte und vierte Bildzeile): einen schwarzen Balken vor weißem Hintergrund, genauso sauber und scharf wie bei der Weißsynthese (Farbtafel 12, darüber). Für sich allein zeigt die Schwarzsynthese alle Facetten von Schönheit, die ich vorhin der Weißsynthese zugesprochen habe: Einheit in der Vielfalt, Zeitsymmetrie, intellektuelle Transparenz, Sauberkeit, Robustheit.[699]

Aber durch die perfekte farbliche Symmetrie zwischen beiden Experimenten ist noch mehr Schönheit in den Kosmos der Farben gekommen, denn jetzt erst ist das doppelt symmetrische Schema aus § 13.3 vollständig:

	Achse zeitlicher Symmetrie ↓	
Achse der Farbsymmetrie →	Weißanalyse	Weißsynthese
	Schwarzanalyse	*Schwarzsynthese*

Die Vollständigkeit eines Systems mit mehreren Symmetrieachsen spricht so gut wie immer unseren Sinn für Ästhetik an, und man kann sich kaum der Erwartung erwehren, dass eine solche mehrdimensionale Symmetrie verwirklicht sein muss. So ließ sich schon Kepler von den Platonischen Körpern begeistern (Abb. 4.2a) – und wurde aus heutiger Sicht irregeleitet. Aber noch in unserer Zeit zieht eine derartige Ästhetik die Physiker stark an; die erfolgreiche Suche nach einem Elementarteilchen namens Ω^- zeigt die naturwissenschaftliche Erkenntniskraft solcher Symmetrien (§ 8.19). Auch in den Künsten haben sie ihren Ort, wie ich nun darlegen möchte.

§ 13.6. Die zuletzt erreichte Verdopplung der optischen Symmetrien hat ein Gegenstück in der Musik der Neuen Wiener Schule. Und zwar werden die Zwölftonreihen der Komponisten Arnold Schönberg, Anton Webern und Alban Berg einerseits durch Umkehrung der Zeitrichtung variiert (als Krebs, mit vertikaler Spiegelachse wie in Bachs Krebskanon), andererseits durch Vertauschung der Tonhöhen bzw. der Intervallrichtung zwischen den Tönen (als Spiegelung an einer horizontalen Achse, wie in Bachs Spiegelfugen). Zudem dürfen nach den Regeln der Zwölftonmusik *beide* Symmetrievariationen *gleichzeitig* vorgenommen werden (als Krebsumkehr). Mithin kommen in der Zwölftonmusik folgende Typen von Reihen vor:

Zwölf Töne

	Achse zeitlicher Symmetrie ↓	
Achse der Tonhöhensymmetrie →	Grundgestalt	Krebsgestalt
	Umkehrung	Krebs der Umkehrung

Wie man sieht, reichen die theoretischen Parallelen zwischen Zwölftonmusik und optischer Experimentierkunst verblüffend weit. Und dieser Eindruck verstärkt sich noch, wenn man offizielle Verlautbarungen der Protagonisten dieser Musik für bare Münze nimmt. So äußert sich Webern in einem Vortrag vom Frühjahr 1932 über den zweiten Satz seiner Symphonie op. 21:

»Die Reihe lautet: F–As–G–Fis–B–A/Es–E–C–Cis–D–H. – Sie hat die Eigentümlichkeit, daß der zweite Teil der Krebs des ersten ist. Das ist ein besonderes [sic] inniger Zusammenhang […] In der vierten Variation entstehen lauter Spiegelbilder. Diese Variation ist selbst der Mittelpunkt des ganzen Satzes, und von da aus geht alles wieder zurück […] Möglichst viele Zusammenhänge sollen geschaffen werden, und daß es viele Zusammenhänge sind, werden Sie zugeben müssen! Zum Schluß muß ich aufmerksam machen, daß das nicht nur in der Musik so ist. Eine Analogie findet man in der Sprache […]

SATOR
AREPO
TENET
OPERA
ROTAS«.[700]

Dem lateinischen Buchstabenspiel aus Pompeji, mit dem Webern hier schließt, liegt eine verblüffende Symmetrie zugrunde. Man kann den Text ohne Änderung des Wortlauts in vier Richtungen lesen. (Falls der Ausdruck »Arepo« als Name zu verstehen ist, könnte der Satz so übersetzt werden: »Der Sämann Arepo hält mit Mühe die Räder«).

Webern beruft sich also auf dieselben doppelten Symmetrien, die ich zuvor besprochen habe. Doch ist es alles andere als einfach, die so gepriesenen Symmetrien allesamt hörend in der Symphonie zu bemerken. Selbst beim Blick in die Partitur wird man nicht auf Anhieb fündig. Diese Schwierigkeiten haben mit den sehr speziellen Konventionen zu tun, die in der Zwölftonmusik gelten. Beispielsweise ist es entgegen der zitierten Aussage ausgeschlossen, eine Zwölftonreihe (in der kein einziger Ton doppelt vorkommen darf) zur Hälfte als ihr eigenes Krebsspiegelbild aufzubauen. In der Tat ist Weberns Reihe

F–As–G–Fis–B–A/Es–E–C–Cis–D–H,
nicht schnurstracks spiegelsymmetrisch, anders als es die folgende
Reihe wäre:
F–As–G–Fis–B–A/A–B–Fis–G–As–F. (Da jeder Ton in dieser
Reihe symmetrischerweise doppelt vorkommt, handelt es sich
nicht um eine kunstgerechte *Zwölf*tonreihe, sondern um eine gespiegelte Sechstonreihe).
Ein genauerer Blick zeigt, dass Webern trotzdem recht hat. Und zwar bietet der zweite Teil der eben vorgeführten Reihe:
/A–B–Fis–G–As–F,
genau dieselbe Abfolge von Intervallsprüngen wie der zweite Teil der ursprünglichen Reihe, nur eben um eine halbe Oktave (also um einen Tritonus) erhöht, transponiert:
/Es–E–C–Cis–D–H.
Die Parallelität dieser beiden Tonfolgen hört man sofort; die innere Spiegelsymmetrie der ursprünglichen Reihe ist damit aber immer noch nicht besser hörbar geworden. Gleichwohl ist die Sache nicht ohne Reiz: Wer die stets erlaubten Möglichkeiten von Transpositionen nicht aus den Augen verliert, kann sich in der Partitur der Symphonie umtun und wird eine Menge versteckter Symmetrien entdecken.[701]

Muss man um diese Symmetrien wissen, um die Symphonie ästhetisch würdigen zu können? Oder muss man sie einfach nur oft genug anhören? Selbst unter den Komponisten der Neuen Wiener Schule war man sich nicht völlig einig. Laut Schönberg liefern die Prinzipien der Zwölftonmusik dem Anfänger gewisse handwerkliche Mittel zum Komponieren, während sich die damit erreichten ästhetischen Qualitäten nicht aus derartigen Kenntnissen erschließen; Berg und Webern waren anderer Ansicht.[702] Beim Blick auf deren Kompositionen zeigt sich ein gemischtes Bild, etwa in Weberns erstem Satz der Symphonie op. 21. Hier springt die Zwölftonreihe Ton für Ton frei von Instrument zu Instrument und lässt sich zunächst kaum hörend nachvollziehen. Doch in den Takten 34 und 35 tritt uns aus dieser Unübersichtlichkeit des Geschehens plötzlich eine zeitliche Spiegelachse entgegen, die man leicht bemerkt: Cello und Harfe spielen im Takt 34 ein Intervall, dessen erster Ton ein Vorschlagston ist; im Takt 35 wird dasselbe Intervall rückwärts gespielt, wodurch vor unseren Ohren eine Krebsgestalt ersteht.

Auf welche ästhetischen Qualitäten hatten es die Zwölfton-Komponisten abgesehen? Es würde unseren Rahmen sprengen, dieser Frage mit der gebotenen Gründlichkeit nachzugehen. Daher nur eine einzige Andeutung: Webern zielte zum Beispiel ausdrücklich auf Klarheit und Fasslichkeit.[703] Diese Klarheit ist freilich von ganz besonderer Art, beispielsweise in der Symphonie op. 21: Die einzelnen Töne stehen jeweils frei für sich, werden vorsichtig und vereinzelt von stetig wechselnden Instrumenten präsentiert, wodurch eine ganz eigene Transparenz entsteht, die durchaus geeignet ist, uns in der Schwebe zu lassen, und auch verwirrt.

Vertiefungsmöglichkeit. Auch außerhalb der Zwölftonmusik gibt es eine Reihe weiterer Komponisten, in deren Werken Symmetrie eine ästhetische Funktion einnimmt; der Komponist und Dirigent Gunther Schuller verweist z. B. auf Werke der Komponisten Alexander Skrjabin, Béla Bartók und Charles Ives.[704] Offenbar redet er von einer weitergehenden Symmetrie als der translationalen Symmetrie, die Hanslick bei Beethovens *Geschöpfen des Prometheus* exemplarisch aufgezeigt hat (§ 9.25) und die er ebensogut in unzähligen anderen Stücken etwa der Wiener Klassik hätte ausfindig machen können. Gerade im 20. Jahrhundert gab es demgegenüber viele prononcierte Gegner von Symmetrie in der Musik und allgemeiner von dem, was man als geschlossene Form abtat; Beispiele dafür sind Pierre Boulez und Karlheinz Stockhausen.[705]

Komplementär ausschneiden

§ 13.7. Im vorigen Paragraphen war unter anderem vom Klarheitsideal des Zwölfton-Komponisten Webern die Rede und von den Symmetrien, die er in seine Werke einzubauen wusste. Es liegt auf der Hand, dass Symmetrien die Klarheit eines Werks steigern können, einerlei ob es sich um ein Musikstück, eine Theorie oder ein Experiment handelt.

Wie weit reichen die Symmetrien im Farbenkosmos, die wir zuerst anhand des Verhältnisses von Weiß- und Schwarz*analyse* ästhetisch gewürdigt haben und vor kurzem noch einmal anhand des Verhältnisses von Weiß- und Schwarz*synthese*? Die Antwort verdanken wir Nussbaumer: Der Wahnsinn hat Methode, allüberall zeigen sich kunterbunte Kontrapunkte. Sein Experiment zur siebenfachen Farbsynthese (11. Kapitel) hat einen siebenfachen Kontrapunkt. Um das zu belegen, braucht Nussbaumer nur denselben optischen Schalter umzulegen, den er bereits zuvor für die Schwarzanalyse umgelegt hat, und zwar auf Goethes Anregung hin. Wer die Rollen von Dunkelheit und Helligkeit vertauschen möchte, muss anders als Newton systematisch in einer hellen Umgebung experimentieren: Es sollen Teile des komplementären Spektrums *auf komplementäre Weise* ausgeschnitten werden – also nicht vor dunklem Hintergrund (wie vorhin), sondern vor weißem Hintergrund. Uns interessiert z. B. das Syntheseprodukt des gelben und purpurnen Teils aus dem komplementären Spektrum, also die Synthese dessen, was sich ergibt, wenn wir anstelle seines türkisfarbenen Feldes (ganz links in der vierten Bildzeile auf Farbtafel 12) ein *weißes* Feld setzen (ganz links in der vorletzten Bildzeile auf Farbtafel 12).

§ 13.8. Wie lässt sich der Plan aus dem vorigen Paragraphen verwirklichen? Theoretisch ist das ein leichtes. Die Lücken in der zerschnittenen Projektionsfläche dürfen nicht länger Fenster zur *Finsternis* auftun, sie müssen Fenster zur *Helligkeit* werden, zum weißen Licht. Ohne Metapher: Nussbaumer verschließt die Lücken in der zerschnittenen Projektionsfläche mit einem weißen Transparentschirm, den er von hinten mit dem Licht eines zweiten Projektors beleuchtet (Abb. 13.8, Farbtafel 13, untere Hälfte links). Dadurch stößt er Fenster zur Helligkeit auf. Solange der erste (ursprüngliche) Diaprojektor ausgeschaltet bleibt, sehen die Zeilen der neu hergerichteten Projektionsfläche wieder so aus wie banale kombinatorische Kontrapunkte der Zeilen des ursprünglichen Schnittmusters; wo man vorher Weiß sah, sieht man jetzt Dunkles – und umgekehrt.

Nun schiebt Nussbaumer das Stegdia in den ersten Projektor, den er anschaltet (Farbtafel 13, mittleres Bild der unteren Hälfte). In der unzerschnittenen vierten Zeile zeigt sich das komplette Komplementärspektrum, das Sie schon kennen; in den anderen Zeilen die jeweiligen Kombinationen eines oder zweier Felder aus diesem Spektrum. Die jeweils fehlenden Felder sehen immer noch weiß aus; das starke weiße Licht, das den Transparentschirm im Schnittmuster

Versuchsplan mit Fenster zur Helligkeit

384 Teil IV: Fortsetzung der Fallstudie in Nussbaumers Atelier

Abb. 13.8: Nussbaumers Kontrapunkt (kopfüber) zum ursprünglichen Schnittmuster. Die ehemaligen Fenster zur Finsternis (Abb. 11.8) werden mit einem Transparentschirm verklebt (und später von hinten hell beleuchtet). Eine Komplikation muss erwähnt werden: Wer diese Abbildung mit Abb. 11.8 vergleicht, dem wird auffallen, dass Ingo Nussbaumer auch noch die Reihenfolge der Kombinationen genau umgedreht hat, sozusagen kopfüber. Was in Abb. 11.8 z. B. in der *zweiten* Zeile ein Fenster zum Finstern war (ockerfarben/dunkelgrau) war, wird jetzt in der *zweitletzten* Zeile zum Fenster in die Helligkeit (gräulich) – und genauso bei der ersten bzw. letzten Zeile usw. (Photo von Ingo Nussbaumer).

der Projektionsfläche von hinten anstrahlt, überblendet die jeweils ausgeschnittenen Teile des komplementären Farbenspektrums, verschlingt sie in gleißender Helligkeit. Damit hat Nussbaumer auf der

Projektionsfläche einen siebenfachen Kontrapunkt zum kunterbunten Muster seines früheren siebenfachen Experiments gesetzt.

Vertiefungsmöglichkeit. Ein detaillierter Blick auf die Abbildungen offenbart eine Komplikation: Den siebenfachen Kontrapunkt baut Nussbaumer nicht schnurstracks auf, sondern kopfüber. (Es würde zu weit führen, zu erläutern, aus welchen ästhetischen Gründen er das tut; im Ergebnis entspricht diese Vertauschung einem musikalischen Krebs). Warum ich das neue Schnittmuster »kopfüber« nenne, zeigt am besten ein Vergleich zwischen diesem neuen Schnittmuster mit seinem alten Vorläufer darüber auf Farbtafel 13 links. Und wie sich die zwei kunterbunt *beleuchteten* Schnittmuster zueinander verhalten, zeigt die Mitte dieser Farbtafel. (Auf die rechte Spalte der Tafel komme ich in den nächsten beiden Paragraphen zurück).

§ 13.9. Nach den Versuchsvorbereitungen aus dem vorigen Paragraphen ist es an der Zeit fürs Versuchsergebnis, für die neue Farbensynthese. Nussbaumer stellt sich wieder ans Wasserprisma und schaut hindurch, in Richtung des projizierten Stegdias. Die Schwarzsynthese in der vierten Zeile bietet nach dem vorigen Experiment keine Überraschung, aber die Synthesen in den anderen sechs Zeilen sind umso faszinierender. Am besten lassen sich die Ergebnisse in einer Tabelle überblicken:

Siebenfacher Kontrapunkt

Zeile	ursprüngliche Serie (Farbtafel 13 oben)	dazu komplementäre Serie (Farbtafel 13 unten)	Zeile
1)	Rot = R	Türkis = T	7)
2)	Gelb = R + G	Blau = T + P	6)
3)	Grün = G	Purpur = P	5)
4)	Weiß = R + G + B	Schwarz = T + P + Y	4)
5)	Türkis = G + B	Rot = P + Y	3)
6)	Purpur = R + B	Grün = T + Y	2)
7)	Blau = B	Gelb = Y	1)

(Da Nussbaumer beim Kontrapunkt auch noch die *Reihenfolge* der Kombinationen genau umgekehrt hat (§ 13.8k), habe ich die Zeilen der komplementären Serie kopfüber numeriert).

Um es kurz zu machen, alle Farbensynthesen gehen bis ins letzte Detail so auf, wie es unser Sinn für Symmetrie ersehnte und vorhersah. Rot z. B. erweist sich (vor weißem Hintergrund) als Mischung aus Gelb und Purpur (Farbtafel 13, unteres Feld, dritte Zeile) – genauso wie sich vorhin (vor schwarzem Hintergrund) Türkis als Mischung aus Blau und Grün erwies.

Gesteigerte Schönheit

§ 13.10. Das neue Experiment ist für sich genommen so ästhetisch wie dessen Gegenstück. Farbliche Sauberkeit und geometrische Schärfe erfreuen erneut unseren Sinn für Schönheit. Und abermals fasziniert uns das Wechselspiel zwischen kunterbunter Kontinuierlichkeit auf der Projektionsfläche und diskreter Ordnung in der prismatischen Synthese. (Vergl. das ästhetische Resümee in § 11.15).

Doch etwas anderes spricht unseren Schönheitssinn weit stärker an, als bei getrennter Würdigung der beiden siebenfachen Synthesen herauskommen kann. Die perfekte farbliche Symmetrie zwischen den beiden Experimenten erfreut unsere zwei Augen und dazu unser geistiges Auge, unseren Ordnungssinn. Hier zeigt sich eine zusätzliche Schönheit auf höherer Stufe, wie sie aus der symmetrischen Beziehung zweier für sich schon schöner Ordnungen erwächst. Ein verwandter Fall dieser Schönheit auf höherer Stufe ist uns bereits in Bachs *Kunst der Fuge* begegnet, und zwar dort, wo die bereits in sich herrliche erste Spiegelfuge für zwei Klaviere faszinierenderweise ihrem Spiegelbild gegenübertritt (§ 12.10).

In den zwei Experimenten sind jeweils sieben kombinatorische Synthesen übereinander angeordnet, Zeile für Zeile, in einer Dimension. Die Reihenfolge der Zeilen ist frei gewählt – der Experimentator kann sich für eine ästhetisch ansprechende Reihenfolge entscheiden (nicht anders als der Zwölfton-Komponist, der sich für eine ästhetisch ansprechende Reihenfolge seiner zwölf Töne entscheiden kann). Selbstverständlich tritt die Symmetrie nur dann klar zutage, wenn die Reihenfolgen der Zeilen beider Experimente zueinander passen.

Je tiefer ich mich in diesen Experimenten verliere, umso stärker drängt sich mir der Eindruck auf, es mit einer visuellen Form von

Musik zu tun zu haben, mit einem zweistimmigen Kontrapunkt. In § 12.5 habe ich die Versuchsergebnisse der ersten Serie (die gemäß Newtons Vorgaben im Dunklen stattfindet) von oben nach unten als eine Stimme aus sieben Akkorden gedeutet, die man ebensogut nacheinander spielen könnte:

1. Stimme aus visuellen Akkorden	1. Stimme laut Partitur
Rot (ein Ton)	R
Gelb (Zweiklang)	R + G
Grün (ein Ton)	G
Weiß (Dreiklang)	R + G + B
Türkis (Zweiklang)	G + B
Purpur (Zweiklang)	R + B
Blau (ein Ton)	B

Die neue Serie (die gemäß Goethes Vorgaben im Hellen stattfindet) klingt so:

2. Stimme aus visuellen Akkorden	2. Stimme laut Partitur
Gelb (ein Ton)	Y
Grün (Zweiklang)	T + Y
Rot (Zweiklang)	P + Y
Schwarz (Dreiklang)	T + P + Y
Purpur (ein Ton)	P
Blau (Zweiklang)	T + P
Türkis (ein Ton)	T

Die erste Stimme lebt im Dunklen (und könnte einer Moll-Tonart verglichen werden), die zweite im Hellen (vergleichbar einer Dur-Tonart). Und in der Terminologie der Zwölftonmusik kann man sagen, dass die zweite Stimme die Krebsumkehr der ersten ist.

Sechs neue Spektren

§ 13.11. Dass die zweifach symmetrische Schönheit, die im vorigen Paragraphen zum Vorschein gekommen ist, nur die Doppelspitze eines noch weit schöneren – hochsymmetrischen und kunterbunten – Eisberges bietet, hat Nussbaumer mithilfe einer grandiosen Reihe weitergehender Experimente vorgeführt, die ich hier nur kurz erwähnen kann. Ihn interessierte die Frage: Was passiert, wenn man an die Stelle des weißen Lichts gelbes Licht stellt und anstelle der Schwärze blaues Licht, das Farbkomplement von Gelb? Und was passiert, wenn man dann die Rollen der beiden Farben wiederum miteinander vertauscht? Und was im Fall anderer Paare von Komplementärfarben?

Diese Fragen drängen sich in dem Augenblick auf, in dem man sich klarmacht, dass Weiß und Schwarz einfach zwei entgegengesetzte *Farben* sind und dass sie sich genauso zueinander verhalten wie andere komplementäre Farbpaare. Wenn Newton immer mit weißem Licht im Schwarzen (im Dunklen) experimentiert und wenn Goethe vorschlägt, stattdessen auch mit schwarzem Schatten im Weißen (im Hellen) zu experimentieren – warum soll man dann nicht mit gelbem Licht im Blauen experimentieren? Das *nicht* auszuprobieren, wäre willkürlich, also hässlich. Ob es allerdings zu schönen oder auch nur brauchbaren Ergebnissen führt, muss das Experiment zeigen.

Die Ergebnisse dieser Versuchsreihen können einem den Atem verschlagen. Und sie sind schön, schon deshalb weil sie die Phänomene besonders dicht durchdringen – kreuz und quer, aber ohne jede Willkür.

In jedem der neuen Experimente bilden sich Spektren, jedesmal andere – nur dass sich bei diesen neuartigen Spektren stets mindestens eine von zwei neuen »Farben« einschleicht: Weiß oder Schwarz. So liefert ein gelber Lichtstrahl vor blauem Hintergrund ein Spektrum aus Schwarz, Türkis und Purpur, und in den Zwischenräumen kann man ein schwärzlich grünes Blau erkennen bzw. einen schmalen weißen Streifen. Und ein blauer Lichtstrahl vor gelbem Hintergrund liefert ein Spektrum aus Weiß, Rot und Grün mit nicht allzu klar erkennbaren Zwischenräumen:

Versuchsergebnis bei Kontrast aus Blau/Gelb/Blau (Farbtafel 14, letzte Zeile No. 7)	Versuchsergebnis bei Kontrast aus Gelb/Blau/Gelb (Farbtafel 14, Zeile No. 6)
Schwarz	Weiß
Grün	Purpur
Türkis	Rot
Weiß	Schwarz
Purpur	Grün

Und so geht es immer weiter. Bei den anderen Paaren von Komplementärfarben hat Nussbaumer denn auch vier weitere Farbspektren entdeckt, deren Vielfältigkeit, Größe und Struktur nicht viel anders aussehen als die Spektren, die wir bislang betrachtet haben. Nur in den Farbwerten unterscheiden sich die Spektren:

Versuchsergebnis bei Kontrast aus Purpur/Grün/Purpur (Farbtafel 14, Zeile No. 2)	Versuchsergebnis bei Kontrast aus Grün/Purpur/Grün (Farbtafel 14, Zeile No. 3)
Rot	Türkis
Gelb	Blau
Weiß	Schwarz
Türkis	Rot
Blau	Gelb

Versuchsergebnis bei Kontrast aus Rot/Türkis/Rot (Farbtafel 14, Zeile No. 4)	Versuchsergebnis bei Kontrast aus Türkis/Rot/Türkis (Farbtafel 14, Zeile No. 5)
Purpur	Grün
Weiß	Schwarz
Gelb	Blau
Grün	Purpur
Schwarz	Weiß

Alle diese neu entdeckten Spektren bezeichnet Nussbaumer als *un-ordentliche Spektren*, und das, obwohl sie eine faszinierende Ordnung aufweisen, die in Farbtafel 15 gut hervortritt.[706]

Loops § 13.12. Dass sich die neu entdeckten Spektren nicht nur wissenschaftlich, sondern auch künstlerisch durcharbeiten lassen, hat Nussbaumer in einer Reihe von Kunstinstallationen demonstriert. Eine dieser Installationen heißt *Loops*. Ich möchte dieses herrliche Lichtkunstwerk schon allein deshalb kurz besprechen, weil es meiner Ansicht nach mit Fug und Recht als eine Art visueller Musik bezeichnet werden kann, weil es also auf ganz eigene Weise mit den Zielen von Künstlern wie Klee und Kupka harmoniert, die sich in ihrer Malerei an Bachs Fugen annähern wollten (§ 12.2). Anders als sie realisiert Nussbaumer in den *Loops* ein zeitliches Geschehen, dem man wie einem Musikstück folgen kann.

Und zwar läuft auf einem Computer-Bildschirm eine Serie einfacher geometrischer Formen: Jeweils zehn Sekunden lang sieht man ein unverändertes Bild, worin vor einheitlich gefärbtem Hintergrund andersfarbige Figuren aufleuchten, die recht schmal sind (Kunsttafel 15 rechts). Insgesamt besteht ein *Loop* aus zwei Dutzend solcher Bilder. Diese Bilder kann man sowohl mit einem unbewaffneten Auge verfolgen als auch gleichzeitig durch ein vorgeschaltetes Wasserprisma (links vorne im Photo). Beim Blick durchs Wasserprisma schieben sich die Farbfelder nach den Gesetzen der prismatischen Brechung in ihren jeweiligen Hintergründen ineinander und auseinander, wodurch völlig neue Farb- und Formenklänge entstehen (Kunsttafel 15 links).

Beispielsweise sehen wir noch ohne Prisma oben einen weißen Streifen, darunter einen gelben und einen türkisen Streifen – in grüner Umgebung (Kunsttafel 15 rechts). Diese Konfiguration verändert sich dramatisch bei Betrachtung durchs Wasserprisma: Das Monitorbild verschiebt sich virtuell nach links und ändert sich auf ganz spezifische Weise – der weiße Streifen (oben rechts) zerfällt nicht wie vor schwarzem Grund à la Newton in alle Regenbogenfarben, sondern vor grünem Grund nur in einen blauen und einen gelben Streifen (oben links, im Prisma). Noch überraschender ist darunter die Vereinigung des gelben und blauen Streifens (unten rechts) in einen einheitlichen weißen Streifen (unten links, im Prisma). Man staunt darüber, wie sich die Verhältnisse hier spiegeln, und zwar diesmal punktsymmetrisch, und das ist nur ein kurzer zeitlicher Ausschnitt aus dem komponierten Gesamtgeschehen.

Weil Nussbaumer die Brechungs-, Verschiebungs- und Mischungsregeln vor den verschiedenfarbigen Hintergrundfarben genau kennt und in ihrer Gesetzmäßigkeit beherrscht, kann er mit diesem Material eine zeitliche Entwicklung voller Schönheit komponieren nicht viel anders als der Tonsetzer, der die Gesetze des Zusammenklangs einzelner musikalischer Klänge beherrscht. Der prismatisch unbewaffnete Blick auf den Computer-Bildschirm entspricht dem Blick des Musikhörers in die Partitur; und der Blick durchs Prisma entspricht der akustischen Verfolgung des musikalischen Geschehens im Musikerlebnis.

Die Rezeption von *Loops* ist freilich für Neulinge anstrengender, als Musik zu hören. Wir haben viel Übung darin, im Zeitstrom absoluter Musik mitzuschwimmen, und wenig Übung für den parallelen visuellen Fall. Es wäre ein reizvolles Unterfangen, Nussbaumers *Loops* auf dieselbe Weise zu analysieren wie es Hanslick für die Musik als »tönend bewegte Formen« vorgeführt hat.[707] Wenn ich recht sehe, haben wir hier eine Kontrapunktik vor Augen, deren ästhetischer Reiz sich strukturell mit Bachfugen vergleichen lässt. Schon dass sich im gezeigten Standbild das prismatische Bild ausgerechnet per *Punktspiegelung* aus dem Urbild auf dem Bildschirm ergibt, freut Auge und Geist, ganz vergleichbar mit der Freude für Geist und Ohr, wie sie z. B. Bachs Krebskanon mit sich bringt.

§ 13.13. Die zuletzt beschriebenen naturwissenschaftlichen Resultate bieten nicht allein Ausgangspunkte für Kunstinstallationen. Zudem sind sie geeignet, unser Verständnis des Farbenmischens zu revolutionieren. Bislang kennen wir zwei Schemata des Farbenmischens, additive und subtraktive Farbmischung. Das eine Schema beruht auf Newtons Spektrum, das andere auf Goethes Spektrum (siehe Farbtafel 16, Felder 1 und 2). Schon diese Schemata bieten

Neue Regeln der Farbmischung

schöne Bilder; auch deshalb finden sie sich in vielen Büchern zum Thema Farbe.

Was passiert aber, wenn man beim Mischen die Farben der sechs anderen Spektren benutzt? Nussbaumers Experimente liefern die Antwort. Sobald wir aus Nussbaumers sechs unordentlichen Spektren Farbstrahlen herauslösen und vor geeigneter Umgebungsfarbe prismatisch zusammenbringen, stoßen wir auf Mischungen, wie sie in den Feldern 3 bis 8 in Farbtafel 16 gezeigt sind. Und wer sich in diese Tafeln vertieft, der wird staunen: In der Welt unserer Farben herrscht eine komplexe, hochsymmetrische Ordnung von reizvoller Schönheit. Die doppelte Symmetrie, die ich in diesem Kapitel Schritt für Schritt entfaltet habe, hat sich nochmals potenziert.

Nussbaumers zweidimensionale Darstellung der verschiedenen Mischungssysteme aus Farbtafel 16 bietet einen ersten Systematisierungsschritt. Nussbaumer sortiert die Phänomene und nutzt dafür elementare Werkzeuge der Mathematik. Die Diagramme spiegeln bestimmte empirische Gesetzmäßigkeiten wider und deren Symmetrien; doch worauf das alles beruht, sagen sie nicht. Sie bieten keine theoretische Erklärung – keine Theorie. Bei Nussbaumer ist die theoretische Enthaltsamkeit Programm. Er versteht sich als Künstler, der den Farbphänomenen selber in ihrer sinnlichen Gesetzmäßigkeit auf die Schliche kommen will, nicht deren theoretisch postulierten Ursachen.[708]

Selbstverständlich wäre es fabelhaft, wenn wir um die Ursache für die enthüllten Symmetrien wüssten. Liegt sie im Gehirn? Im Auge? Liegt sie in der Physik des Lichts? Wie ich an anderer Stelle ausgeführt habe, folgen die Symmetrien einer äußerst einfachen mathematischen Struktur; das bedeutet, dass sie sich aus sehr sparsamen Annahmen ableiten lassen.[709] Da haben wir ein weiteres Beispiel dafür, worauf die Schönheit naturwissenschaftlicher Errungenschaften im Zusammenspiel aus Empirie und Theorie hinausläuft.

* * *

Ästhetische Prognosen

§ 13.14. Nussbaumer hat mir erzählt, wie sehr er seine Experimente auf die ästhetisch erwarteten Ergebnisse hin getrimmt hat. Er suchte nach einfachen, symmetrischen Ordnungen mit sauberen Farbresultaten und warf alle Experimente fort, die ihn von diesem Ziel entfernten.⁷¹⁰ Viele Schnittmuster in seinen Auffangschirmen haben sich ästhetisch nicht bewährt und wurden deshalb nicht weiterverfolgt. Das ist keine Schummelei. Nussbaumers Schönheitssinn verlangte gewisse Formen in den Ergebnissen, die sich dann nach harter experimenteller Arbeit endlich einstellten; die Natur hat zuguterletzt mitgespielt.

Ähnlich steht es mit meiner Prognose der Schwarzsynthese, von der ich vorhin berichtet habe (§ 12.14, § 13.3 – § 13.4). Ich hatte zwar selber kein Experiment mit diesem Resultat durchgeführt, konnte mich aber trotzdem nicht mit der ästhetisch motivierten Prognose zufriedengeben. Vielmehr habe ich viel theoretische Arbeit aufgeboten, um zu zeigen: Newtons Theorie sagt die Schwarzsynthese voraus.⁷¹¹

Man könnte mir daher vorhalten, dass hinter der Prognose nicht der Schönheitssinn, sondern die newtonische Erklärung gesteckt hätte. Aber diese Beschwichtigung funktioniert nicht, wie ich kurz darlegen will. Mein Schönheitssinn machte mich nämlich noch kühner als oben zugegeben; ich habe seinerzeit prognostiziert, dass sich *alle* newtonischen Experimente nach denselben Prinzipien umkehren lassen wie die Schwarzanalyse – auch die Experimente, deren Umkehrung ich noch nicht theoretisch ausgearbeitet hatte.⁷¹² Diese Prognose beruhte ausschließlich auf ästhetischen Motiven. Als ich ihre Implikationen zu erkunden begann, fiel mir auf, wie schwer es ist, ausgerechnet Newtons allerwichtigstes Experiment umzukehren: das *experimentum crucis*.⁷¹³

Mehrere Jahre lang versuchte ich vergeblich, genau wie im Fall der Weißsynthese nachzuweisen, dass Newtons Theorie selber die Umkehrbarkeit jenes Experiments voraussagt. Daher wuchsen meine Zweifel am Wert meiner Prognose – und an den ästhetischen Gründen, die mich zu ihr bewogen hatten.⁷¹⁴

§ 13.15.   Am Ende ging die Geschichte gut aus. Ich erfuhr, dass sich außer Nussbaumer bereits mehrere Physiker und Farbforscher an die Umkehrung des *experimentum crucis* herangetastet hatten.⁷¹⁵

Es gab jedoch noch kein exakt symmetrisches Gegenstück zu Newtons Experiment. Was die Physiker vorgeschlagen hatten, bot in meinen Augen keine konsequente Umkehrung; sie bedienten sich z. B. bestimmter *verspiegelter* Blenden, obwohl in Newtons Experiment keine Spiegel vorkamen. In Gesprächen mit Rang berichtete ich von den theoretischen Schwierigkeiten, die sich mir bei der passgenauen Umkehrung des *experimentum crucis* entgegengestellt hatten, und beharrte auf dem Wunsch, sie zu beheben. Zudem wollte ich mich erst zufriedengeben, wenn sich zeigen ließ, dass Newtons eigene Theorie die Umkehrung seines *experimentum crucis* vorhersagt. Wie

Ende gut, vieles gut

sich herausstellte, verfügte Rang über alle Ressourcen dafür; der von mir geforderte Gedankengang musste nur noch ausgearbeitet werden. Rang hat diese Arbeit mit seinen Ideen wesentlich vorangebracht und sich an ihrer endgültigen Formulierung beteiligt.[716] Obwohl unsere Überlegung im Detail verwickelt erscheinen mag, ist ihre grundlegende Idee einfach: Wo in Newtons *experimentum crucis* ein Lichtstrahl einer bestimmten Art entlangläuft, darf im umgekehrten Experiment genau keiner entlanglaufen; und wo bei Newton ein bestimmter Lichtstrahl *fehlt* (also in der Dunkelkammer fast überall), da muss im umgekehrten Experiment genau dieser Lichtstrahl realisiert werden. Ohne diese Leitidee (die von der Hoffnung auf symmetrische Schönheit im Reich optischer Experimente motiviert war) hätten wir uns die zahllosen vertrackten Details für die theoretische und dann auch experimentelle Umkehrung des *experimentum crucis* nicht zurechtlegen können.

Nach diesem Erfolg bei Newtons wichtigstem Experiment wollte ich einen Schritt weitergehen und die Sache verallgemeinern. Es galt, einen mathematischen Beweis auszuarbeiten, dem zufolge Newtons Theorie voraussagt: Jedes Experiment aus der geometrischen Optik hat ein deckungsgleiches umgekehrtes Gegenstück. Bei der Arbeit an dem Beweis bin ich immer wieder steckengeblieben. Die Komplexität der Details stieg bei jedem Anlauf nach wenigen Schritten ins Unermessliche. Statt zu resignieren und anzunehmen, dass der gesuchte Beweis vielleicht gar nicht geführt werden kann, habe ich aus der explodierten Komplexität geschlossen, dass ich mich noch nicht auf der angemessenen Abstraktionsebene bewegt hatte. Also setzte ich neu an und versuchte es noch abstrakter. Zuguterletzt führte meine Suche fast zum Erfolg; ein einziges letztes Detail – die partielle Refraktion – bereitete mir noch Schwierigkeiten.[717] Genauer gesagt implizierte die Symmetrieforderung meines Ansatzes eine ganz bestimmte empirische Behauptung über das Verhältnis der Anteile von gebrochenem und reflektiertem Licht. Nicht anders als bei der Prognose der Schwarzsynthese stand ich wieder an einem Punkt, an dem der Sinn für Symmetrie eine Prognose nach sich zog. Beunruhigt griff ich zum Telephonhörer und erläuterte meinem Kooperationspartner Rang das Problem. Er versprach, der Sache nachzugehen, und wenige Tage später rief er mich zurück. Seine ersten Worte werde ich nie vergessen: »Die Natur ist schön«. Abermals war alles genau so hingekommen, wie es unser Schönheitssinn verlangt hatte.

Teil V

Philosophische Verknüpfungen

14. Kapitel.
Vergleiche gehen kreuz und quer über alle Grenzen

§ 14.1. Bevor wir meine Fallstudie zur Rolle der ästhetischen Urteilskraft in der Optik durchlaufen sind, habe ich im 1. Kapitel zum Warmwerden eine höchst allgemeine These in die Luft geworfen. Sie lautete: Auch wenn wir keinen universellen Kriterienkatalog namhaft machen können, an dem wir unsere Bewertung von Kunstwerken ausrichten, ist unser Schönheitssinn alles andere als beliebig. Was haben wir zugunsten dieser optimistischen These gelernt?

Eine vage Metapher

Ich habe einerseits vorgeführt, dass es nicht nur in der Musik, Erzählkunst usw., sondern auch im optischen Experiment und in der optischen Theorie schöne Symmetrien zu entdecken gilt und dass Naturforscher auf so etwas achten, unter anderem. Das alleine trüge nicht viel zur Glaubwürdigkeit meiner optimistischen These bei. Denn vielleicht hat der Sinn für die symmetrische Schönheit naturwissenschaftlicher Experimente nicht viel mit dem Sinn für z. B. musikalische Symmetrieschönheit zu tun?

Um dieser Sorge zu entrinnen, habe ich andererseits exemplarisch versucht zu demonstrieren, dass uns die ästhetische Freude über ein schönes Experiment voller Symmetrien in manchen Aspekten nicht anders entgegentritt als z. B. die über ein schönes Musikstück mit Symmetrien; beides wirkt ähnlich – wenn auch nicht identisch (9. Kapitel).

Mit derselben Stoßrichtung habe ich zahlreiche weitere Parallelen zwischen künstlerisch relevanten Gesichtspunkten und ihren jeweiligen Gegenstücken gezogen, auf die es für die ästhetische Wertschätzung physikalischer Experimente ankommt. Dabei ging es immer mit Blick auf konkrete Fälle um Gesichtspunkte wie Klarheit, Überraschungswert, Einheit in der Vielheit, Sauberkeit und Änderung unserer Wahrnehmungsgewohnheiten. Sollten Sie diese Parallelen zwischen Kunst und Wissenschaft zumindest bei einigen

meiner Fälle ebenfalls gesehen haben, so wären Sie bereits in die Nähe meiner Verwandtschaftsthese gelangt:
(V) Der Schönheitssinn, den Naturwissenschaftler zur Beurteilung ihrer Arbeitsergebnisse einsetzen, ist eng verwandt (wenn auch nicht identisch) mit dem Schönheitssinn, mit dessen Hilfe wir Kunstwerke etwa aus der Musik beurteilen (§ 1.2).

Dass ich mich in dieser These auf eine vage Metapher von Verwandtschaft zurückziehen muss, wird nicht jeden befriedigen. Zwar weckt die Metapher allerlei willkommene philosophische Erinnerungen an Wittgensteins berühmte Rede von der Familienähnlichkeit.[718] Dennoch wäre ich gut beraten, klarer herauszuarbeiten, wie sich naturwissenschaftliche und künstlerische Schönheit zueinander verhalten.

Ästhetische Gründe

§ 14.2. Schon um den Begriff der Schönheit von Kunstwerken toben viele Debatten, die ich nicht allesamt aufrollen oder auch nur antippen kann. Weder in der philosophischen Ästhetik noch in Disziplinen wie Kunstgeschichte, Musik-, Film- oder Literaturwissenschaft hat sich ein einheitliches Verständnis des Schönheitsbegriffs durchgesetzt.[719] Wie ist dieser evaluative Begriff zu definieren? Welche Kriterien regieren seinen Gebrauch? Welche Gründe schulden wir unserem Gegenüber, wenn wir etwas »schön« oder »ästhetisch wertvoll« nennen? Und welche Gründe sind wir schuldig, wenn wir ein Kunstwerk schöner oder ästhetisch wertvoller nennen als ein anderes?

Diese Fragen finden nicht einmal dann eine eindeutige Antwort, wenn man den Anwendungsbereich des Schönheitsbegriffs einschränkt und z. B. nur Werke einer Kunstgattung oder eines Genres oder einer Stilepoche betrachtet.[720]

Nichtsdestoweniger können wir bei der ästhetischen Beurteilung eines Kunstwerkes sehr genau sagen, warum wir so urteilen und nicht anders. Um eine Fuge zu loben, können wir z. B. ein Fugenthema besonders interessant nennen oder den hochsymmetrischen Aufbau der Fuge herausstreichen oder auf die schwindelerregende Komplexität ihrer Polyphonie verweisen. Zwar erwarten wir weder, dass uns jedermann in der Beurteilung dieser ästhetischen Einzelaspekte zustimmen wird, noch dass jedermann zuguterletzt unserer Gesamtbewertung der Fuge beipflichten muss. Aber allein deshalb verwandelt sich der Streit um die ästhetische Gesamtqualität der fraglichen Fuge nicht in einen bloßen Streit über Geschmack. Wir beanspruchen mehr; wir tauschen Gründe aus, indem wir die Aufmerksamkeit auf bestimmte ästhetische Einzeleigenschaften der Fuge lenken; und fürs Vorliegen dieser ästhetischen Einzeleigenschaften plädieren wir dadurch, dass wir auf deskriptive Eigenschaften verweisen, die sich objektiv beschreiben lassen.

§ 14.3. Was ich zuletzt skizziert habe, ist von anderen Autoren als *Drei-Ebenen-Modell* bezeichnet worden. Auf der untersten Ebene stehen die wertfreien Beschreibungen gewisser Eigenschaften eines Kunstwerks (wie z. B. Angaben über seinen Rhythmus); auf der mittleren Ebene stehen die bereits wertenden Urteile, die zugleich immer noch Einzelaspekte des Kunstwerks betreffen (z. B. über die Harmonie der Stimmführung); und auf der obersten Ebene stehen die Urteile der ästhetischen Gesamtbewertung wie z. B. »schön« oder »ästhetisch wertvoll«.

<small>Drei Ebenen</small>

Viel spricht dafür, dass ein und dasselbe Urteil je nach Situation manchmal auf der untersten Ebene, manchmal auf der mittleren Ebene auftreten kann. Zum Beispiel war im Umfeld Mondrians die Farbe Grün so sehr verpönt, dass ein Urteil wie »Die auffälligste Farbe dieses Bildes ist Grün«, nicht auf der wertfreien untersten Ebene steht, anders als sonst.[721]

Vertiefungsmöglichkeit. Der Philosoph Nick Zangwill spricht von einem Kuchen mit drei Schichten.[722] Bei Zangwill heißen die drei Arten von Eigenschaften so: »non-aesthetic properties«, »substantive aesthetic properties« und »verdictive aesthetic properties«.[723] Man kann lange darüber streiten, wie sich die Aussagen der drei Ebenen zueinander verhalten – etwa darüber, ob es rein begriffliche Implikationsverhältnisse von unten nach oben gibt oder ob bloß konversationelle Implikaturen (im Sinne des Sprachphilosophen Paul Grice) herrschen, ob die Ebenen epistemisch verknüpft sind oder per Supervenienz metaphysisch aufeinander ruhen.[724] Für meine Zwecke kommt es nicht darauf an, auf welche Seite Sie sich in diesen feinen Scharmützeln der Ästhetiker schlagen.

Wenn ich recht sehe, vermischt sich in jedem ästhetischen Begriff, der auf der mittleren Ebene eingesetzt wird, ein wertender mit einem beschreibenden Anteil.[725] So ein Begriff funktioniert ähnlich wie die dichten ethischen Begriffe (»grausam«, »mutig« usw.), die wir teils beschreibend, teils moralisch wertend verwenden.[726] Dem Philosophen Hilary Putnam zufolge können diese Begriffe je nach Gesprächssituation zwischen der rein beschreibenden und der wertenden Ebene hin- und herwechseln, also nicht anders als Mondrians »grün«.[727] Mehr noch, es mag sogar Umstände geben, in denen sich die wertende und die beschreibende Komponente solcher Begriffe gar nicht mehr sauber auseinanderdividieren lassen.[728] Es spielt für meine Zwecke keine Rolle, für welche Partei man sich in dieser metaethischen Debatte entscheidet – jedenfalls ist es ein Fehler, so zu tun, als ob es diese Debatte nicht gäbe und als ob sie sich nicht geschmeidig aufs Parallelproblem in der Ästhetik übertragen ließe; diesen Fehler macht z. B. McAllister.[729]

Selbst wer den genannten Moralphilosophen zustimmt und ebenfalls findet, dass die dichten ethischen Begriffe *mehr* Aufmerksamkeit verdienen, als ihnen in kantischen oder utilitaristischen Systemen zuteil wird, braucht nicht für die Abschaffung der dünnen ethischen Begriffe – wie »geboten«, »verboten«, »erlaubt« – zu plädieren. Analog in der Ästhetik: Auch hier zwingt uns der Blick auf die zweite (teils wertende, teils beschreibende) Ebene nicht dazu, ganz ohne Begriffe wie »schön« oder »ästhetisch wertvoll« weiterzumachen. Wittgensteins apodiktischer Leitspruch, den ich in § 1.7 zitiert habe, sollte also nicht allzu gehorsam befolgt werden.[730]

ex post facto § 14.4. Die Gründe, die wir im Streit über ein ästhetisches Gesamturteil (z. B. über eine einzelne Fuge X) vorbringen, verpflichten uns offenbar nicht zu allgemeinen Urteilen der Form:
(A) *Jeder* Fuge, deren Thema interessant, deren Aufbau symmetrisch und deren Polyphonie atemberaubend komplex ist, kommt derselbe hohe ästhetische Wert zu wie der Fuge X (für deren Lob wir z. B. die drei Gründe aufgeboten haben).
Im Gegenteil, laut dem Philosophen Colin Lyas verlaufen unsere ästhetischen Begründungen in der entgegengesetzten Richtung: Statt vermöge eines haltlosen Prinzips gemäß (A) von den ästhetischen Eigenschaften der mittleren Ebene aufs ästhetische Gesamturteil (der höchsten Ebene) zu schließen, beginnen wir mit dem ästhetischen Gesamturteil und liefern dann die einzelnen Gründe der mittleren Ebene nach, eine Art *Ex-post-facto*-Begründung.[731]
Eine gleichgestrickte Überlegung gilt für das Verhältnis zwischen

mittlerer und unterer Ebene. Auch hier liefern wir im nachhinein die rein deskriptiven Gründe, die uns zum ästhetischen Urteil auf der mittleren Ebene bewogen haben, ohne uns auf den entsprechenden Allsatz verpflichten zu wollen oder zu müssen.[732] Das alles trifft meiner Ansicht nach gut die Art und Weise, wie wir über Kunstschönheit reden; nicht viel anders habe ich über die Schönheit einiger Experimente geredet und gezeigt, wie sich daran einerseits die Rede über schöne Theorien anschließen lässt, andererseits die Rede über schöne Kunstwerke.

Gleichgültig, ob Sie dem skizzierten Modell zustimmen oder nicht, eines steht fest: Es bietet eine passable Alternative zu objektiven Kriterienkatalogen, mit deren Hilfe man angeblich von der unteren Ebene zur obersten Ebene deduzieren kann. Bislang ist noch jeder Narr gescheitert, der solche Kriterienkataloge gemäß (A) aufzustellen versuchte; bislang ist jeder Kriterienkatalog durch Gegenbeispiele zerfleddert worden.[733] Und daran ändert sich nichts, wenn wir nur innerhalb einer einzigen Stilepoche ein einziges Genre in den Blick nehmen.

Vertiefungsmöglichkeit. Vergleichen wir diese Situation mit der parallelen Situation in der Ethik. Die Anhänger des sog. metaethischen Partikularismus wie z. B. Jonathan Dancy behaupten zwar ganz ähnlich, dass wir uns beim moralischen Urteil über eine Handlung nicht auf allgemeine Prinzipien stützen können, weil jede einzelne Handlung in einem überaus spezifischen Kontext steht.[734] Doch stimmen dem die meisten Moralphilosophen nicht zu.[735] Andere Mehrheitsverhältnisse herrschen demgegenüber in der philosophischen Ästhetik: Dem ästhetischen Partikularismus oder Singularismus stimmen recht viele Kunstphilosophen zu, worüber z. B. der britische Philosoph Frank Sibley klagt.[736] – Ich möchte nun kurz noch einige Details zum nachträglichen Einsatz ästhetischer Gründe anführen: Dass erst das ästhetische Urteil auf den Tisch kommt und danach die Gründe, die dafür sprechen, behaupten viele Theoretiker, und zwar auch unabhängig vom Drei-Ebenen-Modell.[737] Man mag fragen: Worin besteht die Funktion der nachträglich gelieferten Gründe, wenn sie nicht (mithilfe einer allgemeinen Norm) zur Begründung des Urteils dienen? Darauf gibt der amerikanische Philosoph Arnold Isenberg eine spannende, vielleicht aber übertriebene Antwort: Die Gründe dienen dazu, unsere Aufmerksamkeit auf bestimmte Gesichtspunkte des beurteilten Kunstwerks zu richten und dabei dessen Wahrnehmung zu verändern.[738] Zwar scheint diese Diagnose gut zu unseren Gewohnheiten im ästhetischen Meinungsaustausch zu passen; aber am Ende bleibt rätselhaft, inwiefern Isenberg noch von Gründen sprechen kann. Wohl auch deshalb versuchen Philosophen wie Joel Kupperman, etwas mehr kognitiven Gehalt aus unserem ästhetischen Meinungsaustausch herauszulesen, ohne in einen Reduktionismus zurückzufallen.[739]

Lob der Vielfalt § 14.5. Habe ich mit der Feststellung aus dem vorigen Paragraphen ein Eigentor geschossen? Sinken meine Gewinnchancen, nachdem ich zugegeben habe, dass wir unsere ästhetischen Urteile nicht auf allgemeine Wenn/dann-Regeln gründen?

Keineswegs. Wenn wir uns in unserem ästhetischen Werturteil über ein Kunstwerk jedesmal neu auf Gründe stützen können, ohne allgemeine Kriterien mit uns herumtragen zu müssen, dann sind unsere Gespräche über Schönheit in Musik, bildender Kunst, Film, Literatur usw. angenehm vielfältig und erfreulich offen für Neues, wodurch das Ideal eines ästhetischen Kosmopolitismus in greifbare Nähe rückt. Eben diese Offenheit lässt sich ungezwungen ausdehnen weit über die Künste hinaus – so weit, dass auch die Rede von der Schönheit naturwissenschaftlicher Experimente und Theorien mit in dieselbe Reihe hineingehört.

Kurz gesagt erhöht sich die Glaubwürdigkeit der Verwandtschaftsthese (V) in dem Maße, in dem die Vielfalt der Rede von Kunstschönheit steigt; je buntscheckiger eine Familie aussieht, desto mehr Verwandtschaftsverhältnisse zu neu auftauchenden Personen springen uns ins Auge. Um diese Idee in ein kleines Argument zu verwandeln, stelle ich folgende These auf:

(V*) Die Gesichtspunkte, mit deren Hilfe ich in meiner Fallstudie auf die Schönheit einiger optischer Experimente aufmerksam gemacht habe, unterscheiden sich weniger von den Gesichtspunkten, die wir beim ästhetischen Lob einiger Fugen aufbieten, als sich wiederum diese (fugenbezogenen) Gesichtspunkte z.B. von Gesichtspunkten zugunsten wagnerianischer Musik unterscheiden. (Symmetrisches Paar siebenfacher Farbsynthesen ≈ Bachs Spiegelfugen ≠ Wagners *Tristan und Isolde*).

Der spätere Gründer der Bayreuther Festspiele Richard Wagner bricht in seiner Oper *Tristan und Isolde* (1859) radikal mit den Regeln der Kompositionsweise, die in der abendländischen Kunstmusik zuvor galten und die ich mithilfe von Hanslicks Überlegungen hervorgehoben habe.[740] Dass Hanslick auf Wagner zwiespältig reagiert hat, ist nicht verwunderlich, denn der vermeidet die formalen Symmetrien, Regelmäßigkeiten und Harmonien, die laut Hanslick unsere Erwartungen beim Musikhören formen, leiten und informieren. Stattdessen fließt die Musik bei Wagner ohne festen Halt fürs Ohr, wir werden ohne Ende in ein organisches Werden und Vergehen hineingezogen, verlieren dabei die Orientierung, beispielsweise harmonisch: Wagner bietet uns weder die beruhigende Auflösung von Dissonanzen noch die altgewohnte Rückkehr in die Grundtonart; er entführt uns solange vom Grund, auf dem wir zu stehen meinen, bis wir nicht mehr sagen können, ob es diesen Grund je gegeben hat – ein Kontrollverlust: Auch das ist schön.

Im starken Gegensatz dazu wissen wir als Fugenliebhaber, was wir im Fortlauf etwa der Spiegelfugen zu erwarten haben – harmonisch sowieso, aber auch formal: Nachdem die erste Stimme z. B. vier Takte lang den Ton angegeben hat, ist es Zeit für den Einsatz der zweiten Stimme, dieweil die erste kontrapunktisch weiterläuft, was sich wiederum nach vier Takten durch Einsatz der dritten Stimme weiter verdichtet. Zu diesen kontrapunktischen Erwartungen, die wir ganz allgemein im Fall von Fugen durchlaufen, treten bei den Spiegelfugen die speziellen Symmetriebeziehungen zwischen den Intervallsprüngen der einzelnen Stimmen: Einem Quartsprung nach oben in der ersten Stimme korrespondiert in der zweiten Stimme ein gleichartiger Quartsprung nach unten (und so fort für die ganze Klangfolge). Durch dieses Strukturmerkmal wird der Ablauf der Spiegelfugen besonders scharf reguliert, und die Kunst Bachs besteht hier darin, dass sie sich trotz dieser Formstrenge alles andere als öde oder konstruiert anhören. Das ist insofern umso erstaunlicher, als die zweite Spiegelfuge vollständig durch die Form der ersten und durch die Symmetrieachse gegeben ist (§ 12.11, § 12.13).

Kurz und gut, die beiden Spiegelfugen sind ein extremes Beispiel für Musik, in der sich ganz bestimmte formale Elemente nach strengen Gesetzmäßigkeiten immer wiederholen, insbesondere nach bestimmten Symmetriegesetzen. Daher kann man ihre Ästhetik mit der symmetrischen Ästhetik der siebenfachen Farbsynthesen vergleichen; so wie diese stehen sie in riesiger Entfernung vom organisch fließenden *Tristan*.

Um nicht missverstanden zu werden: Auch die Musik der Wagner-Oper versinkt nicht in künstlerisch belangloser Beliebigkeit; anstelle abgeschlossener Melodien begegnen uns bei Wagner leitmotivische Gestalten, die eng mit den dramaturgischen Charakteren des erzählten Stoffs verwoben und einem organischen Wandel unterworfen sind; man kann diesem Wandel aufmerksam folgen und versteht ihn.

Aber man versteht ihn anders als eine Bachfuge – und anders als ein symmetrisch scharf konturiertes Experiment aus der Optik mit seinen wohldefinierten Grundfarben. Das bedeutet freilich nicht, dass sich keine Parallelen zwischen Naturwissenschaft und Wagners *Tristan* ziehen ließen; in der Tat hat der norwegische Komponist, Kunst- und Wissenschaftsforscher Edvin Østergaard den *Tristan* mit Charles Darwins Evolutionstheorie verglichen, und dieser Vergleich hat verblüffend viele Facetten.[741] Der Sinn für die sich organisch entfaltende Schönheit der Gestalten unserer Fauna ist beispielsweise ein wichtiges Motiv bei dem genialen Biologen, das gut zur genialen Musik Wagners passt.[742]

Das Ergebnis meiner Analyse lautet insgesamt: Mitunter unterscheiden sich zwei Meisterwerke der Musik stärker voneinander als eines dieser Meisterwerke von einem Meisterwerk der Experimentierkunst. Wer also trotz der innermusikalischen Divergenzen daran festhalten möchte, dass wir mit Recht schlechthin von Schönheit in der Musik reden, der darf konsequenterweise nichts gegen die Rede von Schönheit im Experiment einwenden. Unterschiede gibt es immer; aber die aufgezeigten Verwandtschaften sind für meine Zwecke aufschlussreicher – und sie sind nicht an den Haaren herbeigezogen.

Vertiefungsmöglichkeit. Ich habe die ästhetische Nähe zwischen den Spiegelfugen und den doppelt siebenfachen Farbsynthesen betont und dargelegt, wie weit beides vom *Tristan* entfernt ist. Trotzdem bestehen auch Gemeinsamkeiten zwischen den beiden Seiten meiner Gegenüberstellung. Die Dramaturgie des *Tristan* folgt beispielsweise einer Reihe von Polaritäten, die sich wegen der engen Verschränkung von Handlung und Musik auch in der Musik ausmachen lassen.[743] Dass die doppelt siebenfachen Farbsynthesen besonders deutlich durch Polaritäten zwischen Hell und Dunkel, zwischen Farbe und Komplementärfarbe strukturiert sind, habe ich bereits ausgeführt; ebenso sind die Spiegelfugen durch die Polarität zwischen Tonsprung nach oben *versus* nach unten strukturiert. Selbstverständlich bieten sich diese Polaritäten in Experiment bzw. Fuge anders dar als im Fall des *Tristan*: Zwar ist dessen Geschichte sogar von der Polarität aus Tag und Nacht geprägt.[744] Doch die nächtliche Verachtung des Tages, der sich Wagners Protagonisten liebesselig und todessehnsüchtig hingeben, bringt genau keine ästhetische Forderung des Tages und seiner wirklichkeitsbeflissenen Werte mit sich – im Gegenteil, als Zuschauer wünscht man sich, dass die alltäglichen Realitäten niemals über die beiden Liebenden hereinbrechen mögen; und so bietet Wagners Oper in dieser Hinsicht kein Beispiel dafür, dass eines der zentralen Elemente (etwa die Nacht) nach ihrem komplementären Gegenstück (dem Tag) verlangt. Es würde mich zu weit vom Thema abbringen, noch genauer auszuführen, worin sich die Polaritäten bei Wagner von denen bei Bach und Nussbaumers Goethe unterscheiden. Stattdessen stelle ich im kommenden Paragaphen eine Überlegung an, die derjenigen aus dem vorliegenden Paragraphen strukturell gleicht, aber auf eine andere Gegenüberstellung hinausläuft. An die Stelle des *Tristan* setze ich jetzt ein Gemälde des Malers Gustave Courbet, das in meinen Augen einen ähnlichen Geist atmet wie der *Tristan* (und wie Darwins Evolutionstheorie) – das aber auf jeden Fall weit von Bachs Spiegelfugen und Nussbaumers goetheanischen Experimenten entfernt ist.[745]

§ 14.6. Was wäre, wenn die These (V*) aus dem vorigen Paragraphen etwa wegen gewisser Konvergenzen zwischen Bach und Wagner doch nicht stimmen sollte? Dann dürfte immer noch eine baugleiche These zutreffen. Diese These springt nicht nur quer durch die musikalischen Epochen, sondern zusätzlich noch von der Musik in die bildende Kunst. Und zwar betrachte ich jetzt die ästhetischen Konvergenzen zwischen visuell zugänglichem Experiment und akustisch zugänglichem Bachstück vor der Kontrastfolie eines Gemäldes, also eines visuell zugänglichen Werks, nämlich der *Welle* von Gustave Courbet aus dem Jahr 1870 (Kunsttafel 16).[746]

Verbindungslinien und Brüche

Um den Kontrast möglichst deutlich herauszustreichen, habe ich ein starkes, stürmisches Meeresbild genommen, in dem eine geballte, nicht unbedrohliche Wolkenmacht am Himmel über den tobenden Wellenmassen thront, in elementarem Widerstreit. Wir erkennen in diesen Wellen und Wolken wohlgeformte Gestalten, und wir antizipieren sogar deren Gestaltwandel, der sich zwar nach gewissen Regelmäßigkeiten zu vollziehen scheint, das aber ohne festen Halt, mithin eher kontinuierlich und fließend als sprunghaft oder scharf. Das Bild wird ohne weitere Orientierungspunkte nur von der sehr hoch im Bild verlaufenden Linie des Horizonts strukturiert, und seine teils rauhen, teils glatten Farbenwirbel reichen von grünlichem Blau bis zu bläulichem Grau. Der Maler Paul Cézanne war von dem Bild überwältigt und rief: »Der ganze Saal riecht nach Wasserstaub ...«[747] Man kann auch sagen, dass das Bild laut ist.

Es liegt auf der Hand, meine ich, dass dieses sinnlich mächtige Meisterwerk seinen ästhetischen Wert aus Gesichtspunkten gewinnt, die fast nichts mit den für Bachs Spiegelfugen einschlägigen Gesichtspunkten zu tun haben. Das hängt nicht einfach nur damit zusammen, dass wir das Bild sehen, das Musikstück aber *hören*; denn ich habe ja die hörbaren Bachfugen ästhetisch in die Nähe des sichtbaren Experiments gerückt, habe also ästhetische Gesichtspunkte zugelassen, die querfeldein sowohl im Sichtbaren wie im Hörbaren greifen (nicht anders als Klee mit seiner *Fuge in Rot* vom Umschlagbild dieses Buchs). Selbst wenn wir so weit gehen, finden die präzise abgezirkelten kontrapunktischen Symmetrien bei Bach keinerlei visuelle Entsprechung in Courbets Bild, und dessen organisch wabernde Gestalten haben bei Bach kein akustisches Gegenstück. Das heißt, es gibt erhebliche ästhetische Divergenzen zwischen dem Bild und jener Musik. Sie liegen ästhetisch weiter auseinander als jene Musik und das Experiment. Und sie tun das, obwohl es sich um zwei Kunstwerke handelt, denen ich ein naturwissenschaftliches Experiment zum Vergleich beigesellt habe. Optik und Musik sind (in diesem Beispiel) engere Nachbarn als Musik und bildende Kunst:

(V**) Die Gesichtspunkte, mit deren Hilfe ich in meiner Fallstudie auf die Schönheit einiger optischer Experimente aufmerksam gemacht habe, unterscheiden sich weniger von den Gesichtspunkten, die wir beim ästhetischen Lob einiger Fugen aufbieten, als sich wiederum diese (fugenbezogenen) Gesichtspunkte z. B. von Gesichtspunkten zugunsten einiger Gemälde unterscheiden. (Symmetrisches Paar siebenfacher Farbsynthesen ≈ Bachs Spiegelfugen ≠ Courbets *Welle*).

Thesen dieser Bauart helfen uns zu verstehen, wie die ästhetischen Wertbegriffe der unterschiedlichsten Disziplinen kriteriell zusammenhängen. Verbindungslinien und Brüche kommen dabei gleichermaßen in den Blick, und das finde ich attraktiv. Zudem führt uns diese Denkbewegung aus den abstrakten Höhen, vor denen wir uns (wie stets in der Philosophie) fürchten müssen, zurück zu den konkreten Gegenständen der ästhetischen Bewertung.

§ 14.7. Ich muss darauf verzichten, über die eben angetippten Gedanken zum Verhältnis zwischen Kunstwerk und Experiment hinauszugehen. Denn als nächstes will ich den Blick für etwas anderes freibekommen – für die Rolle der ästhetischen Urteilskraft bei der Beurteilung naturwissenschaftlicher Theorien (15. Kapitel); danach möchte ich zum Abschluss ein Argument gegen den ästhetischen Subjektivismus vorschlagen (16. Kapitel). Bevor ich mich dem zuwende, will ich abermals betonen, dass ich mich in meiner doppelten Fallstudie an keiner Stelle auf einen reduktionistischen Schönheitsbegriff festgelegt habe; weder habe ich stabilen, einheitlichen Kriterien des Schönen bei naturwissenschaftlichen Errungenschaften das Wort geredet noch gar beim Blick auf die Künste. Ich habe einfach nur einige einzelne Gesichtspunkte oder Gründe für mein ästhetisches Lob gewisser optischer Experimente und der zugehörigen Theorie aufgeboten – ganz genau so, wie ich in anderen Situationen einige einzelne Gesichtspunkte oder Gründe aufgeboten hätte, um einen Film ästhetisch zu loben oder ein Gedicht oder einen Roman.

Vorschau und Fazit

* * *

§ 14.8. Mithilfe vergleichender Verwandtschaftsthesen wie (V*) und (V**) kann man sich zurechtlegen, warum ästhetische Wertungen (jedenfalls in Gesamturteilen auf der obersten Stufe, § 14.3) eine Familie bilden, trotz aller kriteriellen Unterschiede quer durch die Künste, Epochen, Gattungen, Genres. Dies leuchtet zum Beispiel angesichts des folgenden Gegenstücks zu (V*) und (V**) ein:
(V″) Die Gesichtspunkte, mit deren Hilfe man auf den ästhetischen Wert des Films *Dead Man* von Jarmusch aufmerksam machen

Die künstlerische Verwandtschaft

kann, unterscheiden sich weniger von den Gesichtspunkten, die wir beim ästhetischen Lob von Franz Kafkas Roman *Der Process* aufbieten, als sich wiederum diese (kafkaesken) Gesichtspunkte z. B. von Gesichtspunkten zugunsten Goethes *Wahlverwandtschaften* unterscheiden.

Durch diese These kann man (angesichts der Divergenzen zwischen ästhetischen Kriterien bei Romanen) für kriterielle Konvergenzen zwischen Film und Roman plädieren. Etwa so: Wenn und weil ästhetische Kriterien für Werturteile über verschiedene Romane sicherlich halbwegs einheitlich funktionieren (Voraussetzung), funktionieren sie wegen (V″) bei einigen Filmen nicht viel anders.

Stimmt denn die Voraussetzung dieser Überlegung? D. h. stimmt es, dass ästhetische Kriterien bei verschiedenen Romanen halbwegs gleich funktionieren? Ja, denn die skizzierte Überlegung lässt sich in immer engeren Kreisen nach innen fortsetzen. Wenn man nämlich im selben Stil die Abstände zwischen den Vergleichsgegenständen immer weiter absenkt, gelangt man von innen zum gewünschten Ziel: Wegen allerengster Familienbande zwischen ästhetischen Werturteilen über Kunstwerke desselben Genres und derselben Epoche, ja desselben Künstlers lässt sich die Einheitlichkeit der ästhetischen Wertung in immer breiteren Kreisen entfalten.

Für dies Argument muss ich voraussetzen, dass im Zentrum dieser Kreise die geforderte Einheitlichkeit herrscht; eine solche Voraussetzung dürfte unkontrovers sein – jedenfalls dann, wenn der innerste Kreis eng genug geschlagen wird, z. B. um mehrere Ausführungen ein und desselben Bildes oder um mehrere Aufführungen ein und desselben Musikstücks.

Um die Wichtigkeit solcher vergleichender Thesen herauszustreichen, will ich kurz daran erinnern, dass wir vorhin bei einer ganz ähnlichen These vorbeigekommen sind:

(V‴) Die Gesetze der Optik ähneln mit Blick auf den ästhetischen Wert ihrer Symmetrien eher Bachs Krebskanon als dem grausamen zweiten Hauptsatz der Wärmelehre (§ 9.4; vergl. § 7.9).

Es würde meinen Rahmen sprengen, systematisch zu untersuchen, was wir aus einer gut geordneten Sequenz solcher Thesen lernen können über das Verhältnis zwischen ästhetischer Urteilskraft in Naturwissenschaft und Kunst.

* * *

Kurzbesuch bei Heidegger

§ 14.9. Um Künste und Naturwissenschaften in engere Nachbarschaft zu bringen, bin ich von Naturwissenschaft ausgegangen und habe versucht, eine Brücke zur Kunst zu schlagen. Auch auf dem entgegengesetzten Weg kann man beide Bereiche aneinander annähern. Dann wird man nicht von

Schönheiten in der Naturwissenschaft ausgehen, sondern von Wahrheiten oder Erkenntnissen in der Kunst.[748]

Wer in dieser Richtung besonders weit vorankommen möchte, wird behaupten, dass die Kunst, nicht die Naturwissenschaft, den bevorzugten Weg zur Wahrheit biete. So sah es der heute hochumstrittene Philosoph Martin Heidegger. Auf den ersten Blick hat er einen Gedanken verfochten, der gut zu meinem Unterfangen passt, wie folgendes Aperçu zeigt:

»Schönheit ist eine Weise, wie Wahrheit als Unverborgenheit west«.[749]

Doch dass Heidegger den Wahrheitsbegriff anders auffasst als die Naturwissenschaftler (deren Wissenschaftsgläubigkeit er vehement bekämpft), liegt auf der Hand. Das demonstrieren schon die Sätze, die Heidegger dem Aperçu vorausschickt und in denen es um Kunstwerke und eine tiefere, jedenfalls andere Form von Wahrheit geht als die, für die sich Naturwissenschaftler interessieren:

»Im Werk ist die Wahrheit am Werk, also nicht nur ein Wahres. Das Bild, das die Bauernschuhe zeigt, das Gedicht, das den römischen Brunnen sagt, bekunden nicht nur, was dieses vereinzelte Seiende als dieses sei, falls sie je bekunden, sondern sie lassen Unverborgenheit als solche im Bezug auf das Seiende im Ganzen geschehen. Je einfacher und wesentlicher nur das Schuhzeug, je ungeschmückter und reiner nur der Brunnen in ihrem Wesen aufgehen, um so unmittelbarer und einnehmender wird mit ihnen alles Seiende seiender. Dergestalt ist das sichverbergende Sein gelichtet. Das so geartete Licht fügt sein Scheinen ins Werk. Das ins Werk gefügte Scheinen ist das Schöne«.[750]

Zudem sagt Heidegger an anderer Stelle:

»Schönes gibt es überhaupt nicht in den Wissenschaften«.[751]

Dass Heidegger und Dirac (auf dessen schönheitsbeflissene Position ich in § 2.2 eingegangen bin) trotz oberflächlicher Unterschiede *strukturell* sehr ähnlich über das Verhältnis zwischen Wahrheit und Schönheit denken, behauptet Piper.[752] Da man die Schriften Heideggers nicht auf die Schnelle auszulegen versuchen sollte, muss ich diese gewagte Behauptung hier stehenlassen, ohne sie zu erörtern.[753] Stattdessen möchte ich in den kommenden Paragraphen exemplarisch einige weniger spektakuläre Thesen über Wissensformen in den Künsten durchspielen.

* * *

§ 14.10. Wie im ersten Kapitel angedeutet, hat meine Verwandtschaftsthese zum Schönheitssinn der Naturwissenschaftler ein Gegenstück zum Wirklichkeitssinn der Künstler. Zur Erinnerung gebe ich beide Thesen noch einmal gemeinsam wieder:

Wissensmangel als Manko

(V) Der Schönheitssinn, den Naturwissenschaftler zur Beurteilung ihrer Arbeitsergebnisse einsetzen, ist eng verwandt (wenn auch nicht identisch) mit dem Schönheitssinn, mit dessen Hilfe wir Kunstwerke beurteilen.

(V') Das Wissen, nach dem Naturwissenschaftler in ihrer Arbeit streben, ist eng verwandt (wenn auch nicht identisch) mit denjenigen Wissensformen, die sich Künstler in ihren jeweiligen Disziplinen erarbeiten.

Mithilfe von (V) können wir das Thema meiner Untersuchung anvisieren und fragen, warum die Schönheit einer naturwissenschaftlichen Errungenschaft zu ihrer Glaubwürdigkeit beiträgt und inwiefern ihre Hässlichkeit gegen sie spricht. Analog könnten wir mithilfe von (V') die Blickrichtung der Untersuchung umkehren, um zu fragen: Warum trägt Wissen, das in einem Kunstwerk zur Geltung kommt, zu seinem ästhetischen Wert bei (falls es das tut) – und inwiefern verringert Wissensmangel, der sich in einem Kunstwerk zeigt, den ästhetischen Wert eines Kunstwerks?

Die zuletzt aufgeworfene negative Frage lässt sich vielleicht leichter behandeln als ihre positive Vorläuferin. Zu diesem Zweck muss man zunächst einige unwesentliche Nebenpunkte aus dem Weg räumen: Es geht hier nicht so sehr um technische Mängel in der Ausführung eines Kunstwerks, die sich etwa zeigen, wenn ein Komponist in einem Klavierstück unfreiwillig dokumentiert, welche Anforderungen selbst der virtuoseste Pianist technisch nicht mehr bewältigen kann; oder wenn der Maler bei unwissender Mischung seiner Pigmente andere Effekte erzielt, als er beabsichtigt; oder wenn der Dichter aufgrund mangelnder Englischkenntnisse ein nicht passendes deutsches Reimwort einsetzt.[754] Alle drei Fälle sind für unsere Zwecke uninteressant. Etwas interessanter, aber immer noch irreführend ist die wohlfeile Kritik an der unrichtigen Perspektive in Gemälden der Gotik: Wer beispielsweise nicht beabsichtigt, sich den sehr speziellen Regeln zu unterwerfen, die bei fixiertem einäugigen Blick in die Welt einschlägig wären, den sollte man an diesen Regeln auch nicht messen.

Sonst müsste man ja auch Courbet dafür kritisieren, dass er in seiner *Welle* (Kunsttafel 16) einen Blick auf die tosende Brandung darstellt, wie man sie nie zu sehen bekommt. Der Horizont verläuft in diesem Bild extrem weit oben, so als lägen die Augen des Betrachters knapp oberhalb der Erdoberfläche; doch in diesem Falle würde die gigantische Welle den Horizont verdecken. Tatsächlich scheint Courbet in dem Bild zwei Blickpunkte vorausgesetzt zu haben, die einander ausschließen: Der Horizont definiert einen tiefliegenden Blickpunkt, und die Welle kommt genau deshalb bedrohlich viel näher an den Betrachter heran, als sie es bei der von ihr selbst definierten Perspektive zu tun vermöchte.[755] Das ist große Kunst, kein Kunstfehler.

Wenn wir derartige Themen beiseiteschieben, wird deutlich, wie verzwickt die Angelegenheit schnell wird, etwa mit Blick auf abstrakte Malerei oder absolute Musik: Kann man deren Werke ästhetisch durch Hinweis darauf kritisieren, dass es ihnen an Wissen gebricht, dass sie also z.B. wirklichkeitsfremd sind oder naiv? Ich muss die Frage offenlassen. Stattdessen möchte ich im kommenden Paragraphen auf Landschaftsmalerei und auf Stilleben eingehen; hier haben wir einige klare und interessante Fälle.

§ 14.11. Um Malerei als eine Art von Wissenschaft zu kennzeichnen, wird zuweilen ein keckes Bonmot des britischen Landschaftsmalers John Constable zitiert:

»Malerei ist eine Wissenschaft und sollte als eine Untersuchung der Naturgesetze betrieben werden. Warum soll man denn Landschaftsmalerei nicht als eine Teildisziplin der Naturwissenschaft auffassen, bei der die Bilder als Experimente dienen?«[756]

Naturstudien der Maler

Das sieht nur auf den ersten Blick spektakulär aus; denn Constable redet keiner eigenen künstlerischen Erkenntnisquelle das Wort. Vielmehr lässt sich die Aussage so verstehen, dass man für akkurate Landschaftsmalerei auch allerlei Naturwissenschaft braucht und dass sich diese Naturwissenschaft mithilfe der Akkuratesse der Bilder testen lässt, die in ihrem Rahmen entstehen.

Zudem sagt Constable etwas weiter vorne ausdrücklich, dass es in der Malerei nicht auf so etwas wie göttlich-inspirierte künstlerische Schöpfung ankommt, sondern auf langwieriges, geduldiges, ja: mechanisches Studium der Natur.[757] Nicht viel anders argumentiert die Kunsthistorikerin Katrin Herbst unter der Überschrift »Kunst als Wissenschaft« ohne Bezug zu Constable, sondern mit Blick auf Landschaftsgemälde der Präraffaeliten.[758] Und auch das ist selbstverständlich nur ein weiteres Beispiel; die *Ophelia* von Millais passt genauso gut in diese Reihe wie der *Blumenstrauß* von Jan Brueghel d. Ä. (Kunsttafel 5, Kunsttafel 8).

Dass die umfangreichen Botanikstudien dieser Künstler zu einem realistischen Abbild der Natur führen müssten, ist damit freilich nicht gesagt; Brueghels Blumenstrauß zeigt beispielsweise blühende Blumen, die nie und nimmer gleichzeitig zur Blüte kommen – wir haben in einem einzigen Bild eine Art überzeitlichen Blütenkatalog, der auf monatelange botanische Detailforschung in Sommer und Herbst zurückgeht.[759] Doch auch wenn derartige Studien nicht zu einem insgesamt getreuen Bild der Natur zu führen, also in diesem Sinne kein vorzeigbares Wissen nach sich zu ziehen brauchen, selbst dann steckt in der Schönheit dieser Malerei viel Wissen. Das zeigt sich wieder am negativen Fall: Mangelnde Sorgfalt bei den Naturstudien kann (im Genre der Blumen-Stilleben) den ästhetischen Wert eines Gemäldes schmälern.

412 Teil V: Philosophische Verknüpfungen

In den kommenden Paragraphen möchte ich dasselbe Phänomen anhand der Dichtkunst demonstrieren. Zwar muss der Dichter nicht wie der Wissenschaftler beschreiben, was der Fall ist; aber wenn er nicht weiß, was der Fall ist, kann das unsere ästhetische Wertschätzung des Geschriebenen verringern.

* * *

Wissenschaft im Roman

§ 14.12.   Selbstverständlich muss nicht jeder Satz eines Romans zutreffen oder gar die Ansprüche echten Wissens erfüllen; im Gegenteil. Die legendäre Wetteranalyse vom August 1913, mit der Robert Musil seinen Roman *Der Mann ohne Eigenschaften* anfangen lässt, kann beispielsweise von den damaligen meteorologischen Fakten in Wien so stark abweichen, wie sie will – das tut dem ästhetischen Wert des Romans (und insbesondere seines Anfangs) keinen Abbruch:

»Über dem Atlantik befand sich ein barometrisches Minimum; es wanderte ostwärts, einem über Rußland lagernden Maximum zu, und verriet noch nicht die Neigung, diesem nördlich auszuweichen. Die Isothermen und Isotheren taten ihre Schuldigkeit. Die Lufttemperatur stand in einem ordnungsgemäßen Verhältnis zur mittleren Jahrestemperatur, zur Temperatur des kältesten wie des wärmsten Monats und zur aperiodischen monatlichen Temperaturschwankung. Der Auf- und Untergang der Sonne, des Mondes, der Lichtwechsel des Mondes, der Venus, des Saturnringes und viele andere bedeutsame Erscheinungen entsprachen ihrer Voraussage in den astronomischen Jahrbüchern. Der Wasserdampf in der Luft hatte seine höchste Spannkraft, und die Feuchtigkeit der Luft war gering. Mit einem Wort, das das Tatsächliche recht gut bezeichnet, wenn es auch etwas altmodisch ist: Es war ein schöner Augusttag des Jahres 1913«.[760]

Wie gesagt, der Wahrheitswert dieser Tatsachenbehauptungen ist für unser ästhetisches Urteil über den Romanbeginn gleichgültig; nichtsdestoweniger kann Musil hier nicht völlig frei über die Stränge schlagen. Er muss präzise recherchieren, welche *Form* eine wissenschaftliche Darstellung der Wetterparameter haben sollte, die damals auf der Höhe der Zeit sein will, welche Ausdrücke darin vorkommen müssen, welchen Tonfall solche Darstellungen typischerweise anschlagen usw. Nur wer alles das weiß, kann die wissenschaftliche Rede über das Wetter so fein ironisieren, wie Musil es vorführt. Wäre dem Romanschriftsteller hier ungewollt ein Schnitzer unterlaufen, so wären wir mit Recht peinlich berührt, und diese ästhetische Reaktion beruhte auf einem wissenschaftlichen Kunstfehler: Musil weckt durch den Romanbeginn im Leser die Erwartung, eine wissenschaftlich stimmige Wetteranalyse in ironisierter Form aufgetischt zu bekommen. Soweit ich weiß, hat er die Erwartung brillant erfüllt.

§ 14.13. Erwägungen wie die aus dem vorigen Paragraphen passen selbst in der freiesten aller sprachlich verfassten Künste, in der Poesie. Der Dichter Rainer Maria Rilke spricht das klar aus: »Denn Verse sind nicht, wie die Leute meinen, Gefühle (die hat man früh genug), – es sind Erfahrungen. Um eines Verses willen muß man viele Städte sehen, Menschen und Dinge, man muß die Tiere kennen, man muß fühlen, wie die Vögel fliegen, und die Gebärde wissen, mit welcher die kleinen Blumen sich auftun am Morgen«.[761]
Dass der Meister selber auf seinen Reisen nicht immer in den besuchten Städten gut genug hingeschaut hat und dass daher das eine oder andere Gedicht aus seiner Feder ästhetisch zu wünschen übrig lässt, steht freilich auf einem anderen Blatt und bewahrheitet die These vom ästhetischen Schaden inkorrekter Beobachtungen in Gedichten nur umso deutlicher.[762]

Unwissende Dichter?

Gerade dann, wenn Dichter bedeutungsschwangere Verse schreiben, kann mangelnde Korrektheit ihrer Beobachtungen das ganze Gedicht ruinieren. Niemand hat das an einem Beispiel treffender auf den Punkt gebracht als der Karikaturist und Schriftsteller Robert Gernhardt. Hören Sie selbst: Wenn Werner Bergengruen seine Verse »Südlicher Mittag« überschreibt, wenn er sie mit den Worten beginnt:

Jene zwei verschlafnen Ziegenhirten,
Die mit Ölbaumschatten mich bewirten,
Hab ich halblaut um den Weg gefragt

– so wird der Leser dem Dichter gerade dann aufmerksam zuhören, wenn ihm das Erlebnis einer solchen Stunde nicht fremd ist. Wenn Bergengruen in der zweiten Strophe fortfährt:

Weißverstaubte Stachelkräuter kauern
Unbewegt auf den beglühten Mauern,
Dem gestorbnen Gott als Mal gesetzt

– so sollte der Leser dem Dichter nicht nur die Behauptung durchgehen lassen, die Disteln wüchsen da zu Ehren des Pan, er muß ihm auch die Freiheit zubilligen, eine Gebärde in die Kräuter hineinzusehen, die er selber lediglich bewegungsfähigen Lebewesen zugesprochen hätte – selbst wenn der Verdacht sich aufdrängt, daß den komplexen Gewächsen die Haltung um des Reimes willen zugemutet wird. Wenn aber Bergengruen mit den Worten endet:

Ungeheure du, verschloßne Mitte!
Schauert michs der ungewiesnen Schritte?
Ahne ich der Schritte dunkles Ziel?

In den stummen Rebengärten
Schlummern Bienen und Lacerten,
Und der Wind verfiel.

– so darf der Leser ohne Scheu einwenden, daß der Dichter statt große Fragen zu stellen, lieber kleine Beobachtungen hätte anstellen sollen. Dann nämlich hätte er feststellen können, daß Hitze ein wechselwarmes Tier wie die Lazerte oder Eidechse keineswegs träger sondern kregler werden läßt und daß ihr unstetes Hasten erst – neben Insektengesumm und Blätterrascheln – den südlichen Mittag zur spannungsträchtigen Stunde des Pan werden läßt, zum Zeitpunkt, da diffuse Furcht in panischen Schrecken umschlagen kann.[763]

In der Tat, wer dem Reim zuliebe wissend und ein bisschen hochtrabend von Lacerten (anstelle von Eidechsen) spricht, der sollte die Lebensgewohnheiten dieser Tierchen besser nicht aus Versehen auf den Kopf stellen.

Selbstverständlich muss sich nicht jeder Dichter in der mediterranen Fauna auskennen; was ein Dichter wissen muss und was nicht, hängt offenbar von seinen Werken ab und von den Ansprüchen, die sie erheben. Nur weil Bergengruen implizit zu verstehen gibt, er kenne die beschriebene Naturszene durch und durch, kommt ihm der biologische Patzer ästhetisch in die Quere und befremdet den informierten Leser.

Zum Abschluss dieses Kapitels möchte ich auf eine Gruppe von Dichtern und Physikern zu sprechen kommen, deren poetische und naturwissenschaftliche Fertigkeiten aufs erstaunlichste Hand in Hand gingen.

* * *

Romantische Physik

§ 14.14. *Früher war alles viel besser.* Diesen kulturkritischen Stoßseufzer hört man oft, wenn vom Graben zwischen künstlerischer und naturwissenschaftlicher Wirklichkeitsbewältigung die Rede ist. Wie man weiß, konnten in den seligen Zeiten der Renaissance große Persönlichkeiten wie Albrecht Dürer und Leonardo da Vinci auf beiden Seiten des Grabens glänzen: Dürer war Maler und Mathematiker, Leonardo Bildhauer und Ingenieur.

Es ist etwas weniger bekannt, dass noch um 1800 derartige Doppelbegabungen nicht selten gewesen sind, gerade in der Tradition der deutschen Frühromantik, bei der man es vielleicht am wenigsten vermutet. Berühmte Dichter dieser Zeit haben bedeutende naturwissenschaftliche Arbeit geleistet, und ihre Freunde unter den Physikern tauschten sich mit ihnen auf hohem Niveau sowohl wissenschaftlich als auch philosophisch und künstlerisch aus. Ich werde das anhand zweier Dichter und zweier Physiker illustrieren, die ich stellvertretend für eine nicht unbedeutende Zahl Gleichgesinnter herausgreife.[764]

14. Kapitel: Vergleiche gehen kreuz und quer über alle Grenzen

Einerseits hat Achim von Arnim vor seiner Karriere als Literat ein naturwissenschaftliches Studium absolviert und eine eigenständige Monographie zur Theorie der Elektrizität sowie zahlreiche physikalische Fachaufsätze veröffentlicht.[765] Er interessierte sich besonders für Magnetismus, Elektrizität, aber auch für exotischere Themen wie die nächtlichen Wahrnehmungsfähigkeiten der Fledermäuse.[766]

Andererseits hat der Dichter Novalis (*alias* Friedrich von Hardenberg) als einer der ersten, vielleicht sogar als erster die Entdeckung der elektromagnetischen Wechselwirkung vorausgeahnt, an der sich kurz später der geniale Physiker Johann Ritter versuchen sollte und die zwei Jahrzehnte später schließlich dessen Freund Ørsted gelungen ist.[767]

Zwischen den Dichtern und den Physikern entspann sich ein spannungsreiches und dynamisches Wechselspiel, das alle Seiten zu Höchstleistungen anspornte.[768] Für Arnim waren Poesie und Physik zwei Seiten derselben Medaille.[769] Das war kein Wunschdenken eines Poeten und Exphysikers, denn er stand damit nicht alleine: Die Freunde Ørsted und Ritter fassten sich selbst als Naturwissenschaftler und zugleich als Poeten auf.[770] Ritter hat beispielsweise nicht nur erstens den Akku erfunden und zweitens die Wirkungen dessen entdeckt, was wir heute als UV-Licht bezeichnen, sondern drittens seine literarischen mit philosophischen und naturwissenschaftlichen Ambitionen verbunden, indem er kurz vor seinem Tod eine Sammlung von Fragmenten fertigstellte, also in dem Format, mit dem die Frühromantiker gegen geschlossene Formen angingen.[771] Den physikalischen Fragmenten stellte Ritter mit romantischem Gestus ein Verwirrspiel um seine Biographie voran – und nahm aus der Perspektive eines fingierten Herausgebers den eigenen tragischen Tod vorweg.[772] Unabhängig davon lassen sich Ritters Experimente sehr wohl als Kunst charakterisieren.[773]

Es ist nicht einfach, diejenigen Denkmotive präzise auf den Punkt zu bringen, unter denen sich diese Autoren hätten versammeln wollen; sie hatten jeder für sich einen sehr individuellen Denkstil.[774] Gleichwohl gibt es Gemeinsamkeiten: Einerseits hatten sie eine gewisse Vorliebe fürs Fragmentarische, und man kann diesen Zug bis in ihre Experimentierpraxis verfolgen.[775] Andererseits ließen sie sich von der postkantianischen Philosophie beflügeln, wie sie beispielsweise der Naturphilosoph Friedrich Schelling betrieben hat; sie sahen die Natur als eine organische Ganzheit, die dynamisch zu betrachten sei, nicht mechanisch, und die in polaren Gegensätzen organisiert sei.[776] Genau diese Polaritätsidee, die viel mit Goethes Farbforschung zu tun hat, passt methodisch verblüffend gut zu den Symmetrieprinzipien der modernen Physik.[777] In der Tat entdeckte Ritter im Jahr 1801 das UV-Licht als spiegelsymmetrisches Gegenstück zum bereits entdeckten Infrarot-Licht.[778] Er orientierte sich dabei an derselben Methode, mit deren Hilfe ein gutes Jahrhundert später das Positron postuliert wurde

(§ 8.19). In dieselbe Reihe gehören Ørsteds und Faradays Entdeckungen zur elektromagnetischen Wechselwirkung (§ 8.15).

Man mag fragen, warum ich diese spannende Kooperation zwischen Dichtung, Physik und Philosophie nur kurz im Kleingedruckten skizziere, statt ihr ein eigenes Kapitel zu widmen. Ich habe mich aus drei Gründen dagegen entschieden. Erstens: Zwar plädieren die romantischen Physiker nicht anders als ihre dichtenden Mitstreiter in aller Klarheit und mit Macht für ein Zusammenspiel aus Kunst und Wissenschaft. Doch gelten sie in weiten wissenschaftlichen Kreisen bis heute als suspekt. Daher wäre ich nicht gut beraten, wenn ich mich ausgerechnet auf sie stützen wollte, um die Rolle des Schönheitssinns in der Physik starkzumachen. Für meine Zwecke ist es günstiger, sich auf Physiker zu stützen, die niemand der haltlosen Schwärmerei verdächtigt.

Zweitens wäre für eine Untersuchung des historischen Wechselspiels aus schöner Literatur und Naturwissenschaft ein erhebliches Maß an literaturwissenschaftlicher Expertise nötig, das mir abgeht; Wissenschaftlerinnen und Wissenschaftler beider Seiten nehmen sich dieses Themas derzeit mit großem Schwung an.[779]

Drittens: Das Wechselspiel aus Dichtung, Naturwissenschaft und Naturphilosophie an der Wende vom 18. zum 19. Jahrhundert ist so vielschichtig, dass für jeden seiner unzähligen Spielzüge ein eigenes Buch geschrieben werden könnte. Eines dieser vielen Bücher werde ich demnächst zusammen mit der Chemikerin Anna Reinacher in Angriff nehmen, und zwar zur photochemischen Kooperation zwischen Ritter und Goethe.[780]

15. Kapitel.
Schönheit und Glaubwürdigkeit

Was zu zeigen bleibt

§ 15.1. Im vergangenen Kapitel bin ich einen Schritt zurückgetreten und habe mich auf Beschreibungen dessen gestützt, was wir tun, wenn wir Kunstwerken oder Experimenten ästhetischen Wert zusprechen. Diese Beschreibungen (für die das Wort *Phänomenologie* zu hoch gegriffen wäre) sprachen für die dort aufgestellten Verwandtschaftsthesen wie z. B.

(V) Der Schönheitssinn, den Naturwissenschaftler zur Beurteilung ihrer Arbeitsergebnisse einsetzen, ist eng verwandt (wenn auch nicht identisch) mit dem Schönheitssinn, mit dessen Hilfe wir Kunstwerke beurteilen.

(V*) Die Gesichtspunkte, mit deren Hilfe ich in meiner Fallstudie auf die Schönheit einiger optischer Experimente aufmerksam gemacht habe, unterscheiden sich weniger von den Gesichtspunkten, die wir beim ästhetischen Lob einiger Fugen aufbieten, als sich wiederum diese (fugenbezogenen) Gesichtspunkte z. B. von Gesichtspunkten zugunsten wagnerianischer Musik unterscheiden. (Symmetrisches Paar siebenfacher Farbsynthesen ≈ Bachs Spiegelfugen ≠ Wagners *Tristan und Isolde*).

Mithilfe solcher Thesen wiederum wollte ich implizit auch die Respektabilität jener ästhetischer Urteile verteidigen, die von Kunstwerken handeln, genau wie eingangs im 1. Kapitel angekündigt.

Aber reichen die Verwandtschaftsthesen – zusammen mit der Tatsache, dass Naturwissenschaftler ihre Experimente in der Tat ästhetisch auszuwerten pflegen – wirklich schon hin, um meine optimistische These zur Respektabilität unserer ästhetischen Urteile abzustützen? Sicher nicht. Denn selbst wenn so respektable Leute wie die Naturwissenschaftler irgendwelchen Gewohnheiten frönen, überträgt sich deren berufliche Respektabilität nicht von allein auf die Respektabilität ihrer Gewohnheiten. Selbst wenn alle Wissenschaftler nach Feierabend Tarotkarten legten, wäre nicht schon deshalb die Respektabilität dieser abergläubischen Praxis gesichert.

Das bedeutet: Für mein optimistisches Plädoyer brauche ich mehr als die Verwandtschaftsthesen. Ich muss plausibel machen, dass der Schönheitssinn der Naturwissenschaftler nicht einfach nur angenehme Begleitmusik zu ihrer experimentellen und theoretischen Arbeit liefert, sondern dass er für ihre Arbeit wesentlich ist. Stimmt das? Wenn Naturwissenschaftler dies behaupten (wie im Teil I belegt), so muss das nicht viel heißen. Denn wer sagt uns, dass sie ihre Arbeit richtig beschreiben? Ein tüchtiger Physiker kann ein lausiger Wissenschaftsphilosoph sein – so wie ein flugtüchtiger Vogel nichts von der Theorie des Fliegens wissen muss.

§ 15.2. Daher werde ich zum Abschluss auf den zurückhaltenden Optimismus zurückkommen, den ich eingangs entfaltet habe

Glaubwürdigkeit

(2. Kapitel). Er besagt ungefähr dies: Der Sinn für Schönheit hilft den Naturwissenschaftlern bei der Auswahl ihrer Theorien. Wer sich bei der naturwissenschaftlichen Wahrheitssuche – auch – am Schönen orientiert, verstößt damit nicht gegen die Standards guter Naturwissenschaft. Vielmehr konstituiert der Schönheitssinn diese Standards teilweise. Schöne naturwissenschaftliche Theorien sind glaubwürdiger als hässliche. Das gilt zumindest *ceteris paribus*, also unter sonst gleichen Bedingungen; man ist berechtigt, sich für die schönere Theorie zu entscheiden, wenn diese Entscheidung keine anderen erkenntnistheoretischen Nachteile mit sich bringt. (Das ist natürlich nicht immer der Fall; dem Farbenforscher Goethe war in dieser Sache kein Erfolg vergönnt. Ich werde das am Ende dieses Kapitels andeuten).

Wie Sie im Lauf meiner Diskussion der optimistischen These sehen werden, verflüchtigt sich bei näherem Hinsehen die Grundlage für eine verbreitete Annahme. Viele nehmen an, dass die theoretischen Resultate der Naturwissenschaft eindeutig sein müssten. Ich werde gegen diese Annahme plädieren und behaupten: Insofern die theoretischen Resultate der Naturwissenschaft alles andere als eindeutig bestimmt sind und insofern sie sich nicht eins zu eins aus der experimentellen Wirklichkeit ablesen lassen, nimmt auch in der Naturwissenschaft die ästhetische Urteilskraft einen berechtigten Platz ein.

Spricht das gegen die Respektabilität der Naturwissenschaft? Wohl kaum. Wer überzogene Erwartungen enttäuscht, kann immer noch rufen: Etwas Respektableres als die Naturwissenschaften haben wir nicht!

Damit sollten wir uns zufriedengeben; insbesondere deshalb, weil es der Schönheit zu einem nicht-mysteriösen Platz in der Naturwissenschaft verhilft – und weil eben diese Schönheit unsere Naturwissenschaft menschlicher erscheinen lässt.

Gestaltungswille

§ 15.3. Was ich in dieser Untersuchung zur theoretischen Schönheit sagen kann, geht weniger tief ins Detail als meine Ausführungen zur experimentellen Schönheit, und das nicht ohne Grund. Während andere Autoren naturwissenschaftliche Schönheit zuallererst auf Theorien beziehen und verblüffend wenig über schöne

Experimente sagen, wollte ich mit meinen Betrachtungen die Gewichte anders verteilen als üblich. Dabei bin ich folgender Grundidee gefolgt: Wer sich bei der Schönheit naturwissenschaftlicher Experimente auskennt, weiß auch allerhand über Schönheit naturwissenschaftlicher Theorien. Das erste Thema ist einfacher als das zweite; es bietet – über die Wahrnehmung – einen konkreten Anhaltspunkt, wie in den Künsten.

Doch unser Schönheitssinn stützt sich auch in den konkreten Fällen nicht ausschließlich auf Wahrnehmung (§ 6.4, § 7.14). Weil im naturwissenschaftlichen Experiment wie im Kunstwerk das kunterbunte Chaos der Welt gebändigt wird, beruht Schönheit hier wie da nicht einfach nur auf erfreulichen Wahrnehmungen, sondern – abstrakter – auf deren Ordnung und Struktur.[781] Ein Teil dieser Ordnung geht auf den menschlichen Gestaltungswillen zurück, auch in der Naturwissenschaft. Und das gilt für naturwissenschaftliche Experimente genauso wie für naturwissenschaftliche Theorien.

§ 15.4. Wie dieser Gestaltungswille wirkt, illustriere ich zunächst am Beispiel der neuen Experimente aus Teil IV. Weil Nussbaumer aus dem kontinuierlichen Farbspektrum diskrete, überschaubare Ordnungen herauslocken will, teilt er es nicht ohne Willkür in drei Zonen ein, deren Breitenmaße sich wie 6:4:4 verhalten.[782] Stört diese Willkür unser Schönheitsempfinden? Nein; zwar folgt Nussbaumer den Launen des menschlichen Auges und teilt die Zonen nach ihrer Farbwirkung ein. Aber diese Willkür bewährt sich nachträglich in der strukturell herrlichen Schönheit seiner Versuchsergebnisse. (Nichtsdestoweniger wäre es interessant zu wissen, ob sich bei *allen* anderen Einteilungen weniger schöne Versuchsergebnisse ergäben; vergl. § 11.14).

Angesichts dieser Überlegung lässt sich etwas klarer sagen, wieso ästhetische Kriterien in der Naturwissenschaft erkenntnistheoretisch wichtig werden können. Dass in der komplementären Farbsynthese (Farbtafel 13, unten rechts) *genau dieselben* sechs bunten Farben aufscheinen wie in der ursprünglichen Farbsynthese (Farbtafel 13, oben rechts), ist ein ästhetisch ansprechendes Resultat harter experimenteller Arbeit; Nussbaumer musste lange herumprobieren,

Experimente aussuchen

bis die zwei sehr verschiedenen Experimente perfekt symmetrisch zueinander passten.

Der Antrieb für diese Anstrengungen lag in einem ästhetischen Bedürfnis – im Streben nach Ordnung, z. B. nach Symmetrie. Nur die Versuchsresultate, die dem genügten, hatten eine Chance, ernstgenommen und weiterverfolgt zu werden. Das Chaos der Natur (das bei den unschönen Versuchsdurchläufen unleugbar hervorlugte) wurde dabei nicht zum Verschwinden gebracht; es wurde lediglich ignoriert.[783]

Dass man es in seiner Disziplin ganz ähnlich zu halten pflegt, legt der Mathematiker Gian-Carlo Rota dar:

»Ein Mangel an Schönheit kommt in der Mathematik immer wieder vor und *erheischt weitere Forschung*. Wo es an Schönheit fehlt, ist man noch nicht am Ziel. Ein schöner Beweis ist meistens auch endgültig (auch wenn nicht jeder endgültige Beweis schön sein muss); ein schönes Theorem wird wahrscheinlich nicht weiter verbessert«.[784]

In der Tat verschwinden die hässlichen Beweise nicht aus den Archiven der mathematischen Forschung; sind sie einmal in der Welt, so lassen sie sich nicht mehr beseitigen. Stattdessen beachtet man sie nicht weiter, wenn sie schönere Nachfolger haben.

Nicht übertreiben!

§ 15.5. Wenn ich mit der letzten Überlegung richtig liege, gilt: Unser experimenteller Blick auf die Welt bevorzugt deren Schönheiten. Und solange wir aus schönen Experimenten mehr als genug Erkenntnisse zu ziehen wissen, dürfen wir uns den erkenntnistheoretischen Luxus ästhetischer Kriterien erlauben. Damit habe ich eine tentative Erklärung dafür angeboten, dass die Empiriker mit überproportional vielen Experimenten von großer Schönheit aufwarten. Es liegt am Überfluss der Experimente, aus dem die Empiriker aussuchen dürfen – sie schöpfen aus dem vollen.

Man darf es in dieser Richtung nicht übertreiben. Der Wissenschaftshistoriker und -publizist Ernst Peter Fischer geht in ähnlichem Zusammenhang vielleicht einen Schritt zu weit und verteidigt den Physiker Robert Millikan, der in seinem Öltröpfchenversuch die Elementarladung bestimmen wollte und dabei offenbar widerspenstige Mess-Ergebnisse unter den Tisch fallen ließ.[785] Ob das stimmt, will ich hier nicht untersuchen. Doch einerlei, ob es stimmt oder nicht, eines steht fest: Wer missliebige Daten kurzerhand unter den Tisch fallen lässt und nur die passenden Daten publiziert, macht sich verdächtig. In diesem Sinne sollte man besser nicht aus dem vollen schöpfen. Das Experiment gehört zwar zu den schönsten Experimenten aus der Wissenschaftsgeschichte.[786] Aber nicht deshalb, weil es auf geschönten Daten beruht.

Unpassende, widerspenstige Ergebnisse hässlich zu nennen und zu ignorieren, wäre verwegen. Genauso verwegen wäre es, nur die Ergebnisse zu berücksichtigen und schön zu nennen, die einem in den Kram passen. Hingegen ist es zulässig, eine Theorie auf ausgesuchten – schönen – Experimenten aufzubauen (und das heißt nicht: auf ausgesuchten Mess-Ergebnissen). Das ist zumindest solange zulässig, wie nicht feststeht, ob die ausgeblendeten – hässlicheren – Experimente gegen die Theorie sprechen.[787]

An dieser Stelle des Gedankengangs muss man differenzieren. Fest steht: Ein einziges widerspenstiges Versuchsergebnis, das aus dem Rahmen springt *und sich nicht reproduzieren lässt,* darf man ignorieren – jedenfalls dann, wenn man keine statistische Analyse *aller* Daten zu liefern beansprucht. (Wer statistische Durchschnitte aus nur ausgesuchten, schönen Zahlenwerten berechnet und unters Volk bringt, verstößt gegen die Spielregeln der Statistik).

Interessanter und schwieriger sind Fragen wie folgende: Was tun wir mit all den scheiternden Experimenten? Was tun wir zum Beispiel, wenn wir in den reproduzierbaren Ergebnissen irgendeines Experiments keine Ordnung ausmachen können? In den allermeisten Fällen ignorieren wir das Experiment und fragen nicht danach, ob das beobachtete Chaos gegen unsere Theorie spricht oder nicht. Das Experiment mit ungeordneten oder unschönen Ergebnissen spricht offenbar eher gegen die Experimentierkunst des verantwortlichen Wissenschaftlers, gegen sein Geschick oder seine *fortune.*

§ 15.6. Wer zwischen vielen Möglichkeiten wählen kann, darf sich die schönste aussuchen. Das (so meine These der letzten beiden Paragraphen) erklärt, warum so viele schöne *Experimente* in der

Unterbestimmtheit

Welt sind; es erklärt, warum sie entdeckt, veröffentlicht, beachtet, kanonisiert und gelehrt werden.

Genauso könnten wir vielleicht auch die wichtige Rolle erklären, die den ästhetischen Kriterien bei der Wahl zwischen *Theorien* zukommt. Auch hier herrscht Überfluss – jedenfalls dann, wenn Quine mit der These von der empirischen Unterbestimmtheit aller Theorien recht hat.

Diese These habe ich im 12. Kapitel so formuliert: Zu einer gegebenen Menge an Beobachtungen lassen sich stets mehrere unterschiedliche Theorien finden, die den fraglichen Beobachtungen empirisch entsprechen. Wenn das stimmt, können wir uns ohne Schaden auch bei der Theorienwahl *unter anderem* auf unseren Schönheitssinn stützen; wir wählen demzufolge aus den empirisch zulässigen Theorien diejenige aus, die unserem Schönheitssinn am besten gefällt. Und solange wir keine hinreichend schöne Theorie formuliert haben, suchen wir weiter. Das zumindest ist mein tentativer Vorschlag dafür, wie sich das Rätsel vom erkenntnistheoretischen Erfolg der Schönheit lösen lassen könnte.

Vertiefungsmöglichkeit. McAllister hat schon früher fast dieselbe Idee in die Luft geworfen und sie mit der Quine/Duhem-These verbunden, ohne diesem Gedanken dann weiter nachzugehen.[788] Ähnliche Lösungen des Rätsels sind auch von anderen Autoren vorgeschlagen worden. So können die ästhetischen Kriterien dem Physiker Fritz Rohrlich zufolge einer schönen Theorie den Vorzug gegenüber weniger schönen, empirisch gleichwertigen Rivalen geben.[789] Während Jacquette dem widerspricht, äußern Einstein bzw. Sklar einen ähnlichen Gedanken – mit dem Kriterium der Einfachheit bzw. Konservativität anstelle dem der Schönheit.[790] Einige historische Beispiele für ästhetische Auswege aus dem empirischen Unentschieden bespreche ich im Kleingedruckten am Ende dieses Kapitels, siehe § 15.17. – Wie Hossenfelder ausführt, steht in der allerneuesten Grundlagenforschung der Physik dem Überfluss an Theorien kein Überfluss an Experimenten gegenüber, die im allgemeinen überaus aufwendig und kostspielig sind; daher ist es nicht verwunderlich, dass der Schönheitssinn in der Grundlagen-Physik besonders prominent zur Geltung kommt und dort – möglicherweise – nicht immer mit der gebotenen Vorsicht eingesetzt wird.[791] Dieser Stand der Dinge lässt sich mithilfe der Unterbestimmtheitsidee gut verstehen.

§ 15.7. Wie zuletzt skizziert, könnte sich Quines These von der Unterbestimmtheit eignen, um dem Sinn für Ästhetik einen eindeutig zulässigen Angriffspunkt bei der Theorienwahl zu bieten. Es wäre allerdings zu kurz gegriffen, dem theoretischen Schönheitssinn nur die Rolle der Elfmeter-Schützen bei empirischer Torgleichheit in der Nachspielzeit zuzubilligen; das ist lediglich der harmloseste Fall in der Wissenschaft, vor dem sich niemand zu fürchten braucht – so als ob am Ende bei Unentschieden ebensogut der Zufall entscheiden könnte. Diesen Fall mag es geben, und er eignet sich, um dem Schönheitssinn gewisse Rechte zuzuweisen, in einer Art von Existenznachweis. Aber der theoretische Schönheitssinn ist weniger harmlos; wenn er überhaupt Rechte genießt, dann darf er selbst in denjenigen Fällen den Ausschlag geben, in denen es empirisch nicht Unentschieden steht – und zwar darf er dann sogar die Empirie überstimmen. Auch das lässt sich im Rahmen der Philosophie Quines verständlich machen. Laut Quine dürfen wir im Innern unserer Theorie besonders hartnäckig an unseren Schlüsselüberzeugungen festhalten.[792] Und eine dieser Schlüsselüberzeugungen unseres Weltbildes besagt, dass die Grundstrukturen unseres Weltalls schön sind!

Scheiternde Ästheten

Weinberg geht das Rätsel auf anderem Wege an als ich; bei ihm kommt keine Unterbestimmtheitsthese vor. Aber er gelangt zu Ergebnissen, die gut zu meinem Vorschlag passen.[793] Ich finde seine Diskussion vorbildlich, weil er auch jene Fälle aus der Wissenschaftsgeschichte betrachtet, bei denen die Schönheit den Wissenschaftler in die Irre geführt hat, wie z. B. den jungen Johannes Kepler bei der Erklärung der Zahl der Planeten oder den frühen Francis Crick bei der Suche nach dem genetischen Code.[794]

Es würde sich lohnen, Weinbergs Vorbild zu folgen und nach Beispielen für gescheiterte Schönheiten in der Naturwissenschaft zu suchen. Die Alchimie käme in dieser Sammlung ebenso vor wie die Gleichgewichtstheorie des Weltalls, die man zunächst schöner fand als die Urknalltheorie.[795] Fischer preist ausgerechnet die Schönheit der Alchimie und wagt es, sie mit der Schönheit der Urknalltheorie zu vergleichen.[796] Damit geht er sicherlich zu weit.

Vertiefungsmöglichkeit. Umgekehrt dürfte es sich lohnen, nach Fällen erfolgreicher Hässlichkeit zu suchen, also nach Theorien, die sich trotz des ästhetischen Protests ihrer Gegner durchgesetzt haben. Dass die allseits empfundene Hässlichkeit den Blick auf die Wahrheit verstellen kann, illustriert Weinberg an einem hochtheoretischen Beispiel aus dem eigenen Arbeitsgebiet.[797] Ein Beispiel für ästhetischen Protest gegen letztlich erfolgreiche Hässlichkeit liegt in Galileis Kritik an Keplers Ellipsen.[798] Ein anderes Beispiel bieten Diracs Proteste gegen bestimmte Entwicklungen in der Quantenphysik.[799] Anders als das überbordend optimistische Dirac-Zitat aus § 2.2 erwarten lässt, spricht sich Dirac (trotz philosophischer Bedenken) für die Quantenphysik aus, und zwar wegen ihrer empirischen Erfolge.[800]

Grundlegendes § 15.8. Weinberg zufolge betreffen die gescheiterten Appelle an die Schönheit, die wir im vorigen Paragraphen gestreift haben, keine *grundlegenden* Züge der Welt.[801] Das passt deshalb gut zu meinem Vorschlag, weil Quine mit seiner Unterbestimmtheitsthese gegen wissenschaftliche Eindeutigkeit umso leichteres Spiel hat, je weiter die betreffende Theorie von den Beobachtungsdaten entfernt ist; jede besonders grundlegende Theorie ist besonders weit von den Daten entfernt.[802] Sobald wir grundlegende Probleme studieren, gilt laut Weinberg:

»Wir würden keine Theorie als endgültig akzeptieren, wenn sie nicht schön ist«.[803]

Weinberg meint, die Erfahrung habe uns gelehrt, dass wir beim Blick unter die Oberfläche nach und nach immer mehr Schönheit finden.[804] Doch erst im Zuge dieser Erfahrung habe sich unser theoretischer Schönheitssinn geformt.[805] Weinberg diagnostiziert offenbar ein Wechselspiel zwischen unseren Schönheitsvorstellungen und unseren erfolgreichen Grundlagentheorien; das eine formt das andere, und umgekehrt. Was war zuerst da, die Henne oder das Ei? Schwer zu sagen. Vielleicht liegt die Sache am Ende in uns begründet:

»Unser ästhetisches Urteil ist somit nicht nur ein Mittel zum Zweck, wissenschaftliche Erklärungen zu finden und ihre Gültigkeit zu beurteilen – *es ist Bestandteil dessen, was wir unter einer Erklärung verstehen*«.[806]

Das klingt vernünftig; nichtsdestoweniger lässt diese Überlegung eine Frage offen. Wieso können wir es uns erlauben, auf der Schönheit grundlegender Erklärungen der Welt zu beharren und keine hässlichen Erklärungen als das letzte Wort hinzunehmen? Könnten wir nicht in einem Universum leben, in dem wir damit scheitern, in dem sich also unsere Schönheitsbeflissenheit nicht auszahlt – einerlei, wie beharrlich wir ihr nachgehen? Ist unser ästhetischer Erfolg nicht doch ein Wunder, ein unerklärliches Mysterium? Meiner Ansicht nach ist das genau der Punkt, an dem man die Unterbestimmtheit der Theorie durch alle Daten ins Spiel bringen könnte. Gerade weil die empirische Welt viele verschiedene Erklärungen zulässt, dürfen wir uns ohne Schaden nach der schönsten Erklärung umsehen.

§ 15.9. Wer der Schönheit zuliebe die Unterbestimmtheitsthese ins Spiel bringt, wie ich es tentativ empfehle, geht einen Mittelweg zwischen übertriebenem Mystizismus und übertriebenem Rationalismus. Ich will diese beiden Übertreibungen kurz am Beispiel je eines Autors Revue passieren lassen.   Mystische Skylla

Zuerst zur mystischen Skylla: Wigner spricht wieder und wieder von einem Wunder. Einerseits stellt er fest, dass die Mathematik nach ästhetischen Kriterien voranschreitet.[807] Andererseits staunt er darüber, wie gut sie sich dazu eignet, die physikalische Wirklichkeit zu erfassen *und vorherzusagen*.[808] Dass der Mathematik diese Kraft innewohnt, lässt sich empirisch belegen.[809] Wigner nennt dies das empirische Gesetz der Erkenntnistheorie; es liefert eine psychologische, ja emotionale Bedingung der Möglichkeit für die Entdeckung physikalischer Naturgesetze.[810] Das Gesetz gilt nicht denknotwendig.[811] Daher betrachtet Wigner die Geltung des empirischen Gesetzes der Erkenntnistheorie als Mysterium, als Wunder.[812]

In dieser Hinsicht folgt Wigner ähnlichen Bahnen wie die großen Physiker der frühen Neuzeit: Kopernikus, Kepler und Newton haben die Schönheit der Naturgesetze allesamt mit Gott in Verbindung gebracht, und damit war es ihnen verdammt ernst.[813]

Obwohl wir deren Ansichten nicht gut als irrelevante Spinnerei unaufgeklärter Wirrköpfe abtun können, empfiehlt sich in dieser Angelegenheit ein guter Schuss Skepsis; halten wir uns besser aus metaphysischen oder theologischen Spekulationen heraus: Heutzutage soll man nur dann Wunder ins Spiel bringen, wenn nichts anderes weiterhilft – also selten oder nie.[814]

Die Unterbestimmtheitsthese hat uns gezeigt, wie wir Wigners Verzweiflungstat vielleicht vermeiden können.[815] Gibt es andere

Wege, sie zu vermeiden? Ja, man kann es in der entgegengesetzten Richtung bis hin zum extremen Rationalismus übertreiben, wie Sie im nächsten Paragraphen sehen werden.

Vertiefungsmöglichkeit. Um terminologischen Missverständnissen vorzubeugen: Für die Zwecke der folgenden Überlegungen verstehe ich *Rationalismus* nicht im Kontrast zum Empirismus, sondern im Kontrast zu eher emotionalen oder subjektiven Sichtweisen. In diesem Sinne wären die Logischen Empiristen des Wiener Kreises ebenfalls rationalistisch. (Wer die Wörter anders einsetzen will, mag sie haben).

Rationalistische Charybdis

§ 15.10. McAllister sieht einen rationalistischen Weg, auf dem unsere wissenschaftlichen Schönheitskriterien aufgetaucht sein könnten: durch Untersuchung einer großen Zahl vergangener naturwissenschaftlicher Theorien. Ihm zufolge werten die Wissenschaftler jedes außerempirische Theorienmerkmal in dem Maße positiv, in dem die bisherigen Theorien (denen jenes Merkmal zukam) empirisch erfolgreich waren.[816]

Diese erklärtermaßen rationalistische Theorie hat eine entscheidende Schwäche. Sie setzt voraus, dass sich der Gesamterfolg einer Theorie sauber in einen empirischen und in einen außerempirischen (ästhetischen) Teilerfolg zerlegen lasse. Aber es ist alles andere als klar, wie das funktionieren soll. Ob die Siegertheorien aus der Wissenschaftsgeschichte ihren Konkurrentinnen rein empirisch überlegen waren, ist schwer zu sagen. Einerseits ist jede empirische Überprüfung des Erfolgs einer Theorie immer auch von ästhetischen Momenten beeinflusst; um das plausibel zu machen, habe ich in meiner Fallstudie herauszuarbeiten versucht, wie stark ästhetische Gesichtspunkte in die experimentelle Arbeit einfließen. Andererseits kennen wir die unterlegenen Konkurrentinnen nicht gut genug, um einen fairen Vergleich anzustellen.

McAllisters Irrtümer

§ 15.11. McAllisters Position hat weitere Schwächen. So rechnet er zuviele Theorienmerkmale zu den ästhetischen Kriterien hinzu, z. B. metaphysische Grundannahmen oder das Gebot der Sparsamkeit.[817] Zwar hat McAllister recht, wenn er sagt, dass solche Kriterien nicht zu den empirischen Kriterien der Theorienwahl zählen. Aber durch diese negative Tatsache allein verwandeln sie sich noch lange nicht in ästhetische Kriterien: nicht in Kriterien, deren Erfüllung so erfreuliche Erlebnisse mit sich bringt wie bei Kunstwerken.

In der Tat habe ich in meiner Untersuchung deshalb soviele Werke aus den verschiedensten Künsten für den Vergleich mit physikalischen Errungenschaften herangezogen, weil ich der wissenschaftsphilosophischen Gleichmacherei bei den Kriterien der Theorienwahl ein für allemal den Wind aus den Segeln nehmen wollte. Grob kann man diese Kriterien zwar in empirische und außerempirische einteilen; aber es ist zu grob, alle außerempirischen Kriterien der Theorienwahl unter die Ästhetik zu subsumieren. Denn erstens steckt schon in der Empirie ein gerüttelt Maß an Ästhetik – das war wie gesagt die Pointe meiner Fallstudie in den Teilen II und IV. Und zweitens stehen hinter der Theoriebildung weit mehr Gesichtspunkte als nur ästhetische; weder Sparsamkeit noch Konservativität und auch nicht Vereinbarkeit mit einer bestimmten Metaphysik tragen zwangsläufig zur Schönheit einer Theorie bei – obwohl sie deren Glaubwürdigkeit sehr wohl steigern können.

Es ist attraktiver, die außerempirischen Kriterien einzeln in den Blick zu nehmen; einige dieser Kriterien wären ästhetische Kriterien (z. B. bestimmte Symmetrieforderungen), andere hätten mit der Immunität zentraler Grundüberzeugungen zu tun, wieder andere mit Fragen der Sparsamkeit, noch andere mit Konservativität.

Werfen wir z. B. einen kurzen Blick auf das zuletzt genannte Kriterium der Konservativität. Es gehen wichtige Unterschiede verloren, wenn man dies Kriterium zu nah ans Schönheitskriterium heranbringt. Dadurch verschwindet der wissenschaftsphilosophische Pfiff des Konservativitätskriteriums, das Quine – unter Anspielung auf Denkmalschutzregeln – überaus treffend als Minimalverschandelungsmaxime bezeichnet hat:

»Die Maxime der Minimalverschandelung: Ändere *ceteris paribus* am Gesamtsystem der Wissenschaft so wenig wie möglich«.[818]

Das ist zugegebenermaßen eine vernünftige Maxime. Aber was hat sie mit Schönheit zu tun? Steht sie einigen unserer tiefsten ästhetischen Erlebnisse nicht geradezu im Weg, die doch oft mit Überraschung und dem Umsturz alter Gewissheiten Hand in Hand gehen?

Abgesehen davon gilt: Wer wie McAllister zuviel Vielfalt im Lager der ästhetischen Kriterien zulässt, sorgt einfach nur durch terminologische Festlegung dafür, dass im ästhetischen Lager zuviel Dissens, Vagheit, Durcheinander herrschen; so fällt es ihm leicht, einer Wandelbarkeit und Subjektivität ästhetischer Kriterien das Wort zu reden. Doch mit Terminologie alleine kann man nicht gut gegen einen Optimismus zur erkenntnistheoretischen Rolle unseres Schönheitssinns argumentieren, wie er unter Physikern stark verbreitet ist; echte Gegenargumente sind teurer als terminologische Manöver.

Einfach oder schön?

§ 15.12.   Gegen meine gesamte Herangehensweise könnte man einen gewichtigen Einwand vorbringen, den ich hier nur kurz nennen und skizzenhaft entkräften kann. Er lautet: Die Spiegelsymmetrien aus der experimentellen Fallstudie illustrieren zwar das, was Physiker gemeint haben mögen, wenn sie von der Schönheit ihrer Theorien schwärmten. Aber erkenntnistheoretisch wichtig sind solche Spiegelsymmetrien nicht deshalb, weil sie *schön* sind, sondern weil sie eine bestimmte Form der *Einfachheit* bieten.[819] Und dass Einfachheit bei der Theorienwahl eine prominente Rolle spielen soll, ist eine weit weniger anstößige Behauptung als meine Behauptung zugunsten der Schönheit. Einstein hat sie sich z.B. offiziell auf die Fahnen geschrieben.[820]

Ich gebe es zu – Spiegelsymmetrien erhöhen Einfachheit. Bachs Krebskanon (§ 9.2) ist einfacher als andere zweistimmige Stücke derselben Länge, weil es einfacherweise reicht, *eine* seiner Stimmen zu notieren und noch die Symmetrieachse anzugeben; im Vergleich dazu wäre es weniger einfach, *zwei* voneinander unabhängige Stimmen zu notieren. Genauso macht man sich die Einfachheit symmetrischer Theorien klar.

Diese Denkfigur reicht bis ins antike Rom zurück (wenn auch nicht für *musikalische* Spiegelsymmetrien). So hat der römische Architekt Vitruv zwar keinen expliziten Begriff der Spiegelsymmetrie entwickelt; nichtsdestoweniger konnte er sich bei einem offensichtlich spiegelsymmetrischen Tempel darauf beschränken, lediglich eine Seite detailliert zu beschreiben: Er verfügte also implizit über unseren Symmetriebegriff, ohne in diesem Zusammenhang

Abb. 15.12a: Halbe Darstellung einer ionischen Tempeltür nach Vitruv.
Für Zwecke der Architektur würde diese Abbildung ausreichen, zusammen mit dem Hinweis, dass die Tür symmetrisch zu bauen ist, mit einer senkrechten Spiegelachse rechts neben dem hier gezeigten Ausschnitt der Tür. (Graphik von O. M. nach Vitruv [dALD], Abbildung 10).

430 Teil V: Philosophische Verknüpfungen

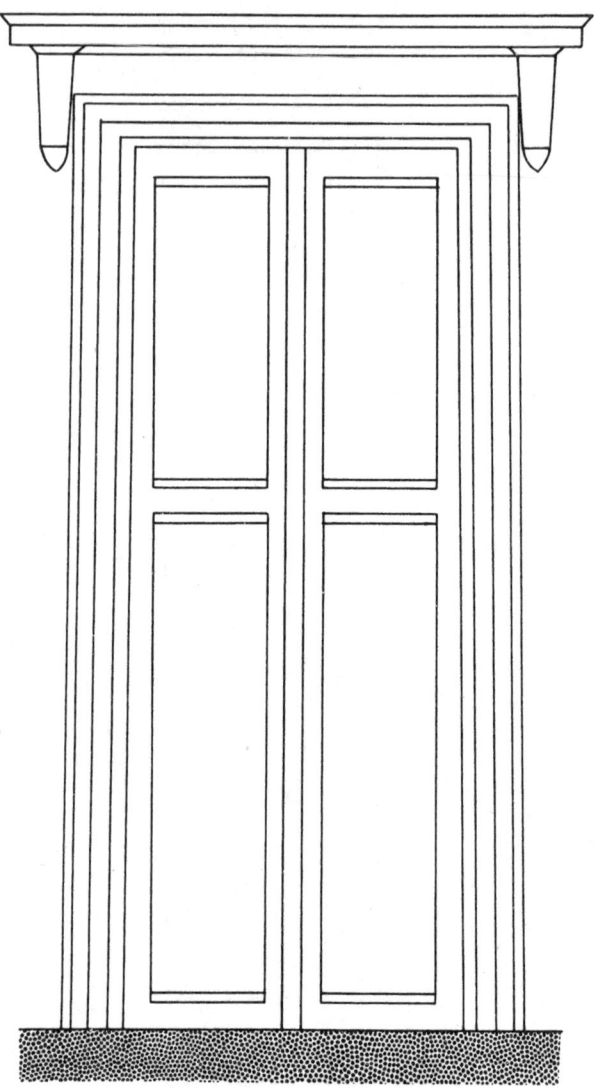

Abb. 15.12b: Volle Darstellung einer ionischen Tempeltür nach Vitruv. Wenn man die vorige Abbildung an einer senkrechten Achse spiegelt, gewinnt man die rechte Türhälfte, und das Gesamtergebnis wirkt weit schöner als alle Halbheiten. (Graphik von O. M. nach Vitruv [dALD], Abbildung 10).

explizit von »symmetria« zu reden; das Wort hatte bei ihm eine andere Bedeutung, die besser mit »Ausgewogenheit« zu übersetzen ist.[821]

Um nun den Einwand abzuwehren, ich hätte Schönheit mit Einfachheit verwechselt, antworte ich mit einer gewagten These: Stellen Sie sich vor, es gebe zwei gleichermaßen einfache Theorien, deren eine aufgrund von Symmetrien einfach sei, die andere trotz ihrer Asymmetrie. Dann, so behaupte ich, werden Naturwissenschaftler *ceteris paribus* die symmetrische Theorie bevorzugen. Warum? Aus ästhetischen Gründen. Ich kann diese These (die nicht nur für Theorien, sondern auch für Experimente gilt) hier nicht ausführlich begründen – etwas mehr dazu im Kleingedruckten am Ende dieses Kapitels, siehe § 15.15.

Vertiefungsmöglichkeit. Ich stimme Schummer zu, dass Vitruvs Wort »symmetria« vielleicht besser mit Begriffen wie Ausgewogenheit übersetzt werden sollte statt mit dem heute gebräuchlichen Symmetriebegriff.[822] Nun kann man über den fraglichen Begriff auch ohne ein eigenes Wort verfügen; doch ist es schwierig, bei Vitruv mit dem Finger auf eine Stelle zu zeigen, an der er implizit unseren Symmetriebegriff benutzt. Bei Vitruvs Beschreibung der tuskanischen Tempel z. B. geht die Sache viel zu schnell; nur wer schon im voraus weiß, dass der Tempel spiegelsymmetrisch werden soll, dürfte imstande sein, das gewünschte Bauwerk zu errichten.[823] Diese Vorkenntnis versteht sich von selbst – etwa im Fall spiegelsymmetrischer Tempeltüren.[824] In dieser Beschreibung geht Vitruv genau nicht so vor, wie er es Schummer zufolge tun könnte. Er schreibt z. B. genau *nicht*:
Links am Türsturz sind Auskragungen [...] zu machen, so daß ihre äußeren Ränder vorspringen, *und auf der rechten Seite genauso.*
Wenn er die Sache so sparsam anpacken und sich dabei auf den impliziten Symmetriebegriff seiner Leser stützen würde, käme das dem gleich, wie Bach seinen Krebskanon notiert (§ 9.2). Oder es käme der *halben* Abbildung einer ionischen Tempeltür gleich (Abb. 15.12a). Aber stattdessen zählt Vitruv ausdrücklich beide Seiten der Tempeltür auf:
»*Rechts und links* am Türsturz [...] sind Auskragungen [...] anzubringen, so dass ihre äußeren Ränder vorspringen«.[825]
Das entspricht der vollen Abbildung der fraglichen Tempeltür, die ja auch unserem Sinn für Harmonie und Symmetrie besser entgegenkommt als die halbierte Portion ihrer Vorgängerin (Abb. 15.12b).

Schöner Zu-
sammenhang
von Empirie
und Theorie

§ 15.13. Wenn ich richtigliege, schätzen wir im Fall von Theorien und im Fall von Experimenten ähnliche ästhetische Werte. Das hat mit einer Tatsache zu tun, die ich anhand der betrachteten Experimente herauszuarbeiten versucht habe: Schon im Experiment reagiert unser Schönheitssinn nicht in erster Linie auf schöne Wahrnehmungserlebnisse, sondern auf schöne Ordnungen und Strukturen. In der naturwissenschaftlichen Theorie sind die konkreten Wahrnehmungen ganz an den Rand gedrängt; Ordnung und Struktur spielen dort die erste Geige. Wer also seinen naturwissenschaftlichen Schönheitssinn anhand struktureller Ordnung im Experiment geschärft hat, etwa anhand experimenteller Symmetrien, der wird exemplarisch und implizit wissen, was es mit Schönheit naturwissenschaftlicher Theorien auf sich hat. Auf dieser Hoffnung beruhte zumindest meine Fallstudie.

Im Glücksfall hängt die Schönheit der Theorie mit der des Experiments zusammen. In einem schönen Experiment spiegelt sich dann auf schöne Weise die Schönheit der Theorie; Experiment und Theorie verschmelzen dabei zu einer Einheit. Ganz entsprechend loben wir in der Kunst gern den engen Zusammenhang von Inhalt und Form.[826] Nicht viele Errungenschaften aus Kunst und Wissenschaft verdienen das Lob; besonders schwer hat es in dieser Hinsicht die hochtheoretische und technisch aufwendige Physik unserer Zeit – hier hängen experimentelle Inhalte nur noch indirekt mit der theoretischen Form zusammen, zu der sie gehören.[827]

Früher stand es *damit* besser (was nichts daran ändert, dass die heutigen Theorien ihren frühneuzeitlichen Vorläufern in vielen anderen und entscheidenden Hinsichten überlegen sind). Das *experimentum crucis* bietet vier verschiedene Kombinationen von Beobachtungen, aus denen sich die vier wichtigsten Lehrsätze der newtonischen Theorie ablesen lassen (8. Kapitel). Zudem zeigt die Theorie genau wie deren heutige Nachfolgerin dieselbe *zeitliche* Spiegelsymmetrie, die Desauliers und Nussbaumer bei Weiß- und Schwarzsynthese experimentell herausgearbeitet haben, durch Umdrehung der Weiß- und Schwarzanalyse (7. Kapitel, 12. Kapitel, 13. Kapitel).

So weit, so schön. Wie steht es mit der *farblichen* Symmetrie aus Goethes und Nussbaumers Experimenten? Behandelt Newtons

Theorie (oder unsere heutige Optik) die im Experiment komplementären Paare aus Licht und Finsternis oder aus Grün und Purpur symmetrisch? Schön wär's. Aber sie tut es nicht, wie ich im kommenden Paragraphen aufzeigen will.

§ 15.14. Weißes Licht bestand für Newton aus diversen Lichtstrahlen (heute aus Photonen verschiedener Wellenlängen) – Finsternis kam dagegen bei Newton als eigener Kausalfaktor nicht vor (und auch heute gibt es keine Finsternisteilchen). Für Newton existierte homogenes grünes Licht, aber kein homogenes purpurnes Licht (und wieder zeigt die moderne Optik dieselbe Asymmetrie).

<small>Absturz des Ikarus</small>

Nun habe ich eingangs gesagt: Wenn einem naturwissenschaftlichen Gedanken Schönheit zukommt, steigt seine Glaubwürdigkeit. Bei aller Freude an den vorgeführten Symmetrien fragt sich: Haben wir jetzt nicht ein Gegenbeispiel? Goethe war von der symmetrischen Schönheit der kunterbunten Kontrapunkte so beeindruckt, dass er sich dazu hinreißen ließ, gegen Newtons Theorie zu meutern – genau deshalb, weil sie diese Farbsymmetrien nicht symmetrisch zu repräsentieren weiß. Und in seiner eigenen Theorie trachtete er danach, eine Symmetrie zwischen Licht und Finsternis herzustellen.[828] Seine Theorie erfüllt also ein ästhetisches Desiderat: Den Symmetrien zwischen den Phänomenen soll eine theoretische Symmetrie korrespondieren. Ist Goethes Theorie deshalb glaubwürdiger als Newtons? Ja; in *dieser* Angelegenheit hat sie einen Vorzug auf ihrer Seite. Aber da ihr andere gravierende Nachteile zukommen, konnte sie sich nicht durchsetzen, und zu recht nicht.

Schönheit ist nicht das einzige Gütesiegel naturwissenschaftlicher Theorien. Aber ohne unseren Sinn für Schönheit hätten wir keine naturwissenschaftlichen Experimente. Und ohne Experimente hätten wir auch keine Theorie. Mehr noch, der Sinn für Schönheit verleiht auch dem Theoretiker zuweilen Flügel. Doch wer mit schönen Flügeln zu hoch hinauswill, droht abzustürzen.

Vertiefungsmöglichkeit. Goethe selber fürchtete sich vor dem Absturz seiner werdenden *Farbenlehre* und strengte sich an, um (wie er sagt) »keinen ikarischen Fall zu thun«.[829] Nach übereinstimmender Sicht fast aller heutiger Kommentatoren ist Goethe mit seiner *Farbenlehre* gescheitert; es erübrigt sich, die weite Verbreitung dieser Sichtweise zu belegen. Und doch: Anders, als es oft hingestellt wird, haben sich die Fachwissenschaftler zu Goethes Lebzeiten nicht mit überwältigender, sondern nur mit knapper Mehrheit gegen Goethe ausgesprochen.[830] Anderswo habe ich ausführlich die Zufälle beleuchtet, die Newtons Anhängern in die Hände spielten und Goethe schadeten.[831] Und ich habe eine Lanze für wichtige physikalische Einsichten aus Goethes *Farbenlehre* gebrochen.[832] Ich kann darauf verzichten, diesen Fall abermals aufzurollen.

* * *

in dubio pro symmetria

§ 15.15. Vorhin habe ich folgende These aufgestellt: Wenn Physiker zwischen zwei gleich einfachen Theorien wählen sollen, von denen eine symmetrisch ist, die andere nicht, so werden sie sich für die symmetrische entscheiden, sofern keine anderen Gesichtspunkte den Ausschlag geben (§ 15.12). Wem diese These zu abstrakt vorkommt, möchte ich eine Konkretisierung anbieten:

Die experimentellen Symmetrien zwischen Licht und Finsternis, die im 12. und 13. Kapitel zum Vorschein gekommen sind, werden von Newtons Theorie und von der heutigen optischen Orthodoxie asymmetrisch behandelt. Stellen wir uns nun vor, ein Physiker wäre weit über Goethes Ansatz hinausgegangen, hätte dessen Fehler vermieden und eine symmetrische Behandlung von Licht und Finsternis geliefert, mit deren Hilfe sich alle prismatischen Phänomene genauso gut prognostizieren lassen wie mit Newtons Theorie (oder mit der heutigen optischen Orthodoxie). Und stellen wir uns vor, dass diese symmetrische Theorie insgesamt genauso einfach wäre wie Newtons Theorie (oder wie die heutige optische Orthodoxie). Das könnte z.B. heißen, dass ihre mathematische Präsentation nicht mehr Platz verschlingt als Newtons Theorie. Dann, so behaupte ich, hätte man sich mit Fug und Recht zugunsten der neuen Theorie aussprechen können. Warum? Weil sie symmetrischer wäre und also schöner.

Was ich soeben mit Blick auf Theorien behauptet habe, gilt allemal beim Experiment. Auch hier können Einfachheit und Symmetrie ästhetisch auseinandergehen. So ist Newtons Weißsynthese aus Abb. 7.3 weniger einfach, aber symmetrischer als Newtons ursprüngliche Weißsynthese aus Abb. 7.1 (siehe § 7.1, § 7.4). Und sie ist schöner als ihre Vorgängerin, weil sie mehr Symmetrie enthält.

Einfachheit

§ 15.16. Wie sich die Kriterien der Einfachheit und Schönheit zueinander verhalten, ist umstritten. In einem Aufsatz weist McAllister den beiden

15. Kapitel: Schönheit und Glaubwürdigkeit 435

Kriterien unterschiedliche Rollen zu; demzufolge zählt Einfachheit, nicht aber Schönheit zu den *empirischen* Vorzügen einer Theorie, gehört also in dieselbe Reihe wie Breite des Anwendungsbereichs oder Genauigkeit der Vorhersagen.[833] Kuhn, auf den sich McAllister in seinem Aufsatz beruft, scheint in dieser Angelegenheit zu schwanken. Einerseits subsumiert er Einfachheit unter Schönheit.[834] Andererseits zeigt er, dass die Theorie des Kopernikus zwar nicht einfacher, wohl aber schöner als die ptolemäische Konkurrenz wirkte.[835] In seiner Monographie plädiert McAllister für eine reichhaltigere Konzeption von Einfachheit, in der auch ästhetische Aspekte der Theorienwahl eine Rolle spielen; was das genau heißen soll, ist schwer zu verstehen.[836]

Dass beide Kriterien (Einfachheit und Schönheit) in entgegengesetzte Richtung weisen können, steht fest. Dirac kommt angesichts dieser Tatsache zu einem extremen Schluss:

»Den ästhetischen Gesichtspunkten sollte der Forscher die Gesichtspunkte der Einfachheit unterordnen [...] Es kommt häufig vor, dass Einfachheit und Schönheit genau dasselbe verlangen, doch sobald sie auseinandergehen, sollte man der Schönheit den Vorzug geben«.[837]

Man kann darüber streiten, ob man *immer* so vorgehen sollte, wie Dirac es empfiehlt. Doch wie dem auch sei – Dirac hat recht, dass Einfachheit und Schönheit nicht immer übereinstimmen müssen.

* * *

§ 15.17. Ich habe vorgeschlagen, unserem Schönheitssinn wegen der Unterbestimmtheitsthese ein Mitspracherecht bei der Theoriewahl einzuräumen. Angesichts der Flexibilität, die unsere Theorien im theoriebeladenen Innern genießen, könnte man sagen: Schon bevor empirisch äquivalente Theorien vorliegen und konkurrieren, dürfen wir aus dem vollen schöpfen und ästhetische Maßstäbe anlegen. Trotzdem stünde mein Vorschlag besser da, wenn es wirklich vorkäme, dass sich die Naturwissenschaftler im Falle eines empirischen Unentschiedens für die schönere von zwei Theorien entschieden haben. Gibt es Beispiele für diesen Fall? Vier denkbare Beispiele möchte ich kurz durchgehen.

Unentschieden

Erstens: Zur Zeit des Kopernikus konnten die Astronomen den nächtlichen Lauf der Planeten noch nicht genau genug beobachten, um zwischen dem ptolemäischen und dem kopernikanischen System zu entscheiden; Schönheitskriterien scheinen damals den Ausschlag gegeben zu haben.[838] Dies Beispiel illustriert nur das, was man *vorübergehende Unterbestimmtheit* genannt hat.[839]

Nicht viel besser steht es im zweiten Beispiel: Dyson erinnert in einem Brief an Chandrasekhar daran, dass im Streit zwischen Dirac und seinen Physikerkollegen Wolfgang Pauli und Victor Weißkopf zwei gleichermaßen überzeugende physikalische Ansätze miteinander konkurrierten; Dirac setzte laut Dyson deshalb auf die größere Schönheit seines Ansatzes, weil ihm innerphysikalische Gründe nicht zum Sieg verhelfen konnten.[840] Ob dies ein überzeugendes Beispiel für Schönheitsvorzüge *angesichts empirisch völlig gleichwertiger Theorien* bietet, habe ich nicht untersucht. Der Anschein spricht dagegen.

Ein oft zitiertes – drittes – Beispiel hilft leider auch nicht weiter, denn es hält offenbar der Überprüfung nicht stand. Angeblich erwiesen sich Heisenbergs Matrizenrechnung und Schrödingers Wellengleichung früh als mathematisch äquivalent, waren also erst recht empirisch äquivalent, und einige Physiker wie Dirac plädierten dann wohl aus außerempirischen Gründen für Schrödingers Wellen.[841] Ich brauche nicht zu erörtern, ob diese außerempirischen Gründe ästhetische waren, wie McAllister meint, oder konservative, wie ich vermuten würde. Ich sage mit Bedacht: »vermuten würde« – denn die Vermutung gilt nur, falls es stimmt, dass die Äquivalenz von Matrizenrechnung und Wellengleichung damals schon mathematisch nachgewiesen war. Das ist aber umstritten.[842]

Mein viertes Beispiel hat vielleicht die stärkste Überzeugungskraft: In den Jahren nach 1905 war die klassische Ätherphysik von Hendrik Lorentz empirisch gleichwertig zu Einsteins Spezieller Relativitätstheorie.[843] Und anders als es oft dargestellt wird, kamen bei Lorentz keine willkürlicheren *ad-hoc*-Annahmen vor als bei Einstein.[844] Trotzdem haben sich in dieser Zeit (vor der Allgemeinen Relativitätstheorie) sogar konservative Physiker wie Planck für Einsteins Theorie entschieden. Warum? Weil sie das von Einstein verfolgte Forschungsprogramm attraktiv und z.B. die darin angestrebten Symmetrien ästhetisch und heuristisch überlegen fanden.[845]

Andere Ansätze

§ 15.18. Mein Vorschlag, die Rolle naturwissenschaftlicher Schönheit durch die Unterbestimmtheitsthese zu erklären, ist nicht ohne Alternativen. So versucht Weizsäcker das Rätsel vom erkenntnistheoretischen Erfolg der Schönheit zu lösen, indem er sich auf Platon beruft; ich verstehe den Gedankengang nicht.[846]

Der Philosoph und Wissenschaftssoziologe Wolfgang Krohn bringt die ästhetische Dimension der Wissenschaft ebenfalls mit der Unterbestimmtheitsthese in Zusammenhang; aber (anders als ich vorschlage) tut er das nicht, um zu erklären, warum der Schönheitssinn bei der *rationalen* Theorienwahl eine Rolle spielen kann und darf, sondern um die *rhetorische* Funktion zu beleuchten, die ihm angesichts der Unterbestimmtheit zukommt.[847]

Abgesehen davon hat laut Krohn der ästhetische Sinn des Naturwissenschaftlers etwas mit Gestaltwahrnehmung und Gestaltwechseln zu tun.[848] Das passt gut zu einigen Ergebnissen meiner Untersuchung; als gutes Beispiel für so einen Gestaltwechsel könnte man Newtons Umdeutung der schmutzigen Farbränder auffassen – wie dargetan sah er in den prismatischen Farben als erster keine Störungen, sondern das Hauptphänomen.[849]

* * *

§ 15.19. In diesem Kapitel habe ich Quines These der empirischen Unterbestimmtheit von Theorien herangezogen und gesagt: Weil wir im Prinzip zwischen beliebig vielen Theorien wählen können, die zu allen Daten gleichermaßen genau passen, dürfen wir ohne Schaden den schönsten Theorien nachlaufen; das ist eine angenehme Begleiterscheinung der großen Wahlfreiheit, die sich aus Quines These ergibt.

Einfallstor für die Moral?

Diese Idee fordert folgenden Einwand heraus. Wieso nutzen wir die fragliche Wahlfreiheit nur, um ausgerechnet unseren ästhetischen Vorlieben zu frönen? Wieso nutzen wir sie nicht z. B. zu moralischen Zwecken, oder zu politischen, weltanschaulichen, religiösen Zwecken?

Nein; wer etwa moralischen Gesichtspunkten bei der Theoriebildung Tür und Tor öffnet, macht sich verdächtig. Woran liegt das? Man könnte diese Frage durch eigene Fallstudien beantworten, aus denen hervorgeht, wie der Sinn für Moral in die Entscheidungen der Naturwissenschaftler hineingefunkt hat und was dabei schiefging. Das wäre ein Projekt für ein anderes Buch; hierfür müsste man einerseits religiöse von moralischen Einflüssen zu trennen versuchen (etwa beim Streit zwischen Final- und Kausalursachen), andererseits ideologische von moralischen (etwa beim Streit um die sogenannte Deutsche Physik).

Hier im Kleingedruckten kann ich auf das Problem nur mit zwei kurzen, abstrakten Andeutungen reagieren. Erstens gilt die Unterbestimmtheit im Innern der physikalischen Theorie – also dort, wo von hochtheoretischen Dingen wie z. B. Elementarteilchen die Rede ist und wo unsere Moralvorstellungen wenig Angriffspunkte finden. Zweitens: Es ist unmöglich, die Moral in naturwissenschaftlichen Fragen *ein* Wörtchen mitreden zu lassen. Öffnet man ihr die Tür, so will sie sich ans Kopfende des Tisches setzen und das Fest dominieren.[850] Der Sinn für Moral ist genau deshalb bei Naturwissenschaftlern kein gern gesehener Gast. Er drängt sich zu sehr in den Vordergrund, ohne diejenigen hinreichend zu Wort kommen zu lassen, auf die es für den Erfolg des Festes entscheidend ankommt: empirische Korrektheit, Präzision, Widerspruchsfreiheit, Kohärenz, Einfachheit. *Und*

Schönheit. Unser Schönheitssinn verschafft uns interesseloses Wohlgefallen, heißt es.[851] In dieser Hinsicht eignet sich der Schönheitssinn besser für die Naturwissenschaft als die Moral. Er ist zarter und kann weniger Schaden anrichten.

16. Kapitel.
Ästhetischer Subjektivismus ist absurd

Skizze einer *reductio ad absurdum*

§ 16.1. In dieser Untersuchung habe ich anhand zahlreicher Beispiele vorgeführt, wie unser Schönheitssinn auf naturwissenschaftliche oder künstlerische Errungenschaften reagiert und welche Gesichtspunkte dabei eine Rolle spielen. Das Arbeitsgebiet der philosophischen Ästhetik habe ich zwar immer wieder berührt, aber nie länger betreten. Diese Disziplin wird oft einigermaßen abstrakt betrieben, und viele der dort verhandelten Fragen liegen auf anderen Ebenen als die Überlegungen aus meiner Untersuchung. Gleichwohl wirken sich meine Ergebnisse – falls sie pausibel sind – auch auf die philosophische Ästhetik aus, wie ich im vorliegenden Kapitel illustrieren möchte.

Und zwar will ich jetzt ein kleines Argument gegen die These vorbringen, der zufolge alle ästhetischen Urteile subjektiv seien. Das Argument hat die Form einer *reductio ad absurdum*, beginnt also probehalber mit der Annahme des zu widerlegenden Satzes und führt diese Annahme zu so absurden Konsequenzen, dass es sich verbietet, an ihr festzuhalten.

Grob gesagt geht das Argument wie folgt: Wären alle ästhetischen Urteile subjektiv, dann wären auch die ästhetischen Urteile der Naturwissenschaftler subjektiv, also auch die Theorien, bei deren Wahl sich die Naturwissenschaftler auf ästhetische Urteile gestützt haben. Dann gäbe es keine objektive Physik, und der ganze Unterschied zwischen subjektiv und objektiv fiele in sich zusammen, was absurd ist. Also sind die ästhetischen Urteile nicht subjektiv.

In dieser groben Fassung funktioniert das Argument nicht. Zumindest habe ich in meiner Untersuchung nicht alle Voraussetzungen begründet, auf die es sich stützen müsste. Unter anderem habe ich für keine einzige Theorie detailliert genug herausgearbeitet, wie stark ihre Glaubwürdigkeit und Objektivität von Erwägungen der Schönheit abhängen. (Jede solche Ausarbeitung hätte unseren Rahmen gesprengt, jedenfalls dann, wenn sie mehr liefern soll als Einsichten vom Hörensagen, siehe § 2.15).

§ 16.2. Um dem Ziel des Arguments trotzdem näherzukommen, möchte ich mit einer These anfangen, die meiner Ansicht nach plausibel ist. Sie handelt sehr allgemein von der Wissenschaftsgeschichte:

Schönheitsfreie Wissenschaft?

(1) Wenn alle Naturwissenschaftler seit Beginn der neuzeitlichen Wissenschaft ganz ohne ästhetische Urteilskraft gearbeitet hätten, so sähe die augenblickliche Naturwissenschaft vollständig anders aus – sie wäre nicht wiederzuerkennen.

Für diese These sprechen die Beispiele bedeutender Physiker, von Kopernikus über Kepler und Newton bis zu Einstein und Dirac, die ich im Teil I habe zu Wort kommen lassen. Trotzdem *beweisen* deren Aussagen meine These nicht; solche Thesen lassen sich nicht beweisen.

Für die These sprechen jedoch auch die Ergebnisse aus der ästhetischen Fallstudie zu optischen Experimenten und ihrer Theorie, die sich so zusammenfassen lassen: Ohne Schönheitssinn gäbe es, erstens, ganz andere Experimente; zweitens hätten wir mit ganz anderen Experimenten auch ganz andere Theorien; drittens hätten wir ohne theoretischen Schönheitssinn ganz andere Theorien; viertens gäbe es mit ganz anderen Theorien auch ganz andere Experimente. Schönheitssinn und wissenschaftlicher Fortschritt hängen also im Fall der Optik überaus eng miteinander zusammen.

Mehr möchte ich zu den Fakten und Kontrafakten der Wissenschaftsgeschichte erst einmal nicht sagen. Zu welchen methodologischen Regeln und zu welchen Objektivitätsansprüchen berechtigt uns das Gesagte?

Unsere Wissenschaft zählt

§ 16.3. Ob der faktische Verlauf der Naturwissenschaft im Vergleich zu seinem kontrafaktischen Verlauf aus These (1) dem Schönheitssinn gute erkenntnistheoretische Zensuren ausstellt, kann man nicht sicher sagen. Weder kennen wir die schönheitsfreie Wissenschaft aus These (1) – noch wissen wir, wie gut sie wäre oder ob sie besser wäre als die tatsächlich erreichte Naturwissenschaft.

Doch vielleicht brauchen wir nicht allzuviel in methodologische Bewertungen naturwissenschaftlicher Theorien zu investieren, um mein Argument ingangzusetzen. Vielleicht genügt es, sich darauf zurückzuziehen, dass unsere faktischen Theorien aus der Naturwissenschaft Beispiele *par excellence* für das bieten, was wir objektiv nennen. Man fragt sich: Was, wenn nicht unsere wohletablierte Physik verdient es, objektiv genannt zu werden?[852]

In der Tat, ob es irgendeine bessere, objektivere Physik geben *könnte*, wenn die Wissenschaftsgeschichte anders verlaufen wäre, ist für mein Argument nicht wichtig. Das zeigt folgende Betrachtung. Wer an der Objektivität ästhetischer Urteile zweifelt, wird dazu kaum vom erkenntnistheoretischen Kontrast zwischen Schönheitssinn und irgendeiner idealen, kontrafaktischen Physik bewogen, sondern vom Kontrast zwischen Schönheitssinn und unserer Physik. Es schmerzt den Schönheitsfreund zu sehen, dass unsere ästhetischen Urteile ganz allgemein viel subjektiver wirken als unsere *tatsächliche* Physik.

Wenn nun aber ästhetische Urteile wichtig für den tatsächlichen Verlauf der Wissenschaftsgeschichte gewesen sind, so schwindet der schmerzliche Kontrast, und das könnte den Zweifel an der erkenntnistheoretischen Respektabilität unseres Schönheitssinns stillen.

Ich könnte mein Argument also auf folgende Abschwächung der These (1) stützen:

(1*) Die ästhetische Urteilskraft spielte eine wichtige Rolle in der Arbeit der Naturwissenschaftler spätestens seit Beginn der neuzeitlichen Wissenschaft und hat ihre Errungenschaften insgesamt erheblich geprägt.

Wären alle ästhetischen Urteile subjektiv, so könnten wir laut These (1*) auch der Subjektivität unserer objektivsten Errungenschaften nicht entrinnen. Doch sogar in dieser Form hat die These einen

Nachteil; ich werde ihn im kommenden Paragraphen ansprechen und ausräumen.

Vertiefungsmöglichkeit. Ganz ohne methodologische Bewertung wird man sich mit dem Resultat (1*) kaum zufriedengeben wollen. Daher habe ich versucht, mithilfe der Unterbestimmtheitsthese zu zeigen, dass wir jedenfalls genug Spielraum haben, um unserem Schönheitssinn bei der wissenschaftlichen Arbeit folgen zu *dürfen*; die schönheitsbeflissenen Physiker, die das tun, verstoßen demzufolge nicht gegen die Regeln guter Methodologie (§ 15.6). – Unabhängig davon sollte man zwischen deskriptiver Geschichtsschreibung und normativer Methodologie der Wissenschaft keine Sein/Sollen-Schranke aufstellen; die beiden Unternehmen hängen innig miteinander zusammen und informieren sich gegenseitig.[853]

§ 16.4. In den zuletzt formulierten Thesen (1) und (1*) ist von der *gesamten* Naturwissenschaft die Rede, also von *allen* naturwissenschaftlichen Theorien, Ergebnissen usw.:

Rundumschläge vermeiden

(1) Wenn *alle* Naturwissenschaftler seit Beginn der neuzeitlichen Wissenschaft ganz ohne ästhetische Urteilskraft gearbeitet hätten, so sähe die augenblickliche Naturwissenschaft *vollständig* anders aus – sie wäre nicht wiederzuerkennen.

(1*) Die ästhetische Urteilskraft spielte eine wichtige Rolle in der Arbeit der Naturwissenschaftler spätestens seit Beginn der neuzeitlichen Wissenschaft und hat *alle* ihre Errungenschaften *insgesamt* erheblich geprägt.

Solche umfassenden Thesen passen nicht gut zur detailverliebten – und die Details respektierenden – Herangehensweise, an der ich meine Untersuchung ausgerichtet habe. Daher möchte ich jetzt eine Version meines Arguments skizzieren, die ohne derartige Rundumschläge auskommt.

Im vorigen Paragraphen habe ich gesagt: Unsere faktischen Theorien der Naturwissenschaft bieten Beispiele *par excellence* für das, was wir objektiv nennen. Für die Zwecke des anvisierten Arguments brauche ich keine Allaussage; mir genügt ein einziges Beispiel einer ästhetisch geprägten Theorie, die objektiv genannt zu werden verdient. Daher liegt es nahe, von folgenden Spezialfällen der Thesen (1) bzw. (1*) auszugehen:

442 Teil V: Philosophische Verknüpfungen

(2) Wenn Einstein ganz ohne ästhetische Urteilskraft gearbeitet hätte, so wäre die Spezielle Relativitätstheorie nicht entstanden.

(3) Wenn Einsteins Zeitgenossen dessen Errungenschaften ohne ästhetische Urteilskraft beurteilt hätten, so hätte sich die Spezielle Relativitätstheorie nicht durchgesetzt.

(2*) Bei der Formulierung der Speziellen Relativitätstheorie spielte Einsteins ästhetische Urteilskraft eine große Rolle.

(3*) Bei der Durchsetzung der Speziellen Relativitätstheorie spielte die ästhetische Urteilskraft der Zeitgenossen Einsteins eine große Rolle.

Diese Thesen sind plausibel, und zwar wieder im Lichte der einschlägigen Zitate der wichtigsten Physiker des frühen 20. Jahrhunderts (2. Kapitel). Aber um sie mit der hinreichenden Detailtreue abzusichern, müsste man sich in historische Feinheiten vertiefen und eine andere Fallstudie durchführen als die, mit der ich hier gearbeitet habe. Gleichwohl lohnt es sich, kurz zu erkunden, was für das geplante Argument gewonnen wäre, wenn die Thesen zuträfen.

Neufassung des Arguments

§ 16.5. Sollten die Thesen vom Ende des vorigen Paragraphen stimmen, so kann ich mein Argument mit ihrer Hilfe neu fassen. Zunächst ist eine Vorbemerkung am Platze, die sich von selbst verstehen sollte, die ich aber sicherheitshalber aussprechen möchte. Ich hätte die Vorbemerkung diesem Kapitel voranschicken können, aber im augenblicklichen Zusammenhang passt sie am besten: Wer zu Protokoll gibt, dass alle ästhetischen Urteile subjektiv sind, lanciert damit keine interessante These, wenn er hinzufügt, es sei sowieso *alles* subjektiv.

Daher dürfen wir zum Zweck des Arguments voraussetzen, dass wir jedenfalls irgendwo zur Objektivität vorstoßen können. Wo? Zum Beispiel, *par excellence*, bei Einsteins Spezieller Relativitätstheorie. Doch hätten wir diese Theorie nicht, wenn es keine ästhetischen Urteile gäbe (Thesen (2) und (3)). Also kann sie nur so gut oder so schlecht sein wie einige ästhetische Urteile; sie kann nicht objektiver sein als diese.[854] Wenn sie also (laut Voraussetzung) ein gutes Beispiel für Objektivität bietet, müssen zumindest einige ästhetische Urteile ebenfalls objektiv sein – nämlich diejenigen ästhetischen Urteile, auf denen die Relativitätstheorie beruht. Mithin sind nicht alle ästhetischen Urteile subjektiv.

§ 16.6. In der zuletzt entfalteten Fassung vermeidet mein Argument den Nachteil, an dem sein Vorgänger krankte. Es bezieht sich diesmal auf eine konkrete Theorie – statt im Rundumschlag auf die gesamte Wissenschaft oder gar die gesamte Wissenschaftsgeschichte. Daher lässt sich das Argument durch eine einzige detaillierte Fallstudie zu Einstein absichern.

Pferdewechsel?

Nichtsdestoweniger scheitert mein Argument selbst dann nicht, wenn die historischen Details ausgerechnet bei Einstein eine andere Sprache sprechen sollten als gedacht, falls also die Thesen (2) und (3) falsch sein sollten. Denn dann müsste ich nur die Pferde wechseln und z.B. mit Newtons Theorie der Optik oder Heisenbergs Quantenmechanik weitermachen statt mit Einsteins Relativitätstheorie. Dann wäre zwar eine andere Fallstudie nötig, aber das wäre kein Beinbruch. Wie das Argument mit Blick auf Newtons Optik funktioniert, werde ich am Ende dieses Kapitels vorführen.

Finden Sie es seltsam, wenn ich mit Pferdewechseln zum Ziel kommen will? Ist das Schummelei? Müsste es mir nicht zu denken geben, wenn die anvisierte Fallstudie zu Einstein scheiterte wie eben hypothetisch ausgemalt? Keineswegs; solange eine einzige funktionierende Fallstudie gefunden werden kann, habe ich gewonnen. Denn mein Gegner verficht eine allgemeine These; ihm zufolge sind *alle* ästhetischen Urteile subjektiv. Um das zu widerlegen, genügt ein einziges Gegenbeispiel. Und um das Gegenbeispiel zu liefern, genügt ein einziges Beispiel *par excellence* für eine objektive Theorie, für die unser Schönheitssinn wesentlich war. Welche Theorie das Gewünschte leistet, spielt keine Rolle.

Abgesehen davon passen meine Thesen zu der sorgfältigen Analyse, die Zahar zur Speziellen Relativitätstheorie durchgeführt hat und auf die ich bereits eingegangen bin.[855] Dieser eine Fall genügt für meine Zwecke, selbst wenn Zahar recht hätte, dass zuguterletzt die Empirie für die *Allgemeine* Relativitätstheorie entscheidend gewesen ist.[856] Denn wie gesagt: Mit einem einzigen Beispiel funktioniert das Argument.

Gründe müssen her

§ 16.7. Trotzdem hat das Argument noch einen Haken. Es setzt nämlich folgendes voraus: Die (angeblich) mangelnde Respektabilität der psychologischen Faktoren, ohne die Einsteins Theorie weder entdeckt worden wäre noch sich durchgesetzt hätte, infiziert die Theorie. Anders gesagt: Wenn bloß subjektive Faktoren wesentlich bei Entdeckung und Durchsetzung einer Theorie beteiligt waren, dann ist die fragliche Theorie auch bloß subjektiv.

Das ist ohne weitere Erläuterung unplausibel. Immerhin könnte eine gute Theorie aus schlechten Gründen entstanden sein; sie könnte ihre Objektivität anderswo verdienen als in ihrer zufälligen Entstehungsgeschichte. Wo denn? In ihrer Rechtfertigung.[857]

In der Tat, ohne normatives, wertendes Element wird mein Argument nicht funktionieren. *Gründe* müssen her, keine Ursachen à la (2) oder (3). Das spricht dafür, das Argument lieber auf diese These zu stützen:

(4) Aufgrund ihrer Schönheit sind wir und war Einstein gut beraten, die Spezielle Relativitätstheorie für richtig zu halten.

Ich halte die Grundidee dieser These für korrekt, habe sie aber nicht begründet. Wieder gilt: Ohne eine detailgetreue Fallstudie fehlt es an hinreichendem Rückenwind für die These.

Ein Einwand

§ 16.8. Ein gewitzter Kritiker hat mich darauf aufmerksam gemacht, dass die These (4) weniger plausibel ist als folgende Abschwächung:

(4′) Aufgrund ihrer *Symmetrien* sind wir und war Einstein gut beraten, die Spezielle Relativitätstheorie für richtig zu halten.[858]

Hätte ich bloß diese abgeschwächte These im Boot, so könnte mein Argument nur zu dem Schluss segeln, dass nicht alle Urteile über *Symmetrie* subjektiv sind. Das ist zu wenig, denn ich will ja zeigen, dass nicht alle Urteile über *Schönheit* subjektiv sind.

Dass die These (4′) stimmt, brauche ich nicht zu bestreiten; der Streit zwischen meinem Kritiker und mir betrifft die Frage, ob zusätzlich auch noch die These (4) stimmt. Ich behaupte (ohne das hier zeigen zu können): Nur weil uns Symmetrien ästhetisch ansprechen, bieten sie einen guten Grund zugunsten der Theorie Einsteins. Mit anderen, gewagteren Worten: Fänden wir Symmetrien

16. Kapitel: Ästhetischer Subjektivismus ist absurd 445

hässlich, so sprächen die Symmetrien der Speziellen Relativitätstheorie gegen sie.[859]

Nur: Wie soll man so einen Satz begründen? Wie sollen wir kontrolliert über die kontrafaktische Möglichkeit nachdenken, dass wir Symmetrie hässlich finden? Hierauf kann ich nur mit einer kurzen Skizze anworten. Symmetrien haben in unserer Welt Seltenheitswert; symmetrische Artefakte, Experimente und Theorien herzustellen, kostet viel Aufwand. Auch daher schätzen wir Symmetrien. Wir fänden sie vielleicht abstoßend, wenn unsere Welt ganz anders wäre, wenn also langweiligerweise alles, was wir anpacken, unterderhand symmetrisch würde und wenn es schwierig wäre, Asymmetrien herzustellen oder aufrechtzuerhalten. In diesem Falle gäbe es an der Beobachtungsoberfläche viel Symmetrie, und wir würden uns fragen, ob sich darunter nicht vielleicht lauter attraktive Asymmetrien verbergen ... Soeben habe ich freizügig über Kontrafakten spekuliert, und ich bin mir bewusst, wie leicht sich solche Spekulationen angreifen lassen.[860] Daher werde ich weitergehen, ohne mich auf sie zu stützen. Zum Glück spricht auch unabhängig von derartigen Spekulationen einiges für meine Sicht der Dinge, etwa dies anthropologische Faktum: Wir werden bei der Naturforschung solange keine Ruhe geben, wie uns noch etwas an unseren Ergebnissen stört; und Hässlichkeit stört uns immer, das steht fest. Ob uns dagegen Asymmetrien immer stören, steht noch lange nicht fest. Unsere Wertschätzung von Symmetrie ist historisch gewachsen, gerade in der Naturwissenschaft (§ 8.17), lässt sich also leichter kontrafaktisch variieren als unsere Wertschätzung der Schönheit.

§ 16.9. Ich möchte noch einen weiteren Einwand gegen mein Argument aufwerfen und beantworten. Laut diesem Einwand ist die These aus dem vorletzten Paragraphen zu grob. Sie nennt nur einen der unzähligen Gründe, die für Einsteins Theorie sprechen, ihre Schönheit:
(4) Aufgrund ihrer Schönheit sind wir gut beraten, Einsteins Spezielle Relativitätstheorie für richtig zu halten.
Das lässt offen, wie es um die anderen Gründe zugunsten der Theorie steht. Immerhin gilt auch:

Objektiv subjektives Mischmasch

(5) Aufgrund ihrer empirischen Angemessenheit sind wir gut beraten, Einsteins Spezielle Relativitätstheorie für richtig zu halten.

Nehmen wir meinem Gegner zuliebe an, dass sich empirische Fragen objektiv klären lassen; nehmen wir also an, dass der Schönheitssinn für die Empirie weniger wesentlich wäre, als in meiner Fallstudie herausgekommen ist. Dann hätten wir einerseits objektive Gründe zugunsten der Theorie, die empirischen Gründe; andererseits hätten wir subjektive Gründe zugunsten der Theorie, die ästhetischen Gründe. (Ich nehme weiterhin zum Zweck des anvisierten Arguments an, dass die gesamte Ästhetik subjektiv sei; das gilt es mithilfe einer *reductio ad absurdum* zu widerlegen, wie gehabt, siehe § 16.1).

Was ergibt sich aus diesem Durcheinander für den Gesamtstatus der Theorie? Ich sage: Der Gesamtstatus einer Theorie ist so gut wie das schwächste Glied der Kette, von dem ihre Begründung *abhängt*. Hängt ihre Begründung an einer einzigen Stelle von subjektiven Gründen ab, so ist das Gesamtresultat subjektiv.

Wenn es also möglich wäre, nur aus der Empirie hinreichend starke Gründe zugunsten der Theorie Einsteins abzuleiten, könnte mein Argument nicht funktionieren; sogar das schwächste (und einzige) Glied der Kette wäre dann stark genug.

Doch wie Einstein und seinen Lesern klar war, ergibt sich die Relativitätstheorie nicht zwingend aus Beobachtungen (§ 2.10 – § 2.14). Dass sie sich nicht zwingend aus ihnen ergibt, lässt Quines Unterbestimmtheitsthese erwarten; und ein genauer Blick auf die Wissenschaftsgeschichte dürfte diese Erwartung bestätigen – wie die Zitate nahelegen, die ich im 2. Kapitel zusammengestellt habe. (Wäre die Allgemeine Relativitätstheorie weniger schön, so hätte die Eddington-Expedition nicht stattgefunden, und die frühesten Daten zugunsten Einsteins wären gar nicht erst entstanden).

Selbst wenn das Gesagte richtig wäre, könnte sich mein Gegner immer noch in folgendes Schlupfloch retten und behaupten: Um von den Daten zur Theorie Einsteins zu gelangen, sind zwar zusätzliche Gründe nötig – aber keine ästhetischen Gründe, sondern Gründe mit weniger dubiosem Status. Die Zitate aus dem 2. Kapitel sprechen tentativ gegen diese Behauptung. Doch erst im Rahmen einer detailgetreuen Fallstudie dürfen wir in dieser Angelegenheit auf hinreichend gesicherte Resultate hoffen.

Damit mein Argument nicht ganz in der Luft hängt, möchte ich es zum Abschluss des Kapitels auf die Fallstudie stützen, die ich im Herzstück meiner Untersuchung durchgeführt habe.

§ 16.10. Einsteins Relativitätstheorie ist eine der am besten bestätigten Theorien, über die wir verfügen. Selbstverständlich spielt Newtons Optik in einer anderen Liga, schon deshalb, weil sie viel älter ist. Aus diesem Grund wäre es günstiger, das Argument auf Einsteins Schönheitssinn zu stützen, nicht auf Newtons. Doch dann müsste das Argument auf Details beruhen, die fast keiner von uns überblickt. Daher habe ich mich entschlossen, für meine Untersuchung und für das geplante Argument eine weniger raffinierte Theorie heranzuziehen, bei deren Entfaltung sich der Schönheitssinn auf leichter nachvollziehbare Weise beteiligt hat.

Mit Blick auf Newton

Die Thesen, auf denen diese Fassung meines Arguments beruht, lauten so:

(2″) Wenn Newton ganz ohne ästhetische Urteilskraft gearbeitet hätte, so hätte er weder das *experimentum crucis* entwickelt noch seine Theorie der Heterogenität des weißen Lichts formuliert.

(3″) Wenn Newtons Zeitgenossen dessen Theorien ohne ästhetische Urteilskraft beurteilt hätten, so hätte sich die Heterogenität des weißen Lichts nicht durchgesetzt. Weder hätten sie sich dann von der Schönheit des Newtonspektrums beeindrucken lassen (§ 6.1); noch wären sie bereit gewesen, ihre Sehgewohnheiten im Sinne der newtonischen Theorie zu ändern (§ 6.21); und die damaligen Argumente, die gegen Newtons Theorie sprachen, hätten triumphiert, da diese Theorie weder ökonomisch erschien noch konservativ (§ 8.14).

(4″) Aufgrund ihrer Schönheit waren Newton und seine Zeitgenossen gut beraten, die Heterogenität des weißen Lichts für richtig zu halten.

Dem könnte man entgegenhalten, dass wir heute bessere Gründe für die Heterogenität des weißen Lichts haben; sie hat sich in der

Zwischenzeit hundertfach empirisch bewährt, und sie passt gut in den Rahmen einer Reihe anderer Theorien, die sich ebenfalls gut bewährt haben.

Das kann ich nicht bestreiten. Wer diese Kritik aber mit der These kombinieren möchte, dass ästhetische Gründe bloß subjektiv sind, muss sich zuguterletzt mit folgender haarsträubenden Haltung anfreunden: Rein subjektive Gründe, die nichts taugen, haben wie durch ein Wunder zur Durchsetzung einer Theorie geführt, die sich nachträglich doch noch rational rechtfertigen lässt.

Daraus schließe ich, dass mein Argument alles in allem gut dasteht. Wären alle ästhetischen Urteile bloß subjektiv, dann wäre Newtons Theorie auf subjektivem Boden entstanden – und das, obwohl sie ein Musterbeispiel für objektive Naturwissenschaft bietet. Also verbietet sich die These, dass unser Schönheitssinn erkenntnistheoretisch nichts taugt.

17. Kapitel.
Eine humanistische Sicht der Naturwissenschaft (Ausblick)

Wider die Abstraktion

§ 17.1. Wir haben im Verlauf meiner Untersuchung weite Felder abgegrast. Eingangs weideten wir uns an verblüffenden Aussagen berühmter Physiker, die quer durch die Jahrhunderte immer wieder behauptet haben: Die Schönheit naturwissenschaftlicher Theorien bietet eine wichtige Richtschnur für Erkenntnisfortschritte; je schöner, desto glaubwürdiger – *ceteris paribus*, d. h. wenn sonst keine weiteren Gesichtspunkte den Ausschlag geben.

Ich habe zu zeigen versucht, wie wenig es uns bringt, wenn wir solche Aussagen im Abstrakten betrachten, nämlich ohne hinreichende Detailschärfe und nur nach Feierabend der Physiker. Daher habe ich empfohlen, hauptsächlich die Schönheit frühneuzeitlicher Experimente in den Blick zu nehmen, also (im Vergleich zu Theorien) erfreulich konkrete Errungenschaften naturwissenschaftlicher

Arbeit, die sich obendrein erfreulich leicht erfassen lassen (anders als die Errungenschaften aus der modernen Physik). Das hat mich dazu bewogen, mich mit ästhetischen Absichten auf Newtons optische Experimente zu stürzen. Ich habe nicht behauptet, dass nur sie sich eignen, um mit naturwissenschaftlicher Schönheit ins Reine zu kommen; gegen andere Zugänge habe ich nichts einzuwenden – solange sie ungefähr so detailgetreu verlaufen, wie ich empfehle und exemplarisch vorgeführt habe. Meines Erachtens hat sich bei der Arbeit an den Details herausgestellt, dass wir uns mit Gewinn an die naturwissenschaftliche Schönheit annähern können, indem wir zum Beispiel die newtonische Experimentierkunst ästhetisch untersuchen. Schon Newtons Spektrum bietet einen herrlichen Blickfang für unseren Schönheitssinn, und das war nur der Anfang einer langen, schönen Geschichte.

§ 17.2. Wenn ich richtig liege, hat sich Newton beim optischen Experimentieren – auch – am Schönheitsideal orientiert; jedenfalls lassen sich einige der wichtigsten Schachzüge aus seinen optischen Veröffentlichungen von 1672 bis 1704 so deuten. Nicht überall scheint Newton die ästhetische Perfektion erreicht zu haben, auf die er abzielte. Damit will ich seine Leistung nicht kleinreden. Im Gegenteil; was Newton in den *Opticks* (1704) bietet, ist eine kunstvoll arrangierte Serie von z.T. wunderschönen Experimenten. Ihrer kühlen und raffinierten Ästhetik kann man sich schwer entziehen. Doch der versprochenen Detailtreue zuliebe habe ich nicht den monumentalen Gesamtbau Newtons ästhetisch analysiert, sondern knapp eine Handvoll seiner Experimente – und deren optische Nachkommen bis in die heutige Zeit.

Schon bei Newtons Grundexperiment trat ein ästhetisches Moment zutage, das den wissenschaftlichen Fortschritt stark geprägt hat: Bevor man sich daran macht, Störungen eines Effekts wie z. B. optische Verschmutzungen zu bekämpfen, muss man festlegen, was überhaupt die Störung ist und was der Effekt. Statt sich mit den (nicht restlos zu beseitigenden) farbigen Verschmutzungen abzufinden, hat Newton sie zum Haupteffekt erkoren. Wie das? Indem er die geometrischen Parameter des Experiments so wählte, dass mehr

Newton, der Ästhet, wählt

und mehr Farben zum Vorschein kamen bis hin zum vollen Regenbogenspektrum. (Er entfernte den Auffangschirm viel weiter vom Prisma, als es seine Vorläufer getan hatten).

Erst durch diese ästhetisch motivierte Entscheidung kommt ein präsentabler Effekt zustande. Stärker verschmutzte, hässlichere Experimente (mit ungeschickt gewählten Parametern) sind erst einmal genauso reell wie ihre schöne, herausgeputzte Schwester; und sie sind in der Mehrheit. Sie treten nur deshalb in den Hintergrund, weil sich der Experimentierende aus freien Stücken und im Namen der Schönheit entscheidet, sie zu ignorieren. Er darf das; ja er muss es.

Sich nicht abspeisen lassen ...

§ 17.3. Was ich eben rekapituliert habe, gilt allgemein, nicht nur im Kampf gegen verschmutzte Effekte. Viele der Schönheiten unter den Experimenten, die ich vorgeführt habe, verdanken ihre Existenz den ästhetischen Zielen des Experimentierenden. Ist Newtons ursprüngliche Weißsynthese suboptimal, etwa störanfällig, komplex und undurchsichtig? – Macht nichts, vergessen wir sie und suchen eine bessere.

Selbstverständlich führen viele Wege zur Weißsynthese, wir aber wollen den schönsten Weg entlangspazieren, und mit Umwegen, Abwegen, Wirrwegen oder Ödwegen möchten wir nicht behelligt werden. Und siehda, die Suche nach dem schönsten Weg wird belohnt, er führt an faszinierenden Symmetrien vorbei, ist einfach und bietet klare Sicht.

Wieso funktioniert das? Ist das nicht ein Mysterium? Ich meine nicht; es liegt an uns. Wir lassen uns nicht mit allem abspeisen, sind wählerisch – und haben die Wahl.

Wäre die Natur weniger vielfältig, so könnten wir es uns vielleicht nicht erlauben, wählerisch zu sein. Nicht anders stünde es, wenn wir nur unter größten Anstrengungen imstande wären zu experimentieren (etwa wegen schier unbezahlbarer Experimentierkosten, oder weil fast jedes Experiment noch vor seiner Vollendung von Blitz und Donner zertrümmert wird). In dieser Hinsicht haben wir Glück, wir haben die Wahl und können aus dem vollen schöpfen.

Zum Vergleich frage ich: Warum sind die Museen voller gelungener Kunstwerke? Etwa deshalb, weil gelungene Kunst wie von allein entsteht? Keineswegs. Sondern deshalb, weil sich Sammlerinnen, Museumsdirektorinnen, Kuratoren und Mäzene nicht mit allem abspeisen lassen – und deshalb, weil sie die Wahl haben. Es gibt mehr als genug misslungene Kunstwerke.

§ 17.4. Was bei Experimenten und Kunstwerken richtig ist, gilt vielleicht auch bei naturwissenschaftlichen Theorien. Sie sind nicht nur deshalb schön, weil sie auf einer einseitig schönen Auswahl von Experimenten beruhen; wenn deren Schönheit auf die Theorien abfärbt, braucht uns das zwar nicht zu wundern. Doch ein anderer Gesichtspunkt ist wichtiger: Einerlei, wieviele experimentelle Befunde wir ansammeln, sie determinieren nie und nimmer die Gestalt der Theorie. Sobald wir theoretische Erklärungen aufstellen, haben wir bei jeder nur erdenklichen Datenbasis die Wahl, jedenfalls im Prinzip.

... auch nicht bei Theorien

Man kann das negativ bewerten. Man kann darüber klagen, dass es kein idiotensicheres Induktionsprinzip gibt, keinen Wissenschaftsalgorithmus. Wie schade, dass uns die Computer niemals von den Mühen theoretischer Arbeit erlösen werden ...

Ich finde es nicht schade. Im Gegenteil, es stimmt mich froh zu wissen: Auch bei der Erkenntnis der Welt müssen wir uns nicht alles bieten lassen. Wir haben ein Wörtchen mitzureden, wenn es darum geht, Fragen wie diese zu beantworten: Welche tiefen Mechanismen liegen dem kunterbunten Durcheinander zugrunde, dem wir Tag für Tag begegnen?

Die Antwort auf solche Fragen wäre eindeutig, wenn die Welt eine Maschine wäre, die wir nur aufschrauben müssten, um ihre unter der Oberfläche verborgenen, aber zuguterletzt auffindbaren Zahnräder, Transmissionsriemen, Energiequellen, Zufallsgeneratoren etc. zu entdecken und wenn es über die so entdeckten Mechanismen nichts mehr zu sagen oder zu fragen gäbe.[861]

Aber erstens ist die Welt nicht so (zum Glück) – und wir sind, zweitens, auch nicht so; selbst wenn die Welt ungefähr so langweilig wäre wie eben anvisiert, könnte sie uns nicht dazu zwingen, ihre Untersuchung bei den siebzehntausend sichtbaren Zahnrädern abzubrechen. Es liegt an uns: Solange uns etwas an unserer Erklärung der Welt nicht genügt, solange uns etwas stört, irritiert, uns willkürlich vorkommt oder sonstwie unschön, solange werden wir weiterforschen. Wir würden z. B. nicht lockerlassen, sondern fragen: Wieso wird das Uhrwerk des Weltengangs ausgerechnet von siebzehntausend Zahnrädern bewegt? Warum nicht von neunundzwanzigtausend? – Vielleicht erinnern Sie sich; mit einer ähnlichen Frage begann Kepler bei der Entschlüsselung unseres Planetensystems.

<small>Humanistische Naturwissenschaft</small>

§ 17.5. Die Naturwissenschaft ist *unser* Projekt. Sie ist ein Projekt von Menschen für Menschen. Wir treiben sie nicht nur um irgendwelcher technischer Errungenschaften willen, sondern auch deshalb, weil mit ihr bestimmte weitergehende Hoffnungen verbunden sind. Die am höchsten fliegende dieser Hoffnungen kommt von unserem Sinn für Schönheit her. Wir hoffen darauf, in einer Welt zu leben, die wir auf schöne Weise erklären können; wir hoffen auf Ordnung im kunterbunten Durcheinander, auf eine Ordnung, die wir nachvollziehen können. Wir haben bereits einiges in diese Hoffnung investiert, und wir sind reich belohnt worden. Im freien Zwiegespräch zwischen uns und der Natur haben wir viel von dem gesagt und viel von dem gehört, wonach wir lechzen.

Zufrieden sind wir noch lange nicht. Aber eines steht jetzt schon fest: Naturwissenschaft entspricht dem, was uns als Menschen ausmacht. Ist das keine humanistische Vision von Naturwissenschaft?

Mathematischer Anhang

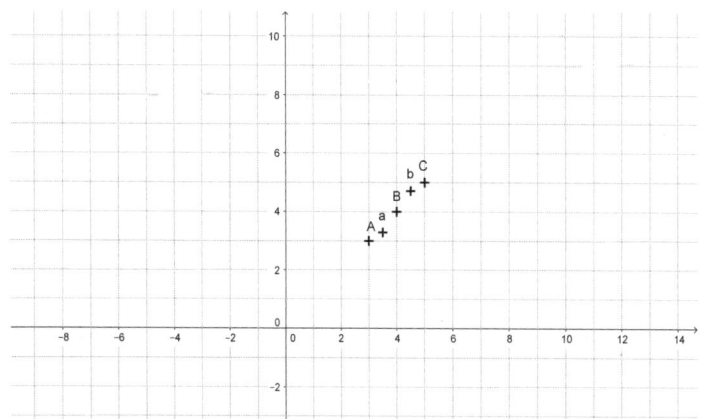

Abb. A.1: Fünf Messpunkte. Hier sehen Sie fünf gemessene Punkte (x; F(x)) einer unbekannten Funktion F. Die Messungen wurden im Abstand einer halben Einheit zwischen x = 3 und x = 5 vorgenommen: A = (3; F(3)); a = (3,5; F(3,5)) usw. Die fünf Punkte liegen zwar nicht exakt auf einer Geraden, aber auf den ersten Blick bietet sich für die Funktion F diejenige Gerade an, die in der kommenden Abbbildung gezeigt wird. Doch wie Sie sehen werden, gibt es beliebig viele andere Funktionen F, mit deren Hilfe sich der Zusammenhang zwischen x und y ebenso darstellen lässt. (Graphik von Sarah Schalk nach Vorgaben von O. M.)

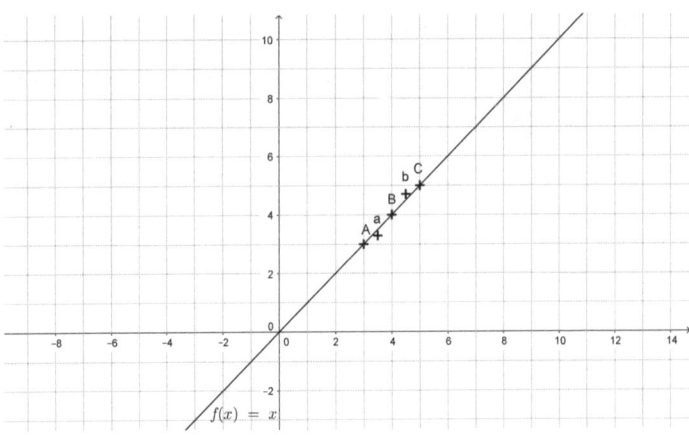

Abb. A.2: Approximaton der Messpunkte durch eine Gerade. Es gibt zwar keine Gerade, die exakt durch sämtliche Messpunkte der vorigen Abbildung läuft. Dennoch bietet sich die Gerade f(x) = x als gute mathematische Darstellung des gemessenen Zusammenhangs an. Die drei Messpunkte A, B, C trifft sie exakt; und dass sie oberhalb von a bzw. unterhalb von b verläuft, lässt sich verschmerzen – diese Abweichungen erscheinen vergleichsweise gering. Aus Gründen mathematischer Einfachheit ist die Wissenschaftlerin berechtigt, den Fehler bei a bzw. b nicht der Funktion f, sondern den Messdaten anzulasten und zu sagen: Es spricht gegen die gemessenen Zahlen für a bzw. b, dass diese Messpunkte nicht auf der Geraden f liegen. Beachten Sie: Je mehr Daten gemessen werden, umso stärker sinken die Chancen auf einen einfachen mathematischen Zusammenhang, der die Daten *exakt* widerspiegelt. Schon allein deshalb würde sich eine Wissenschaftlerin verdächtig machen, wenn all ihre Messpunkte exakt auf einer Geraden lägen. (Graphik von Sarah Schalk nach Vorgaben von O. M.)

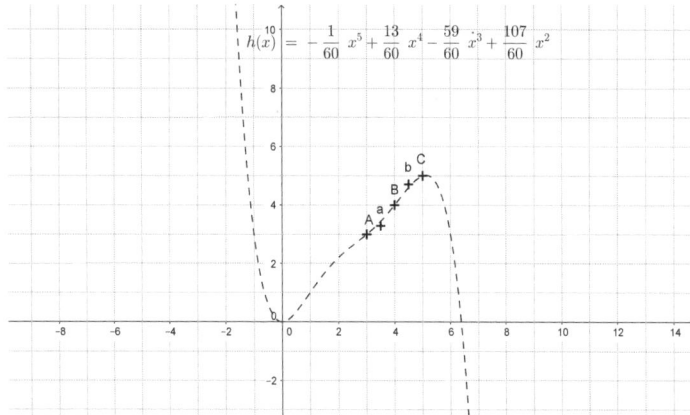

Abb. A.3: Genauere Approximaton der Messpunkte durch eine kompliziertere Funktion. Wem die Abweichung zwischen Messdaten und postulierter Funktion aus der vorigen Abbildung zu groß erscheint, kann die Daten durch eine kompliziertere Funktion genauer abbilden. Hier haben wir eine Funktion h ausgesucht, die wieder exakt durch A, B, C verläuft, aber näher an a bzw. b herankommt als die Gerade f aus der vorigen Abbildung. Wir hätten anstelle von h auch eine polynomische Funktion finden können, die sogar exakt durch alle fünf Punkte verläuft, aber sie hätte noch hässlichere Koeffizienten als h. Steht es objektiv fest, ob die fünf gemessenen Größen nun in Wirklichkeit dem mathematischen Zusammenhang f (aus Abb. A.2) oder seinem Widerpart h gehorchen? Nein; es hängt von unseren Vorlieben ab, welche Funktion wir schöner finden und wie stark wir diesen Gesichtspunkt im Vergleich zur Akkuratesse der Datenwiedergabe gewichten wollen. Zugegebenermaßen ist die Entscheidung zwischen f und h nicht völlig willkürlich. (Wenn wir z. B. die Messgenauigkeit unserer Messgeräte kennen, kann sich herausstellen, dass f im Rahmen der Messgenauigkeit *perfekt* passt; in diesem Fall dürfte die Hässlichkeit der Funktion h ein durchschlagendes Argument zugunsten von f liefern). Nun werden Sie einwenden, dass h und f rechts von x = 5 weit genug auseinandergehen, um den Streit zwischen f und h durch weitere Messungen eindeutig zu entscheiden. Aber dieser Einwand sticht nicht; denn wir werden immer nur *endlich viele* Messpunkte haben – und für endlich viele Messpunkte kann man immer mindestens zwei Funktionen f* und h* aufstellen, die einander nicht anders widerstreiten als f und h bei den *fünf* Messpunkten A, a, B, b, C. Schlimmer noch: Für n vorliegende Messpunkte gibt es immer unendlich viele Polynome n-ten Grades, auf denen alle Messpunkte exakt abgebildet werden. (Graphik von Sarah Schalk nach Vorgaben von O.M.)

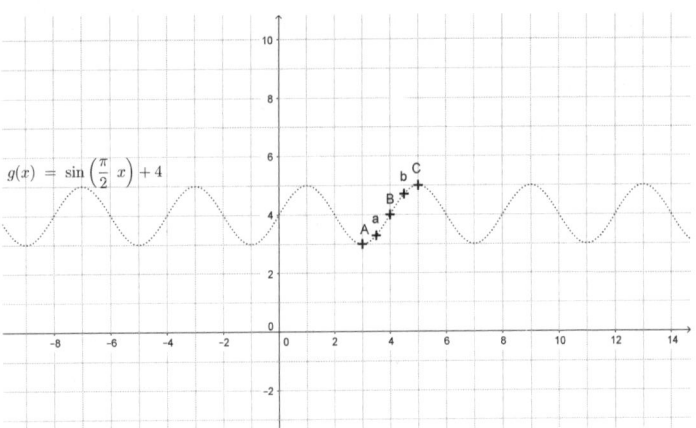

Abb. A.4: Exakte Abbildung der Messpunkte durch eine Sinus-Funktion.
Im Beispiel unserer fünf Messdaten existiert zufälligerweise eine recht einfache Sinus-Funktion g, auf der alle fünf Punkte exakt liegen. Diese Funktion ist insgesamt besser als die Funktion h aus der vorigen Abbildung. Erstens ist sie schöner als diese, zweitens akkurater. Sie ist zwar erst recht akkurater als die Gerade f aus der vorletzten Abbildung. Dennoch würden alle vernünftigen Naturwissenschaftlerinnen und Naturwissenschaftler jener Gerade f den Vorzug geben. Man mag darüber streiten, ob die Gerade f oder die Sinus-Kurve g schöner *aussieht* – fest steht, dass die Gerade einfacher ist, und allein dieser Gesichtspunkt dürfte den Streit entscheiden. In dieselbe Richtung weist offenbar ein weiterer Gesichtspunkt: Da alle Messpunkte auf einem einzigen *steigenden* Ausschnitt der Sinus-Kurve liegen, spricht wenig dafür, dass die gesuchte Funktion F ausgerechnet außerhalb des gemessenen Bereichs wieder sinken sollte. Dennoch könnte sich genau das bei zusätzlichen Messungen herausstellen. Aber selbst dann käme der Streit nicht objektiv zu einem Ende. Immerhin kann man alle Punkte der gezeigten Sinus-Kurve als sehr ungenaue Messdaten deuten, die allesamt in der Umgebung der horizontalen Geraden y = 4 liegen. Abgesehen davon liegen die fünf Messpunkte exakt auf beliebig vielen Sinus-Kurven mit wesentlich schnellerer Frequenz (also mit einer dichteren Abfolge von Wellenbergen und -tälern). Es bleibt dabei, dass sich der Streit zwischen völlig unterschiedlichen Funktionen wie f, g und h niemals allein durch Messungen entscheiden lässt – und zwar einerlei, wieviele Messungen gemacht werden. (Graphik von Sarah Schalk nach Vorgaben von O. M.)

Der Gang der Argumentation im Überblick

1. Kapitel:
Schwierigkeiten mit der Schönheit
(Einleitung)

Welche Rolle spielt der Schönheitssinn für den Erkenntnisfortschritt in der exakten Naturwissenschaft, insbesondere in der Physik? Auf diese Leitfrage meiner Untersuchung werde ich antworten: Unser Schönheitssinn (oder hochgestochener: unsere ästhetische Urteilskraft) ist für die Physik weit wichtiger, als man gemeinhin denkt. Warum das so ist, wurde bislang nicht überzeugend erklärt; wir stehen vor einem philosophischen Rätsel. Um das Rätsel in den Griff zu bekommen, müssen wir uns zuallererst halbwegs über die Bedeutung der Rede vom Schönen verständigen. Dazu dienen einige terminologische und stilistische Vorüberlegungen. Obwohl manchen abgeklärten Kunstkennern das Wort »schön« nicht mehr unironisch über die Lippen geht, spreche ich mich gegen seine Preisgabe aus, jedenfalls für die Zwecke der bevorstehenden wissenschaftsphilosophischen Untersuchung. Mein Grund dafür: Naturwissenschaftler reden so (und die werden schon wissen, was sie tun). Um sie auch nur zu verstehen, werden wir Laien uns erheblich anstrengen müssen. Einsichten vom Hörensagen gelten nicht.

Teil I:
Spaziergang durch die Wissenschaftsgeschichte

Zuerst gilt es zu belegen, wie optimistisch sich Spitzenphysiker über den erkenntnistheoretischen Wert des Schönheitssinns geäußert haben. Ich beginne den Spaziergang durch die Wissenschaftsgeschichte bei Nobelpreisträgern aus dem 20. Jahrhundert und gehe dann zurück zu den Heroen der frühneuzeitlichen Physik. Deren grundlegende Einsichten kennt jedermann aus dem Schulunterricht, jedenfalls ungefähr; hier (so die Hoffnung) haben wir eine Chance zu verstehen, wovon die Rede ist und worauf sich der naturwissenschaftliche Schönheitssinn bezieht.

2. Kapitel:
Einstein und die Bewunderer der Schönheit seiner Relativitätstheorie

Besonders überschwenglich hat sich Dirac für Schönheit in der Physik ausgesprochen; so sah er die überragende Schönheit der Relativitätstheorie als das wichtigste Argument zugunsten ihrer Wahrheit an: Selbst im Falle widerspenstiger Beobachtungen sollten wir (so Dirac) an Einsteins Theorie festhalten – nur deshalb, weil sie so schön ist. Andere Zeitgenossen Einsteins urteilten etwas zurückhaltender; aber insgesamt sprachen sie sich eindeutig dafür aus, dass der ästhetische Wert einer Theorie auch für ihre Wahrheit spreche. Und bei aller Zurückhaltung sah Einstein selber in der hässlichen Willkür der newtonischen Raum-Auffassung ein zentrales Argument gegen Newton. Was er damit genau meinte, ist allerdings schwer zu verstehen. Um dem auf die Schliche zu kommen, müssten wir ein paar Semester Physikstudium einlegen. Daher bietet es sich an, zu früheren Beispielen zurückzugehen.

3. Kapitel:
Die Sonne als wunderschönes Heiligtum bei Kopernikus

Als Kopernikus das geozentrische Weltbild umstürzte, tat er das nicht in erster Linie aus empirischen Gründen; das ptolemäische System seiner Vorgänger war ausgefeilt und passte ganz gut zu den vorliegenden Himmelsbeobachtungen. Aber es war hochkompliziert, und daran übte Kopernikus ästhetische Kritik. Ob sein System freilich in dem Augenblick ästhetisch überzeugt, in dem es dieselbe empirische Detailtreue erreicht wie das System seiner Vorgänger, ist schwer zu sagen.

4. Kapitel:
Kepler im Rausch der Schönheit

Noch deutlicher als bei Kopernikus trat der Schönheitssinn bei Kepler in den Vordergrund; um der Kürze willen werden wir nur dem frühen Kepler bei der Arbeit über die Schulter schauen. Er postulierte ein rein geometrisches Modell von strahlender Schönheit, aus dem er die Abstände zwischen den Planetenbahnen ableiten konnte, und zwar verblüffend genau (aber aus heutiger Sicht ganz und gar haltlos). Selbstverständlich passten die damaligen Daten nicht hundertprozentig zu dem Modell, aber Kepler stellte mit Recht fest, dass alle astronomischen Beobachtungen an Fehlern kranken und dass man keine Astronomie haben kann, wenn man sich ihnen blind unterwirft. Daher propagierte Kepler zeitlebens einen kreativen – zielgerichteten, auswählenden und korrigierenden – Umgang mit den Daten. Anders als bei großartigen mathematischen Modellen spielt hier der Schönheitssinn seine wichtige Rolle im kleinen, unspektakulären Detail. Wie sehr das in Keplers größte Leistung (die Entdeckung der Ellipsenbahnen) eingeflossen ist, ließe sich nur durch eine mühselige Fallstudie ermitteln, die den Rahmen meiner Untersuchung sprengen müsste. Gibt es leichter zugängliche Eingangstore in den Machtbereich des naturwissenschaftlichen Schönheitssinns? Ja; bei Experimentatoren, deren Umgang mit den Daten in einem weitergehenden Sinne kreativ und dem Schönheitssinn zugänglich ist: Im Unterschied zu bloß registrierenden *Beobachtern* des Himmelsgeschehens erzeugen *Experimentatoren* diejenigen Daten, mit denen sie dann weiterarbeiten.

Der Gang der Argumentation im Überblick

Teil II:
Ästhetische Fallstudie in Newtons Dunkelkammer

Unter den frühen neuzeitlichen Experimentatoren nimmt Newton eine Sonderstellung ein. Wir folgen ihm in seine Dunkelkammer und schauen ihm bei der Arbeit über die Schultern. Was ist schön an dem, was er da aufbaut und beobachtet? Zum Glück lassen sich seine optischen Experimente leicht nachvollziehen; jedenfalls weitaus leichter als die naturwissenschaftlichen Errungenschaften, von denen zuvor die Rede war. Daher lohnt es sich, sie genauer zu betrachten und ästhetisch zu untersuchen. Das ist die Aufgabe des zweiten Teils der Untersuchung.

5. Kapitel:
Newton als Ästhet

In Newtons Werk springt das ästhetische Vokabular zwar nicht so schnell ins Auge wie bei Kopernikus und Kepler. Aber eine intensive Spurensuche führt weiter. Anders als Kopernikus und Kepler redete Newton nicht nur von einem schönen Weltall, das es zu erkennen gilt. Vielmehr wandte er ästhetische Vokabeln auch zum Lob seiner *Experimente* an, etwa in seiner Optik. (Und in dies Lob stimmte Einstein ganz ausdrücklich ein).

6. Kapitel:
Schönheit, Schock und Schmutz im Spektrum

In seinem berühmtesten Experiment zerlegte Newton das weiße Sonnenlicht in seine regenbogenbunten Bestandteile. Das so erzeugte newtonische Spektrum ist zur Ikone neuzeitlicher Wissenschaft geworden. Das liegt auch an seiner visuellen Schönheit. Aber dieser Erfolg ist Newton nicht in den Schoß gefallen. Um das Spektrum zu gewinnen, musste er die Abmessungen seines Experiments sehr präzise einstellen. Bei anderen Abmessungen ergäben sich wesentlich weniger Farben – sogar so wenig Farben, dass sie eher stören, als erfreuen (jedenfalls im ungünstigsten und vor Newton häufigsten Fall). Indem Newton die spektralen Farben aus ihrer Rolle als hässlichem Störfaktor (der chromatischen Aberration) erlöste und ins Zentrum der Betrachtung rückte, folgte er implizit einer ästhetischen Logik. Und er sorgte dadurch für einen Gestaltwechsel der Wahrnehmung (wie wir es aus künstlerischen Revolutionen kennen). Ein weiteres ästhetisches Moment seines Experiments liegt in der Überraschung, die das Versuchsergebnis mit sich bringt. Dass es sich hier um einen dezidiert ästhetischen Gesichtspunkt handelt, lässt sich anhand von Musikstücken, Gedichten und anderen Kunstwerken illustrieren, deren Wertschätzung auch auf ihrer Überraschungskraft beruht. Ganz ähnlich vergleiche ich auch die anderen ästhetischen Züge des newtonischen Experiments mit ihren Gegenstücken aus der Kunstwelt.

7. Kapitel:
Synthese, Sauberkeit und Symmetrie

An die optischen Erträge des vorigen Kapitels knüpft sich ein Desiderat unseres naturwissenschaftlichen Ordnungssinns: Wenn sich die Farben des Sonnenlichts per Prisma auseinanderdividieren (analysieren) lassen, müssten sie sich auch wieder zusammenfügen (synthetisieren) lassen – das Ergebnis wäre die Mischung weißen Lichts aus bunten Farben. Newton hat eine Vielzahl von Weißsynthesen durchprobiert. Warum gab er sich mit der ersten Weißsynthese nicht zufrieden? Weil sie ästhetisch suboptimal war – unsauber, störanfällig, intellektuell undurchschaubar, zu kompliziert. Die ästhetischen Mängel zeigen sich deutlich im Vergleich mit der weit schöneren Weißsynthese, die Newtons Schüler Desauliers gefunden hat und die unseren Schönheitssinn u.a. wegen ihrer zeitlichen Symmetrie fasziniert.

Der Gang der Argumentation im Überblick

**Teil III:
Mit Newton vom schönen Experiment zur schönen Theorie**

Die schönen Zeitsymmetrien aus dem vorigen Kapitel kann man nur würdigen, wenn man sie versteht; nicht anders als in der Kunst spielen auch theoretische Momente in den physikalischen Schönheitssinn hinein. Dieser Übergang vom Experimentellen zum Theoretischen ist Thema des augenblicklichen Teils der Untersuchung.

**8. Kapitel:
Symmetrien beim Experimentieren, Argumentieren und Theoretisieren**

Newtons *experimentum crucis* bildet den Höhepunkt seiner Experimentierkunst; hier verbindet sich die Schönheit eines raffinierten Experiments mit der Ästhetik der Theoriebildung und der Eleganz symmetrischer Argumentation. Theoretische Form und experimenteller Inhalt entsprechen einander, und dieser Vorzug ähnelt der Harmonie zwischen Form und Inhalt, die wir an manchen Kunstwerken schätzen. Im Anhang des Kapitels bringe ich zahllose weitere Beispiele für den herausragenden ästhetischen Wert, der den experimentellen und theoretischen Symmetrien in der Physik zukommt.

**9. Kapitel:
Symmetrien in den Künsten**

Zeitliche Symmetrien bieten einen Schlüsselreiz fürs Schönheitsempfinden experimenteller und theoretischer Physiker. Dass dies gut zur Arbeitsweise unseres Schönheitssinns bei Kunstbetrachtungen passt, demonstriere ich durch zeitsymmetrische Beispiele aus Musik, Film, Romankunst und Lyrik. Ergebnis: In ausgesuchten Fällen können zeitliche Spiegelsymmetrien zum ästhetischen Wert eines Kunstwerks beitragen – obwohl dieser Fall in der Kunst seltener vorkommt als sein naturwissenschaftliches Gegenstück. Ähnlich bei räumlichen Symmetrien.

10. Kapitel:
Idealisierung als Beschönigung mit theoretischer Absicht

Wie stark bereits Newtons Experimentierkunst von theoretischen Vorgaben geprägt ist, lässt sich gut an seinem *experimentum crucis* aufzeigen. Das Experiment ist nämlich in Wirklichkeit nicht so sauber ausgegangen, wie es die Theorie verlangt und wie es sich aus Newtons Darstellung bei übereilter Lektüre zu ergeben scheint. Newton hat sich zwar keine Unredlichkeit zuschulden kommen lassen, segelte aber knapp an der Lüge vorbei. Gleichwohl ist sein Vorgehen gut gerechtfertigt: Er idealisierte seine Ergebnisse und war imstande, mithilfe verbesserter Experimente auch sauberere Resultate zu erzielen.

Teil IV:
Fortsetzung der Fallstudie in Nussbaumers Atelier

Je symmetrischer, desto schöner: Das ist eines der Ergebnisse aus dem zweiten Teil der Untersuchung. Um die ästhetische und erkenntnistheoretische Schlagkraft der Symmetrie herauszuarbeiten, zeige ich nun neuere Experimente, die an ihre Vorgänger anknüpfen und deren Symmetrie in schwindelerregende Höhen steigern; insbesondere führe ich vor, wie aus der vollständigen Kombinatorik mehrerer Symmetrieachsen ein immer dichteres Ordnungsgeflecht heranwächst.

11. Kapitel:
Farben mischen auf der spektralen Palette

In Desaguliers' Weißsynthese steckt mehr Ästhetik, als seinerzeit herausgekommen ist. Das Experiment lässt sich heutzutage mit einfachen technischen Mitteln auf vielfache Weise variieren, und dadurch tritt uns eine wunderschöne, willkürfreie Ordnung der Farbenwelt entgegen. Der Wiener Künstler und Farbexperimentator Nussbaumer hat insgesamt sieben Farbsynthesen entdeckt, die allesamt dem Schema von Desaguliers folgen und alle denkbaren Kombinationen ausschöpfen. Der ästhetische Gewinn: Freiheit von Willkür, Einheit in der Vielfalt, Vollständigkeit. (Diese Gewinne haben Nussbaumer dazu bewogen, seine Farbsynthesen gleichzeitig als naturwissenschaftliche Experimente und als künstlerische Installationen zu realisieren).

12. Kapitel:
Goethes Coup mit kunterbunten Kontrapunkten

Goethe hasste Newtons Experimente mit Prismen. Aber das hat ihn nicht davon abgehalten, sie nachzubauen und (mit viel Sinn für symmetrische Ästhetik) zu variieren. Sein wichtigster experimenteller Befund: Wenn man an Newtons Prisma die Rollen von Licht und Schatten vertauscht, also anstelle des schmalen Lichtstrahls einen schmalen Schatten durchs Prisma fallen lässt, aber den Rest des Experiments nicht ändert, so bekommt man ein völlig neues Spektrum: genauso groß, bunt, vielfältig, strahlend und schön wie Newtons Spektrum. Die Farben des neuen Spektrums sind die exakten Komplementärfarben aus seinem newtonischen Gegenstück. Hierdurch gelangt eine neue Symmetrie in die optische Experimentierkunst – eine Symmetrie des Wahrnehmungsmaterials. Auch dies kennen wir aus der Kunst, etwa aus den Fugen Bachs. Aber die neue Symmetrie ist nicht nur visuell ansprechend; sie setzt sich fort in theoretische Gefilde. Denn so wie Newton aus seinem Experiment Rückschlüsse auf die bunte Zusammensetzung des weißen Lichts zog, so könnte jetzt Goethe aus dem komplementären Gegenexperiment Rückschlüsse auf die bunte Zusammensetzung des Schattens ziehen.

13. Kapitel:
Cage, die Stille und das Dunkle

Was ist etwas, und was ist vielmehr nichts? Wie wichtig die Stille für Musik sein kann, hat Cage mit seinen bahnbrechenden Kompositionen demonstriert; er vertauschte sozusagen Figur (Klänge) und Hintergrund (Stille). Nicht viel anders kann man im optischen Experiment Gestalt und Hintergrund vertauschen: Sollte der schön verspielte, symmetrische Gedanke Goethes aus dem vorigen Kapitel Hand und Fuß haben, so müssten sich die bunten Farben des Goethe-Spektrums auch wieder schwarz mischen lassen. Wäre das nicht möglich, so nähme unser Sinn für Symmetrie daran Anstoß. In der Tat führt unser Schönheitssinn zur Prognose einer Schwarzsynthese. Hier haben wir ein Beispiel für eine empirische Behauptung über die Welt, die von Erwägungen der Schönheit angestoßen wurde. Ich selber hatte mir die Prognose auf die Fahnen geschrieben, lange bevor mir Nussbaumer berichtete, dass die Schwarzsynthese funktioniert. War meine Prognose riskant? Nicht sehr; jedenfalls nicht für diejenigen, die (so wie viele Physiker) auf die Erkenntniskraft des Schönheitssinns vertrauen. – Aber mit der Schwarzsynthese ist die Sache noch lange nicht zuende. Mithilfe derselben Methode entdeckte Nussbaumer sämtliche symmetrischen Gegenstücke zu den sieben Farbsynthesen aus dem vorletzten Kapitel. Mehr noch, er entdeckte (neben Newtons und Goethes Spektren) sechs weitere Spektren, die zusammengenommen eine vieldimensionale, hochsymmetrische Ordnung aufspannen.

Teil V:
Philosophische Verknüpfungen

Welche philosophischen Schlüsse ergeben sich aus der Fallstudie zur ästhetischen Urteilkraft in der Optik? Einerseits Schlüsse zugunsten der Verwandtschaft der Schönheitsbegriffe in Kunst und Physik. Andererseits tentative Gründe für die Berechtigung des Schönheitssinns in der Physik. Und schließlich ein Argument gegen den ästhetischen Subjektivismus.

14. Kapitel:
Vergleiche gehen kreuz und quer über alle Grenzen

Ich habe ästhetische Züge einer Reihe optischer Experimente vorgeführt. Eine naturwissenschaftliche Errungenschaft (einerlei ob Experiment oder Theorie) ist schöner als eine andere, wenn sie einfacher ist oder sauberer oder symmetrischer oder weniger willkürlich usw. Derartige Merkmale tragen auch zum ästhetischen Wert mancher Kunstwerke bei. Dennoch fragt sich: Benutzen wir in beiden Bereichen ein und denselben Begriff von Schönheit oder ästhetischem Wert? Dass unser Schönheitssinn in der Naturwissenschaft exakt so funktioniert wie in der Kunst, brauche ich nicht zu behaupten. Ich lege mich nur auf folgende Verwandtschaftsthese fest: *Der Schönheitsbegriff, den Naturwissenschaftler zur Beurteilung ihrer Arbeitsergebnisse einsetzen, ist eng verwandt (wenn auch nicht identisch) mit dem Schönheitsbegriff, der auf Kunstwerke gemünzt ist.* Um das plausibel zu machen, erinnere ich daran, dass schon innerhalb der Kunst keine exakt einheitlichen Schönheitsstandards gelten: In der bildenden Kunst funktioniert unser Schönheitssinn etwas anders als in der Musik, und dasselbe gilt sogar innerhalb der Musik. (In der Renaissance-Musik funktioniert der Schönheitssinn etwas anders als bei Beurteilung eines Rocksongs, usw.) Ausufernde Verwandtschaftsverhältnisse bestimmen das gesamte Feld unserer ästhetischen Urteilskraft. Dass sie bis in die Naturwissenschaft reicht, kann man sich so klarmachen: Manches optische Experiment ähnelt in seinen ästhetischen Charakteristika stärker einer Bachfuge als die Bachfuge einer Wagneroper oder einem Gemälde von Courbet. Wer innerhalb der Kunst einen *halbwegs* einheitlichen (aber immer noch *hinreichend* pluralistischen) Schönheitsbegriff zugibt, muss ihn demzufolge bis zu den naturwissenschaftlichen Experimenten ausdehnen – und von dort bis in den Bereich von Theorien.

15. Kapitel:
Schönheit und Glaubwürdigkeit

Wieso steigert Schönheit die naturwissenschaftliche Glaubwürdigkeit? Oder vorsichtiger gefragt: Wieso scheitern schönheitsbeflissene Naturwissenschaftler nicht ganz drastisch auf dem hässlich harten Boden der Tatsachen? Wieso ist es erkenntnistheoretisch legitim, bei der naturwissenschaftlichen Arbeit auf Schönheit zu setzen? Das sind gigantische Rätsel der Wissenschaftsphilosophie. Wer den naturwissenschaftlichen Erfolg des Schönheitssinns weder mystisch überhöhen will (als wär's ein Wunder) noch rationalistisch wegdisputieren will (als gäbe es hier kein tiefes Problem), hat es nicht einfach. Ein mittlerer Weg könnte so aussehen: *Der* angeblich harte Boden der hässlichen Tatsachen ist längst nicht so eindeutig vorgegeben, wie man gemeinhin denkt. Wirklichkeit ist zu flexibel und biegsam, als dass sie sich ganz unabhängig von uns greifen ließe; sie ist alles andere als eindeutig. Bei Experimenten gilt das sowieso: Es gibt unglaublich viele realisierbare Experimente, und aus diesem Überfluss dürfen wir auswählen. Es ist legitim, wenn wir uns für die schönsten Experimente entscheiden, die wir dann weiterverfolgen. Derselbe Überfluss bietet sich uns offenbar auch auf Seiten der Theorie dar: Es gibt einen Überfluss an empirisch passenden Theorien, und daher ist es erlaubt, die schönste weiterzuverfolgen.

16. Kapitel:
Ästhetischer Subjektivismus ist absurd

Wer unseren ästhetischen Urteilen über die Kunst mit erkenntnistheoretischem Misstrauen begegnet, macht einen Fehler. Dies Misstrauen ginge sicher zu weit, wenn es wie ein Dumdum-Geschoss auf all unsere Urteile abgefeuert würde: Wenn etwas *bloß* subjektiv sein soll, muss irgendetwas anderes in Sachen Subjektivität besser dastehen; wenn die ästhetische Kunstbetrachtung bloß subjektiv sein soll, dann im Kontrast zu irgendetwas Respektablerem. Nun sind Naturwissenschaft und insbesondere Physik das allerobjektivste Unterfangen, das wir kennen. Wäre unser Schönheitssinn in der Kunst bloß subjektiv, dann (wegen der Verwandtschaftsthese) auch in der Physik. Da aber unser Schönheitssinn die Physik wesentlich mitbestimmt, wäre absurderweise alles subjektiv – wenn der Schönheitssinn subjektiv wäre. Das sind die Grundlinien meiner *reductio ad absurdum* des ästhetischen Subjektivismus.

17. Kapitel:
Eine humanistische Sicht der Naturwissenschaft (Ausblick)

Naturwissenschaft ist ein Unterfangen von Menschen für Menschen. Es liegt an uns, wann wir uns mit einer naturwissenschaftlichen Theorie zufriedengeben. Solange wir in unseren Theorien noch nicht die Schönheit erreichen, auf die wir setzen, solange werden wir weitersuchen. Unser Schönheitssinn konstituiert einen Teil dessen, was wir in der naturwissenschaftlichen Erkenntnis anstreben. Er konstituiert unser Erkenntnisziel mit.

Anmerkungen

1 Dürer [VBvM], ohne Seitenzahl (= drittletzte Seite des »Drytten Buchs«); Akzentzeichen weggelassen.
2 Heisenberg [BSiE]:288.
3 Ich danke Charlotte Bürger, Tobias Breidenmoser, Eva-Maria Kachold, Matthias Rang, Hannah Riniker, Janila Ruck, Astrid Schomäcker und Derya Yürüyen für Kommentare zu einer früheren Fassung dieses Textes; Dank an Ingo Nussbaumer für Kommentare zu gut zwei Dutzend früherer Fassungen. Matthias Herder und Sarah Schalk danke ich für Mitarbeit bei den Abbildungen; Ingo Nussbaumer für seine unermüdliche Bebilderungsenergie und tausend erhellende Auskünfte. Sylwia Trzaska hat geholfen, meine Augen für die Betrachtung von Gemälden zu schärfen – Edvin Østergaard spitzte mir die Ohren für Musik. Kalina Trzaska und Derya Yürüyen halfen beim Personenregister. Zahllose weitere Personen haben mir bei einzelnen Kapiteln mit Kritik, Beispielen, Auskünften und Anregungen weitergeholfen: Raphael Alpermann (§ 9.23); Markus Asper (§ 3.5); Mike Beaney (§ 12.1); Marcus Becker (§ 6.13); Sophie De Beukelaer (§ 13.6); Werner Brefeld (§ 4.18); Tobias Breidenmoser (§ 9.8, § 9.9); Corinna Dahlgrün (§ 9.11); Dirk Eidemüller (Abb. 8.20a – Abb. 8.20c); Gregor Feller (§ 9.14, § 9.15); Doris Flohr (§ 8.7, § 9.12); Gerd Graßhoff (4. Kapitel, insbes. § 4.9); Hektor Haarkötter (§ 8.7); Matthias Herder (§ 9.9); Paul Hoyningen-Huene (§ 15.17); Yoshi Inamoto (§ 9.13); Mario Kumekawa (§ 6.11, § 9.13); Jens Meichsner (§ 15.17); Janine Metscher (§ 8.18); Felix Mühlhözer (2. Kapitel (insbes. § 2.12), § 8.16); René Perraudin (§ 9.15); Matthias Rang (§ 8.20); Lukas Sauer (§ 9.14, § 9.15); Ullrich Scheideler (§ 9.5, § 9.22, § 9.23, § 13.6, § 13.7, § 13.16); Peat Schmolke (§ 8.21); Matthias Schote (§ 14.13); Jakob Steinbrenner (§ 7.13); Günter Ziegler (§ 11.7); Thomas Schmidt (§ 14.4k, § 15.19); Alan Shapiro (§ 8.12); Emanuel Viebahn (§ 10.8); Troy Vine (§ 6.20); Tanja Weber (§ 6.13).
4 Ähnlich Weinberg [TvEU]:139 140.
5 Vergl. Weinberg [TvEU]:140. Im Original: »[…] the rather spooky fact that something as personal and subjective as our sense of beauty helps us not only to invent physical theories but even *to judge the validity of theories*« (Weinberg [DoFT]:133; mein Kursivdruck).

6 Laut dem Mitentdecker der Doppelhelix James Watson haben seinerzeit selbst skeptische Fachkolleginnen (wie Rosalind Franklin) die hochästhetische parallele Spiralstruktur der DNA-Basenpaare deshalb akzeptiert, weil sie zu hübsch ist, um nicht wahr zu sein (»too pretty not to be true«, siehe Watson [DH]:210).
7 Zur Chemie siehe § 8.19 und § 11.16. Zur Biologie siehe § 5.7k.
8 Ich verwende den Ausdruck »Urteilskraft« unterminologisch, also ohne mich damit auf die Details der Definition seines Urhebers festzulegen (Kant [KU]).
9 Genauso mit ausdrücklichem Verweis auf Symmetrie Lipscomb [AAoS]:10.
10 Schummer [SSiK]:71/2, 74/5.
11 McAllister [BRiS]:55 *et passim*.
12 Dass man z.B. beim Gespräch über klassische Gegenwartsmusik jahrzehntelang Wörter wie »schön« vermeiden musste, sagt Schuller [FAiT]:76; noch im 19. Jahrhundert schrieben selbst Musikwissenschaftler, die keiner Schwärmerei verdächtig sind, bedenkenlos Bücher mit Titeln wie *Vom Musikalisch-Schönen* (Hanslick [vMS]).
13 Mündliche Mitteilung, deren Sarkasmus nur zu berechtigt ist (wie z.B. Otto [ÄW]:53, 57 unfreiwillig zeigt). Weniger sarkastisch, aber mit gleicher Stoßrichtung redet z.B. der Mozart-Biograph Wolfgang Hildesheimer von einem »höchst ambivalenten Begriff« (Hildesheimer [M]:349).
14 Im englischen Original: »taste« (Penrose [RoAi]:267). – McAllister, der die erkenntnistheoretische Funktion des Schönheitssinns kleinreden will, nutzt Penroses Unvorsichtigkeit aus, indem er genau diese Stelle zitiert, siehe McAllister [BRiS]:84.
15 § 6.2 – § 6.4, § 6.10.
16 Siehe auch § 7.14.
17 Zum Beispiel Kant [KU]:4 *et passim*.
18 Zum Beispiel Otto [ÄW]:25, 40, 54 *et passim*.
19 Dirac [PM], Piper [BTiS]:225.
20 Weinberg [TvEU]:141. Siehe auch Rota [PoMB]:124/5 und Holmes [BEiL]:95/6.
21 Die drei Formulierungen stammen von Nussbaumer (briefliche Mitteilung).
22 Vergl. Wittgenstein [VüÄ]:10 (Teil I § 5). Im englischen Original eingeklammert: »(›Beautiful‹ is an odd word to talk about because it's hardly ever used.)« (Wittgenstein [LoA]:2 (Part I § 5)).
23 Vergl. Wittgenstein [VüÄ]:12 (Teil I § 8). Im englischen Original: »It is remarkable that in real life, when aesthetic judgements are made, aesthetic adjectives such as ›beautiful‹, ›fine‹, etc., play hardly any role at all. Are aesthetic adjectives used in a musical criticism? You say: »Look

at this transition«, [...] »The passage here is incoherent«. Or you say, in a poetical criticism [...]: »His use of images is precise« (Wittgenstein [LoA]:3 (Part I § 8)).
24 Ähnlich Schuller [FAiT]:76, Zangwill [BDD]:317–321. Mehr zu diesem Thema in § 14.3 – § 14.4.
25 Vergl. Newman [SIN]/a:176/7, 179. Im englischen Original: »The invention of beauty by the Greeks, that is, their postulate of beauty as an ideal, has been the bugbear of European art and European aesthetic philosophies. Man's natural desire in the arts to express his relation to the Absolute became identified and confused with the absolutisms of perfect creations – with the fetish of quality – so that the European artist has been continually involved in the moral struggle between notions of beauty and the desire for sublimity [...] I believe that here in America, some of us, free from the weight of European culture, are finding the answer, *by completely denying that art has any concern with the problem of beauty and where to find it*« (Newman [SIN]:171, 173; mein Kursivdruck).
26 Ähnlich Geach [PoP]:164.
27 Ich rede aus leidvoller Erfahrung, siehe O. M. [SA].
28 Der *locus classicus* ist Rosenkranz [AH]. Siehe dazu Scheer [zTHb].
29 Siehe z. B. § 6.23 und § 7.16.
30 Ähnlich Kant ([KU]:189), dessen Position der Kant-Experte Marcus Otto auch in dieser Facette verteidigt, siehe Otto [ÄW]:92, 243.
31 Hierzu und zum folgenden siehe Gombrich [GK]:13/4.
32 Bach [MP]:212–216. Siehe dazu Platen [MPvJ]:189.
33 Ich werde ähnliche Phänomene noch mehrmals streifen (§ 6.19 – § 6.20; § 14.5).
34 Ähnlich Schummer [SSiK]:75/6, allerdings mit Blick auf bildende Kunst.
35 Ich werde im Kleingedruckten am Ende des 14. Kapitels noch einmal ausführlicher auf dies Thema zurückkommen.
36 Beinahe dieselbe Idee wirft der Philosoph Theodor W. Adorno in die Luft, um sie dann abzuweisen, siehe Adorno et al [OAV]:498.
37 Anderswo bin ich einen Schritt weitergegangen und habe gezeigt: Wer einem Werk wie der *Matthäuspassion* volle ästhetische Wertschätzung entgegenbringt und dabei nicht in verfeindete Teilpersonen zerfallen möchte, kommt kaum darum herum, wesentliche Elemente der Passionsgeschichte aufs Wort zu glauben (O. M. [UR], Abschnitte 8–11).
38 Diese positive Sicht der Dinge hat der Wissenschaftshistoriker Herbert Breger aus einer Notiz des Universalgenies Gottfried Wilhelm Leibniz herausgelesen, siehe Breger [MPSb]:136/7.
39 Rota [PoMT]:113–117, Rota [PoMB]:128/9.
40 Siehe Zermelo [NBfM]:111–116.

41 Siehe Martin-Löf [OYoZ]:209–210.
42 Im englischen Original: »Within an extensional foundational framework, like [...] constructive set theory, it is *not wholly impossible* to formulate a counterpart of the constructive axiom of choice [...], *but it becomes complicated* [...] The technical *complication* [...] *speaks to my mind for an intensional foundational framework*« (Martin-Löf [OYoZ]:218; meine Hervorhebungen).
43 Im englischen Original: »The mathematician's patterns, like the painter's or the poet's must be *beautiful*; the ideas, like the colours or the words, must fit together in a harmonious way. Beauty is the first test: there is no permanent place in the world for ugly mathematics« (Hardy [MA]:85; Hervorhebung dort). Ähnlich Penrose [RoAi]:266.
44 Ich sage etwas mehr zur mathematischen Schönheit in § 4.16, § 5.11, § 7.17, § 8.21, § 15.4.
45 Die Philosophin Angela Breitenbach sieht es ähnlich (siehe Breitenbach [AiS]:89).
46 Im englischen Original: »This enumeration of the successes of Einstein's theory is impressive. In every case Einstein's theory is confirmed, with greater or less accuracy depending on the precision with which the observations can be made and the uncertainties that they involve.
Let us now face the question, that *a discrepancy has appeared, well confirmed and substantiated, between the theory and the observations*. How should one react to it? How would Einstein himself have reacted to it? Should one then consider the theory to be basically wrong?
I would say that the answer to the last question is emphatically No. Anyone who appreciates the fundamental *harmony* connecting the way nature runs and general mathematical principles must feel that *a theory with the beauty and elegance of Einstein's theory has to be substantially correct*. If a discrepancy should appear in some application of the theory, it must be caused by some secondary feature relating to this application which has not been adequately taken into account, and not by a failure of the general principles of the theory.
When Einstein was working on building up his theory of gravitation he was not trying to account for some results of observations. Far from it. His entire procedure was to *search for a beautiful theory*, a theory of a type that nature would choose.
He was guided only by the requirement that his theory should have the *beauty and the elegance which one would expect to be provided by any fundamental description of nature*. He was working entirely from these ideas of what nature ought to be like and not from the requirement to account for certain experimental results.
Of course it needs real genius to be able to imagine what nature should be like; just from abstract thinking about it. Einstein was able to do it.

Somehow he got the idea of connecting gravitation with the curvature of space. He was able to develop a mathematical scheme incorporating this idea. He was guided only by consideration of the beauty of the equations. The result of such a procedure is a theory of *great simplicity and elegance* in its basic ideas. One has an overpowering belief that its foundations must be *correct quite independent of its agreement with observation*« (Dirac [ToT]:21/2; Hervorhebungen geändert; fast wortgleich und minimal länger in Dirac [EoET]:43/4).
47 Dirac [RbMP]:123–125; Dirac [WWBi]:5/6, 9/10; Dirac [EoPP]:46/7.
48 Dirac [PM]:604. Ein ähnliches Indiz zur Dirac-Interpretation biete ich in § 15.7k.
49 Kragh [D]:287–292.
50 Vergl. Kreß [HW]:444. Im englischen Original: »My work always tried to unite the true with the beautiful; but when I had to choose one or the other, I usually chose the beautiful« (Weyl in Dyson [PHWF]:458).
51 Dyson [PHWF]:458.
52 Weyl [S].
53 Weyl [GE]; Einstein [N]. Weyl hat sich von Einsteins Einwand seinerzeit nicht beeindrucken lassen (Weyl [GE]:478–480).
54 Siehe die zahllosen Zitate aus Interviews in Hossenfelder [LiM].
55 So reagierten zum Beispiel Einsteins Kollegen Lew Davidowitsch Landau (wie beschrieben in Lifschitz [LDL]:207) und Erwin Schrödinger (zitiert nach Rößler [KN]:70 bzw. Hermann [E]:221). Alle drei Belege bieten keine Original-Fundstellen.
56 Siehe z. B. Breitenbach [AiS]:83/4 sowie McAllister [BRiS]:17 *et passim.*
57 Mehr zu derartigen Kriterien in O. M. [ML], Kapitel IV. 4 – IV. 5. Siehe auch unten § 8.18, § 15.7 und § 15.11.
58 Duhem [ZSPT]:27.
59 Vergl. Quine [IOH]/a:80. Im englischen Original: »it is meaningless, I suggest, to inquire into the absolute correctness of a conceptual scheme as a mirror of reality. Our standard for appraising basic changes of conceptual scheme must be, not a realistic standard of correspondence to reality, but a pragmatic standard. Concepts are language, and the purpose of concepts and of language is efficacy in communication and in prediction […] *Elegance, conceptual economy, also enters as an objective. But this virtue, engaging though it is, is secondary – sometimes in one way and sometimes in another.* Elegance can make the difference between a psychologically manageable conceptual scheme and one that is too unwieldy for our poor minds to cope with effectively. Where this happens, elegance is simply a means to the end of a pragmatically acceptable conceptual scheme. *But elegance also enters as an end in itself – and quite properly so as long as it remains secondary in another respect;*

namely, as long as it is appealed to only in choices where the pragmatic standard prescribes no contrary decision. Where elegance doesn't matter, we may and shall, as poets, pursue elegance for elegance's sake« (Quine [IOH]:79; mein Kursivdruck; eine Fußnote Quines weggelassen).

60 Siehe z. B. Kuhn [SoSR]:155–158.
61 Kuhn [SoSR]:158.
62 Kuhn [ET]:341/2.
63 Kuhn [SoSR]:8/9.
64 Chandrasekhar [PoBP]:23–25, Chandrasekhar [PoS]:22, Chandrasekhar [BQfB]:67/8. Höchst pessimistisch zum überbordenden Optimismus unter Physikern der gegenwärtigen Grundlagenforschung (§ 2.3k) äußert sich Hossenfelder [LiM]; Details dazu in § 2.14k.
65 Aristoteles [dC]:85 (= 293a 25–27). Völlig eindeutig ist diese oft zitierte Stelle nicht. Wie ich aus einem Kabel von Tim Wagner gelernt habe, steckt der Vorwurf der Ästhetisierung möglicherweise in einem Wortspiel; das entscheidende Verb »συγκοσμεῖν« bedeute »an*ordnen*«, bringe aber Andeutungen auf »κόσμος« mit sich, was nicht nur »Ordnung, Weltall« heiße, sondern auch »Schönheit«.
66 Bacon [NO]:I, 45; Popper [LF], Kapitel VII, insbes. § 41.
67 Fry [AS]:434.
68 Siehe (ohne ausdrücklichen Bezug zu Fry) Kuhn [SoSR]:200.
69 Der *locus classicus* ist Reichenbach [EP]:6/7 (§ 1); die Unterscheidung lässt sich (unter anderen Namen) tiefer in die Vergangenheit zurückverfolgen, siehe Hoyningen-Huene [CoDC]:502/3.
70 McAllister [BRiS]:12–16 gegen Feigl [bPC]:9/10.
71 McAllister [BRiS]:102, 207 *et passim*.
72 Dirac [EYoR]:83; McAllister [BRiS]:96; dort auch weitere Belege für und wider diese Einstein-Interpretation. Übertrieben zurückhaltend (in Sachen Schönheit) wird Einstein vom Dirac-Biographen Helge Kragh interpretiert (Kragh [D]:286/7); er schenkt den Belegen keine Beachtung, die ich in diesem Paragraphen bringe.
73 Im englischen Original: »Einstein's statement that the only physical theories which we are willing to accept are the beautiful ones« (Wigner [UEoM]:7).
74 Einstein, Brief an Heinrich Zangger vom 26.11.1915 (siehe Einstein [CPoA]/8.A:205).
75 Einstein [zAR]:216.
76 Gespräch mit Einstein im Frühjahr 1926, das Heisenberg Jahrzehnte später aus der Erinnerung aufschreibt (Heisenberg [TG]:86; meine Hervorhebungen).
77 Mehr zur Geschlossenheit unten in § 2.11k, § 3.5, § 8.16.
78 Heisenberg [TG]:86.
79 Einstein in Heisenberg [TG]:86.

80 Ähnlich zurückhaltend Einstein [A]:22.
81 Postkarte Einsteins an Ehrenfest vom 18.8.1925, mein Kursivdruck (siehe Einstein [CPoA]/15:101).
82 So äußert sich z. B. Einstein bei einer Vorlesung im Jahr 1920 – aus der Erinnerung zitiert in Feigl [bPC]:9. Einsteins Protest gegen *Eleganz*, den Feigl dort auch zitiert, bringt kein abfälliges Urteil über *Schönheit* mit sich (vergl. § 1.5k).
83 Siehe z. B. McAllister [BRiS]:183–188 sowie Dirac [ToT]:21/2 (volles Zitat in § 2.2).
84 Zahar [WDEP]:98, 226n1 *et passim*.
85 So gibt es der Physiker und Wissenschaftshistoriker Robert S. Shankland aus einem Gepräch vom 4.2.1950 mit Einstein wieder (Shankland [CwAE]:48). Ähnlich Polanyi [PK]:10, 10/1n2.
86 Zahar [WDEP]:223–227, 231, 250n2, 252 *et passim*. Den zuletzt erwähnten Gesichtspunkt habe ich anderswo an einem (freilich unorthodoxen) Beispiel aus der Optik eingehender entfaltet (O. M. [ML]: § III. 5.10, § IV. 2.9k, § IV. 8.9).
87 Vermutlich weil er ihren außerempirischen Charakter herausstreichen möchte, nennt Zahar selber diese Heuristik metaphysisch (Zahar [WDEP]:224).
88 Zahar [WDEP]:252.
89 Zahar [WDEP]:237, 256–259; vergl. aber Weinberg [TvEU]:97/8, 100/1.
90 Einstein [zMTP]:116/7, mein Kursivdruck. Einstein schlägt sich hier mit dem herum, was wir heute »Unterbestimmtheit der Theorie durch die Daten« nennen; mehr dazu in § 12.15, § 15.6.
91 Fürs folgende siehe Hentschel [zRHR]:308/9; dort auch Verweise auf weitere Literatur.
92 Zum eingeklammerten Teil des Satzes siehe Einstein [TSG]:214.
93 Einstein [A]:84, mein Kursivdruck.
94 So wird er jedenfalls bis heute gedeutet, siehe z. B. Witten [UST].
95 Einstein [A]:26, mein Kursivdruck. In der englischen Übersetzung steht »ugly« (Einstein [AN]:27). Die Stelle ist von McAllister offenbar übersehen worden, dem zufolge Einstein in dem Text überhaupt keine ästhetischen Kriterien erwähnt (McAllister [BRiS]:97). Vergl. auch übernächste Fußnote.
96 Dazu Einstein [A]:20; vergl. oben § 2.9.
97 Einstein [A]:22; der Ausdruck hat ästhetische Anklänge und taucht doppelt auf, beidemal zwischen Anführungszeichen.
98 Einstein [A]:22, 28, 34, 50, 54–56.
99 Einstein [A]:58.
100 Dass ihm das entgegen seiner eigenen Selbsteinschätzung gerade mit Blick auf rotierende Koordinatensysteme nicht vollständig gelungen

ist, steht auf einem anderen Blatt und ist erst später herausgearbeitet worden (siehe z. B. Friedman [FoST]:204-215).
101 Eine in unserem Zusammenhang gut passende Explikation gibt Mühlhölzer [oO].
102 Einstein [A]:20.
103 Einstein [A]:20.
104 Einstein [A]:70, 72.
105 Siehe z. B. Einsteins Rede vom *richtigen* Weg (Einstein [zMTP]:116/7; volles Zitat oben in § 2.11). Vergl. Margenau [ECoR]:252-254 und Einsteins Antwort darauf (Einstein [RCEB]:680/1).
106 Weyl [S]:130-132; siehe auch Mühlhölzer [oO]:206/7 *et passim*.
107 Mühlhölzer [oO]:207.
108 Mehr zu diesem Thema unten in § 8.16.
109 Siehe oben § 2.3k.
110 Vergl. Weinberg [TvEU]:110. Im englischen Original: »[The] most crucial early converts won by general relativity [...] were the British astronomers, who became convinced not that general relativity was true but that it was plausible enough and beautiful enough to be worth devoting a fair fraction of their own research careers to test its predictions, and who traveled thousands of miles from Britain to observe the eclipse of 1919 [...] The [positive] reception of general relativity depended neither on experimental data alone nor on the intrinsic qualities of the theory alone but on a tangled web of theory and experiment« (Weinberg [DoFT]:103/4).
111 Weinberg [TvEU]:97-113, inbes. p. 105, 111.
112 Weinberg [TvEU]:102.
113 Dyson et al [DoDo], Freundlich [BESü], Freundlich et al [üTVB], Freundlich [NSL], Klüber [DoEL], Earman et al [RE], Coles [EENE], Sponsel [CRiS].
114 Der volle englische Titel lautet im Original: *The elegant universe. Superstrings, hidden dimensions, and the quest for the ultimate theory* (Greene [EU]).
115 Horgan [EoS]:69. Siehe auch Baeyer [FW]:57/8.
116 Im englischen Original: »Superstring theory is on shaky ground indeed if it must rely on aesthetic judgments« (Horgan [EoS]:70).
117 Horgan [EoS]:70.
118 Hierzu und zum folgenden siehe Hossenfelder [LiM].
119 Schummer [SSiK]:59.
120 Curtin (ed) [ADoS].
121 McAllister [BRiS]:164, 186-188, siehe auch pp. 81-85.
122 McAllister [BRiS]:164, 193, 200 *et passim*; einen ähnlichen Gegensatz betont McAllister bei Kopernikus und Kepler, siehe § 3.5k und § 4.1k.

123 Erhellendes zum Unterschied zwischen Heisenberg und Einstein in Sachen Schönheit bei Yang [BTP]:39–40.
124 Heisenberg [TG]:77/8; meine Hervorhebungen.
125 So finden sich neuerdings (zumindest implizit) Anleihen an den Logischen Positivismus in Hossenfelder [LiM]:2, 40, 222/3, 233/4 *et passim*.
126 Beispielsweise spiegeln Zahars Untersuchungen zum Erfolg Einsteins (wie in § 2.10 angerissen) sehr getreu die Annahmen der Lakatos-Schule wider, der Zahar angehört (Zahar [WDEP]:241 *et passim*).
127 Vorbildlich in dieser Hinsicht Eco (ed) [GS].
128 Diese Sicht spricht gegen Breitenbachs Vorgehensweise, wonach man (etwa mithilfe von Kant) zuallererst *in abstracto* definieren müsse, was ästhetische Urteile in der Naturwissenschaft besagen (Breitenbach [AiS]:85, 91/2).
129 So z. B. Weinberg [TvEU]:142.
130 Dirac [RbMP]:123.
131 Jacquette [ANLi].
132 Daher verweise ich stellvertretend für viele nur auf Bregers Belegsammlung: Zu Leibniz selbst bringt Breger Dutzende von Fundstellen in Breger [MPSb]; Belege zu den anderen drei Genies (außer Poincaré) liefert Breger [MPSb]:129n17. Zu Poincaré siehe Breitenbach [AiS]:86/7.
133 Aus der überbordenden Literatur verweise ich *pars pro toto* nur auf Koestler [N], Kuhn [CR], Gingerich [EoH], Graßhoff [NiKH].
134 Carrier [NK]:174 mit kritischem Verweis auf Mittelstraß [WEKA]:5. Siehe auch McAllister [SAPa]:185.
135 Ptolemäus [SM], deutsche Übersetzung: Ptolemäus [CPHA]/1, Ptolemäus [CPHA]/2.
136 Für das folgende orientiere ich mich an der Darstellung in Carrier [NK]:41–49.
137 Carrier [NK]:72, Graßhoff [NiKH]:65.
138 So Carrier [NK]:89–90, 93, 98.
139 Im lateinischen Original: »in hoc pulcerrimo templo« (Kopernikus [dROC]/I:136/7). Ähnlich schwärmerisch äußert sich Kopernikus im *Prooemium* zum ersten Buch, also in dessen Einleitung (Kopernikus [dROC]/I:80/1).
140 Vergl. Fischer [SB]:22 und die englische Übersetzung, die ich ebenfalls konsultiert habe (Gingerich et al [TK]:89). Im lateinischen Original: »Inuenimus igitur sub hac ordinatione *admirandam* mundi *symmetriam* ac *certum harmoniae nexum* motus et magnitudinis orbium, qualis alio modi reperiri non potest« (Kopernikus [dROC]/I:136, meine Hervorhebungen). – Ob das Wort »symmetria« wie bei Fischer treffend mit Symmetrie übersetzt werden darf, kann man bezweifeln. Gründe, die für den Zweifel daran sprechen würden, liefert Schummer

[SSiK]:60–70; mehr dazu in § 9.16 – § 9.19 und § 15.12k. Der Übersetzer Hans Günter Zekl wählt stattdessen das Wort »Ebenmaß«, und das Wort »harmonia« übersetzt er als »Eintracht« (Kopernikus [dROC]/I:137). Ich finde es übertrieben, das ästhetische Vokabular aus dem Lateinischen so stark abzuschleifen. Denn dass lateinische Ausdrücke wie »harmonia« und »harmonice« (nicht anders als deren griechische Gegenstücke »ἁρμονία« und »ἁρμονική«) seinerzeit auch von Astronomen in der vollen ästhetischen Bedeutung eingesetzt werden konnten, zeigt Keplers Beispiel (§ 4.22).

141 Carrier [NK]:92, 98/9.
142 Siehe z. B. Gingerich et al [TK]:89.
143 Vergl. Kopernikus [dROC]/I:75. Ungekürztes Zitat im lateinischen Original: »sed et syderum atque orbium omnium ordines et magnitudines et caelum ipsum ita connectantur, vt in nulla sui parte possit transponi aliquid sine reliquarum partium ac totius vniuersitatis confusione« (Kopernikus [dROC]/I:74).
144 Ich komme auf diese Formel, die ich in § 2.11k bereits kurz gestreift habe, im 8. Kapitel zurück, siehe § 8.16.
145 Vergl. Kopernikus [dROC]/I:71, 73. Im lateinischen Original: »Rem quoque praecipuam, hoc est mundi formam ac partium eius *certam symmetriam*, non potuerunt inuenire vel ex illis colligere, sed accidit eis perinde ac si quis e diuersis locis manus, pedes, caput aliaque membra *optime* quidem, sed non vnius corporis comparatione depicta sumeret, nullatenus inuicem sibi respondentibus, vt *monstrum* potius quam homo ex illis componeretur« (Kopernikus [dROC]/I:70, 72; mein Kursivdruck). – In § 9.20 werde ich ein Beispiel für ein Gemälde besprechen, um die Art des ästhetischen Fehlers zu illustrieren, den Kopernikus hier moniert.
146 Kopernikus [dROC]/I:70/1. Vergl. Gingerich [C]:104.
147 Vergl. Kuhn [CR]:171–180; Carrier [NK]:93, 98/9, 135; Graßhoff [NiKH]:54.
148 Kuhn [SoSR]:155/6.
149 McAllister [SAPa]:180–182 *et passim*, McAllister [BRiS]:164 *et passim*.
150 Carrier [NK]:83, 99. Vergl. aber Gingerich [C]:105–107.
151 Carrier [NK]:83/4.
152 Carrier [NK]:72, 99.
153 Carrier [NK]:99.
154 Carrier [NK]:99–102, mit Verweis auf Neugebauer [oPTo]:103.
155 Reinhold [PTCM]. Siehe dazu Carrier [NK]:142.
156 So Carrier [NK]:142/3; ähnlich äußert sich der Kepler-Forscher Fritz Krafft in Kepler [WWiI]:XVIII.
157 Ein ähnliches Fazit (allerdings mit Einfachheit anstelle von Schönheit) zieht Kuhn [CR]:171.

158 Siehe z. B. Kepler [MC]/A:26. (Die Stelle findet sich in der deutschen Übersetzung in Kepler [VKAE]:35; weil dort auch die Seitenzahlen der zuvor zitierten Ausgabe angegeben sind, werde ich die deutschen Seitenzahlen ab jetzt nur nennen, wenn die Übersetzung eines wörtlichen Zitats nachzuweisen ist). Vergl. Kepler [MC]/A:6, 9, 10.
159 So die herrschende Meinung, siehe z. B. Weinberg [TvEU]:170. Die exzentrische Gegenposition vertreten Anhänger der Harmonik sowie des Titius-Bode-Gesetzes, siehe Haase [KWH] sowie Nieto [TBLo], dazu Field [KGC]:222n20. Ich muss darauf verzichten, auf diese Sichtweisen einzugehen.
160 Kepler [MC]/A. Wie Graßhoff ausführt, sollte man das Werk besser als Gemeinschaftsproduktion auffassen, das Kepler zusammen mit seinem Lehrer Michael Maestlin verfasst hat (Graßhoff [MMM]:72/3 *et passim*).
161 So Caspar in Kepler [GW]/I:412, Field [KGC]:81, 89–95. Die Divergenzen zwischen Keplers erstem und seinen späteren Werken betont Stephenson [KPA]:8/9.
162 Kepler [MC]/B. Dazu äußert sich der Kepler-Herausgeber Franz Hammer in Kepler [GW]/VIII:441/2.
163 McAllister [BRiS]:54–59; vergl. oben § 1.3k und unten § 15.11.
164 McAllister [BRiS]:86–89 bzw. McAllister [BRiS]:168–171.
165 Kepler [MC]/A:24.
166 Kepler [MC]/A:25.
167 Kepler [MC]/A:10, 24/5.
168 Kepler [MC]/A:12.
169 Kepler [MC]/A:26.
170 Kepler [MC]/A:13, 27.
171 Kepler [MC]/A:13.
172 Kepler [MC]/A, Kapitel III – Kapitel VIII.
173 Kepler [MC]/A, Kapitel III.
174 Vergl. Kepler [VKAE]:39. Im lateinischen Original: »6. primariorum est proprium stare: secundariorum pendere. Siue enim haec in basin prouoluas, siue illa in angulum erigas: visus vtrinque *deformitatem* aspectus refugiet« (Kepler [MC]/A:29; mein Kursivdruck).
175 Potocki [HvS].
176 Ähnlich Field [KGC]:177.
177 Kepler [MC]/A, Kapitel XIII, Kapitel XIV.
178 Kepler [MC]/A:48.
179 Vergl. Kepler [VKAE]:67. Im lateinischen Original: »En numeros parallelos propinquos inuicem, et Martis quidem atque Veneris eosdem. Telluris verò et Mercurij non admodum diuersos, solius Iouis immodicè discrepantes« (Kepler [MC]/A:48).
180 Carrier [NK]:99, Graßhoff [MMM]:66.

181 Kepler [MC]/A:48, 60; siehe dazu Caspar in Kepler [GW]/I:406, 414 und Field [KGC]:44.
182 Vergl. Kepler [VKAE]:67. Im lateinischen Original: »[...] solius Iouis immodicè discrepantes, sed quod in tanta distantia nemo miretur« (Kepler [MC]/A:48).
183 Vergl. Kepler [VKAE]:67. Im lateinischen Original: »Certè enim fortuitum hoc esse non potest, vt tam propinquae sint interuallis hisce proportiones corporum« (Kepler [MC]/A:50).
184 Details zur Berechnung im Kleingedruckten am Ende dieses Kapitels, siehe § 4.18; vergl. auch § 4.20 (für moderne Daten).
185 Details zur Berechnung im Kleingedruckten am Ende dieses Kapitels, siehe § 4.15 – § 4.17; vergl. auch § 4.20 (für moderne Daten).
186 Zum folgenden siehe Hossenfelder [LiM]:13–16, 36–39, 75–82, 91–94, 241–243 *et passim*.
187 Siehe Hossenfelder [LiM]:18/9 sowie § 4.1, § 4.4k.
188 Vergl. Kepler [VKAE]:67. Im lateinischen Original: »Ne verò tibi, Lector amice, occasionem vllam praebeam totum hoc negocium *propter leuiculam discordiam* reijciendi, monendus hîc es, quod te probè meminisse velim [...]« (Kepler [MC]/A:50; mein Kursivdruck).
189 Details zur Neuberechnung der kopernikanischen Daten liefert Graßhoff [MMM]:60–62, 67 *et passim*; vergl. auch das Kleingedruckte am Ende dieses Kapitels (§ 4.19). Details zur Neuausrichtung des Platonischen Modells (am Beispiel des Mondes) finden sich im Kleingedruckten am Ende dieses Paragraphen. Auch am Beispiel des Merkurs kann man gut nachvollziehen, wie weit Kepler von Anfang an bereit gewesen ist, sein Modell den Daten zuliebe abzuändern (§ 4.14; § 4.20).
190 So Caspar in Kepler [GW]/I:414/5 und Gingerich et al [TK]:91–93. – Die Formulierung der drei Planetengesetze trage ich im Kleingedruckten am Ende dieses Kapitels nach, siehe § 4.22.
191 Der englische Ausdruck »reflective equilibrium« wird oft dem Moralphilosophen John Rawls zugeschrieben, ist aber von Goodman geprägt worden (Goodman [NRoI]:63/4, Rawls [OoDP]:188/9 und Rawls [ToJ]:40–46).
192 Kepler [MC]/A:48 und Kapitel XVI.
193 Vergl. Kepler [VKAE]:73. Im lateinischen Original: »Non ergo exiguum scrupulum Lunae Orbis, vtut exiguus sit, mouet. Quare porrò de Luna tempus est, vt aliquid dicam. Et incipio quidem sine ambage, tibi Lector, sincerè meam mentem exponere; secuturum nempe me in hac causa, quocunque propinquitas numerorum praeit. Vt si interpositio Lunae numeros et arcus COPERNICI veriùs reddit: dicam accensendum illud systema crassitiei orbis magni. Sin autem eiectâ Lunâ melius nobis cum COPERNICO conuenire potest: etiam ego dicam, orbem

magnum non tam crassum esse circumcirca, vt coelum Lunare tegat« (Kepler [MC]/A:55).
194 Zum folgenden siehe Field [KGC]:77/8.
195 Kepler [MC]/A:59.
196 Vergl. Kepler [VKAE]:79–80; im lateinischen Original: »Nam etsi interdum grandiuscula est differentia, meminerint tamen numeros excerptos ex locis totius circuli euidentissimis, atque ex concursu omnium inaequalitatum. Nec enim per totum circulum tanta est discordia locorum ex corporibus, et ex COPERNICO Planetis assignatorum, nec aequalis etiam in omnibus reuolutionibus. Atque ego sic existimo, etsi certissimae essent Prutenicae, atque verissimè per hanc corporum interpositionem errores isti committerentur: non posse tamen iure abijci tam *concinnum* ἐπιχείρημα, propterea quòd error ille in minimis esset. Atqui non tantùm incertum est, vtrorum vitio differentia haec existat: sed contrà magna suspicio et multa argumenta, calculum ipsum et prutenicas tabulas in culpa versari: adeo vt magna coniectura contra me fuisset, si cum numeris COPERNICI penitus consensissem« (Kepler [MC]/A:59–60; mein Kursivdruck).
197 Dieser Fehlerquelle fiel offenbar Brahe zum Opfer, der ungeprüft den antiken – grob falschen – Wert der Sonnenparallaxe in seine Berechnungen einfließen ließ (so Gingerich et al [TK]:80, 84).
198 Gingerich et al [TK]:82, 88.
199 Gingerich [C]:100/1.
200 Gingerich [C]:101, 103; Carrier [NK]:84, vergl. p. 23/4; Zekl [E]:LXVIII–LXIX.
201 Zur Explosion des Fehlers bei Rechnungen, wie sie von Kepler eingesetzt wurden, siehe Field [KGC]:161, 177.
202 Kepler, Brief an David Fabricius vom 4.7.1603 (siehe Kepler [GW]/XIV:412, übersetzt in Caspar et al (eds) [JKiS]/I:187). Mehr zu Keplers Respekt vor der Empirie bei Graßhoff [NiKH]:73, 76, 97.
203 Kant [KRV]:A 642–668/B 670–696, insbes. A 652/B 680, A 660/B 688; siehe meine Diskussion in O.M. [GPmS], Abschnitt 2.5.
204 Ich folge hier Krafft in Kepler [WWiI]:XXI.
205 Ein Beispiel dafür bringe ich in § 10.13.
206 Gingerich et al [TK]:98. Zur Qualität dieser Daten und Tychos darauf aufbauenden Überlegungen siehe Gingerich et al [TK]:78–90.
207 Kepler, Brief an den späteren Kaiser Ferdinand II von Anfang Juli 1600 (siehe Kepler [GW]/XIV:120); Kepler, Brief an Herwart von Hohenburg vom 12.7.1600 (siehe Kepler [GW]/XIV:130).
208 Vergl. Koestler [N]:306; im lateinischen Original: »Tycho observationes habet optimas, quae instar materiae sunt ad hoc aedificium extruendum, habet et operarios, et quicquid desiderarj omninò potest. Unus illi deest architectus, qui his omnibus juxta se utatur. Nam etsi ingenium in

ipso foelicissimum et planè architectonicum est: ingens tamen varietas, et in singulis profundissimè latens veritas hucusque diligentissimum Tychonem detinuit« (Kepler [DdMB]:37; meine Hervorhebungen).

209 Vergl. Kepler [VKAE]:30; im lateinischen Original: »quia à Conditore perfectissimo necesse omnino fuit, vt pulcherrimum opus constitueretur« (Kepler [MC]/A:23). Ähnlich Kepler [MC]/A:6.

210 Siehe Kepler [AN]:174–182. Die Textpassage findet sich in der deutschen Übersetzung in Kepler [NUBA]:229–240; weil dort auch die Seitenzahlen der zuvor zitierten Ausgabe angegeben sind, werde ich die deutschen Seitenzahlen ab jetzt nur nennen, wenn die Übersetzung eines wörtlichen Zitats nachzuweisen ist.

211 Kepler [AN]:182, 285–287. Siehe dazu Stephenson [KPA]:90/1. Zur ästhetischen Bedeutung des Kreises in der Astronomie siehe das Kleingedruckte am Ende dieses Paragraphen.

212 Siehe z. B. Kepler [AN]:288; vergl. dazu Graßhoff [NiKH]:82.

213 Details dazu in Graßhoff [NiKH]:83–94 und Krafft [JKBz]:108–114.

214 Vergl. Kepler [NUBA]:416/7. Im lateinischen Original: »fuerimus praecipites, qui non expectata observationum decisione plenaria, statim atque intelleximus, iter Planetae ovale esse, certam ovalis quantitatem, (propter solam caussarum Physicarum *concinnitatem*, et *gratiosam illam aequabilitatem* motus epicyclici, falso tamen creditam) arripuimus« (Kepler [AN]:314, mein Kursivdruck).

215 Keplers Gründe für die Preisgabe des Ovals rekonstruiert Graßhoff [NiKH]:94–97.

216 Kepler [AN]:364–376, Kepler [CiTM]. Aufschlussreiche Details zu den Rechnungen bietet Graßhoff [NiKH]:71–101.

217 Siehe die graphische Darstellung in Gingerich et al [TK]:100.

218 Zu Keplers ästhetischer Bevorzugung des Kreises siehe z. B. Kepler [EAC]:331; vergl. Koestler [N]:265, 336/7, 404 und Graßhoff [NiKH]:86/7. Breitenbach behauptet demgegenüber, dass Keplers manieristische Ästhetik in dessen Augen genau *für* die Ellipse gesprochen hätte (Breitenbach [AiS]:87/8). Sie verweist ohne Seitenangabe auf einen Aufsatz des Mathematikers und Astronomiehistorikers Nicholas Jardine. (Jardine grenzt sich von früheren Verfechtern derartiger Thesen ab, siehe Jardine [PoAi]:53; und er verknüpft Keplers manieristische und höfisch-verspielte Prägung nicht ausdrücklich mit Ellipsen, siehe Jardine [PoAi]:53–55, 58). – Zu Galileis Widerwillen gegen andere als kreisförmige Bewegungen siehe Galilei [DdGG]:23/4; vergl. Feyerabend [ERE]:49, Panofsky [GaCo]:10–15, Field [KGC]:84 sowie McAllister [BRiS]:180.

219 So (allerdings ohne Bezug zur *Ästhetik* der Symmetrie) Graßhoff [NiKH]:100.

220 Graßhoff [KuMa].

221 Der *locus classicus* ist Platon [T]:33/4. Siehe dazu Carrier [NK]:34/5, Haas [ÄTGi]:94–99, Stephenson [KPA]:90/1.
222 McAllister [SAPa]:177–179.
223 Laut McAllister gehören metaphysische Grundüberzeugungen zwar mit in den Kanon der ästhetischen Kriterien, siehe McAllister [BRiS]:54–59, 174. Aber das ist wie gesagt keine attraktive Redeweise (§ 4.1k).
224 Graßhoff [NiKH]:96/7, 101.
225 So jedenfalls (mit einer mäßig erhellenden Abbildung) Koestler [N]:334/5.
226 So Graßhoff [NiKH]:96 mit Verweis auf die deutsche Übersetzung eines Keplerbriefs (Caspar et al (eds) [JKiS]/I:242). Das lateinische Original findet sich in Kepler, Brief an Christian Longomontanus von Anfang 1605 (siehe Kepler [GW]/XV:141).
227 Gingerich [KToR]; Field [KGC]:177.
228 Dies passt zu Keplers gleichlautendem Urteil über seine Vorläufer, insbesondere Kopernikus (Kepler [MC]/A:61/2; volles Zitat im Kleingedruckten am Ende dieses Kapitels, siehe § 4.21). Heisenberg diagnostiziert ein ähnliches Moment bei der Idealisierung der Fallgesetze durch Galilei (Heisenberg [BsiE]:295).
229 Im englischen Original: »Kepler's use of Tycho's data was far more creative than mere empirical curve-fitting« (Gingerich et al [TK]:77). Siehe auch Gingerich et al [TK]:99, Gingerich [KToR]:311–314, Gingerich [C]:103.
230 Wilson [KDoE]:21 *et passim*, Gingerich [C]:103.
231 Zur rhetorischen Funktion der Spurenverwischung in der modernen Naturwissenschaft (ohne kontrastierenden Bezug auf Kepler) siehe Krohn [ÄDW]:25, 28.
232 Kepler [CiTM]. Zur hohen Bedeutung dieser Textmasse siehe Bialas in Kepler [CiTM]:586/7. Vergl. Koestler [N]:323 sowie Gingerich [KtoR]:309n6, Gingerich [C]:103.
233 Siehe Graßhoff et al [NNiS]:5/6, Graßhoff [NiKH]:17.
234 Graßhoff [NiKH]:18, 80 *et passim*.
235 Graßhoff [NiKH]:61, 73, 81, 85. Sogar das Modell der Platonischen Körper lässt sich laut Graßhoff so deuten (Graßhoff [NiKH]:63, 73). Wie wichtig in Keplers Argumentation das außerempirische Kriterium der Einfachheit gewesen ist, hat er in der Tat bereits während seiner Arbeit an dem Modell der Platonischen Körper dokumentiert (Kepler [MC]/A:16, 22, 33).
236 Das passt gut zu Keplers Formel für Einfachheit, die klar ästhetische Züge trägt: »durch kleinste Mittel Größtes erreichen« (vergl. Caspar et al (eds) [JKiS]/I:187). Im lateinischen Original: »per minima efficere maxima« (Kepler, Brief an David Fabricius vom 4.7.1603 (Kepler [GW]/XIV:409)).

237 Siehe dazu z. B. Baberowski [SG]. Vergl. auch § 3.1 und § 10.5.
238 Graßhoff [NiKH]:16/7.
239 Graßhoff [KuMa]. S.o. § 4.10.
240 Dazu Caspar in Kepler [GW]/I:412. Details zu diesen Gedankengebäuden, die Kepler unter der Überschrift *harmonice mundi (Weltharmonie)* veröffentlicht (Kepler [HM]), im Kleingedruckten am Ende dieses Kapitels, siehe § 4.22.
241 Siehe z. B. Heisenberg [BSiE]:303; Weinberg [TvEU]:169–170; McAllister [SAPa]:182–185.
242 Die mathematischen Terme liefern Caspar in Kepler [GW]/I:425 und Hammer in Kepler [GW]/VIII:483.
243 Kepler [MC]/A, Kapitel XVII.
244 Hammer in Kepler [GW]/VIII:445/6. Weniger defaitistisch urteilen Field [KGC]:72, 222n20, Krafft in Kepler [WWiI]:XX und Graßhoff [MMM]:59, 60 sowie Graßhoff [NiKH]:76.
245 Field [KGC]:38, 178 mit Verweis (ohne genauere Seitenzahl) auf Weinberg [FTM].
246 Kepler [MC]/A:50/1; dazu Caspar in Kepler [GW]/I:406, 415 und Graßhoff [NiKH]:70–72.
247 Kepler [MC]/A:51–53, 132–145. Dazu Hammer in Kepler [GW]/VIII:484n86.
248 Hierzu und zum vorigen siehe Caspar in Kepler [GW]/I:428.
249 Graßhoff [MMM]:68. Wie Graßhoff dort zusätzlich darlegt, kommt es Kepler und Maestlin darauf an, mithilfe der Geometrie ein *kausales* Modell für die Empirie zu liefern.
250 Dass dort in Tabelle 4.4 für jeden Planeten nur eine Zahl vorkommt, mag verwirren, hängt aber (wie gesagt) damit zusammen, dass diese Zahlen immer als *Verhältnisse* zweier Radien benachbarter Planeten dargestellt werden, und zwar als Verhältnis des Minimums beim äußeren und des Maximums beim inneren Planeten (Kepler [MC]/A:48; s. o. § 4.4k).
251 Offenbar sind die Zahlen nicht besser geworden (Stephenson [KPA]:11); Field kommt zu einem ähnlichen Ergebnis, indem sie die beiden Tabellen mithilfe prozentualer Abweichungen vergleicht (Field [KGC]:68/9).
252 Graßhoff [NiKH]:43/4.
253 Caspar in Kepler [GW]/I:426–430.
254 Caspar in Kepler [GW]/I:430.
255 Die Zahlen dieser Spalte sind berechnet nach Angaben aus Keller [KA]:112, 151, 156, 161, 165, 167.
256 McAllister [SAPa]:182–185.
257 Vergl. Kepler [VKAE]:82/3. Im lateinischen Original: »Ac ipse quidem COPERNICVS quàm humanus sit in recipiendis qualibuscunque nume-

ris qui quadamtenus ex voto obueniunt, et ad institutum faciunt: id experietur diligens COPERNICI lector [...] Obseruationes in WALTERO, in PTOLEMAEO et alibi sic legit, vt ijs eò *commodioribus* vtatur ad extruendum calculum, vnde in termpore horas, in arcubus quadrantes graduum et ampliùs interdum negligere vel mutare nulla illi religio. Alicubi, vt in mutata eccentricitate Martis et Veneris, sinus etiam discrepantes à veritate acceptat, tantùm ideo, quia parumper ad eos, quos optat, digitum intendunt. Multa quae ex ipsius confessione emendanda fuissent, integra et sincera ex PTOLEMAEO depromit, mutatis caeteris similibus: atque ijs postea fundamenta nouae Astronomiae extruit [...] *Atque adeo in reprehensionem incurrere iure videretur: nisi consultò fecisset, eò quòd praestaret, imperfectam quodammodò habere Astronomiam, quàm penitus nullam.* [...] id viri fortis est; ignaui subterfugere, timidi desperare, et omnem hanc curam abijcere. Quemadmodum et ipse COPERNICVS haec modò recensita σφάλματα de se neque dissimulat, neque cum pudore fatetur. [...] atque vbique alijs exemplo praeit, in *praeclarorum inuentorum* confirmatione minutulos hosce defectus contemnendi: quod nisi factum antea fuisset: nunquam PTOLEMAEVS illam μεγάλην σύνταξιν, COPERNICVS τῶν ἀνελιττουσῶν libros, RHEINHOLDVS Prutenicas nobis edidisset« (Kepler [MC]/A:61/2; mein Kursivdruck).

258 Zum Beispiel Kepler [MC]/B:93/4n5-n7, 97n2.
259 Kepler [HM]:20-64 (= Liber I). Um den Vergleich mit deutschen Ausgaben zu erleichtern, nenne ich immer auch die Nummern der fünf Bücher (»Liber«), Lehrsätze (»Propositio«) bzw. Kapitel (»Caput«); für die eben zitierte Stelle siehe z. B. Kepler [WiFB]:19-60.
260 Kepler [HM]:78-82 (= Liber II, XXV. Propositio).
261 Siehe Kepler [HM], Liber III.
262 Siehe Kepler [HM]:174-179 (= Liber III, Caput XV, § VII-X).
263 Siehe Kepler [HM], Liber V. Zur geistigen Harmoniewahrnehmung siehe Kepler [HM]:328 (= Liber V, Caput VII) sowie Liber IV, Caput I. Ähnlich schon in Kepler [MC]/A:6.
264 Siehe die Tabelle in Kepler [HM]:312 (= Liber V, Caput IV).
265 Siehe Kepler [HM]:322 (= Liber V, Caput VI).
266 Siehe Kepler [HM], Liber V, Caput VII sowie Kepler [HM]:329 (= Liber V, Caput VIII).
267 Zur Politik siehe Kepler [HM]:186-205 (= Liber III, Anhang); zur Astrologie siehe Kepler [HM] (= Liber IV, Caput VII).
268 Das sagt Kepler an vielen Stellen, siehe z. B. Kepler [HM]:308 (= Liber V, Caput IV), 330 (= Liber V, Caput IX).
269 Graßhoff [KuMa]:79, Graßhoff [NiKH]:18, 22, 100/1.
270 Kepler [HM]:302, dazu Caspar in Kepler [GW]/VI:497 sowie Field [KGC]:85.

271 Im englischen Original: »Nature to him was an open book, whose letters he could read without effort. The conceptions which he used to reduce the material of experience to order seemed to flow spontaneously from experience itself, from the *beautiful experiments* which he ranged in order like playthings and describes with an affectionate wealth of detail. In one person he combined the experimenter, the theorist, the mechanic and, not least, the *artist in exposition*. He stands before us strong, certain, and alone: his *joy in creation* and his minute precision are evident in every word and in every figure« (Einstein [F]:vii; mein Kursivdruck).

272 Vergl. Newton [O]/a:243/4. Im englischen Original: »the main business of natural philosophy is to argue from phaenomena without feigning hypotheses, and to deduce causes from effects, till we come to the very First cause; which certainly is not mechanical: and not only to unfold the mechanism of the world, but chiefly to resolve these and such like Questions [...] Whence is it that Nature doth nothing in vain; *and whence arises all that order and beauty which we see in the world?* [...] And though every true step made in this philosophy brings us not immediately to the knowledge of the First cause, yet it brings us nearer to it, and on that account is to be highly valued« (Newton [O]:237/8 (= Book III, Query 28); Hervorhebungen geändert). Diese Passage findet sich (ebenso wie die aus dem kommenden Zitat) zum ersten Mal in der Neuauflage der *Opticks* aus dem Jahr 1717.

273 Vergl. Newton [O]/a:267/8. Im englischen Original: »all material things seem to have been composed [...] in the first creation, by the counsel of an intelligent Agent. For it became Him who created them, to set them in *order*. [...] it is unphilosophical to [...] pretend that it might arise out of a *chaos* by the mere laws of Nature. [...] blind Fate could never make all the planets move one and the same way in orbs concentrick [...] Such a *wonderful uniformity* in the planetary system must be allowed the effect of choice. And so must the *uniformity* in the bodies of animals, they having generally a right and a left side shaped alike« (Newton [O]:261/2 (= Book III, Query 31; meine Hervorhebungen)).

274 Im lateinischen Original: »*Elegantissima* haecce Solis, Planetarum & Cometarum compages non nisi consilio & dominio Entis intelligentis & potentis oriri potuit« (Newton [PNPM]:171 (= *Scholium Generale*); mein Kursivdruck).

275 § 3.5, § 4.1, § 4.22.

276 Ob Newton den berühmten Spruch wirklich getan hat, für den der erste Newton-Biograph David Brewster keine Fundstelle nennt, kann man wohl nicht mehr feststellen. Hier das Zitat aus der Biographie im englischen Original: »I do not know what I may appear to the world, but

to myself I seem to have been only like a boy playing on the seashore, and diverting myself in now and then finding a *smoother* pebble or a *prettier* shell than ordinary, whilst the great ocean of *truth* lay all undiscovered before me« (Newton zitiert nach Brewster [MoLW]/2:407, mein Kursivdruck).

277 Siehe z. B. McAllister [BRiS]:36.
278 Newton [LoMI].
279 Vergl. Lohne et al [NTP]:22. Im englischen Original: »It was at first a *very pleasing* divertisement, to view the vivid and intense colours produced thereby; *but* after a while applying my self to consider them *more circumspectly*, I became *surprised* to see them in an oblong form; which, according to the received laws of Refraction, I expected should have been circular« (Newton [LoMI]:3076; Hervorhebungen geändert).
280 Für diese Übersetzung habe ich mich an der englischen Fassung orientiert, die der Newton-Experte Alan Shapiro erstellt hat (vergl. Newton [LOOL]:63). Im lateinischen Original: »Istud autem experimentum jam repeto ut varias ejus circumstantias non minùs *jucundas* experienti quàm propositi nostri indicativas prosequar« (Newton [LOOL]:62; mein Kursivdruck).
281 Newton [OO]:294/5.
282 Im lateinischen Original: »conspectui jucundiorem et aeque scientificum« (Newton [LOOL]:136/7; fast identisch in Newton [OO]:498/9). Es würde mich zu weit abführen, dies Experiment zu besprechen – es unterscheidet sich stark von den anderen Experimenten Newtons, die er mithilfe ästhetischer Ausdrücke charakterisiert und die ich in den kommenden Kapiteln behandeln werde.
283 Vergl. Newton [O]/a:136. Im englischen Original: »Obs. 13. Appointing an assistant to move the prism to and fro about its axis [...] I found the circles, which the red light made, to be manifestly bigger than those, which were made by the blue and violet; and it was very *pleasant* to see them gradually swell or contract, accordingly as the colour of the light was changed« (Newton [NSPo]:277, mein Kursivdruck). Dieselbe Stelle (einschließlich des Worts »pleasant«) findet sich in den *Opticks*, siehe Newton [O]:130 (= Book II, Part I, Observation 13).
284 Im lateinischen Original: »[...] quod Novum systema tuum de coloribus sit exquisitissimis experientijs stabilitum« (Varignon, Brief an Newton vom 6. 11. 1718 (siehe Newton [CoIN]/VII:14)).
285 Vergl. Lohne et al [NTP]:28/9. Im englischen Original: »[...] a mixture of Yellow and Blew makes Green; of Red and Yellow makes Orange; of Orange and Yellowish green makes yellow [...] But the *most surprising and wonderful* composition was that of Whiteness [...] I have often with *Admiration* beheld, that all the Colours of the Prism being made

to converge, and thereby to be again mixed [...] reproduced light, intirely and perfectly white« (Newton [LoMI]:3082/3; Hervorhebungen geändert).
286 Siehe § 6.8 – § 6.10 und § 12.7 – § 12.9.
287 Ähnlich macht der Wissenschaftsjournalist Robert Crease »zwischen den Zeilen« der gesamten ersten Veröffentlichung Newtons dessen »reine Freude« aus (im englischen Original: »between the lines, the sheer joy« (Crease [PP]:63)).
288 Holmes [BEiL]:83, 93.
289 Ähnlich staunt Crease über diese Einseitigkeit und nennt sie pervers (Crease [MBE]/1). Siehe auch Crease [PP]:xvi–xvii *et passim*.
290 Ein *locus classicus* ist Ackermann [NE]. Für einen knappen Überblick siehe Steinle [EE]:309–313 sowie Radder [tMDP]:1–4, mit Protest gegen Ismen.
291 Siehe z. B. Gooding [EMoM], Gooding [PABi], Gooding et al (eds) [UoE], Graßhoff et al [zTE], Hacking [RI], Hacking [SVoL], Heidelberger et al (eds) [EE], Hon et al (eds) [GAiE], Radder (ed) [PoSE], Radder [EiNS], Steinle [EE]:301–336, Steinle [ECF], Steinle [EiHP].
292 Zum Beispiel Carrier [NECS].
293 Zum Beispiel Fischer [ÄW]:54–56 und Fischer [SB]:46–49. Siehe auch Holton [oAoS]:204–206, Crease [MBE]/1, Crease [MBE]/2, Crease [PP], Ball [ES] sowie (sehr knapp) Penrose [RoAi]:266.
294 Weinberg [TvEU]:97–171.
295 Vergl. Weinberg [TvEU]:143. Im englischen Original: »The symmetries that are really important in nature are not the symmetries of *things*, but the symmetries of *laws*« (Weinberg [DoFT]:137, Hervorhebung dort).
296 Siehe McAllister [BRiS].
297 Siehe McAllister [BRiS]:20, vergl. p. 98.
298 Im englischen Original: »perceive« (McAllister [BRiS]:33).
299 Analoge Bemerkungen zur Biologie bringt z. B. Holmes [BEiL]:84.
300 So auch Rota [PoMB]:128.
301 Zur Eleganz mathematischer Präsentationen siehe Rota [PoMB]:124/5.
302 Siehe z. B. Heisenberg [TG]:77/8 (volles Zitat in § 2.16), 86 (volles Zitat in § 2.8).
303 Der Physiker Günther Ludwig redet in diesem Zusammenhang ohne übertriebene Selbstkritik davon, »daß die Physiker oft schludern, um dafür aber schneller vorwärts zu kommen« (Ludwig [WKMd]:7). Diese Bemerkung passt gut zu Keplers Sichtweise (Kepler [VKAE]:82/3; volles Zitat in § 4.21).
304 Rota [PoMB]:121–125; ähnlich Penrose [RoAi]:267.
305 Rota [PoMB]:129–133.
306 Chandrasekhar [PoBP]:17–20; Penrose [RoAi].

307 Aigner et al [BB].
308 Basieux [TTSM].
309 Eine ähnliche Motivation klingt bei Fischer an, siehe Fischer [SB]:36 *et passim*.
310 Ich belege das in § 8.20n.
311 Im englischen Original: »Loving Freind/It is commonly reported yt you are sick. Truely I am sorry for yt. But I am much more sorry yt you got your sicknesse (for yt they say too) by drinking too much. I ernestly desire you first to repent of your haveing beene drunk & yn to seeke to recover your health. And if it please God yt you ever bee well againe yn have a care to live healthfully & soberly for time to come. This will bee *very well pleasing* to all your freinds & especially to / Your very loving freind / I. N.« (Newton [CoIN]/I:1; mein Kursivdruck; Absatzwechsel durch Schrägstriche wiedergegeben, Anmerkung des Herausgebers weggelassen).
312 Im englischen Original: »[...] but yet they [i. e., these colours] seem distinguisht not only by degrees of Luminousness, but also by some other Inequalities, whereby they become more harsh or *pleasant* [...] But when such imperfectly mixt Light is by a second Reflexion from the paper more evenly and uniformly blended, it becomes *more pleasant*, and exhibits a faint or shadow'd Whiteness« (Newton [MINA]:5099–5100; Hervorhebungen geändert).
313 Ich danke Sarah Schalk für diese Mitteilung, die auf meine Bitte hin Faksimiles der wichtigsten Schriften Newtons zur Optik mit einem Programm für Schrifterkennung durchgegangen ist; die *Opticks* (Newton [O]), die optischen Aufsätze Newtons in den *Philosophical Transactions* (Newton [INPL]); die beiden Bände der Newton-Korrespondenz aus den Jahren, in denen sich Newton brieflich mit optischen Fragen herumgeschlagen hat (Newton [CoIN]/I, Newton [CoIN]/II); die beiden optischen Vorlesungsmanuskripte mit Shapiros Übersetzungen (Newton [LOOL], Newton [OO]); eine Sammlung mit Newtons unveröffentlichten Papieren (Hall et al (eds) [USPo]). Auch Schalks Suche nach lateinischen Entsprechungen (also Formen von »jucundus«) hat weder in den *principia* noch in den *opuscula* weitere aufschlussreiche Vorkommnisse geliefert (Newton [PNPM], Newton [OMPP]/2). Wie belastbar diese Ergebnisse sind, hängt von der Qualität des Algorithmus für Schrifterkennung ab und kann von mir nicht abschließend beurteilt werden. Ich nenne nur ein einziges Indiz dafür, warum diese automatisierte Suche nach Wörtern in Newtons Texten mit Vorsicht zu genießen ist. In der zusätzlich durchsuchten Fassung der *Opticks* findet der Automat kein einziges Vorkommnis des Ausdrucks »prism«! Der Grund für diesen verblüffenden Fehlschlag ist leicht zu verstehen: In der dort benutzten Schriftart sieht das fragliche Wort fast so aus wie

die Buchstabenfolge »prifm«, und mit dieser Schreibweise registriert die Maschine das gesuchte Wort oft genug. Dass sie das immer tut, ist damit selbstredend nicht entschieden. Wie dem auch sei, ich habe in den *Opticks* ein zuvor unbemerktes Vorkommnis des Ausdrucks »at pleafure« entdeckt, das freilich nur »nach Belieben« bedeutet, für unsere Zwecke also irrelevant ist (Newton [O]:46).

314 Jacquette [ANLi].
315 Im englischen Original: »When Newton decided to suppress his youthful visions of the cosmos, he was only doing what every good scientist is supposed to do, abandoning without mercy a beautiful theory which turned out to be unsupported by experimental facts« (Dyson [MA]:58).
316 Dyson [MA]:56/7; Dyson zitiert ohne Seitenzahlen Manuel [RoIN], und bezieht sich vermutlich auf Manuel [RoIN]:99–102, der wiederum aus Newtons Originalmanuskripten zitiert.
317 Dyson [MA]:46, 53 *et passim*.
318 Dyson [MA]:57.
319 Offenbar finden sich die Ausdrücke »romantic« und »poetic« weder in den *Opticks* noch in den *principia* und beispielsweise auch nicht in den ersten beiden Bänden der Newton-Korrespondenz (Newton [O], Newton [PNPM], Newton [CoIN]/I, Newton [CoIN]/II). Zur datentechnischen Methode für diese Analyse siehe § 5.13n.
320 Siehe Newton in McGuire et al [NPoP]:115–117; vergl. McGuire et al [NPoP]:120.
321 Siehe Newton in McGuire et al [NPoP]:116/7.
322 Stellvertretend für viele ähnliche Äußerungen von Naturwissenschaftlern zitiere ich in § 11.16 den Wortlaut einer überschwenglichen Reaktion des Schönheitssinns auf das Spektrum (Abney [SLoP]/I:258).
323 Hierzu und zum folgenden siehe Kelch [JBÄ]:214, 216. Ich trage einige weitere Details zu dem Gemälde in § 14.11 nach.
324 Zu der Legende, ihren Quellen und ihren Varianten siehe Luckett [HM]:174–176.
325 Zu Mondrians Aversion siehe Steinbrenner [LSÄU]:11.
326 Siehe 12. Kapitel, 13. Kapitel.
327 Zu Scarlattis Sonaten insgesamt siehe Boyd [DS]:166–194, insbes. pp. 180/1. Für die zuerst erwähnte Sonate siehe Boyd [DS]:181/2, 187/8; für die zuletzt erwähnte siehe Taruskin [MiSE]:393/4.
328 Taruskin [MiSE]:391/2.
329 Schreiben Sie an muelleol@staff.hu-berlin.de unter dem Stichwort »Starke Musik«.
330 So verweist z. B. der Komponist Alban Berg auf strukturelle Eigenschaften der *Träumerei* von Schumann, um mehr über die Schönheit dieses Klavierstücks sagen zu können als sein Kollege Hans Pfitzner, der es mit einem entzückten Ausruf »Wie schön!« sein Bewenden haben las-

sen will (siehe Pfitzner in Berg [MINÄ]:399, Berg [MINÄ]:402-406 sowie Stolzenberg [MS]:138-142 *et passim*).

331 Den Verdacht äußert beispielsweise schon im Jahr 1629 der Physiker Constantijn Huygens über den Stilleben-Maler Johannes Torrentius (siehe Groen [PtiS]:195). Vor allem in letzter Zeit konzentrieren verschiedene Autoren ihre Detektivarbeit auf die mögliche Rolle der *Camera Obscura* im Werk des Malers Jan Vermeer (Steadman [VC]; Groen [PtiS]; Wirth [COaM], Abschnitt III). – In der Malerei des 18. Jahrhunderts ist der Einsatz der *Camera Obscura* hingegen gut dokumentiert, etwa für das Werk von Bernardo Bellotto, genannt Canaletto (Wirth [COaM]:151, Groen [PtiS]:203).

332 Hierzu und zum folgenden siehe Blotkamp [M]:85-87, Schapiro [M]:53/4. Das Bild wird in der englischsprachigen Literatur mit unterschiedlichen Titeln geführt, z. B. »Composition« (Blotkamp [M]:86, Abb. 64), »Composition No. 10. Pier and Ocean« (Schapiro [M]:53).

333 Für so eine Interpretation sprechen überaus ähnliche Bilder Mondrians aus derselben Zeit mit Titeln wie »Pier and Ocean« (Blotkamp [M]:86, Abb. 63). Dass die Waagerechten für Wellen stehen, ist demzufolge nicht unplausibel. Aber wie steht es mit den Senkrechten? Mondrian könnte einfach die Holzstümpfe im Auge gehabt haben, die von einer ehemaligen Mole übriggeblieben sind und in regelmäßigen Abständen noch knapp über die Wasseroberfläche hinausragen. Hiergegen kann man die vermutliche Aussicht ins Feld führen, die Mondrian (in der Nähe seines damaligen Aufenthaltsorts) auf den Pier in Scheveningen gehabt hat; der Pier wurde seinerzeit als technische Meisterleistung angesehen und war gerade erst errichtet worden (Blotkamp [M]:87). Vielleicht zeigen diese Bilder also viel weniger Ozean, als man meinen möchte; vielleicht sehen wir im Innern des Ovals die horizontal/vertikal aufgelöste Konstruktion des Piers, vom stillen Meer umspielt; dafür sprechen eine zeitgenössische Postkarte und eine Skizze Mondrians (Blotkamp [M]:87, Abb. 65/6). – Andererseits ist die See bei Scheveningen kein Ozean; schon deshalb kann man nicht ohne weiteres annehmen, dass auf diesen Gemälden eine konkrete Landschaft oder Aussicht abgebildet wird.

334 Newton [LOOL]:52/3, Newton [OO]:284/5.

335 Siehe dazu z. B. Schaffer [GW]:73, 78/9, Westfall [NaR]:157/8, Mills [NPHE]:14/5.

336 Vergl. Newton [O]/a:48. Im englischen Original: »and the prism ought [...] to be well wrought, being made of glass free from bubbles and veins, with its sides not a little convex or concave, as usually happens, but truly plane, and its polish elaborate, as in working Optick-glasses, and not such as is usually wrought with putty; whereby the edges of the sand-holes being worn away, there are left all over the glass a number-

less company of very little convex polite risings, like waves« (Newton [O]:47 (= Book I, Part I, Proposition IV)).
337 Newton [LoMI]:3077.
338 *Zahme Xenien* VI (siehe Goethe [WA]/I. 3:356), mein Kursivdruck.
339 Details dazu in O. M. [OEiG]:118n8.
340 Details dazu in O. M. [ML]:§ I. 2.7, § I.2.11 – § I.2.13. Siehe auch Shapiro [GAoN]:71/2.
341 Diese sprichwörtliche Äußerung lässt sich offenbar keinem Maler eindeutig zuordnen; ähnliche Äußerungen gibt es für Romanciers und Komponisten (Gide [FM]:234/5; Gide [F]:163 (= Zweiter Teil, Kapitel III), Stroh [AW]:25).
342 Lohne [IN]:126, 138n5; Mills [NPHE]:16–23.
343 Newton [LoMI]:3077/8, Newton [LOOL]:52–61.
344 Zur diversen *Refrangibilität* der Bestandteile des weißen Lichts siehe Newton [LoMI]:3079 und Newton [O]:21 (= Book I, Part I, Proposition II). Ihre verschiedene *Farbigkeit* findet sich in Newton [LoMI]:3083, Punkt 7; in den *Opticks* taucht sie nicht als Proposition mit eigener Nummer auf, sie folgt aber logisch aus der diversen Refrangibilität und aus dem ersten Teilsatz der Proposition II des zweiten Teils des ersten Buchs der *Opticks* (siehe Newton [O]:78).
345 Im englischen Original: »a disproportion so *extravagant*, that it *excited me* to a more than ordinary curiosity« (Newton [LoMI]:3076; mein Kursivdruck). Für meine Überlegung im Haupttext habe ich die englischen Ausdrücke »extravagance« und »excited me« riskanterweise so gedeutet, als habe sich Newton fast frivol geben wollen. In etwas genauerer Übersetzung redet Newton an der fraglichen Stelle von einer »*Extravaganz*, die meine Neugier mehr als üblich *erregte*« (vergl. die unterkühlte, ganz andersartige Übersetzung in Lohne et al [NTP]:22). Weil die englische Grammatik die präpositionale Bestimmung erst nach Verbum und Akkusativobjekt verlangt (»excited me *to curiosity*«), nach einem Verbum, das auch zu Newtons Zeit erotische Untertöne hat, *könnte* man die Stelle so deuten, wie ich es oben vorschlage: Demzufolge hätte Newton sich beim Schreiben zunächst in eine erotische Metapher (»excited me«) hineingesteigert, die er beim Weiterschreiben erst am Satzende ins Harmlose umgewendet hätte. Verhielte es sich so, dann hätte Newton (vielleicht halb bewusst, halb unterbewusst) seine erotische Neigung zur Länge des Spektrums verraten. Gegen Missverständnisse: Eine solche Deutung stellt nur eine unter vielen denkbaren Lesarten der Textstelle dar, und nicht unbedingt die plausibelste; gleichwohl finde ich sie reizvoll.
346 Im englischen Original: »[...] I am purposing them, to be considered of & examined, an accompt of a Philosophicall discovery wch induced mee to the making of the said Telescope, & wch I doubt not but

will prove much more gratefull then the communication of that instrument, being in my Judgment the *oddest* if not the most considerable detection wch hath hitherto beene made in the operations of Nature« (Newton, Brief an Henry Oldenburg vom 18.1.1671/2 (siehe Newton [CoIN]/I:82/3; meine Hervorhebungen; Anmerkung des Herausgebers weggelassen)). – In einer mündlichen Diskussionsbemerkung hat der Wissenschaftstheoretiker Timm Lampert meine Interpretation und Übersetzung dieser Stelle angezweifelt; wie er vermutet, spricht Newton hier nicht von seiner Weißanalyse, sondern entweder von seiner Theorie oder vom *experimentum crucis*. Im Teil III werde ich auf beides ausführlich zu sprechen kommen, und zwar wieder unter ästhetischem Blickwinkel. Daher schadet es meinem Gesamtziel wenig, wenn der Bezug des Zitats anders gedeutet werden muss, als ich vorschlage. Nichtsdestoweniger sprechen eine Reihe von Indizien für meine Deutung: Erstens muss man die Ausdrücke »Philosophicall discovery« und »considerable detection« nicht als Verweis auf die Theorie deuten. Das Wort »philosophical« wurde damals oft im Sinne von »naturwissenschaftlich« verwendet; und sowohl das Wort »discovery« als auch sein Zwilling »detection« passt mindestens so gut auf empirische wie auf theoretische Errungenschaften. (Versuchsergebnisse *findet* man, Theorien *formuliert* man). Zweitens spricht Newton (in der hier angekündigten ersten Veröffentlichung für die *Royal Society*) nicht beim *experimentum crucis* von Überraschung und Seltsamkeit, sondern bei Weißanalyse und Weißsynthese (siehe Newton [LoMi]:3078/9 *versus* pp. 3076, 3083). Im Kontrast zum späteren Briefwechsel legt er hier verblüffend wenig Nachdruck auf das *experimentum crucis*; beispielsweise illustriert er es mit keiner Zeichnung, anders als bei der Weißsynthese (Newton [LoMi]:3086; ich zeige diese Zeichnung in Abb. 7.1).

347 Zu einigen Vorläufern des newtonischen Experiments siehe Lohne [IN]:129–133, Schaffer [GW]:73–76.
348 So Shapiro [GAoN]:69/70.
349 Vergl. Frauenfelder et al [TK]:259. Im englischen Original: »Kaons are a *wonderful* source of *surprises*« (Henley et al [SP]:268; mein Kursivdruck). Ich komme auf die Symmetriebrüche im Kleingedruckten am Ende des 8. Kapitels zurück (siehe § 8.19).
350 Bach [MP]:10/1, Takt 27, 29. Ich übernehme in den folgenden Absätzen mit wenigen Änderungen meine Formulierungen aus einem Aufsatz über musikalisch vermittelte Religiosität (O.M. [UR]:294).
351 Bach [MP]:10/1, Takt 27–30.
352 Bach [MP]:10/1, Takt 30–36. Vergl. Platen [MPvJ]:64, Jena [GMSN]: 51–53.
353 Siehe Griesinger [BNüJ]:55/6 *versus* Dies [BNvJ]:91/2.
354 Hanslick [vMS]:133 (Hervorhebungen im Orignal).

355 Siehe Agatha Christies Detektivgeschichte *The murder of Roger Ackroyd* (Christie [MoRA]); den Gruselfilm *The Others* von Alejandro F. Amenábar; Roald Dahls lustige Kurzgeschichte *Parson's pleasure* (Dahl [PP]); Katherine Mansfields betrübliche Kurzgeschichte *Bliss* (Mansfield [B]); Shakespeares Theaterstück *Romeo and Juliet* (Shakespeare [RJ]); das Ende der Tragödie *Faust I* (Goethe [F]/I:238); Yukio Mishimas Tetralogie *Das Meer der Fruchtbarkeit* (Mishima [SiF], Mishima [uS], Mishima [TM], Mishima [TE]:277/8); und Joseph Conrads Roman *Victory* (Conrad [V]).
356 Heine [BL]:130/1.
357 Krusche (ed) [H]:67.
358 Stellvertretend für andere Beispiele verweise ich auf Gregor Schneiders Installation namens *19–20:30 Uhr 31.05.2007*, Magazin der Lindenoper Berlin.
359 Siehe Bord [IL]:116–133.
360 Hierzu und zum folgenden siehe Becker [RiRL]:292 und Willis [CBEL]:110/1 sowie dort Tafeln 144/5.
361 Hierzu und zum folgenden siehe Haarkötter [B]:92–94.
362 Im englischen Original: »recalcitrant experience« (Quine [TDoE]:43).
363 Gleichwohl hat sich Goethe wegen der etymologischen Wurzel des Wortes »spectrum« einen Spaß daraus gemacht, wieder und wieder von einem newtonischen Gespenst zu sprechen (z. B. Goethe [ETN]:§ 28, § 113).
364 In diesem Geiste entschärft Newton ein »Experiment mit unerwartetem Ausgang« seines Widersachers Hooke ebenso wie andere »erstaunliche Phänomene« (im englischen Original: »an unexpected Experiment« bzw. »odd Phaenomena« (Newton [LoMI]:3084)).
365 Penrose [RoAi]:268. Zwei wundervolle Beispiele für hochästhetische Überraschungen in mathematischen Beweisen bieten Aigner et al [BB]:21–23.
366 Penrose [RoAi]:270.
367 Zum Beispiel bei Rota [PoMB]:123.
368 Breitenbach [AiS]:94, 98 *et passim*.
369 Breitenbach [AiS]:84n1.
370 McAllister [BRiS].
371 Heisenberg [TG]:77/8; ich habe die Stelle ausführlich im Kleingedruckten am Ende des 2. Kapitels zitiert, siehe § 2.16.
372 Newton [LoMI]:3079.
373 Siehe Newton [LoMI]:3079–3080 und Newton [AoNC].
374 Hierzu und zum folgenden siehe Schleier [AdP].
375 Von wem das Werk stammt, ist bis heute umstritten. Siehe hierzu und zum folgenden Sander [RvKW]:76–79 sowie Thürlemann [RvW]:14–19.

376 Hierzu und zum folgenden siehe Herbst [FN]:28.
377 Shakespeare [HPvD]:167. Im englischen Original: »There is a willow grows aslant a brook, / That shows his hoar leaves in the glassy stream; / There with fantastic garlands did she come, / Of crow-flowers, nettles, daisies, and long purples, / That liberal shepherds give a grosser name, / But our cold maids do dead men's fingers call them: / There, on the pendent boughs her coronet weeds / Clambering to hang, an envious sliver broke, / When down her weedy trophies and herself / Fell in the weeping brook. Her clothes spread wide, / And, mermaid-like, awhile they bore her up; / Which time she chanted snatches of old tunes, / As one incapable of her own distress, / Or like a creature native and intu'd / Unto that element; but long it could not be / Till that her garments, heavy with their drink, / Pull'd the poor wretch from her melodious lay / To muddy death« (Shakespeare [HPoD]:2312 (IV,7)).
378 Arp [PD]:128, mein Kursivdruck.
379 Spera [HN]:57/8 et passim.
380 Spera [HN]:82, 260–264.
381 Hierzu und zum folgenden siehe Spera [HN]:88–95 et passim.
382 So der Kunstkritiker David Bourdon [W]:371.
383 Hierzu und zum folgenden siehe Smith [AKEi] und Schjeldahl [CA].
384 Ich komme auf diese Formel in § 12.16 zurück.
385 Siehe Keller [WKvJ]:15–17; s. u. § 11.10.
386 Shapiro [GAoN]:90 et passim.
387 Zitiert nach einem Interview (Spahn [gVO]).
388 Siehe dazu Linke et al [DM]:7.
389 Ähnlich Kuhn [SoSR]:111/2.
390 Kunsttafel 2 bietet ein frühes Beispiel für bewusst inszenierten Gestaltwechsel aus der manieristischen Malerei.
391 Siehe Newton [O]:102/3 (= Book I, Part II, Proposition VIII; Problem III); vergl. oben Abb. 6.16.
392 Mehr dazu in O.M. [GPUb], Abschnitt 4 sowie O.M. [GcNo], Abschnitte III und IV.
393 Goethe [EzGF]:64; mein Kursivdruck.
394 Gegen Pfaff [uNFH]:91/2 (§ 118).
395 Mehr zu Goethes Idealisierungen in O.M. [GFT]:70–86. Auf verwandte Weise idealisierend zeigt Brueghel in seinem Stilleben einen kontrafaktischen Blumenstrauß, den man sehen könnte, wenn alle 49 Blumensorten gleichzeitig blühten (Kunsttafel 8; siehe § 14.11).
396 Siehe z. B. Newton [O]:46 (= Book I, Part I, Experiment 11).
397 Siehe aber § 10.2.
398 Warum ich die Grenzen in Nussbaumers Spektrum nur »fast gerade« nennen kann, erkläre ich in § 11.8k.
399 Es gibt so viele Definitionen des Versuchsbegriffs wie Philosophen, die

darüber schreiben. Dass man Experimente wiederholen können muss, also insbesondere fähig sein muss, ein und denselben Versuchs*aufbau* abermals zu realisieren, betont z. B. Janich [KPN]:97–102.
400 Ein sehr ähnliches Experiment bringt Newton auch in den *Opticks*, siehe Newton [O]:75/6 (= Book I, Part II, Experiment 2; vergl. dort »Fig. 2« auf der Tafel »Lib I. Par. II. Tab I«).
401 So der Wissenschaftshistoriker Heiko Weber in seinem Vortrag über die historisch originalgetreue Replikation der Experimente Newtons (am 15. 5. 2012 an der Humboldt-Universität Berlin).
402 Newton ist sich des Problems bewusst; in einem gedruckten Pamphlet (namens »The Print«), das sich – im nur noch erhaltenen Teil – weitgehend mit Newtons erster Veröffentlichung deckt, bietet er eine Abbildung des Experiments, in der die chromatische Aberration berücksichtigt ist, siehe Newton [CoIN]/I:106n35, vergl. Turnbull in Newton [CoIN]/I:105n21, 107n40.
403 Weyl [S]:45/6.
404 Weyl [S]:51/2.
405 Eine dritte newtonische Weißsynthese berühre ich in § 7.12.
406 Siehe 12. Kapitel sowie § 4.8k. Breitenbach schreibt ästhetischen Urteilen ebenfalls eine Leitfunktion für die naturwissenschaftliche Arbeit zu, bringt aber Kants regulative Prinzipien nicht ausdrücklich ins Spiel (Breitenbach [AiS]:97; mehr zu ihrem Ansatz in § 6.14k). Im Unterschied hierzu zeigt die Physikerin und Philosophin Brigitte Falkenburg, dass man den Einsatz von Symmetrieprinzipien in der modernen Physik durchaus regulativ i. S. Kants deuten kann, und verbindet dies Motiv mit dessen Überlegungen zu einem zusammenhängenden System der Erkenntnis (Falkenburg [URoS]:129–134 mit Verweis u. a. auf Kant [KRV]:A 645/B 673). Welche ästhetischen Implikationen das haben könnte, erörtert sie nicht.
407 Rota [PoMT]:113–116, Rota [PoMB]:128/9. Ich zitiere den Wortlaut der zweiten Stelle in § 15.4.
408 Aigner et al [BB]:27.
409 Für die folgende Betrachtung habe ich einige Formulierungen wiederverwendet und weiterentwickelt, die bereits in einem Aufsatz veröffentlicht sind (O. M. [FK], Abschnitte VI–VIII). Der kurze Aufsatz ist gleichsam die Keimzelle dieses Buchs, und daher werde ich an ähnlichen Stellen den Hinweis aus der vorliegenden Fußnote nicht wiederholen.
410 Frauenfelder et al [TK]:262. Siehe aber § 8.18.
411 Das stellt Newton (mit Blick auf Lichtbrechungen) in einem eigenen Axiom III fest (Newton [O]:8 (= Book I, Part I, Axiom III)).
412 Desaguliers [AoSE]:442 (= Experiment V).
413 Im englischen Original: »An Account of some Experiments of Light

and Colours, formerly *made by Sir Isaac Newton, and mention'd in his Opticks,* lately repeated before the Royal Society by J. T. Desaguliers« (Desaguliers [AoSE]:433; Hervorhebungen geändert).

414 Newton [O]:91 (= Book I, Part II, Proposition V, Experiment 11).

415 Auch Crease hebt die Sauberkeit als ein ästhetisches Charakteristikum der newtonischen Experimentierkunst hervor, verblüffenderweise jedoch mit Blick auf ein Experiment, das in dieser Hinsicht suboptimal ist (Crease [PP]:68; s. u. § 10.7n598).

416 Im englischen Original: »every line was so almost infinitely fine, but at the same time infinitely *sharp, clear and well defined* on either side, and such *perfect order and symmetry* pervaded the whole arrangement, that it was a case *par excellence* of science and art combined« (Smyth [MoGB]:39; Hervorhebungen geändert). – Wie stark ästhetische Urteile die Spektroskopie des ausgehenden 19. Jahrhunderts geprägt haben, zeigt Hentschel [zRÄi]. In diesem Aufsatz werden neben der daraus von mir wiedergegebenen Aussage eine Reihe weiterer Zitate über Schönheitserlebnisse beim Spektroskopieren aufgeführt und erörtert.

417 Siehe z. B. Holmes [BEiL]:93, 95 *et passim.*

418 Schulenberg [KMoJ]:420–424.

419 Siehe z. B. Rechtsteiner [AGmM]:44.

420 Heisenberg [BSiE]:292.

421 Schiller [uÄEM]:365 (= 18. Brief).

422 So Otto [ÄW]:160, 204–211.

423 Siehe z. B. Shelley [PoNP].

424 Hutcheson [ICBO]:40, 48.

425 Ich folge hier einer Überlegung von Schapiro [M]:57/8.

426 Sütterlin [fSSt].

427 Einen westlichen *locus classicus* zum Tangram bietet Loyd [SLBo].

428 Rota [PoMB]:132.

429 Carnap [EiPN]:60/1.

430 Siehe z. B. Steinbrenner [SS]:320/1.

431 Zum Unterschied zwischen sog. objektiven und sog. subjektiven Experimenten in der Optik siehe O. M. [ML], Kapitel I.3.

432 Newton [LoMI]:3076. Er behauptet nicht, dass das zweite Prisma *weißes* Licht erzeugt; er behauptet nur, dass es das auseinandergezogene Sonnenbild wieder kreisrund zusammenbringt. Es müsste theoriegemäß also auch wieder weiß sein. – Möglicherweise meint Newton eine Variante des Experiments von Desaguliers (Abb. 7.12b).

433 Newton [O]:21 (– Book I, Part I, Proposition II, Theorem II, Experiment 3); vergl. Shapiro [GAoN]:71/2. Siehe auch oben § 6.7, fünfter Punkt.

434 Siehe Newton [LOOL]:564 (Figure II, 50). Vergl. den Strahlengang am Quader P_1P_2 in Abb. 7.18.

435 Newtons Vorschlag einer Weißsynthese mit drei Prismen kann demgegenüber unter den Vorzeichen seiner eigenen Theorie nicht mit derselben Akkuratesse punkten (vergl. Newton [O]:91 (= Book I, Part II, Experiment 10), vergl. dort »Fig. 7« auf der Tafel namens »Lib. I. Par. II. Tab. II«). Beweis: Übung für Leserinnen und Leser.
436 Newton [LoMI]:3078/9, Newton [O]:31–33 (= Book I, Part I, Proposition II, Experiment 6).
437 In den *Opticks* fehlt zwar diese Bezeichnung (Textverweis siehe vorige Anmerkung), aber noch am Ende seines Lebens benutzt Newton den Ehrentitel vom *experimentum crucis* (Newton [DCoR]:481ʳ); volles Zitat in § 8.12.
438 Das dokumentiert z. B. Newton, Brief an Oldenburg für Antonius Lucas vom 18. 8. 1676 (siehe Newton [CoIN]/II:79–80).
439 Mit dieser Erklärung findet sich der lateinische Ausdruck bereits bei Hooke [M]:54.
440 Siehe Ducheyne [MBoN]:46, 60–62 sowie Shapiro [FPP]:19–22.
441 Für die folgende Darstellung orientiere ich mich an Prettejohn [AoPR].
442 Prettejohn [AoPR]:35.
443 Hooke [M]:54. Zum rabiaten Umgang Newtons mit Hooke siehe Westfall [NRtH]:87/8, 91 sowie Westfall [NaR]:246/7 mit Zitat aus Newton, Brief an Oldenburg für Hooke vom 11. 6. 1672 (siehe Newton I:171–188), insbes. pp. 171–173. Eine geraffte Darstellung gebe ich in O. M. [ML]:§ IV.1.4.
444 Prettejohn [AoPR]:28, 48.
445 Prettejohn [AoPR]:48.
446 Im englischen Original: »A Society, to be called the Pre-Newtonian Brotherhood, was lately projected by a young gentleman, under articles to a Civil Engineer, who objected to being considered bound to conduct himself according to the laws of gravitation. But this young gentleman, being reproached by some aspiring companions with the timidity of his conception, has abrogated that idea in favour of a Pre-Galileo Brotherhood now flourishing, who distinctly refuse to perform any annual revolution round the Sun, and have arranged that the world shall not do so any more« (Dickens [OLfN]:266).
447 Prettejohn [AoPR]:55.
448 Rolle und Bedeutung der Rhetorik für die Naturwissenschaften sind hochumstritten; siehe z. B. die vielzackige Spitze des Eisberges in einem einzigen Sammelband: Fuller [SPiR], Kitcher [CFoS], Toulmin [SMFo].
449 Details zum folgenden in O. M. [ML]:§ I.4.4–§ I.4.5.
450 Wie ich in § 9.2 zeigen werde, weiß nur der Eingeweihte, dass es z. B. bei Bachs Krebskanon nicht auf die Richtung ankommt, in der die dort notierte Stimme zu spielen ist.

451 Newton [O]:102 (= Book I, Part II, Proposition VIII), vergl. dort »Fig. 12« auf der Tafel namens »Lib. I. Par. II. Tab. III«. – Einen Großteil der Formulierungen dieser Vertiefungsmöglichkeit habe ich wörtlich entnommen aus O. M. [ML]:§ I.4.4 – § I.4.5.
452 Brecht [GMvS]:141/2.
453 Brecht [GMvS]:144; Hervorhebungen im Original.
454 Gide [F]:291 (= Dritter Teil, Kapitel XII). Im französischen Original: »Pourrait être continué …« (Gide [FM]:419/420).
455 Gide [FM]:478–489; Gide [F]:334–342 (= Dritter Teil, Kapitel XVII–XVIII).
456 Gide [FM]:491; Gide [F]:343 (= Dritter Teil, Kapitel XVIII).
457 Gide [FM]:492–494; Gide [F]:344–346 (= Dritter Teil, Kapitel XVIII).
458 Gide [FM]:236/7; Gide [F]:164/5 (= Zweiter Teil, Kapitel III).
459 Siehe dazu Eggebrecht [BKF]:31/2. Man kann lange darüber debattieren, ob Bach die Fuge doch vollendet hatte (wie in der Literatur öfter behauptet wurde) oder ob die letzten Takte nie existiert haben (Dreyfus [BPoI]:164–168 mit Verweisen auf weitere Kontrahenten dieser Debatte). Wie dem auch sei, man wäre nicht gut beraten, den abrupten Abbruch des Stücks so dramatisch zu inszenieren, dass die Zuhörer darauf nur noch mit Sentimentalität reagieren können (Schulenberg [KmoJ]:424).
460 Stifter [N].
461 Newton [OO]:454–457.
462 Sinngemäß zitiert aus Newton [LoMI]:3083, Punkt 7.
463 Mehr dazu in O. M. [ML]:§ I.5.9, § IV.1.11.
464 Obwohl sich der skeptizistische Zweifel an der Naturkonstanz kaum wasserdicht ausräumen lassen dürfte, kann man ihm rein philosophisch eine Menge abgewinnen; siehe z. B. O. M. [FF].
465 Siehe Newton [LoMI]:3079. Mehr dazu in Shapiro [GAoN]:76 und O. M. [ML]:§ I.5.1.
466 Sinngemäß zitiert aus Newton [O]:17.
467 Sinngemäß und vereinfacht zitiert aus Newton [O]:78. Ähnlich Newton [LoMI]:3081, Punkt 2.
468 Sinngemäß zitiert aus Newton [LoMI]:3079.
469 Wie man sieht, spricht auch der Kaiser der neuzeitlichen Physik zuweilen von sich selbst in der Dritten Person. Im englischen Original: »[…] Newton founded his Theory of light & colours upon the experiment wch for its demonstrative evidence he calls Experimentum crucis« (Newton [DCoR]:481^v, Hervorhebungen teilweise geändert; eine entgegengesetzte Interpretation vertritt Shapiro [GAoN]:119).
470 Ähnlich Crease, der die Theatralik dieses einen Experiments mitsamt seiner weitreichenden Wirkung herausstreicht (Crease [PP]:68).
471 Diese Reaktion auf Bachs Kunst der Fuge ist so verbreitet, dass sie sogar

von Romanfiguren vorgebracht wird (Gide [FM]:237; Gide [F]:164/5 (= Zweiter Teil, Kapitel III)).
472 Es gibt eine einzige Ausnahme, siehe § 11.13.
473 Planck [EPW]:28. Ähnlich schon Kepler [MC]/A:15.
474 Im lateinischen Original: »elegantissima« (Johann Bernoulli, Brief an Leibniz vom 15.4.1709 (siehe Leibniz et al [VCGG]:216)).
475 Hooke, Brief an Oldenburg für Newton vom 16.2.1671/2 (siehe Newton [CoIN]/I:113). Abgesehen davon verletzt Newtons Theorie das Kriterium der Konservativität, auf das ich zurückkommen werde (§ 15.11).
476 Otto [ÄW]:254–258.
477 Smith [IiNC]:322.
478 Curtin (ed) [ADoS]:xvi.
479 Dyson [MA]:46, 53 *et passim*.
480 Zu beidem siehe Fischer [SB]:29–35, 132; zu ersterem siehe Steinle [EE], zu letzterem siehe Baeyer [FW]:65/6, McAllister [BRiS]:42.
481 Etwas mehr dazu unten in § 14.14.
482 Eine ausführliche Darstellung der Symmetrien in Naturgesetzen gibt Brückner [PN]:123–172.
483 Siehe z. B. die Beiträge in Gruber et al (eds) [SiS] sowie in Doncel et al (eds) [SiP].
484 Weizsäcker [GP]:50.
485 Weinberg [TvEU]:142/3.
486 Dass dieses Merkmal von Theorien nicht ausschließlich mit Symmetrien zusammenhängen muss, zeigen Heisenbergs Überlegungen zum Begriff der Abgeschlossenheit, die der Wissenschaftstheoretiker Erhard Scheibe rekonstruiert (Scheibe [HBAT], Heisenberg [BATi]).
487 Einstein [zEBK]:891; Hervorhebung im Original.
488 Einstein [GAR]:771–773 (§ 2).
489 Siehe z. B. McAllister [BRiS]:187, vergl. p. 185.
490 Einstein [zAR]:216; volles Zitat oben in § 2.7.
491 Weinberg [TvEU]:164/5; vergl. p. 143. Möglicherweise bezieht sich Weinberg in der zuerst genannten Textstelle nur auf die inneren Symmetrien im Teilchenzoo (s. u. § 8.19), aber dann müsste er erklären, inwiefern die Symmetrien bei Einstein keine erkenntnisleitende Kraft gehabt haben sollen.
492 Weinberg [TvEU]:146.
493 McAllister [BRiS]:188.
494 Platon [T]; Brückner [PN].
495 Zu Keplers Einsatz der Platonischen Körper siehe oben § 4.2; zu Heisenbergs Platonismus siehe Rasche et al [WHMP]:XXIX.
496 Nolting [AM]:80–85; *locus classicus* ist Noether [IBD] sowie Noether [IV], siehe dazu Brading [NoGR]:131/2 *et passim*.

Anmerkungen 501

497 Siehe z. B. Heisenberg [TG]:77/8, zitiert am Ende des 2. Kapitels (§ 2.16).
498 Dazu Brückner [PN]:145-172.
499 Weinberg [TvEU]:151-153, 160-163.
500 Zur Entdeckung des Positrons siehe Henley et al [SP]:108-112.
501 Weinberg [TvEU]:157/8.
502 Hierzu und zum folgenden siehe Falkenburg [PM]:111-114.
503 Siehe hierzu Fritzsch [Q]:118-120. Auf welch komplexe Weise sich bei derartigen Forschungen erstens Versuchsergebnisse, zweitens deren provisorische mathematische Systematisierung und drittens die hochabstrakte Theoriebildung gegenseitig beeinflussen, zeigt Falkenburg [URoS]:124 *et passim*. – Ein ähnliches, ästhetisch motiviertes Forschungsgrogramm liegt der neuerdings postulierten Super-Symmetrie zugrunde, die bislang freilich nicht durch die Entdeckung der geforderten Zusatz-Teilchen abgestützt werden konnte (siehe dazu voller Skepsis Hossenfelder [LiM]:11-16 *et passim*).
504 Zur Invarianz dieser Operation, die abgesehen von der Ladung auch die Vorzeichen der anderen additiven Quantenzahlen umkehrt, siehe Brückner [PN]:146 und Henley et al [SP]:252-256.
505 Zur Invarianz dieser sog. P-Operation siehe Henley et al [SP]:239-252.
506 Zur Invarianz dieser sog. T-Operation siehe Henley et al [SP]:256-260; siehe auch Lax [TRiD]. Elementare Überlegungen zur Zeitsymmetrie in der Physik bieten z. B. Weyl [S]:24/5, Fischer [SB]:180-183.
507 So z. B. mit Blick auf die P-Invarianz Henley et al [SP]:239.
508 Henley et al [SP]:248-251, insbes. pp. 248/9n10. – Weitere Beispiele für chemische und biologische bzw. mathematisch-physikalische Symmetriebrüche liefern Ortoleva [SBFf] bzw. Sattinger [SSBi].
509 Warum die CP-Invarianz zunächst plausibel schien, zeigen Henley et al [SP]:263.
510 Henley et al [SP]:268-271.
511 Brückner [PN]:147n4 und Henley et al [SP]:270.
512 In einem verwandten Gedankengang zeigt Falkenburg, wie neue widerspenstige Versuchsergebnisse nicht immer zur Widerlegung von Symmetrien, sondern zu deren Integration in umfassendere Symmetriestrukturen führen können – mit allen Gefahren, die in dieser Heuristik stecken (Falkenburg [URoS]:127/8).
513 Zur so begründeten Verletzung der T-Invarianz siehe Brückner [PN]:147n4, Henley et al [SP]:270/1.
514 Frauenfelder et al [TK]:262.
515 Dyson [MA]:50/1.
516 Brückner [PN]:189-207.
517 Crease [PP]:xxii-xxiii, 190-205, insbes. p. 192.
518 Weitere mysteriöse Züge des schwer greifbaren Pfades einzelner Photonen enthüllen neuere Experimente, die vielleicht nicht anders als

502 Anmerkungen

das Doppelspalt-Experiment einen Schönheitspreis verdienen würden (Danan et al [APWT]).
519 Crease [MBE]/2:20. In seinem Buch über schöne Experimente nennt Crease stattdessen das *experimentum crucis* (Crease [PP]:xxiii), unterscheidet es aber nicht überall scharf von der Weißanalyse; so bezieht sich die dort zitierte Replikation aus dem Jahr 1676 (anders als Crease meint) nicht auf das *experimentum crucis*, sondern nur auf die Weißanalyse (Crease [PP]:74).
520 McAllister [BRiS]:43/4, Fischer [SB]:169–170.
521 Crease [PP]:191–205, insbes. p. 195/6.
522 Siehe Broglie [MLiM]:48/9, Broglie [WE]:309–314.
523 Siehe Broglie [WE]:314/5; mein Kursivdruck. Vergl. aber meine Bemerkungen zum dritten Beispiel in § 15.17.
524 Siehe § 6.7, fünfter Punkt sowie § 7.4, § 7.14.
525 Ähnlich (ohne das Beispiel der Symmetrie und ohne das Wort Reduktionismus) Isenberg [CC]:338, Kupperman [RiSo]:226/7.
526 Canon 1 a 2 cancrizans (BWV 1079/4a), siehe Bach [MO]:36. Es ist der erste Kanon der *Canones diversi super thema regium*, der üblicherweise als drittes Stück des *Musicalischen Opfers* aufgeführt wird, nach dem »Ricercare« und dem »Canon perpetuus super thema regium«. – In welcher Reihenfolge Bach die einzelnen Stücke angeordnet wissen wollte, ist freilich umstritten, siehe Wolff [JSB]/VIII.1:121–125. Ich bespreche einige verwirrende Details zu Bachs Notentext im Kleingedruckten am Ende dieses Kapitels, siehe § 9.21 – § 9.23.
527 Mehr zur Zwölftonmusik unten in § 13.6.
528 Vergl. Norman [JL]:612.
529 Gardiner [B]:107–111, 123.
530 Vergl. aber § 9.12k.
531 Ähnlich Wellmer [MK]:133.
532 Wellmer [MK]:134.
533 Eine verwandte Überlegung findet sich bei Hanslick [vMS]:144/5.
534 Siehe z. B. Papenburg [SS]:72 und Walker [HtPF].
535 Horwich [AiT]:52/3.
536 Vergl. auch Weyl [S]:19–20.
537 Horwich [AiT]:53.
538 Vergl. Norman [JL]:440.
539 Vergl. Wicke et al [HPM]:592, 55. Dort auch weitere Beispiele.
540 Wie umstritten die Erfindungsmythen für das *Scratching* sind, dokumentiert Batey [GWTA].
541 Ähnlich unterscheidet Holmes zwischen ästhetischen Merkmalen eines konkreten Experiments und denen seiner abstrakten Repräsentation, sogar seiner Fehlrepräsentation (Holmes [BEiL]:84, 97, 100).
542 Kazdin [GG]:67/8.

543 So in einer mündlichen Mitteilung Matthias Herder nach Analyse der Tracks der beiden Einspielungen.
544 Hierzu und zum folgenden siehe Schulenberg [KMoJ]:369–388. Zur Legende des schlaflosen Adressaten der Musik siehe Schulenberg [KMoJ]:370; er spricht sich allerdings gegen die Glaubwürdigkeit dieser Legende aus – und erstaunlicherweise sogar dagegen, die Goldberg-Variationen als zyklisch intendiertes Werk zu interpretieren (Schulenberg [KMoJ]:372/3, 388).
545 Greer [CoMT].
546 Fitzgerald [CCoB].
547 Hiob 1,21; für die *Musicalischen Exequien* des Komponisten Heinrich Schütz übersetzt durch den Landesherrn von Gera, Heinrich Posthumus Reuß (zitiert in Hofmann [HS]:2; vergl. p. 5).
548 »Norwegian Wood (This Bird Has Flown)«; siehe dazu Norman [JL]:418.
549 Offiziell näherte sich Lennon erst später unter dem Einfluss der Künstlerin Yoko Ono an das feministische Lager an (Norman [JL]:662/3). Doch im Lichte meiner Interpretation von »Norwegian Wood« dürfte er bereits früher in diese Richtung tendiert haben.
550 Letzte zwei Verse aus dem Gedicht »Willkommen und Abschied« (Goethe [WA]/I.1:69).
551 Storm [N]. Hierzu und zum folgenden siehe Lohmeier in Storm [SWiV]/I:768/9.
552 Vergl. Hofstadter [GEB]/a:217–221; Hervorhebungen im Original.
553 Im englischen Original, mit richtiger Reihenfolge: »*Tortoise:* Good day, Mr. A. / *Achilles:* Why, same to you. / *Tortoise:* So nice to run into you./ *Achilles:* That echoes my thoughts. / *Tortoise:* And it's a perfect day for a walk. I think I'll be walking home soon. / *Achilles:* Oh, really? I guess there's nothing better for you than walking. / *Tortoise:* Incidentally, you're looking in very fine fettle these days, I must say. / *Achilles:* Thank you very much. / *Tortoise:* Not at all. Here, care for one of my cigars? / *Achilles:* Oh, you are such a philistine. In this area, the Dutch contributions are of markedly inferior taste, don't you think? / *Tortoise:* I disagree, in this case. But speaking of taste, I finally saw that *Crab Canon* by your favorite artist, M. C. Escher, in a gallery the other day, and I fully appreciate the beauty and ingenuity with which he made one single theme mesh with itself going both backwards and forwards. But I am afraid I will always feel Bach is superior to Escher […] *Achilles:* I disagree, in this case. But speaking of taste, I finally heard that *Crab Canon* by your favorite composer, J. S. Bach, in a concert the other day, and I fully appreciate the beauty and ingenuity with which he made one single theme mesh with itself going both backwards and forwards. But I'm afraid I will always feel Escher is superior to Bach. / *Tortoise:*

Oh, you are such a philistine. In this area, the Dutch contributions are of markedly inferior taste, don't you think? / *Achilles:* Not at all. Here, care for one of my cigars? / *Tortoise:* Thank you very much. / *Achilles:* Incidentally, you're looking in very fine fettle these days, I must say. / *Tortoise:* Oh, really? I guess there's nothing better for you than walking. / *Achilles:* And it's a perfect day for a walk. I think I'll be walking home soon. / *Tortoise:* That echoes my thoughts. / *Achilles:* So nice to run into you. / *Tortoise:* Why, same to you. / *Achilles:* Good day, Mr. T.« (Hofstadter [GEB]:199–203; Hervorhebungen im Original).
554 Grimm et al [ZB]:295.
555 Fallada [KMWN]:187. – Um Verwirrungen zu vermeiden, habe ich diejenigen äußeren Anführungszeichen weggelassen, die diese ganze Passage als Zitat markieren müssten.
556 Ein weiteres Beispiel von rätselhafter Ästhetik bietet Mishima [SiF]: 350/1.
557 Ähnlich Crease [PP]:68. Siehe oben § 8.12.
558 Schummer [SSiK]:60–65; siehe auch Weyl [S]:3/4, 74/5. Vergl. § 15.12k.
559 Schummer [SSiK]:65–70, insbes. p. 70. Vergl. oben § 8.19.
560 Schummer [SSiK]:65–67; eine klassische Darstellung bietet Weyl [S]. Breger behandelt Schummers Position nicht ausdrücklich, entkräftet sie aber dadurch, dass er die wichtige Rolle herausarbeitet, die Leibniz den Symmetrien (modern verstanden) in seiner Wissenschaft einräumt, ohne dass er imstande gewesen wäre, sie zu explizieren (Breger [MPSb]:135/6).
561 Schummer [SSiK]:71–76, insbes. pp. 71/2 sowie pp. 75/6.
562 Hierzu und zum folgenden siehe Kambartel [SS]:140/1.
563 So im schönsten Jargon der Museumsdirektor Heinz Liesbrock [aGS]:25, siehe auch Riese [DIKS].
564 Hierzu und zum folgenden siehe Thelen [RL].
565 Mündliche Mitteilung am Rande des Lichtkunst-Workshops *Light Art Space* am 10.11.2016 in Spandau.
566 Hierzu und zum folgenden siehe Schleier [AdBd].
567 Kopernikus [dROC]/I:70, 72; volles Zitat in § 3.5.
568 Siehe oben § 9.11.
569 Ähnlich (wenn auch ohne Bezug auf das Gemälde und ohne das Begriffspaar *abstrakt* versus *konkret*) Weyl [S]:13–16.
570 Abgedruckt in Bach [NASW]/VIII.1:XIV.
571 Bach [NASW]/VIII.1:48. Entsprechend in der zweistimmigen Auflösung, siehe Bach [NASW]/VIII.1:70.
572 Wolff [JSB]/VIII.1:130.
573 Wolff [JSB]/VIII.1:46–101.
574 Wolff [JSB]/VIII.1:59.
575 Siehe § 7.4k.

Anmerkungen 505

576 Hanslick [vMS]:29–31, Hervorhebungen geändert.
577 Hanslick [vMS]:59; Hanslicks Hervorhebungen weggelassen.
578 Hanslick [vMS]:83/4; Hervorhebungen im Original.
579 Im englischen Original:»[…] we must, as J. A. Lohne warns us, be ever watchful for the optimistically rounded-off numerical result and the interpolated ›observed‹ measurement by which Newton often seeks, consciously or unconsciously, to cut corners in justifying his explanatory models and interpretations. *All too many times it is clear that the ›experiments‹ lavishly described or briefly suggested* […] *were never painstakingly, critically conducted if, indeed, some were ever more than thoughtful possibilities of making such tests* […] The very ›experimentum crucis‹ […] is surely another [case in point]« (Whiteside in Newton [UFVo], letzte Seite der unpaginierten Einleitung; meine Hervorhebungen).
580 Siehe z. B. Shapiro [GAoN], Lampert [NvG]:260–275.
581 Laut dem Wissenschaftshistoriker Dennis Nawrath funktioniert Newtons *experimentum crucis* mit heute gefertigten Prismen alles in allem so, wie ich es im vorletzten Kapitel beschrieben habe (Nawrath [AvNP]:94/5).
582 Siehe z. B. die Beiträge in Breidbach et al (eds) [EW], insbes. dort den programmatischen Aufsatz Breidbach et al [EW]. Einer der Wegbereiter dieser Forschungsrichtung in Deutschland ist der Physikdidaktiker Falk Rieß (siehe Rieß [EdW]); er nennt einige frühere Pioniere (Rieß [EdW]:159n1).
583 Zur Rekonstruktion historischer Prismen siehe Nawrath [AvNP]: 81–86, 96.
584 Eine umfassende Wissenschaftsgeschichte der Elektrisiermaschinen des 18. Jahrhunderts bietet Weber [EiAJ], zu Details der experimentellen Wissenschaftsgeschichte einer dieser Maschinen siehe Weber [EvGC].
585 So auch Steinle [EE]:302/3.
586 Zu den Schwierigkeiten mit derartigen Problemen siehe Gardiner [B]:9–11.
587 Vergl. dazu Dürr [KvJS]/1:74–77, Gardiner [B]:137n, Büning [aLBH], Holze [HWHW].
588 Ein Vertreter der historischen Aufführungspraxis wie John Eliot Gardiner sieht das freilich weniger entspannt, wie seine süffisanten, selbstgerechten Sottisen gegen Richter zeigen (Gardiner [B]:6/7).
589 Ein annäherndes Beispiel dafür liefert der scheiternde Replikationsversuch in Nawrath [AvNP]:90/1 *et passim*.
590 Newton [LoMI]:3078/9. Vergl. oben § 8.12.
591 Newton [LoMI]:3081, Punkt 2.
592 Dass es so funktioniert, habe ich oben nur der argumentativen Stringenz zuliebe behauptet (§ 8.6 – § 8.8). Andere Wissenschaftshistoriker

unserer Tage scheinen Newton dagegen auf den Leim gegangen zu sein (z. B. Nawrath [AvNP]:78/9). Welche Physiker der Newtonzeit denselben Fehler gemacht haben, beschreibe ich im kommenden Paragraphen.

593 Mit ähnlicher Stoßrichtung argumentiert Schaffer [GW]:79, 84 *et passim*.

594 Vergl. Lohne et al [NTP]:33. Im englischen Original: »If you proceed further to try the impossibility of changing any uncompounded colour (which I have asserted in the third and thirteenth Propositions,) 'tis requisite that the Room be made very dark, least any scattering light, mixing with the colour, disturb and allay it, and render it compound, contrary to the design of the Experiment. 'Tis also requisite, that there be a *perfecter* separation of the Colours, than, after the manner above described, can be made by the Refraction of one single Prisme, *and how to make such further separations, will scarce be difficult to them, that consider the discovered laws of Refractions*« (Newton [LoMI]:3087, mein Kursivdruck).

595 Das zeigt Shapiro [GAoN]:75, 77, 108/9.

596 Mariotte [dNdC]:207–211; Lucas, Brief an Oldenburg für Newton vom 23. 10. 1676 (siehe Newton [CoIN]/II:105). Hierzu und zum folgenden siehe Shapiro [GAoN]:77–80, 107–119.

597 Im englischen Original: »You may see in my first Letter about Light (*Phil. Transact.* Num. 80) I make *no mention of colours* while I am prouving different refrangibility by ye *Experimentum Crucis*« (Newton, Brief an Lucas vom 5. 3. 1677/8 (siehe Newton [CoIN]/II:258), Hervorhebungen z. T. geändert, Anmerkung des Herausgebers weggelassen).

598 In meiner Interpretation hat Crease unrecht, wenn er ausgerechnet die *Sauberkeit* als ästhetischen Vorzug des *experimentum crucis* anpreist (Crease [PP]:68 in seltsamer Spannung zu Crease [PP]:71/2, 74/5).

599 So jedenfalls Shapiro [GAoN]:107–109.

600 Shapiro [GAoN], insbes. p. 75, wo sich auch das Prädikat »kryptisch [cryptically]« findet.

601 Ähnlich (wenn auch ohne ästhetische Untertöne) Shapiro [GAoN]:64 *et passim*.

602 Newton, Brief an Oldenburg vom 6. 2. 1671/2 (siehe Newton [CoIN]/I:97). In der veröffentlichten Fassung dieses Briefs fehlt Newtons offenherzige Warnung vor »nervtötenden und verwirrenden Beschreibungen der fraglichen Experimente« (im englischen Original: »narration of these experiments […] too tedious and confused« (Newton [CoIN]/I:105n19; vergl. Newton [LoMI]:3081)).

603 Dazu siehe Eggebrecht [BKF]:85/6, Dreyfus [BPoI]:160 sowie Schulenberg [KMoJ]:413–416, 424.

604 Ob man in solchen Fällen von Lüge sprechen möchte oder nicht, ist

Anmerkungen 507

in der sprachphilosophischen Literatur umstritten, siehe z. B. Adler [LDFI] und Saul [LMWI].
605 Mehr dazu in O. M. [ML]:§ I.5.4.
606 Newton [LoMI]:3082, Punkt 5.
607 Newton [O]:42-44 (= Book I, Part I, Proposition IV, Problem I).
608 Newton [LOOL]:70-73; Newton [OO]:302-305; Newton, Brief an Oldenburg für Ignace-Gaston Pardies vom 13. 4. 1672 (siehe Newton [CoIN]/I:137).
609 Newton [O]:44/5.
610 Newton [O]:46 (= Book I, Part I, Proposition IV, Experiment 11).
611 Wenn der Buchstabe »h« in unserer Abbildung doppelt vorkommt, so hat das vorderhand damit zu tun, dass Desaguliers sein Experiment auf zwei getrennten Abbildungen darstellte, die wir hier in ein Bild integriert haben. Nichtsdestoweniger dürfte die doppelte Verwendung alles andere als willkürlich sein; wie Desaguliers offenbar herausstreichen wollte, hat er auf dem Schirm ein (rotes) Bild h des Blendenlochs h aufgefangen. (Dass diesmal das rote Ende des Spektrums oben liegt statt unten, hat mit der Ausrichtung des Prismas A zu tun; kopfüber im Vergleich zu den bisher beschriebenen Experimenten).
612 Newton [LoMI]:3087; volles Zitat in § 10.6.
613 Fürs folgende siehe Plinius [N]/XXXV:66-69 (= § 80-§ 83).
614 Frühe Gegenevidenzen aus der Menschheitsgeschichte bringt allerdings Sütterlin [fSSt]:166 et passim.
615 Siehe oben § 4.9. Andere Fassungen habe ich in § 4.11 und § 10.10 skizziert.
616 Siehe Newton [LoMI]:3082, vor Punkt 5. (Im Druck wurde offenbar die Numerierung von Punkt 4 vergessen). Details dazu ergeben sich aus Newtons Farbenkreis, siehe Newton [O]:97-100 (= Book I, Part II, Proposition VI) und dort Newtons »Fig. 11« auf der Tafel namens »Lib. I. Par. II. Tab. III«.
617 Siehe Goethe [ETN]:§ 506 (volles Zitat unten in § 11.16). Der Maler und Farbforscher Ferdinand Wülfing hat die Purpurlücke besonders gründlich untersucht und dargestellt (Wülfing [FGS]:103-107).
618 Weinberg [TvEU]:154/5.
619 Gomringer in Lentz [WSNS]; dort auch Details zur folgenden Betrachtung und zu dem erstaunlichen Skandal, den das Gedicht kürzlich ausgelöst hat. Eine andere Sicht dieses Skandals vertritt Köhler [ÖT].
620 Der Schriftsteller Michael Lentz führt die dritte Strophe auf die Transitivität zurück, die aus der Logik bekannt ist: Wenn erstens Alleen und Blumen sowie zweitens Blumen und Frauen, dann auch drittens Alleen und Frauen (Lentz [WSNS]). Darüber kann man streiten; für einen transitiven Schluss der Logik wäre das Bindeglied »y« bzw. »und«

508 Anmerkungen

zwischen den einzelnen Wörtern fehl am Platze; nur wenn an seine Stelle z. B. das Gleichheitszeichen träte, ergäbe sich ein zwingender Schluss: »Wenn erstens Alleen und Blumen dasselbe sind sowie zweitens Blumen und Frauen, dann sind auch drittens Alleen und Frauen dasselbe«. Lentz hat natürlich recht, dass der konsequente Verzicht auf Verben ein wichtiges Merkmal des Gedichts ist; doch genau deshalb kommen wir in diesem Fall beim Interpretieren mit Kombinatorik weiter als mit Logik.

621 Vergl. § 9.9 – § 9.10. Ganz ähnlich beim Spaltdia, das Nussbaumer beinahe wie eine kleine Skulptur konzipiert (vergl. Abb. 6.24a mit Abb. 6.24b).
622 Zu Begriffen wie Grundfarbe und Elementarfarbe siehe Wülfing [FGS]:17, 150–154 et passim.
623 So z. B. Otto [ÄW]:253.
624 Aristoteles [P]:76/7 (= XXIII, 1459a) und Aristoteles [P]:24–27 (= VII, 1450b). Aus heutiger Sicht finden wir derartige Vorgaben übertrieben; wie stark beispielsweise das Ende literarischer Texte von den aristotelischen Vorgaben abweichen kann, demonstriert Haarkötter [NEE].
625 Siehe z. B. Leonhardt [JSB]:12.
626 Hierzu und zum folgenden siehe Keller [WKvJ]:15–18 et passim.
627 Siehe hierzu und zum folgenden Schoot [GGS]:46n64.
628 Einen verwandten Kompromiss geht Wülfing ein bei seiner farbwissenschaftlichen Einteilung des Farbenkreises in sechzig gleichabständige Farbtöne (Wülfing [FGS]:186).
629 Goethe [F]/I, Goethe [F]/II, Boccaccio [D].
630 Wittgenstein [BüF]:14 (Teil I § 6 – § 8).
631 Zu alledem siehe O. M. [FDHG].
632 Newton [MINA]:5099–5100 (zitiert oben in § 5.13).
633 Vergl. Lohne et al [NTP]:22. Im englischen Original: »I procured me a Triangular glass-Prisme, to try therewith the *celebrated* Phaenomena of Colours« (Newton [LoMI]:3075/6; Hervorhebungen geändert).
634 Goethe [ETN]:§ 506; mein Kursivdruck; vergl. Goethe [EF]:§ 792 – § 798.
635 Goethe [EF]:§ 790.
636 Im englischen Original: »Of all beautiful things – including a beautiful face – the spectrum is the most beautiful; it has no form, and is void of artistic properties in many ways, but the colouring is to me an endless source of enjoyment« (Abney [SLoP]/I:258).
637 Ball [ES]:9, 155, 192/3.
638 Siehe oben § 9.2. Wie sich das exemplarisch am Beginn des *Contrapunctus 1* aus Bachs *Kunst der Fuge* durchdeklinieren lässt, zeigt Eggebrecht [BKF]:65/6.
639 Vergl. Maur (ed) [vKB]:29. Im englischen Original: »I am still groping in the dark, but I believe I can find something between sight and hear-

Anmerkungen 509

ing and I can produce a fugue in colors, as Bach has done in music« (Kupka in Anonym [OLoP]).
640 Viele Beispiele zeigt Bach [JSBi].
641 Hierzu und zum folgenden siehe Rehm [zLF]:91, Dittmann [KFbP]:129.
642 Die Deutung der Figurtypen als Themen einer Fuge findet sich bei Grohmann, zitiert in Bach [JSBi]:35; dort ist allerdings nur von vier Typen die Rede.
643 Mein bestes Beispiel für visuelle Kontrapunktik werde ich in Kunsttafel 15 erreichen.
644 Zum Konzept der geforderten Farben siehe Goethe [EF]:§ 48 – § 60, § 810/1; Goethe [PF]:190; dazu Matthaei [CF]. Zu farbigen Schatten siehe Goethe [EF]:§ 62 – § 79. Zu farbigen Nachbildern siehe Goethe [EF]:§ 47 – § 60. Zu Goethes Farbästhetik siehe Goethe [EF]:§ 61, § 706 – § 709, § 803 – § 815, § 885 – § 888.
645 Siehe z. B. Kellys Bild *Blue Green Red* (Kunsttafel 11), wo der rote Bildhintergrund treffsicher den Figurfarben Blau und Grün entgegentritt, die zusammen Türkis ergeben, also genau die Komplementärfarbe des Hintergrundes. (Ob sich Kelly ausdrücklich an Goethes Farbästhetik orientiert hat, ist meines Wissens nicht bekannt).
646 Eine verwandte Beobachtung macht Hofstadter [GEB]:70/1.
647 Hierzu und zum folgenden Dörffel [V]:V – VII.
648 Man kann trefflich darüber streiten, ob es zulässig ist, Friedrich den Zweiten von Preußen »groß« zu nennen – deutsche Patrioten und Nationalisten werden das anders beurteilen als deutsche Kosmopoliten (vergl. Mittenzwei [FZvP] mit Schieder [FG]). Gleichwohl weiß man bei Lektüre des großen Zusatzes sofort, wer gemeint ist – während die unprägnante römische Zählung der preußischen Wüteriche, pardon, Friederiche nicht nur mich regelmäßig in Unsicherheit stürzt. Daher möchte ich den Zusatz ohne jede Wertung als Namensbestandteil verstanden wissen. Die Streiterei scheint man im Ausland entspannter sehen zu können; so nutzt der holländische Dichter, Reiseschriftsteller und Romancier Cees Nooteboom, der über jeden Verdacht eines deutsch-preußischen Hurra-Patriotismus erhaben ist, den Ausdruck »Friedrich der Große« völlig entspannt (Nooteboom [BN]:294, 331).
649 Die beiden zuvor erwähnten Stücke aus diesem Zyklus sind das »Ricercar a 3« (BWV 1079/1) und das »Ricercar a 6« (BWV 1079/5). Einige Charakteristika der beiden Ricercars sind beschrieben in Wolff [JSB]/VIII.1:116/7.
650 Bach, Brief an Friedrich den Großen vom 7.7.1747 (siehe Dörffel [V]:VI); Hervorhebungen geändert.
651 Ähnlich – in anderem Zusammenhang und mit Verweis auf Schönbergs Kompositionsunterricht – Cage [GC]:93.

652 Abel [NaK]:330.
653 Einen kurzen Bericht gebe ich in O. M. [ZLPF]; eine Diaschau der Installation findet sich hier: http://amor.cms.hu-berlin.de/~muelleol/slideshow/slideshow_nussbaumer.html. Siehe auch Kunsttafel 15.
654 Schlosser in Goethe [SzN]/II.5B/1:501.
655 Details in O. M. [ML], Kapitel II.2. Dort finden sich auch Angaben zur Originalliteratur.
656 Siehe z. B. Goethe [EF]:§ 331.
657 Nicht viel anders unterscheidet Brückner für die Physik zwischen äußeren Symmetrien (mit Blick auf Raum- und Zeit) und inneren Symmetrien (mit Blick z. B. auf Ladung), siehe Brückner [PN]:145/6.
658 *Fuga a 2 Clav* (BWV 1080/18,1), siehe Bach [KF]:189 und Bach [NASW]/VIII.2.1:87.
659 *Alio modo Fuga a 2 Clav* (BWV 1080/18,2), siehe Bach [KF]:197 und Bach [NASW]/VIII.2.1:91.
660 Analog bei den beiden Spiegelfugen für ein Klavier (BWV 1080/12,1 und BWV 1080/12,2), siehe Bach [NASW]/VIII.2.1:58–63. Eine erhellende Analyse der Spiegelfugen liefert Schulenberg [KMoJ]:416–420.
661 Schulenberg [KMoJ]:416.
662 Ich folge hier Eggebrecht [BKF]:86.
663 Newton [O]:97 (= Book I, Part II, Proposition VI; Problem II); die zugehörige Abbildung dort heißt »Fig. 11« auf der Tafel namens »Lib. I Par. II Tab. III«.
664 Frühe Kritik an dem Vergleich bringt Goethe [ETN]:§ 488.
665 Sommerfeld [AS]:VIII.
666 Details zu dieser Farbterminologie im Kleingedruckten am Ende dieses Kapitels, siehe § 12.18.
667 Vergl. Newton [O]/a:5. Im englischen Original: »My design in this Book is not to explain the Properties of Light by Hypotheses, but to propose and *prove* them by reason and experiments« (Newton [O]:5 (= Book I, Part I), mein Kursivdruck). Fast dieselbe Formulierung brachte Newton schon vor 1672, siehe Newton [LOOL]:86/7.
668 Goethe [EzGF]:86.
669 Details mit Verweisen auf Originalliteratur in O. M. [ML]:§ II.3.8– § II.3.10; siehe dort Farbtafel 12.
670 Siehe z. B. Goethe [EzGF]:89.
671 Die Gleichwertigkeit beider Ansätze hat schon vor einem halben Jahrhundert der norwegische Publizist André Bjerke betont (Bjerke [NBzG]:32, 65/66, 85–88).
672 Zu Details siehe O. M. [ML]:§ II.3.12 sowie dort Farbtafeln 10 – 13.
673 Details hierzu und zum folgenden in O. M. [ML]:§ II.3.16–§ II.3.19.
674 Lucas, Brief an Hooke für Newton vom Februar 1677/8 (siehe Newton [CoIN]/II:249–250).

Anmerkungen 511

675 Newton [O]:104 (= Book I, Part II, Proposition VIII).
676 Mehr dazu in O. M. [ML]:§ II.5.17 – § II.5.20, § IV.8.8.
677 O. M. [ML], Teil II; knapper in O. M. [GPUb], Abschnitte 6 bis 10; technisch detaillierter in Rang et al [NiG]. Die physikalische Grundlage für diese Überlegungen entfaltet Rang [PKS].
678 Details zu diesem Wagnis in § 13.3 – § 13.4.
679 In der wissenschaftsphilosophischen Literatur finden sich weitere Beispiele für die These, die aber zu wünschen übrig lassen, wie ich in § 15.17 skizziere.
680 Vergl. Quine [WG]:55. Im englischen Original: »[…] we have no reason to suppose that man's surface irritations even unto eternity admit of any *one* systematization that is scientifically better or simpler than all possible others. It seems likelier, *if only on account of symmetries or dualities*, that countless alternative theories would be tied for first place« (Quine [WO]:23; mein Kursivdruck). In meiner Übertragung habe ich Quines – damals zeitgemäße – behavioristische Rede von *Sinnesreizungen* an den Außenflächen der fraglichen Person wieder in die zuvor und heute übliche Redeweise von *Erfahrungen* zurückübersetzt. Wie sich beides zueinander verhält, diskutiere ich in O. M. [IA]: 12 – 14.
681 Mehr zu Quines These in O. M. [GPUb]:80/1, O. M. [PE] und ausführlich in O. M. [ML], Teil IV.
682 Quine [WO]:78; *locus classicus* für die These ist Quine [oEES]. Siehe auch Quine [PoT]:96/7, Quine [TI]:13 – 15, Quine [oRfI]:179.
683 Siehe Quine [oEES]:313, Quine [IoTA]:9; vergl. Bergström [QoU]:44/5.
684 Die Metapher vom Tribunal der Erfahrung formuliert Quine [TDoE]:41; dort auch klassische Argumente für den Holismus.
685 Dazu O. M. [SA]:156 – 158.
686 Dazu O. M. [SA]:179 – 188.
687 Siehe z. B. Falkenburg [WFEM]:577/8.
688 Siehe z. B. Rechtsteiner [AGmM]:61 – 88.
689 Leonhardt [JSB]:6.
690 Details dazu in O. M. [FDHG]:42, 44 *et passim*.
691 Goethes Erklärungsansatz findet sich in Goethe [EF]:§ 218 – § 242, § 335 – § 338. Die klarsten Rekonstruktionen, die mir bekannt sind, liefern Bjerke [NBzG]:43, Carrier [GFIP]:210 – 213 und Nussbaumer [zF]:66 – 84.
692 Eine Ausnahme bietet der norwegische Physiker Torger Holtsmark, der (ohne ausführliche Diskussion der *Farbenlehre* Goethes, aber von ihr beeinflusst) vorschlägt, Kontraste zwischen Hell und Dunkel ins Blickfeld zu rücken (Holtsmark [NECR]).
693 Lorenz [SB]:20.
694 Cage [oRRA]:102, 108.
695 Siehe Cage [S]:98.

696 Goethe [EzGF]:86; volles Zitat oben in § 12.12.
697 Bei einem weit wichtigeren Thema bietet Eddingtons Expedition ein verwandtes Beispiel dafür, siehe § 2.14.
698 O. M. [GPUb]:95/6.
699 Siehe oben § 7.13 – § 7.16.
700 Webern, zitiert in Stroh [AW]:42/3; einige Absatzwechsel und ein Fußnotenzeichen von Stroh weggelassen.
701 Siehe z. B. Stroh [AW]:14, 15, 19, 34/5.
702 So Schönberg, Brief an Rudolf Kolisch vom 27.7.1932 (siehe Stroh [AW]:24).
703 Webern, Brief an Hildegard Jone vom 6.8.1928 (siehe Stroh [AW]:5, vergl. p. 42).
704 Schuller [FAiT]:65.
705 Schuller [FAiT]:73.
706 Zu den unordentlichen Spektren siehe Nussbaumer [zF]:200–206 *et passim*. Einen kurzen Überblick über die unordentlichen Spektren gebe ich in O. M. [NFdI], Abschnitt V; ausführlicher stelle ich sie dar in O. M. [NGEN] sowie in O. M. [ML]:§ III.5.11 – § III.5.16.
707 Hanslick [vMS]:59; Hanslicks Hervorhebungen weggelassen; siehe oben § 9.25.
708 So – in Anlehnung an Goethe – Nussbaumer [zF]:25–28. Nussbaumer plädiert dafür, anstelle theoretischer Terme »deutungsoffene« Terme einzusetzen; siehe Nussbaumer [zF]:197, 206.
709 O. M. [ML]:§ III.5.15 – § III.5.16. Verwandte, aber im Detail etwas andere Ansätze liefern Müller [ZF] sowie Grusche et al [RGBA].
710 Ein Beispiel dafür gebe ich in § 11.14.
711 O. M. [GPUb], 10. Abschnitt.
712 O. M. [GPUb]:94.
713 Siehe 8. Kapitel.
714 O. M. [NFdI]:14n2.
715 Siehe für die Farbforschung Bjerke [NBzG]:66, 86–88 sowie Nussbaumer [zF]:86, 104, 150, 151, 188, insbesondere Tafeln VIII und IX; für die Physik siehe Holtsmark [NECR], Sällström [MS].
716 Rang et al [NiG].
717 Fürs folgende siehe O. M. [GPmS]:173/4n115 (in der Netzfassung Fußnote 103 auf p. 47).
718 Ein *locus classicus* ist Wittgenstein [PU]:278 (§ 67). Der Ausdruck ist von den Philosophen so divers interpretiert worden, dass es sich in unserem Rahmen verbietet, auch nur eine Auswahl aus dem exegetischen Ozean darzubieten.
719 Ähnlich pessimistisch äußert sich Margolis [O]:190.
720 So z. B. mit Blick auf die klassische Musik Schuller [FAiT]:66 *et passim*.
721 Siehe Steinbrenner [LSÄU]:11.

722 Zangwill [BDD]:324.
723 Zangwill [BDD]:325.
724 Einige klare Trennlinien zieht Zangwill [BDD]:322-327. Eine Diskussion verschiedener Drei-Ebenen-Modelle bietet Steinbrenner [LSÄU], Steinbrenner [SS]:315-320, Steinbrenner [WW]:615/6. Der *locus classicus* zur Implikatur ist Grice [LC].
725 So auch Otto, ohne allerdings von einer mittleren Ebene zu sprechen, siehe Otto [ÄW]:22.
726 Den Vergleich bringen z. B. Zangwill [BDD]:322/3 und Sibley [GCRi]:105/6.
727 So (ohne Bezug auf Mondrian und Ästhetik) Putnam [RTH]:138/9.
728 Williams [ELoP]:130, 140/1, 178-182 *et passim*; Putnam [OSED]; Murdoch [IoP]:22/3, 42 *et passim*; McDowell [AMRH]. Kritik bei Millgram [IEBU].
729 McAllister [BRiS]:33.
730 Genauso sieht es Zangwill [BDD]:317-321.
731 Lyas [EoA]:356.
732 Analog protestiert Sibley gegen eine Liste einzeln notwendiger und zusammen hinreichender Bedingungen, die den Einsatz jener Ausdrücke (der mittleren Ebene) regeln, siehe Sibley [AC]:424, 435 *et passim*.
733 Analog Otto [ÄW]:25.
734 Siehe z. B. Dancy [EwP], Dancy [MP].
735 Siehe z. B. McKeever et al [PE], Hooker [MP].
736 Sibley [GCRi]:104.
737 Zum Beispiel Kupperman [RiSo]:236, Otto [ÄW]:51, 55.
738 Isenberg [CC]:336, 340/1 *et passim*.
739 Kupperman [RiSo]:223. Ich habe mich in dieser Untersuchung wiederholt von jederlei Reduktionismus abgegrenzt (siehe z. B. § 9.1, § 9.4).
740 Siehe § 6.10 und § 9.25. Hierzu und zum folgenden siehe Østergaard [DW]:94/5.
741 Østergaard [DW].
742 Darwin [oOoS]:490.
743 Østergaard [DW]:91/2.
744 Østergaard [DW]:92.
745 Zu Beziehungen zwischen Wagner und Courbet siehe Rubin [CWV], zu Beziehungen zwischen Darwin und Courbet siehe Herding et al (eds) [C]:250.
746 Hierzu und zum folgenden siehe Keisch [W], Galvez [iAS] sowie Herding et al (eds) [C]·250-255.
747 Cézanne nach Gasquet [WEMG]:178. Im französischen Original: »Tout la salle sent l'embrun ...« (Cézanne in Gasquet [CQMD]:144).
748 Viele hervorragende Beispiele dafür versammelt Gombrich [SoT]. Siehe auch oben § 1.13.

749 Heidegger [WW]:55, Hervorhebungen weggelassen.
750 Heidegger [WW]:54/5.
751 Heidegger [PzGZ]:204.
752 Piper [BTiS].
753 Selbstverständlich gibt es in der Philosophie viele andere Pfade von Kunst zur Wahrheit, auf die ich hier ebenfalls nicht eingehen kann, siehe z. B. Sonderegger [WKAm].
754 Zum dritten Fall siehe Gernhardt [DMDV]:53/4.
755 Herding et al (eds) [C]:250.
756 Im englischen Original: »Painting is a science, and should be pursued as an inquiry into the laws of nature. Why, then, may not landscape be considered as a branch of natural philosophy, of which pictures are but the experiments?« (Constable [LoL]:69). Zitiert z. B. in Gombrich [EEiA]:215.
757 Constable [LoL]:68/9.
758 Herbst [KaW].
759 Kelch [JBÄ]:214.
760 Musil [MoE]/1:9.
761 Rilke [AMLB]:21.
762 So der Rilke-Biograph Wolfgang Leppmann (Leppmann [R]:117); Zustimmung dazu bei Gernhardt [DMDV]:54/5.
763 Gernhardt [DMDV]:56/7; um Verwirrungen zu vermeiden, habe ich diejenigen äußeren Anführungszeichen weggelassen, die diese ganze Passage als Zitat markieren müssten. Vergl. Bergengruen [SM].
764 Andere wichtige Figuren aus dieser spannenden Dynamik werden beleuchtet in Breidbach et al (eds) [NuA], Breidbach et al (eds) [PuA].
765 Siehe Arnim [VTEE] sowie die Aufsätze in Arnim [WB]/2.1, ausführlich kommentiert durch die Arnim-Forscherin Roswitha Burwick in Arnim [WB]/2.2. Zu Arnims naturwissenschaftlichem Studium in Halle und Göttingen siehe Burwick in Arnim [WB]/2.2:577–587.
766 Siehe Arnim [IzTM]/1, Arnim [IzTM]/2, Arnim [BüVS], Arnim [uVmG].
767 Novalis [GPS]:64, dazu Rommel [FvHN]:74/5 und Berg [PiAF]:132; zu Ritters, Schellings und Ørsteds Zusammenspiel bei der Entdeckung des Elektromagnetismus siehe Christensen [HCØ]:147–155, 336–349 und Friedman [KNE]; Ørsteds Originalarbeit ist Ørsted [EcEC]. Mehr über Novalis und die Wissenschaften im gleichnamigen Sammelband (Uerlings (ed) [NW]) sowie bei Gamper [E]:103–151.
768 Zum Wechselspiel zwischen Ritter und Arnim siehe z. B. Weber [VsiD]. Zu Novalis und seiner Arbeit in der Mathematik siehe Bomski [MiDD].
769 Burwick [KIAE]:39, 58/9 *et passim.*
770 Christensen [ØRPB]:182. Nicht viel anders sah es Novalis, siehe Rommel [FvHN]:67 *et passim.*

771 Siehe erstens Ritter [VBüG]:112–114 *et passim* (dazu Schlüter [GRÜB]:45–47); zweitens Ritter [CPiL] und drittens Ritter [FaNJ]/1 sowie Ritter [FaNJ]/2 (dazu Gamper [E]:192–199).
772 Ritter [FaNJ]/1:I–CXXV, insbes. pp. IV–V.
773 So jedenfalls Breidbach et al [JWRP]:128, 136.
774 Einen wichtigen der vielen Unterschiede zwischen beispielsweise Arnims und Ritters Methode in der Physik benennen Breidbach et al [JWRP]:136.
775 Brain [REaF]:223, 232/3 *et passim*.
776 Breidbach et al [E].
777 S.o. § 8.16 – § 8.18. Ich bringe einige Details zur Polaritätsidee bei Schelling, Goethe und Ritter in O.M. [GPmS].
778 Breidbach et al [JWRP]:124/5 mit irriger Jahreszahl (»1802« anstelle von 1801). Siehe auch meine Darstellung in O.M. [GPSZ]: 144–149.
779 Im Erlanger Zentrum für Literatur und Naturwissenschaft (ELINAS) entstehen eine Reihe von Untersuchungen zu diesen Themen einschließlich ihrer Verlängerungen in die Gegenwart, siehe Heydenreich et al (eds) [PP], Heydenreich et al (eds) [QL] sowie Heydenreich et al (eds) [PL].
780 Reinacher et al [GAP].
781 Wie wichtig unser Bedürfnis nach sinnvoller Ordnung dafür ist, Kunstwerke ästhetisch zu beurteilen, haben viele Ästhetiker herausgearbeitet, siehe z.B. Otto [ÄW]:233–243, 269.
782 Vergl. § 11.3k.
783 Siehe oben § 13.14. Dass sich schon Newton ganz ähnlich verhalten hat, habe ich in § 6.15 – § 6.16, § 7.6 und § 10.6 – § 10.8 angedeutet.
784 Im englischen Original: »The lack of beauty in a piece of mathematics is a frequent occurrence, *and it is a motivation for further research.* Lack of beauty is related to lack of definitiveness. A beautiful proof is more often than not the definitive proof (though a definitive proof need not be beautiful); a beautiful theorem is not likely to be improved upon« (Rota [PoMB]:128/9; meine Hervorhebung).
785 Fischer [SB]:51, 145; siehe Holton [oAoS]:204–206.
786 Siehe Crease [MBE]/2:20, Crease [PP]:144–162.
787 Ein Beispiel dafür bietet Newtons Vorgehen in der Optik, siehe § 10.6 – § 10.10.
788 McAllister [BRiS]:93–95.
789 Rohrlich [fPtR]:13/4.
790 Siehe Jacquette [ANLi]:659 sowie Einstein [zMTP]:116/7 (zitiert in § 2.11) bzw. Sklar [MC]:379–381 *et passim*.
791 So jedenfalls (freilich mit noch größerem Pessimismus) Hossenfelder [LiM].

792 Quine [TDoE]:43.
793 Weinberg [TvEU]:163-171.
794 Weinberg [TvEU]:168/9. Weit weniger kritisch als Weinberg geht Fischer mit Kepler bzw. Crick um (siehe Fischer [SB]:27-29, 40-44).
795 McAllister [BRiS]:69 mit Verweis auf weitere Literatur.
796 Fischer [SB]:124.
797 Weinberg [TvEU]:130-133.
798 Siehe § 4.10.
799 Dirac [RbMP]:126/7. Siehe dazu McAllister [BRiS]:95, dort auch Angaben zu mehr Literatur.
800 Dirac [RbMP]:127.
801 Weinberg [TvEU]:170.
802 Eine analoge Überlegung findet sich bei Einstein [A]:24. Siehe auch oben § 2.12.
803 Vergl. Weinberg [TvEU]:170. Im englischen Original: »we would not accept any theory as final unless it were beautiful« (Weinberg [DoFT]:165).
804 Weinberg [TvEU]:170.
805 Weinberg [TvEU]:164/5.
806 Weinberg [TvEU]:155. Im englischen Original: »Thus not only is our aesthetic judgment a means to the end of finding scientific explanations and judging their validity – *it is part of what we mean by an explanation*« (Weinberg [DoFT]:149, Hervorhebung dort).
807 Wigner [UEoM]:3, 7.
808 Wigner [UEoM]:2, 7-11. Ähnlich Dirac [RbMP]:124.
809 Wigner [UEoM]:8-11.
810 Wigner [UEoM]:10.
811 Wigner [UEoM]:11.
812 Wigner [UEoM]:2, 7, vergl. p. 10/1, 14. Ähnlich Penrose [RoAi]:267. Protest gegen Wunder dieser Art bei Kuhn [SoSR]:158.
813 Zu diesem Gesichtspunkt bei Kopernikus siehe z.B. Kopernikus [dROC]/I:80; zu Kepler siehe oben § 4.1, § 4.9k, § 4.22; zu Newton siehe § 5.3.
814 Ähnliche Argumente, wenn auch mit noch schärfer anti-metaphysischem Zungenschlag, formuliert Hossenfelder [LiM]:17-20, 212-216 *et passim*.
815 Die These lässt sich gut mit Wigners Parabel vom wunderbar passenden Schlüsselbund verbinden, deren Implikationen Wigner nur andeutet (Wigner [UEoM]:2).
816 McAllister [BRiS]:70-89 *et passim*. Dies unterstützt Kuipers [BRtT].
817 McAllister [BRiS]:54-59, 105-124, insbes. pp. 115, 121/2. Siehe oben § 1.3k, § 4.1k.
818 Im englischen Original: »the maxim of minimum mutilation: disturb

overall science as little as possible, other things being equal« (Quine [Q]:142; vergl. Quine [PoT]:14/5, Quine [fStS]:49). Mehr zum Kriterium der Konservativität in Sklar [MC].
819 Vergl. Weinberg [TvEU]:142/3 und oben § 8.16.
820 Vergl. die Belege, die ich im 2. Kapitel ab § 2.9 aufgeboten habe. Siehe auch Schummer [SSiK]:76.
821 So jedenfalls Schummer [SSiK]:63n8. Siehe aber das Kleingedruckte am Ende dieses Paragraphen.
822 Vergl. Vitruvius [dALD]:36/7, 136–139 (= 1. Buch, II. Kapitel, § 2 sowie 3. Buch, I. Kapitel, § 1 – § 4). Vergl. § 9.16 – § 9.19.
823 Vitruvius [dALD]:194–197 (= 4. Buch, VII. Kapitel).
824 Vitruvius [dALD]:190–195 (= 4. Buch, VI. Kapitel).
825 Vergl. Vitruvius [dALD]:193. Im lateinischen Original: »Supercilii, quod supra antepagmenta inponitur, *dextra atque sinistra* proiecturae sic sunt faciundae, uti crepidines excurrant« (Vitruvius [dALD]:192 (= 4. Buch, VI. Kapitel, § 2); mein Kursivdruck).
826 Siehe oben § 9.15.
827 Davor warnt Hossenfelder [LiM].
828 Siehe z. B. Goethe [EF]:§ 695 – § 697. Einige Details dazu in O. M. [GcNo].
829 Goethe, Brief an Georg Forster, 25. 6. 1792, siehe Goethe [WA]/IV.9:312.
830 O. M. [GPSZ].
831 O. M. [ML], Teil III.
832 O. M. [ML], Teil II.
833 McAllister [SAPa]:169, 174.
834 Kuhn [SoSR]:155.
835 Kuhn [CR]:171/2 *et passim*.
836 Siehe McAllister [BRiS]:105–124, vergl. insbes. p. 112 *versus* p. 122.
837 Im englischen Original: »He [i. e., the research worker] should still take simplicity into consideration in a subordinate way to beauty [...] It often happens that the requirements of simplicity and of beauty are the same, but where they clash the latter must take precedence« (Dirac [RbMP]:124).
838 McAllister [BRiS]:166–168; vergl. § 3.6.
839 Im englischen Original: »transient underdetermination« (Sklar [MC]:380/1, Hoyningen-Huene [RMAo]:176–178).
840 Siehe Dyson in Chandrasekhar [PoBP]:23/4.
841 McAllister [BRiS]:190–193.
842 So Muller [EMoQ]; dem widerspricht Perovic [WWMM].
843 Zahar [WDEP]:116, 120/1 *et passim*.
844 So Zahar mit detaillierten Argumenten gegen anderslautende Ansätze aus der Literatur (Zahar [WDEP]:98–109).
845 Zahar [WDEP]:241–244 *et passim*. Wegen Zahars Ausrichtung an der

518　Anmerkungen

Lakatos-Schule betont er heuristische Gesichtspunkte von Forschungsprogrammen stärker als ästhetische Gesichtspunkte (vergl. § 3.1n126).
846　Weizsäcker [GP], insbes. pp. 56-67.
847　Krohn [ÄDW]:29.
848　Krohn [ÄDW]:19-22, dort auch Angaben zu weiterer Literatur.
849　Siehe § 6.15 - § 6.16.
850　Dieser Zug der Moral wird im Jargon der angloamerikanischen Metaethik unter der hässlichen Überschrift »Overridingness« diskutiert (Stroud [MOMT]). Auf Deutsch müsste man vielleicht vom allüberwältigenden Vorrang der Moral sprechen; oder genügt einfach die Rede vom Vorrang der Moral?
851　Kant [KU]:5-7, 16. Eine transparente Darstellung der kantischen Formel liefert Otto [ÄW]:169-195.
852　Dieser Ehrentitel braucht sich selbstverständlich nicht auf alle Gebiete gegenwärtiger Forschung zu erstrecken, über die das letzte Wort noch nicht gesprochen ist (Hossenfelder [LiM]).
853　Ähnlich Kuhn [SoSR]:8/9.
854　Mehr zu diesem Übergang in § 16.9.
855　Siehe oben § 2.10.
856　Zahar [WDEP]:256-259.
857　Literatur zur Bedeutung des Unterschieds zwischen wissenschaftlicher Entdeckung und wissenschaftlicher Rechtfertigung nenne ich in § 2.5k.
858　So Lampert in einer mündlichen Mitteilung.
859　Dass diese Behauptungen ihren Preis hätten, ergibt sich aus § 8.18.
860　Ich habe anderswo dargetan, dass sich hinter kontrafaktischen Spekulationen typischerweise Werturteile verbergen, siehe O. M. [CKK], Abschnitte 4-10 sowie O. M. [ML], Kapitel IV.6.
861　Ein ähnlich naives Bild hat allen Ernstes noch in der Mitte des 19. Jahrhunderts das naturwissenschaftliche Universalgenie Hermann von Helmholtz hochgehalten, im vermeinten Triumph gegen Goethe (siehe Helmholtz [üGNA]:52/3).

Literaturverzeichnis

Ich nenne nur solche Titel, auf die ich mich in dieser Arbeit ausdrücklich beziehe. *Falls ein Titel ursprünglich zu einem früheren Zeitpunkt erschienen ist als zu dem von mir genannten Erscheinungsdatum, führe ich am Ende des Eintrages zusätzlich das frühere Erscheinungsdatum auf; die von mir benutzte Version des fraglichen Werkes könnte in diesem Fall von der ursprünglich erschienenen Version abweichen.*
Mnemotechnischer Hinweis. *Die Kürzel zwischen eckigen Klammern ergeben sich durch folgenden Algorithmus aus den Titeln der fraglichen Schriften: Man streiche alle Vorkommnisse bestimmter und unbestimmter Artikel, beseitige sämtliche Vorkommnisse von »und« und »oder« (bzw. deren anderssprachige Äquivalente) sowie alle Wörter, die nach einem Punkt oder Doppelpunkt vorkommen; dann verkette man die Anfangsbuchstaben der (maximal) ersten vier verbleibenden Wörter, wobei für Präpositionen kleine Buchstaben zu benutzen sind und für alle anderen Wörter Großbuchstaben.*

Abel, Angelika [NaK]: »Natur als Klangphänomen. Zur Umsetzung von Goethes Methodik der Farbenlehre in der Dodekaphonie Weberns«. In Matussek (ed) [GVN]:326–344.
Abney, William de Wiveslie [SLoP]/I: »Six lectures on ›Photography with the bichromate salts‹. I. Scientific and historical preliminary«. *The Photographic Journal* 20 No 9 (1896), pp. 254–259.
Ackermann, Robert [NE]: »The new experimentalism«. *The British Journal for the Philosophy of Science* 40 No 2 (1989), pp. 185–190.
Adler, Jonathan E. [LDFI]: »Lying, deceiving, or falsely implicating«. *The Journal of Philosophy* 94 No 9 (1997), pp. 435–452.
Adorno, Theodor W./Kogon, Eugen [OAV]: »Offenbarung oder autonome Vernunft«. *Frankfurter Hefte. Zeitschrift für Kultur und Politik* 13 No 7 (1958), pp. 484–498.
Aigner, Martin/Ziegler, Günter M. [BB]: *Das BUCH der Beweise.* (Berlin: Springer, 2002). [Erschien zuerst auf Englisch im Jahr 1998].
Anonym [OLoP]: »›Orpheism‹ latest of painting cults«. *The New York Times* (19.10.1913), p. C4.

Aristoteles [dC]: *Du ciel.* (Paul Moraux (tr, ed); Paris: Société d'Édition.»Les Belles Lettres«, 1965).

Aristoteles [P]: *Poetik. Griechisch/Deutsch.* (Manfred Fuhrmann (tr, ed); Stuttgart: Reclam, 1982).

Arndt, Karl/Gottschalk, Gerhard/Smend, Rudolf (eds) [GG]/2: *Göttinger Gelehrte. Die Akademie der Wissenschaften zu Göttingen in Bildnissen und Würdigungen. 1751 - 2001. Zweiter Band.* (Göttingen: Wallstein, 2001).

Arnim, Ludwig Achim von [BüVS]: »Bemerkungen über Volta's Säule, in Briefen an den Herausgeber«. In Arnim [WB]/2.1:371-407. [Erschien zuerst 1801].

Arnim, Ludwig Achim von [IzTM]/1: »Ideen zu einer Theorie des Magneten. 1. Beobachtungen über die chemische Beschaffenheit der Magneten«. In Arnim [WB]/2.1:136-145. [Erschien zuerst 1799].

Arnim, Ludwig Achim von [IzTM]/2: »Ideen zu einer Theorie des Magneten. 2. Ueber die Polarität«. In Arnim [WB]/2.1:356-370. [Erschien zuerst 1801].

Arnim, Ludwig Achim von [uVmG]: »Ueber die Versuche mit geblendeten Fledermäusen, von Jurine«. In Arnim [WB]/2.1:185/6. [Erschien zuerst 1800].

Arnim, Ludwig Achim von [VTEE]: *Versuch einer Theorie der elektrischen Erscheinungen.* (Halle: Gebauer, 1799).

Arnim, Ludwig Achim von [WB]/2.1: *Werke und Briefwechsel. Historisch-kritische Ausgabe. Band 2: Naturwissenschaftliche Schriften I. Teil 1: Text.* (Roswitha Burwick (ed); Tübingen: Niemeyer, 2007).

Arnim, Ludwig Achim von [WB]/2.2: *Werke und Briefwechsel. Historisch-kritische Ausgabe. Band 2: Naturwissenschaftliche Schriften I. Teil 2: Kommentar.* (Roswitha Burwick (ed); Tübingen: Niemeyer, 2007).

Arp, Hans [PD]: »Papiers déchirés. 1932-1938«. In Bolliger et al (eds) [HAzH]:128/9.

Baberowski, Jörg [SG]: *Der Sinn der Geschichte. Geschichtstheorien von Hegel bis Foucault.* (München: Beck, 2005).

Bach, Friedrich Teja [JSBi]: »Johann Sebastian Bach in der klassischen Moderne«. In Maur (ed) [vKB]:328-335. [Die zugehörigen Abbildungen finden sich im selben Band unter der Überschrift »Hommage à Bach - Kunst der Fuge«, pp. 28-47].

Bach, Johann Sebastian [JSBW]/31.2: *Joh. Seb. Bach's Werke. Einunddreißigster Jahrgang. Zweite Lieferung: Musikalisches Opfer 1747.* (Alfred Dörffel (ed); Leipzig: Breitkopf, 1881).

Bach, Johann Sebastian [KF]: *Die Kunst der Fuge. The art of fugue. BWV 1080.* (Hermann Diener (ed); Kassel: Bärenreiter, 2004). [Der Erstdruck erschien posthum 1751/2. Die hier benutzte Edition erschien zuerst 1956].

Bach, Johann Sebastian [MO]: *Musikalisches Opfer. Musical offering. BWV*

1079. (Christoph Wolff (ed); Kassel: Bärenreiter, 1988). [Der Erstdruck erschien 1747. Die hier benutzte Edition erschien zuerst 1974].

Bach, Johann Sebastian [MP]: *Matthäus-Passion. St Matthew passion. BWV 244.* (Alfred Dürr (ed); Kassel: Bärenreiter, 2006). [Die Originalhandschrift stammt von der zweiten Aufführung aus dem Jahr 1736. Die hier benutzte Edition erschien zuerst 1974].

Bach, Johann Sebastian [NASW]/VIII.2.1: *Neue Ausgabe sämtlicher Werke. Serie VIII: Kanons, Musikalisches Opfer, Kunst der Fuge. Band 2.1: Die Kunst der Fuge. Teilband 1: Ausgabe nach dem Originaldruck.* (Klaus Hofmann (ed); Kassel: Bärenreiter, 1995). [= NBA/VIII.2.1].

Bach, Johann Sebastian [NASW]/VIII.1: *Neue Ausgabe sämtlicher Werke. Serie VIII: Kanons, Musikalisches Opfer, Kunst der Fuge. Band 1: Kanons. Musikalisches Opfer.* (Christoph Wolff (ed); Leipzig: VEB Deutscher Verlag für Musik, 1974). [= NBA/VIII.1; siehe auch Wolff [JSB]/VIII.1].

Bach, Johann Sebastian [NBA]: *Die »Neue Bach-Ausgabe«. Neue Ausgabe sämtlicher Werke.* (Johann-Sebastian-Bach-Institut Göttingen/Bach-Archiv Leipzig (eds); Kassel: Bärenreiter, 1954–2007). [Zu den Details einzelner Bände der Notentexte Bachs aus dieser Edition siehe Bach [NASW]; der zugehörige kritische Bericht ist jeweils unter dem dort genannten Herausgebernamen aufgeführt].

Bacon, Francis [NO]/1: *Neues Organon. Teilband 1. Lateinisch – deutsch.* (Rudolf Hoffmann (tr), Wolfgang Krohn (ed); Hamburg: Meiner, 1990).

Baeyer, Hans Christian von [FW]: *Fermis Weg. Was die Naturwissenschaft mit der Natur macht.* (Hainer Kober (tr); Reinbek: Rowohlt, 1994). [Erschien zuerst auf Englisch im Jahr 1993].

Ball, Philip [ES]: *Elegant solutions. Ten beautiful experiments in chemistry.* (Cambridge: Royal Society of Chemistry, 2005).

Barck, Karlheinz/Fontius, Martin/Schlenstedt, Dieter/Steinwachs, Burkhart/Wolfzettel, Friedrich (eds) [ÄG]/6: *Ästhetische Grundbegriffe. Historisches Wörterbuch in sieben Bänden. Band 6: Tanz – Zeitalter/Epoche.* (Stuttgart: Metzler, 2005).

Barrett, Robert B./Gibson, Roger F. (eds) [PoQ]: *Perspectives on Quine.* (Cambridge/Massachusetts: Blackwell, 1990).

Basieux, Pierre [TTSM]: *Die Top Ten der schönsten mathematischen Sätze.* (Reinbek: Rowohlt, 2007). [Erschien zuerst 2000].

Batey, August [GWTA]: »Grand Wizard Theodore accidentally invents scratching. 1975«. *The Guardian. A History of Modern Music* (13.6.2011), p. 5.

Becker, Marcus [RiRL]: »Remus in Rheinsberg oder Leaping the fence the other way. Über die Funktionalität von Grenzziehungen in Gartenprogrammen des 18. Jahrhunderts«. In Heinze et al (eds) [GA]:291–323.

Berg, Alban [MINÄ]: »Die musikalische Impotenz der ›Neuen Ästhetik‹ Hans Pfitzners«. *Musikblätter des Anbruch* 2 No 11–12 (1920), pp. 399–408.

Literatur

Berg, Gunnar [PiAF]: »Physik in der ›Alltagswelt‹ des Friedrich von Hardenberg«. In Rommel (ed) [ATWF]:129–136.

Bergengruen, Werner [SM]: »Südlicher Mittag«. In Hackelsberger (ed) [WB]:45. [Das Gedicht ist dort auf das Jahr 1937 datiert].

Bergström, Lars [QoU]: »Quine on underdetermination«. In Barrett et al (eds) [PoQ]:38–52.

Betz, Gregor/Koppelberg, Dirk/Löwenstein, David/Wehofsits, Anna (eds) [WD]: *Weiter Denken. Über Philosophie, Wissenschaft und Religion*. (Berlin: de Gruyter, 2015).

Bieri, Hanspeter/Zwahlen, Sara Margarita (eds) [TOAW]: »*Trinkt, o Augen, was die Wimper hält, ...«. Farbe und Farben in Wissenschaft und Kunst. Referate einer Vorlesungsreihe des Collegium generale der Universität Bern im Sommersemester 2006*. (Bern: Haupt, 2008). [= *Berner Universitätsschriften* 52].

Bjerke, André [NBzG]: *Neue Beiträge zu Goethes Farbenlehre. Erster Teil: Goethe contra Newton*. (Louise Funk (tr); Stuttgart: Verlag Freies Geistesleben, 1963). [Erschien zuerst auf Norwegisch im Jahr 1961; weitere Teile sind weder auf Deutsch noch auf Norwegisch erschienen].

Bleisch, Barbara/Strub, Jean-Daniel (eds) [P]: *Pazifismus. Ideengeschichte, Theorie und Praxis*. (Bern: Haupt, 2006).

Blotkamp, Carel [M]: *Mondrian. The art of destruction*. (Barbara Potter Fasting (tr); London: Reaktion Books, 1994). [Erschien zuerst auf Holländisch im Jahr 1994].

Boccaccio, Giovanni [D]: *Das Dekameron*. (Ruth Macchi/August Wilhelm Schlegel/Karl Witte (trs); Berlin: Bechtermünz, 1999). [Erschien zuerst auf Italienisch im Jahr 1470; entstanden 1348–1353].

Bolliger, Hans/Magnaguagno, Guido/Witzig, Christian (eds) [HAzH]: *Hans Arp zum 100. Geburtstag. Ein Lese- und Bilderbuch*. (Zürich: Stiftung Hans Arp und Sophie Taeuber-Arp, 1986).

Bomski, Franziska [MiDD]: *Die Mathematik im Denken und Dichten von Novalis. Zum Verhältnis von Literatur und Wissen um 1800*. (Berlin: de Gruyter, 2014). [= *Deutsche Literatur. Studien und Quellen* 15].

Bord, Janet [IL]: *Irrgärten und Labyrinthe*. (Antje Pehnt (tr); Köln: DuMont, 1976). [Erschien zuerst auf Englisch im Jahr 1976].

Bourdon, David [W]: *Warhol*. (New York: Abradale, 1989).

Boyd, Malcolm [DS]: *Domenico Scarlatti. Master of music*. (London: Weidenfeld, 1986).

Brading, Katherine [NoGR]: »A note on general relativity, energy conversation, and Noether's theorems«. In Kox et al (eds) [UoGR]:125–135.

Brain, Robert Michael/Cohen, Robert S./Knudsen, Ole (eds) [HCØR]: *Hans Christian Ørsted and the romantic legacy in science. Ideas, disciplines, practices*. (Dordrecht: Springer, 2007). [= *Boston Studies in the Philosophy of Science* 241].

Brain, Robert Michael [REaF]: »The romantic experiment as fragment«. In Brain et al (eds) [HCØR]:217-233.

Brecht, Bertolt [GMvS]: *Der gute Mensch von Sezuan. Parabelstück.* (Frankfurt/Main: Suhrkamp, 1963). [Erschien zuerst 1953].

Breger, Herbert [MPSb]: »Die mathematisch-physikalische Schönheit bei Leibniz«. *Revue Internationale de Philosophie* 48 No 188 (1994), pp. 127-140.

Breidbach, Olaf/Burwick, Roswitha (eds) [PuA]: *Physik um 1800. Kunst, Naturwissenschaft oder Philosophie?* (München: Fink, 2012). [= *Laboratorium Aufklärung* 5].

Breidbach, Olaf/Burwick, Roswitha [E]: »Einleitung. Physik um 1800. Kunst, Wissenschaft oder Philosophie – eine Annäherung«. In Breidbach et al (eds) [PuA]:7-18.

Breidbach, Olaf/Heering, Peter/Müller, Matthias/Weber, Heiko [EW]: »Experimentelle Wissenschaftsgeschichte«. In Breidbach et al (eds) [EW]:13-72.

Breidbach, Olaf/Heering, Peter/Müller, Matthias/Weber, Heiko (eds) [EW]: *Experimentelle Wissenschaftsgeschichte.* (München: Fink, 2010). [= *Laboratorium Aufklärung* 3].

Breidbach, Olaf/Weber, Heiko [JWRP]: »Johann Wilhelm Ritter – Physik als Kunst«. In Breidbach et al (eds) [PuA]:121-137.

Breidbach, Olaf/Ziche, Paul (eds) [NuA]: *Naturwissenschaften um 1800. Wissenschaftskultur in Jena–Weimar.* (Weimar: Böhlau, 2001).

Breitenbach, Angela [AiS]: »Aesthetics in science. A Kantian proposal«. *Proceedings of the Aristotelian Society* 113 No 1 (2013), pp. 83-100.

Brewster, David [MoLW]/2: *Memoirs of the life, writings, and discoveries of Sir Isaac Newton. Volume 2.* (New York: Johnson Reprint Corporation, 1965). [Erschien zuerst 1855].

Broglie, Louis de [LM]: *Licht und Materie. Ergebnisse der Neuen Physik.* (Hamburg: Goverts, 1939). [Erschien zuerst auf Französisch im Jahr 1937].

Broglie, Louis de [MLiM]: »Materie und Licht in der modernen Physik«. In Broglie [LM]:37-50.

Broglie, Louis de [WE]: »Die Wellennatur des Elektrons. Rede bei Empfang des Nobelpreises am 12. Dezember 1929 in Stockholm«. In Broglie [LM]:305-320.

Brückner, Thomas [PN]: *Die Philosophie der Naturgesetze. Philosophische Untersuchungen zur aktuellen Physik.* (Hamburg: Kovač, 2015).

Buchwald, Jed Z. (ed) [SP]: *Scientific practice. Theories and stories of doing physics.* (Chicago: University of Chicago Press, 1995).

Büning, Eleonore [aLBH]: »Auf leerer Bühne herrschen die Stimmen allein«. *Frankfurter Allgemeine Zeitung* No 85 (10.04.2017), p. 10.

Burnet, Ioannes [PO]/IV: *Platonis opera. Recognovit brevique adnotatione critica instruxit. Tomus IV: Tetralogiam VIII continens.* (Oxford: Clarendon Press, 1902).

Burwick, Roswitha [KIAE]: »Kunst ist Ausdruck des ewigen Daseins«. Arnims poetische Ansicht der Natur«. In Breidbach et al (eds) [PuA]:39–65.

Cage, John [GC]: »Grace and clarity«. In Cage [S]:89–93. [Erschien zuerst 1944].

Cage, John [LoN]: »Lecture on nothing«. In Cage [S]:109–127. [Erschien zuerst 1959].

Cage, John [oRRA]: »On Robert Rauschenberg, artist, and his work«. In Cage [S]:98–108. [Erschien zuerst 1961].

Cage, John [S]: *Silence. Lectures and writings by John Cage.* (Hanover: Wesleyan University Press, 1973). [Erschien zuerst 1961].

Carnap, Rudolf [EiPN]: *Einführung in die Philosophie der Naturwissenschaft.* (Walter Hoering (tr), Martin Gardner (ed); Frankfurt/Main: Ullstein, 1986). [Erschien zuerst auf Englisch im Jahr 1966].

Carrier, Martin [GFIP]: »Goethes Farbenlehre – ihre Physik und Philosophie«. *Zeitschrift für allgemeine Wissenschaftstheorie* 12 No 2 (1981), pp. 209–225.

Carrier, Martin [NECS]: »New experimentalism and the changing significance of experiments. On the shortcomings of an equipment-centered guide to history«. In Heidelberger et al (eds) [EE]:175–191.

Carrier, Martin [NK]: *Nikolaus Kopernikus.* (München: Beck, 2001).

Caspar, Max/Dyck, Walther von (eds) [JKiS]/I: *Johannes Kepler in seinen Briefen. Band I.* (München: Oldenbourg, 1930).

Chandrasekhar, Subrahmanyan [BQfB]: »Beauty and the quest for beauty in science«. In Chandrasekhar [TB]:59–73. [Text eines Vortrags aus dem Jahr 1979].

Chandrasekhar, Subrahmanyan [PoBP]: »The perception of beauty and the pursuit of science«. *Bulletin of the American Academy of Arts and Sciences* 43 No 3 (1989), pp. 14–29.

Chandrasekhar, Subrahmanyan [PoS]: »The pursuit of science. Its motivations«. In Chandrasekhar [TB]:15–28. [Text eines Vortrags aus dem Jahr 1985].

Chandrasekhar, Subrahmanyan [TB]: *Truth and beauty. Aesthetics and motivations in science.* (Chicago: University of Chicago Press, 1987).

Christensen, Dan Charly [HCØ]: *Hans Christian Ørsted. Reading nature's mind.* (Oxford: Oxford University Press, 2013).

Christensen, Dan Charly [ØRPB]: »The Ørsted-Ritter partnership and the birth of romantic natural philosophy«. *Annals of Science* 52 No 2 (1995), pp. 153–185.

Christie, Agatha [MoRA]: »The murder of Roger Ackroyd«. In Christie [O]/3:1–231. [Erschien zuerst 1926].

Christie, Agatha [O]/3: *Omnibus. 1920s. Volume three: The murder of Roger*

Ackroyd, the big four, the mystery of the blue train. (Jacques Baudou (ed); London: HarperCollins, 1996).
Coles, Peter [EENE]: »Einstein, Eddington and the 1919 eclipse«. *Historical Development of Modern Cosmology, ASP Conference Series* 252 (2001), pp. 21–41.
Conrad, Joseph [V]: *Victory. An island tale.* (Mara Kalnins (ed); Oxford: Oxford University Press, 2004). [Erschien zuerst 1915].
Constable, John [JCD]: *John Constable's discourses.* (R. B. Beckett (ed); Ipswich: Suffolk Records Society, 1970).
Constable, John [LoL]: »Lectures on landscape«. In Constable [JCD]:28–74.
Corriero, Emilio Carlo/Dezi, Andrea (eds) [NRiS]: *Nature and realism in Schelling's philosophy.* (Turin: Accademia University Press, 2013).
Crease, Robert P. [MBE]/1: »The most beautiful experiment ...«. *Physics World* 15 No 5 (2002), p. 17.
Crease, Robert P. [MBE]/2: »The most beautiful experiment«. *Physics World* 15 No 9 (2002), pp. 19/20.
Crease, Robert P. [PP]: *The prism and the pendulum.* (New York: Random House, 2004). [Erschien zuerst 2003].
Curtin, Deane W. (ed) [ADoS]: *The aesthetic dimension of science. 1980 Nobel conference.* (New York: Philosophical Library, 1982).
Dahl, Roald [KK]: *Kiss kiss.* (New York: Knopf, 1960).
Dahl, Roald [PP]: »Parson's pleasure«. In Dahl [KK]:74–108. [Erschien zuerst 1958].
Danan, A./Farfurnik, D./Bar-Ad, S./Vaidman, L. [APWT]: »Asking photons where they have been«. *Physical Review Letters* 111 No 24 (2013). [Nummer des Artikels: 240402].
Dancy, Jonathan [EwP]: *Ethics without principles.* (Oxford: Clarendon Press, 2004).
Dancy, Jonathan [MP]: »Moral particularism«. *Stanford Encyclopedia of Philosophy* (2013). [Im Netz unter: https://plato.stanford.edu/entries/moral-particularism/; abgerufen am 25.08.2017; erschien zuerst 2001].
Danneberg, Lutz/Kamlah, Andreas/Schäfer, Lothar (eds) [HRBG]: *Hans Reichenbach und die Berliner Gruppe.* (Braunschweig: Vieweg, 1994).
Darwin, Charles [oOoS]: *On the origin of species by means of natural selection. Or the preservation of favoured races in the struggle for life.* (London: Murray, 1859).
Desaguliers, John Theophilus [AoSE]: »An account of some experiments of light and colours, formerly made by Sir Isaac Newton, and mention'd in his Opticks, lately repeated before the Royal Society by J. T. Desaguliers, F. R. S.« *Philosophical Transactions* 29 No 348 (1716), pp. 433–447.
Dickens, Charles [OLfN]: »Old lamps for new ones«. *Household Words* 1 No 12 (15.6.1850), pp. 265–267.

Dies, Albert Christoph [BNvJ]: *Biographische Nachrichten von Joseph Haydn*. (Wien: Camesina, 1810).

Dirac, Paul [EoET]: »The excellence of Einstein's theory of gravitation«. In Goldsmith et al (eds) [E]:41–46.

Dirac, Paul [EoPP]: »The evolution of the physicist's picture of nature«. *Scientific American* 208 No 5 (1963), pp. 45–53.

Dirac, Paul [EYoR]: »The early years of relativity«. In Holton et al (eds) [AE]:79–90.

Dirac, Paul [PM]: »Pretty mathematics«. *International Journal of Theoretical Physics* 21 No 8, 9 (1982), pp. 603–605.

Dirac, Paul [RbMP]: »The relation between mathematics and physics«. *Proceedings of the Royal Society of Edinburgh* 59 (1938/9), pp. 122–129.

Dirac, Paul [ToT]: »The test of time«. *The Unesco Courier* 32 (1979), pp. 17, 21–23.

Dirac, Paul [WWBi]: »Why we believe in the Einstein theory«. In Gruber et al (eds) [SiS]:1–11.

Dittmann, Lorenz [KFbP]: »›Kosmos Farbe‹ bei Paul Klee, mit Bemerkungen zur Farbe bei Johannes Itten«. In Wagner et al (eds) [IK]:127–137.

Doncel, Manuel G./Hermann, Armin/Michel, Louis/Pais, Abraham (eds) [SiP]: *Symmetries in physics (1600–1980). Proceedings of the 1st international meeting on the history of scientific ideas held at Sant Feliu de Guíxols, Catalonia, Spain. September 20–26, 1983*. (Barcelona: Servei de Publicacions, 1987).

Doran, Michael (ed) [CaC]: *Conversations avec Cézanne*. (Paris: Macula, 1978).

Doran, Michael (ed) [GmC]: *Gespräche mit Cézanne*. (Jürg Bischoff et al (tr); Zürich: Diogenes, 1982). [Erschien zuerst auf Französisch im Jahr 1978].

Dörffel, Alfred [V]: »Vorwort«. In Bach [JSBW]/31.2:V–XV.

Dorn, Friedrich/Bader, Franz (eds) [PM]: *Physik Mittelstufe*. (Hannover: Schroedel, 1974).

Dreyfus, Laurence [BPoI]: *Bach and the patterns of invention*. (Cambridge/Massachusetts: Harvard University Press, 1996).

Ducheyne, Steffen [MBoN]: *The main business of natural philosophy. Isaac Newton's natural-philosophical methodology*. (Dordrecht: Springer, 2012). [= *Archimedes 29*].

Duhem, Pierre [ZSPT]: *Ziel und Struktur der physikalischen Theorien*. (Friedrich Adler (tr), Lothar Schäfer (ed); Hamburg: Meiner, 1978). [Erschien zuerst auf Französisch im Jahr 1906, die deutsche autorisierte Ausgabe erschien zuerst 1908].

Dürer, Albrecht [VBvM]: *Vier Bücher von menschlicher Proportion*. (G. M. Wagner (ed); London: Wagner, 1970). [Faksimile der Erstausgabe 1528].

Dürr, Alfred [KvJS]/1: *Die Kantaten von Johann Sebastian Bach mit ihren Texten. Band 1.* (München: dtv, 1985). [Erschien zuerst 1971].

Dyson, Frank Watson/Eddington, Arthur Stanley/Davidson, Charles [DoDo]: »A determination of the deflection of light by the sun's gravitational field, from observations made at the total eclipse of May 29, 1919«. *Philosophical Transactions of the Royal Society of London. Series A: Containing Papers of a Mathematical or Physical Character* 220 (1920), pp. 291–333.

Dyson, Freeman J. [MA]: »Manchester and Athens«. In Curtin (ed) [ADoS]:41–62.

Dyson, Freeman J. [PHWF]: »Prof. Hermann Weyl, for. mem. R. S. (Obituary)«. *Nature* 177 No 4506 (1956), pp. 457–458.

Earman, John/Glymour, Clark [RE]: »Relativity and eclipses. The British eclipse expeditions of 1919 and their predecessors«. *Historical Studies in the Physical Sciences* 11 No 1 (1980), pp. 49–85.

Eco, Umberto (ed) [GS]: *Die Geschichte der Schönheit.* (Friederike Hausmann/Martin Pfeiffer (trs); München: dtv, 2009). [Erschien zuerst auf Italienisch im Jahr 2004, auf Deutsch zuerst 2004].

Eggebrecht, Hans Heinrich [BKF]: *Bachs Kunst der Fuge. Erscheinung und Deutung.* (München: Piper, 1984).

Eidemüller, Dirk [QEG]: *Quanten – Evolution – Geist. Eine Abhandlung über Natur, Wissenschaft und Wirklichkeit.* (Heidelberg: Springer, 2017).

Einstein, Albert [A]: »Autobiographisches«. In Einstein [AN]:2–88.

Einstein, Albert [AN]: *Autobiographical notes.* (Paul Arthur Schilpp (tr, ed); La Salle/Illinois: Open Court Publishing Company, 1979).

Einstein, Albert [CPoA]/2: *The collected papers of Albert Einstein. Volume 2: The Swiss years. Writings, 1900–1909.* (John Stachel (ed); Princeton: Princeton University Press, 1989).

Einstein, Albert [CPoA]/6: *The collected papers of Albert Einstein. Volume 6: The Berlin years. Writings, 1914–1917.* (A. J. Kox/Martin J. Klein/Robert Schulmann (eds); Princeton: Princeton University Press, 1996).

Einstein, Albert [CPoA]/7: *The collected papers of Albert Einstein. Volume 7: The Berlin years. Writings, 1918–1921.* (Michel Janssen/Robert Schulmann/József Illy/Christoph Lehner/Diana Kormos Buchwald (eds); Princeton: Princeton University Press, 2002).

Einstein, Albert [CPoA]/8.A: *The collected papers of Albert Einstein. Volume 8: The Berlin years. Correspondence, 1914–1918. Part A: 1914–1917.* (Robert Schulmann/A. J. Kox/Michel Janssen/József Illy (eds); Princeton: Princeton University Press, 1998).

Einstein, Albert [CPoA]/15: *The collected papers of Albert Einstein. Volume 15: The Berlin years. Writings & correspondence, June 1925–May 1927.* (Diana Kormos Buchwald/József Illy/A. J. Kox/Dennis Lehmkuhl/Ze'ev Rosenkranz/Jennifer Nollar James (eds); Princeton: Princeton University Press, 2018).

Einstein, Albert [F]: »Foreword«. In Newton [O]/A:vii–viii.

Einstein, Albert [GAR]: »Die Grundlage der allgemeinen Relativitätstheorie«. *Annalen der Physik* 49 No 7 (1916), pp. 769–822.

Einstein, Albert [MW]: *Mein Weltbild*. (Carl Seelig (ed); Frankfurt/Main: Ullstein, 1984). [Erschien zuerst 1934].

Einstein, Albert [N]: »Nachtrag«. In Weyl [GE]:478.

Einstein, Albert [RCEB]: »Remarks concerning the essays brought together in this co-operative volume«. In Schilpp (ed) [AE]:665–688. [Paul Arthur Schilpp (tr)].

Einstein, Albert [TSG]: »Time, space, and gravitation«. In Einstein [CPoA]/7:212–215. [Erschien zuerst 1919].

Einstein, Albert [zAR]: »Zur allgemeinen Relativtätstheorie«. In Einstein [CPoA]/6:214–224. [Erschien zuerst 1915].

Einstein, Albert [zEBK]: »Zur Elektrodynamik bewegter Körper«. In Einstein [CPoA]/2:275–310. [Ich zitiere nach der dort mit abgedruckten Originalpaginierung aus dem Jahr 1905].

Einstein, Albert [zMTP]: »Zur Methodik der theoretischen Physik«. In Einstein [MW]:113–119.

Falkenburg, Brigitte [PM]: *Particle metaphysics. A critical account of subatomic reality*. (Berlin: Springer, 2007). [Erschien zuerst auf Deutsch im Jahr 1994].

Falkenburg, Brigitte [URoS]: »The unifying role of symmetry principles in particle physics«. *Ratio (New Series)* 1 No 2 (1988), pp. 113–134. [Francis Dunlop (tr)].

Falkenburg, Brigitte [WFEM]: »Wohin fliegt die Eule der Minerva? Über die Verkehrung von Licht und Finsternis«. *Zeitschrift für philosophische Forschung* 69 No 4 (2015), pp. 574–580.

Fallada, Hans [KMWN]: *Kleiner Mann – was nun?* (Hamburg: Rowohlt, 1990). [Erschien zuerst 1932].

Fehige, Christoph/Meggle, Georg (eds) [zMD]/1: *Zum moralischen Denken. Band 1*. (Frankfurt/Main: Suhrkamp, 1995).

Feigl, Herbert/Maxwell, Grover (eds) [SEST]: *Scientific explanation, space, and time*. (Minneapolis: University of Minnesota Press, 1962). [= *Minnesota Studies in the Philosophy of Science* III].

Feigl, Herbert [bPC]: »Beyond peaceful coexistence«. In Stuewer (ed) [HPPo]:3–11.

Feyerabend, Paul [ERE]: »Explanation, reduction, and empiricism«. In Feigl et al (eds) [SEST]:28–97.

Field, Judith V. [KGC]: *Kepler's geometrical cosmology*. (London: Athlone Press, 1988).

Fischer, Ernst Peter [ÄW]: »Ästhetische Wissenschaft. Schöne Ideen und elegante Experimente in der Geschichte«. In Krohn (ed) [ÄiW]:39–58.

Fischer, Ernst Peter [SB]: *Das Schöne und das Biest. Ästhetische Momente in der Wissenschaft.* (München: Piper, 1997).

Fitzgerald, Francis Scott [CCoB]: »The curious case of Benjamin Button«. In Fitzgerald [ToJA]:192–224.

Fitzgerald, Francis Scott [ToJA]: *Tales of the jazz age.* (New York: Scribner, 1922).

Frauenfelder, Hans/Henley, Ernest M. [TK]: *Teilchen und Kerne. Subatomare Physik.* (München: Oldenbourg, 1979).

Freundlich, Erwin/Brunn, Albert von [üTVB]: »Über die Theorie des Versuches der Bestimmung der Lichtablenkung im Schwerefeld der Sonne«. *Zeitschrift für Astrophysik* 6 (1933), pp. 218–235.

Freundlich, Erwin [BESü]: »Der Bericht der englischen Sonnenfinsternisexpedition über die Ablenkung des Lichtes im Gravitationsfelde der Sonne«. *Die Naturwissenschaften* 8 No 34 (1920), pp. 667–673.

Freundlich, Erwin [NSL]: »Der Nachweis der Schwere des Lichtes«. *Die Naturwissenschaften* 47 No 6 (1960), pp. 123–127.

Friedman, Michael [FoST]: *Foundations of space-time theories. Relativistic physics and philosophy of science.* (Princeton: Princeton University Press, 1983).

Friedman, Michael [KNE]: »Kant–Naturphilosophie–Electromagnetism«. In Brain et al (eds) [HCØR]:135–158.

Frisius, Gemma Rainer [dRAG]: *De radio astronomico & geometrico liber. In quo multa quae ad geographiā, opticam, geometriam & astronomiam vtiliss. sunt, demonstrantur.* (Antwerpen: Bontium, 1545).

Fritzsch, Harald [Q]: *Quarks. Urstoff unserer Welt.* (München: Piper, 1984). [Erschien zuerst 1981].

Fry, Roger [AS]: »Art and science«. *Athenaeum* 4649 (1919), pp. 434/5.

Fuller, Steve [SPiR]: »The strong program in the rhetoric of science«. In Krips et al (eds) [SRR]:95–117.

Galilei, Galileo [DdGG]: *Dialogo di Galileo Galilei linceo matematico sopraordinario dello stvdio di Pisa. E filosofo, e matematico primario del serenissimo Gr. Dvca di Toscana. Doue ne i congressi di quattro giornate si discorre sopra i due massimi sistemi del mondo Tolemaico, e Copernicano; proponendo indeterminatamente le ragioni filosofiche, e naturali tanto per l'vna, quanto per l'altra parte.* (Fiorenza: Landini, 1632).

Galvez, Paul [iAS]: »Im Auge des Sturms«. In Herding et al (eds) [C]:58–64.

Gamper, Michael [E]: *Elektropoetologie. Fiktionen der Elektrizität 1740 1870.* (Göttingen: Wallstein, 2009).

Gardiner, John Eliot [B]: *Bach. Music in the castle of heaven.* (New York: Knopf, 2013).

Gasquet, Joachim [CQMD]: »›Ce qu'il m'a dit ...‹ (extrait de Paul Cézanne)«. In Doran (ed) [CaC]:106–161.

Gasquet, Joachim [WEMG]: »Was er mir gesagt hat«. (Elsa Glaser (tr)). In Doran (ed) [GmC]:133-198.

Geach, Peter Thomas [LM]: *Logic matters*. (Oxford: Blackwell, 1981). [Erschien zuerst 1972].

Geach, Peter Thomas [PoP]: »The perils of Pauline«. In Geach [LM]:153-165. [Erschien zuerst 1969].

Gernhardt, Robert [DMDV]: »Darf man Dichter verbessern? Eine Annäherung in drei Schritten«. In Gernhardt [GzG]:37-74.

Gernhardt, Robert [GzG]: *Gedanken zum Gedicht*. (Zürich: Haffmans, 1990).

Geyer, Bodo/Herwig, Helge/Rechenberg, Helmut (eds) [WH]: *Werner Heisenberg. Physiker und Philosoph. Verhandlungen der Konferenz »Werner Heisenberg als Physiker und Philosoph in Leipzig« vom 9. – 12. Dezember 1991 an der Universität Leipzig*. (Heidelberg: Spektrum, 1993).

Gide, André [F]: *Die Falschmünzer. Roman*. (Ferdinand Hardekopf (tr); München: dtv, 1982). [Erschien zuerst auf Französisch im Jahr 1925, auf Deutsch zuerst 1928].

Gide, André [FM]: *Les faux-monnayeurs*. (Paris: Gallimard, 1925).

Gingerich, Owen/Voelkel, James R. [TK]: »Tycho and Kepler. Solid myth versus subtle truth«. *Social Research* 72 No 1 (2005), pp. 77-106.

Gingerich, Owen [C]: »Commentary. Remarks on Copernicus' observations«. In Westman (ed) [CA]:99-107.

Gingerich, Owen [EoH]: *The eye of heaven. Ptolemy, Copernicus, Kepler*. (New York: American Institute of Physics, 1993). [= *Masters of Modern Physics* 7].

Gingerich, Owen [KToR]: »Kepler's treatment of redundant observations. Or, the computer versus Kepler revisited«. In Krafft et al (eds) [IKS]:307-314.

Goethe, Johann Wolfgang von [EF]: *Entwurf einer Farbenlehre. Des ersten Bandes erster, didaktischer Teil*. In Goethe [LA]/I.4:11-266. [Erschien zuerst als Separatdruck in kleiner Auflage 1808; dann im Jahr 1810 zusammen mit Goethe [ETN]].

Goethe, Johann Wolfgang von [ETN]: *Enthüllung der Theorie Newtons. Des ersten Bandes zweiter, polemischer Teil*. In Goethe [LA]/I.5:1-195. [Erschien zuerst 1810].

Goethe, Johann Wolfgang von [EzGF]: *Erklärung der zu Goethes Farbenlehre gehörigen Tafeln*. In Goethe [LA]/I.7:41-114. [Erschien zuerst 1810].

Goethe, Johann Wolfgang von [F]/I: *Faust. Eine Tragödie*. In Goethe [GW]/I.14:1-238. [Erschien zuerst 1808].

Goethe, Johann Wolfgang von [F]/II: *Faust. Eine Tragödie. Der Tragödie zweiter Theil in fünf Acten*. In Goethe [GW]/I.15.1:1-337. [Erschien zuerst 1832].

Goethe, Johann Wolfgang von [GW]/I.1: *Goethes Werke. I. Abtheilung: Werke im engern Sinne. [Literarische Werke]. 1. Band: Gedichte. Erster Theil.* (Weimar: Böhlau, 1887). [= Goethe [WA]/I.1].
Goethe, Johann Wolfgang von [GW]/I.3: *Goethes Werke. I. Abtheilung: Werke im engern Sinne. [Literarische Werke]. 3. Band: Gedichte. Dritter Theil.* (Weimar: Böhlau, 1890). [= Goethe [WA]/I.3].
Goethe, Johann Wolfgang von [GW]/I.14: *Goethes Werke. I. Abtheilung: Werke im engern Sinne. [Literarische Werke]. 14. Band: Faust. Erster Theil.* (Weimar: Böhlau, 1887). [= Goethe [WA]/I.14].
Goethe, Johann Wolfgang von [GW]/I.15.1: *Goethes Werke. I. Abtheilung: Werke im engern Sinne. [Literarische Werke]. 15. Band, erste Abtheilung: Faust. Zweiter Theil.* (Weimar: Böhlau, 1888). [= Goethe [WA]/I.15.1].
Goethe, Johann Wolfgang von [GW]/IV.9: *Goethes Werke. IV. Abtheilung: Briefe. 9. Band: 18. Juni 1788 – 8. August 1792.* (Weimar: Böhlau, 1891). [= Goethe [WA]/IV.9].
Goethe, Johann Wolfgang von [LA]: *»Leopoldina-Ausgabe«. Die Schriften zur Naturwissenschaft. Vollständige mit Erläuterungen versehene Ausgabe im Auftrage der Deutschen Akademie der Naturforscher Leopoldina.* (Jutta Eckle/Wolf von Engelhardt/Dorothea Kuhn/Rupprecht Matthaei/Irmgard Müller/Gisela Nickel/Thomas Nickol/Günther Schmid/Wilhelm Troll/Karl Lothar Wolf/Horst Zehe (eds); Weimar: Böhlau, 1947–2011). [Zu den Details einzelner Bände siehe Goethe [SzN]].
Goethe, Johann Wolfgang von [PF]: »Physiologe Farben«. In Goethe [LA]/I.8:188–192. [Aus Goethe [zNÜ]/I.4. Erschien zuerst 1822].
Goethe, Johann Wolfgang von [SzN]/I.4: *Die Schriften zur Naturwissenschaft. Erste Abteilung. Vierter Band: Zur Farbenlehre. Widmung, Vorwort und didaktischer Teil.* (Rupprecht Matthaei (ed); Weimar: Böhlau, 1955). [= Goethe [LA]/I.4].
Goethe, Johann Wolfgang von [SzN]/I.5: *Die Schriften zur Naturwissenschaft. Erste Abteilung. Fünfter Band: Zur Farbenlehre. Polemischer Teil.* (Rupprecht Matthaei (ed); Weimar: Böhlau, 1958). [= Goethe [LA]/I.5].
Goethe, Johann Wolfgang von [SzN]/I.7: *Die Schriften zur Naturwissenschaft. Erste Abteilung. Siebenter Band: Zur Farbenlehre. Anzeige und Übersicht, statt des supplementaren Teils und Erklärung der Tafeln.* (Rupprecht Matthaei (ed); Weimar: Böhlau, 1957). [= Goethe [LA]/I.7].
Goethe, Johann Wolfgang von [SzN]/I.8: *Die Schriften zur Naturwissenschaft. Erste Abteilung. Achter Band: Naturwissenschaftliche Hefte.* (Dorothea Kuhn (ed); Weimar: Böhlau, 1962). [= Goethe [LA]/I.8].
Goethe, Johann Wolfgang von [SzN]/II.5B/1: *Die Schriften zur Naturwissenschaft. Zweite Abteilung. Fünfter Band, Teil B/1: Zur Farbenlehre und Optik nach 1810 und zur Tonlehre. Ergänzungen und Erläuterungen. Materialien und Zeugnisse bis 1818.* (Thomas Nickol/Dorothea Kuhn/Horst Zehe (eds); Weimar: Böhlau, 2007). [= Goethe [LA]/II.5B/1].

Goethe, Johann Wolfgang von [WA]: »Weimarer Ausgabe« der Werke Goethes. (Im Auftrag der Großherzogin Sophie von Sachsen; Weimar: Böhlau, 1887–1919). [Zu den Details der einzelnen Bände siehe Goethe [GW]].

Goethe, Johann Wolfgang von [zNÜ]/I.4: »Zur Naturwissenschaft überhaupt. Erster Band. Viertes Heft«. In Goethe [LA]/I.8:173–279. [Erschien zuerst August/September 1822, siehe Matthaei [CF]:70].

Goldsmith, Maurice/Mackay, Alan/Woudhuysen, James (eds) [E]: *Einstein. The first hundred years*. (Oxford: Pergamon Press, 1980).

Gombrich, Ernst Hans Josef [EEiA]: »Experiment and experience in the arts«. In Gombrich [IE]:215–243.

Gombrich, Ernst Hans Josef [GK]: *Die Geschichte der Kunst*. (Stuttgart: Belser, 1992). [Erschien zuerst auf Englisch im Jahr 1950, auf Deutsch zuerst 1953].

Gombrich, Ernst Hans Josef [IE]: *The image and the eye. Further studies in the psychology of pictorial representation*. (Oxford: Phaidon, 1982).

Gombrich, Ernst Hans Josef [SoT]: »Standards of truth. The arrested image and the moving eye«. In Gombrich [IE]:244–277.

Gooding, David Charles/Pinch, Trevor/Schaffer, Simon (eds) [UoE]: *The uses of experiment*. (Cambridge: Cambridge University Press, 1989).

Gooding, David Charles [EMoM]: *Experiment and the making of meaning. Human agency in scientific observation and experiment*. (Dordrecht: Kluwer, 1990).

Gooding, David Charles [PABi]: »Putting agency back into experiment«. In Pickering (ed) [SaPC]:65–112.

Goodman, Nelson [FFF]: *Fact, fiction, and forecast*. (Cambridge/Massachusetts: Harvard University Press, 1983). [Erschien zuerst 1954].

Goodman, Nelson [NRoI]: »The new riddle of induction«. In Goodman [FFF]:59–83. [Text eines Vortrags aus dem Jahr 1953; erschien zuerst 1954].

Graßhoff, Gerd/Casties, Robert/Nickelsen, Kärin [zTE]: *Zur Theorie des Experimentes. Untersuchungen am Beispiel der Entdeckung des Harnstoffzyklus*. (Gerd Graßhoff/Timm Lampert/Tilman Sauer (eds); Bern: Bern Studies in the History and Philosophy of Science, 2000).

Graßhoff, Gerd/Treiber, Hubert [NNiS]: *Naturgesetz und Naturrechtsdenken im 17. Jahrhundert. Kepler – Bernegger – Descartes – Cumberland*. (Baden-Baden: Nomos, 2002). [= *Fundamenta Juridica* 44].

Graßhoff, Gerd [KuMa]: »Der ›Kampf um den Mars‹ als größte wissenschaftliche Niederlage Johannes Keplers«. *Acta Historica Leopoldina* 45 (2005), pp. 79–90.

Graßhoff, Gerd [MMM]: »Michael Maestlin's mystery. Theory building with diagrams«. *Journal for the History of Astronomy* 43 No 1 (2012), pp. 57–73.

Graßhoff, Gerd [NiKH]: »Naturgesetze in Keplers Himmel«. In Graßhoff et al [NNiS]:15–102, 213–217.

Greene, Brian [EU]: *The elegant universe. Superstrings, hidden dimensions, and the quest for the ultimate theory.* (New York: Norton, 2003). [Erschien zuerst 1999].

Greer, Andrew Sean [CoMT]: *The confessions of Max Tivoli.* (London: Faber, 2005). [Erschien zuerst 2004].

Grice, Paul [LC]: »Logic and conversation«. In Grice [SiWo]:22–40. [Erschien zuerst 1967 im Zuge der *William James Lectures*; erschien dann 1975].

Grice, Paul [SiWo]: *Studies in the way of words.* (Cambridge/Massachusetts: Harvard University Press, 1989).

Griesinger, Georg August [BNüJ]: *Biographische Notizen über Joseph Haydn.* (Leipzig: Breitkopf, 1810).

Grimm, Jakob/Grimm, Wilhelm [KHGd]: *Kinder- und Hausmärchen gesammelt durch die Brüder Grimm. Vollständige Ausgabe auf der Grundlage der 3. Auflage 1837.* (Heinz Rölleke (ed); Frankfurt/Main: Deutscher Klassiker Verlag, 2007). [Erschien zuerst 1812].

Grimm, Jakob/Grimm, Wilhelm [ZB]: »Die zwei Brüder«. In Grimm et al [KHGd]:275–295. [Erschien zuerst 1812].

Groen, Karin [PTiS]: »Painting technique in the seventeenth century in Holland and the possible use of the camera obscura by Vermeer«. In Lefèvre (ed) [iCO]:195–210.

Gruber, Bruno/Millman, Richard S. (eds) [SiS]: *Symmetries in science.* (New York: Plenum, 1980).

Grusche, Sascha/Theilmann, Florian [RGBA]: »An RGB approach to extraordinary spectra«. *European Journal of Physics* 36 No 5 (2015). [Nummer des Artikels: 055018].

Haarkötter, Hektor [B]: *Der Bücherwurm. Vergnügliches für den besonderen Leser.* (Darmstadt: Wissenschaftliche Buchgesellschaft, 2010).

Haarkötter, Hektor [NEE]: *Nicht-endende Enden. Dimensionen eines literarischen Phänomens. Erzähltheorie, Hermeneutik, Medientheorie.* (Würzburg: Königshausen, 2007). [= *Epistemata. Reihe Literaturwissenschaft* 574].

Haas, Arthur Erich [ÄTGi]: »Ästhetische und teleologische Gesichtspunkte in der antiken Physik«. *Archiv für Geschichte der Philosophie* 22 No 1 (1909), pp. 80–113.

Haase, Rudolf [KWH]: *Keplers Weltharmonik heute.* (Eckhard Graf (ed); Ahlerstedt: Param, 1989). [= *Esoterik des Abendlandes* Band 3].

Hackelsberger, Nino Luise (ed) [WB]: *Werner Bergengruen. Leben eines Mannes. Neunzig Gedichte, chronologisch geordnet. Mit einem Aufsatz von Albert Schirnding mit drei Porträtzeichnungen und mit biographischen Daten.* (Zürich: Arche, 1982).

Hacking, Ian [RI]: *Representing and intervening. Introductory topics in the philosophy of natural science*. (Cambridge: Cambridge University Press, 1983).

Hacking, Ian [SVoL]: »The self-vindication of the laboratory sciences«. In Pickering (ed) [SaPC]:29–64.

Hájek, Petr/Valdés-Villanueva, Luis/Westerståhl, Dag (eds) [LMPo]: *Logic, methodology and philosophy of science*. (London: King's College Publications, 2005).

Hall, Alfred Rupert/Boas Hall, Marie (eds) [USPo]: *Unpublished scientific papers of Isaac Newton*. (Alfred Rupert Hall/Marie Boas Hall (trs); Cambridge: Cambridge University Press, 1962).

Hanfling, Oswald (ed) [PA]: *Philosophical aesthetics. An introduction*. (Oxford: Blackwell, 1992).

Hanslick, Eduard [vMS]: *Vom Musikalisch-Schönen. Ein Beitrag zur Revision der Ästhetik der Tonkunst*. (Wiesbaden: Breitkopf, 2010). [Erschien zuerst 1854].

Hardy, Godfrey Harold [MA]: *A mathematician's apology*. (Cambridge: Cambridge University Press, 1967). [Erschien zuerst 1940].

Heidegger, Martin [G]/II.20: *Gesamtausgabe. II. Abteilung: Vorlesungen 1923–1944. Band 20: Prolegomena zur Geschichte des Zeitbegriffs*. (Petra Jaeger (ed); Frankfurt/Main: Klostermann, 1979).

Heidegger, Martin [PzGZ]: *Prolegomena zur Geschichte des Zeitbegriffs*. In Heidegger [G]/II.20. [Marburger Vorlesung aus dem Sommersemester 1925].

Heidegger, Martin [UK]: *Der Ursprung des Kunstwerkes*. (Stuttgart: Reclam, 1960).

Heidegger, Martin [WW]: »Das Werk und die Wahrheit«. In Heidegger [UK]:35–56.

Heidelberger, Michael/Steinle, Friedrich (eds) [EE]: *Experimental essays. Versuche zum Experiment*. (Baden-Baden: Nomos, 1998). [= *Interdisziplinäre Studien/Interdisciplinary Studies* 3].

Heine, Heinrich [BL]: *Buch der Lieder*. (Leipzig: Reclam, 1975). [Erschien zuerst 1827].

Heinze, Anna/Möckel, Sebastian/Röcke, Werner (eds) [GA]: *Grenzen der Antike. Die Produktivität von Grenzen in Transformationsprozessen*. (Berlin: de Gruyter, 2014). [= *Transformationen der Antike* 28].

Heisenberg, Werner [BATi]: »Der Begriff ›Abgeschlossene Theorie‹ in der modernen Naturwissenschaft«. In Heisenberg [GW]/C.I:335–340. [Erschien zuerst 1948].

Heisenberg, Werner [BSiE]: »Die Bedeutung des Schönen in der exakten Naturwissenschaft«. In Heisenberg [SüG]:288–305. [Text eines Vortrags aus dem Jahr 1970].

Heisenberg, Werner [GW]/C.I: *Gesammelte Werke. Collected works. Abteilung C: Allgemeinverständliche Schriften. Philosophical and popular* writings. Band I: Physik und Erkenntnis 1927–1955. Ordnung der Wirklichkeit, Atomphysik, Kausalität, Unbestimmtheitsrelationen u.a. (Walter Blum/Hans-Peter Dürr/Helmut Rechenberg (eds); München: Piper, 1984).

Heisenberg, Werner [SüG]: Schritte über Grenzen. Gesammelte Reden und Aufsätze. (München: Piper, 1971).

Heisenberg, Werner [TG]: Der Teil und das Ganze. Gespräche im Umkreis der Atomphysik. (München: dtv, 1981). [Erschien zuerst 1969].

Heisenberg, Werner [WiGN]: Wandlungen in den Grundlagen der Naturwissenschaft. (Stuttgart: Hirzel, 1980). [Erschien zuerst 1935].

Helmholtz, Hermann von [PWV]/1. Populäre wissenschaftliche Vorträge. Erstes Heft. (Braunschweig: Vieweg, 1865).

Helmholtz, Hermann von [üGNA]: »Über Goethe's naturwissenschaftliche Arbeiten. Vortrag gehalten im Frühling 1853 in der deutschen Gesellschaft zu Königsberg«. In Helmholtz [PWV]/1:31–53.

Henley, Ernest M./García, Alejandro [SP]: Subatomic physics. (New Jersey: World Scientific, 2007). [Erschien zuerst 1976].

Hentschel, Klaus [zRÄi]: »Zur Rolle der Ästhetik in visuellen Wissenschaftskulturen. Das Beispiel der Spektroskopie im 19. Jahrhundert«. In Krohn (ed) [ÄiW]:233–256.

Hentschel, Klaus [zRHR]: »Zur Rolle Hans Reichenbachs in den Debatten um die Relativitätstheorie (mit der vollständigen Korrespondenz Reichenbach – Friedrich Adler im Anhang)«. In Danneberg et al (eds) [HRBG]:295–324.

Herbst, Katrin [FN]: »Fernblick – Nahblick«. In Wullen (ed) [NaV]:27–33.

Herbst, Katrin [KaW]: »Kunst als Wissenschaft«. In Wullen (ed) [NaV]:43–49.

Herding, Klaus/Hollein, Max (eds) [C]: Courbet. Ein Traum von der Moderne. (Ostfildern: Hatje, 2010).

Hermann, Armin [E]: Einstein. Der Weltweise und sein Jahrhundert. Eine Biographie. (München: Piper, 1994).

Heydenreich, Aura/Mecke, Klaus (eds) [PL]: Physics and literature. Concepts – transfer – aestheticization. (Berlin: de Gruyter, 2019; im Erscheinen). [= Literatur- und Naturwissenschaften 3].

Heydenreich, Aura/Mecke, Klaus (eds) [PP]: Physik und Poetik. Produktionsästhetik und Werkgenese. Autorinnen und Autoren im Dialog. (Berlin: de Gruyter, 2015). [= Literatur- und Naturwissenschaften 1].

Heydenreich, Aura/Mecke, Klaus (eds) [QL]: Quarks and letters. Naturwissenschaften in der Literatur und Kultur der Gegenwart. (Berlin: de Gruyter, 2015). [= Literatur- und Naturwissenschaften 2].

Hildesheimer, Wolfgang [M]: Mozart. (Berlin: Verlag Volk und Welt, 1988). [Erschien zuerst 1977 in anderer Paginierung bei Suhrkamp. Da die von mir zitierte Ausgabe 534 Seiten hat, die Suhrkamp-Ausgabe dagegen

415 Seiten, kann man alle meine Seitenangaben mithilfe von Dreisatz umrechnen].

Hofmann, Klaus [HS]: *Heinrich Schütz. Musikalische Exequien. Opus 7. Dresden 1636.* (Stuttgart: Carus, 1972).

Hofstadter, Douglas R. [GEB]: *Gödel, Escher, Bach. An eternal golden braid.* (Harmondsworth: Penguin, 1980). [Erschien zuerst 1979].

Hofstadter, Douglas R. [GEB]/a: *Gödel, Escher, Bach. Ein endloses geflochtenes Band.* (Philipp Wolff-Windegg/Hermann Feuersee/Hainer Kober (trs); Stuttgart: Klett-Cotta, 2006). [Erschien zuerst auf Englisch im Jahr 1979, auf Deutsch zuerst 1985].

Holmes, Frederic L. [BEiL]: »Beautiful experiments in the life sciences«. In Tauber (ed) [ES]:83–101.

Holton, Gerald/Elkana, Yehuda (eds) [AE]: *Albert Einstein. Historical and cultural perspectives.* (Princeton: Princeton University Press, 1982).

Holton, Gerald [oAoS]: »On the art of scientific imagination«. *Daedalus* 125 No 2 (1996), pp. 183–208.

Holtsmark, Torger [NECR]: »Newton's *experimentum crucis* reconsidered«. *American Journal of Physics* 38 No 10 (1970), pp. 1229–1235.

Holze, Guido [HWHW]: »Halb Wunsch, halb Wirklichkeit. Les Musiciens du Louvre Grenoble in der Alten Oper«. *Frankfurter Allgemeine Zeitung* No 75 (30.03.2013), p. 50.

Hon, Giora/Schickore, Jutta/Steinle, Friedrich (eds) [GAiE]: *Going amiss in experimental research.* (Dordrecht: Springer, 2009). [= Boston Studies in the Philosophy of Science Volume 267].

Hooke, Robert [M]: *Micrographia. Or some physiological descriptions of minute bodies made by magnifying glasses with observations and inquiries thereupon.* (New York: Dover, 1961). [Erschien zuerst 1665; ich zitiere nach der Originalpaginierung aus der hier vorliegenden Faksimile-Ausgabe].

Hooker, Brad/Little, Margaret Olivia (eds) [MP]: *Moral particularism.* (Oxford: Clarendon Press, 2000).

Hooker, Brad [MP]: »Moral particularism. Wrong and bad«. In Hooker et al (eds) [MP]:1–22.

Horgan, John [EoS]: *The end of science. Facing the limits of knowledge in the twilight of the scientific age.* (Reading/Massachusetts: Helix Books, 1996).

Horwich, Paul [AiT]: *Asymmetries in time. Problems in the philosophy of science.* (Cambridge/Massachusetts: MIT Press, 1987).

Hossenfelder, Sabine [LiM]: *Lost in math.* (New York: Basic Books, 2018).

Hoyningen-Huene, Paul [CoDC]: »Context of discovery and context of justification«. *Studies in History and Philosophy of Science* 18 No 4 (1987), pp. 501–515.

Hoyningen-Huene, Paul [RMAo]: »Reconsidering the miracle argument on the supposition of transient underdetermination«. *Synthese* 180 No 2 (2011), pp. 173-187.

Hutcheson, Francis [ICBO]: *An inquiry concerning beauty, order, harmony, design.* (Peter Kivy (ed); Den Haag: Nijhoff, 1973). [Erschien zuerst 1725].

Isenberg, Arnold [CC]: »Critical communication«. *The Philosophical Review* 58 No 4 (1949), pp. 330-344.

Jacquette, Dale [ANLi]: »Aesthetics and natural law in Newton's methodology«. *Journal of the History of Ideas* 51 No 4 (1990), pp. 659-666.

Jäger, Christoph/Meggle, Georg (eds) [KE]: *Kunst und Erkenntnis.* (Paderborn: Mentis, 2005). [= *KunstPhilosophie* 6].

Janich, Peter [KPN]: *Kleine Philosophie der Naturwissenschaften.* (München: Beck, 1997).

Jardine, Nicholas [PoAi]: »The places of astronomy in early-modern culture«. *Journal for the History of Astronomy* 29 No 1 (1998), pp. 49-62.

Jena, Günter [GMSN]: »*Das gehet meiner Seele nah*«. *Die Matthäuspassion von Johann Sebastian Bach.* (Freiburg: Herder, 1999). [Erschien zuerst 1993].

Kambartel, Walter [SS]: *Symmetrie und Schönheit. Über mögliche Voraussetzungen des neueren Kunstbewusstseins in der Architekturtheorie Claude Perraults.* (München: Fink, 1972).

Kant, Immanuel [KRV]: *Kritik der reinen Vernunft.* (Raymund Schmidt (ed); Hamburg: Meiner, 1976). [Erschien zuerst 1781 (»A«) bzw. 1787 (»B«); ich zitiere nach den Randnummern, die sich auf die A-Ausgabe und auf die B-Ausgabe beziehen].

Kant, Immanuel [KU]: *Kritik der Urteilskraft.* (Karl Vorländer (ed); Hamburg: Meiner, 1974). [Erschien zuerst 1790, 1793, 1799. Ich zitiere nach den Randnummern, die sich auf die Originalausgabe von 1799 beziehen].

Kazdin, Andrew [GG]: *Glenn Gould. Ein Porträt.* (Lexa Katrin von Nostitz (tr); Zürich: Schweizer Verlagshaus, 1990). [Erschien zuerst auf Englisch im Jahr 1989].

Keisch, Claude [W]: »Die Welle. 1869/70«. In Wesenberg (ed) [NB]:104/5.

Kelch, Jan [JBÄ]: »Jan Brueghel d. Ä. Blumenstrauß. Um 1619/20«. In Michaelis (ed) [GB]:214-217.

Keller, Hans-Ulrich [KA]: *Kompendium der Astronomie. Einführung in die Wissenschaft vom Universum.* (Stuttgart: Kosmos, 2016). [Erschien zuerst 1994 unter dem Titel: *Astrowissen. Zahlen - Daten - Fakten*].

Keller, Hermann [WKvJ]: *Das Wohltemperierte Klavier von Johann Sebastian Bach. Werk und Wiedergabe.* (München: dtv, 1989). [Erschien zuerst 1965].

Kemperdick, Stephan/Sander, Jochen (eds) [MvFR]: *Der Meister von Flémalle und Rogier van der Weyden.* (Ostfildern: Hatje, 2008).

Kepler, Johannes [AN]: *Astronomia nova.* In Kepler [GW]/III:5-424. [Erschien zuerst 1609 unter dem vollen Titel: *Astronomia nova*

ΑΙΤΙΟΛΟΓΗΤΟΣ *sev physica coelestis, tradita commentariis de motibvs stellae martis, ex observationibus G. V. Tychonis Brahe*].

Kepler, Johannes [AN]/a: *Astronomia Nova. Neue, ursächlich begründete Astronomie*. (Max Caspar (tr), Fritz Krafft (ed); Wiesbaden: Marix, 2005). [= *Bibliothek des verloren gegangenen Wissens (Naturwissenschaften)*. Erschien in dieser Übersetzung zuerst 1929].

Kepler, Johannes [CiTM]: *Commentaria in theoriam martis*. In Kepler [GW]/XX.2:8–584. [Entstanden zwischen 1600 und 1605].

Kepler, Johannes [DdMB]: »Deliberatio de morâ Bohemicâ«. In Kepler [GW]/XIX:37–41. [Entstanden im April 1600].

Kepler, Johannes [EAC]: *Epitome astronomiae Copernicanae*. In Kepler [GW]/VII:5–537. [Erschien zwischen 1617 und 1621 unter dem vollen Titel: *Epitome astronomiae Copernicanae usitatâ formâ quaestionum & responsionum conscripta, inq; VII. libros digesta, quorum tres hi priores sunt de doctrina sphaericâ*. Eine zweite unveränderte Auflage erschien posthum 1635].

Kepler, Johannes [GW]/I: *Gesammelte Werke. Band I: Mysterium cosmographicum. De stella nova*. (Max Caspar (ed); München: Beck, 1938).

Kepler, Johannes [GW]/III: *Gesammelte Werke. Band III: Astronomia nova*. (Max Caspar (ed); München: Beck, 1990). [Erschien in dieser Edition zuerst 1938].

Kepler, Johannes [GW]/VI: *Gesammelte Werke. Band VI: Harmonice mundi*. (Max Caspar (ed); München: Beck, 1940).

Kepler, Johannes [GW]/VII: *Gesammelte Werke. Band VII: Epitome astronomiae Copernicanae*. (Max Caspar (ed); München: Beck, 1991). [Erschien in dieser Edition zuerst 1953].

Kepler, Johannes [GW]/VIII: *Gesammelte Werke. Band VIII: Mysterium cosmographicum editio altera cum notis. De cometis. Hyperaspistes*. (Franz Hammer (ed); München: Beck, 1963).

Kepler, Johannes [GW]/XIV: *Gesammelte Werke. Band XIV: Briefe 1599–1603*. (Max Caspar (ed); München: Beck, 1949).

Kepler, Johannes [GW]/XV: *Gesammelte Werke. Band XV: Briefe 1604–1607*. (Max Caspar (ed); München: Beck, 1951).

Kepler, Johannes [GW]/XX.2: *Gesammelte Werke. Band XX,2: Manuscripta astronomica (II). Commentaria in theoriam martis*. (Volker Bialas (ed); München: Beck, 1998).

Kepler, Johannes [HM]: *Harmonice mundi*. In Kepler [GW]/VI:5–377. [Erschien zuerst 1619 unter dem vollen Titel: *Ioannis Keppleri harmonices mvndi libri V*].

Kepler, Johannes [MC]/A: *Mysterivm cosmographicvm*. In Kepler [GW]/I:1–145. [Erschien zuerst 1596 als erste Auflage unter dem vollen Titel: *Prodromus dissertationvm cosmographicarvm, continens mysterivm cosmographicvm, de admirabili proportione orbivm coelestivm, de qve cavsis*

coelorum numeri, magnitudinis, motuumqìue periodicorum genuinis & proprijs, demonstratvm, per qvinqve regularia corpora geometrica].
Kepler, Johannes [MC]/B: *Mysterivm cosmographicvm*. In Kepler [GW]/ VIII:5–128. [Erschien 1621 als zweite Auflage unter dem vollen Titel: *Prodromus dissertationvm cosmographicarvm, continens mysterivm cosmographicvm de admirabili proportione orbium coelestium: deque causis coelorum numeri, magnitudinis, motuumque periodicorum genuinis & propriis, demonstratum per quinque regularia corpora geometrica*].
Kepler, Johannes [NUBA]: *Neue, ursächlich begründete Astronomie oder Physik des Himmels*. In Kepler [AN]/a:1–567. [Erschien zuerst auf Latein im Jahr 1609, siehe Kepler [AN]].
Kepler, Johannes [VKAE]: *Vorbote kosmographischer Abhandlungen enthaltend das Weltgeheimnis bezüglich der bewunderungswürdigen Verhältnisse zwischen den Himmelssphären, bezüglich der wahren und eigentlichen Ursachen für Zahl und Größe der Himmelsphären sowie für ihre periodischen Bewegungen, dargelegt mit Hilfe der fünf regulären geometrischen Körper*. In Kepler [WWiI]:3–109. [Erschien zuerst auf Latein im Jahr 1596, siehe Kepler [MC]/A].
Kepler, Johannes [W]: *Weltharmonik*. (Max Caspar (tr, ed); München: Oldenbourg, 1939). [Erschien zuerst auf Latein im Jahr 1619, siehe Kepler [HM]].
Kepler, Johannes [WiFB]: *Weltharmonik in fünf Büchern*. In Kepler [W]:1–364. [Erschien zuerst auf Latein im Jahr 1619, siehe Kepler [HM]].
Kepler, Johannes [WWiI]: *Was die Welt im Innersten zusammenhält. Antworten aus Keplers Schriften*. (Max Caspar (tr), Fritz Krafft (ed); Wiesbaden: Marix, 2005). [= *Bibliothek des verloren gegangenen Wissens*].
Kern, Andrea/Sonderegger, Ruth (eds) [FG]: *Falsche Gegensätze. Zeitgenössische Positionen zur philosophischen Ästhetik*. (Frankfurt/Main: Suhrkamp, 2002).
Kitcher, Philip [CFoS]: »The cognitive functions of scientific rhetoric«. In Krips et al (eds) [SRR]:47–66.
Klemme, Heiner F./Pauen, Michael/Raters, Marie-Luise (eds) [iSS]: *Im Schatten des Schönen. Die Ästhetik des Häßlichen in historischen Ansätzen und aktuellen Debatten*. (Bielefeld: Aisthesis, 2006).
Klüber, Heinrich von [DoEL]: »The determination of Einstein's light-deflection in the gravitational field of the sun«. *Vistas in Astronomy* 3 (1960), pp. 47–77.
Koestler, Arthur [N]: *Die Nachtwandler. Die Entstehungsgeschichte unserer Welterkenntnis*. (Wilhelm Michael Treichlinger (tr), Frankfurt/Main: Suhrkamp, 1980). [Erschien zuerst auf Englisch im Jahr 1959, auf Deutsch zuerst 1959].
Köhler, Barbara [ÖT]: »Ein öffentlicher Text. Über ein Gedicht an einer Fassade kritisch zu reden, ist kein Angriff auf die Kunstfreiheit«. *Frankfurter Allgemeine Zeitung* No 223 (25.9.2017), p. 11.

Kopernikus, Nikolaus [dROC]/I: »De revolutionibus orbium caelestium. Liber primus. Über die Umläufe der Himmelskreise. Buch I«. In Kopernikus [NW]:59-153. [Erschien zuerst 1543].

Kopernikus, Nikolaus [NW]: *Das neue Weltbild. Drei Texte. Lateinisch-deutsch.* (Hans Günter Zekl (tr, ed); Hamburg: Meiner, 1990).

Kox, Anne J./Eisenstaedt, Jean (eds) [UoGR]: *The universe of general relativity.* (Boston: Birkhäuser, 2005). [= *Einstein Studies* 11].

Krafft, Fritz/Meyer, Karl/Sticker, Bernhard (eds) [IKS]: *Internationales Kepler-Symposium. Weil der Stadt 1971.* (Hildesheim: Gerstenberg, 1973). [= *arbor scientiarum. Beiträge zur Wissenschaftsgeschichte. Reihe A: Abhandlungen*, Band I].

Krafft, Fritz [JKBz]: »Johannes Keplers Beitrag zur Himmelsphysik«. In Krafft et al (eds) [IKS]:55-139.

Kragh, Helge [D]: *Dirac. A scientific biography.* (Cambridge: Cambridge University Press, 1990).

Kreß, Rainer [HW]: »Hermann Weyl. 1885-1955«. In Arndt et al (eds) [GG]/2:444.

Krips, Henry/McGuire, James E./Melia, Trevor (eds) [SRR]: *Science, reason, and rhetoric.* (Pittsburgh: University of Pittsburgh Press, 1995).

Krips, Henry/McGuire, J.E./Melia, Trevor [I]: »Introduction«. In Krips et al (eds) [SRR]:vii-xix.

Krohn, Wolfgang (ed) [ÄiW]: *Ästhetik in der Wissenschaft. Interdisziplinärer Diskurs über das Gestalten und Darstellen von Wissen.* (Hamburg: Meiner, 2006). [= *Sonderheft der Zeitschrift für Ästhetik und Allgemeine Kunstwissenschaft* 7].

Krohn, Wolfgang [ÄDW]: »Die ästhetischen Dimensionen der Wissenschaft«. In Krohn (ed) [ÄiW]:3-38.

Krusche, Dietrich (ed) [H]: *Haiku. Japanische Gedichte.* (Dietrich Krusche (tr); München: dtv, 1994). [Erschien zuerst 1970].

Kühl, Johannes/Löbe, Nora/Rang, Matthias (eds) [EF]: *Experiment Farbe. 200 Jahre Goethes Farbenlehre.* (Dornach: Verlag am Goetheanum, 2010).

Kuhn, Thomas S. [CR]: *The Copernican revolution. Planetary astronomy in the development of western thought.* (Cambridge/Massachusetts: Harvard University Press, 1957).

Kuhn, Thomas S. [ET]: *The essential tension. Selected studies in scientific tradition and change.* (Chicago: University of Chicago Press, 1977).

Kuhn, Thomas S. [SoSR]: *The structure of scientific revolutions.* (Chicago: University of Chicago Press, 1970). [Erschien zuerst 1962].

Kuipers, Theo A. F. [BRtT]: »Beauty, a road to the truth«. *Synthese* 131 No 3 (2002), pp. 291-328.

Kupperman, Joel J. [RiSo]: »Reasons in support of evaluations of works of art«. *The Monist* 50 No 2 (1966), pp. 222-236.

Lampert, Timm [NvG]: »Newton vs. Goethe. Farben aus Sicht der Wissenschaftstheorie und Wissenschaftsgeschichte«. In Bieri et al (eds) [TOAW]:259–284.

Landau, Lew Davidowitsch/Lifschitz, Evgeny M. [LTP]/I: *Lehrbuch der theoretischen Physik. Band I: Mechanik.* (Hardwin Jungclaussen (tr), Paul Ziesche (ed); Berlin: Akademie Verlag, 1984). [Erschien zuerst auf Russisch im Jahr 1957, auf Deutsch zuerst 1976].

Lax, Melvin [TRiD]: »Time reversal in dissipative systems«. In Gruber et al (eds) [SiS]:189–215.

Leber, Manfred/Singh, Sikander (eds) [G]: *Goethe und* ... (Saarbrücken: universaar, 2016). [= *Saarbrücker literaturwissenschaftliche Ringvorlesungen* 5].

Lefèvre, Wolfgang (ed) [iCO]: *Inside the camera obscura. Optics and art under the spell of the projected image.* (Berlin: Max-Planck-Institut für Wissenschaftsgeschichte, 2007). [= *Preprint* 333].

Leibniz, Gottfried Wilhelm/Bernoulli, Johann [VCGG]/2: *Virorum celeberr. Got. Gul. Leibnitii et Johan. Bernoullii commercium philosophicum et mathematicum. Tomus Secundus, ab anno 1700. ad anno 1716.* (Lausanne: Bousquet, 1745).

Lentz, Michael [WSNS]: »Die Wörter sind nicht die Sachen. Es ist abwegig, aus Eugen Gomringers Lehrgedicht ›avenidas‹ Frauenfeindlichkeit herauslesen zu wollen, wie es gerade geschieht. Könnte es daran liegen, dass das Fehlen von Verben zu Unterstellungen verführt?« *Frankfurter Allgemeine Zeitung* No 206 (5.9.2017), p. 9.

Leonhardt, Gustav [JSB]: *Johann Sebastian Bach. Die Kunst der Fuge.* (Freiburg: Harmonia Mundi, 1990). [Nachdruck eines Schallplattenbegleithefts; Aufnahmedatum 1969].

Leppmann, Wolfgang [R]: *Rilke. Sein Leben, seine Welt, sein Werk.* (Bern: Scherz, 1993). [Erschien zuerst 1981].

Liesbrock, Heinz (ed) [AR]: *Ad Reinhardt. Letzte Bilder. Ad Reinhardt und Josef Albers. Eine Begegnung.* (Düsseldorf: Richter, 2010).

Liesbrock, Heinz [aGS]: »An den Grenzen des Sagbaren. Der Maler Ad Reinhardt«. In Liesbrock (ed) [AR]:14–31.

Lifschitz, Evgeny M. [LDL]: »Lew Davidowitsch Landau. (1908–1968)«. In Landau et al [LTP]/I:205–227. [Erschien zuerst 1969].

Lindström, Sten/Palmgren, Erik/Segerberg, Krister/Stoltenberg-Hansen, Viggo (eds) [LIF]: *Logicism, intuitionism, and formalism. What has become of them?* (Dordrecht: Springer, 2009). [= *Synthese Library* 341].

Linke, Jörg/Stevens, Jenny/Kieslich, Andrea [DM]: »Dead man. Eine Analyse der Filmmusik«. [Unveröffentlichtes Referat an der Fachhochschule Stuttgart (Hochschule der Medien) vom 15.6.2004. Im Netz unter https://www.hdm-stuttgart.de/~curdt/Dead_man2.pdf (abgerufen am 21.3.2017)].

Lipscomb, William N. [AAoS]: »Aesthetic aspects of science«. In Curtin (ed) [ADoS]:1–24.

Lohne, Johannes A./Sticker, Bernhard [NTP]: *Newtons Theorie der Prismenfarben. Mit Übersetzung und Erläuterung der Abhandlung von 1672.* (München: Fritsch, 1969).

Lohne, Johannes A. [IN]: »Isaac Newton. The rise of a scientist 1661–1671«. *Notes and Records of the Royal Society of London* 20 No 2 (1965), pp. 125–139.

Lorenz, Konrad [SB]: *Das sogenannte Böse. Zur Naturgeschichte der Aggression.* (München: dtv, 1983). [Erschien zuerst 1963].

Loyd, Sam [SLBo]: *Sam Loyd's book of tangrams. With an introduction and solutions by Peter Van Note.* (New York: Dover, 2007). [Erschien zuerst 1903; erschien in dieser Edition zuerst 1968 unter dem Titel: *The 8th book of tan*].

Luckett, Richard [HM]: *Handel's Messiah. A celebration.* (London: Gollancz, 1992).

Ludwig, Günther [WKMd]: *Wie kann man durch Physik etwas von der Wirklichkeit erkennen?* (Mainz: Steiner, 1979). [= *Abhandlungen der mathematisch-naturwissenschaftlichen Klasse der Akademie der Wissenschaften und der Literatur Mainz* 1979 Nr. 2].

Lyas, Colin [EoA]: »The evaluation of art«. In Hanfling (ed) [PA]:349–380.

Mansfield, Katherine [B]: »Bliss«. In Mansfield [BOS]:67–78. [Erschien zuerst 1918].

Mansfield, Katherine [BOS]: *Bliss & other stories.* (Christine Baker (ed); Ware/Hertfordshire: Wordsworth, 1998).

Manuel, Frank E. [RoIN]: *The religion of Isaac Newton. The Fremantle lectures 1973.* (Oxford: Clarendon Press, 1974).

Margenau, Henry [ECoR]: »Einstein's conception of reality«. In Schilpp (ed) [AE]:243–268.

Margolis, Joseph [O]: »Objectivity. False leads from T. S. Kuhn on the role of the aesthetic in the sciences«. In Tauber (ed) [ES]:189–202.

Mariotte, Edme [dNdC]: *De la nature des couleurs.* (Paris: Michallet, 1681).

Martin-Löf, Per [OYoZ]: »100 years of Zermelo's axiom of choice. What was the problem with it?« In Lindström et al (eds) [LIF]:209–219. [Erschien zuerst 2006].

Matthaei, Rupprecht [CF]: »Complementare Farben. Zur Geschichte und Kritik eines Begriffes«. *Neue Hefte zur Morphologie* 4 (1962), pp. 69–99.

Matussek, Peter (ed) [GVN]: *Goethe und die Verzeitlichung der Natur.* (München: Beck, 1998).

Maur, Karin von (ed) [vKB]: *Vom Klang der Bilder. Die Musik in der Kunst des 20. Jahrhunderts.* (München: Prestel, 1994). [Erschien zuerst 1985].

McAllister, James W. [BRiS]: *Beauty and revolution in science.* (Ithaca: Cornell University Press, 1996).

McAllister, James W. [SAPa]: »Scientists' aesthetic preferences among theories. Conservative factors in revolutionary crises«. In Tauber (ed) [ES]:169-187.

McDowell, John [AMRH]: »Are moral requirements hypothetical imperatives?« *Proceedings of the Aristotelian Society, Supplementary Volumes* 52 (1978), pp. 13-29.

McGuire, J. E./Rattansi, Piyo M. [NPoP]: »Newton and the ›Pipes of Pan‹«. *Notes and Records. The Royal Society Journal of the History of Science* 21 No 2 (1966), pp. 108-143.

McKeever, Sean/Ridge, Michael [PE]: *Principled ethics. Generalism as a regulative ideal.* (Oxford: Clarendon Press, 2006).

Michaelis, Rainer (ed) [GB]: *Gemäldegalerie Berlin. 200 Meisterwerke der europäischen Malerei.* (Berlin: Nicolai, 2010). [Erschien zuerst 1998].

Millgram, Elijah [IEBU]: »Inhaltsreiche ethische Begriffe und die Unterscheidung zwischen Tatsachen und Werten«. In Fehige et al (eds) [zMD]/1:354-388.

Mills, A. A. [NPHE]: »Newton's prisms and his experiments on the spectrum«. *Notes and Records of the Royal Society of London* 36 No 1 (1981), pp. 13-36.

Mishima, Yukio [SiF]: *Schnee im Frühling.* (Siegfried Schaarschmidt (tr); München: Hanser, 1985). [Erschien zuerst auf Japanisch im Jahr 1969; erster Band der Tetralogie *Das Meer der Fruchtbarkeit*].

Mishima, Yukio [TE]: *Die Todesmale des Engels.* (Siegfried Schaarschmidt (tr); München: Hanser, 1988). [Erschien zuerst auf Japanisch im Jahr 1971; vierter Band der Tetralogie *Das Meer der Fruchtbarkeit*].

Mishima, Yukio [TM]: *Der Tempel der Morgendämmerung.* (Siegfried Schaarschmidt (tr); München: Hanser, 1987). [Erschien zuerst auf Japanisch im Jahr 1969; dritter Band der Tetralogie *Das Meer der Fruchtbarkeit*].

Mishima, Yukio [uS]: *Unter dem Sturmgott.* (Siegfried Schaarschmidt (tr); München: Hanser, 1986). [Erschien zuerst auf Japanisch im Jahr 1969; zweiter Band der Tetralogie *Das Meer der Fruchtbarkeit*].

Mittelstraß, Jürgen [WEKA]: »Wissenschaftstheoretische Elemente der Keplerschen Astronomie«. In Krafft et al (eds) [IKS]:3-27.

Mittenzwei, Ingrid [FZvP]: *Friedrich II. von Preußen. Eine Biographie.* (Berlin: Deutscher Verlag der Wissenschaften, 1984). [Erschien zuerst 1979].

Mühlhölzer, Felix [oO]: »On objectivity«. *Erkenntnis* 28 No 2 (1988), pp. 185-230.

Muller, Fred A. [EMoQ]: »The equivalence myth of quantum mechanics«. *Studies in History and Philosophy of Modern Physics* 28 No 1 (1997), pp. 35-61; 28 No 2 (1997), pp. 219-247. [Erschien getrennt in Teilen I und II; da die Seitenzahlen eindeutig sind, zitiere ich ohne Angabe der Nummer des Teils].

Müller, Marc [ZF]: »Ein zauberhafter Farbwürfel. Die übersichtliche Darstellung der spektralen Farbfolgen an Komplementärkontrasten«. In Kühl et al (eds) [EF]:68–74.

Müller, Olaf [CKK]: »Chaos, Krieg und Kontrafakten. Ein erkenntnistheoretischer Versuch gegen die humanitären Kriege«. In Bleisch et al (eds) [P]:223–263. [Im Netz unter http://nbn-resolving.de/urn:nbn:de:kobv:11-10075607].

Müller, Olaf [FDHG]: »Fuchs, Du hast das Gelb gestohlen. Versuch über Goethes diebische Variation eines Experiments von Newton«. In Kühl et al (eds) [EF]:38–53. [Im Netz unter http://nbn-resolving.de/urn:nbn:de:kobv:11-100183246].

Müller, Olaf [FF]: »Forunderlige forvandlinger. Meditasjoner i lys av et Oscar Wilde-tema«. *Parabel. Tidsskrift for filosofi og vitenskapsteori* 3 No 1 (1999), pp. 87–117. [Truls Wyller (tr); Titel des deutschen Originals: »Wundersame Verwandlungen. Meditation in Richtung auf ein Thema von Oscar Wilde«. Deutsch im Netz unter http://nbn-resolving.de/urn:nbn:de:kobv:11-100204688].

Müller, Olaf [FK]: »Farbspektrale Kontrapunkte. Fallstudie zur ästhetischen Urteilskraft in den experimentellen Wissenschaften«. In Nussbaumer (ed) [RE]:150–169. [Im Netz unter http://nbn-resolving.de/urn:nbn:de:kobv:11–100180136].

Müller, Olaf [GcNo]: »Goethe contra Newton on colours, light, and the philosophy of science«. In Silva (ed) [HCMf]:73–95.

Müller, Olaf [GFT]: »Goethes fünfte Tafel. Einblicke in die Zeichenwerkstatt eines exakten Experimentators«. *Jahrbuch des Freien Deutschen Hochstifts* (2017), pp. 46–92.

Müller, Olaf [GPmS]: »Goethes Pech mit Schelling. Optimistische Blicke auf ein ideengeschichtliches Fiasko«. In Corriero et al (eds) [NRiS]:131–185. [Im Netz unter http://nbn-resolving.de/urn:nbn:de:kobv:11-100228398].

Müller, Olaf [GPSZ]: »Goethe und die Physik seiner Zeit. Wider einige Vorurteile zur zeitgenössischen Wirkungsgeschichte der *Farbenlehre*«. In Leber et al (eds) [G]:143–169.

Müller, Olaf [GPUb]: »Goethes philosophisches Unbehagen beim Blick durchs Prisma«. In Steinbrenner et al (eds) [F]:64–101.

Müller, Olaf [IA]: »Innen und außen. Zwei Perspektiven auf analytische Sätze«. *philosophia naturalis* 45 No 1 (2008), pp. 5–35.

Müller, Olaf [ML]: *Mehr Licht. Goethe mit Newton im Streit um die Farben.* (Frankfurt/Main: Fischer, 2015). [Mehr im Netz unter www.farbenstreit.de].

Müller, Olaf [NFdI]: »Die Neuvermessung der Farbenwelt durch Ingo Nussbaumer. Eine kleine Sensation«. In Nussbaumer [zF]:11–20. [Im Netz unter http://nbn-resolving.de/urn:nbn:de:kobv:11-10090241].

Müller, Olaf [NGEN]: »Newton, Goethe und die Entdeckung neuer Farbspektren am Ende des Zwanzigsten Jahrhunderts«. In Vogt et al (eds) [EF]:45-82.

Müller, Olaf [OEiG]: »Optische Experimente in Goethes Arbeitszimmer. Mutmaßungen über die apparative Ausstattung und deren räumliche Anordnung«. *Goethe-Jahrbuch 2016* 133 (2017), pp. 112-125, 290.

Müller, Olaf [PE]: »Prismatic equivalence. A new case of underdetermination. Goethe vs. Newton on the prism experiments«. *British Journal for the History of Philosophy* 24 No 2 (2016), pp. 323-347.

Müller, Olaf [SA]: *Synonymie und Analytizität. Zwei sinnvolle Begriffe. Eine Auseinandersetzung mit W. V. O. Quines Bedeutungsskepsis.* (Paderborn: Schöningh, 1998).

Müller, Olaf [UR]: »Unbemerkte Religiosität. Philosophisch auf der Suche nach Gott«. In Betz et al (eds) [WD]:277-303. [Im Netz unter http://nbn-resolving.de/urn:nbn:de:kobv:11-100232252].

Müller, Olaf [ZLPF]: »Das zaubersame Leben der prismatischen Farben«. *Fair. Zeitung für Kunst und Ästhetik* 11 (2010), pp. 18/9.

Murdoch, Iris [IoP]: »The idea of perfection«. In Murdoch [SoG]:1-44. [Erschien zuerst 1964].

Murdoch, Iris [SoG]: *The sovereignty of good.* (London: Routledge, 2014). [Erschien zuerst 1970].

Musil, Robert [MoE]/1: *Der Mann ohne Eigenschaften. Roman. 1: Erstes und Zweites Buch.* (Adolf Frisé (ed); Reinbeck: Rowohlt, 1978). [Das erste Buch erschien zuerst 1930, das zweite Buch 1933].

Nawrath, Dennis [AvNP]: »Die Analyse von Newtons Prismenexperimenten zur Untersuchung von Licht und Farben (1672) mit der Methode der Replikation. Ein Erfahrungsbericht«. In Breidbach et al (eds) [EW]:73-105.

Neugebauer, Otto [oPTo]: »On the planetary theory of Copernicus«. *Vistas in Astronomy* 10 (1968), pp. 89-103.

Newman, Barnett [SI]: *Schriften und Interviews. 1925-1970.* (Tarcisius Schelbert (tr), John O'Neill (ed); Bern: Gachnang, 1996). [Erschien zuerst auf Englisch im Jahr 1990].

Newman, Barnett [SIN]: »The sublime is now«. In Newman [SWI]:170-173. [Erschien zuerst 1948].

Newman, Barnett [SIN]/a: »The sublime is now. Das Sublime ist jetzt«. In Newman [SI]:176-179. [Erschien zuerst auf Englisch im Jahr 1948].

Newman, Barnett [SWI]: *Selected writings and interviews.* (John P. O'Neill (ed); Berkeley: University of California Press, 1992). [Erschien zuerst 1990].

Newton, Isaac [AoNC]: »An accompt of a new catadioptrical telescope invented by Mr. Newton, fellow of the R. Society, and professor of the mathematiques in the University of Cambridge«. In Newton [INPL]:60-67.

[Erschien zuerst 1672; ich zitiere nach der Originalpaginierung, die der Herausgeber mit abdruckt].

Newton, Isaac [CoIN]/I: *The correspondence of Isaac Newton. Volume I: 1661–1675*. (H. W. Turnbull (ed, tr); Cambridge: Cambdrige University Press, 1959).

Newton, Isaac [CoIN]/II: *The correspondence of Isaac Newton. Volume II: 1676–1687*. (H. W. Turnbull (ed, tr); Cambridge: Cambridge University Press, 1960).

Newton, Isaac [CoIN]/VII: *The correspondence of Isaac Newton. Volume VII: 1718–1727*. (A. Rupert Hall/Laura Tilling (eds, trs); Cambridge: Cambridge University Press, 1977).

Newton, Isaac [DCoR]: *Draft comments on Rizzetti*. Cambridge University Library, Ms Add 3970, pp. 481^v–482^v, 585^r–588^r. [Eine Abschrift stellte freundlicherweise Alan Shapiro, der Herausgeber der optischen Papiere Newtons, zur Verfügung].

Newton, Isaac [INPL]: *Isaac Newton's papers & letters on natural philosophy and related documents*. (I. Bernard Cohen (ed); Cambridge/Massachusetts: Harvard University Press, 1958).

Newton, Isaac [LoMI]: »A letter of Mr. Isaac Newton, professor of the mathematicks in the university of Cambridge; containing his new theory about light and colors«. *Philosophical Transactions* 6 No 80 (1671/2), pp. 3075–3087. [Abgedruckt in Newton [INPL]:47–59; ich zitiere nach der Originalpaginierung].

Newton, Isaac [LOOL]: *Lectiones opticae – Optical lectures*. In Newton [OPoI]/I:45–279.

Newton, Isaac [MINA]: »Mr. Isaac Newtons answer to some considerations upon his doctrine of light and colors; which doctrine was printed in numb. 80. of these Tracts«. In Newton [INPL]:116–135. [Erschien zuerst 1672; ich zitiere nach der Originalpaginierung, die der Herausgeber mit abdruckt].

Newton, Isaac [NSPo]: »Newton's second paper on color and light, read at the Royal Society in 1675/6«. In Newton [INPL]:177–235. [Verfasst 1675; erschien zuerst 1757; ich zitiere nach der Originalpaginierung, die der Herausgeber mit abdruckt].

Newton, Isaac [O]: *Optics. Or, a treatise of the reflections, refractions, inflections and colours of light*. In Newton [OQEO]/4:1–264. [Erschien zuerst 1704].

Newton, Isaac [O]/a: *Optik. Oder Abhandlung über Spiegelungen, Brechungen, Beugungen und Farben des Lichts*. (William Abendroth (tr, ed), Markus Fierz (ed); Braunschweig: Vieweg, 1983). [Diese Übersetzung erschien zuerst 1898].

Newton, Isaac [O]/A: *Opticks. Or, a treatise of the reflections, refractions, inflections & colours of light*. (London: Bell, 1931). [Nachdruck der vierten Ausgabe von 1730].

Newton, Isaac [OMPP]/2: *Opuscula mathematica, philosophica et philologica. Tomus secundus continens philosophica*. (Joh. Castillioneus (ed); Lausanne: Bousquet, 1744).
Newton, Isaac [OO]: *Opticae – Optics*. In Newton [OPoI]/I:280–603.
Newton, Isaac [OPoI]/I: *The optical papers of Isaac Newton. Volume I: The optical lectures. 1670–1672*. (Alan E. Shapiro (ed); Cambridge: Cambridge University Press, 1984).
Newton, Isaac [OQEO]/2: *Opera quae exstant omnia. Band 2*. (Stuttgart: Frommann, 1964). [Nachdruck der Erstausgabe von Samuel Horsley (ed) aus dem Jahr 1779].
Newton, Isaac [OQEO]/3: *Opera quae exstant omnia. Band 3*. (Stuttgart: Frommann, 1964). [Nachdruck der Erstausgabe von Samuel Horsley (ed) aus dem Jahr 1782].
Newton, Isaac [OQEO]/4: *Opera quae exstant omnia. Band 4*. (Stuttgart: Frommann, 1964). [Nachdruck der Erstausgabe von Samuel Horsley (ed) aus dem Jahr 1782].
Newton, Isaac [PNPM]: *Philosophiae naturalis principia mathematica*. In Newton [OQEO]/2:ix–xii, xxvi–xxviii, 1–459 und Newton [OQEO]/3:1–174. [Erschien zuerst 1687; die zweite von Newton autorisierte Auflage erschien 1713; die dritte von Newton autorisierte Auflage erschien 1726; in der hier benutzten Ausgabe findet sich das *Scholium Generale* in Newton [OQEO]/3:170–174].
Newton, Isaac [UFVo]: *The unpublished first version of Isaac Newton's Cambridge lectures on optics 1670–1672*. (Derek Thomas Whiteside (ed); Cambridge: Cambridge University Library, 1973).
Nielsen, Keld [AKoL]: »Another kind of light. The work of T. J. Seebeck and his collaboration with Goethe«. *Historical Studies in the Physical and Biological Sciences* 20 No 1 (1989), pp. 107–178; 21 No 2 (1990), pp. 317–397. [Da die Seitenzahlen eindeutig sind, zitiere ich ohne Angabe der Nummer des Teils].
Nieto, Michael Martin [TBLo]: *The Titius-Bode law of planetary distances. Its history and theory*. (Oxford: Pergamon Press, 1972). [= *International Series of Monographs in Natural Philosophy* 47].
Noether, Emmy [IBD]: »Invarianten beliebiger Differentialausdrücke«. *Nachrichten von der Königlichen Gesellschaft der Wissenschaften zu Göttingen. Mathematisch-physikalische Klasse* (1918), pp. 37–44.
Noether, Emmy [IV]: »Invariante Variationsprobleme«. *Nachrichten von der Königlichen Gesellschaft der Wissenschaften zu Göttingen. Mathematisch-physikalische Klasse* (1918), pp. 235–257.
Nolting, Wolfgang [AM]: *Analytische Mechanik*. (Berlin: Springer, 2006). [= *Grundkurs Theoretische Physik* 2. Erschien zuerst 1990].
Nooteboom, Cees [BN]: *Berliner Notizen*. (Rosemarie Still (tr); Frankfurt/ Main: Suhrkamp, 1991). [Erschien zuerst auf Holländisch im Jahr 1990].

Norman, Philip [JL]: *John Lennon. The life.* (London: HarperCollins, 2008).
Novalis [GPS]: »Grosses physikalisches Studienheft«. In Novalis [S]/3:54–68. [Erschien zuerst 1960].
Novalis [S]/3: *Schriften. Die Werke Friedrich von Hardenbergs. Dritter Band: Das philosophische Werk II.* (Richard Samuel (ed); Stuttgart: Kohlhammer, 1960).
Nussbaumer, Ingo (ed) [RE]: *Rücknahme und Eingriff. Malerei der Anordnungen.* (Nürnberg: Verlag für moderne Kunst, 2010).
Nussbaumer, Ingo [zF]: *Zur Farbenlehre. Entdeckung der unordentlichen Spektren.* (Wien: Edition Splitter, 2008).
Ørsted, Hans Christian [EcEC]: »Experimenta circa effectum conflictus electrici in acum magneticam«. *Journal für Chemie und Physik* 29 (1820), pp. 275–281.
Ortoleva, Peter [SBFf]: »Symmetry breaking and far-from-equilibrium order«. In Gruber et al (eds) [SiS]:279–295.
Østergaard, Edvin [DW]: »Darwin and Wagner. Evolution and aesthetic appreciation«. *Journal of Aesthetic Education* 45 No 2 (2011), pp. 83–108.
Otto, Marcus [ÄW]: *Ästhetische Wertschätzung. Bausteine zu einer Theorie des Ästhetischen.* (Berlin: Akademie Verlag, 1993).
Panofsky, Erwin [GaCo]: »Galileo as a critic of the arts. Aesthetic attitude and scientific thought«. *Isis* 47 No 1 (1956), pp. 3–15.
Papenburg, Jens Gerrit [SS]: »Sonische Subliminale. Von Leibniz' Meeresrauschen zum Rock 'n' Roll Threshold«. In Schulze (ed) [GEKW]:69–77.
Penrose, Roger [RoAi]: »The rôle of aesthetics in pure and applied mathematical research«. *The Institute of Mathematics and its Applications, Bulletin* 10 (1974), pp. 266–271.
Perovic, Slobodan [WWMM]: »Why were matrix mechanics and wave mechanics considered equivalent?« *Studies in History and Philosophy of Modern Physics* 39 (2008), pp. 444–461.
Pfaff, Christoph Heinrich [uNFH]: *Ueber Newtons Farbentheorie, Herrn von Goethes Farbenlehre und den chemischen Gegensatz der Farben. Ein Versuch in der experimentalen Optik.* (Leipzig: Vogel, 1813).
Pickering, Andrew (ed) [SaPC]: *Science as practice and culture.* (Chicago: University of Chicago Press, 1992).
Piper, Arthur [BTiS]: »Beauty and truth in science and phenomenology«. In Tymieniecka (ed) [BA]:225–238.
Planck, Max [EPW]: »Die Einheit des physikalischen Weltbildes«. In Planck [VE]:28–51. [Text eines Vortrags aus dem Jahr 1908].
Planck, Max [VE]: *Vorträge und Erinnerungen.* (Stuttgart: Hirzel, 1949). [Erschien zuerst 1933 unter dem Titel: *Wege zur physikalischen Erkenntnis*].
Platen, Emil [MPvJ]: *Die Matthäus-Passion von Johann Sebastian Bach. Entstehung, Werkbeschreibung, Rezeption.* (München: dtv, 1991).

Platon [T]: *Timaios*. In Burnet (ed) [PO]/IV. [Ich zitiere nach der Stephanus-Paginierung, die in der sonst unpaginierten Burnet-Ausgabe angegeben ist].

Plinius Secundus, Gaius [N]/XXXV: *Naturkunde. Lateinisch – deutsch. Buch XXXV: Farben, Malerei, Plastik. Naturalis historiae libri XXXVII. Liber XXXV.* (Roderich König/Gerhard Winkler (trs, eds); Darmstadt: Wissenschaftliche Buchgesellschaft, 1997). [Entstanden im 1. Jahrhundert nach Christus; erschien in dieser Edition zuerst 1978].

Polanyi, Michael [PK]: *Personal knowledge. Towards a post-critical philosophy.* (London: Routledge, 1962). [Erschien zuerst 1958].

Popper, Karl R. [LF]: *Logik der Forschung.* (Tübingen: Mohr, 1989). [Erschien zuerst 1934 mit der Jahresangabe 1935]. [= *Die Einheit der Gesellschaftswissenschaften* 4].

Potocki, Jan [HvS]: *Die Handschrift von Saragossa.* (Louise Eisler-Fischer/ Maryla Reifenberg (trs), Roger Caillois (ed); Frankfurt/Main: Büchergilde Gutenberg, 1969). [Erschien zuerst posthum auf Französisch im Jahr 1847].

Prettejohn, Elizabeth [AoPR]: *The art of the Pre-Raphaelites.* (London: Tate Publishing, 2007).

Ptolemäus, Claudius [CPHA]/1: *Des Claudius Ptolemäus Handbuch der Astronomie. Erster Band.* (Karl Manitius (tr); Leipzig: Teubner, 1912).

Ptolemäus, Claudius [CPHA]/2: *Des Claudius Ptolemäus Handbuch der Astronomie. Zweiter Band.* (Karl Manitius (tr); Leipzig: Teubner, 1913).

Ptolemäus, Claudius [OQEO]/I. I: *Opera quae exstant omnia. Volumen I: Syntaxis mathematica. Pars I: Libros I–VI continens.* (J. L. Heiberg (ed); Leipzig: Teubner, 1898).

Ptolemäus, Claudius [OQEO]/I. II: *Opera quae exstant omnia. Volumen I: Syntaxis mathematica. Pars II: Libros VII–XIII continens.* (J. L. Heiberg (ed); Leipzig: Teubner, 1903).

Ptolemäus, Claudius [SM]: *Syntaxis mathematica.* In Ptolemäus [OQEO]/I. I und Ptolemäus [OQEO]/I. II. [= *Almagest*; entstanden 138–161 auf Griechisch].

Putnam, Hilary [OSED]: »Objectivity and the science/ethics distinction«. In Putnam [RwHF]:163–178.

Putnam, Hilary [RTH]: *Reason, truth and history.* (Cambridge: Cambridge University Press, 1981).

Putnam, Hilary [RwHF]: *Realism with a human face.* (James Conant (ed); Cambridge/Massachusetts: Harvard University Press, 1992). [Erschien zuerst 1990].

Quine, Willard Van Orman [fLPo]: *From a logical point of view. Nine logico-philosophical essays.* (Cambridge/Massachusetts: Harvard University Press, 1961). [Erschien zuerst 1953].

Quine, Willard Van Orman [fStS]: *From stimulus to science*. (Cambridge/ Massachusetts: Harvard University Press, 1995).

Quine, Willard Van Orman [IOH]: »Identity, ostension, and hypostasis«. In Quine [fLPo]:65–79.

Quine, Willard Van Orman [IOH]/a: »Identität, Ostension und Hypostase«. In Quine [vLS]:67–80.

Quine, Willard Van Orman [IoTA]: »Indeterminacy of translation again«. *The Journal of Philosophy* 84 No 1 (1987), pp. 5–10.

Quine, Willard Van Orman [oEES]: »On empirically equivalent systems of the world«. *Erkenntnis* 9 No 3 (1975), pp. 313–328.

Quine, Willard Van Orman [oRfI]: »On the reasons for indeterminacy of translation«. *The Journal of Philosophy* 67 No 6 (1970), pp. 178–183.

Quine, Willard Van Orman [PoT]: *Pursuit of truth*. (Cambridge/Massachusetts: Harvard University Press, 1992). [Erschien zuerst 1990].

Quine, Willard Van Orman [Q]: *Quiddities. An intermittently philosophical dictionary*. (Cambridge/Massachusetts: Belknap Press, 1987).

Quine, Willard Van Orman [TDoE]: »Two dogmas of empiricism«. In Quine [fLPo]:20–46. [Erschien zuerst 1951].

Quine, Willard Van Orman [TI]: »Three indeterminacies«. In Barrett et al (eds) [PoQ]:1–16.

Quine, Willard Van Orman [vLS]: *Von einem logischen Standpunkt. Neun logisch-philosophische Essays*. (Peter Bosch (tr); Frankfurt/Main: Ullstein, 1979). [Erschien zuerst auf Englisch im Jahr 1953].

Quine, Willard Van Orman [WG]: *Wort und Gegenstand. (Word and object)*. (Joachim Schulte/Dieter Birnbacher (trs); Stuttgart: Reclam, 1980). [Erschien zuerst auf Englisch im Jahr 1960].

Quine, Willard Van Orman [WO]: *Word and object*. (Cambridge/Massachusetts: MIT Press, 1960).

Radder, Hans (ed) [PoSE]: *The philosophy of scientific experimentation*. (Pittsburgh: University of Pittsburgh Press, 2003).

Radder, Hans [EiNS]: »Experimenting in the natural sciences. A philosophical approach«. In Buchwald (ed) [SP]:56–86.

Radder, Hans [tMDP]: »Toward a more developed philosophy of scientific experimentation«. In Radder (ed) [PoSE]:1–18.

Rang, Matthias/Müller, Olaf [NiG]: »Newton in Grönland. Das umgestülpte *experimentum crucis* in der Streulichtkammer«. *philosophia naturalis* 46 No 1 (2009), pp. 61–114. [Im Netz unter http://nbn-resolving.de/ urn:nbn:de:kobv:11-100187051].

Rang, Matthias [PKS]: *Phänomenologie komplementärer Spektren*. (Berlin: Logos, 2015). [= *Phänomenologie in den Naturwissenschaften* 9].

Rasche, Günther/Waerden, Bartel Leendert van der [WHMP]: »Werner Heisenberg und die moderne Physik«. In Heisenberg [WiGN]:V–XXXI.

Rawls, John [OoDP]: »Outline of a decision procedure for ethics«. *The Philosophical Review* 60 No 2 (1951), pp. 177–197.

Rawls, John [ToJ]: *A theory of justice*. (Cambridge/Massachusetts: Harvard University Press, 1971).

Rechtsteiner, Hans-Jörg [AGmM]: *Alles geordnet mit Maß, Zahl und Gewicht. Der Idealplan von Johann Sebastian Bachs Kunst der Fuge*. (Frankfurt/Main: Lang, 1995). [= Europäische Hochschulschriften. Reihe XXXVI: Musikwissenschaft 140].

Rehm, Robin [zLF]: »Zwischen Licht und Finsternis. Itten, Klee und die Farbenlehre Goethes«. In Wagner et al (eds) [IK]:85–95.

Reichenbach, Hans [EP]: *Experience and prediction. An analysis of the foundations and the structure of knowledge*. (Chicago: University of Chicago Press, 1938).

Reinacher, Anna/Müller, Olaf [RGAP]: *Ritter, Goethe und die Anfänge der Photochemie*. (Erscheint voraussichtlich 2019).

Reinhold, Erasmus [PTCM]: *Prutenicae tabulae coelestium motuum*. (Tübingen: Morhard, 1551).

Riese, Hans-Peter [DIKS]: »Das ist keine Schwarzmalerei«. *Frankfurter Allgemeine Zeitung* 241 (16.10.2010), p. 33.

Rieß, Falk [EdW]: »Erkenntnis durch Wiederholung. Eine Methode zur Geschichtsschreibung des Experiments«. In Heidelberger et al (eds) [EE]:157–172.

Rilke, Rainer Maria [AMLB]: *Die Aufzeichnungen des Malte Laurids Brigge*. (Hansgeorg Schmidt-Bergmann (ed); Frankfurt/Main: Suhrkamp, 2000). [Erschien zuerst 1910].

Ritter, Johann Wilhelm [CPiL]: »Chemische Polarität im Licht. Ein mittelbares Resultat der neuern Untersuchungen über den Galvanismus«. *Intelligenzblatt der Litteratur-Zeitung* 16 (18.4.1801), sp. 121–123.

Ritter, Johann Wilhelm [FaNJ]/1: *Fragmente aus dem Nachlasse eines jungen Physikers. Ein Taschenbuch für Freunde der Natur. Erstes Baendchen*. (Heidelberg: Mohr, 1810).

Ritter, Johann Wilhelm [FaNJ]/2: *Fragmente aus dem Nachlasse eines jungen Physikers. Ein Taschenbuch für Freunde der Natur. Zweytes Baendchen*. (Heidelberg: Mohr, 1810).

Ritter, Johann Wilhelm [PCAi]/3: *Physisch-Chemische Abhandlungen in chronologischer Folge. Dritter Band*. (Leipzig: Reclam, 1806).

Ritter, Johann Wilhelm [VBüG]: »Versuche und Bemerkungen über den Galvanismus; als erste Fortsetzung des Aufsatzes in Voigt's Magazin u.s.w. B. IV. S. 575–661. (= No. XXIII. dieser Abhandlungen); – in demselben Magazin, B. VI. S. 97–129, und S. 181–215)«. In Ritter [PCAi]/3:95–157. [Erschien zuerst 1803].

Rohrlich, Fritz [fPtR]: *From paradox to reality. Our new concepts of the physical world*. (Cambridge: Cambridge University Press, 1987).

Rommel, Gabriele (ed) [ATWF]: *ALL * TAGs * WELTEN des Friedrich von Hardenberg (Novalis)*. (Wiederstedt: Forschungsstätte für Frühromantik und Novalis-Museum, 2009).

Rommel, Gabriele [FvHN]: »Friedrich von Hardenberg (Novalis) – Gedanken über ›die innre *chiffrirende* Kraft. Spuren derselben in der *Natur*‹.«. In Breidbach et al (eds) [PuA]:67–102.

Rosenkranz, Karl [AH]: *Aesthetik des Häßlichen*. (Königsberg: Bornträger, 1853).

Rößler, Wolfgang [KN]: *Eine kleine Nachtphysik. Geschichten aus der Physik*. (Basel: Birkhäuser, 2007).

Rota, Gian-Carlo [IT]: *Indiscrete thoughts*. (Fabrizio Palombi (ed); Boston: Birkhäuser, 1997).

Rota, Gian-Carlo [PoMB]: »The phenomenology of mathematical beauty«. In Rota [IT]:121–133.

Rota, Gian-Carlo [PoMT]: »The phenomenology of mathematical truth«. In Rota [IT]:108–120.

Rubin, James H. [CWV]: »Courbet, Wagner und das Volkslied«. In Herding et al (eds) [C]:52–57.

Sällström, Pehr [MS]: *Monochromatische Schattenstrahlen. Ein Film über Experimente zur Rehabilitierung der Dunkelheit*. (Stuttgart: Edition Waldorf, 2010). [DVD].

Sander, Jochen [RvKW]: »Die Rekonstruktion von Künstlerpersönlichkeiten und Werkgruppen«. In Kemperdick et al (eds) [MvFR]:75–93.

Sattinger, David H. [SSBi]: »Spontaneous symmetry breaking in bifurcation problems«. In Gruber et al (eds) [SiS]:365–383.

Saul, Jennifer Mather [LMWI]: *Lying, misleading, and what is said. An exploration in philosophy of language and in ethics*. (Oxford: Oxford University Press, 2012).

Schaffer, Simon [GW]: »Glass works. Newton's prisms and the uses of experiment«. In Gooding et al (eds) [UoE]:67–104.

Schapiro, Meyer [M]: »Mondrian. Order and randomness in abstract painting«. In: Schapiro [M]/a:19–78. [Erschien zuerst 1978].

Schapiro, Meyer [M]/a: *Mondrian. On the humanity of abstract painting*. (New York: Braziller, 1995).

Scheer, Brigitte [zTHb]: »Zur Theorie des Häßlichen bei Karl Rosenkranz«. In Klemme et al (eds) [iSS]:141–155.

Scheibe, Erhard [HBAT]: »Heisenbergs Begriff der abgeschlossenen Theorie«. In Geyer et al (eds) [WH]:251–257.

Schieder, Theodor [FG]: *Friedrich der Große. Ein Königtum der Widersprüche*. (München: Propyläen, 2002). [Erschien zuerst 1983].

Schiller, Friedrich [SW]/20: *Schillers Werke. Nationalausgabe. Zwanzigster Band: Philosophische Schriften. Erster Teil*. (Benno von Wiese (ed); Weimar: Böhlau, 1962).

Schiller, Friedrich [uÄEM]: »Ueber die ästhetische Erziehung des Menschen in einer Reihe von Briefen«. In Schiller [SW]/20:309–412.

Schilpp, Paul Arthur (ed) [AE]: *Albert Einstein. Philosopher – Scientist.* (New York: Tudor, 1951). [Erschien zuerst 1949].

Schjeldahl, Peter [CA]: »Come again«. *The Village Voice* 43 No 7 (17.2.1998), p. 131.

Schleier, Erich [AdBd]: »Andrea di Bartolo di Simone, genannt Andrea del Castagno. Die Himmelfahrt Mariae. 1449/50«. In Michaelis (ed) [GB]:324/5.

Schleier, Erich [AdP]: »Antonio del Pollaiuolo. Profilbildnis einer jungen Frau. Um 1465/70«. In Michaelis (ed) [GB]:328/9.

Schlüter, Martin [GRÜB]: *Goethes und Ritters überzeitlicher Beitrag zur naturwissenschaftlichen Grundlagendiskussion.* (Dissertation am Fachbereich Physik der Johann-Wolfgang-Goethe-Universität; Frankfurt/Main, 1991).

Schoot, Albert van der [GGS]: *Die Geschichte des goldenen Schnitts. Aufstieg und Fall der göttlichen Proportion.* (Stefan Häring (tr); Stuttgart: Frommann, 2005). [Erschien zuerst auf Holländisch im Jahr 1998].

Schulenberg, David [KMoJ]: *The keyboard music of J. S. Bach.* (New York: Routledge, 2006). [Erschien zuerst 1992].

Schuller, Gunther [FAiT]: »Form and aesthetics in twentieth century music«. In Curtin (ed) [ADoS]:63–84.

Schulze, Holger (ed) [GEKW]: *Gespür – Empfindung – Kleine Wahrnehmungen. Klanganthropologische Studien.* (Bielefeld: transcript, 2012). [= *Sound Studies* 3].

Schummer, Joachim [SSiK]: »Symmetrie und Schönheit in Kunst und Wissenschaft«. In Krohn (ed) [ÄiW]:59–78.

Shakespeare, William [HPoD]: *Hamlet, prince of Denmark.* In Shakespeare [SW]/2:2233–2332. [Der älteste überlieferte Druck erschien unvollständig im Jahr 1603].

Shakespeare, William [HPvD]: *Hamlet, Prinz von Dännemark.* (Christoph Martin Wieland (tr); Zürich: Haffmans, 1993). [Diese Übersetzung erschien zuerst 1766].

Shakespeare, William [RJ]: »Romeo and Juliet«. In Shakespeare [SW]/2:1963–2040. [Der älteste überlieferte Druck erschien mit vielen Fehlern im Jahr 1597].

Shakespeare, William [SW]/2: *Sämtliche Werke 2. Die Theaterstücke im englischen Original nach der First Folio von 1623 und in der klassischen Schlegel/Tieck-Übersetzung.* (Frankfurt/Main: Zweitausendeins, 2010).

Shankland, Robert S. [CwAE]: »Conversations with Albert Einstein«. *American Journal of Physics* 31 No 1 (1963), pp. 47–57.

Shapiro, Alan E. [FPP]: *Fits, passions, and paroxysms. Physics, method, and chemistry and Newton's theories of colored bodies and fits of easy reflection.* (Cambridge: Cambridge University Press, 1993).

Shapiro, Alan E. [GAoN]: »The gradual acceptance of Newton's theory of light and color, 1672–1727«. *Perspectives on Science* 4 No 1 (1996), pp. 59–140.

Shelley, James [PoNP]: »The problem of non-perceptual art«. *British Journal of Aesthetics* 43 No 4 (2003), pp. 363–378.

Sibley, Frank [AC]: »Aesthetic concepts«. *The Philosophical Review* 68 No 4 (1959), pp. 421–450.

Sibley, Frank [AtA]: *Approach to aesthetics. Collected papers on philosophical aesthetics*. (John Benson/Betty Redfern/Jeremy Roxbee Cox (eds); Oxford: Clarendon Press, 2006). [Erschien zuerst 2001].

Sibley, Frank [GCRi]: »General criteria and reasons in aesthetics«. In Sibley [AtA]:104–118. [Erschien zuerst 1983].

Silva, Marcos (ed) [HCMf]: *How colours matter for philosophy*. (Cham: Springer, 2017). [= *Synthese Library* 388].

Sklar, Lawrence [MC]: »Methodological conservatism«. *The Philosophical Review* 84 No 3 (1975), pp. 374–400.

Smith, Adam [IiNC]: *An inquiry into the nature and causes of the wealth of nations*. (London: Nelson, 1862). [Erschien zuerst 1776].

Smith, Roberta [AKEi]: »Anselm Kiefer, émigré, in two-part installation«. *The New York Times* (7.5.1993), p. C30.

Smyth, Piazzi [MoGB]: »Measures of the great B line in the spectrum of a high sun«. *Monthly Notices of the Royal Astronomical Society* 39 No 1 (1878), pp. 38–43.

Sommerfeld, Arnold [AS]: *Atombau und Spektrallinien*. (Braunschweig: Vieweg, 1919).

Sonderegger, Ruth [WKAm]: »Wie Kunst (auch) mit der Wahrheit spielt«. In Kern et al (eds) [FG]:209–238.

Spahn, Claus [gVO]: »Gegen die Vormacht der Oberflächlichkeit«. *Die Zeit* 19 (29.4.2004), p. 43. [Interview mit Helmut Lachenmann].

Spera, Danielle [HN]: *Hermann Nitsch. Leben und Arbeit*. (Wien: Brandstätter, 2005). [Erschien zuerst 1999].

Sponsel, Alistair [CRiS]: »Constructing a ›revolution in science‹. The campaign to promote a favourable reception for the 1919 solar eclipse experiments«. *The British Journal for the History of Science* 35 No 4 (2002), pp. 439–467.

Steadman, Philip [VC]: *Vermeer's camera. Uncovering the truth behind the masterpieces*. (Oxford: Oxford University Press, 2001).

Steinbrenner, Jakob/Glasauer, Stefan (eds) [F]: *Farben. Betrachtungen aus Philosophie und Naturwissenschaften*. (Frankfurt/Main: Suhrkamp, 2007).

Steinbrenner, Jakob [LSÄU]: »Lassen sich ästhetische Urteile begründen?« In Jäger et al (eds) [KE]:136–158.

Steinbrenner, Jakob [SS]: »Das Schöne und die Supervenienz«. *Grazer Philosophische Studien* 57 (1999), pp. 311–323.

Steinbrenner, Jakob [WW]: »Wertung/Wert«. In Barck et al (eds) [ÄG]/ 6:588-617.

Steinle, Friedrich [ECF]: »Experiment and concept formation«. In Hájek et al (eds) [LMPo]:521-536.

Steinle, Friedrich [EE]: *Explorative Experimente. Ampère, Faraday und die Ursprünge der Elektrodynamik.* (Stuttgart: Steiner, 2005). [= *Boethius* 50].

Steinle, Friedrich [EiHP]: »Experiments in history and philosophy of science«. *Perspectives on Science* 10 No 4 (2002), pp. 408-432.

Stephenson, Bruce [KPA]: *Kepler's physical astronomy.* (New York: Springer, 1987). [= *Studies in the History of Mathematics and Physical Sciences* 13].

Stifter, Adalbert [N]: *Der Nachsommer.* (Uwe Japp/Karl Pörnbacher (eds); Düsseldorf: Artemis, 1997). [Erschien zuerst 1857].

Stolzenberg, Jürgen (ed) [SM]: *Subjekt und Metaphysik. Konrad Cramer zu Ehren aus Anlaß seines 65. Geburtstags.* (Göttingen: Vandenhoeck, 2001).

Stolzenberg, Jürgen [MS]: »Musik und Subjektivität. Oder: Vom Reden über das Musikalisch-Schöne. Ein Versuch mit Blick auf Kant«. In Stolzenberg (ed) [SM]:136-154.

Storm, Theodor [SWiV]/I: *Sämtliche Werke in vier Bänden. Band I: Gedichte. Novellen. 1848-1867.* (Dieter Lohmeier (ed); Frankfurt/Main: Deutscher Klassiker Verlag, 1998).

Storm, Theodor [N]: »Die Nachtigall«. In Storm [SWiV]/I:16/7. [Erschien vollständig zuerst 1864].

Stroh, Wolfgang Martin [AW]: *Anton Webern. Symphonie op. 21.* (München: Fink, 1975). [= *Meisterwerke der Musik. Werkmonographien zur Musikgeschichte* 11].

Stroud, Sarah [MOMT]: »Moral overridingness and moral theory«. *Pacific Philosophical Quarterly* 79 No 2 (1998), pp. 170-189.

Stuewer, Roger H. (ed) [HPPo]: *Historical and philosophical perspectives of science.* (Minneapolis: University of Minnesota Press, 1970). [= *Minnesota Studies in the Philosophy of Science* V].

Sütterlin, Christa [fSSt]: »From sign and schema to iconic representation. Evolutionary aesthetics of pictorial art«. In Voland et al (eds) [EA]: 131-170.

Taruskin, Richard [MiSE]: *Music in the seventeenth and eighteenth centuries.* (Oxford: Oxford University Press, 2010). [= *The Oxford History of Western Music* 2; erschien zuerst 2005].

Tauber, Alfred I. (ed) [ES]: *The elusive synthesis. Aesthetics and science.* (Dordrecht: Kluwer, 1997). [= *Boston Studies in the Philosophy of Science* 182].

Thelen, Tom [RL]: »Rasende Lichtkugeln. Die Gewinner des ILAA: Martin Hesselmeier und Andreas Muxel experimentieren mit der Schwerkraft«. *Monopol. Magazin für Kunst und Leben.* Sonderheft (Februar 2015), pp. 24-27.

Thürlemann, Felix [RvW]: *Rogier van der Weyden. Leben und Werk*. (München: Beck, 2006).

Toulmin, Stephen [SMFo]: »Science and the many faces of rhetoric«. In Krips et al (eds) [SRR]:3–11.

Tymieniecka, Anna-Teresa (ed) [BA]: *Beauty's appeal. Measure and excess*. (Dordrecht: Springer, 2008). [= *Analecta Husserliana* XCVII].

Uerlings, Herbert (ed) [NW]: *Novalis und die Wissenschaften*. (Tübingen: Niemeyer, 1997).

Vitruvius Pollio, Marcus [dALD]: *De architectura libri decem. Zehn Bücher über Architektur*. (Curt Fensterbusch (tr, ed); Darmstadt: Wissenschaftliche Buchgesellschaft, 1991). [Entstanden im 1. Jahrhundert vor Christus; die hier benutzte Ausgabe erschien zuerst 1964].

Vogt, Margrit/Karliczek, André (eds) [EF]: *Erkenntniswert Farbe*. (Jena: Ernst-Haeckel-Haus, 2013).

Voland, Eckart/Grammer, Karl (eds) [EA]: *Evolutionary aesthetics*. (Berlin: Springer, 2003).

Wagner, Christoph/Schäfer, Monika/Frehner, Matthias/Sievernich, Gereon (eds) [IK]: *Itten – Klee. Kosmos Farbe*. (Regensburg: Schnell, 2012).

Walker, Michael W. [HtPF]: »How to produce forward/backward recordings (without supernatural guidance)«. *Popular Music and Society* 11 No 2 (1987), pp. 1–3.

Watson, James D. [DH]: *The double helix. A personal account of the discovery of the structure of DNA*. (London: Weidenfeld, 1968).

Weber, Heiko [EiAJ]: *Die Elektrisiermaschinen im 18. Jahrhundert*. (Berlin: Verlag für Wissenschaft und Bildung, 2011).

Weber, Heiko [EvGC]: »Die Elektrisiermaschine von Georg Christoph Schmidt (1773)«. In Breidbach et al (eds) [EW]:213–244.

Weber, Heiko [VSiD]: »Die Voltaische Säule in der Diskussion. Eine Petitesse zu Achim von Arnim und Johann Wilhelm Ritter«. In Breidbach et al (eds) [PuA]:103–119.

Weinberg, Steven [DoFT]: *Dreams of a final theory*. (New York: Pantheon Books, 1992).

Weinberg, Steven [FTM]: *The first three minutes. A modern view of the origin of the universe*. (London: Flamingo, 1993). [Erschien zuerst 1977].

Weinberg, Steven [TvEU]: *Der Traum von der Einheit des Universums*. (Friedrich Griese (tr); München: Bertelsmann, 1993). [Erschien zuerst auf Englisch im Jahr 1992].

Weizsäcker, Carl Friedrich von [GP]: *Große Physiker. Von Aristoteles bis Werner Heisenberg*. (Helmut Rechenberg (ed); Wiesbaden: Marix, 2004). [Erschien zuerst 1999].

Wellmer, Albrecht [MK]: »Das musikalische Kunstwerk«. In Kern et al (eds) [FG]:133–175.

Wesenberg, Angelika (ed) [NB]: *Nationalgalerie Berlin. Das XIX. Jahrhundert. Katalog der ausgestellten Werke.* (Leipzig: Seemann, 2012). [Erschien zuerst 2001].

Westfall, Richard S. [NaR]: *Never at rest. A biography of Isaac Newton.* (Cambridge: Cambridge University Press, 1980).

Westfall, Richard S. [NRtH]: »Newton's reply to Hooke and the theory of colors«. *Isis* 54 No 1 (1963), pp. 82–96.

Westman, Robert S. (ed) [CA]: *The Copernican achievement.* (Berkeley: University of California Press, 1975).

Weyl, Hermann [GE]: »Gravitation und Elektrizität«. *Sitzungsberichte der Königlich Preußischen Akademie der Wissenschaften* 26 (1918), pp. 465–480.

Weyl, Hermann [S]: *Symmetry.* (Princeton: Princeton University Press, 1952).

Wicke, Peter/Ziegenrücker, Wieland/Ziegenrücker, Kai-Erik [HPM]: *Handbuch der populären Musik. Geschichte, Stile, Praxis, Industrie.* (Mainz: Schott, 2007). [Erschien zuerst 1985].

Wigner, Eugene P. [UEoM]: »The unreasonable effectiveness of mathematics in the natural sciences«. *Communications on Pure and Applied Mathematics* 13 No 1 (1960), pp. 1–14. [Text eines Vortrags aus dem Jahr 1959].

Williams, Bernard [ELoP]: *Ethics and the limits of philosophy.* (Cambridge/Massachusetts: Harvard University Press, 1985).

Willis, Peter [CBEL]: *Charles Bridgeman and the English landscape garden.* (London: Zwemmer, 1977).

Wilson, Curtis [KDoE]: »Kepler's derivation of the elliptical path«. *Isis* 59 No 1 (1968), pp. 4–25.

Wirth, Carsten [COaM]: »The camera obscura as a model of a new concept of mimesis in seventeenth-century painting«. In Lefèvre (ed) [iCO]:149–193.

Witten, Edward [UST]: »Unravelling string theory«. *Nature* 438 No 7071 (2005), p. 1085.

Wittgenstein, Ludwig [BüF]: *Bemerkungen über die Farben.* (Gertrude Elizabeth Margaret Anscombe (ed); Frankfurt/Main: Suhrkamp, 1979). [Erschien zuerst in englischer Übersetzung im Jahr 1977].

Wittgenstein, Ludwig [LCoA]: *Lectures & conversations on aesthetics, psychology and religious belief.* (Cyril Barrett (ed); Oxford: Blackwell, 1966).

Wittgenstein, Ludwig [LoA]: »Lectures on aesthetics«. In Wittgenstein [LCoA]:1–40.

Wittgenstein, Ludwig [PU]: *Philosophische Untersuchungen.* (Gertrude Elizabeth Margaret Anscombe/Georg Henrik von Wright/Rush Rhees (eds)). In Wittgenstein [W]/1:225–618. [Erschien zuerst 1953].

Wittgenstein, Ludwig [VGüÄ]: *Vorlesungen und Gespräche über Ästhetik, Psychoanalyse und religiösen Glauben.* (Ralf Funke (tr); Cyril Barrett (ed); Düsseldorf: Parerga, 1994). [Erschien zuerst auf Englisch im Jahr 1966].

Wittgenstein, Ludwig [VüÄ]: »Vorlesungen über Ästhetik«. In Wittgenstein [VGüÄ]:9–57.

Wittgenstein, Ludwig [W]/1: *Werkausgabe. Band 1: Tractatus logico-philosophicus. Tagebücher 1914–1916. Philosophische Untersuchungen*. (Frankfurt/Main: Suhrkamp, 1984).

Wolff, Christoph [JSB]/VIII.1: *Johann Sebastian Bach. Neue Ausgabe sämtlicher Werke. Serie VIII. Band 1: Kanons. Musikalisches Opfer. Kritischer Bericht*. (Leipzig: VEB Deutscher Verlag für Musik, 1976).

Wülfing, Ferdinand [FGS]: *Die Farben und der goldene Schnitt*. (Goch: Pagina, 2015).

Wullen, Moritz (ed) [NaV]: *Natur als Vision. Meisterwerke der englischen Präraffaeliten*. (Berlin: DuMont, 2004).

Yang, Chen Ning [BTP]: »Beauty and theoretical physics«. In Curtin (ed) [ADoS]:25–40.

Zahar, Elie [WDEP]: »Why did Einstein's programme supersede Lorentz's?« *The British Journal for the Philosophy of Science* 24 No 2 (1973), pp. 95–123; 24 No 3 (1973), pp. 223–262. [Erschien getrennt in Teilen I und II; da die Seitenzahlen eindeutig sind, zitiere ich ohne Angabe der Nummer des Teils].

Zangwill, Nick [BDD]: »The beautiful, the dainty and the dumpy«. *British Journal of Aesthetics* 35 No 4 (1995), pp. 317–329.

Zekl, Hans Günter [E]: »Einleitung«. In Kopernikus [NW]:XIII–LXXXIV.

Zermelo, Ernst [NBfM]: »Neuer Beweis für die Möglichkeit einer Wohlordnung«. *Mathematische Annalen* 65 No 1 (1907), pp. 107–128.

Werkverzeichnisse (chronologisch)

A) **Schöne Literatur: Gedichte, Theaterstücke, Novellen, Romane, Kurzgeschichten**

Giovanni Boccaccio: *Il Decamerone* (entstanden 1348–1353, posthumer Erstdruck: 1470). Siehe § 11.10.
William Shakespeare: *Romeo and Juliet* (1597). Siehe § 6.11n.
William Shakespeare: *Hamlet, Prince of Denmark* (entstanden 1600–1601, erste überlieferte Fassung 1603). Siehe § 6.17.
Heinrich Posthumus Reuß: »Hiob – Nacket bin ich vom Mutterleibe kommen« (übersetzt 1634–1635). Siehe § 9.11.
Oshima Ryota: »Sie sagten kein Wort« (18. Jh.). Siehe § 6.12.
Christoph Martin Wieland: *Shakespeare – Hamlet, Prinz von Dännemark* (übersetzt 1766). Siehe § 6.17.
Johann Wolfgang von Goethe: »Willkommen und Abschied« (1775). Siehe § 9.12.
Jan Potocki: *Die Handschrift von Saragossa* (entstanden 1797–1815, posthumer Erstdruck: 1847). Siehe § 4.3.
Johann Wolfgang von Goethe: *Faust I* (1808). Siehe § 6.11n, § 11.10.
Johann Wolfgang von Goethe: *Die Wahlverwandtschaften* (1809). Siehe § 14.8.
Gebrüder Grimm: *Die zwei Brüder* (1819). Siehe § 9.13k.
Johann Wolfgang von Goethe: »Freunde, flieht die dunkle Kammer« (1827). Siehe § 6.6k.
Heinrich Heine: »Saphire sind die Augen dein« (1827, in *Buch der Lieder*). Siehe § 6.12.
Johann Wolfgang von Goethe: *Faust II* (1832). Siehe § 11.10.
Adalbert Stifter: *Der Nachsommer* (1857). Siehe § 8.7k.
Theodor Storm: »Die Nachtigall« (1864). Siehe § 9.12.
Joseph Conrad: *Victory* (1915). Siehe § 6.11n.
Katherine Mansfield: *Bliss* (1918). Siehe § 6.11n.
Scott Fitzgerald: *The Curious Case of Benjamin Button* (1922). Siehe § 9.11.
André Gide: *Les faux-monnayeurs* (1925). Siehe § 8.7, § 8.12n.
Franz Kafka: *Der Process* (1925). Siehe § 14.8.
Agatha Christie: *The Murder of Roger Ackroyd* (1926). Siehe § 6.11n.

Hans Fallada: *Kleiner Mann – was nun?* (1932). Siehe § 9.13k.
Werner Bergengruen: »Südlicher Mittag« (1937). Siehe § 14.12.
Bertolt Brecht: *Der gute Mensch von Sezuan* (entstanden 1938–1940, Erstdruck: 1953). Siehe § 8.7.
Eugen Gomringer: »avenidas« (entstanden 1951, Erstdruck 1953). Siehe § 11.7, § 11.10.
Roald Dahl: *Parson's Pleasure* (1958). Siehe § 6.11n.
Yukio Mishima: *Schnee im Frühling* (1969). Siehe § 6.11n, § 9.13k.
Yukio Mishima: *Der Tempel der Morgendämmerung* (1969). Siehe § 6.11n.
Yukio Mishima: *Unter dem Sturmgott* (1969). Siehe § 6.11n.
Yukio Mishima: *Die Todesmale des Engels* (1971). Siehe § 6.11n.
Douglas Hofstadter: *Gödel, Escher, Bach. An Eternal Golden Braid* (1979). Siehe § 9.13.
Andrew Sean Greer: *The Confessions of Max Tivoli* (2004). Siehe § 9.11.

B) Filme

Jim Jarmusch: *Down by Law* (USA, 1986). Siehe § 8.9.
René Perraudin: »Rückwärts« (Deutschland, 1988, in z. B. *Otto Spalt*). Siehe § 9.15.
Alain Resnais: *Smoking/No Smoking* (Frankreich, 1993). Siehe § 11.10.
Jim Jarmusch: *Dead Man* (USA, 1996). Siehe § 6.20, § 14.8.
Christopher Nolan: *Memento* (USA, 2000). Siehe § 9.14.
Gaspar Noé: *Irréversible* (Frankreich, 2002). Siehe § 9.14.
François Ozon: *5x2* (Frankreich, 2004). Siehe § 9.14.
Alejandro F. Amenábar: *The Others* (Spanien, 2011). Siehe § 6.11n.

C) Musikstücke

Abkürzungen: BWV = Bach-Werke-Verzeichnis; D = Deutsch-Verzeichnis; Hob. = Hoboken-Verzeichnis; HWV = Händel-Werke-Verzeichnis; K = Kirkpatrick-Verzeichnis; KV = Köchel-Verzeichnis; SWV = Schütz-Werke-Verzeichnis; TWV = Telemann-Werke-Verzeichnis; WWV = Wagner-Werke-Verzeichnis

Pérotin: *Viderunt Omnes* (ca. 1198). Siehe § 6.3k, § 7.14.
Guillaume de Machaut: *Rondeau Nr. 14* »Ma fin est mon commencement« (14. Jh.). Siehe § 9.4.
Johannes Tauler: *Es kommt ein Schiff* (14. Jh.). Siehe § 6.3k, § 7.14.
Pierre de la Rue: *Missa* »L'homme armé« (15/16. Jh.). Siehe § 9.22.

Heinrich Schütz: *Musikalische Exequien op. 7* (1636, SWV 279–281). Siehe
§ 9.11n.
Johann Sebastian Bach: *Nun komm, der Heiden Heiland.* (1724, BWV 62).
Siehe § 10.4
Georg Philipp Telemann: »Branle« (ca. 1725, in *Ouverture La Bizarre G-Dur
für Streicher und Gb,* TWV 55:G2). Siehe § 9.24.
Johann Sebastian Bach: *Ich habe genug.* (1727, BWV 82). Siehe § 9.13.
Johann Sebastian Bach: *Weihnachtsoratorium* (1734, BWV 248). Siehe
§ 9.22.
Johann Sebastian Bach: *Matthäuspassion* (älteste überlieferte Fassung: 1736,
BWV 244). Siehe § 1.10, § 1.15, § 6.10.
Georg Philipp Telemann: *Konzert e-moll für Blockflöte, Traversflöte und Gb.*
(1737–1744, TWV 52:e1). Siehe § 9.24.
Georg Friedrich Händel: *Zweites Oboenkonzert in B-Dur* (1740, HWV
302a). Siehe § 6.3, § 7.14.
Georg Friedrich Händel: »Hallelujah« (1741, in *Messiah,* HWV 56). Siehe
§ 6.3, § 6.25, § 7.14.
Johann Sebastian Bach: *Das wohltemperierte Klavier, Teil I und Teil II*
(1722 bzw. 1740–1742, BWV 846–869 bzw. BWV 870–893). Siehe
§ 11.10.
Johann Sebastian Bach: *Goldberg-Variationen in G-Dur* (1741, BWV 988).
Siehe § 9.10.
Johann Sebastian Bach: *Die Kunst der Fuge* (entstanden ca. 1742–1750,
posthumer Erstdruck: 1751, BWV 1080). Siehe § 7.13, § 8.12, § 10.7,
§ 11.10, § 12.1n, § 12.10, § 12.17.
Johann Sebastian Bach: »Contrapunctus 1« (BWV 1080/1, in *Die Kunst der
Fuge*). Siehe § 12.1n, § 12.17.
Johann Sebastian Bach: »Contrapunctus 3« (BWV 1080/3, in *Die Kunst der
Fuge*). Siehe § 12.17.
Johann Sebastian Bach: »Contrapunctus 4« (BWV 1080/4, in *Die Kunst der
Fuge*). Siehe § 12.17.
Johann Sebastian Bach: »Fuga a 2 Clav« (BWV 1080/18.1, in *Die Kunst der
Fuge*). Siehe § 12.10, § 12.13, § 12.17, § 13.10, § 14.5, § 14.6, § 15.1.
Johann Sebastian Bach: »Alio modo Fuga a 2 Clav« (BWV 1080/18.2, in
Die Kunst der Fuge). Siehe § 12.10, § 12.13, § 12.17, § 13.10, § 14.5, § 14.6,
§ 15.1.
Johann Sebastian Bach: »Contrapunctus 14« (BWV 1080/19, in *Die Kunst
der Fuge*). Siehe § 7.13, § 8.7k, § 11.10.
Johann Sebastian Bach: *Musicalisches Opfer* (1747, BWV 1079). Siehe
§ 12.4.
Johann Sebastian Bach: »Ricercar a 3« (BWV 1079/1, in *Musicalisches Opfer*). Siehe § 12.4n.
Johann Sebastian Bach: »Krebskanon – Canon 1 a 2 cancrizans« (BWV

1079/4a, in *Musikalisches Opfer*). Siehe § 8.5n, § 9.2, § 9.3, § 9.4, § 9.5, § 9.6, § 9.9, § 9.10, § 9.21, § 9.22, § 9.23, § 9.24, § 12.1, § 12.5, § 12.10. § 13.6, § 13.12, § 14.8, § 15.12.

Johann Sebastian Bach: »Ricercar a 6« (BWV 1079/5, in *Musikalisches Opfer*). Siehe § 12.4n.

Johann Sebastian Bach: *Hohe Messe in h-Moll* (1748–1749, BWV 232). Siehe § 10.4.

Domenico Scarlatti: *Sonate »Adagio e cantabile« in A-Dur* (1753, K 208). Siehe § 6.3k, § 7.14.

Domenico Scarlatti: *Sonate »Vivo« in E-Dur* (1753, K 264). Siehe § 6.3k, § 7.14.

Joseph Haydn: *Klaviersonate in A-Dur* (1773, Hob. XVI:26). Siehe § 9.5.

Georg Philipp Telemann: *Cantate: Der Schulmeister* (ältester erhaltener Druck 1786, TWV 20:57). Siehe § 1.10.

Wolfgang Amadeus Mozart: *Dorfmusikantensextett in F-Dur* (1787, KV 522). Siehe § 1.10.

Joseph Haydn: *Sinfonie Nr. 94 in G-Dur* (1791, Hob. I:94). Siehe § 6.10, § 8.13.

Wolfgang Amadeus Mozart: *Die Zauberflöte* (1791, KV 620). Siehe § 8.9.

Wolfgang Amadeus Mozart: *Klarinettenkonzert in A-Dur* (1791, KV 622) Siehe § 6.3, § 7.14.

Ludwig van Beethoven: *Die Geschöpfe des Prometheus op. 43* (1801). Siehe § 9.25, § 13.6k.

Ludwig van Beethoven: *Klaviersonate Nr. 14 op. 27 Nr. 2 in cis-Moll – Mondscheinsonate* (1801). Siehe § 9.5.

Franz Schubert: *An die Musik in D-Dur* (entstanden 1817, D 547). Siehe § 6.20.

Robert Schumann: »Träumerei in F-Dur« (1838, in *Kinderszenen für Klavier op. 15*). Siehe § 6.3, § 7.14.

Richard Wagner: *Tristan und Isolde* (1859, WWV 90). Siehe § 14.5, § 15.1.

Anton Webern: *Symphonie op. 21* (1928). Siehe § 13.6.

John Cage: *Silence. 4'33"*» (1952). Siehe § 13.2.

Chuck Berry: »Roll over Beethoven« (1956, A-Seite der gleichnamigen Single *Roll over Beethoven*). Siehe § 6.20.

Olivier Messiaen: *Catalogue d'oiseaux* (1956–1958). Siehe § 9.6k.

Paul McCartney: »Yesterday« (1965, B-Seite des Albums *Help!*). Siehe § 6.3, § 7.14.

The Beatles: »Norwegian Wood (This Bird Has Flown)« (1965, A-Seite des Albums *Rubber Soul*). Siehe § 9.12.

The Rolling Stones: »(I Can't Get No) Satisfaction« (1965). Siehe § 9.13.

The Beatles: »Rain« (1966, B-Seite der Single mit »Penny Lane«). Siehe § 9.8.

The Beatles: »I'm Only Sleeping« (1966, A-Seite des Albums *Revolver*). Siehe § 9.8.

The Beatles: »Revolution No. 9« (1968, D-Seite des Weißen Albums *The BEATLES*). Siehe § 9.8.
The Beatles: »Because« (1969, B-Seite des Albums *Abbey Road*). Siehe § 9.5.
George Harrison: »Here Comes the Sun« (1969, B-Seite des Albums *Abbey Road*). Siehe § 6.3, § 7.14.
Helmut Lachenmann: *Pression* (1970). Siehe § 6.19, § 7.15.
Leonard Cohen: »Hallelujah« (1984, zweite CD des Albums *Various Positions*). Siehe § 6.3, § 6.25, § 7.14.
Wojciech Kilar: *Orawa* (1988). Siehe § 6.3k, § 7.14.
Nusrat Fateh Ali Khan: »Ali Maula Ali Maula Ali Dam Dam« (1988, Album *Devotional Songs*). Siehe § 6.3k, § 7.14.
Sali Sidibé: »Ntanan« (1995, zweite CD des Albums *Ambiances du Sahara – Desert Blues*). Siehe § 6.3k, § 7.14.
Neil Young: *Dead Man* (1996). Siehe § 6.20.
Sinéad O'Connor: »Molly Malone« (2002, Album *Sean-Nós Nua*). Siehe § 6.3k, § 7.14.
Josephine Foster: »Schubert – An die Musik« (2006, Album *A Wolf in Sheep's Clothing*). Siehe § 6.20.
Josephine Foster: »I am a Dreamer« (2013, Album *I'm a Dreamer*). Siehe § 6.20.

D) Bildbeispiele aus der Kunst (mit Nachweisen)

Anonymer Zen-Mönch: *Brunnen im Garten des Ryoanji-Tempels in Kyoto* (17. Jh.). (Photo: Michael Maggs). [= Kunsttafel 10]. Siehe § 9.13.
Rogier van der Weyden: *Kreuzabnahme* (ca. 1435–1440). Öl auf Eichenholz, 220,5 × 259,5 cm. Museo del Prado, Madrid. [= Kunsttafel 4]. Siehe § 6.17, § 6.25.
Andrea del Castagno: *Himmelfahrt Mariae* (1449–1450). Öl auf Pappelholz, 131 × 150,7 cm. Gemäldegalerie Berlin. [= Kunsttafel 13]. Siehe § 6.24k, § 8.19, § 9.20.
Antonio del Pollaiuolo: *Bildnis einer jungen Frau im Profil* (ca. 1465). Öl auf Pappelholz, 52,5 × 36,5 cm. Gemäldegalerie Berlin. [= Kunsttafel 3]. Siehe § 6.17.
Antonio Vivarini: *Heilige Maria Magdalena, von den Engeln emporgetragen* (1476). Pappelholz, 103 × 44 cm. Gemäldegalerie Berlin. Siehe § 9.1. [= Kunsttafel 12]. Siehe § 8.19, § 9.1, § 9.19.
Albrecht Dürer: *Bildnis seiner Mutter* (1514). Schwarze Kreide auf Papier, 42,1 × 30,3 cm. Kupferstichkabinett Berlin. [= Abb. 1.9]. Siehe § 1.9.
Giuseppe Arcimboldo: *Der Bibliothekar* (ca. 1565). Öl auf Leinwand, 97

× 71 cm. Schloss Skokloster, Schweden. [= Kunsttafel 2]. Siehe § 6.13, § 6.21n, § 6.25.

Jan Brueghel der Ältere: *Blumenstrauß* (ca. 1619–1620). Eichenholz, 64,1 × 59,9 cm. Gemäldegalerie Berlin. [= Kunsttafel 8]. Siehe § 6.2, § 6.23n, § 7.14, § 8.2, § 11.2, § 14.11.

John Everett Millais: *Ophelia* (1851–1852). Öl auf Leinwand, 111,8 × 76,2 cm. Tate Gallery, London. [= Kunsttafel 5]. Siehe § 6.17, § 8.4, § 14,11.

Gustave Courbet: *Die Welle* (1870). Öl auf Leinwand, 112 × 144 cm. Alte Nationalgalerie Berlin. [= Kunsttafel 16]. Siehe § 14.6, § 14.10.

Piet Mondrian: *Pier and Ocean* (1914–1915). Holzkohle auf Papier, 63 × 51 cm. Haags Gemeendemuseum, Den Haag. Siehe § 6.5n.

Piet Mondrian: *Komposition in Schwarz und Weiß* (1915). Öl auf Leinwand, 85 × 108 cm. Rijksmuseum Kröller-Müller, Otterlo, Holland. [= Abb. 6.5c]. Siehe § 6.5, § 7.15.

Paul Klee: *Fuge in Rot* (1921). Aquarell auf Papier auf Karton, 24,3 × 37,2 cm. Privatbesitz Schweiz, Depositum im Zentrum Paul Klee, Bern. [= Buchcover]. Siehe § 12.2, § 14.6.

Hans Arp: *Ohne Titel* (1933). Collage, *papiers déchirés* auf Papier, 30,2 × 25 cm. Arp Museum, Remagen. (Dia-Copyright: Galerie Neher, Essen). [= Kunsttafel 6 oben]. Siehe § 6.18, § 6.24k, § 9.1.

Hermann Claasen: *Der Geiger* (ca. 1945–1948). Photographie. Rheinisches Landesmuseum, Bonn. [= Abb. 9.9]. Siehe § 9.9.

Robert Rauschenberg: *White Painting [three panel]* (1951). Öl auf Leinwand, 274,32 × 182,88 cm. San Francisco Museum of Modern Art (SFMOMA). Siehe § 13.2.

Ad Reinhardt: *Abstract Painting* (1961). Öl auf Leinwand, 157,5 × 157,5 cm. Adolf-Luther-Stiftung, Krefeld. [= Kunsttafel 9]. Siehe § 8.19, § 9.17.

Hermann Nitsch: *Blutorgelbild* (1962). Blut, Dispersion, Kreidegrund auf Jute, 200 × 900 cm. Stiftung Galerie für zeitgenössische Kunst Leipzig. (Photo: Emanuel Mathias). [= Kunsttafel 6 unten]. Siehe § 6.18, § 6.25.

Hermann Nitsch: *Menstruationsbild* (1964). Blut, Kreide, Papier, Menstruationsbinde, Stoff auf Jute, 108 × 80 cm. Sammlung Karlheinz Essl, Wien. Siehe § 6.18.

Ellsworth Kelly: *Blue Green Red* (1964). Öl auf Leinwand, 255 × 186,1 cm. Whitney Museum of American Art, New York. [= Kunsttafel 11]. Siehe § 8.19, § 9.17, § 12.4n.

Anselm Kiefer: Rauminstallation *Zwanzig Jahre Einsamkeit* (1971–1991). Vermischte Materialien, 380 × 490 × 405 cm. Kunstmuseum Wolfsburg. (Photo: Helge Mundt). [= Kunsttafel 7 oben]. Siehe § 6.18.

Andy Warhol: *Oxidation Painting* (1978). Mischtechnik auf Kupfermetallfarbe auf Leinwand, 198 × 519,5 cm. Privatbesitz. [= Kunsttafel 7 unten]. Siehe § 6.18.

Gregor Schneider: Installation *19–20:30 Uhr 31.05.2007* (2007). Magazin der Staatsoper Berlin. Siehe § 6.13n.

Mathias Poledna, *Double Old Fashioned* (2009). 16-mm-Kamera; Standbild aus dem zwanzigminütigen Videokunstwerk. Museu d'Art Contemporani de Barcelona (MACBA). [= Kunsttafel 14]. Siehe § 6.6.

Ingo Nussbaumer: Lichtinstallation *See what happens by cutting out* (24.10.2009–27.2.2010). Gruppenausstellung *color continuo 1810 … 2010. System und Kunst der Farbe. Teil 1: FarbenKunst und SystemKünstler*. Technische Universität Dresden. [= Farbtafel 10]. Siehe § 12.5k.

Ingo Nussbaumer: Standbild aus einer der vierminütigen Lichtinstallationen *Loops* (8.9.2010–6.10.2010). Wasserprisma, Röhrenmonitor. Einzelausstellung *Working Shade – Formed Light*, ehemalige Bauernmensa der Humboldt-Universität zu Berlin. [= Kunsttafel 15]. Siehe § 12.3n, § 12.5k, § 13.12.

Robert Kuśmirowski: Rauminstallation *Lichtung* (18.11.2012–20.1.2013). Gruppenausstellung *One on One*. KunstWerke Berlin. [= Kunsttafel 1]. Siehe § 6.13.

Martin Hesselmeier und Andreas Muxel: *the weight of light* (2015). Privatbesitz (LightArtSpace GmbH). [= Abb. 9.18]. Siehe § 9.18.

E) Nachweise für die Farbtafeln

Farbtafel 1 oben. **Newtons Versuchsergebnis – die Weißanalyse (1672).** Farbgraphik von Ingo Nussbaumer nach einer Schwarz/Weiß-Zeichnung aus Newtons Vorlesungsmanuskript, siehe Newton [UFVo]:3, *figure 2*.

Farbtafel 1 unten. **Newtonspektrum.** Computersimulation mit einem newtonischen Prisma; Abstand zwischen Prisma und Auffangschirm: 530 cm.

Farbtafel 2 oben links. **Chromatische Aberration im Sonnenbild.** Computersimulation mit einem newtonischen Prisma; Abstand zwischen Prisma und Auffangschirm: 2 cm.

Farbtafel 2 unten. **Schmutzige Ränder einer refrangierten Figur.** Graphik von Matthias Herder, realistische Simulation mithilfe eines Programms für *raytracing*.

Farbtafel 3. **Farbentwicklung bei prismatischer Brechung in Abhängigkeit vom Abstand.** Die Abbildung geht auf Goethes Tafel V zurück. Da die Farben der Goethe-Tafel ausgebleicht sind, hat Matthias Herder die Tafel neu gezeichnet. Er hat sie zudem gespiegelt und so gedreht, dass ihre Orientierung besser zu den anderen Abbildungen passt. Goethes Fassung der Tafel und deren Erklärung finden sich in Goethe [EzGF]:63–65.

Farbtafel 4 oben. **Sequenz sich überschneidender Kreise.** Graphik von Sarah Schalk nach einer Bildidee und Farbvorgaben von O. M. und einer Vorzeichnung von Matthias Herder.

Farbtafel 4 unten. **Sequenz sich überschneidender Quadrate.** Graphik von Sarah Schalk nach einer Bildidee und Farbvorgaben von O. M. und einer Vorzeichnung von Matthias Herder.

Farbtafel 5 oben. **Projektor und Wasserprisma vor bzw. während des Experiments im Dunklen.** Photos von Ingo Nussbaumer.

Farbtafel 5 unten. **Zwei Spektren bei der Weißanalyse eines rechteckigen Ausgangsbildes.** Photos und Montage von Ingo Nussbaumer.

Farbtafel 6 oben. **Die Weißsynthese des Desaguliers (1714).** Zeichnung von Ingo Nussbaumer in Anlehnung an Abb. 7.12a bzw. Abb. 7.12b von Desaguliers bzw. Newton.

Farbtafel 6 unten. **Photodokumentation der Wiener Weißsynthese.** Photos und Montage von Ingo Nussbaumer.

Farbtafel 7 oben. **Drei bis fünf monochromatische Farben im Spektrum.** Graphik von Sarah Schalk nach einer Bildidee von O. M.

Farbtafel 7 unten. **Photodokumentation der Wiener Purpursynthese.** Photos und Montage von Ingo Nussbaumer.

Farbtafel 8 oben. **Photodokumentation des Ausgangsbilds für die gleichzeitige Weiß- und Purpursynthese.** Photo von Ingo Nussbaumer.

Farbtafel 8 unten. **Photodokumentation des Resultats der gleichzeitigen Weiß- und Purpursynthese.** Photos und Montage von Ingo Nussbaumer.

Farbtafel 9. **Nussbaumers siebenfache Farbsynthese.** Photos und Montage von Ingo Nussbaumer.

Farbtafel 10. **Nussbaumer, See what happens by cutting out.** Die Installation wurde im Rahmen einer Ausstellung der TU Dresden realisiert (»color continuo 1810 … 2010. System und Kunst der Farbe. Teil 1: FarbenKunst und SystemKünstler«, 24. 10. 2009 bis 27. 2. 2010). Photo von Ingo Nussbaumer.

Farbtafel 11 oben. **Komplementäre Grundfarben.** Graphik von Sarah Schalk und O. M.

Farbtafel 11 unten. **Zwei newtonische Spektren mit ihrem jeweiligen Kontrapunkt.** Photos und Montage von Ingo Nussbaumer.

Farbtafel 12 oben. **Nussbaumers Weiß- und Schwarzsynthese in der Zusammenschau.** Photos und Montage von Ingo Nussbaumer.

Farbtafel 12 unten. **Nussbaumers Rotsynthese.** Photos und Montage von Ingo Nussbaumer.

Farbtafel 13. **Vergleich der beiden siebenfachen Farbsynthesen.** Photos und Montage von Ingo Nussbaumer.

Farbtafel 14. **Photodokumentation der acht Spektren.** Aus Nussbaumer [zF]:132.

Farbtafel 15. **Je vier Entwicklungsstufen aller acht Spektren.** Aus Nussbaumer [zF]:130/1.
Farbtafel 16. **Acht Mischungsregeln.** Graphik aus Nussbaumer [zF]:133.

Personenregister

Die Zahlen beziehen sich auf alle Personen, die im Haupttext vorkommen; in den Anmerkungen zitierte Personen führen wir nur auf, wenn in der Anmerkung mehr über sie steht als ein Literaturverweis – ein Eintrag wie »Adorno: 37n36« bedeutet, dass Adorno in Anmerkung 36 erwähnt wird und dass sich diese Anmerkung auf die Seite 37 des Haupttextes bezieht (wo Adornos Name nicht eigens erwähnt wird). Die Anmerkung selbst findet sich übrigens auf S. 471 im Anmerkungsteil (worauf wir im Personenregister nicht eigens hinzuweisen brauchen).

Abney, William de Wiveleslie (geb. 1843, gest. 1920): 346
Adorno, Theodor Ludwig; *alias* Theodor Ludwig Wiesengrund (geb. 1903, gest. 1969): 37n36
Aigner, Martin (geb. 1942): 134
Alpermann, Raphael (geb. 1960): 298–299
Amenábar, Alejandro (geb. 1972): 164n355
Apelles (im 4. Jh. v. Chr.): 320–322
Arcimboldo, Giuseppe (geb. 1527, gest. 1593): 167
Aristoteles (geb. 384 v. Chr., gest. 322 v. Chr.): 50, 99, 338
Arnim, Achim von (geb. 1781, gest. 1831): 415
Arp, Hans (Jean) (geb. 1886, gest. 1966): 176, 183, 192
Bach, Johann Sebastian (geb. 1685, gest. 1750): 15, 32, 37, 141, 162–163, 180, 202, 212, 233n450, 239, 246–247, 262–275, 279–282, 297–300, 307–308, 312–313, 338–339, 347, 349, 354, 362–371, 379, 386, 390–391, 402–408, 417, 428–431
Bacon, Francis (geb. 1561, gest. 1626): 51
Bartók, Béla Viktor János (geb. 1881, gest. 1945): 382
Basieux, Pierre (geb. 1944, gest. 2016): 134
Beauchamp, Kathleen Mansfield; *alias* Katherine Mansfield (geb. 1888, gest. 1923): 164n355
Beethoven, Ludwig van (geb. 1770, gest. 1827): 183, 267, 301, 382
Bell, Clive (geb. 1881, gest. 1964): 213
Bellotto, Bernardo; *alias* Canaletto (geb. 1721, gest. 1780): 148n331
Benci, Antonio di Jacopo d'Antonio; *alias* Antonio del Pollaiuolo (geb. 1431/2, gest. 1498): 172
Berg, Alban (geb. 1885, gest. 1935): 145n330, 379–382

Bergengruen, Werner (geb. 1892, gest. 1964): 413-414
Bernoulli, Johann (geb. 1667, gest. 1748): 250n474
Berry, Chuck; alias Charles Edward Anderson Berry (geb. 1926, gest. 2017): 183
Bjerke, André (geb. 1918, gest. 1985): 366n671
Boccaccio, Giovanni (geb. 1313, gest. 1375): 340
Boulez, Pierre Louis Joseph (geb. 1925, gest. 2016): 382
Bourdon, David (geb. 1934, gest. 1998): 177n382
Brahe, Tycho (geb. 1546, gest. 1601): 94n197, 96-101
Brecht, Bertolt (Bert) (geb. 1898, gest. 1956): 237
Breger, Herbert (geb. 1946): 37n38, 70n132, 287n560
Breitenbach, Angela (geb. 1980): 43n45, 69n128, 99n218, 168-169, 204n406
Brewster, David (geb. 1781, gest. 1868): 124n276
Broglie, Louis Victor de (geb. 1892, gest. 1987): 256-260
Brückner, Thomas (geb. 1965): 253-256, 362n657
Brueghel, Jan, der Ältere (geb. 1568, gest. 1625): 140-141, 187n395, 328, 411
Burwick, Roswitha (geb. 1971): 415n765
Caesar, Gaius Julius (geb. 100 v. Chr., gest. 44 v. Chr.): 246n469
Cage, John (geb. 1912, gest. 1992): 331, 374-376
Canaletto; alias Bernardo Bellotto (geb. 1721, gest. 1780): 148n331

Carnap, Rudolf (geb. 1891, gest. 1970): 218
Caspar, Max (geb. 1880, gest. 1956): 110-111
Castagno, Andrea del; alias Andrea di Bartolo di Simone (geb. vor 1419, gest. 1457): 294
Cézanne, Paul (geb. 1839, gest. 1906): 406
Chandrasekhar, Subrahmanyan (geb. 1910, gest. 1995): 50, 134, 436
Christie, Agatha Mary Clarissa (geb. 1890, gest. 1976): 164n355
Cohen, Leonard Norman (geb. 1934, gest. 2016): 142, 193
Conrad, Joseph; alias Teodor Józef Konrad Korzeniowski (geb. 1857, gest. 1924): 164n355
Constable, John (geb. 1776, gest. 1837): 411
Courbet, Gustave (geb. 1819, gest. 1877): 405-410
Crease, Robert P. (geb. 1953): 128n287, 129n289, 211n415, 246n470, 257-259, 312n598
Crick, Francis Harry Compton (geb. 1916, gest. 2004): 423
Cusanus; alias Nikolaus von Kues (geb. 1401, gest. 1464): 253
Dahl, Roald (geb. 1916, gest. 1990): 164n355
Dancy, Jonathan (geb. 1946): 401
Darwin, Charles Robert (geb. 1809, gest. 1882): 404-405
Depp, Johnny (geb. 1963): 183
Desaguliers, John Theophilus (geb. 1683, gest. 1744): 12, 134-135, 203-219, 223, 227, 261, 288, 292, 318, 432
Dickens, Charles (geb. 1812, gest. 1870): 231

Dietrich, Marlene (Marie Magdalene) (geb. 1901, gest. 1992): 271–272
Dirac, Paul Adrien Maurice (geb. 1902, gest. 1984): 26, 44–50, 62, 70, 95, 254, 370, 409, 424, 435–439
Ditzen, Rudolf; *alias* Hans Fallada (geb. 1893, gest. 1947): 283
du Pré, Jacqueline (geb. 1945, gest. 1987): 181
Duhem, Pierre Maurice Marie (geb. 1861, gest. 1916): 49, 369, 422
Dürer, Albrecht (geb. 1471, gest. 1528): 30–33, 414
Dyson, Freeman John (geb. 1923): 47, 137–138, 250, 256, 436
Eddington, Arthur Stanley (geb. 1882, gest. 1944): 62–63, 378n697, 446
Ehrenfest, Paul (geb. 1880, gest. 1933): 56
Einstein, Albert (geb. 1879, gest. 1955): 44–70, 120–127, 241, 252–253, 323, 369–373, 422, 428, 436–437, 439, 442–448
Falkenburg, Brigitte (geb. 1953): 204n406, 254, 256n512
Fallada, Hans; *alias* Rudolf Ditzen (geb. 1893, gest. 1947): 283
Faraday, Michael (geb. 1791, gest. 1867): 251, 416
Feigl, Herbert (geb. 1902, gest. 1988): 56n82
Fermat, Pierre de (geb. 1601, gest. 1665): 70
Field, Judith Veronica (geb. 1943): 82, 109, 110n251

Fischer, Ernst Peter (geb. 1947): 73n140, 420–421, 423
Fitzgerald, F. (Francis) Scott Key (geb. 1896, gest. 1940): 275
Foster, Josephine (geb. 1974): 182
Franklin, Rosalind Elsie (geb. 1920, gest. 1958): 22n6
Frauenfelder, Hans (geb. 1922): 206, 256
Friedrich der Große, *alias* Friedrich II, König von Preußen (geb. 1712, gest. 1786): 297, 354
Fry, Roger Eliot (geb. 1866, gest. 1934): 51
Galilei, Galileo (geb. 1564, gest. 1642): 70, 93, 99, 100n228, 424
Gardiner, John Eliot (geb. 1943): 307n588
Gauß, Carl Friedrich (geb. 1777, gest. 1855): 106–107
Georg II, König von Großbritannien (geb. 1683, gest. 1760): 142
Gernhardt, Robert (geb. 1937, gest. 2006): 413–414
Gide, André (geb. 1869, gest. 1951): 238–239
Gingerich, Owen (geb. 1930): 100
Goethe, Johann Wolfgang von (geb. 1749, gest. 1832): 156, 168n363, 185–191, 339, 346–377, 383–391, 392n708, 405, 408, 415–418, 432–434, 451n861
Gomringer, Eugen (geb.1925): 332–334, 338
Goodman, Nelson (geb. 1906, gest. 1998): 92
Gould, Glenn Herbert (geb. 1932, gest. 1982): 274

Personenregister 571

Grand Wizard Theodore;
  alias Theodore Levingston
  (geb. 1963): 270
Graßhoff, Gerd
  (geb. 1957): 77n160, 99–101,
  110
Greene, Brian (geb. 1963): 63
Greer, Andrew Sean
  (geb. 1970): 275
Grice, Herbert Paul (geb. 1913,
  gest. 1988): 399
Grimm, Jacob (geb. 1785,
  gest. 1863): 283
Grimm, Wilhelm (geb. 1786,
  gest. 1859): 283
Hammer, Franz (geb. 1898,
  gest. 1969): 77n162, 109
Händel, Georg Friedrich (geb. 1685,
  gest. 1759): 142, 193, 267
Hanslick, Eduard (geb. 1825,
  gest. 1904): 163–164, 301–303,
  382, 391, 403
Hardenberg, Georg Philipp
  Friedrich Freiherr von;
  alias Novalis (geb. 1772,
  gest. 1801): 415
Hardy, Godfrey Harold (geb. 1877,
  gest. 1947): 38
Harrison, George (geb. 1943,
  gest. 2001): 142
Haydn, Joseph (geb. 1732,
  gest. 1809): 163, 168, 248,
  267–268
Heidegger, Martin (geb. 1889,
  gest. 1976): 408–409
Heine, Heinrich (geb. 1797,
  gest. 1856): 165–166
Heisenberg, Werner Karl
  (geb. 1901, gest. 1976): 50,
  53–56, 58, 62, 65–67, 75,
  100n228, 169, 213, 251–253,
  260, 436, 443

Helmholtz, Hermann Ludwig
  Ferdinand von (geb. 1821,
  gest. 1894): 451n861
Hentschel, Klaus (geb. 1961): 58,
  212n416
Herbst, Katrin: 411
Herder, Matthias (geb. 1971): 221,
  274n543
Hesselmeier, Martin
  (geb. 1978): 290–292
Hildesheimer, Wolfgang (geb. 1916,
  gest. 1991): 25n13
Hofstadter, Douglas Richard
  (geb. 1945): 279
Holmes, Frederic L. (geb. 1932,
  gest. 2003): 128, 274n541
Holtsmark, Torger (geb. 1924,
  gest. 2014): 374n692
Hooke, Robert (geb. 1635,
  gest. 1703): 161, 168n364, 230,
  250
Horgan, John (geb. 1953): 63
Horwich, Paul (geb. 1947):
  270
Hossenfelder, Sabine
  (geb. 1976): 47n54, 50n64,
  64, 68n125, 91, 254n503, 422,
  425n814, 432n827, 440n852
Hutcheson, Francis (geb. 1694,
  gest. 1746): 214, 250
Huygens, Constantijn (geb. 1596,
  gest. 1687): 148n331
Isenberg, Arnold (geb. 1911,
  gest. 1965): 401–402
Ives, Charles Edward (geb. 1874,
  gest. 1954): 382
Jacquette, Dale (geb. 1953): 70,
  137, 422
Jardine, Nicholas
  (geb. 1943): 99n218
Jarmusch, Jim (geb. 1953): 183,
  241–242, 407

Jordan, Ernst Pascual (geb. 1902, gest. 1980): 56
Kafka, Franz (geb. 1883, gest. 1924): 408
Kant, Immanuel (geb. 1724, gest. 1804): 24–26, 69n128, 95, 204
Kelly, Ellsworth (geb. 1923, gest. 2015): 288, 353n645
Kepler, Johannes (geb. 1571, gest. 1630): 36, 69–124, 133n303, 150, 253, 303, 364, 379, 423–425, 439, 452
Khan, Nusrat Fateh Ali (geb. 1948, gest. 1997): 144
Kiefer, Anselm (geb. 1945): 177–179
Kilar, Wojciech (geb. 1932, gest. 2013): 143–144
Kimitake, Hiraoka; *alias* Yukio Mishima (geb. 1925, gest. 1970): 164n355
Klee, Paul (geb. 1879, gest. 1940): 349–351, 390, 406
Koestler, Arthur (geb. 1905, gest. 1983): 101
Kopernikus, Nikolaus (geb. 1473, gest. 1543): 36, 64, 68–78, 82, 87–95, 100n228, 102–110, 119–124, 252, 296, 425, 435, 439
Korzeniowski, Teodor Józef Konrad; *alias* Joseph Conrad (geb. 1857, gest. 1924): 164n355
Krafft, Fritz (geb. 1935): 76n156
Kragh, Helge (geb. 1944): 52n72
Krohn, Wolfgang (geb. 1941): 436–437
Kuhn, Thomas Samuel (geb. 1922, gest. 1996): 49–50, 75, 435
Kupka, František (geb. 1871, gest. 1957): 349, 390
Kupperman, Joel J. (geb. 1936): 402

Kuśmirowski, Robert (geb. 1973): 166–167
Lachenmann, Helmut Friedrich (geb. 1935): 180–182, 215
Lampert, Timm (geb. 1969): 161n346
Landau, Lew Davidowitsch (geb. 1908, gest. 1968): 48n55
Leibniz, Gottfried Wilhelm (geb. 1646, gest. 1716): 37n38, 70, 253, 287n560
Lennon, John (geb. 1940, gest. 1980): 267–268, 270, 276
Lentz, Michael (geb. 1964): 333n620
Leonardo da Vinci (geb. 1452, gest. 1519): 414
Leonhardt, Gustav (geb. 1928, gest. 2012): 371
Leppmann, Wolfgang (geb. 1922, gest. 2002): 413n762
Levingston, Theodore; *alias* Grand Wizard Theodore (geb. 1963): 270
Liesbrock, Heinz (geb. 1953): 289n563
Lohne, Johannes August (geb. 1908, gest. 1993): 304
Loos, Adolf (geb. 1870, gest. 1933): 153
Lorentz, Hendrik Antoon (geb. 1853, gest. 1928): 436
Lorenz, Konrad (geb. 1903, gest. 1989): 374
Lucas, Antonius (geb. 1638, gest. 1693): 311, 366
Ludwig, Günther (geb. 1918, gest. 2007): 133n303
Lyas, Colin A. (geb. 1929): 400
Machaut, Guillaume de (geb. zw. 1300 u. 1305, gest. 1377): 267–268

Maestlin, Michael (geb. 1550, gest. 1631): 77n160, 92–95, 110
Mansfield, Katherine; alias Kathleen Mansfield Beauchamp (geb. 1888, gest. 1923): 164n355
Mariotte, Edme (geb. um 1620, gest. 1684): 311
Martin, George Henry (geb. 1926, gest. 2016): 270
Martin-Löf, Per (geb. 1942): 38
Maxwell, James Clerk (geb. 1831, gest. 1879): 251–252
McAllister, James W. (geb. 1962): 24, 25n14, 51–52, 59n95, 65–67, 75, 78, 99n223, 113–114, 130, 169, 253, 400, 422, 426–428, 434–436
McCartney, Paul (geb. 1942): 142
Menuhin, Yehudi (geb. 1916, gest. 1999): 181
Meselson, Matthew Stanley (geb. 1930): 128
Messiaen, Olivier Eugène Prosper Charles (geb. 1908, gest. 1992): 269
Michelson, Albert Abraham (geb. 1852, gest. 1931): 56, 58
Millais, John Everett (geb. 1829, gest. 1896): 173–174, 411
Miller, Dayton C. (geb. 1866, gest. 1941): 58
Millikan, Robert Andrews (geb. 1868, gest. 1953): 420–421
Mishima, Yukio; alias Hiraoka Kimitake (geb. 1925, gest. 1970): 164n355
Mondrian, Piet (geb. 1872, gest. 1944): 15, 143, 149–150, 193, 215, 399–400
Monteverdi, Claudio Zuan (Giovanni) Antonio (geb. 1567, gest. 1643): 267

Morgeneyer, Wolfgang: 47
Morley, Edward Williams (geb. 1838, gest. 1923): 56, 58
Mozart, Wolfgang Amadeus (geb. 1756, gest. 1791): 33, 142, 241
Mühlhölzer, Felix (geb. 1947): 61
Musil, Robert (geb. 1880, gest. 1942): 412
Muxel, Andreas (geb. 1979) 290–292
Nawrath, Dennis (geb. 1980): 305n581
Newman, Barnett (geb. 1905, gest. 1970): 28
Newton, Isaac (geb. 1643, gest. 1727): 11–12, 15, 29–30, 44, 59–63, 69–70, 78, 120–211, 217–261, 288, 292, 304–324, 327, 330, 342–346, 364–368, 372–394, 420n783, 421n787, 425, 432–450
Nikolaus von Kues; alias Cusanus (geb. 1401, gest. 1464): 253
Nitsch, Hermann (geb. 1938): 176–179
Noé, Gaspar (geb. 1963): 283–284
Noether, Amalie Emmy (geb. 1882, gest. 1935): 253–254
Nolan, Christopher (geb. 1970): 284
Nooteboom, Cees (geb. 1933): 354n648
Novalis; alias Georg Philipp Friedrich Freiherr von Hardenberg (geb. 1772, gest. 1801): 415
Nussbaumer, Ingo (geb. 1956): 25, 187–189, 208–211, 325–367, 378–393, 405, 419–420, 432
Ockeghem, Johannes (geb. zw. 1420 u. 1425, gest. 1497): 300

O'Connor, Sinéad (geb. 1966): 143
Ono, Yoko (geb. 1933): 276n549
Ørsted, Hans Christian (geb. 1777, gest. 1851): 251, 415–416
Østergaard, Edvin (geb. 1959): 404
Otto, Marcus: 30n30
Ozon, François (geb. 1967): 284–285
Pascal, Blaise (geb. 1623, gest. 1662): 70
Pauli, Wolfgang (geb. 1900, gest. 1958): 436
Penrose, Roger (geb. 1931): 25, 134, 168
Pérotin (geb. um 1170, gest. 1246): 144
Perraudin, René (geb. 1947): 286
Pfitzner, Hans Erich (geb. 1869, gest. 1949): 145n330
Picasso, Pablo (geb. 1881, gest. 1973): 175
Piper, Arthur: 26, 409
Planck, Max Karl Ernst Ludwig (geb. 1858, gest. 1947): 249–250, 436
Platon (geb. 427 v.Chr, gest. 348/347 v. Chr.): 78, 99, 253, 436
Plinius der Ältere; *alias* Gaius Plinius Sekundus (geb. 23/24 n. Chr., gest. 79 n. Chr.): 320–322
Poincaré, Jules Henri (geb. 1854, gest. 1912): 70
Poledna, Mathias (geb. 1965): 153
Pollaiuolo, Antonio del; *alias* Antonio di Jacopo d'Antonio Benci (geb. 1431/2, gest. 1498): 172
Popper, Karl Raimund (geb. 1902, gest. 1994): 51
Potocki, Jan (geb. 1761, gest. 1815): 85
Protogenes (zw. 330 v. Chr. u. 290. v. Chr.): 320–322
Ptolemäus, Claudius (geb. um 100, gest. um 160): 71–75, 94, 113–114
Putnam, Hilary (geb. 1926, gest. 2016): 400
Quine, Willard Van Orman (geb. 1908, gest. 2000): 49, 168, 368–369, 422–427, 437, 446
Raffael; *alias* Raffaello Santi (geb. 1483, gest. 1520): 230
Rang, Matthias (geb. 1973): 343, 372, 393–394
Rauschenberg, Robert (geb. 1925, gest. 2008): 376
Rawls, John (geb. 1921, gest. 2002): 92n191
Reichenbach, Hans Friedrich Herbert Günther (geb. 1891, gest. 1953): 51, 58
Reinacher, Anna (geb. 1983): 416
Reinhardt, Ad(olph) (geb. 1913, gest. 1967): 289
Reinhold, Erasmus (geb. 1511, gest. 1553): 76, 94–95, 114
Resnais, Alain (geb. 1922, gest. 2014): 339
Reuß, Heinrich II. Posthumus (geb. 1572, gest. 1635): 275n547
Richter, Karl (geb. 1926, gest. 1981): 307
Rieß, Falk (geb. 1944): 305n582
Rilke, Rainer Maria (geb. 1875, gest. 1926): 413
Ritter, Johann Wilhelm (geb. 1776, gest. 1810): 415–416
Rohrlich, Fritz (geb. 1921): 422
Rota, Gian-Carlo (geb. 1932, gest. 1999): 134, 218, 420

Rue, Pierre de la (geb. zw. 1450 u. 1470, gest. 1518): 298
Ryota, Oshima (geb. 1718, gest. 1787): 165–166
Sander, Otto (geb. 1941, gest. 2013): 286–287
Santi, Raffaello; *alias* Raffael (geb. 1483, gest. 1520): 230
Scarlatti, Domenico (geb. 1685, gest. 1757): 144
Schalk, Sarah (geb. 1984): 136n313
Scheideler, Ullrich (geb. 1964): 298–300
Schelling, Friedrich Wilhelm Joseph (geb. 1775, gest. 1854): 415
Schiller, Johann Christoph Friedrich von (geb. 1759, gest. 1805): 213
Schlosser, Christian Friedrich (geb. 1782, gest. 1829): 358
Schneider, Gregor (geb. 1969): 166n358
Schönberg, Arnold (geb. 1874, gest. 1951): 267–268, 354n651, 379–382
Schrödinger, Erwin (geb. 1887, gest. 1961): 48n55, 241, 260, 436
Schubert, Franz (geb. 1797, gest. 1828): 182, 348
Schuller, Gunther Alexander (geb. 1925, gest. 2015): 382
Schumann, Robert (geb. 1810, gest. 1856): 142, 145n330
Schummer, Joachim (geb. 1963): 23–24, 65, 287–288, 297, 431
Schütz, Heinrich (geb. 1585, gest. 1672): 275n547
Shakespeare, William (geb. 1564, gest. 1616): 164n355, 174

Shankland, Robert S. (geb. 1908, gest. 1982): 56n85
Shapiro, Alan E. (geb. 1942): 126n280, 136n313
Sibley, Frank Noel (geb. 1923, gest. 1996): 401
Sidibé, Sali (geb. 1969): 144
Simone, Andrea di Bartolo di; *alias* Andrea del Castagno (geb. vor 1419, gest. 1457): 294
Sklar, Lawrence (geb. 1938): 270, 422
Skrjabin, Alexander Nikolajewitsch (geb. 1872, gest. 1915): 382
Smith, Adam (geb. 1723, gest. 1790): 250
Smyth, Charles Piazzi (geb. 1819, gest. 1900): 212
Sommerfeld, Arnold (geb. 1868, gest. 1951): 364
Stahl, Franklin William (geb. 1929): 128
Stifter, Adalbert (geb. 1805, gest. 1868): 239
Stockhausen, Karlheinz (geb. 1928, gest. 2007): 382
Storm, Hans Theodor Woldsen (geb. 1817, gest. 1888): 277–278
Telemann, Georg Philipp (geb. 1681, gest. 1767): 32–33, 300
Torrentius, Johannes (geb. 1589, gest. 1644): 148n331
Varignon, Pierre (geb. 1654, gest. 1722): 127
Vermeer, Jan (geb. 1632, gest. 1675): 148n331
Victoria, Königin von Großbritannien (geb. 1819, gest. 1901): 231
Vitruv (geb. wohl um 84 v. Chr., gest. nach 27 v. Chr.): 428–431

Vivarini, Antonio (geb. um 1415, gest. zw. 1476 u. 1484): 293–294
Wagner, Tim: 51n65
Wagner, Wilhelm Richard (geb. 1813, gest. 1883): 402–405, 417
Warhol, Andy (geb. 1928, gest. 1987): 177–179
Watson, James Dewey (geb. 1928): 22n6
Weber, Heiko (geb. 1969): 196n401
Webern, Anton Friedrich Wilhelm (von) (geb. 1883, gest. 1945): 354, 379–382
Weinberg, Steven (geb. 1933): 21, 26, 62–65, 130, 252–254, 331, 423–424
Weißkopf, Victor Friedrich (geb. 1908, gest. 2002): 436
Weizsäcker, Carl Friedrich Freiherr von (geb. 1912, gest. 2007): 251–252, 436
Wellmer, Albrecht (geb. 1933): 269
Weyden, Rogier van der (geb. um 1399, gest. 1464): 173
Weyl, Claus Hugo Hermann (geb. 1885, gest. 1955): 47, 61–62, 202, 300–301
Whiteside, Derek Thomas (geb. 1932, gest. 2008): 304
Wieland, Christoph Martin (geb. 1733, gest. 1813): 174
Wiesengrund, Theodor Ludwig; *alias* Theodor Ludwig Adorno (geb. 1903, gest. 1969): 37n36
Wigner, Eugene Paul (geb. 1902, gest. 1995): 52, 65, 425
Witten, Edward (geb. 1951): 63
Wittgenstein, Ludwig Josef Johann (geb. 1889, gest. 1951): 27, 341, 398–400
Wolff, Christoph (geb. 1940): 297–299
Woolf, Virginia (geb. 1882, gest. 1941): 51
Wülfing, Ferdinand (geb. 1936): 330n617, 339n628
Young, Neil (geb. 1945): 183
Zahar, Elie (geb. 1937): 56–57, 68n126, 436n844, 436n845, 443
Zangger, Heinrich (geb. 1874, gest. 1957): 53
Zangwill, Nick (geb. 1957): 399
Zekl, Hans Günter (geb. 1939, gest. 2016): 73n140
Ziegler, Günter M. (geb. 1963): 134